近60年不同类别登陆台风对安徽省降雨影响

王东勇　主编

气象出版社
China Meteorological Press

内 容 简 介

本书基于台风路径、分类、风雨影响分析、形势分类、个例总结等建立了影响安徽省台风完整的资料库和个例库，在资料库和个例库基础上，建立了台风的相似检索系统，此系统根据未来台风最新预报路径，在历史资料库中自动检索历史最为相似路径的台风个例，根据这些台风个例的风雨影响，预报员能够快速掌握未来台风将对安徽省造成的风雨影响，制作未来台风的风雨预报，对提高安徽省台风预报的准确率有重要作用。

图书在版编目(CIP)数据

近60年不同类别登陆台风对安徽省降雨影响/王东勇主编. —北京：气象出版社，2020.4

ISBN 978-7-5029-7195-3

Ⅰ.①近… Ⅱ.①王… Ⅲ.①台风-影响-降雨-研究-安徽 Ⅳ.①P444②P426.6

中国版本图书馆CIP数据核字(2020)第054229号

近60年不同类别登陆台风对安徽省降雨影响

Jin 60 Nian Butong Leibie Denglu Taifeng Dui Anhui Sheng Jiangyu Yingxiang

王东勇 主编

出版发行：气象出版社

地　　址：北京市海淀区中关村南大街46号　**邮政编码**：100081

电　　话：010-68407112(总编室)　010-68408042(发行部)

网　　址：http://www.qxcbs.com　**E-mail**：qxcbs@cma.gov.cn

责任编辑：王凌霄　张锐锐　**终　　审**：吴晓鹏

责任校对：张硕杰　**责任技编**：赵相宁

封面设计：北京时创广告传媒有限公司

印　　刷：北京建宏印刷有限公司

开　　本：787 mm×1092 mm　1/16　**印　　张**：21.75

字　　数：555千字

版　　次：2020年4月第1版　**印　　次**：2020年4月第1次印刷

定　　价：148.00元

《近60年不同类别登陆台风对安徽省降雨影响》编委会

前　言

西北太平洋是全球热带气旋发生频数最多的海区，我国又是世界上受热带气旋影响最为严重的国家之一。安徽虽然不是沿海省份，却是我国受台风影响最严重的内陆省份之一，安徽各地日降水极值大部分都是因台风或台风低压影响造成的。近年来每年都有一个或一个以上台风或减弱的台风低压影响安徽。特别是2005年之后，其影响的频数和影响的范围、强度都有不同程度的增加。热带气旋对安徽的影响不同于我国沿海省份，除了必须关注台风本身的影响，还要关注它与西风带系统的相互作用以及不同下垫面对台风低压的影响。台风登陆到内陆地区，风力一般减弱明显，但降雨并不一定快速减弱，在特殊条件下，内陆地区也可能出现500 mm以上的极端降水，造成重大人员伤亡和经济损失。

自20世纪50年代以来，气象部门积累了大量的观测资料，我们重点整理了对安徽有影响的100多个台风影响个例，为今后进一步研究和分析台风对安徽带来的降水影响打下基础。

全书共11章，由王东勇组织编写，内容包括影响安徽省台风概述、分类、个例分析和主要结论。前言由王东勇撰写，第1章由曹爱琴、程华编写，第2—10章由张娇、姚晨、童金、程华、朱红芳编写，第11章由张娇编写。程华整理了台风路径资料，丁卫东、张娇和朱鹏飞下载并整理了欧洲中期天气预报中心形势和要素场再分析资料。刘高平开发了台风路径相似检索系统。台风路径图和全国雨量图由安晶晶绘制，安徽省雨量图由朱红芳绘制，形势和要素场图由姚晨绘制。此外，曹爱琴、童金、丁卫东、朱鹏飞、罗静、柳春、吴瑞姣、丁从慧、徐怡、张申龑、邵立瑛、谢菲、倪语蔓、王悦、赵森、李慧敏、朱红芳、姚晨和张娇参与了校对和编辑工作。

作　者

2019年7月

目　录

第1章 影响安徽省台风概述和分类

1.1 影响安徽省台风概述

台风引发的风灾和洪灾是我国主要的自然灾害之一，每年大概有7个台风和热带风暴在我国沿海各省（自治区、直辖市）登陆（徐良炎等，2005）。我国受台风影响严重的地区集中在东南沿海地带，主要的省份有山东、江苏、上海、浙江、福建、广东、广西和海南（杨慧娟等，2007）。当然，台风除了带来严重影响以外，也有有利的一面，每年7—8月盛夏干旱季节台风为我国南方地区带来约20%的降水（Ren et al.，2006）。给炎热的夏季带来降温，有效地保障了粮食生产和人民群众的日常生活。

台风给内陆地区带来的灾害也是不容忽视的。登陆台风在内陆造成的特大暴雨过程中多数存在中低纬度系统的相互作用（陈联寿等，1979）。安徽地处华东内陆，受台风的影响虽然通常远不及沿海地区，但由于安徽特殊的地形地貌，地形对台风暴雨的增幅作用明显（朱红芳等，2015）。台风对于安徽的影响主要为暴雨、大风以及与之相伴的山体滑坡、山洪等次生灾害。

本书收集利用了目前国内外已有台风路径和强度整编资料。该资料来源于中国气象局、中国气象局上海台风研究所、日本气象厅和美国关岛台风预警中心，结合安徽省地面观测、欧洲中期天气预报中心形势场和要素场的1°×1°再分析资料等，补充和完善了影响安徽省减弱台风或低压的位置和强度资料。书中的形势场和要素场绘图资料为欧洲中期天气预报中心1°×1°再分析资料，另外收集整理台风影响期间安徽省80个站的风雨资料，包括20—20时安徽省80个站日雨量、极大风速等资料以及中国气象局20—20时全国日雨量国家站资料。

本书将在安徽境内造成至少10个台站过程降水量≥25 mm的台风定义为“影响安徽省的台风”，从而挑选出1959—2018年共60年间102个台风（表1.1.1），平均每年2～3个台风影响安徽。由于台风降水过程中，降水落区有一定变化，利用安徽全省80个站降雨资料，参考孙国武等（2014）对持续性暴雨综合强度指数的定义方法，确定安徽省台风降水综合强度指数I，它既能反映各级降水范围，又能反映降水强度，定义如下。

$$I=0.2\times n_1+1.0\times n_2+2.0\times n_3+5.0\times n_4 \tag{1.1.1}$$

式中，n_1，n_2，n_3，n_4分别为$25\leqslant r\leqslant 49.9$，$50\leqslant r\leqslant 99.9$，$100\leqslant r\leqslant 249.9$，$r\geqslant 250$的站点数（$r$为台风过程降水量，单位：mm）。

根据表1.1.1中台风降水综合强度指数排序结果可以看出，影响安徽最严重的台风为7504号台风，持续时间长达8 d。7504号台风造成安徽沿淮淮河以南地区大范围强降水，过程雨量普遍超过100 mm，六安、安庆、滁州和池州南部等地超过300 mm，其中来安24 h雨量达304 mm，总雨量达642 mm，导致安庆、六安、滁州发生严重的洪涝灾害。2018年18号台风“温比亚”由当涂进入安徽省，累计降水量超过100 mm的面积占全省51.2%，其中宿州和淮北等地超过400 mm，最大萧县永堌480 mm，造成安徽省严重洪涝灾害，因灾死亡12人，是近10 a来安徽因台风灾害死亡人数最多的一次。强度排名第三、第四的分别为0808号台风“凤凰”和 1211 号台风“海葵”，影响安徽的时间均为 5 d，对安徽造成了不同程度的大风和暴雨灾害。而 1994 年第 3 号台风，虽然没有产生超过 250 mm 的降水，但是 50 mm 以上的降水范围占全省面积的 88%。2005 年是影响安徽省台风个数较多的一年（仅次于 1994 年），8—9 月，台风“麦莎”“泰利”“卡努”在两个月内相继袭击安徽，造成 575 万人口受灾，近百人死亡，农作物受灾面积达 645 万亩*，直接经济损失 72 亿元，其中“泰利”降水范围最大，强度最强，安庆、六安、巢湖等地普降暴雨到特大暴雨，其中岳西总雨量 573 mm，24 h 雨量达 493 mm，造成山体滑坡、山洪暴发和严重内涝。

台风带来的洪涝、大风等灾害给安徽造成了严重的影响，政府、防汛和气象相关部门对防台风工作日益重视。每当台风来临，台风降水的预报就成为中短期预报的重点和难点，而台风移动路径是影响台风降水范围和强度的关键因子之一，台风登陆以后的影响范围和风雨分布更是与陆地路径密切相关（陈联寿等，1979）。以往对安徽台风的研究大多基于个例分析（朱红芳等，2015；曾明剑等，2015；姚晨等，2010），对安徽台风的路径和风雨影响还缺乏系统分类研究。

本书从台风路径、降水分布特征、天气形势、主要影响系统及有无冷空气相互影响等方面，首先对所有 102 个台风个例进行分类，在台风分类基础上，逐个分析历史上影响安徽的 102 个台风个例。每个个例详细展现了台风过程的安徽省总雨量、同期的全国总雨量以及高低层天气形势要素场。根据台风类别、降雨影响以及天气形势分析，预报员能够快速掌握历史相似台风对安徽省的降雨影响，在此基础上制作未来台风的降雨预报。该工作对提高安徽省台风降雨预报准确率有较大帮助，在业务上有很高的应用价值。

表 1.1.1 1959—2018 年 102 个台风的降水站点数、持续时间及综合降水强度

排名	编号	中文名**	英文名	n_1 $25\leqslant r\leqslant 49.9$	n_2 $50\leqslant r\leqslant 99.9$	n_3 $100\leqslant r\leqslant 249.9$	n_4 $r\geqslant 250$	台风综合降水强度 $I=0.2n_1+1.0n_2+2.0n_3+5.0n_4$	持续时间（h）
1	7504		Ora	7	16	41	11	154.4	8
2	1818	温比亚	Rumbia	10	22	37	8	138	4
3	0808	凤凰	Fung-Wong	4	29	32	7	128.8	5
4	1211	海葵	Haikui	9	22	35	6	123.8	5
5	9403		Russ	8	37	33	0	104.6	4
6	6911	艾尔西	Elsie	10	30	26	1	89	4
7	0513	泰利	Talim	9	31	15	4	82.8	3
8	7412	露西	Lucy	13	18	21	4	82.6	4
9	8913	肯恩	Ken	8	29	25	0	80.6	3
10	1617	鲇鱼	Megi	21	13	31	0	79.2	3
11	1513	苏迪罗	Soudelor	6	44	13	0	71.2	4
12	1006	狮子山	Lionrock	12	22	21	0	66.4	4
13	0713	韦帕	Wipha	6	25	20	0	66.2	3
14	1710	海棠	Haitang	14	23	17	0	59.8	5
15	9711	温妮	Winnie	29	31	6	1	53.8	3

* 1 亩≈666.7 m^2，下同。

** 2000 年 1 月 1 日之前，部分台风没有统一的中文名。

续表

排名	编号	中文名	英文名	n_1 $25\leqslant r\leqslant 49.9$	n_2 $50\leqslant r\leqslant 99.9$	n_3 $100\leqslant r\leqslant 249.9$	n_4 $r\geqslant 250$	台风综合降水强度 $I=0.2n_1+1.0n_2+2.0n_3+5.0n_4$	持续时间(h)
16	7108	弗里达	Freda	5	28	12	0	53	3
17	7704	赛洛玛	Thelma	33	22	7	2	52.6	4
18	9006	珀西	Percy	12	26	12	0	52.4	3
19	8909	荷贝	Hope	17	19	12	1	51.4	4
20	9418	格拉迪斯	Gladys	30	28	8	0	50	4
21	7123	贝丝	Bess	16	22	12	0	49.2	2
22	8108		Nina	25	20	11	0	47	5
23	6513	玛丽	Mary	10	21	9	1	46	2
24	9216	珀莉	Polly	26	28	5	0	43.2	3
25	1814	摩羯	Yagi	28	17	10	0	42.6	5
26	1614	莫兰蒂	Meranti	13	20	9	0	40.6	3
27	6208	欧珀	Opal	27	23	6	0	40.4	2
28	1410	麦德姆	Matmo	25	17	8	0	38	3
29	8004	乔治亚	Georgia	20	26	4	0	38	2
30	6214	艾米	Amy	6	18	9	0	37.2	2
31	6007	雪莉	Shirley	12	9	10	1	36.4	3
32	0509	麦莎	Matsa	22	21	5	0	35.4	4
33	5904	琼安	Joan	15	20	6	0	35	3
34	9908	山姆	Sam	31	26	1	0	34.2	3
35	7220	波密拉	Pamela	37	25	0	0	32.4	1
36	6306	温迪	Wendy	10	22	4	0	32	3
37	7207	温妮	Winnie	14	7	8	1	30.8	4
38	0908	莫拉克	Morakot	7	13	3	2	30.4	3
39	6205	凯特	Kate	33	14	4	0	28.6	3
40	7708		Babe	17	15	5	0	28.4	3
41	8807	比尔	Bill	10	19	3	0	27	2
42	6001	玛丽	Mary	19	14	4	0	25.8	2
43	9417	弗雷德	Fred	23	17	1	0	23.6	2
44	0008	杰拉华	Jelawat	16	14	3	0	23.2	4
45	7805		Trix	16	12	4	0	23.2	4
46	1622	海马	Haima	25	18	0	0	23	2
47	8403		Alex	15	15	2	0	22	3

续表

排名	编号	中文名	英文名	n_1 $25\leqslant r\leqslant 49.9$	n_2 $50\leqslant r\leqslant 99.9$	n_3 $100\leqslant r\leqslant 249.9$	n_4 $r\geqslant 250$	台风综合降水强度 $I=0.2n_1+1.0n_2+2.0n_3+5.0n_4$	持续时间(h)
48	6005	珀莉	Polly	16	12	3	0	21.2	2
49	6126	蒂尔达	Tilda	7	7	6	0	20.4	2
50	0212	北冕	Kammuri	21	12	2	0	20.2	2
51	0414	云娜	Rananim	10	13	2	0	19	3
52	8012		Norris	5	10	4	0	19	2
53	7010		Fran	17	7	4	0	18.4	3
54	0505	海棠	Haitang	26	11	1	0	18.2	4
55	8015	珀西	Percy	7	16	0	0	17.4	2
56	0605	格美	Kaemi	20	11	1	0	17	4
57	0010	碧利斯	Bilis	16	9	2	0	16.2	3
58	9714	安珀	Amber	18	8	2	0	15.6	2
59	9430		Seth	17	8	2	0	15.4	3
60	0421	海马	Haima	26	10	0	0	15.2	2
61	6615	科拉	Cora	15	8	2	0	15	2
62	7301	威尔达	Wilda	17	9	1	0	14.4	3
63	7513	都丽丝	Doris	17	11	0	0	14.4	2
64	8712	吉罗德	Gerald	6	7	3	0	14.2	2
65	7209	贝蒂	Betty	15	9	1	0	14	3
66	8209	安迪	Andy	19	8	1	0	13.8	3
67	8504		Hal	19	10	0	0	13.8	4
68	1521	杜鹃	Dujuan	28	8	0	0	13.6	3
69	9406	堤姆	Tim	13	11	0	0	13.6	4
70	8407	弗里达	Freda	6	10	1	0	13.2	2
71	9015		Abe	5	6	3	0	13	2
72	8923	维娜	Vera	14	6	2	0	12.8	2
73	6510	哈莉特	Harriet	20	6	1	0	12	2
74	1812	云雀	Jongdari	14	5	2	0	11.8	2
75	8705		Vernon	13	7	1	0	11.6	3
76	0108	桃芝	Toraji	5	6	2	0	11	2
77	0709	圣帕	Sapat	15	6	1	0	11	4
78	5905	路易斯	Louise	6	8	0	0	9.2	3
79	7413	玛丽	Mary	14	1	0	1	8.8	3

续表

排名	编号	中文名	英文名	n_1 $25 \leqslant r \leqslant 49.9$	n_2 $50 \leqslant r \leqslant 99.9$	n_3 $100 \leqslant r \leqslant 249.9$	n_4 $r \geqslant 250$	台风综合降水强度 $I=0.2n_1+1.0n_2+2.0n_3+5.0n_4$	持续时间(h)
80	9219	泰德	Ted	4	4	2	0	8.8	2
81	9007		Robyn	17	5	0	0	8.4	2
82	0012	派比安	Prapiroon	11	4	1	0	8.2	2
83	9505	海伦	Helen	16	5	0	0	8.2	3
84	9710	维克特	Victor	16	3	1	0	8.2	2
85	5901	毕莉	Billie	5	7	0	0	8	2
86	8509		Mimie	5	5	1	0	8	3
87	8707		Alex	10	6	0	0	8	3
88	8506	杰夫	Jeff	12	3	1	0	7.4	4
89	9012	杨希	Yancy	10	3	1	0	7	3
90	7304	黛特	Dot	12	2	1	0	6.4	3
91	7701	露芙	Ruth	12	2	1	0	6.4	1
92	6312		Gloria	6	3	1	0	6.2	3
93	7204	苏珊	Susan	6	5	0	0	6.2	2
94	6408		Flossie	9	4	0	0	5.8	3
95	0311	环高	Vamco	6	4	0	0	5.2	2
96	7910	朱蒂	Judy	9	1	1	0	4.8	3
97	8006	艾达	Ida	13	2	0	0	4.6	2
98	0216	森拉克	Sinlaku	6	3	0	0	4.2	3
99	7410	珍	Jean	9	2	0	0	3.8	3
100	0515	卡努	Khanun	10	1	0	0	3	2
101	9909	温迪	Wendy	13	0	0	0	2.6	3
102	8104	朱恩	June	11	0	0	0	2.2	2

1.2 影响安徽省台风分类

在确定 102 个台风个例基础上，根据台风路径和天气形势的差异将它们分为 9 类。

首先仅根据路径的不同，将台风分为 5 类，路径示意图见图 1.2.1。第 1 类沿海移动不登陆（以下简称沿海路径），即近海移动未登陆的台风。第 5 类为从广东登陆的台风（以下简称广东路径），不考虑其登陆后的具体移动方向。其他大多数台风从福建、浙江、上海、江苏沿海地区登陆（极少数从山东登陆），根据其登陆点切线（登陆后若台风发生转向，则以登陆点与转向点之间连线为准）与正北方向夹角大小的不同，再将其分为三类：偏北路径，夹角为 0°～15°；西北路径，夹角为 15°～75°；偏西路径，夹角为 75°以上。

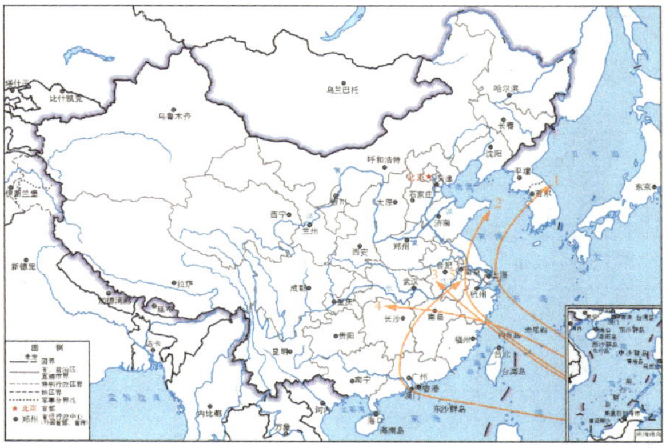

图 1.2.1 台风路径示意图

其中西北路径的台风数量最多，达43个，所占比例超过四成，约为42.1%；偏北和偏西路径的台风数目依次为19和17，比例依次约为18.6%和17%。以上三种路径的台风总数达79个，占所有台风的77.5%。我们特别需要关注西北路径的台风，这一路径的台风对安徽省的影响最为频繁，此外偏西路径台风虽略少，但对安徽省的风雨影响通常较大。

以上分类仅依据台风路径的差异，通过对台风天气图的详细分析，根据天气形势的差异，如500 hPa等压面是否有西风槽、中低层风场是否有来自中高纬地区的偏北风影响到安徽地区以及安徽上空中低层等温线和假相当位温线是否密集等判断台风是否受到冷空气的影响，再将以上各类台风各分为两类，其中广东登陆的台风都受到冷空气的影响，因此最终得到如下9类台风（括号所示为相应的台风数目，表1.2.1）：沿海有冷空气影响（6个），沿海无冷空气影响（2个），偏北有冷空气影响（15个），偏北无冷空气影响（4个），西北有冷空气影响（29个），西北无冷空气影响（14个），偏西有冷空气影响（8个），偏西无冷空气影响（9个），广东有冷空气影响（15个）。

表 1.2.1 1959—2018年台风名称、影响安徽时间及分类表

编号	中文名	英文名	降水时间	路径
5901	毕莉	Billie	7月16—17日	偏北有冷空气影响
5904	琼安	Joan	8月30日—9月1日	西北有冷空气影响
5905	路易斯	Louise	9月4—6日	偏北有冷空气影响
6001	玛丽	Mary	6月9—10日	广东有冷空气影响
6005	珀莉	Polly	7月27—28日	沿海有冷空气影响
6007	雪莉	Shirley	8月2—4日	西北有冷空气影响
6126	蒂尔达	Tilda	10月4—5日	西北无冷空气影响
6205	凯特	Kate	7月24—26日	偏北有冷空气影响
6208	欧珀	Opal	8月6—7日	西北无冷空气影响
6214	艾米	Amy	9月6—7日	西北有冷空气影响
6306	温迪	Wendy	7月18—20日	西北无冷空气影响

续表

编号	中文名	英文名	降水时间	路径
6312		Gloria	9 月 11—13 日	偏西无冷空气影响
6408		Flossie	7 月 27—29 日	沿海有冷空气影响
6510	哈莉特	Harriet	7 月 27—28 日	西北有冷空气影响
6513	玛丽	Mary	8 月 20—21 日	西北有冷空气影响
6615	科拉	Cora	9 月 7—8 日	西北有冷空气影响
6911	艾尔西	Elsie	9 月 27—30 日	西北有冷空气影响
7010		Fran	9 月 7—9 日	偏西有冷空气影响
7108	弗里达	Freda	6 月 18—20 日	广东有冷空气影响
7123	贝丝	Bess	9 月 24—25 日	西北有冷空气影响
7204	苏珊	Susan	7 月 16—17 日	西北无冷空气影响
7207	温妮	Winnie	8 月 2—5 日	西北有冷空气影响
7209	贝蒂	Betty	8 月 17—19 日	偏西无冷空气影响
7220	波密拉	Pamela	11 月 9 日	广东有冷空气影响
7301	威尔达	Wilda	7 月 3—5 日	偏北有冷空气影响
7304	黛特	Dot	7 月 17—19 日	广东有冷空气影响
7410	珍	Jean	7 月 19—21 日	偏北无冷空气影响
7412	露西	Lucy	8 月 11—14 日	偏北无冷空气影响
7413	玛丽	Mary	8 月 20—22 日	偏西无冷空气影响
7504		Ora	8 月 12—19 日	偏西有冷空气影响
7513	都丽丝	Doris	10 月 6—7 日	广东有冷空气影响
7701	露芙	Ruth	6 月 17 日	偏北有冷空气影响
7704	赛洛玛	Thelma	7 月 27—30 日	偏北无冷空气影响
7708		Babe	9 月 11—13 日	偏西无冷空气影响
7805		Trix	7 月 23—26 日	偏西无冷空气影响
7910	朱蒂	Judy	8 月 23—25 日	沿海无冷空气影响
8004	乔治亚	Georgia	5 月 24—25 日	广东有冷空气影响
8006	艾达	Ida	7 月 12—13 日	广东有冷空气影响
8012		Norris	8 月 29—30 日	西北有冷空气影响
8015	珀西	Percy	9 月 19—20 日	西北无冷空气影响
8104	朱恩	June	6 月 21—22 日	沿海有冷空气影响
8108		Nina	7 月 23—27 日	西北无冷空气影响
8209	安迪	Andy	7 月 30 日—8 月 1 日	西北无冷空气影响
8403		Alex	7 月 3—5 日	偏北有冷空气影响
8407	弗里达	Freda	8 月 8—9 日	西北无冷空气影响
8504		Hal	6 月 24—27 日	广东有冷空气影响

续表

编号	中文名	英文名	降水时间	路径
8506	杰夫	Jeff	7月30日—8月2日	偏北有冷空气影响
8509		Mamie	8月18—20日	偏北有冷空气影响
8705		Vernon	7月21—23日	沿海有冷空气影响
8707		Alex	7月27—29日	偏北无冷空气影响
8712	吉罗德	Gerald	9月10—11日	西北无冷空气影响
8807	比尔	Bill	8月8—9日	偏西无冷空气影响
8909	荷贝	Hope	7月23—26日	西北有冷空气影响
8913	肯恩	Ken	8月4—6日	偏西无冷空气影响
8923	维娜	Vera	9月15—16日	西北有冷空气影响
9006	珀西	Percy	6月30日—7月2日	偏北有冷空气影响
9007		Robyn	7月10—11日	沿海有冷空气影响
9012	杨希	Yancy	8月19—21日	偏西有冷空气影响
9015		Abe	8月31日—9月1日	西北有冷空气影响
9216	珀莉	Polly	8月31日—9月2日	西北无冷空气影响
9219	泰德	Ted	9月23—24日	偏北无冷空气影响
9403		Russ	6月7—10日	广东有冷空气影响
9406	堤姆	Tim	7月11—14日	西北有冷空气影响
9417	弗雷德	Fred	8月22—23日	西北无冷空气影响
9418	格拉迪斯	Gladys	9月2—5日	西北有冷空气影响
9430		Seth	10月9—11日	沿海无冷空气影响
9505	海伦	Helen	8月13—15日	广东有冷空气影响
9710	维克特	Victor	8月3—4日	广东有冷空气影响
9711	温妮	Winnie	8月18—20日	西北无冷空气影响
9714	安珀	Amber	9月1—2日	西北有冷空气影响
9908	山姆	Sam	8月24—26日	广东有冷空气影响
9909	温迪	Wendy	9月4—6日	广东有冷空气影响
0008	杰拉华	Jelawat	8月11—14日	偏西有冷空气影响
0010	碧利斯	Bilis	8月24—26日	西北有冷空气影响
0012	派比安	Prapiroon	8月30—31日	沿海无冷空气影响
0108	桃芝	Toraji	7月31日—8月1日	偏北有冷空气影响
0212	北冕	Kammuri	8月6—7日	广东有冷空气影响
0216	森拉克	Sinlaku	9月7—9日	偏西无冷空气影响
0311	环高	Vamco	8月20—21日	西北无冷空气影响
0414	云娜	Rananim	8月12—14日	偏西无冷空气影响
0421	海马	Haima	9月13—14日	偏北有冷空气影响

续表

编号	中文名	英文名	降水时间	路径
0505	海棠	Haitang	7 月 19—22 日	西北无冷空气影响
0509	麦沙	Matsa	8 月 5—8 日	西北无冷空气影响
0513	泰利	Talim	9 月 2—4 日	西北无冷空气影响
0515	卡努	Khanun	9 月 11—12 日	西北无冷空气影响
0605	格美	Kaemi	7 月 25—28 日	西北有冷空气影响
0709	圣帕	Sapat	8 月 19—22 日	西北无冷空气影响
0713	韦帕	Wipha	9 月 18—19 日	偏北有冷空气影响
0808	凤凰	Fung-Wong	7 月 29 日—8 月 2 日	西北无冷空气影响
0908	莫拉克	Morakot	8 月 9—11 日	偏北有冷空气影响
1006	狮子山	Lionrock	9 月 1—4 日	偏西有冷空气影响
1211	海葵	Haikui	8 月 7—11 日	西北有冷空气影响
1410	麦德姆	Matmo	7 月 23—25 日	偏北有冷空气影响
1513	苏迪罗	Soudelor	8 月 8—11 日	西北有冷空气影响
1521	杜鹃	Dujuan	9 月 29 日—10 月 1 日	偏西有冷空气影响
1614	莫兰蒂	Meranti	9 月 14—16 日	西北有冷空气影响
1617	鲇鱼	Megi	9 月 28—30 日	偏西有冷空气影响
1622	海马	Haima	10 月 21—22 日	广东有冷空气影响
1710	海棠	Haitang	7 月 29 日—8 月 3 日	西北有冷空气影响
1812	云雀	Jongdari	8 月 2—4 日	西北无冷空气影响
1814	摩羯	Yagi	8 月 11—16 日	西北无冷空气影响
1818	温比亚	Rumbia	8 月 16—19 日	偏西有冷空气影响

第2章　西北路径有冷空气影响台风个例分析

2.1　5904号台风“琼安”

2.1.1　台风“琼安”概况

台风“琼安”于1959年8月25日在太平洋上生成，8月27日发展成超强台风。8月29日20时在台湾台东北部沿海登陆（80 m/s，17级，强台风级），8月30日14时在福建省泉州市沿海再次登陆（35 m/s，12级，台风级）。之后“琼安”强度迅速减弱，并逐渐转为东北移动方向，低压环流经江西东部、安徽南部和江苏南部进入海上，最后在日本东部海上消失（图2.1.1）。

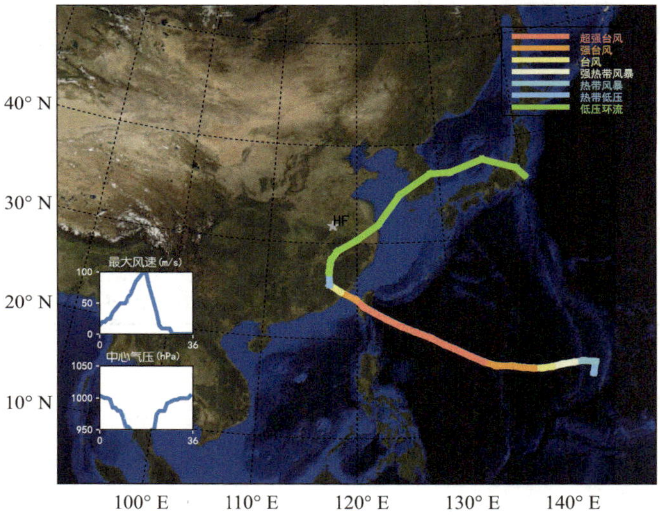

图2.1.1　5904号台风“琼安”移动路径图

2.1.2　“琼安”过程中国中东部降水实况

“琼安”于1959年8月29日前后开始影响我国，至9月1日主要对华南沿海和我国东部地区造成明显降水。广东大部、福建东部和南部、江西东部和南部、浙江西部和南部、安徽东部和南部、江苏中北部以及山东东部沿海地区降水量普遍在50 mm以上，广东中东部、江西南部、福建东部和南部、安徽东部和南部、江苏中北部以及山东东部沿海降水量超过100 mm，其中福建东部地区局部超过250 mm（图2.1.2）。

2.1.3　“琼安”过程安徽降水实况

图 2.1.3 为“琼安”影响期间安徽省总雨量。1959 年 8 月 30 日—9 月 1 日，受“琼安”台风倒槽、高空槽和冷空气的共同影响，淮河以北东部、江淮之间中部和东部以及江南累计降雨量为 50～100 mm，部分地区为 120～150 mm，最大值为五河 202 mm。

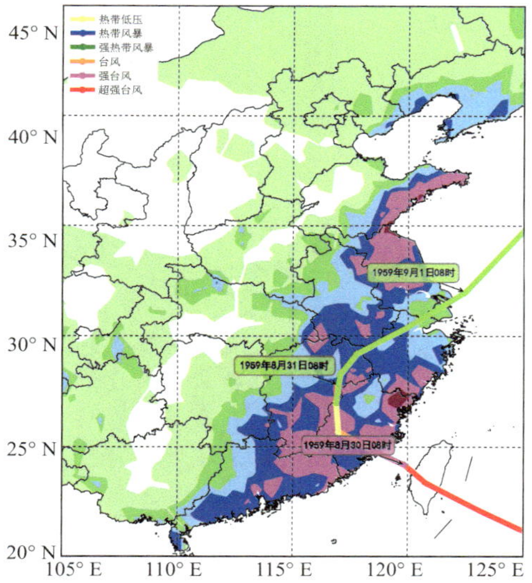

2.1.2　“琼安”影响期间 1959 年 8 月 29 日 20 时—9 月 1 日 20 时中国中东部总降水量(单位：mm)*

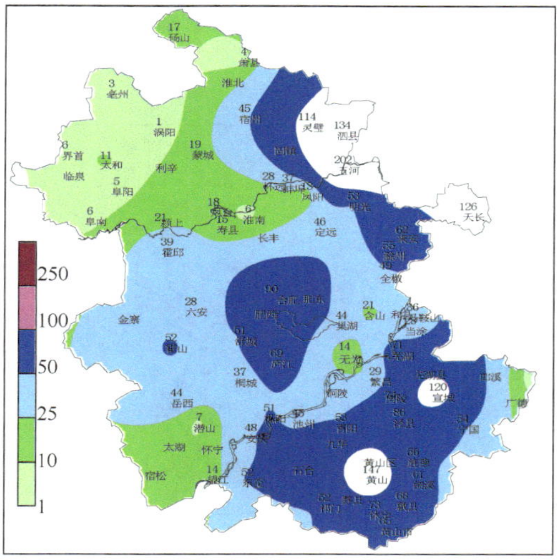

2.1.3　“琼安”影响期间 1959 年 8 月 29 日 20 时—9 月 1 日 20 时安徽省总雨量(单位：mm)

2.1.4　“琼安”过程天气分析

200 hPa 等压面高度场、风场：南亚高压强大，安徽省位于南亚高压中心，高层高压辐散；南亚高压北侧渤海附近地区存在西南风急流核，安徽省位于急流入口区右侧，具有强风速辐散和负涡度平流，高层辐散条件好(图 2.1.4—2.1.5)。

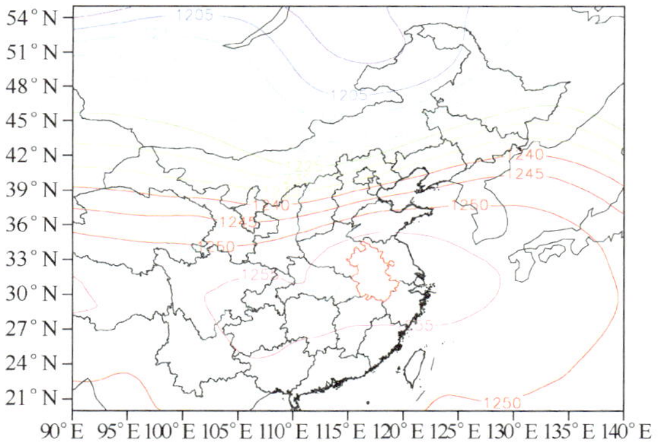

图 2.1.4　1959 年 8 月 30 日 20 时 200 hPa 等压面的高度场(单位：dagpm)

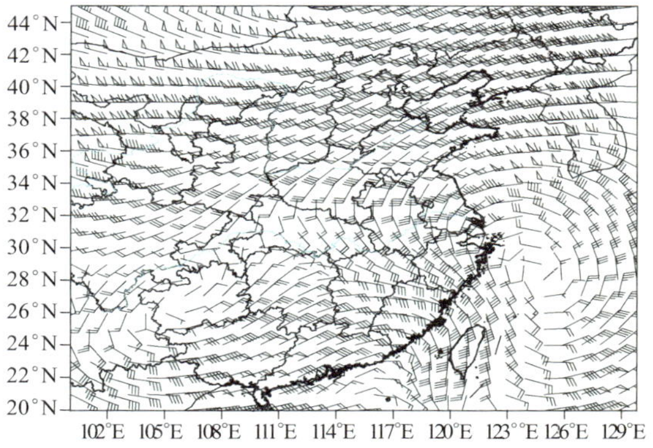

图 2.1.5　1959 年 8 月 30 日 20 时 200 hPa 等压面的风场(单位：m/s)

* 本书中国中东部总降水量暂缺台湾省资料，下同。

500 hPa 等压面高度场、风场：30 日贝加尔湖西北部为低涡中心，自内蒙古东部向南至华北地区为一槽，受槽后冷平流影响，系统加强并东移。副热带高压(以下简称副高)强大，中心位于日本东南部洋面，脊线位于 30°N 附近。台风环流中心位于华南，安徽省受其北侧倒槽影响，槽线位于安徽省中部，槽线东侧为偏南风极大风带，暴雨出现在槽线东侧气旋式切变中(图 2.1.6—2.1.7)。

850hPa 等压面温度场：暴雨区位于低温中心(图 2.1.8)。

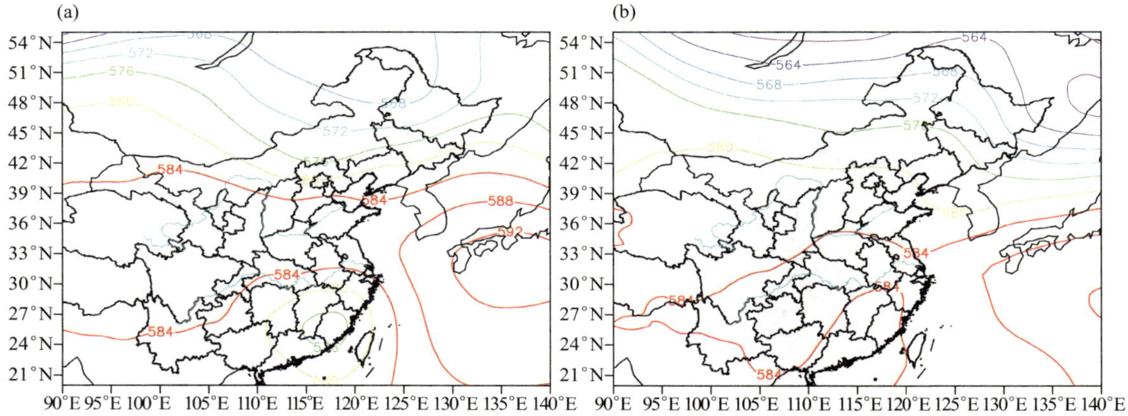

图 2.1.6 500 hPa 等压面的高度场

(a. 1959 年 8 月 30 日；b. 1959 年 9 月 1 日，单位：dagpm)

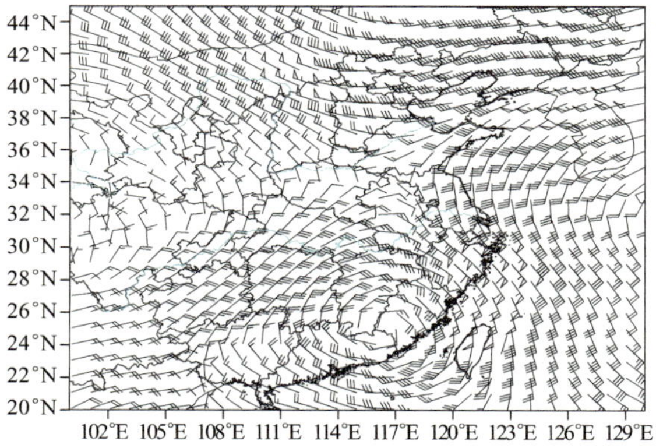

图 2.1.7 1959 年 8 月 30 日 20 时 500 hPa 等压面的风场(单位：dagpm)

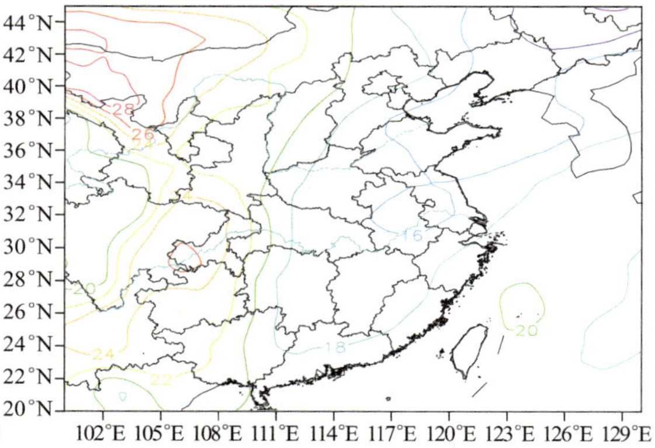

图 2.1.8 1959 年 9 月 1 日 20 时 850 hPa 等压面的温度场(单位：℃)

850 hPa 等压面风场和 850 hPa 等压面、700 hPa 等压面假相当位温场：安徽省位于台风北侧倒槽中，气旋式曲率最大位于江北东部和江南中部(图 2.1.9)；同时，850 hPa 等压面 θ_{se} 全省为 360 K 以上，尤其是长江以南，且随高度减小，表明大气高温高湿，高度不稳定，台风倒槽北侧的气旋式切变和南下的冷空气为暴雨提供了有利的动力抬升条件，触发不稳定能量释放，有利于大暴雨的产生。暴雨基本出现在气旋式曲率最大区域 (图 2.1.10)。

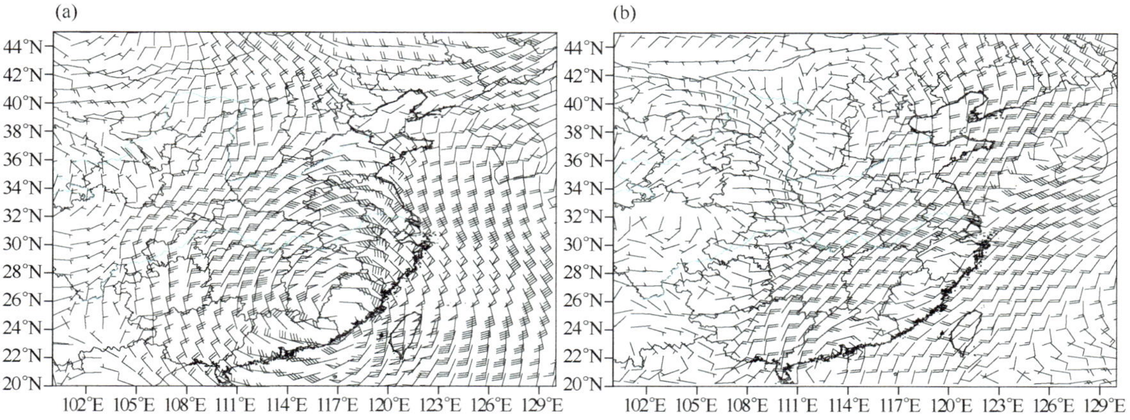

图 2.1.9　850 hPa 等压面的风场

(a. 1959 年 8 月 30 日；b. 1959 年 9 月 1 日，单位：m/s)

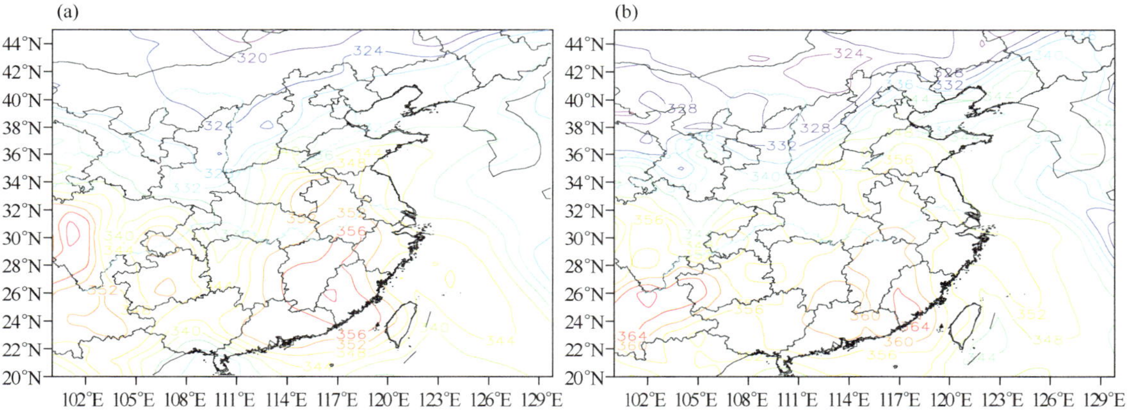

图 2.1.10　1959 年 8 月 30 日不同等压面的假相当位温场

(a. 850 hPa；b. 700 hPa，单位：K)

2.2　6007 号台风“雪莉”

2.2.1　台风“雪莉”概况

台风“雪莉”于 1960 年 7 月 29 日在西太平洋上生成，7 月 30 日发展成超强台风。7 月 31 日 20 时在台湾宜兰东部沿海登陆(60 m/s，17 级，强台风级)，8 月 1 日 20 时在福建省宁德市沿海再次登陆(35 m/s，12 级，台风级)。之后“雪莉”深入内陆经浙江西部进入安徽(低压环流)，于 8 月 3 日 14 时转为东北方向移入江苏省北部，向东进入黄海后再次发展增强，8 月 5 日在山东省青岛市沿海登陆(20 m/s，8 级，热带风暴级)，并逐渐减弱消失（图 2.2.1)。

2.2.2　“雪莉”过程中国中东部降水实况

“雪莉”于 1960 年 7 月 31 日前后对我国开始造成影响，至 8 月 7 日主要对华南沿海和我国东部地区造成明显降水。桂粤闽浙赣大部地区、苏皖南部以及山东东部地区降水量普遍在

50 mm 以上，广东中东部、江西东部、福建东部和南部、浙江大部、苏皖南部以及山东东部超过 100 mm，其中闽浙交界沿海和江苏东南部局部超过 250 mm(图 2.2.2)。

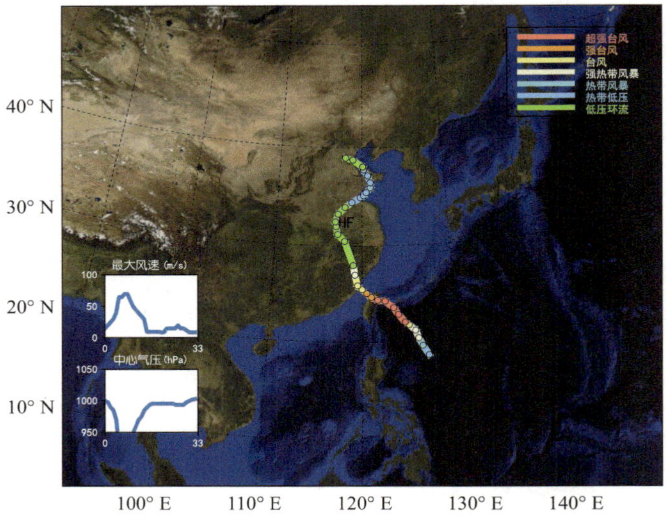

图 2.2.1 6007 号台风“雪莉”移动路径图

2.2.3 “雪莉”过程安徽降水实况

1960 年 8 月 2—4 日，受“雪莉”台风环流、高空槽和冷空气的共同影响，大别山区北部和江淮之间东部累计降雨量为 50～100 mm，沿江江南累计雨量 70～120 mm，部分地区 150～170 mm，最大值为南陵 267 mm(图 2.2.3)。

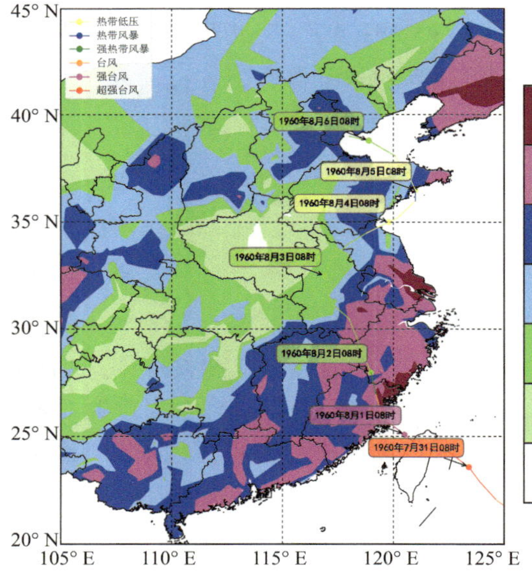

图 2.2.2 “雪莉”影响期间 1960 年 7 月 30 日 20 时—8 月 7 日 20 时中国中东部总降水量(单位：mm)

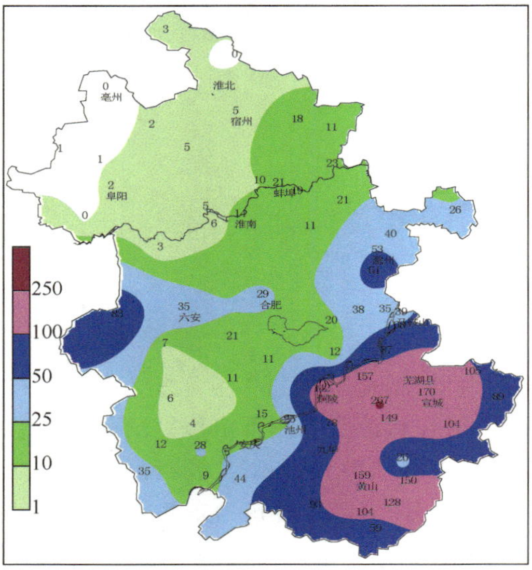

图 2.2.3 “雪莉”影响期间 1960 年 8 月 1 日 20 时—8 月 4 日 20 时安徽省总雨量(单位：mm)

2.2.4　“雪莉”过程天气分析

200 hPa 等压面高度场：2—4 日安徽省均位于南亚高压控制下，高层高压辐散(图 2.2.4)。

500 hPa 等压面高度场、温度场：贝加尔湖附近存在低涡中心，其南侧为低槽；日本海东北部为高压脊，系统东移。副高强大，中心位于日本南部，台风位于其西侧，并逐渐与北部低槽结合(图 2.2.6a)。2 日台风中心位于安徽省南部，沿淮至江南北部存在高温中心，江北地区位于台风西北侧东北气流中，并存在冷平流，冷暖空气在江淮之间南部和江南地区交汇(图 2.2.5)。3 日环流中心位于江苏北部，其南侧存在低槽，暴雨出现在槽线附近(图 2.2.6b)。

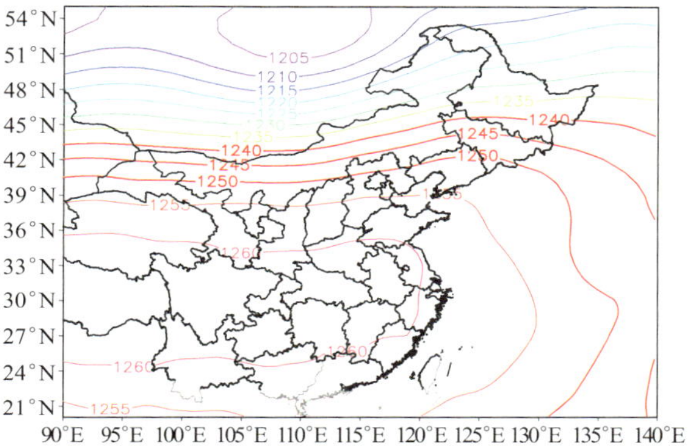

图 2.2.4　1960 年 8 月 2 日 20 时 200 hPa 等压面的高度场(单位：dagpm)

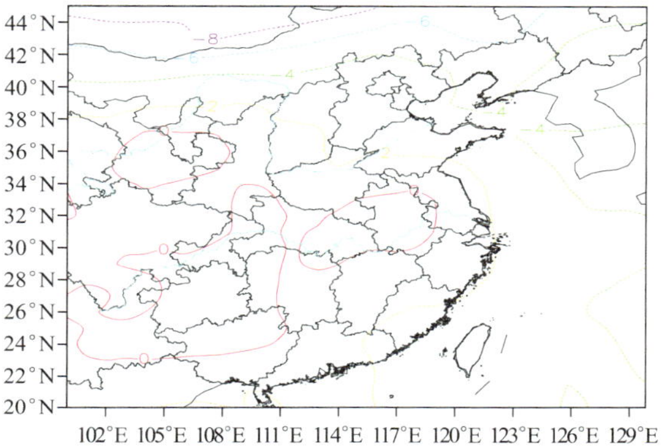

图 2.2.5　1960 年 8 月 2 日 500 hPa 等压面的温度场(单位：℃)

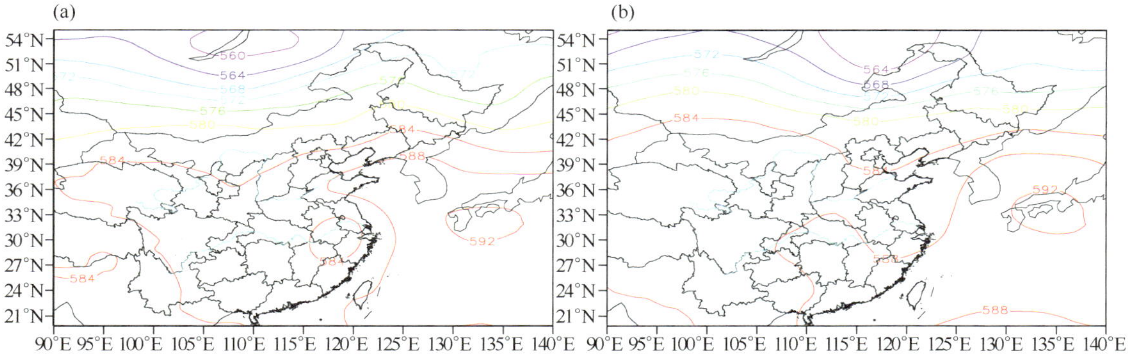

图 2.2.6　500 hPa 等压面的高度场

(a. 1960 年 8 月 2 日；b. 1960 年 8 月 3 日，单位：dagpm)

500 hPa 等压面风场、850 hPa 等压面风场、涡度场、温度场和 850 hPa 等压面、700 hPa 等压面假相当位温场：2 日中低层台风环流中心位于安徽省沿江中部，其西侧大别山区附近存在冷式切变，其北部和南部分别为明显冷平流和暖平流，表明冷暖空气在此交汇，暴雨出现在冷切变附近；台风环流东侧江南东北部地区存在暖式切变，北侧倒槽位于江淮之间东部，在台风环流东部浙江—江苏境内存在强偏南风急流，最大可达 30 m/s，急流左侧存在强气旋式切变(图 2.2.7—2.2.8)，受暖切变和急流共同影响，江淮之间东南部和江南东北部存在正涡度中心，并且全省涡度均为正(图 2.2.9)。气旋式切变和急流为暴雨的产生提供了非常有利的动力条件，暴雨出现在切变线附近和急流左侧，皖南山区地形也起到了一定的增幅作用。

低层大气非常暖湿，θ_{se} 可达 360 K 以上，并且呈不稳定状态，冷空气和气旋式辐合抬升作用触发不稳定能量释放，易造成暴雨的发生(图 2.2.10—2.2.11)。

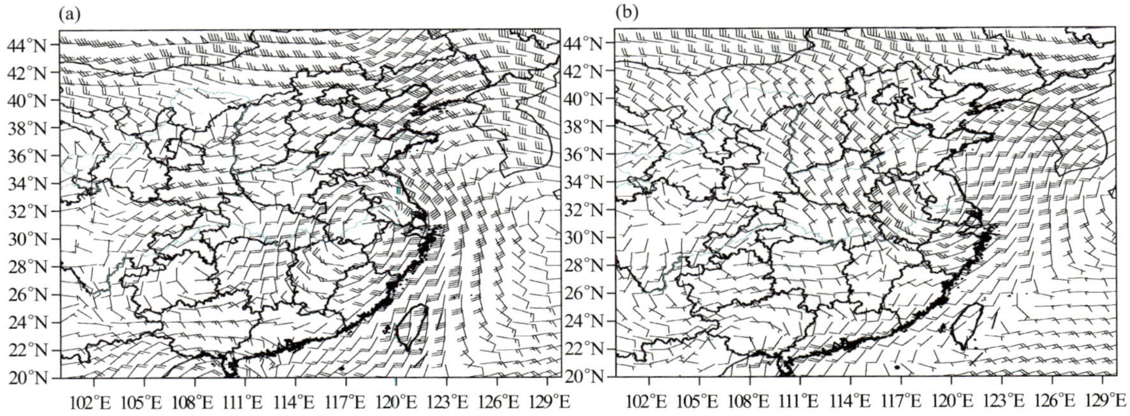

图 2.2.7 500 hPa 等压面的风场

(a. 1960 年 8 月 2 日；b. 1960 年 8 月 3 日，单位：m/s)

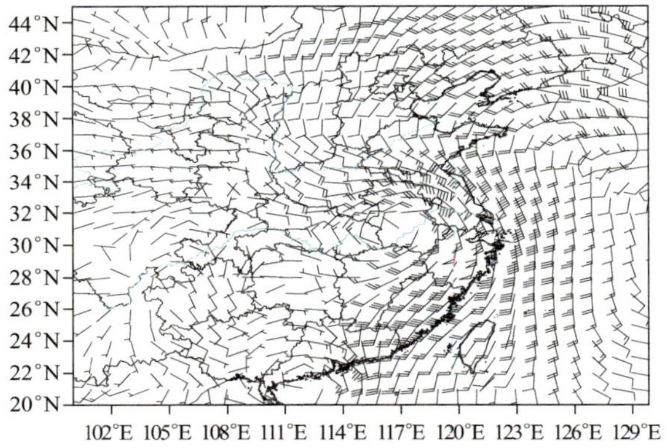

图 2.2.8 1960 年 8 月 2 日 850 hPa 等压面的风场

(单位：m/s)

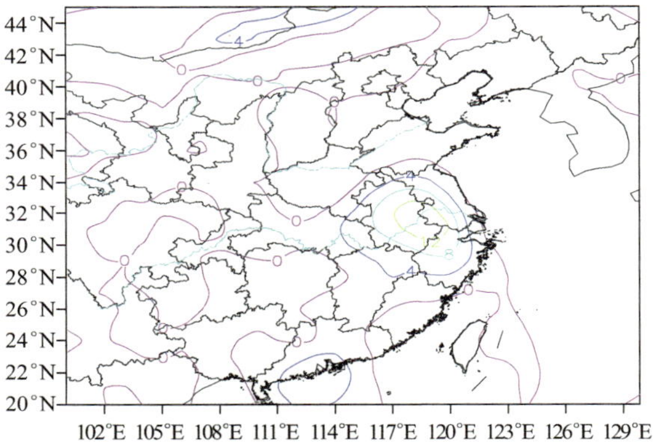

图 2.2.9 1960 年 8 月 2 日 850 hPa 等压面的涡度场

(单位：$10^{-5} \cdot s^{-1}$)

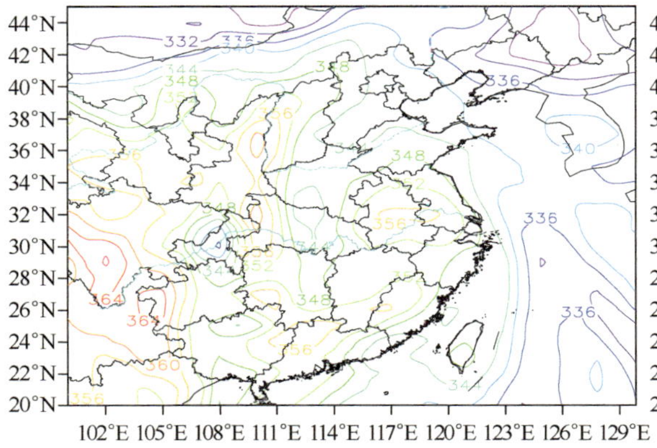

图 2.2.10 1960 年 8 月 2 日 700 hPa 等压面的假相当位温场(单位：K)

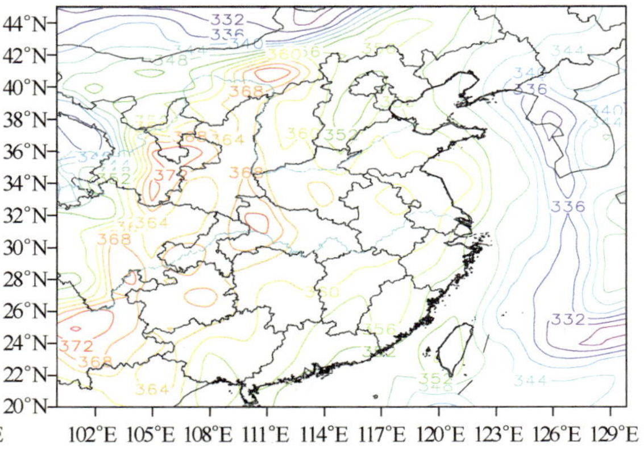

图 2.2.11 1960 年 8 月 3 日 850 hPa 等压面的假相当位温场(单位：K)

2.3　6126 号台风“蒂尔达”

2.3.1　台风“蒂尔达”概况

台风“蒂尔达”于 1961 年 9 月 26 日 14 时在西北太平洋洋面上生成，10 月 1 日 02 时发展为超强台风(55 m/s，16 级，957 hPa)。4 日 08 时在浙江台州登陆，登陆时强度为台风(40 m/s，13 级，960 hPa)。“蒂尔达”登陆后由原来的西北行转为向偏北方向移动，经浙江北部、江苏南部后于 5 日 14 时入海，强度为热带低压(15 m/s，7 级，999 hPa)(图 2.3.1)。

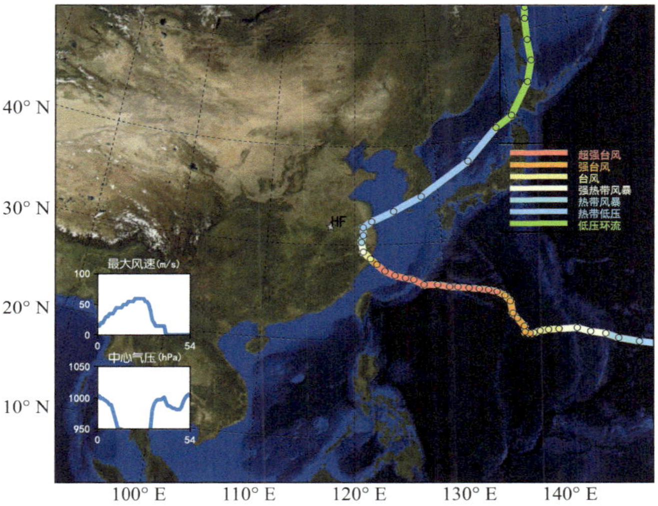

图 2.3.1　6126 号台风“蒂尔达”移动路径图

2.3.2　“蒂尔达”过程中国中东部降水实况

“蒂尔达”于 1961 年 10 月 4 日前后对我国开始造成影响，至 10 月 5 日主要对登陆点和消亡点附近造成明显降水。浙江东部和北部、安徽东南部和江苏南部地区降水量普遍在 100 mm 以上(图 2.3.2)。

2.3.3　“蒂尔达”过程安徽降水实况

1961 年 10 月 3—5 日，安徽淮河以南中东部出现降水，强降水中心位于江南东部，有 13 个县市累计降雨量超过 50 mm，其中 6 个县市超过 100 mm，最大值为宁国 173 mm(图 2.3.3)。

2.3.4　“蒂尔达”过程天气分析

关键影响系统：副高、台风、西风槽。有冷空气结合。

200 hPa 等压面高度场：安徽省在南亚高压控制下，暴雨区位于南亚高压脊线附近(图 2.3.4a)。

500 hPa 等压面高度场：台风低压环流中心位于浙江北部，贝加尔湖以南有一冷涡，冷涡南部的冷槽位置偏北偏东，冷涡在东移过程中，台风和冷槽合并后转向东北方向移动(图 2.3.4b)。

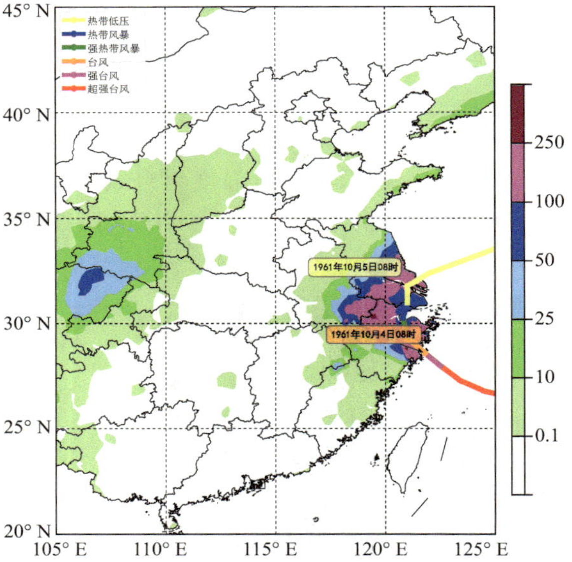

2.3.2 “蒂尔达”影响期间 1916 年 10 月 3 日 20 时—10 月 6 日 20 时中国中东部总降水量(单位:mm)

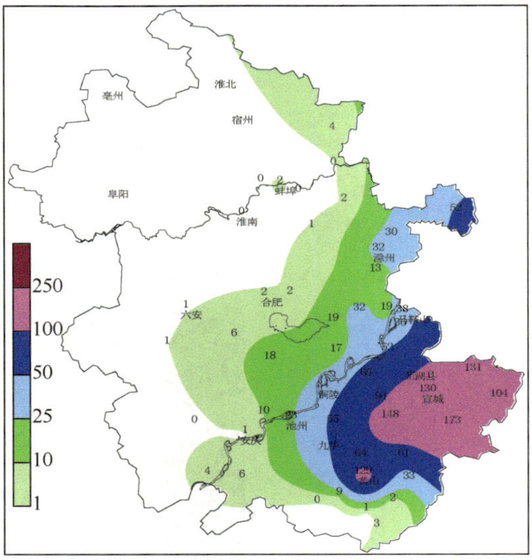

2.3.3 “蒂尔达”影响期间 1916 年 10 月 3 日 20 时—10 月 6 日 20 时安徽省总雨量(单位:mm)

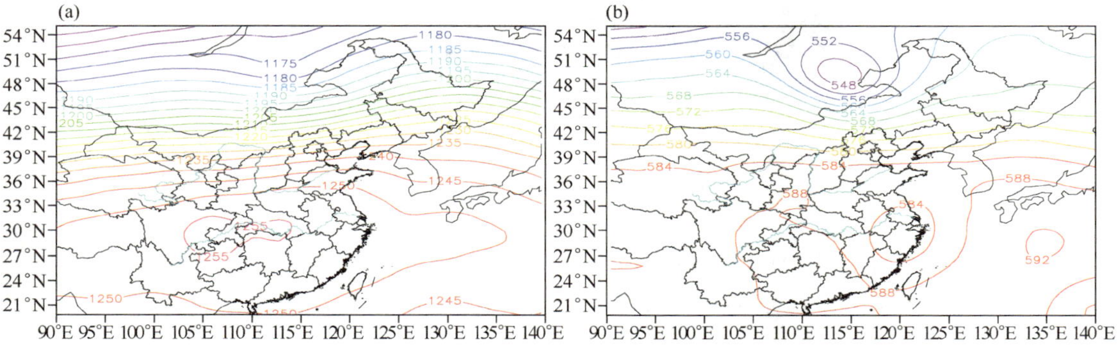

图 2.3.4 1961 年 10 月 4 日 20 时不同等压面的高度场

(a. 200 hPa;b. 500 hPa,单位:dagpm)

850 hPa 等压面风场:4 日 20 时，台风低压中心位于浙江北部，台风北部为冷槽，冷槽后部的西北风夹带冷空气从台风西部卷入低压中心，使得安徽沿江东部为较强的东北风，风速普遍超过 12 m/s(图 2.3.5)。

850 hPa 等压面假相当位温场:5 日 20 时，与冷槽相对应的 θ_{se} 低值区从东北向南延伸至安徽沿江一带，浙江北部有 θ_{se} 高值中心存在，与台风环流中心相对应，强降水位于台风环流西侧，与冷空气交汇处(图 2.3.6)。

850 hPa 等压面比湿场:4 日 20 时，14 g/kg 的比湿中心位于江南东南部(图 2.3.7)。

850 hPa 等压面温度场:5 日 20 时，冷槽从东北一直向南延伸至安徽北部，冷空气沿东路南下(图 2.3.8)。

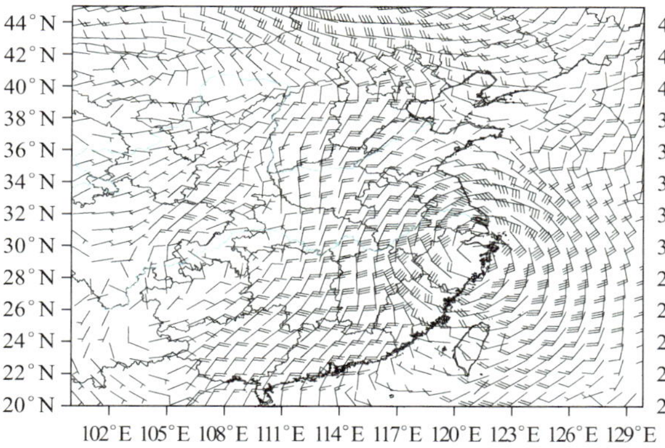

图 2.3.5　1961 年 10 月 4 日 20 时 850 hPa 等压面的风场(单位:m/s)

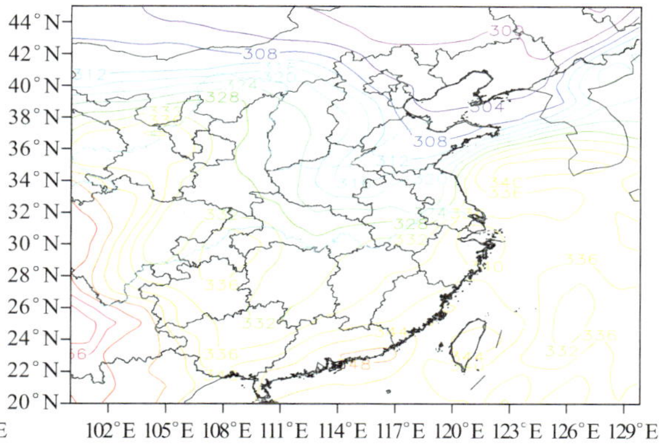

图 2.3.6　1961 年 10 月 5 日 20 时 850 hPa 等压面的假相当位温场(单位:K)

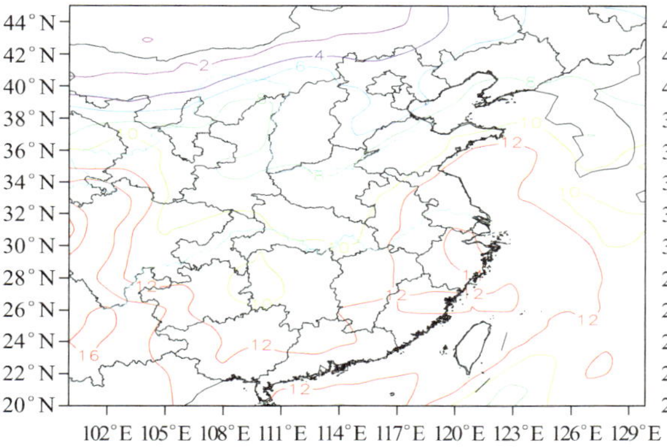

图 2.3.7　1961 年 10 月 4 日 20 时 850 hPa 等压面的比湿场(单位:g/kg)

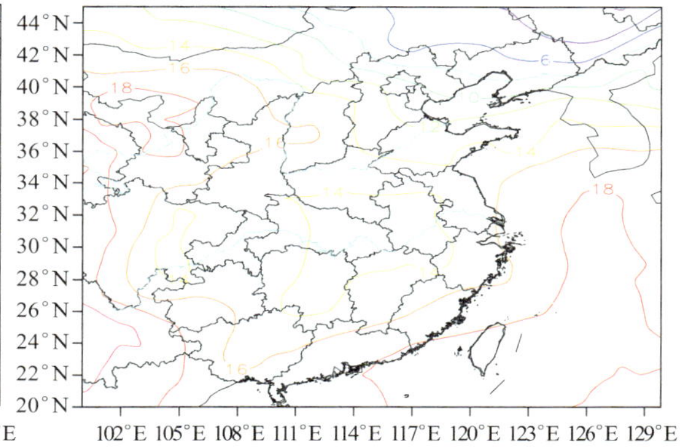

图 2.3.8　1961 年 10 月 5 日 20 时 850 hPa 等压面的温度场(单位:℃)

2.4　6208 号台风“欧珀”

2.4.1　台风“欧珀”概况

台风“欧珀”于 1962 年 7 月 30 日 08 时在西北太平洋洋面上生成,8 月 4 日 14 时发展为超强台风(55 m/s,16 级,953 hPa)。5 日 20 时在台湾花莲登陆,强度为超强台风(65 m/s,17 级,920 hPa),6 日中午在福建宁德附近二次登陆,登陆时强度为强热带风暴(30 m/s,11 级,974 hPa)。“欧珀”登陆后向偏北方向移动,强度迅速减弱,6 日夜里减弱的环流移经安徽,沿黄山、铜陵、蚌埠移出安徽,并于 7 日 08 时在蚌埠附近加强为热带低压(12 m/s,6 级,988 hPa),“欧珀”在经蚌埠后转向入海(图 2.4.1)。

2.4.2　“欧珀”过程中国中东部降水实况

“欧珀”于 1962 年 8 月 6 日前后对我国开始造成影响,至 8 月 8 日对中国中东部大部地区和辽东半岛造成明显降水。闽西北部、闽浙沿海、皖北、鲁南和辽东半岛地区降水量普遍在

100 mm 以上，其中辽东半岛东部地区超过 250 mm（图 2.4.2）。

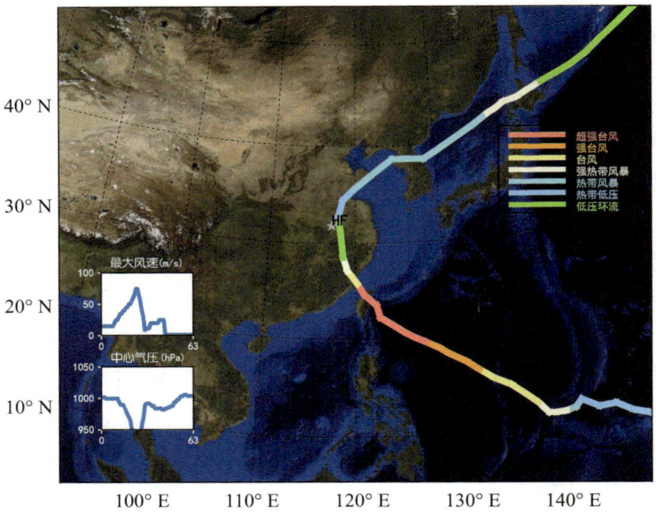

图 2.4.1　6208 号台风“欧珀”移动路径图

2.4.3　“欧珀”过程安徽降水实况

1962 年 8 月 5—7 日，强降水中心位于沿淮淮北、江南，有 29 个县市累计降雨量超过 50 mm，其中有 6 个超过 100 mm 的县市，主要位于沿淮淮北，最大值为宿州 146 mm（图 2.4.3）。

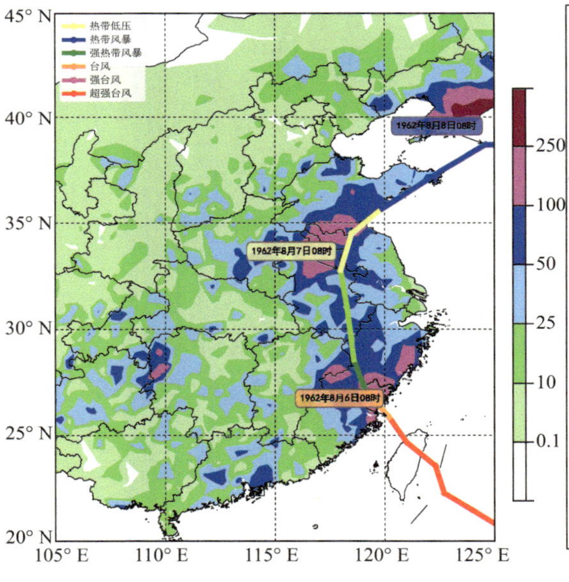

2.4.2　“欧珀”影响期间 1962 年 8 月 5 日 20 时—8 月 8 日 20 时中国中东部总降水量（单位：mm）

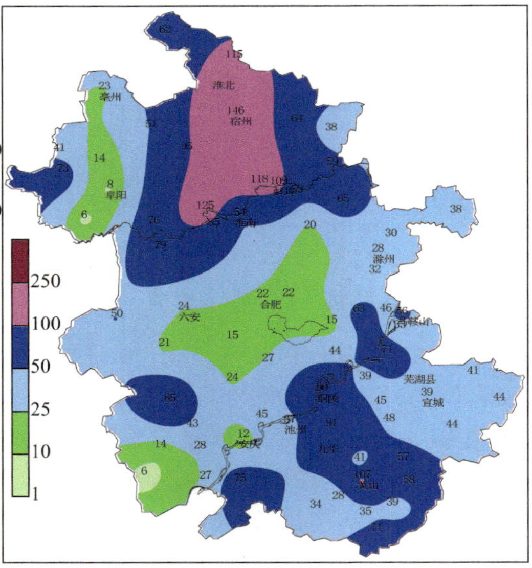

2.4.3　“欧珀”影响期间 1962 年 8 月 5 日 20 时—8 月 7 日 20 时安徽省总雨量（单位：mm）

2.4.4 “欧珀”过程天气分析

关键影响系统：副高、台风、西风槽。在山东附近台风和冷空气结合增强，安徽北部受其影响，降水明显。

200 hPa 等压面风场：河北、山西一带有低槽存在，安徽位于低槽槽前（图 2.4.4）。

500 hPa 等压面高度场：副高势力较强，稳定维持在长江流域，“欧珀”受加强的副高影响，以较快的速度从安徽中部移过（图 2.4.5）。

850 hPa 等压面风场：7 日 20 时，台风低压中心位于江西北部，至 8 日 20 时，台风中心已经位于山东南部，台风移动速度较快，过程中台风环流完整并有所加强，在安徽北部台风周围风速增大（图 2.4.6）。

850 hPa 等压面温度场：7 日 20 时，冷温槽位置偏北，有弱冷空气从渤海湾卷入台风中心，致使台风变性加强（图 2.4.7）。

850 hPa 等压面假相当位温场：7 日 20 时，安徽及周边地区都位于台风环流中的 θ_{se} 高能区内，不稳定条件较好，受台风增强的影响，安徽淮河以北降水更强（图 2.4.8）。

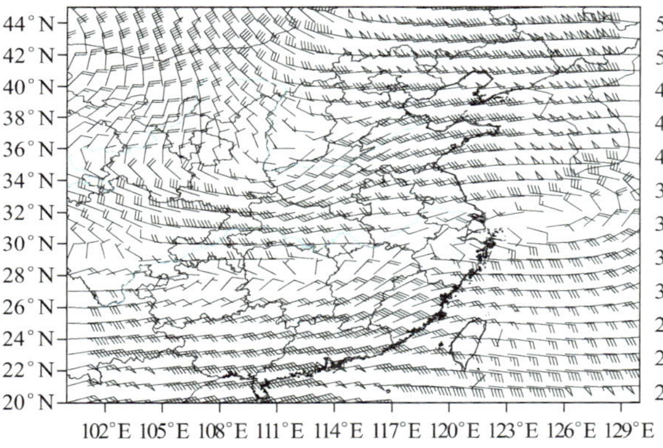

图 2.4.4　1962 年 8 月 7 日 20 时 200 hPa 等压面的风场（单位：m/s）

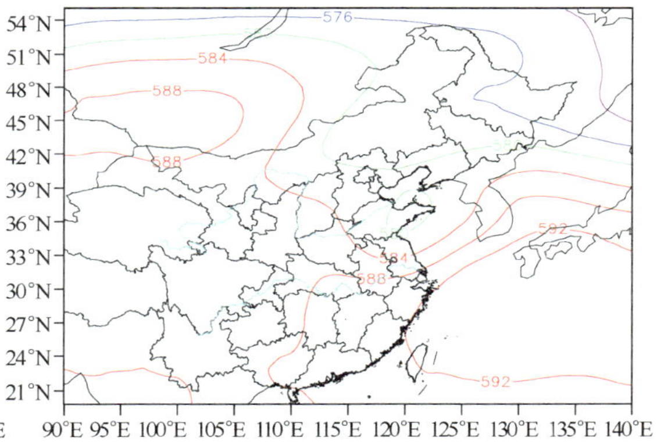

图 2.4.5　1962 年 8 月 7 日 20 时 500 hPa 等压面的高度场（单位：dagpm）

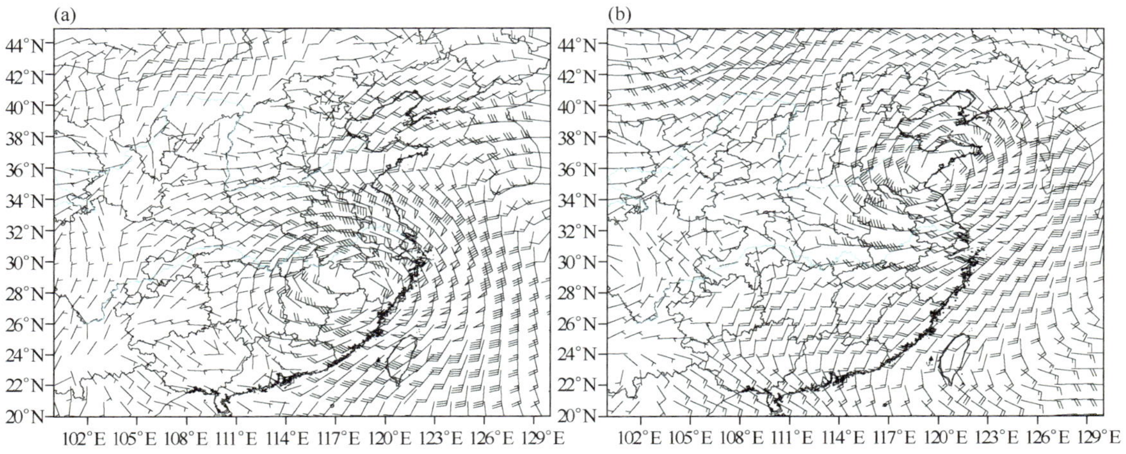

图 2.4.6　850 hPa 等压面的风场
（a. 1962 年 8 月 6 日 20 时；b. 1962 年 8 月 7 日 20 时，单位：m/s）

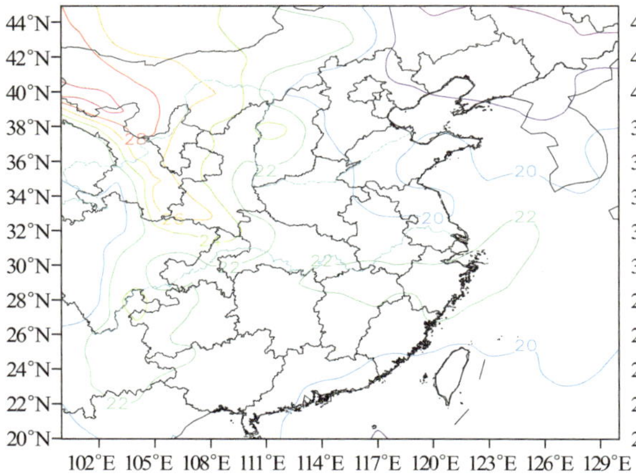

图 2.4.7 1962 年 8 月 7 日 20 时 850 hPa 等压面的温度场(单位:℃)

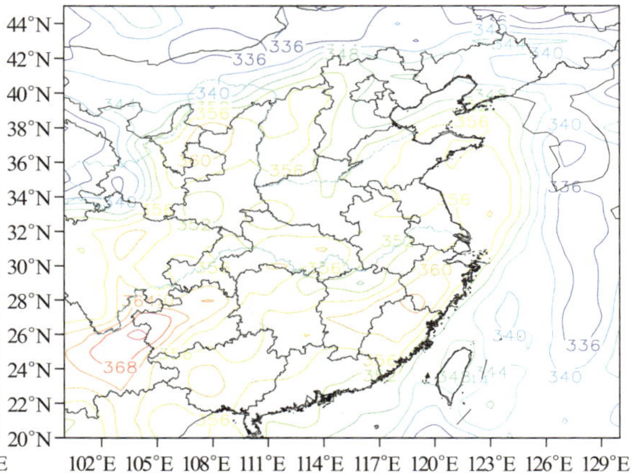

图 2.4.8 1962 年 8 月 7 日 20 时 850 hPa 等压面的假相当位温场(单位:K)

2.5 6214 台风“艾米”

2.5.1 台风“艾米”概况

台风“艾米”于 1962 年 8 月 29 日在塞班岛以东西太平洋上生成，9 月 1 日发展成超强台风。9 月 5 日 08 时在台湾台东东部沿海登陆(50 m/s，15 级，强台风级)，9 月 6 日 02 时在福建省福州市沿海再次登陆(30 m/s，11 级，强热带风暴级)。之后“艾米”逐渐减弱，经浙江和江苏南部进入黄海，并再次加强成热带风暴，9 月 7 日 20 时在韩国西部沿海登陆，穿过朝鲜半岛以后进入日本海减弱消失(图 2.5.1)。

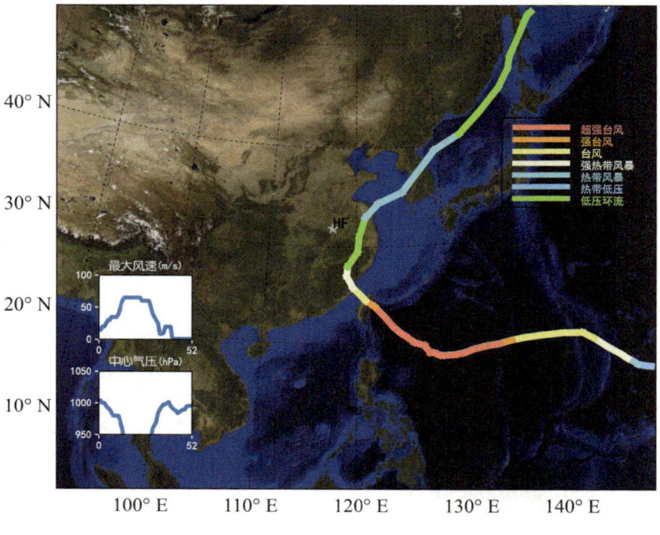

图 2.5.1 6214 号台风“艾米”移动路径图

2.5.2　“艾米”过程中国中东部降水实况

“艾米”于 1962 年 9 月 6 日前后对我国开始造成影响，至 9 月 8 日主要对登陆点和消亡点附近造成明显降水。福建东北部、浙江大部、安徽东南部和江苏全省降水量普遍在 100 mm 以上，其中江苏南部地区局部超过 250 mm(图 2.5.2)。

2.5.3　“艾米”过程安徽降水实况

1962 年 9 月 6—7 日，受“艾米”台风环流和高空槽的共同影响，江淮之间东部和沿江江南出现暴雨，局部大暴雨，共有 18 个站超过 50 mm，9 个站超过 100 mm，累计降雨量为 70～120 mm，部分地区超过 140 mm，最大值为泾县 218 mm(图 2.5.3)。

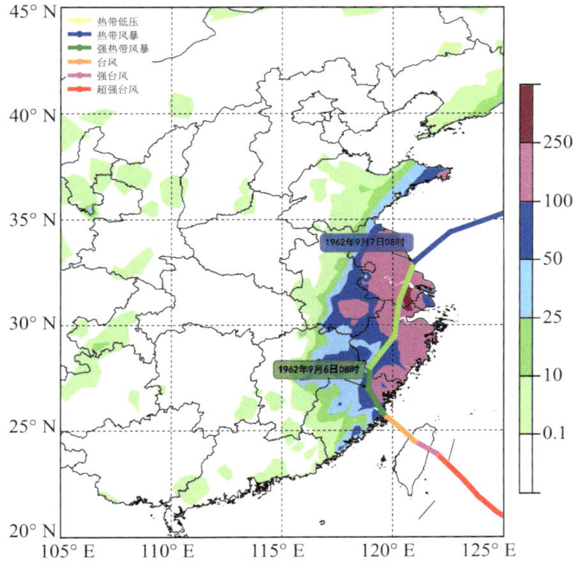

图 2.5.2　“欧珀”影响期间 1962 年 9 月 5 日 20 时—9 月 8 日 20 时中国中东部总降水量(单位:mm)

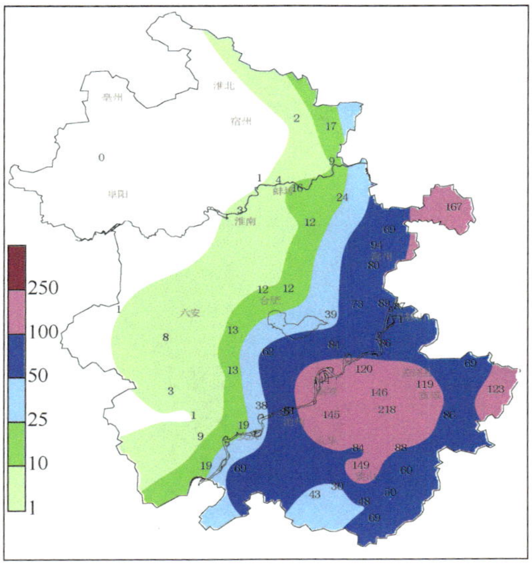

图 2.5.3　“欧珀”影响期间 1962 年 9 月 5 日 20 时—9 月 7 日 20 时安徽省总雨量(单位:mm)

2.5.4　“艾米”过程天气分析

200 hPa 等压面高度场、风场：中高纬度为两脊一槽形势，南亚高压中心位于日本南部，脊线位于 30°N 附近，自内蒙古东部至四川地区为槽区，安徽省位于槽前南亚高压西侧，尤其是淮河以南地区反气旋曲率大，高层辐散(图 2.5.4—2.5.5)。

500 hPa 等压面高度场、风场：中高纬度为两脊一槽形势，东北地区北部存在强低涡中心，其南侧为槽；中纬度地区也为两高一低形势，西部高压脊位于中国西部地区，东部西太平洋上为副高，中心位于日本东南部，最大值达 596 dagpm，中国中东部大陆为低槽区。台风中心位于安徽省南部，其北部倒槽位于江淮之间东南部和江南东部，暴雨出现在倒槽附近(图 2.5.6—2.5.7)。

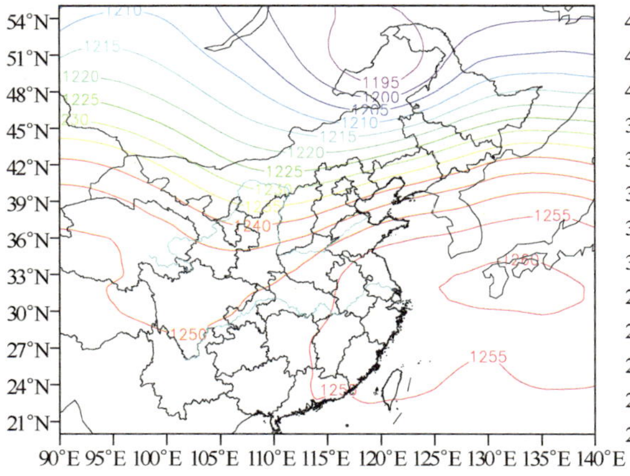

图 2.5.4　1962 年 9 月 6 日 20 时 200 hPa 等压面的高度场(单位:dagpm)

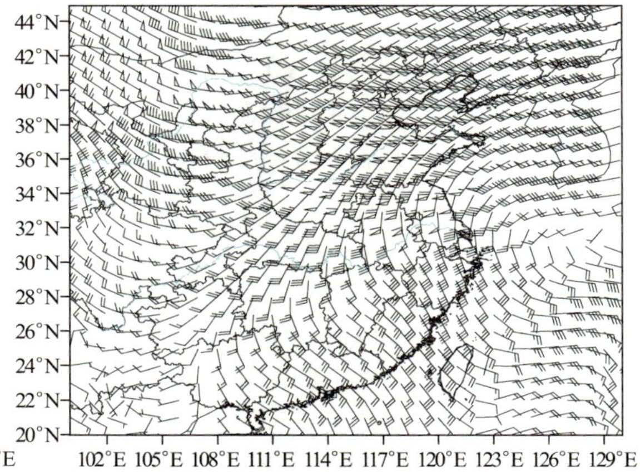

图 2.5.5　1962 年 9 月 6 日 20 时 200 hPa 等压面的风场(单位:m/s)

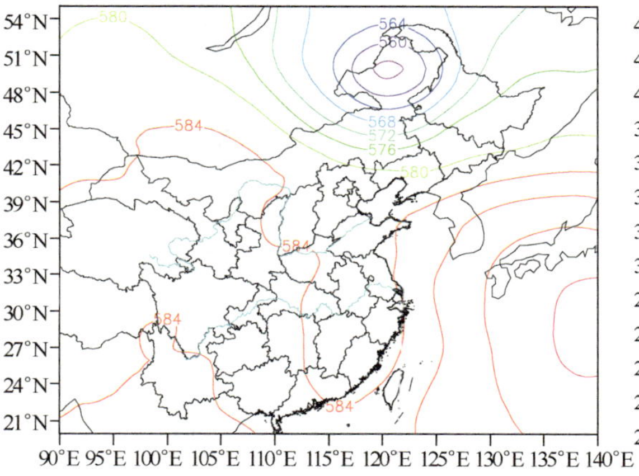

图 2.5.6　1962 年 9 月 6 日 20 时 500 hPa 等压面的高度场(单位:dagpm)

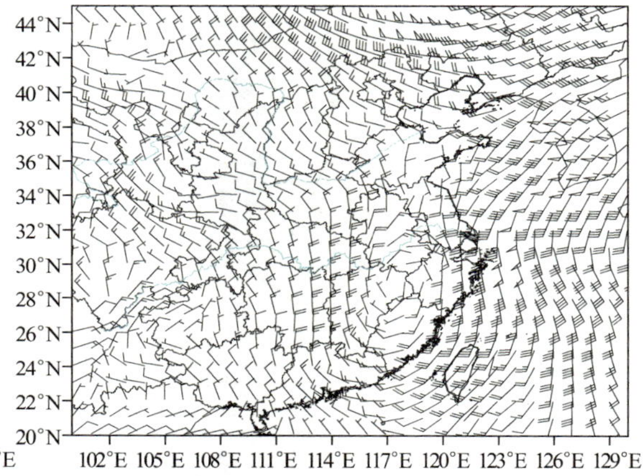

图 2.5.7　1962 年 9 月 6 日 20 时 500 hPa 等压面的风场(单位:m/s)

850 hPa 等压面风场、涡度场和 850 hPa 等压面、700 hPa 等压面假相当位温场:台风中心位于皖赣浙交界,其东北侧台风倒槽自浙江西北部向东北方向至朝鲜半岛,其西北侧为一致东北风气流,急流轴自安徽省淮北东北部至江淮之间西部,急流轴右侧和台风倒槽附近具有强气旋式切变,对应涡度场上江淮之间东南部和江南为强正涡度,正涡度中心位于江南东南部,为暴雨的产生提供了有利的动力抬升条件,暴雨出现在急流轴右侧和台风倒槽附近的正涡度大值区;同时江南东南部 850 hPa 和 700 hPa 等压面均为 θ_{se} 高值中心,表明此处大气高温高湿,暴雨落区与之对应(图 2.5.8—2.5.10)。

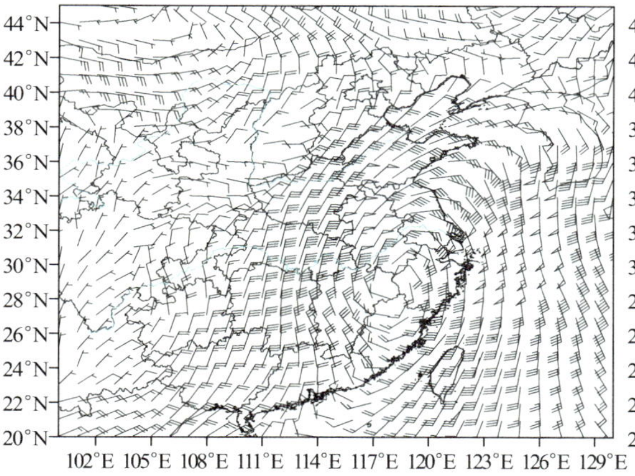

图 2.5.8 1962 年 9 月 6 日 20 时 850 hPa 等压面的风场(单位:m/s)

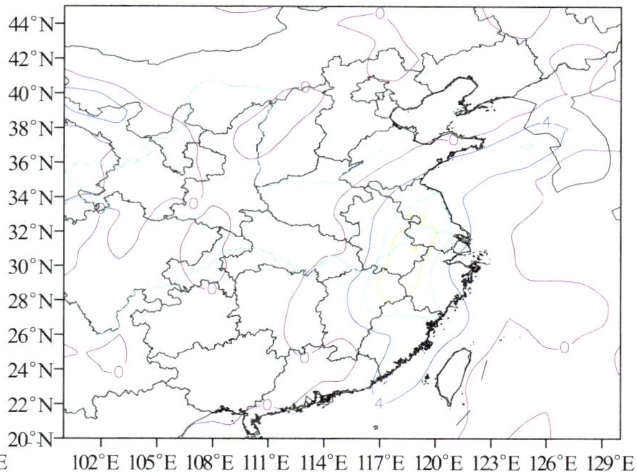

图 2.5.9 1962 年 9 月 6 日 20 时 850 hPa 等压面的涡度场(单位:$10^{-5}\cdot s^{-1}$)

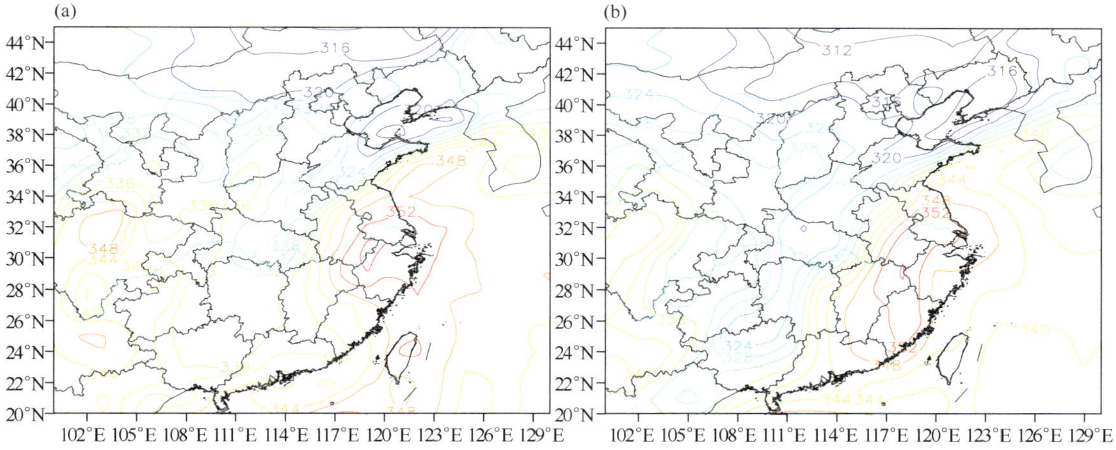

图 2.5.10 1962 年 9 月 6 日 20 时不同等压面假相当位温场
(a . 850 hPa; b. 700 hPa, 单位:K)

2.6 6306 号台风“温迪”

2.6.1 台风“温迪”概况

台风“温迪”于 1963 年 7 月 10 日 02 时在西北太平洋洋面上生成,11 日 14 时发展为超强台风(55 m/s,16 级,948 hPa)。7 月 16 日上午在台湾花莲登陆,强度为台风(40 m/s,13 级,950 hPa);17 日 08 时在福建福州附近二次登陆,登陆时强度为强热带风暴(25 m/s,10 级,985 hPa)。“温迪”登陆后西北方向移动,强度迅速减弱为低压环流,经福建进入江西、安徽(图 2.6.1)。

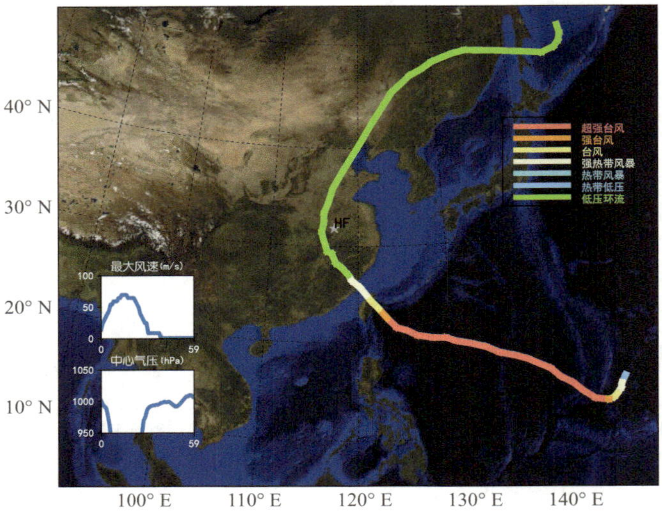

图 2.6.1　6306 号台风“温迪”移动路径图

2.6.2　“温迪”过程中国中东部降水实况

“温迪”1963 年于 7 月 17 日前后对我国开始造成影响，至 7 月 22 日主要对华南沿海和江西、安徽、山东部分地区及东北南部地区造成明显降水。闽粤大部、江西北部、安徽西部和东北部、山东中部和东北地区南部降水量普遍在 100 mm 以上，其中福建东部、山东中部和辽宁南部局部超过 250 mm（图 2.6.2）。

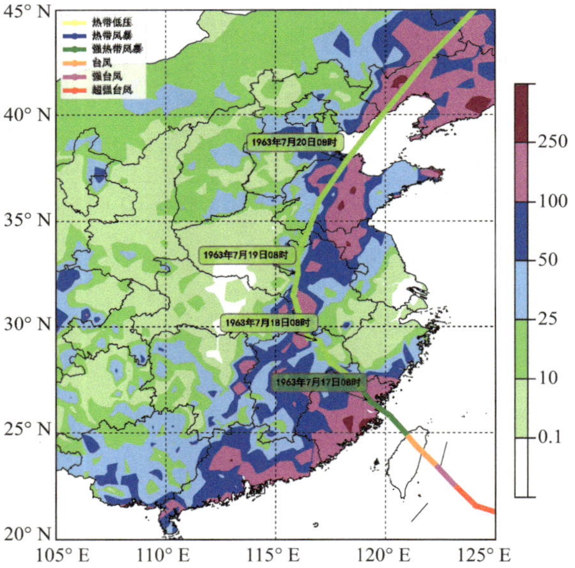

图 2.6.2　“温迪”影响期间 1963 年 7 月 16 日 20 时—7 月 22 日 20 时中国中东部总降水量（单位：mm）

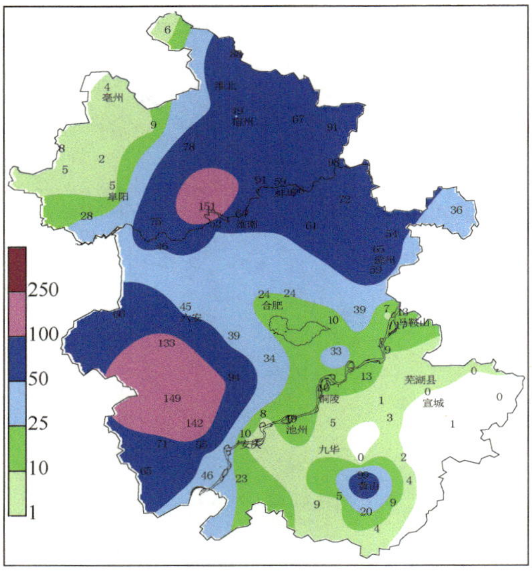

图 2.6.3　“温迪”影响期间 1963 年 7 月 17 日 20 时—7 月 22 日 20 时安徽总降水量（单位：mm）

2.6.3　“温迪”过程安徽降水实况

1963 年 7 月 17—20 日，强降水中心位于大别山区和沿淮淮北，有 26 个县市累计降雨量超过 50 mm，其中超过 100 mm 的县市主要位于大别山区，有 4 个，最大值为岳西 149 mm。降水主要时段为 7 月 19 日 20 时—20 日 20 时(图 2.6.3)。

2.6.4　“温迪”过程天气分析

关键影响系统：副高、台风、西风槽。有冷空气结合。

200 hPa 等压面风场：河北、河南一带有低槽存在，安徽位于低槽槽前(图 2.6.4)。

500 hPa 等压面高度场：副高呈块状分布，势力较强。台风受副高西侧的偏南气流引导向偏北方向移动。副高北侧有弱西风槽存在(图 2.6.5)。

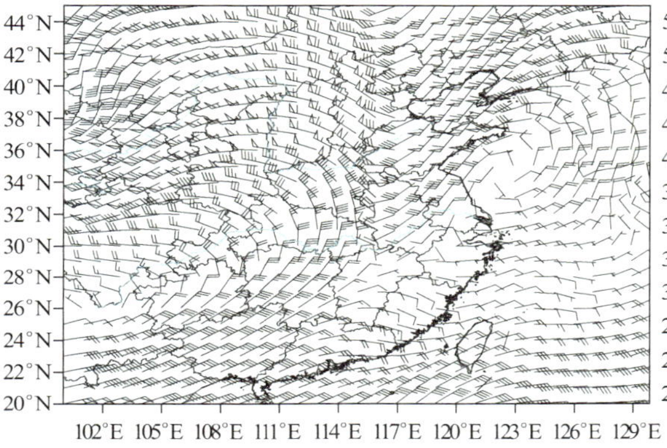

图 2.6.4　1963 年 7 月 20 日 20 时 200 hPa 等压面的风场(单位：m/s)

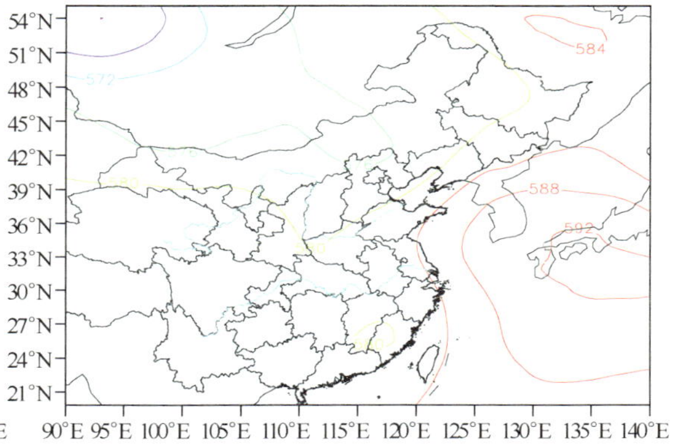

图 2.6.5　1963 年 7 月 18 日 20 时 500 hPa 等压面的高度场(单位：dagpm)

500 hPa 等压面风场：20 日 20 时，“温迪”北上并入西风槽中，低槽底部位于安徽淮河以北，同时“温迪”东侧的偏南风和副高西侧西南风叠加，致使安徽上空的暖湿输送明显(图 2.6.6)。

850 hPa 等压面风场：19 日 20 时，台风倒槽一直向北延伸至山东一带，辐合区主要位于安徽淮河以北和大别山区，倒槽东侧安徽中部存在偏南风急流(图 2.6.7)。

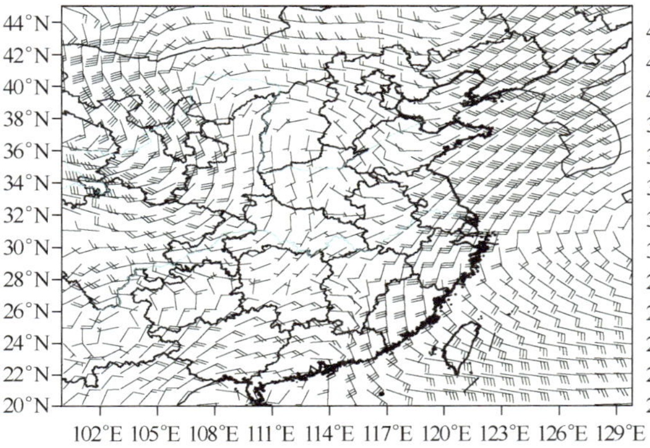

图 2.6.6　1963 年 7 月 20 日 20 时 500 hPa 等压面的风场(单位：m/s)

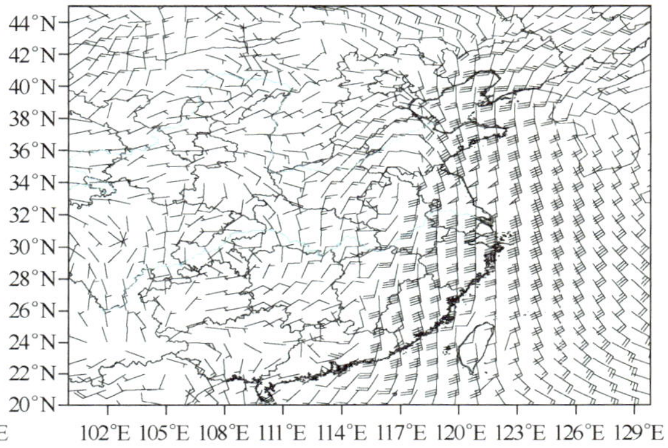

图 2.6.7　1963 年 7 月 19 日 20 时 850 hPa 等压面的风场(单位：m/s)

500 hPa 等压面温度场：山西、河南一带有－4℃冷槽南伸，温度锋区和暴雨区对应较好（图 2.6.8）。

700 hPa 等压面假相当位温场：20 日 20 时，θ_{se} 高能区主要位于淮河以南，与低槽对应的 θ_{se} 低值区位于淮河以北，θ_{se} 锋区主要位于沿淮和大别山区。这次过程中弱冷空气的侵入主要从中高层，850 hPa 等压面及其以下以暖湿结构为主（图 2.6.9）。

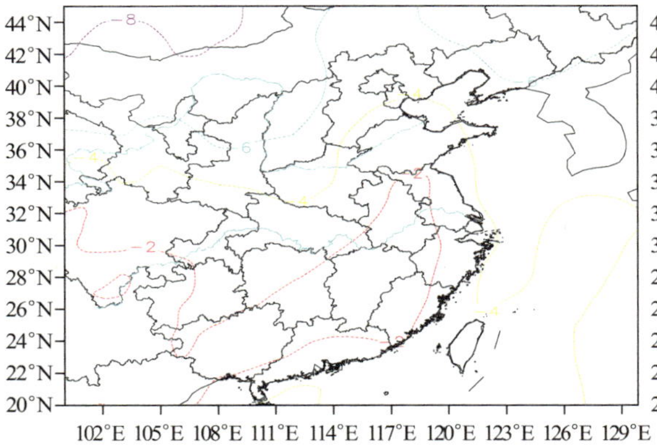

图 2.6.8 1963 年 7 月 19 日 20 时 500 hPa 等压面的温度场（单位：℃）

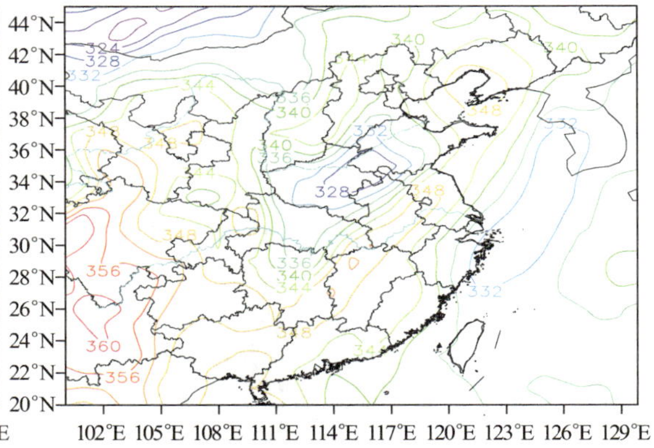

图 2.6.9 1963 年 7 月 20 日 20 时 700 hPa 等压面的假相当位温场（单位：K）

2.7 6510 号台风“哈莉特”

2.7.1 台风“哈莉特”概况

台风“哈莉特”于 1965 年 7 月 20 日在西太平洋上生成，7 月 25 日发展成强台风。7 月 26 日 08 时在台湾台东北部沿海登陆（40 m/s，13 级，台风级），7 月 26 日 20 时在福建省泉州市沿海再次登陆（30 m/s，11 级，强热带风暴级）。之后“哈莉特”深入内陆经福建、江西进入安徽（低压环流），再由江苏北部进入黄海，并再次发展增强，7 月 28 日 14 时在山东省青岛市东北部沿海登陆（15 m/s，7 级，热带低压级），后经渤海湾穿过朝鲜北部进入日本海减弱消失（图 2.7.1）。

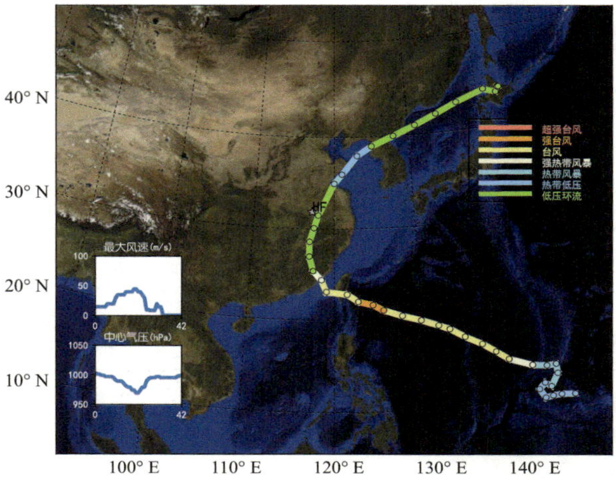

图 2.7.1 6510 号台风“哈莉特”移动路径图

2.7.2　“哈莉特”过程中国中东部降水实况

“哈莉特”于 1965 年 7 月 26 日前后对我国开始造成影响，至 7 月 29 日主要对登陆点和消亡点附近造成明显降水。广东大部、福建全省、江西东部和南部、苏皖北部和山东中东部地区降水量普遍在 50 mm 以上，福建全省、苏皖北部和鲁东地区超过 100 mm，其中福建南部和鲁东局部超过 250 mm(图 2.7.2)。

2.7.3　“哈莉特”过程安徽降水实况

1965 年 7 月 27—28 日，受“哈莉特”台风环流和高空槽的共同影响，淮河以北东部、江淮之间中部和江南部分地区降水明显，共有 6 个站超过 50 mm，1 个站超过 100 mm，累计降雨量为 50～100 mm，最大值为怀远 145 mm。强降水主要出现在 28 日沿淮东部(图 2.7.3)。

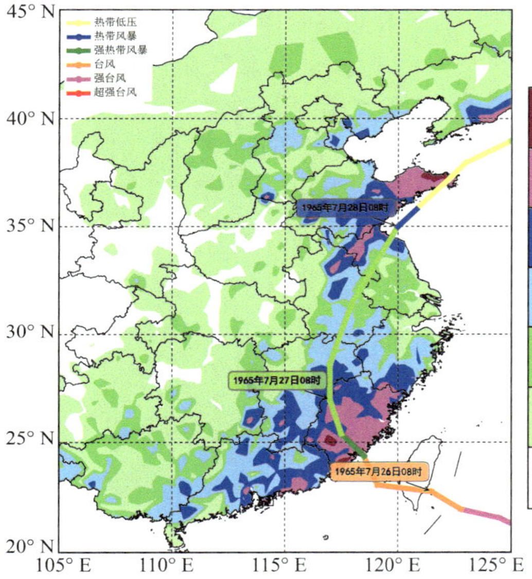

图 2.7.2　“哈莉特”影响期间 1965 年 7 月 25 日 20 时—7 月 29 日 20 时中国中东部总降水量(单位：mm)

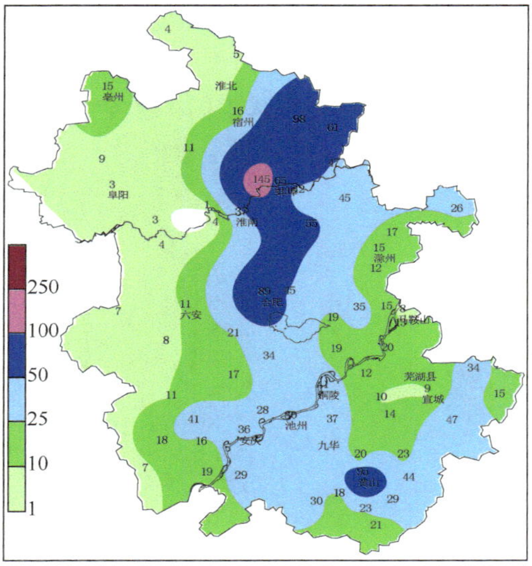

图 2.7.3　“哈莉特”影响期间 1965 年 7 月 26 日 20 时—7 月 28 日 20 时安徽总降水量(单位：mm)

2.7.4　“哈莉特”过程天气分析

200 hPa 等压面高度场、风场：南亚高压呈东西向带状；中纬度地区主要是自内蒙古东部向西南方向延伸出一深槽，槽底至云南东部；受南亚高压北侧气流和槽前西南气流影响，在渤海至东北地区南部存在西南风急流核，安徽省位于南亚高压北部、低压槽前、急流入口区右侧，有利于高层辐散(图 2.7.4—2.7.5)。

500 hPa 等压面高度场：中高纬度为两高一低形势，西北地区东部存在一个高压中心，其北侧高压脊位于贝加尔湖附近；副高强大、稳定，中心达 592 dagpm，位于日本南部洋面；两高压之间为深槽区(图 2.7.6)。27 日台风低压环流位于安徽省西南部，低压槽自淮北西部至江西北部，安徽省位于副高西侧低压槽前，偏南风强盛，急流轴呈南北向位于苏浙一带，强降水带也呈南北向分布位于急流西侧的强气旋式切变中(图 2.7.7a)。

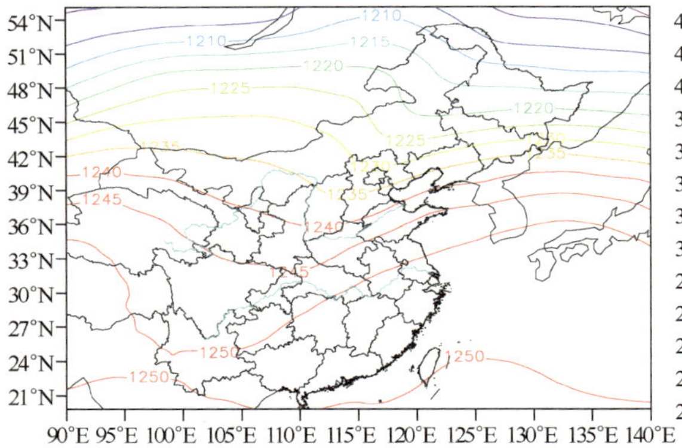

图 2.7.4　1965 年 7 月 27 日 20 时 200 hPa 等压面的高度场(单位:dagpm)

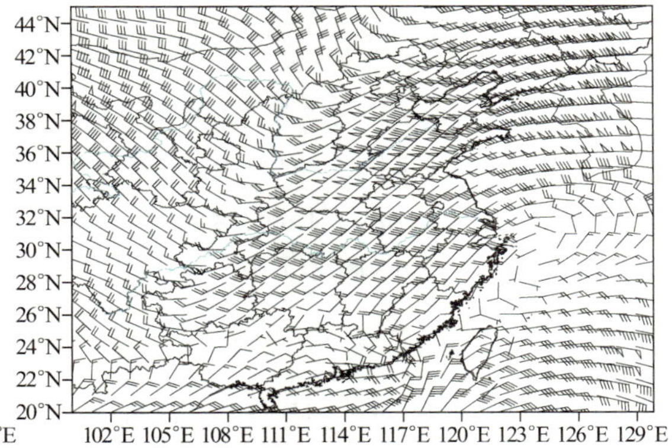

图 2.7.5　1965 年 7 月 27 日 20 时 200 hPa 等压面的风场(单位:m/s)

850 hPa 等压面风场:27 日台风环流中心位于江西北部,其北部倒槽槽线自安徽省西南部至淮北东部,槽线东侧南风急流强盛,有利于水汽和热量向安徽省输送,槽线附近和急流左侧存在强气旋式切变为暴雨的产生提供了有利的动力条件,偏南气流北上过程中受皖南山区地形阻挡辐合抬升,也有利于暴雨的产生。暴雨出现在倒槽附近及皖南山区(图 2.7.7b)。

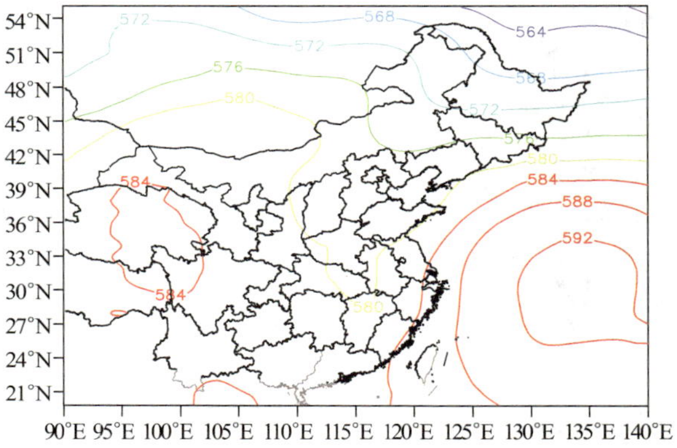

图 2.7.6　1965 年 7 月 27 日 20 时 500 hPa 等压面的高度场(单位:dagpm)

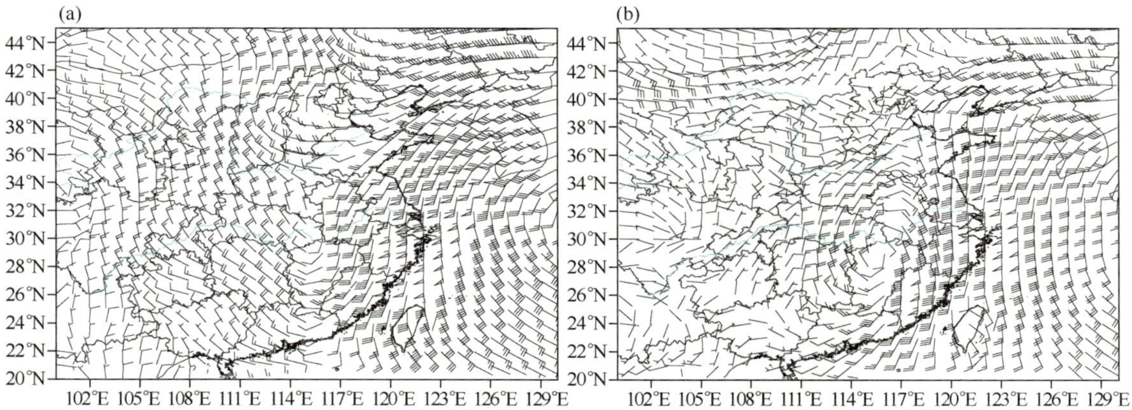

图 2.7.7　1965 年 7 月 27 日 20 时等压面的风场

(a. 500 hPa;b. 850 hPa,单位:m/s)

2.8　6513 号台风“玛丽”

2.8.1　台风“玛丽”概况

台风“玛丽”于 1965 年 8 月 14 日在西太平洋上生成，8 月 16 日发展成超强台风。8 月 19 日 02 时在台湾宜兰登陆(55 m/s，16 级，超强台风级)，8 月 20 日 20 时在福建省莆田东部沿海再次登陆(20 m/s，8 级，热带风暴级)。之后“玛丽”迅速减弱，经浙江、江苏东南部进入黄海，入海后再次加强成热带风暴，于 8 月 23 日在朝鲜西部沿海登陆，并很快减弱，最后在日本海消失(图 2.8.1)。

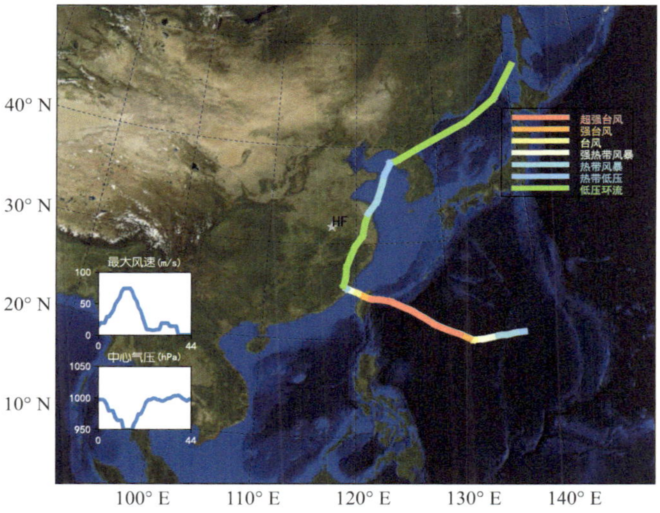

图 2.8.1　6513 号台风“玛丽”移动路径图

2.8.2　“玛丽”过程中国中东部降水实况

“玛丽”于 1965 年 8 月 20 日前后对我国开始造成影响，至 8 月 22 日主要对中国东部地区造成明显降水。福建北部、浙江全省、安徽东部和南部以及江苏大部地区降水量普遍在 50 mm 以上，福建北部、安徽南部和苏浙大部超过 100 mm，其中江苏东部部分地区超过 250 mm (图 2.8.2)。

2.8.3　“玛丽”过程安徽降水实况

1965 年 8 月 20—21 日，受“玛丽”台风环流、高空槽和冷空气的共同影响，江淮之间东部和沿江江南出现暴雨，部分地区大暴雨，共有 21 个站超过 50 mm，9 个站超过 100 mm，1 个站超过 250 mm；累计降雨量 50～100 mm，部分地区 140～180 mm，最大泾县 311 mm。20 日泾县出现大暴雨，24 h 降水量达 246.5 mm，21 日天长出现暴雨到大暴雨，24 h 降水量 158 mm (图 2.8.3)。

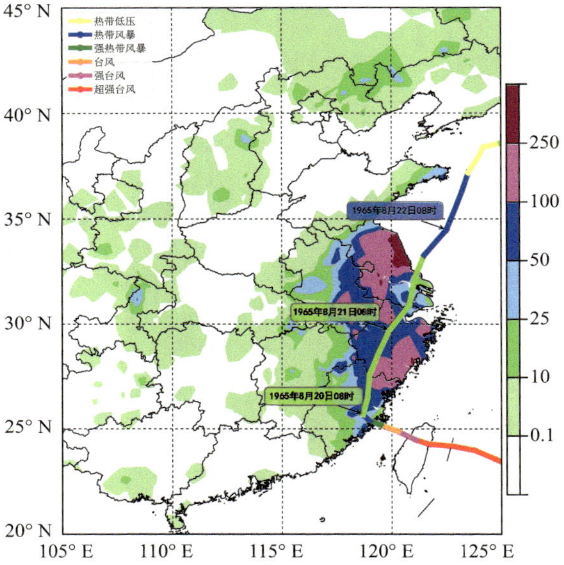

图 2.8.2 “玛丽”影响期间 1965 年 8 月 19 日 20 时—8 月 22 日 20 时中国中东部总降水量(单位:mm)

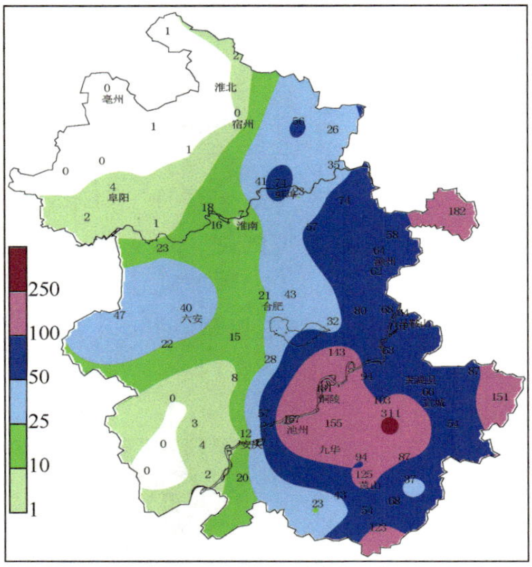

图 2.8.3 “玛丽”影响期间 1965 年 8 月 19 日 20 时—8 月 21 日 20 时安徽总降水量(单位:mm)

2.8.4 “玛丽”过程天气分析

200 hPa 等压面高度场、风场:南亚高压有两个中心,西段位于 100°E 以西,东段位于 115°E 以东西北太平洋,中心位于日本附近,两个高压之间为低槽区,槽自内蒙古东部向西南伸至重庆地区,安徽省位于槽前和东段南亚高压西北侧,西南风急流轴位于淮河以北地区,淮河以南地区位于急流轴南侧反气旋式切变中,有利于高空辐散(图 2.8.4—2.8.5)。

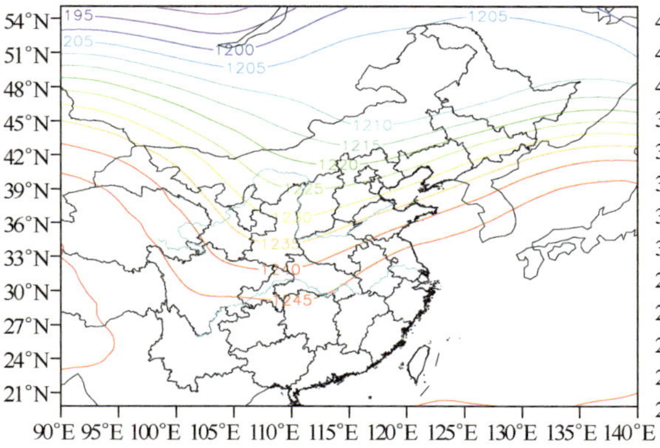

图 2.8.4 1965 年 8 月 20 日 20 时 200 hPa 等压面的高度场(单位:dagpm)

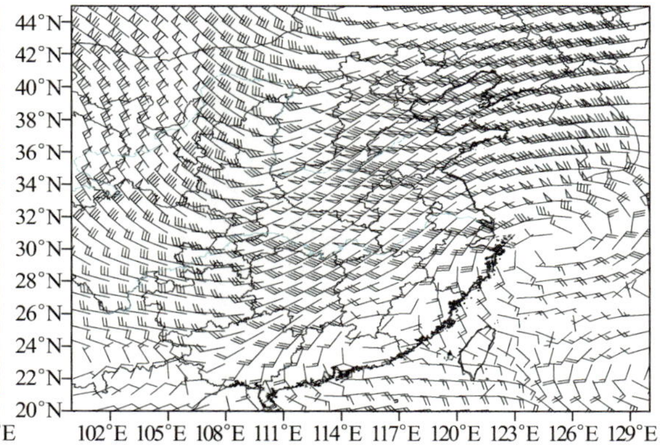

图 2.8.5 1965 年 8 月 20 日 20 时 200 hPa 等压面的风场(单位:m/s)

500 hPa 等压面高度场、风场和温度场:副高位于日本东南部西北太平洋上,中国中东部大陆为一低槽区,安徽省淮河以北存在一低压中心。北部槽自内蒙古东部向西南伸,呈东北西南向,槽底位于安徽省北部地区,槽后西北风与等温线接近垂直,冷平流强烈,槽将发展增强;

由低压中心向南伸出的槽基本呈南北向位于安徽省西部地区。安徽省中东部地区位于槽前偏南气流影响下。21 日槽发展增强槽底向南伸至华南南部海上，并且在安徽省中部形成低涡中心，低涡东部暖切变位于江淮之间东部，南部有两条槽。暴雨出现在暖切变附近和南部槽前（图 2.8.6，图 2.8.7a）。

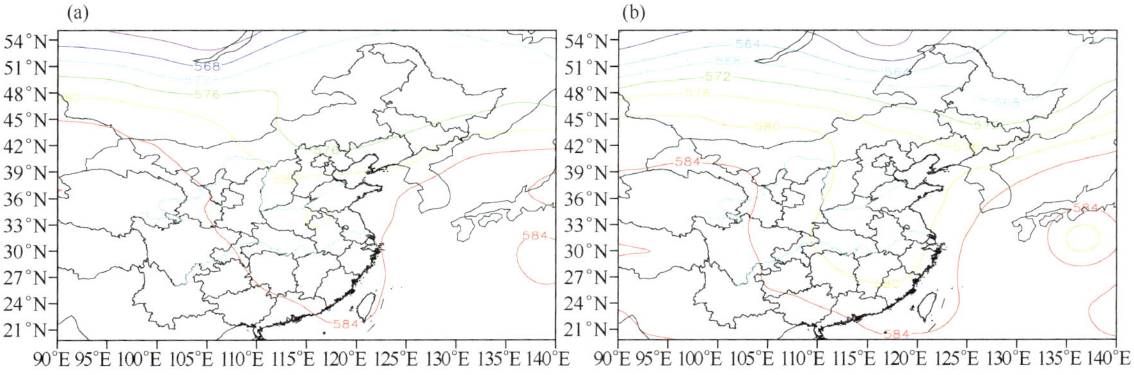

图 2.8.6　500 hPa 等压面的高度场

（a. 1965 年 8 月 20 日 20 时；b. 1965 年 8 月 21 日 20 时，单位：dagpm）

850 hPa 等压面风场、温度场：台风环流中心 20 日位于浙江南部，21 日移入安徽省东南部。温度场上山东半岛至江淮之间东部存在冷中心，受台风西北侧东北风影响有冷平流，表示低层有冷空气取东路南下；而在台风中心及其东侧即沿江江南东部地区有暖平流；冷暖空气交汇，有利暴雨发生。同时西太平洋上还存在 6515 号台风“Lucy”，中心位于日本东南部，受藤原效应影响，不利于“玛丽”向北移动，因而其移动较缓，有利于降水持续较长时间（图 2.8.7b，图 2.8.8）。

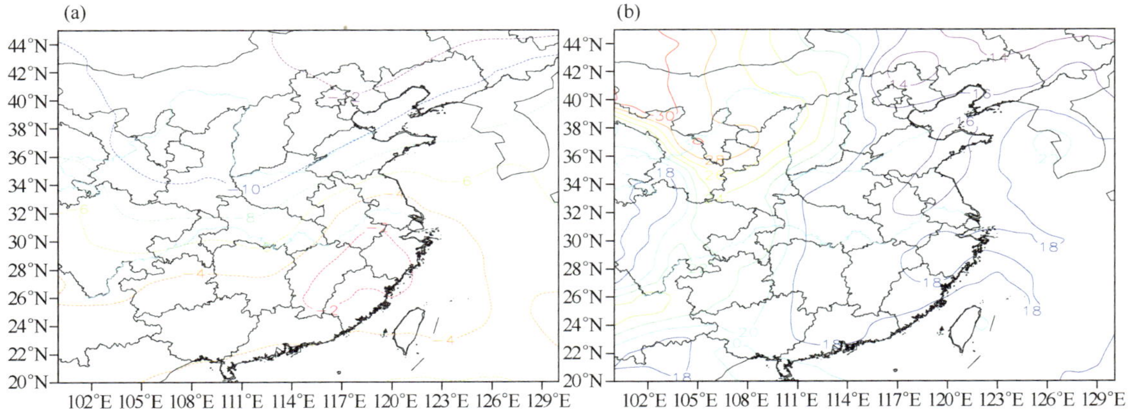

图 2.8.7　1965 年 8 月 20 日 20 时不同等压面的温度场

（a. 500 hPa；b. 850 hPa，单位：℃）

850 hPa 等压面、700 hPa 等压面假相当位温场：安徽省北部存在 θ_{se} 低值中心，南部存在高值中心，沿淮至江南北部为 θ_{se} 等值线密集区，与暴雨区对应，并且 θ_{se} 随高度减小，大气不稳定性（图 2.8.9）。

另外，台风北进过程中受皖南山区阻挡，地形对暴雨也有一定增幅作用。

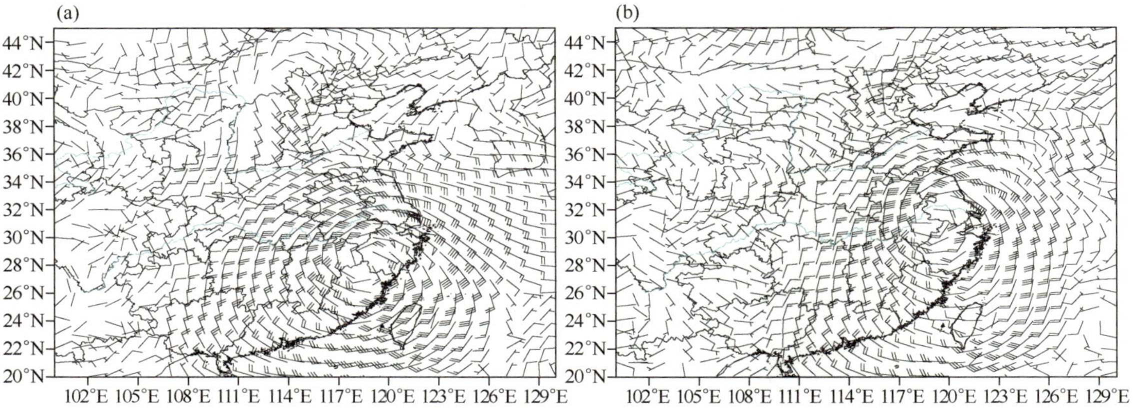

图 2.8.8　850 hPa 等压面的风场

(a. 1965 年 8 月 20 日 20 时;b. 1965 年 8 月 21 日,单位:m/s)

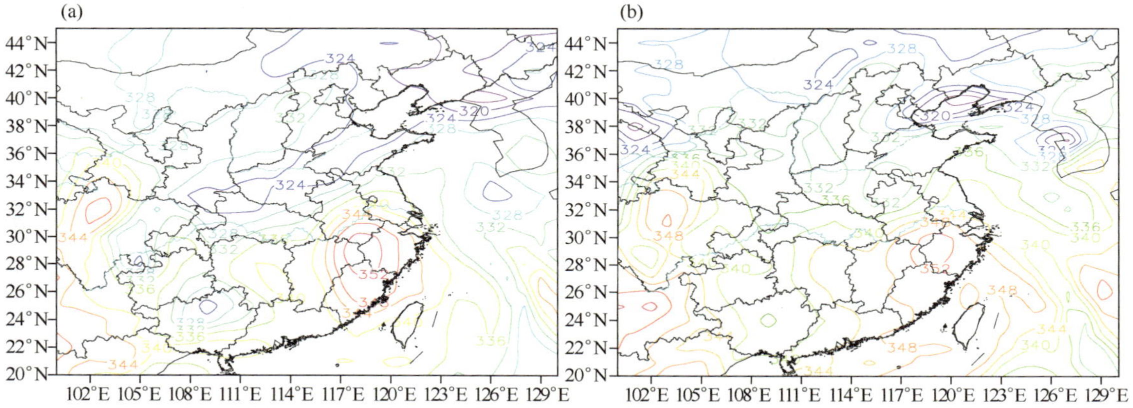

图 2.8.9　1965 年 8 月 20 日 20 时不同等压面的假相当位温场

(a. 700 hPa;b. 850 hPa,单位:K)

2.9　6615 号台风“科拉”

2.9.1　台风“科拉”概况

台风“科拉”于 1966 年 8 月 30 日在塞班岛以东西太平洋上生成,9 月 2 日 08 时发展成超强台风,9 月 7 日 08 时在福建省宁德市北部沿海登陆(35 m/s,12 级,台风级),之后迅速减弱,并逐渐转为东北移动方向经浙江、江苏南部进入黄海,入海后再次加强为热带风暴级,于 9 月 9 日在韩国西北部沿海登陆,并很快减弱消失(图 2.9.1)。

2.9.2　“科拉”过程中国中东部降水实况

“科拉”1966 年于 9 月 7 日前后对我国开始造成影响,至 9 月 9 日主要对登陆点和消亡点附近造成明显降水。浙江全省、安徽东南部、江苏中南部和山东半岛东部地区降水量普遍在 50 mm 以上,部分地区超过 100 mm (图 2.9.2)。

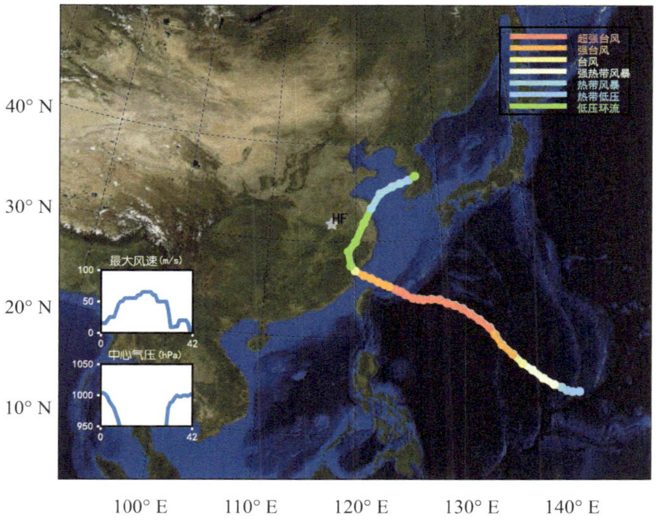

图 2.9.1　6615 号台风"科拉"移动路径图

2.9.3　"科拉"过程安徽降水实况

1966 年 9 月 7—8 日，受"科拉"台风环流、高空槽和冷空气的共同影响，江淮之间东部和江南东南部出现暴雨，局部大暴雨，共有 8 个站超过 50 mm，2 个站超过 100 mm；累计降雨量为 50～100 mm，部分地区为 110～150 mm，最大值为宣城 165 mm。强降水主要出现在 8 日江南东南部，最大值为宣城 24 h 降水量 126.8 mm(图 2.9.3)。

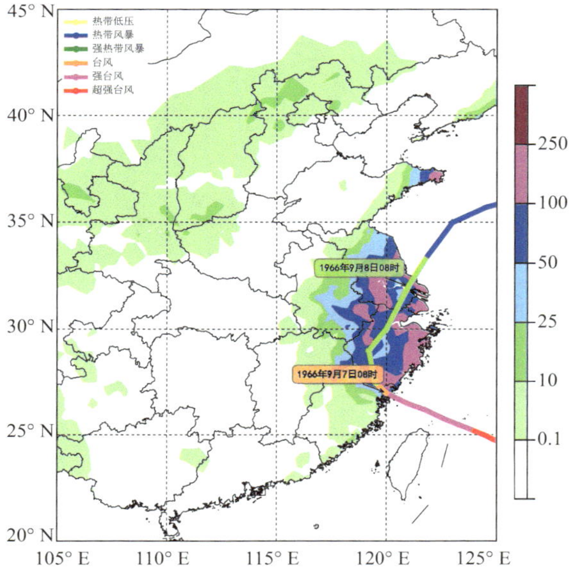

图 2.9.2　"科拉"影响期间 1966 年 9 月 6 日 20 时—9 月 9 日 20 时中国中东部总降水量(单位：mm)

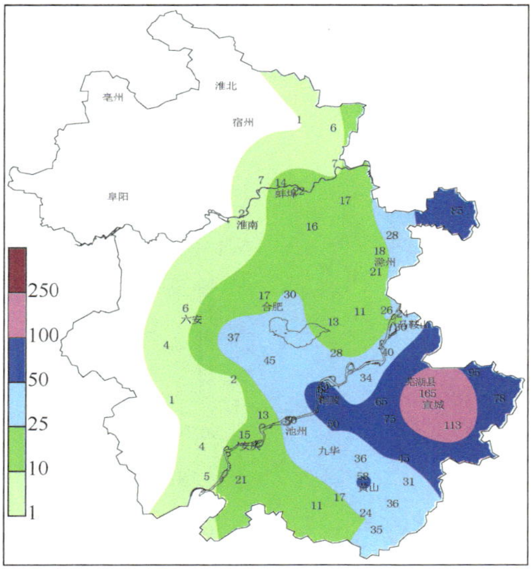

图 2.9.3　"科拉"影响期间 1966 年 9 月 6 日 20 时—9 月 8 日 20 时安徽总降水量(单位：mm)

2.9.4 “科拉”过程天气分析

200 hPa 等压面高度场、风场：东北地区北部为强低涡中心；南亚高压有两个中心，分别位于 95°E 以西和 125°E 以东，低涡南侧、两高压中心之间为低槽区，安徽省位于槽前。渤海附近至东北地区南部存在西南风急流核，安徽省位于南亚高压西北侧，急流入口区右侧，有利于高层辐散(图 2.9.4—2.9.5)。

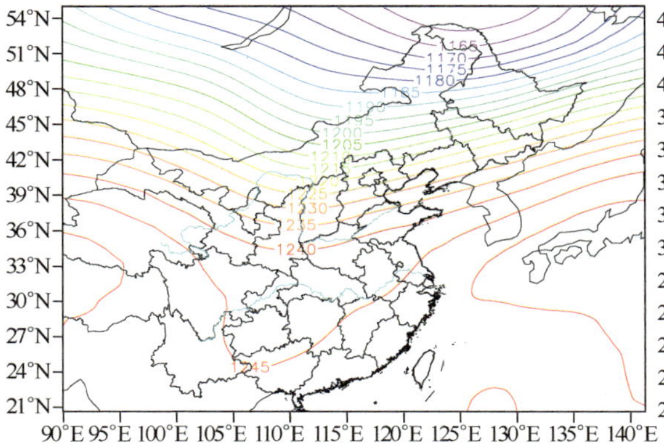

图 2.9.4 1966 年 9 月 7 日 20 时 200 hPa 等压面的高度场(单位：dagpm)

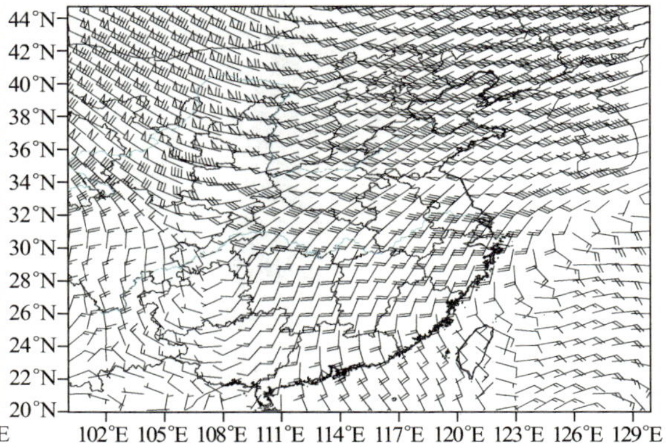

图 2.9.5 1966 年 9 月 7 日 20 时 200 hPa 等压面的风场(单位：m/s)

500 hPa 等压面高度场、风场：东北地区北部存在低涡中心，其南侧东北地区中部和华北地区存在高空槽，副高强大，中心位于日本东南部西太平洋上，8 日存在 592 dagpm 中心。台风环流沿其西侧引导气流自南向北移动，7 日位于安徽省东南部，并逐渐与高空槽结合，8 日槽线自安徽省东北部至西南部。暴雨出现在台风环流中心附近及槽前(图 2.9.6—2.9.7)。

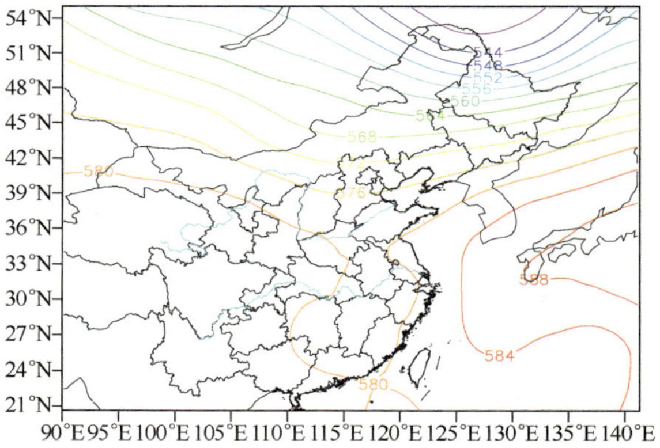

图 2.9.6 1966 年 9 月 7 日 20 时 500 hPa 等压面的高度场(单位：dagpm)

850 hPa 等压面风场、涡度场和假相当位温场：台风中心位于安徽省东南部，其北侧倒槽位于安徽省东南部及江苏地区，西北侧为一致东北风，并存在东北风急流，急流轴自淮北东部至江淮之间西部，急流轴东南侧存在强气旋式切变(图 2.9.8)，对应江淮之间东部地区存在正涡度中心，暴雨出现在正涡度中心及台风倒槽附近的正涡度大值区(图 2.9.9)。另外，θ_{se} 呈东北低西南高的形势，在安徽省以北地区和东南部分别存在 θ_{se} 低槽和高值中心，冷暖空气交汇使得二者之间自淮北东部至江南南部为 θ_{se} 等值线密集区，暴雨出现在 θ_{se} 密集区中偏高值区一侧(图 2.9.10)。

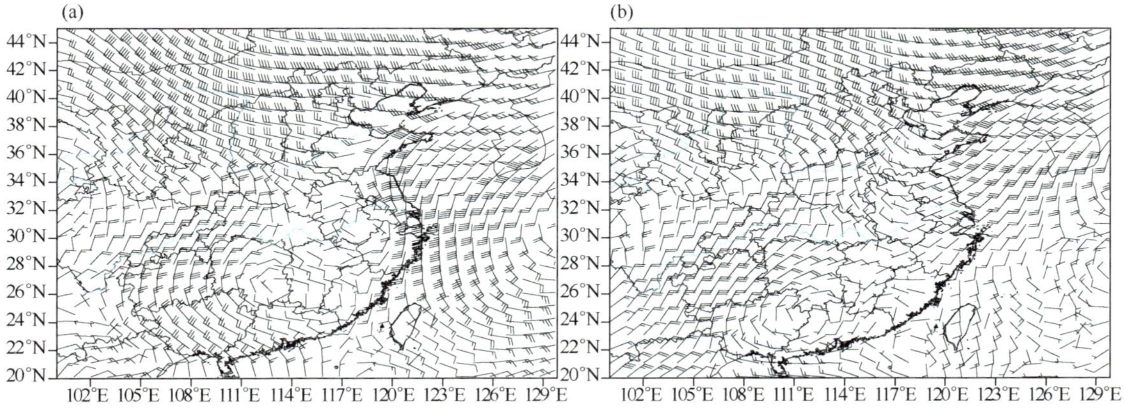

图 2.9.7　500 hPa 等压面的风场

（a. 1966 年 9 月 7 日 20 时；b. 1966 年 9 月 8 日 20 时，单位：m/s）

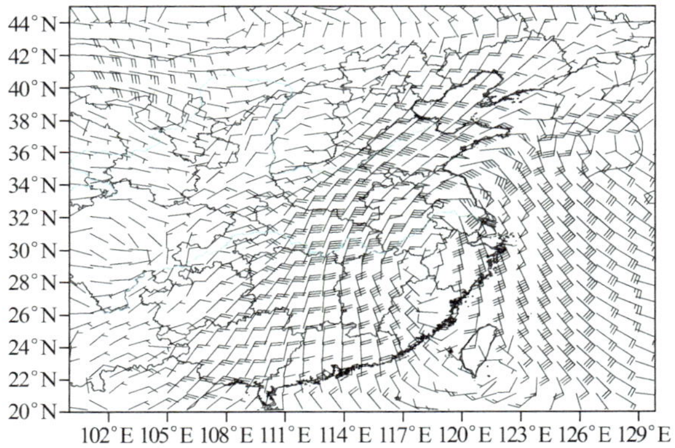

图 2.9.8　1966 年 9 月 7 日 20 时 850 hPa 等压面的风场（单位：m/s）

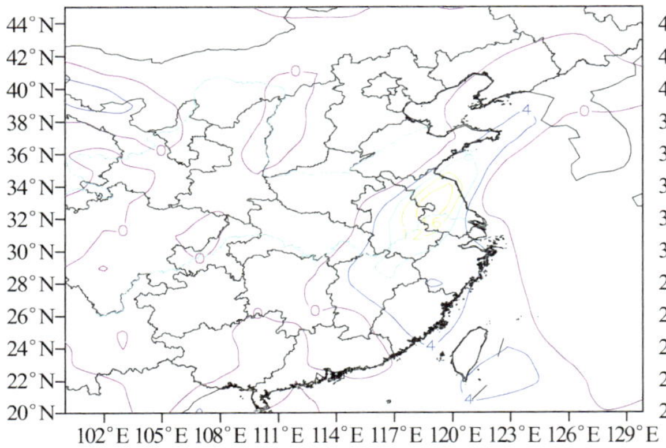

图 2.9.9　1966 年 9 月 7 日 20 时 850 hPa 等压面的涡度场（单位：$10^{-5}\cdot s^{-1}$）

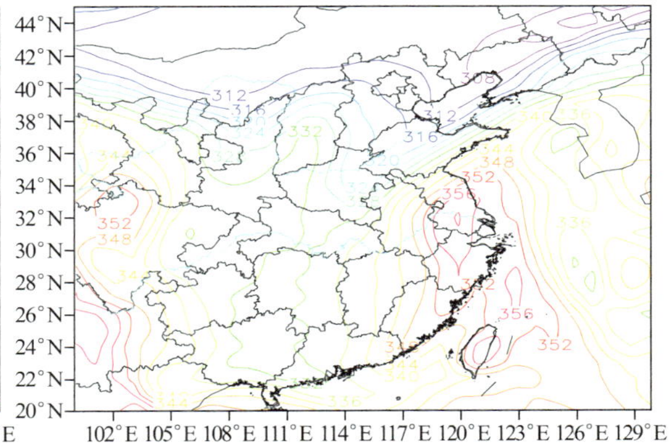

图 2.9.10　1966 年 9 月 7 日 20 时 850 hPa 等压面的假相当位温场（单位：K）

2.10 6911“艾尔西”

2.10.1 台风“艾尔西”概况

台风“艾尔西”于1969年9月18日在中西太平洋上生成，9月22日发展成超强台风，9月27日02时在台湾花莲南部沿海登陆(45 m/s,14级，强台风级)，9月27日14时在福建省泉州市南部沿海再次登陆(30 m/s,11级，强热带风暴级)。之后“艾尔西”深入内陆，强度迅速减弱，经福建南部进入江西，并转为东北移动方向，进入安徽省西南部(低压环流)，自西南向东北穿过安徽省经江苏中部进入黄海，强度再次增强，并转为偏东方向，最后进入日本海减弱消失(图2.10.1)。

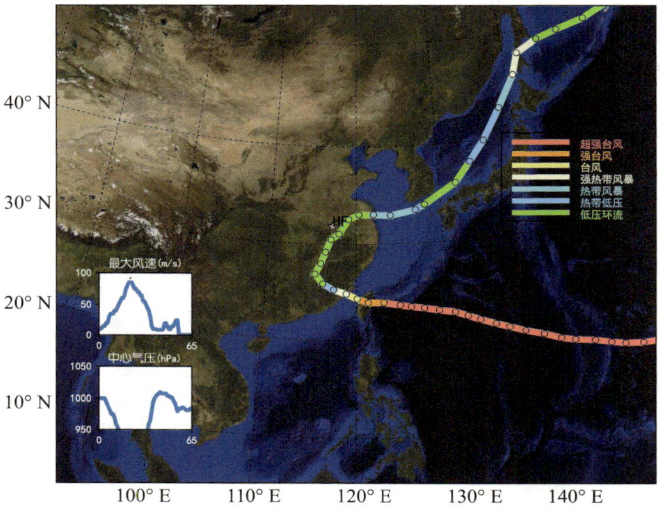

图2.10.1 6911号台风“艾尔西”移动路径图

2.10.2 “艾尔西”过程中国中东部降水实况

“艾尔西”于1969年9月27日前后对我国开始造成影响，至9月30日主要对东南沿海、江西、安徽、河南、山东、江苏等地造成明显降水。广东东部、福建中东部、浙江中南部、江西南部和西北部、安徽中北部、河南东部、江苏中北部和山东南部地区降水量普遍在50 mm以上，部分地区超过100 mm，其中福建东北部局部超过250 mm(图2.10.2)。

2.10.3 “艾尔西”过程安徽降水实况

1969年9月27—30日，受“艾尔西”台风环流、高空槽和冷空气的共同影响，沿江江北出现暴雨，部分地区大暴雨，共有30个站超过50 mm，26个站超过100 mm，1个站超过250 mm；累计降雨量为50～120 mm，部分地区为130～180 mm，最大岳西260 mm。强降水主要出现在28日和29日，其中28日大别山区出现暴雨，局部大暴雨，最大值为岳西24 h降水量198.3 mm；29日沿江江北普遍出现暴雨，淮北西部和江淮之间东部出现大暴雨，最大值为明光24 h降水量124.3 mm(图2.10.3)。

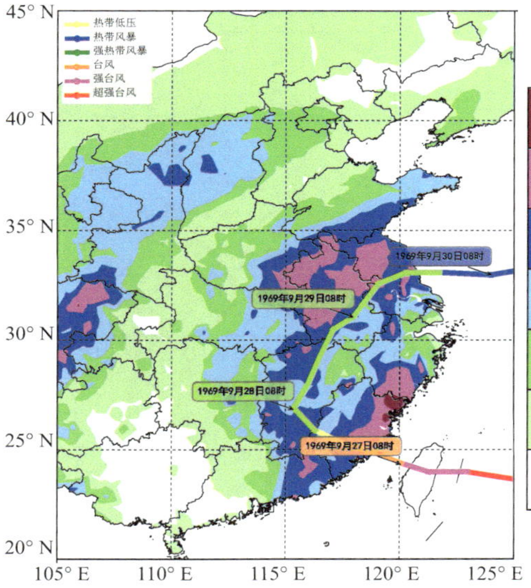

图 2.10.2　“艾尔西”影响期间 1969 年 9 月 26 日 20 时—9 月 30 日 20 时中国中东部总降水量(单位:mm)

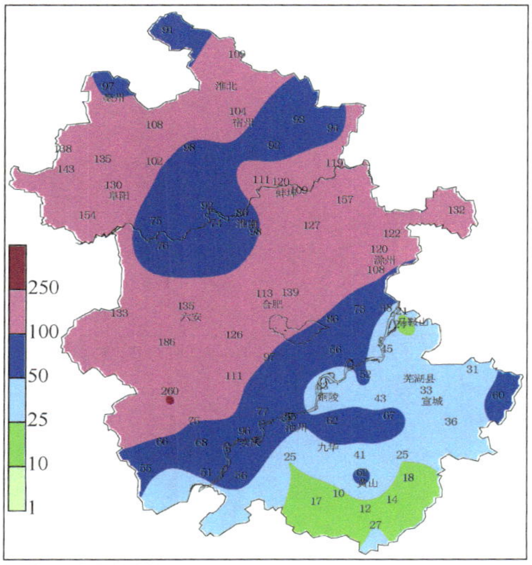

图 2.10.3　“艾尔西”影响期间 1969 年 9 月 26 日 20 时—9 月 9 日 30 时安徽总降水量(单位:mm)

2.10.4　“艾尔西”过程天气分析

200 hPa 等压面高度场:南亚高压强大,安徽省位于南亚高压控制下,高层高压强烈辐散(图 2.10.4)。

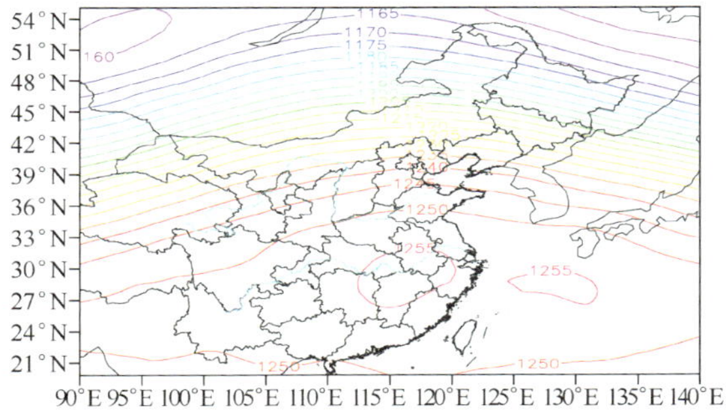

图 2.10.4　1969 年 9 月 27 日 20 时 200 hPa 等压面的高度场(单位:dagpm)

500 hPa 等压面高度场、850 hPa 和 700 hPa 等压面假相当位温场:27 日中高纬度为两低一高形势,贝加尔湖附近为高压脊,副高强大,中心位于日本南部洋面,其西北部伸至中东部大陆安徽省东北部地区,台风位于华南沿海,安徽省江淮之间南部和江南位于台风北侧倒槽中;受副高阻挡移动缓慢;28 日台风环流中心位于湖南东部,588 dagpm 等值线位于苏浙一带,安徽省位于高低压之间,偏南风强盛,并带来大量水汽和热量,850 hPa 和 700 hPa 等压面 θ_{se} 明显增强,大气高温高湿;28 日后贝加尔湖以西低涡强烈发展,低涡南部和西北地区东部槽加强并东移,29 日西北地区东部槽东移至华北南部—湖南地区,588 dagpm 等值线也东退至浙江沿海,安徽省位于副高西北侧和槽前,西南风强盛,急流轴位于沿江江南,暴雨出现在急流北侧强气旋式切变中;槽后有强冷平流,表明强冷空气南下,低层冷空气前沿已至江南南部,冷暖空气交汇,暴雨出现在冷锋锋后安徽省江北地区(图 2.10.5—2.10.10)。

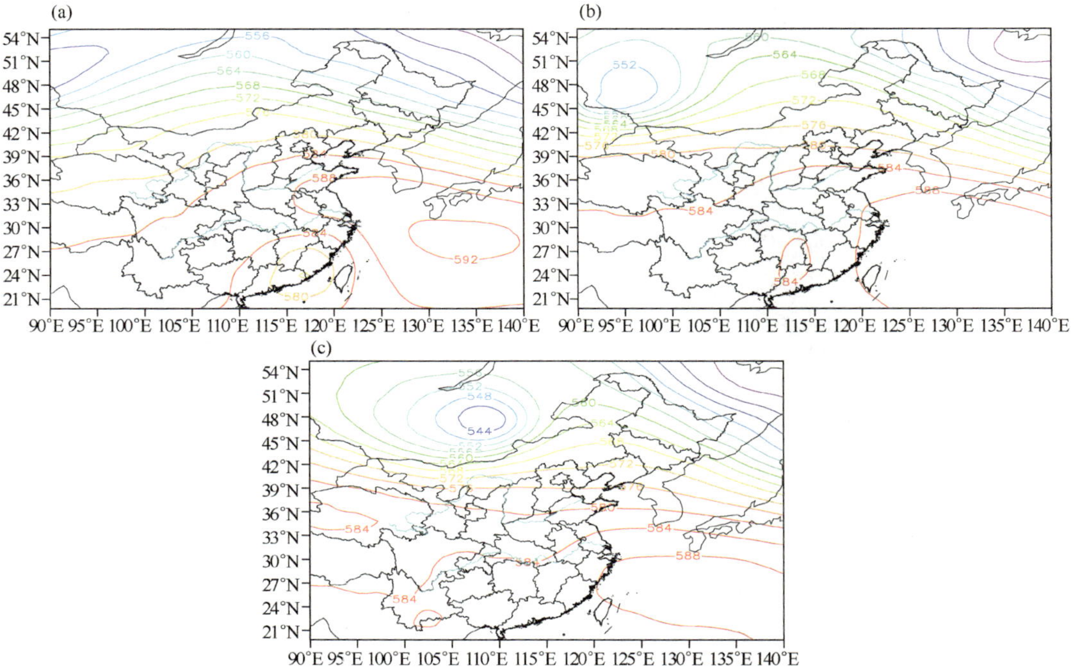

图 2.10.5 500 hPa 等压面的高度场

(a. 1969 年 9 月 27 日 20 时;b. 1969 年 9 月 28 日 20 时;c. 1969 年 9 月 29 日 20 时,单位:dagpm)

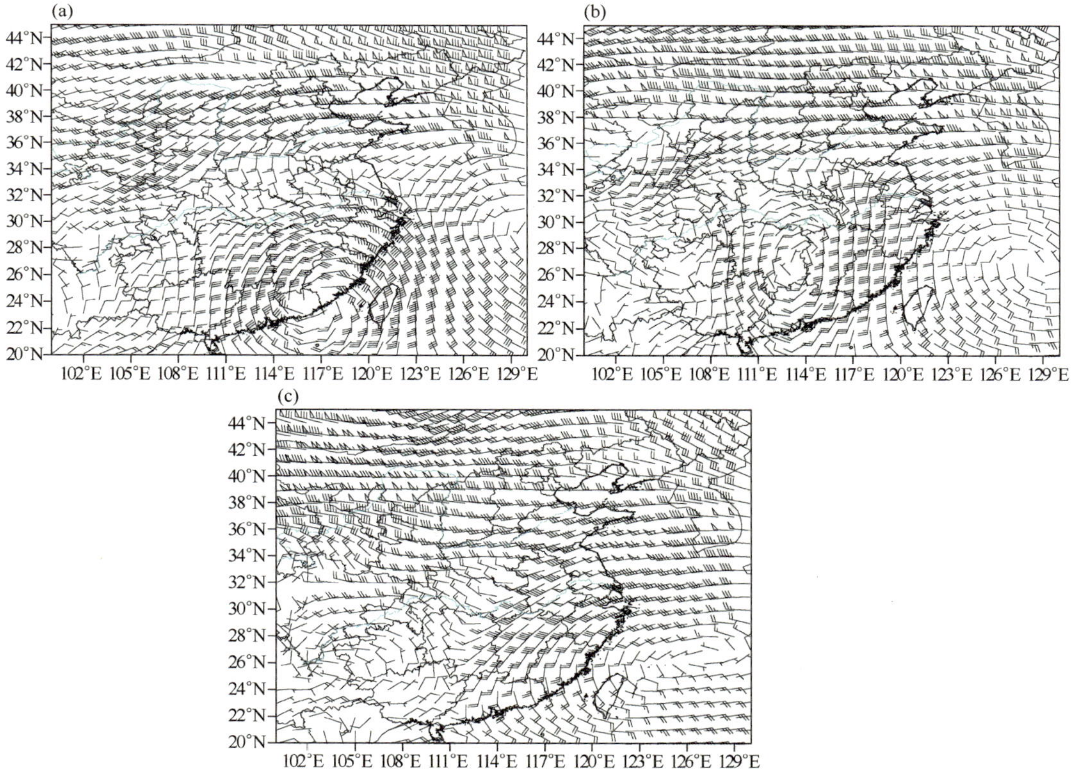

图 2.10.6 500 hPa 等压面的风场

(a. 1969 年 9 月 27 日 20 时; b. 1969 年 9 月 28 日 20 时;c. 1969 年 9 月 29 日 20 时,单位:m/s)

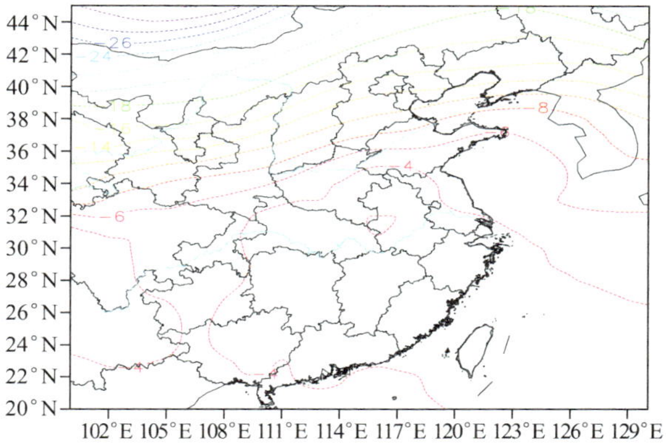

图 2.10.7　1969 年 9 月 29 日 20 时 500 hPa 等压面的温度场(单位:℃)

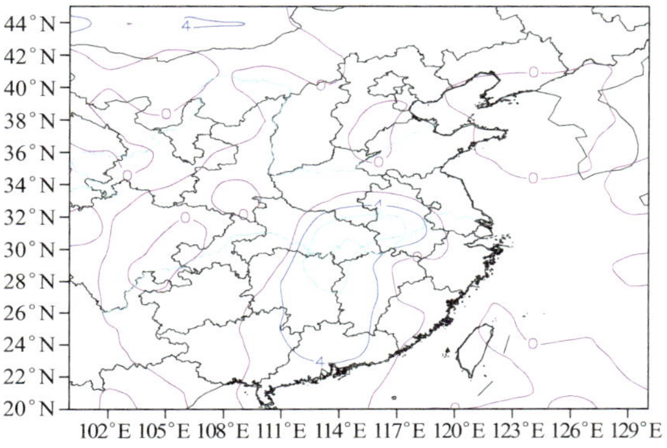

图 2.10.8　1969 年 9 月 28 日 20 时 850 hPa 等压面的涡度场(单位:$10^{-5}\cdot s^{-1}$)

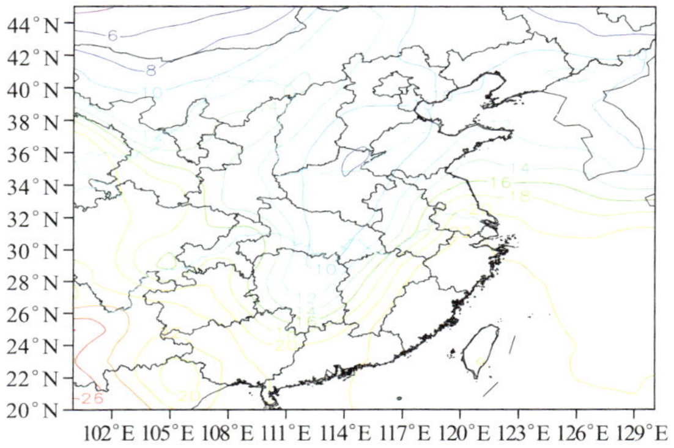

图 2.10.9　1969 年 9 月 29 日 20 时 925 hPa 等压面的温度场(单位:℃)

850 hPa 等压面风场:27 日台风环流中心位于华南沿海,安徽省位于其北侧偏东气流中;28 日台风环流中心位于广东北部,其北侧倒槽呈西南东北向自广东北部向东北方向伸至安徽省淮北东部,倒槽附近强气旋式切变,倒槽东北侧偏东风急流轴自江南东部至淮北西部,急流西南侧存在强气旋式切变,暴雨出现在急流西南侧倒槽附近正涡度大值区。29 日台风环流中心移至江淮之间东北部,并有较强冷空气活动,850 hPa 等压面 θ_{se} 沿江江北地区等值线密集,表明冷暖空气交汇强烈,暴雨与此能量锋区对应(图 2.10.11)。

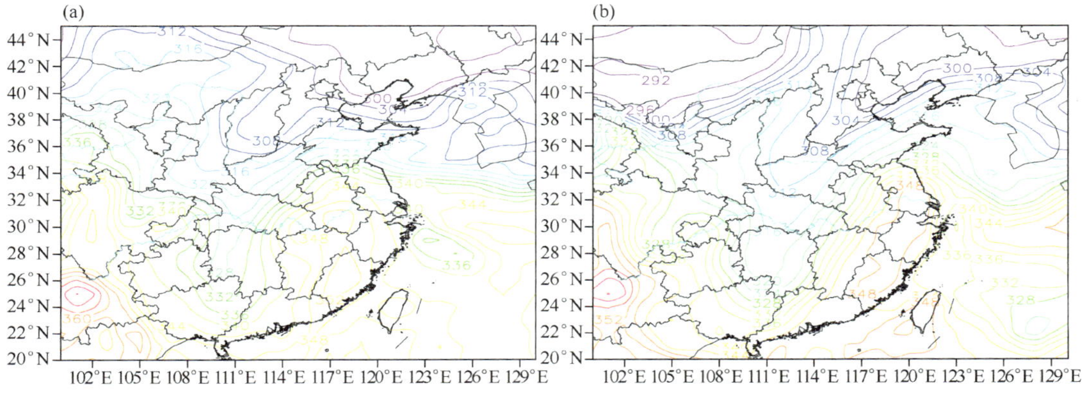

图 2.10.10　850 hPa 等压面的假相当位温场

(a. 1969 年 9 月 28 日 20 时;b. 1969 年 9 月 29 日 20 时,单位:K)

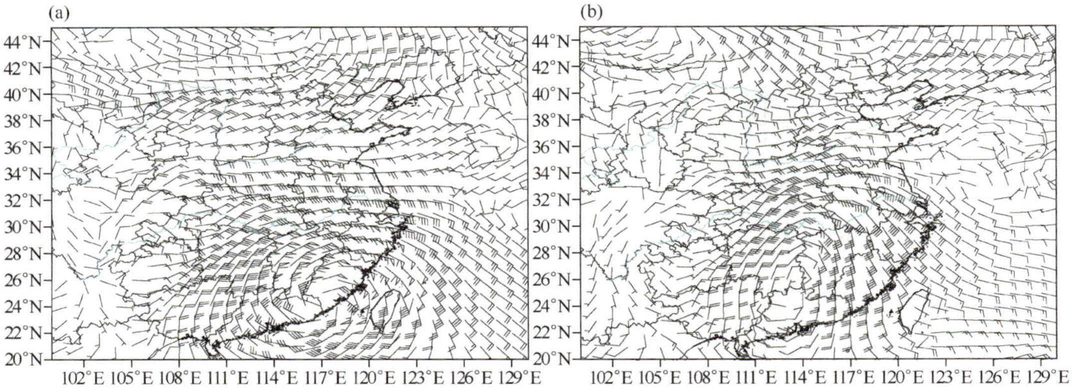

图 2.10.11 850 hPa 等压面的风场

(a. 1969 年 9 月 27 日 20 时;b. 1969 年 9 月 28 日 20 时,单位:m/s)

2.11 7123 号台风“贝丝”

2.11.1 台风“贝丝”概况

台风“贝丝”于 1971 年 9 月 17 日在塞班岛以东的西太平洋上生成,9 月 19 日发展成超强台风,9 月 22 日 20 时在台湾宜兰东部沿海登陆(50 m/s,15 级,强台风级),9 月 23 日 14 时在福建省福州市东部沿海再次登陆(35 m/s,12 级,台风级)。之后“贝丝”经福建、江西东部进入安徽省南部(热带风暴级),并转为东北移动方向,经江苏中部进入黄海,最后穿过朝鲜半岛进入日本海减弱消失(图 2.11.1)。

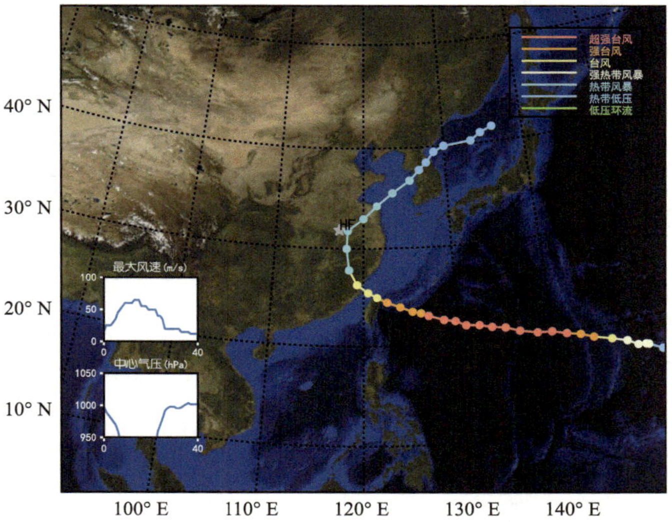

图 2.11.1 7123 号台风“贝丝”移动路径图

2.11.2 “贝丝”过程中国中东部降水实况

“贝丝”于 1971 年 9 月 22—25 日对我国产生明显降水(图 2.11.2)。浙江全省、福建东部、江西东部、安徽沿淮东部和淮河以南、江苏中北部、山东东部沿海降水量普遍在 50 mm 以上，其中浙江东南部、福建东部、江西与福建交界、安徽沿淮东部、江苏北部超过 100 mm。

2.11.3 “贝丝”过程安徽降水实况

图 2.11.3 为“贝丝”影响期间安徽省总雨量。1971 年 9 月 24—25 日，受“贝丝”台风环流和高空冷槽的共同影响，沿淮东部、江淮之间中部和东部以及江南中北部出现普遍暴雨，部分地区大暴雨，共有 22 个站超过 50 mm，12 个站超过 100 mm；累计降雨量 50～100 mm，部分地区 120～160 mm，最大五河 164 mm。强降水主要出现在 24 日，暴雨位于江淮之间中东部和江南中北部，其中江淮之间东北部出现大暴雨，最大等压面五河 24 h 降水量 163.7 mm。

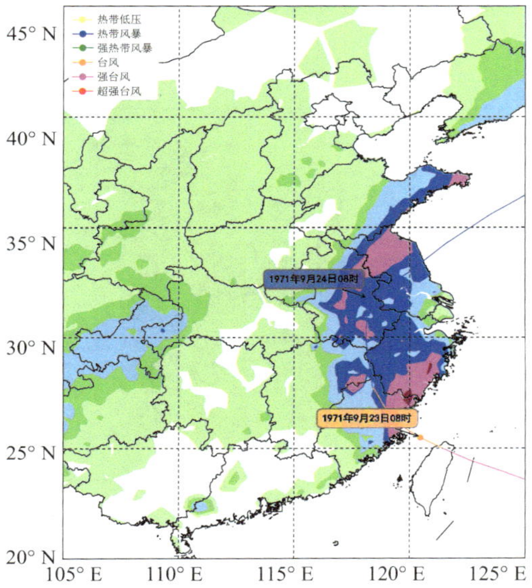

图 2.11.2 “贝丝”影响期间 1971 年 9 月 22 日 20 时—9 月 25 日 20 时中国中东部总降水量(单位：mm)

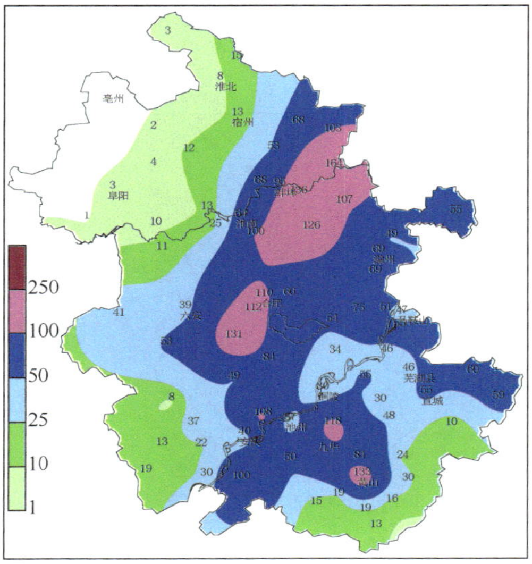

图 2.11.3 “贝丝”影响期间 1971 年 9 月 23 日 20 时—9 月 25 日 20 时安徽省总雨量(单位：mm)

2.11.4 “贝丝”天气过程分析

200 hPa 等压面高度场、风场：中高纬度为两槽一脊型。南亚高压中心位于日本南部西北太平洋上，脊线位于 30°N 附近，其北侧中国东北至日本海地区为强高压脊；贝加尔湖附近为低压中心，其南部为一深槽图(图 2.11.4)；副热带西风急流经向度大，西段位于 35°～40°N，东段位于 40°～45°N。安徽省位于槽前脊后，东段西风急流入口区右侧，有利于高空辐散(图 2.11.5)。

500 hPa 等压面高度场、温度场：中高纬度为两槽一脊形势，槽自贝加尔湖南部向南伸并分为两段，南段自内蒙古中部伸至安徽省东南部；副高强大，脊线位置位于 30°N 附近，自日本南部向西北方向突出高压脊(图 2.11.6)。安徽省西北部和西部位于槽后，西北风与等温线基本垂直，表明有强的冷平流，有利于冷空气自西北向东南扩散南下(图 2.11.7—2.11.8)。另外，在江苏省存在一暖中心，安徽省江淮之间东部和江南位于暖区中，冷暖空气交汇有利于暴雨产生。暴雨出现在 500 hPa 等压面槽线附近。

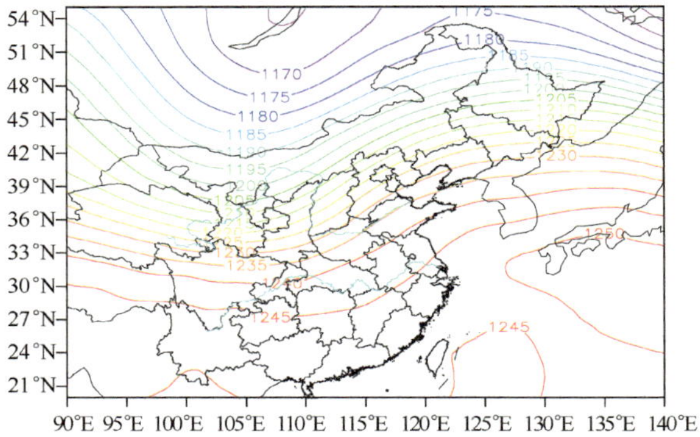

图 2.11.4 1971 年 9 月 24 日 20 时 200 hPa 等压面的高度场(单位:dagpm)

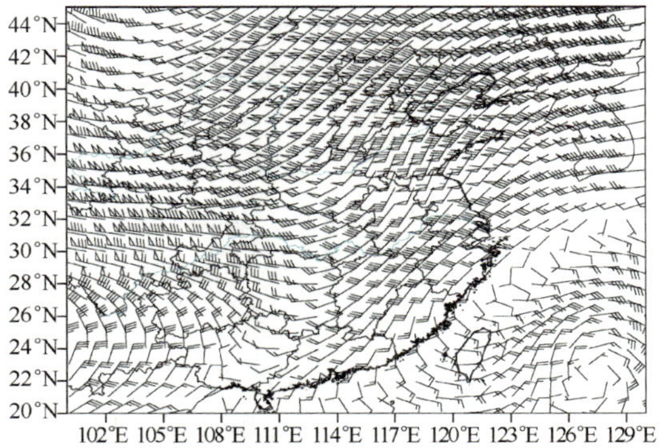

图 2.11.5 1971 年 9 月 24 日 20 时 200 hPa 等压面的风场(单位:m/s)

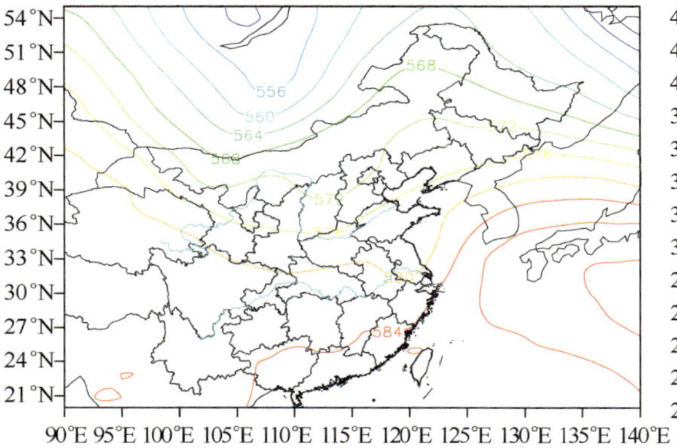

图 2.11.6 1971 年 9 月 24 日 20 时 500 hPa 等压面的高度场(单位:dagpm)

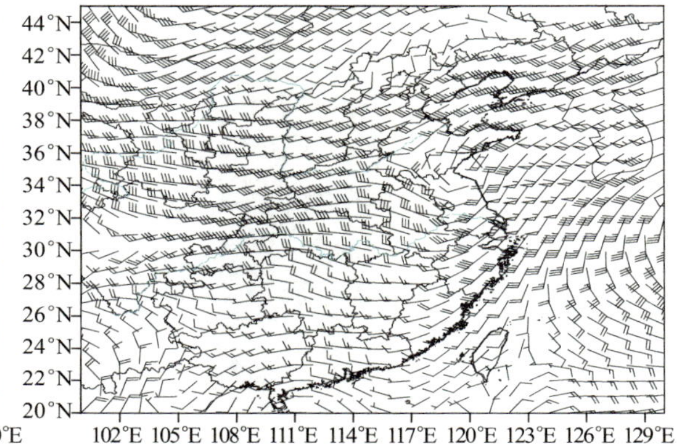

图 2.11.7 1971 年 9 月 24 日 20 时 500 hPa 等压面的风场(单位:m/s)

850 hPa 等压面风场:台风环流中心位于安徽省东北部,切变线呈南北向位于安徽省东部,暴雨出现在切变线西侧(图 2.11.9)。

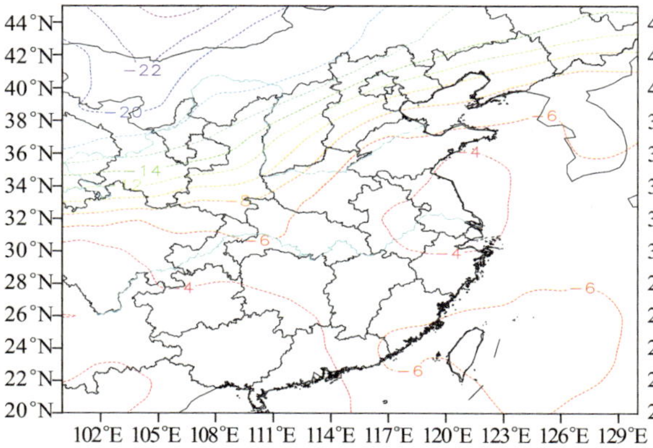

图 2.11.8 1971 年 9 月 24 日 20 时 500 hPa 等压面的温度场(单位:℃)

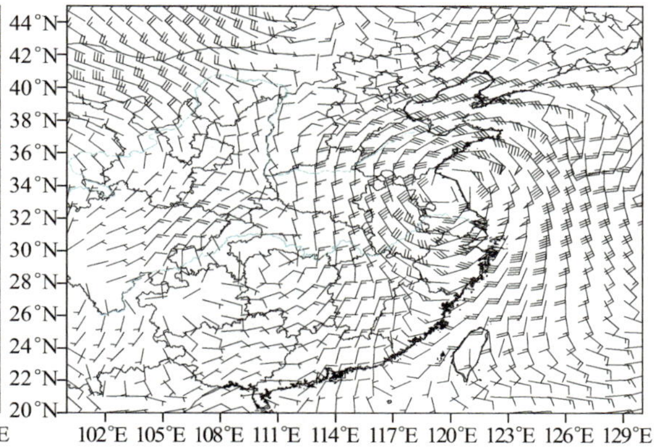

图 2.11.9 1971 年 9 月 24 日 20 时 850 hPa 等压面的风场(单位:m/s)

850 hPa 和 700 hPa 等压面假相当位温场：θ_{se} 大值区均在江淮之间东部和江南，且随高度增大，表明大气不稳定小，以稳定性降水为主(图 2.11.10)。

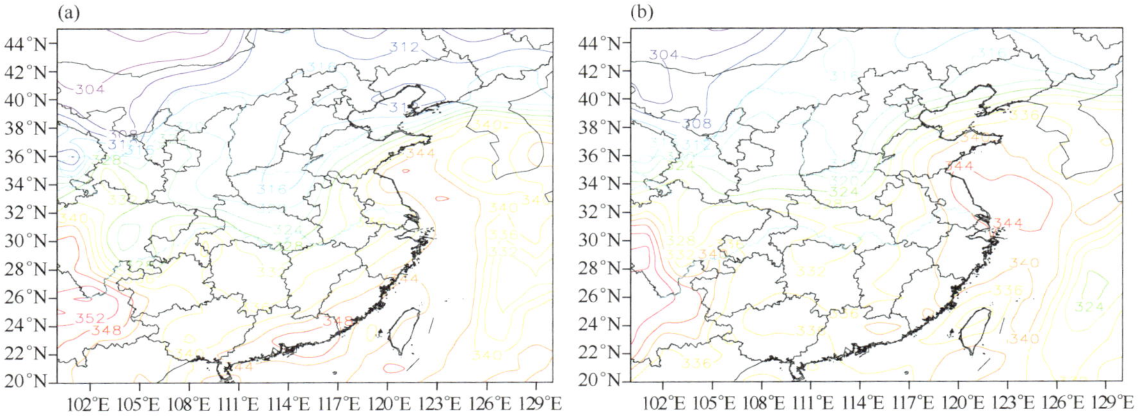

图 2.11.10　1971 年 9 月 24 日 20 时不同等压面的假相当位温场
(a. 850 hPa；b. 700 hPa，单位：K)

2.12　7207 号台风“温妮”

2.12.1　台风“温妮”概况

台风“温妮”于 1972 年 7 月 29 日在西太平洋上生成，8 月 1 日发展成强热带风暴，8 月 2 日 02 时在浙江省温州南部沿海登陆(30 m/s，11 级，强热带风暴级)。之后，“温妮”迅速减弱，经浙江南部、江西东北部进入安徽省西南部(低压环流)，强度较弱但移动缓慢，并继续北进，最后在安徽省中部减弱消失(图 2.12.1)。

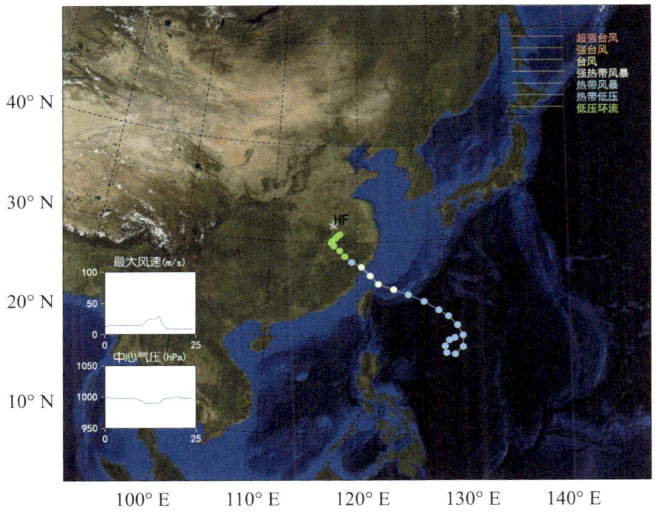

图 2.12.1　7207 号台风“温妮”移动路径图

2.12.2 “温妮”过程中国中东部降水实况

“温妮”于 1972 年 7 月 31 日—8 月 5 日对我国造成明显降水(图 2.12.2)。浙江大部、福建中部部分地区、江西东部、安徽的江南地区降水量普遍在 50 mm 以上,部分地区超过 100 mm,局部超过 250 mm。

2.12.3 “温妮”过程安徽降水实况

图 2.12.3 为“温妮”影响期间安徽省总雨量。1972 年 8 月 2—5 日,受“温妮”台风环流、高空槽和冷空气的共同影响,大别山区局部和江南出现暴雨,部分地区大暴雨,共有 7 个站超过 50 mm,18 个站超过 100 mm,1 个站超过 250 mm;累计降雨量为 50～100 mm,部分地区为 130～200 mm,最大值为黄山 323 mm。强降水主要出现在 3 日和 4 日,暴雨位于江南南部,部分地区大暴雨,最大值为 4 日黄山,24 h 降水量 175.4 mm。

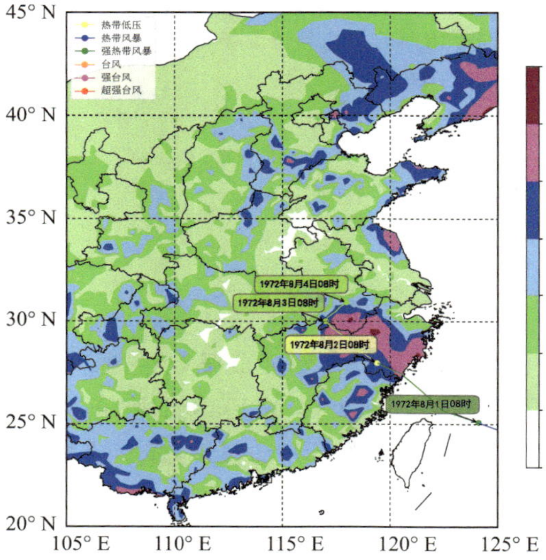

图 2.12.2 “温妮”影响期间 1972 年 7 月 31 日 20 时—8 月 5 日 20 时中国中东部总降水量(单位:mm)

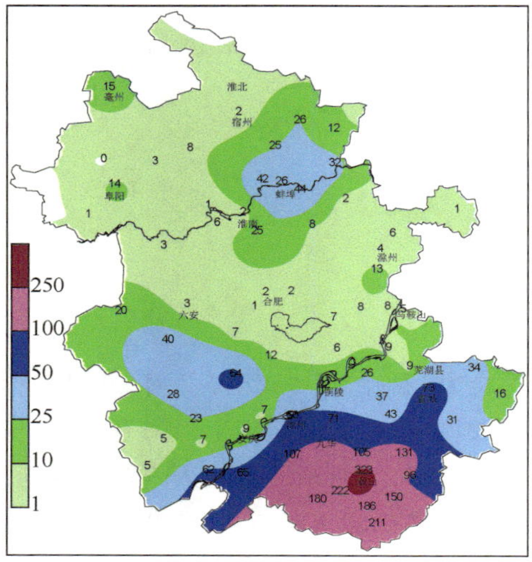

图 2.12.3 “温妮”影响期间 1972 年 8 月 1 日 20 时—8 月 5 日 20 时安徽总降水量(单位:mm)

2.12.4 “温妮”天气过程分析

200 hPa 等压面高度场、风场:中高纬度为一槽一脊型,脊位于贝加尔湖以西地区,槽位于西伯利亚东部,槽脊都发展增强,3 日低槽在鄂霍茨克海以西形成低压中心并维持;同时高压脊也发展,中高纬度经向度不断增大(图 2.12.4—2.12.5)。由低压中心向南伸出的槽不断加强,并迫使中纬度地区南亚高压逐渐切断为两部分,5 日日本南部西北太平洋上形成两个高压中心,其北侧为强高压脊;使得中纬度地区形成稳定的西低东高形势(图 2.12.6—2.12.7)。

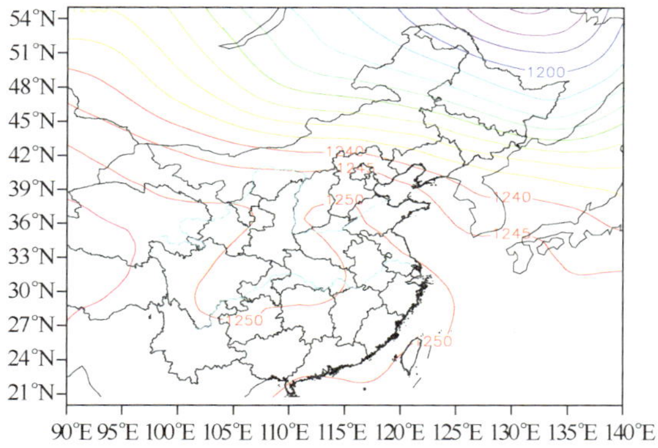

图 2.12.4　1972 年 8 月 3 日 20 时 200 hPa 等压面的高度场(单位:dagpm)

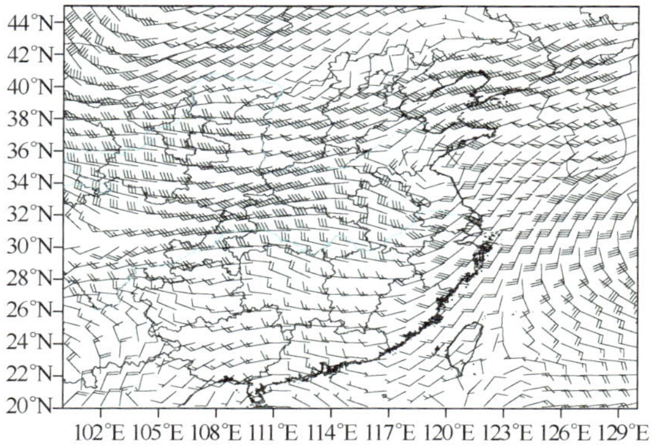

图 2.12.5　1972 年 8 月 3 日 20 时 200 hPa 等压面的风场(单位:m/s)

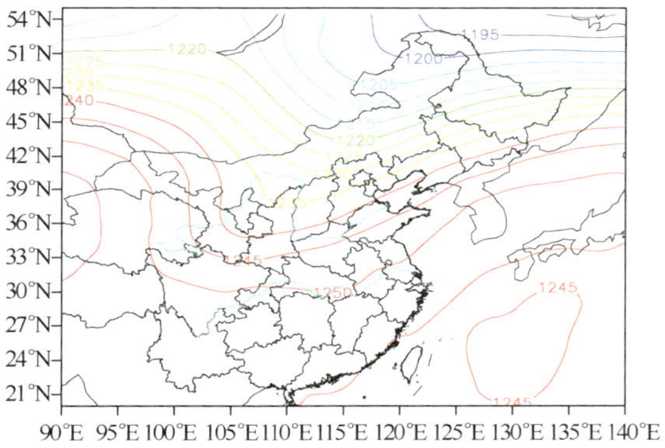

图 2.12.6　1972 年 8 月 5 日 20 时 200 hPa 等压面的高度场(单位:dagpm)

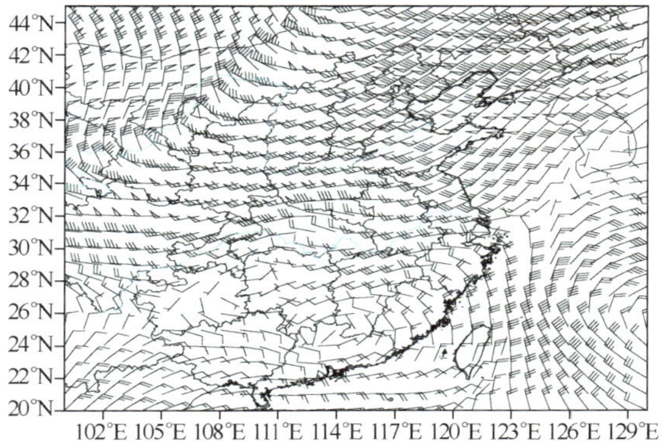

图 2.12.7　1972 年 8 月 5 日 20 时 200 hPa 等压面的风场(单位:m/s)

500 hPa 等压面高度场:中高纬度为一槽一脊型,鄂霍茨克海以西地区维持一个低压中心,向南伸出的槽在冷平流作用下不断发展增强,5 日低槽自内蒙古东部向西南伸至湖北地区。副热带高压稳定维持,脊线位于 30°N 附近(图 2.12.8)。台风环流由安徽省南部进入并向北移动,逐渐与北部低槽结合为一深槽。安徽省南部地区先受台风低压环流影响,后期受中心位于淮北东部的低涡向西南伸出的冷槽影响,有利于降水持续较长时间。并且低涡西北侧和东南侧分别对应强的冷平流和暖平流,表示冷暖空气交汇强烈,暴雨出现在低涡附近及冷槽槽前。

850 hPa 等压面风场和 850 hPa 等压面、700 hPa 等压面假相当位温场:台风环流自南向北移动缓慢,副高强大,台风低压与副高之间偏南风急流强,有利于海上水汽和热量的持续输送,3 日安徽全省 θ_{se} 达 348 K 以上,江南地区甚至可达 356 K 以上,并且随高度减小,表明大气高温高湿,大气高度不稳定。2 日台风北侧偏东风急流位于江淮之间,3 日最大风带北抬至沿淮地区,其南侧气旋式切变中易出现暴雨;4 日低涡中心位于江淮之间中部,其东北侧和西南侧分别存在一个暖切变和一个冷切变,暴雨出现在沿淮东部暖切变附近、低涡附近的大别山区和冷切变前部的江南地区(图 2.12.9—2.12.10)。

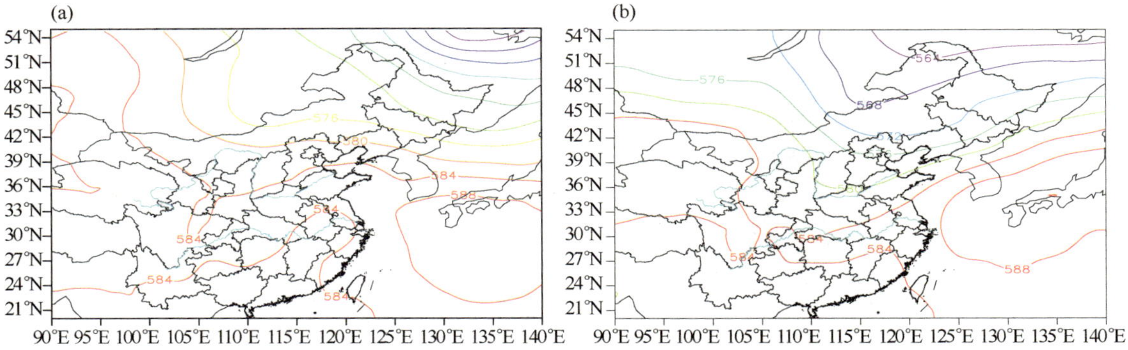

图 2.12.8 500 hPa 等压面的高度场

(a. 1972 年 8 月 3 日 20 时；b. 1972 年 8 月 5 日 20 时，单位：dagpm)

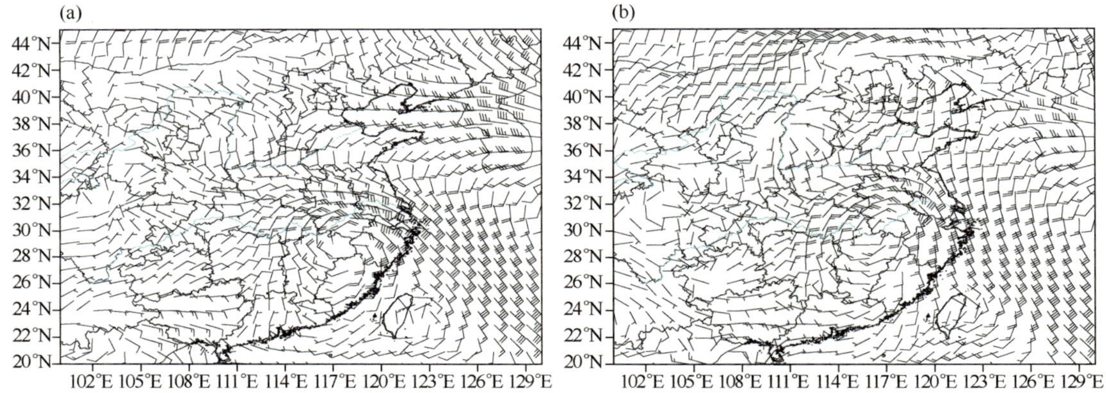

图 2.12.9 850 hPa 等压面的风场

(a. 1972 年 8 月 2 日 20 时；b. 1972 年 8 月 3 日 20 时，单位：m/s)

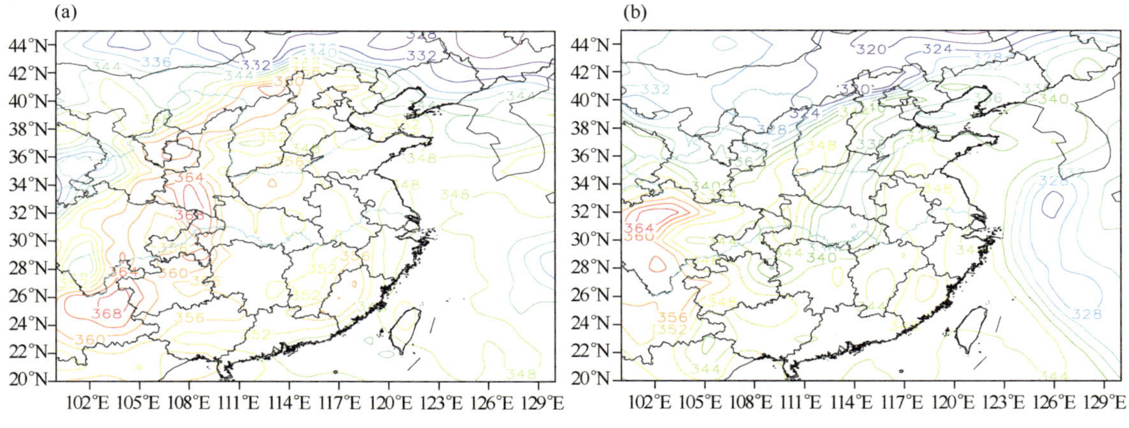

图 2.12.10 不同等压面的假相当位温场

(a. 1972 年 8 月 3 日 20 时 850 hPa；b. 1972 年 8 月 4 日 20 时 700 hPa，单位：K)

2.13　8012 号台风"Norris"

2.13.1　台风"Norris"概况

台风"Norris"于 1980 年 8 月 23 日在西太平洋上生成，8 月 27 日发展成强台风，8 月 27 日 20 时在台湾宜兰南部沿海登陆(40 m/s，13 级，台风级)，8 月 28 日 14 时在福建省福州市南部沿海再次登陆(30 m/s，11 级，强热带风暴级)。之后"Norris"转为东北移动方向经江西东部、安徽南部(热带低压—低压环流)和江苏南部进入海上，最后向东移动在日本南部消失(图 2.13.1)。

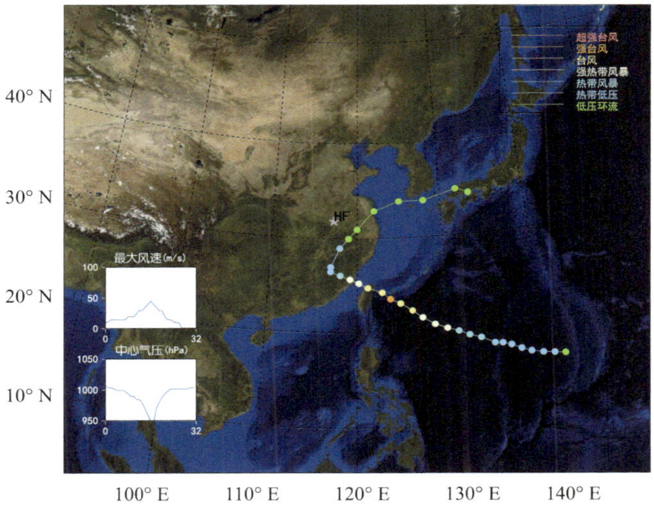

图 2.13.1　8012 号台风"Norris"移动路径图

2.13.2　"Norris"过程中国中东部降水实况

"Norris"于 1980 年 8 月 27—30 日对我国开始造成明显降水(图 2.13.2)。福建南部和东部、浙江南部、江西中东部、安徽南部、江苏中部降水量普遍在 50 mm 以上，部分地区超过 100 mm。

2.13.3　"Norris"过程安徽降水实况

图 2.13.3 为"Norris"影响期间安徽省总雨量。1980 年 8 月 29—30 日，受"Norris"台风环流和高空槽的共同影响，江南出现暴雨，部分地区大暴雨，共有 10 个站超过 50 mm，4 个站超过 100 mm；累计降雨量为 50～100 mm，部分地区为 110～160 mm，最大值为宁国 167 mm。强降水主要出现在 30 日，江南南部出现暴雨到大暴雨，最大值为宁国 24 h 降水量 162.1 mm。

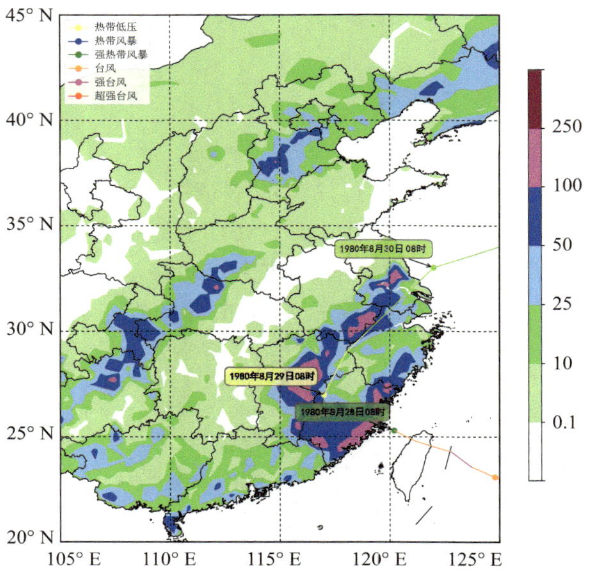

图 2.13.2 “Norris”影响期间 1980 年 8 月 27 日 20 时—8 月 30 日 20 时中国中东部总降水量(单位:mm)

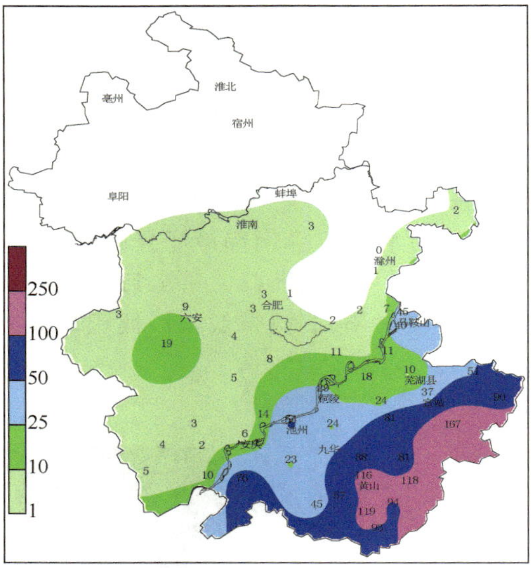

图 2.13.3 “Norris”影响期间 1980 年 8 月 28 日 20 时—8 月 30 日 20 时安徽总降水量(单位:mm)

2.13.4 “Norris”天气过程分析

200 hPa 等压面高度场、温度场:南亚高压呈东西向带状,中高纬度为一槽一脊型,日本海附近为高压脊;贝加尔湖以东内蒙古东北部附近存在一个低压中心,向西南方向伸出一槽,槽底至中国西北地区东部(图 2.13.4a);温度场上在中国西北地区存在一个冷中心,受副热带西风急流强冷平流影响,槽将发展增强(图 2.13.5)。30 日槽加强,槽底伸至湖北北部,南亚高压显著南压(图 2.13.4b)。29 日安徽省淮河以南、30 日江南位于南压高压控制中,高层辐散。

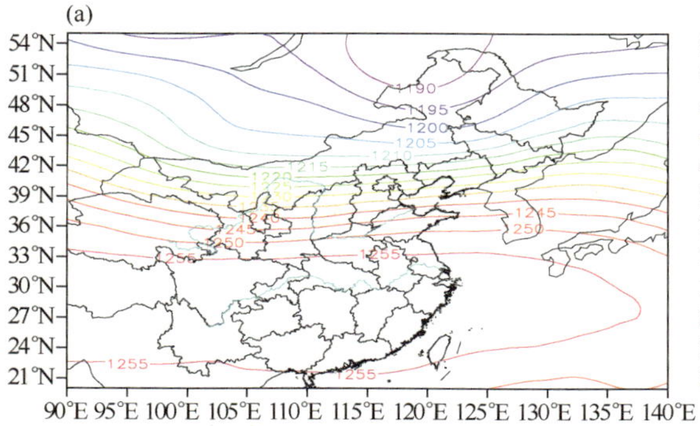

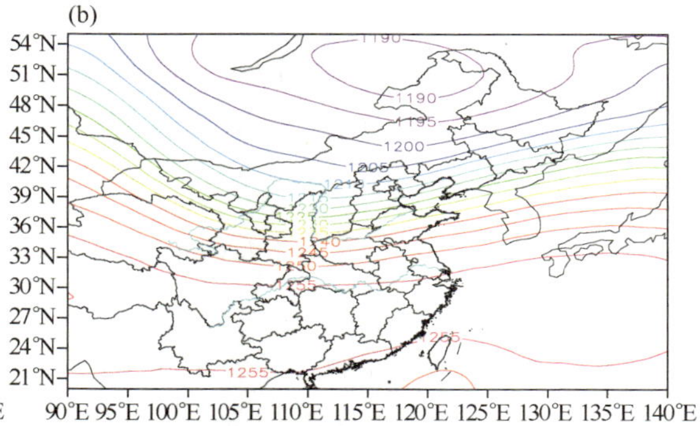

图 2.13.4 200 hPa 等压面的高度场

(a. 1980 年 8 月 29 日 20 时; b. 1980 年 8 月 30 日 20 时,单位:dagpm)

500 hPa 等压面高度场、风场:贝加尔湖以东内蒙古东北部附近存在一个低涡中心,向南伸出一槽,槽底至河南,受槽后冷平流影响,槽将发展增强,30 日槽底伸至湖南(图 2.13.6)。

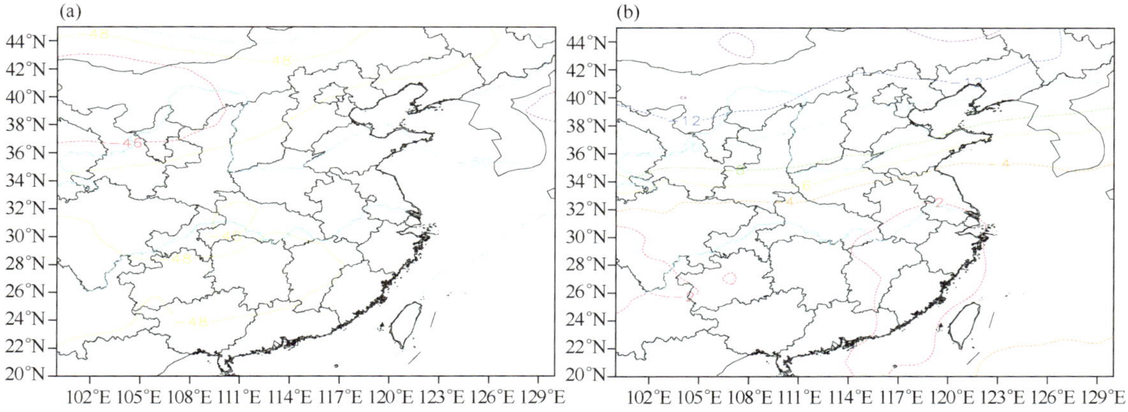

图 2.13.5　1980 年 8 月 29 日 20 时不同等压面的温度场

（a. 200 hPa；b. 500 hPa，单位：dagpm）

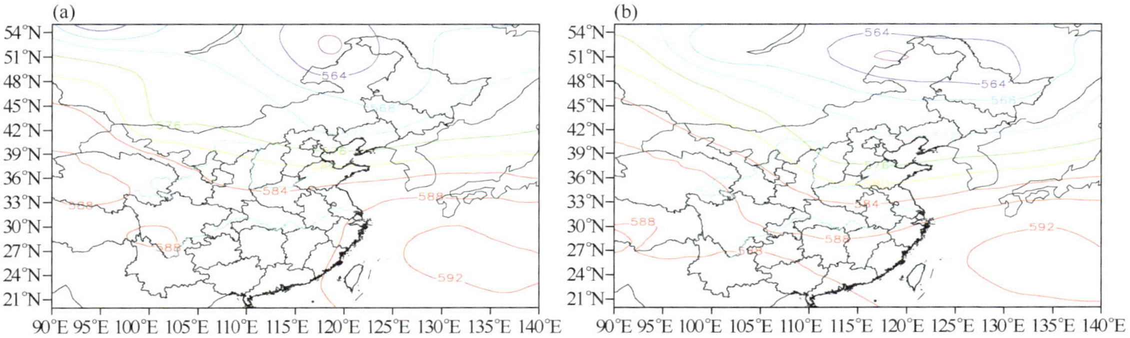

图 2.13.6　500 hPa 等压面的高度场

（a. 1980 年 8 月 29 日 20 时；b. 1980 年 8 月 30 日 20 时，单位：dagpm）

副高强大，位置稳定，29 日安徽省江北位于槽前，江南受台风倒槽和副高西侧西南急流影响，存在强的气旋式切变（图 2.13.7），为暴雨的产生提供了有利的动力条件，850 hPa 等压面上对应存在强的正涡度中心（图 2.13.8）。

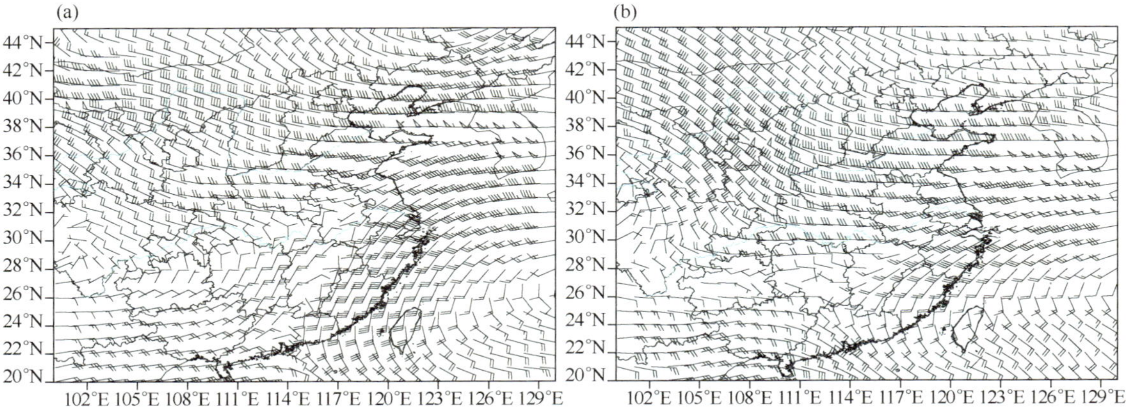

图 2.13.7　500 hPa 等压面的风场

（a. 1980 年 8 月 29 日 20 时；b. 1980 年 8 月 30 日 20 时，单位：m/s）

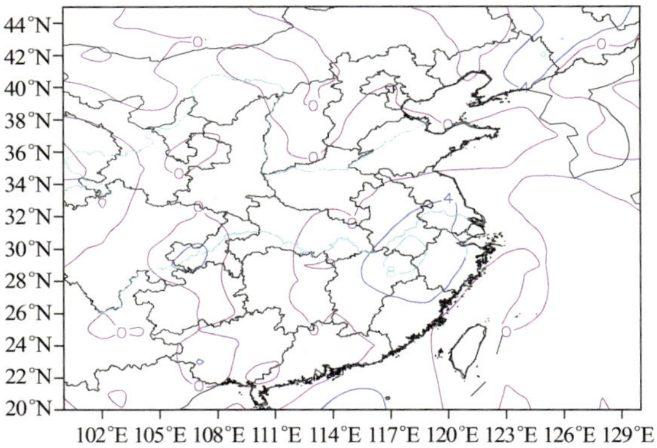

图 2.13.8 1980 年 8 月 29 日 20 时 850 hPa 等压面的涡度(单位:$10^{-5} \cdot s^{-1}$)

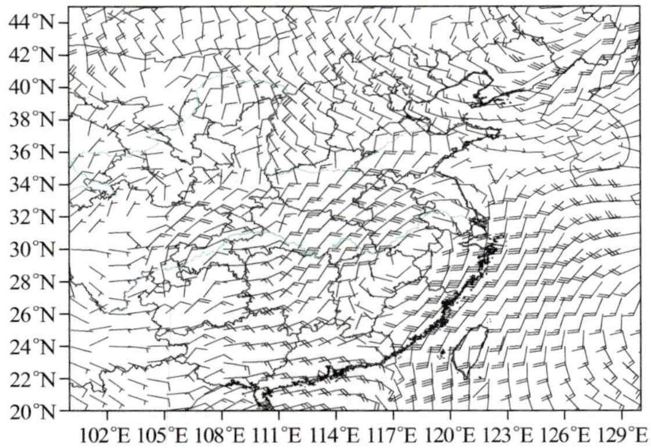

图 2.13.9 1980 年 8 月 29 日 20 时 850 hPa 等压面的风场(单位:m/s)

850 hPa 等压面风场和 850 hPa 等压面、700 hPa 等压面假相当位温场:台风环流位于江南东南部,850 hPa 和 700 hPa 等压面 θ_{se} 江南均为高值中心,且随高度减小,大气不稳定,暴雨出现在环流中心偏东象限,与能量大值区对应(图 2.13.9—2.13.10)。

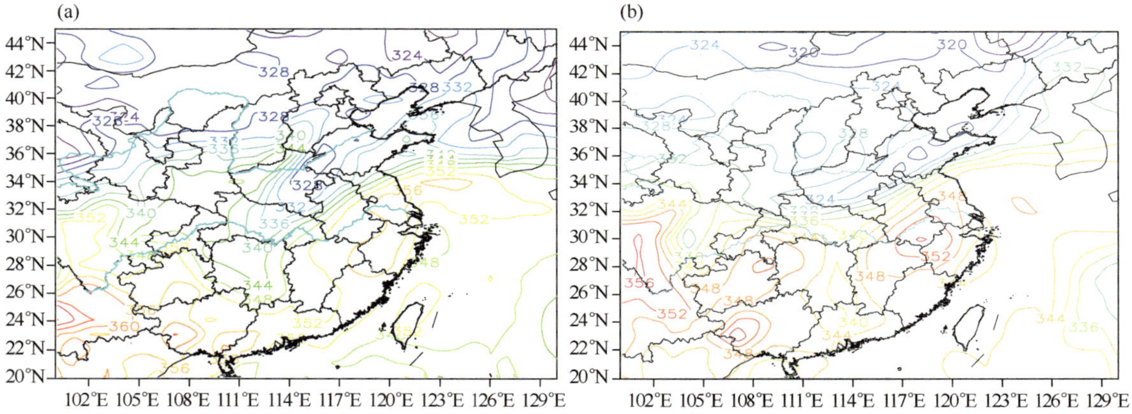

图 2.13.10 1980 年 8 月 29 日 20 时不同等压面的假相当位温场

(a. 850 hPa; b. 700 hPa,单位:K)

2.14 8909 号台风“荷贝”

2.14.1 台风“荷贝”概况

台风“荷贝”于 1989 年 7 月 15 日在西太平洋上生成,7 月 18 日发展成强热带风暴,7 月 20 日 20 时在浙江省台州市东部沿海登陆,并发展成台风级,最低中心气压 975 hPa,最大风力 13 级,最大风速 40 m/s。之后“荷贝”经浙江进入安徽省东南部(热带低压),并在安徽省江南东部减弱消失(图 2.14.1)。

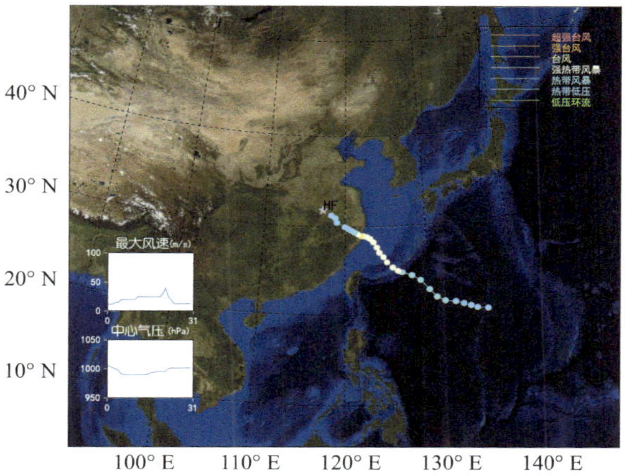

图 2.14.1　8909 号台风“荷贝”移动路径图

2.14.2　“荷贝”过程中国中东部降水实况

“荷贝”于 1989 年 7 月 19—26 日对我国造成明显降水(图 2.14.2)。浙江全省、上海、福建与浙江交界、江西与安徽交界、湖北东部、安徽西部和沿江江南、江苏南部等地降水量普遍在 50 mm 以上,部分地区超过 100 mm,其中浙江南部的局部超过 250 mm。

2.14.3　“荷贝”过程安徽降水实况

图 2.14.3 为“荷贝”影响期间安徽省总雨量。1989 年 7 月 23—26 日,受“荷贝”台风残余环流和东北冷涡影响,淮河以北东北部和西部、江淮之间东部、大别山区和沿江江南出现暴雨,部分地区大暴雨,共有 19 个站超过 50 mm,12 个站超过 100 mm,1 个站超过 250 mm;累计降

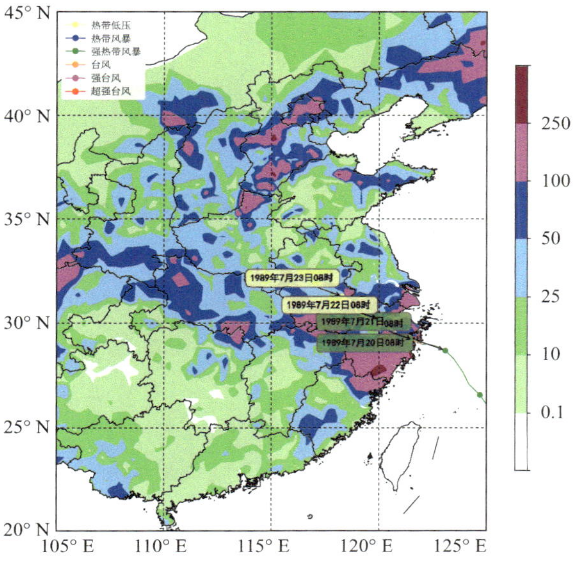

图 2.14.2　“荷贝”影响期间 1989 年 7 月 19 日 20 时—7 月 26 日 20 时中国中东部总降水量(单位:mm)

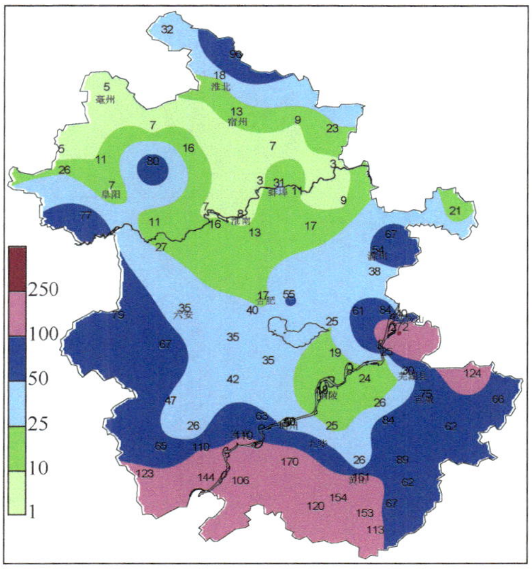

图 2.14.3　“荷贝”影响期间 1989 年 7 月 22 日 20 时—7 月 26 日 20 时安徽总降水量(单位:mm)

雨量为 50～100 mm，部分地区为 120～170 mm，最大值为当涂 272 mm。强降水主要出现在 23 日和 25 日，其中 23 日暴雨区位于江南东部，最大值为当涂 24 h 降水量 252.3 mm；25 日暴雨区位于江南西南部，最大值为石台 24 h 降水量 162.3 mm。

2.14.4 “荷贝”天气过程分析

200 hPa 等压面高度场、风场：23—24 日南亚高压强大，安徽省位于南亚高压东部控制下，高层高压辐散；东北地区存在强低涡中心，后期不断南压，相应的高空辐散区也不断南压（图 2.14.4）。

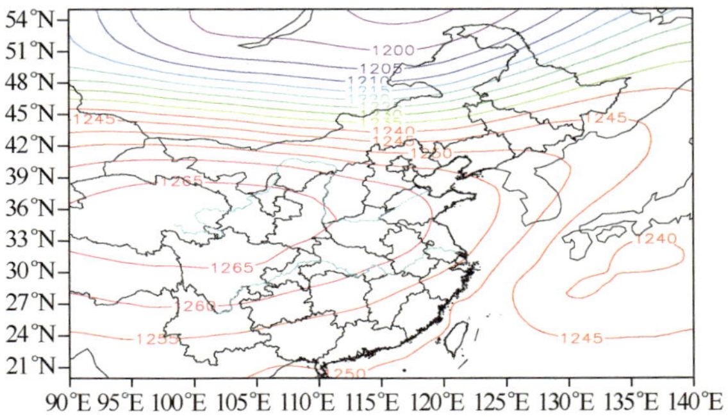

图 2.14.4 1989 年 7 月 23 日 20 时 200 hPa 的高度场（单位：dagpm）

500 hPa 等压面高度场、温度场：东北地区存在强低涡中心，冷中心落后于低中心，未来低涡将发展增强，25 日东北冷涡最强可达 556 dagpm；自冷涡中心向南伸出的高空槽也不断发

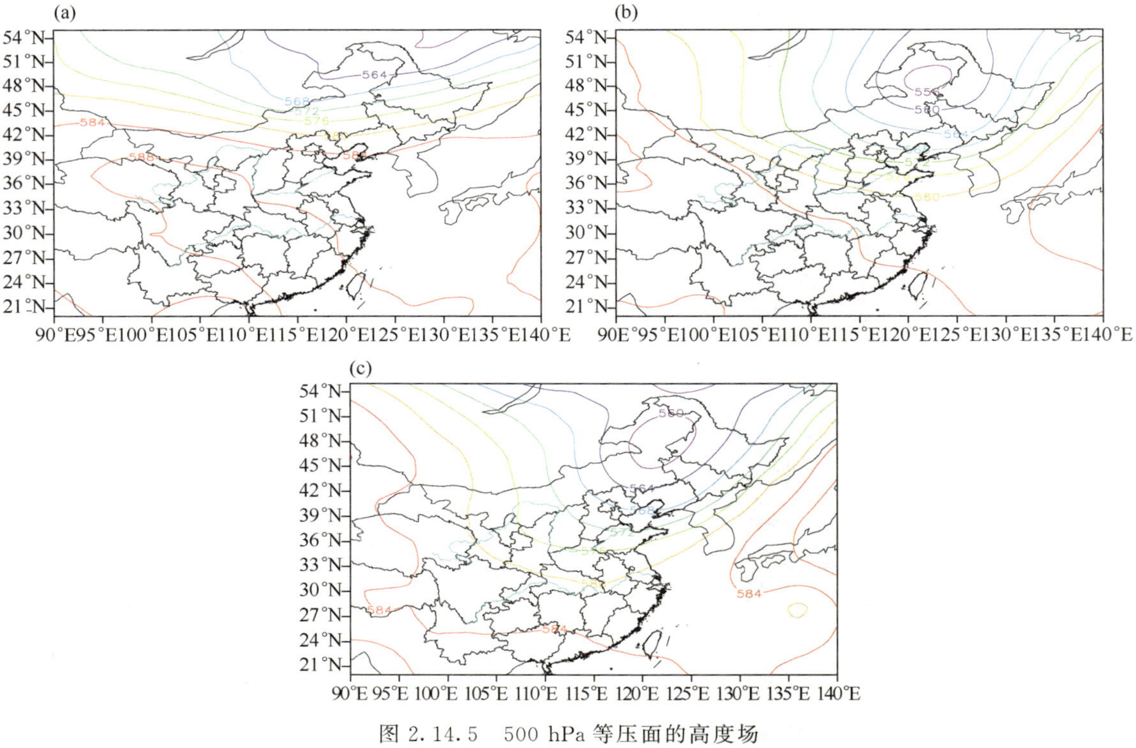

图 2.14.5 500 hPa 等压面的高度场

（a. 1989 年 7 月 23 日 20 时；b. 1989 年 7 月 25 日 20 时；c. 1989 年 7 月 26 日 20 时，单位：dagpm）

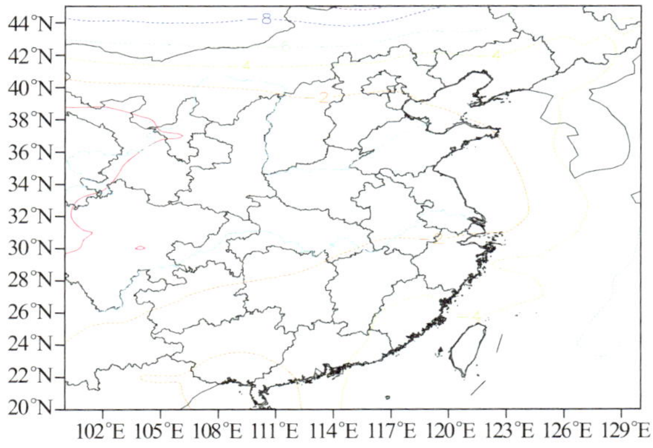

图 2.14.6　1989 年 7 月 23 日 20 时 500 hPa 等压面的温度场(单位:℃)

展增强,槽底不断南压,23 日位于华北北部,25 日至安徽省淮北北部,26 日南压至安徽省江南地区(图 2.14.5—2.14.6)。受其影响,安徽省自北向南先后出现强降水。

850 hPa 等压面风场和 850 hPa 等压面、700 hPa 等压面假相当位温场:台风 23 日 08 时已减弱为热带低压,23 日 20 时台风残余环流中心位于江苏省北部,槽位于东部沿海地区。另外 23—24 日在海南省西部同时存在另一个台风“Irving”,其东侧偏南气流强盛(图 2.14.7),有利于暖湿

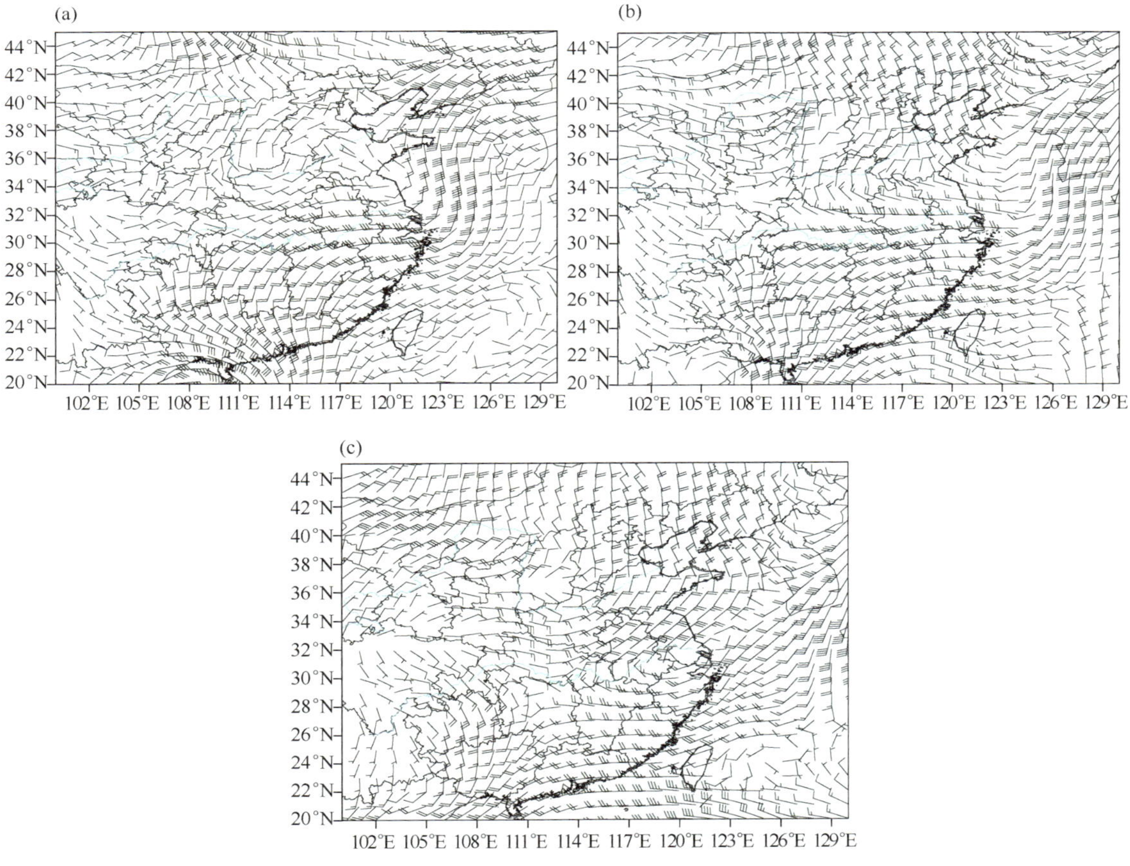

图 2.14.7　850 hPa 等压面的风场

(a. 1989 年 7 月 23 日 20 时;b. 1989 年 7 月 24 日 20 时;c. 1989 年 7 月 25 日 20 时,单位:m/s)

气流自西南部向安徽省输送，θ_{se} 最大可达 360 K 以上，且随高度减小，表明大气高温高湿，且高度不稳定，一旦有冷空气触发，不稳定能量释放，将产生强降水。受发展并南压的东北冷涡影响，23 日低层低涡中心位于河南省(图 2.14.8)，后逐渐南压，24 日冷切变位于淮河以北地区，25 日南压至沿江江南。冷切变为强降水提供了有利的动力条件，暴雨基本出现在冷切变附近。

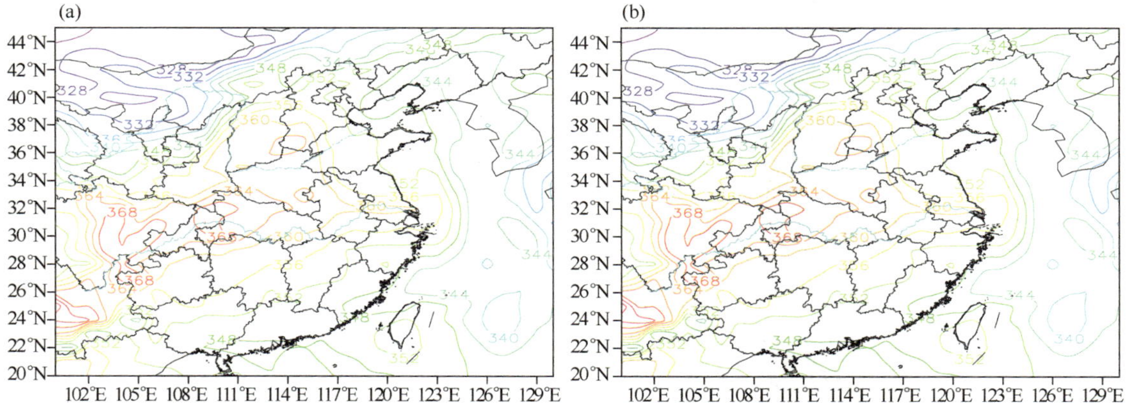

图 2.14.8 1989 年 7 月 23 日不同等压面的假相当位温场

(a. 850 hPa；b. 700 hPa，单位：K)

2.15 8923 号台风“维娜”

2.15.1 台风“维娜”概况

台风“维娜”于 1989 年 9 月 11 日在塞班岛以东西太平洋上生成，9 月 13 日发展成强热带风暴，9 月 15 日 20 时在浙江省台州市东部沿海登陆(30 m/s，11 级，强热带风暴级)。之后，“维娜”逐渐减弱，经浙江进入江苏省南部，并转为东北移动方向经江苏中部进入黄海，强度再次加强，然后穿过朝鲜半岛和日本海，最后在日本东北部减弱消失(图 2.15.1)。

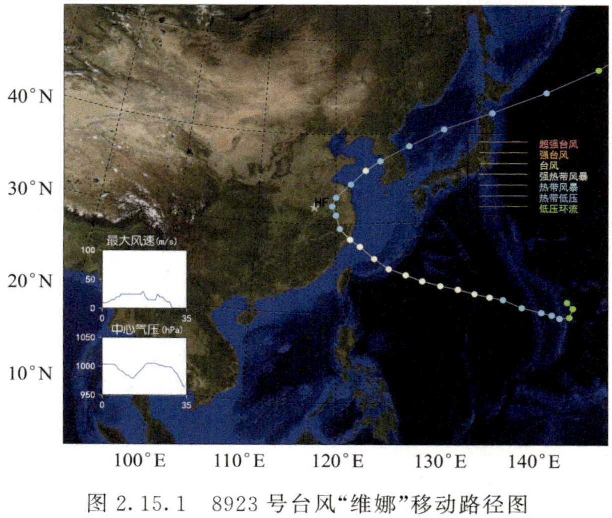

图 2.15.1 8923 号台风“维娜”移动路径图

2.15.2　"维娜"过程中国中东部降水实况

"维娜"于 1989 年 9 月 14—17 日对我国造成明显降水(图 2.15.2)。浙江中东部、安徽东南部、江苏中南部、上海部分地区的降水量普遍在 50 mm 以上,部分地区超过 100 mm。

2.15.3　"维娜"过程安徽降水实况

图 2.15.3 为"维娜"影响期间安徽省总雨量。1989 年 9 月 15—16 日,受"维娜"台风环流、高空槽和地形的共同影响,大别山区北部和江南东南部出现暴雨到大暴雨,共有 6 个站超过 50 mm,2 个站超过 100 mm;累计降雨量为 70～100 mm,部分地区超过 120 mm,最大值为宣城 137 mm。强降水主要出现在 16 日,暴雨位于江南东部,最大值为宣城 24 h 降水量 99.9 mm。

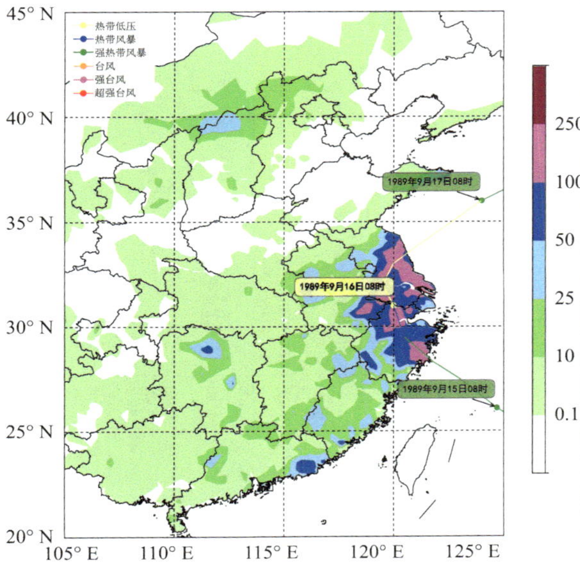

图 2.15.2　"维娜"影响期间 1989 年 9 月 14 日 20 时—9 月 17 日 20 时中国中东部总降水量(单位:mm)

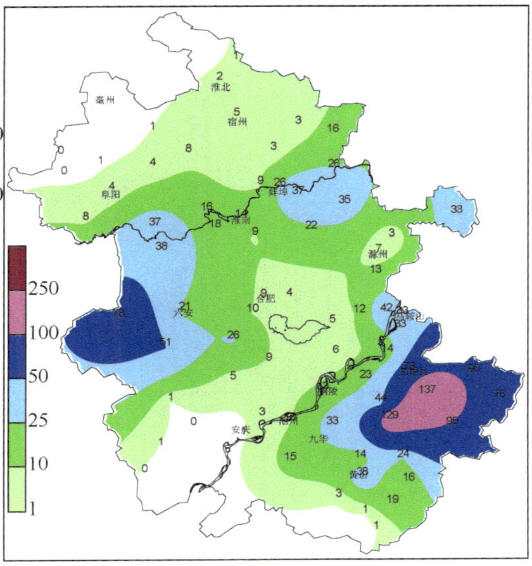

图 2.15.3　"维娜"影响期间 1989 年 9 月 14 日 20 时—9 月 16 日 20 时安徽总降水量(单位:mm)

2.15.4　"维娜"天气过程分析

200 hPa 等压面高度场、风场:南亚高压有两个中心;东北地区东北部存在低压中心(图 2.15.4);低压南侧与东部南亚高压中心北侧之间存在副热带西风急流,急流核位于渤海至东北地区,安徽省位于东部南亚高压中心西侧,急流入口区右侧,有利于高空辐散(图 2.15.5)。

500 hPa 等压面高度场、风场:中高纬度为低压带,贝加尔湖附近和鄂霍茨克海西部分别存在两个低压中心;中纬度地区环流较平,受弱冷平流影响,华北地区槽略有发展;16 日槽底伸至重庆北部;副高强大,中心位于日本东南部西太平洋;华南至南海中北部为低压中心。15 日安徽省江南位于副高西侧,低压东北侧东南气流中,江北位于弱槽前西南风中。16 日淮北地区槽发展,安徽省江北西部位于槽前西南风中;台风环流北上,中心位于江苏北部地区,槽自江苏北部至江南西南部,暴雨出现在槽前(图 2.15.6—2.15.8)。

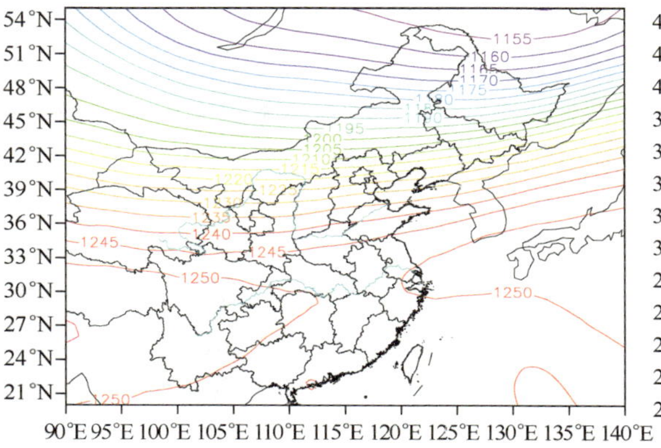

图 2.15.4 1989 年 9 月 15 日 20 时 200 hPa 等压面的高度场(单位:dagpm)

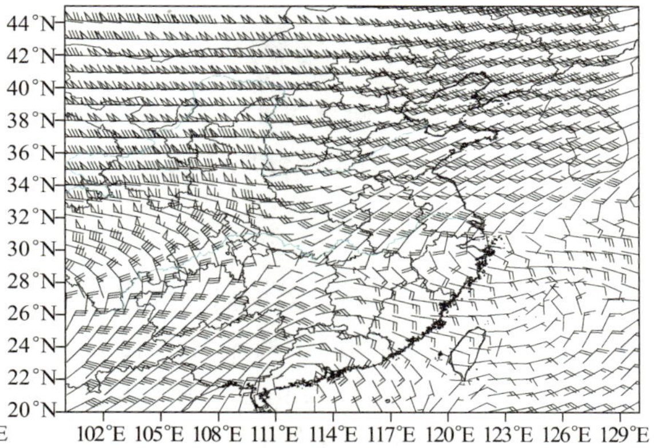

图 2.15.5 1989 年 9 月 15 日 20 时 200 hPa 等压面的风场(单位:m/s)

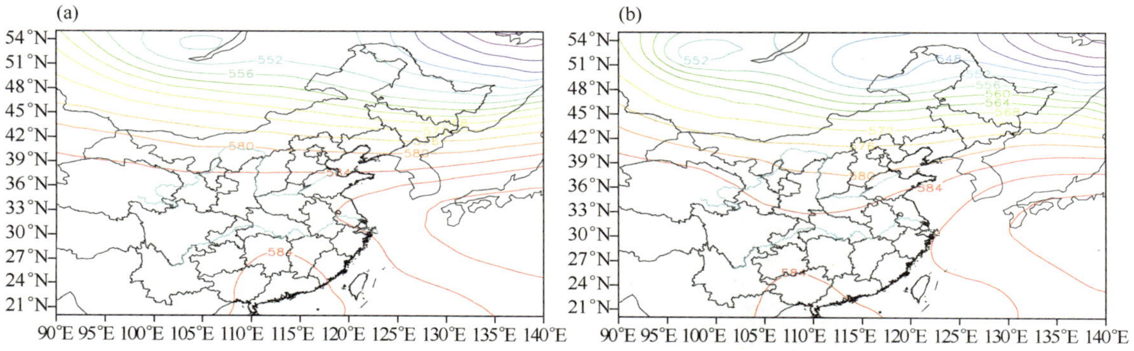

图 2.15.6 500 hPa 等压面的高度场

(a. 1989 年 9 月 15 日 20 时;b. 1989 年 9 月 16 日 20 时,单位:dagpm)

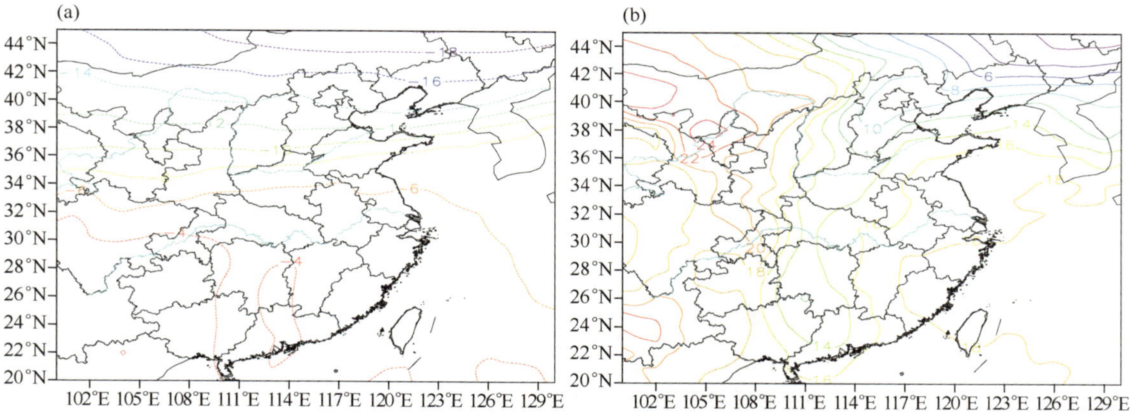

图 2.15.7 1989 年 9 月 15 日 20 时不同等压面的温度场

(a. 500 hPa;b. 850 hPa,单位:℃)

850 hPa 等压面风场、850 hPa 和 700 hPa 等压面假相当位温场:15 日台风倒槽位于东南沿海地区,渤海附近存在反气旋中心,安徽省位于反气旋南侧、倒槽西侧偏东气流中,风速均达 12 m/s,并且与等温线接近垂直,暖平流强;受大别山区地形影响,东风气流辐合抬升,因此在大别山区北坡高低层垂直风切变大,辐合抬升作用强,有利于暴雨的产生(图 2.15.9)。由

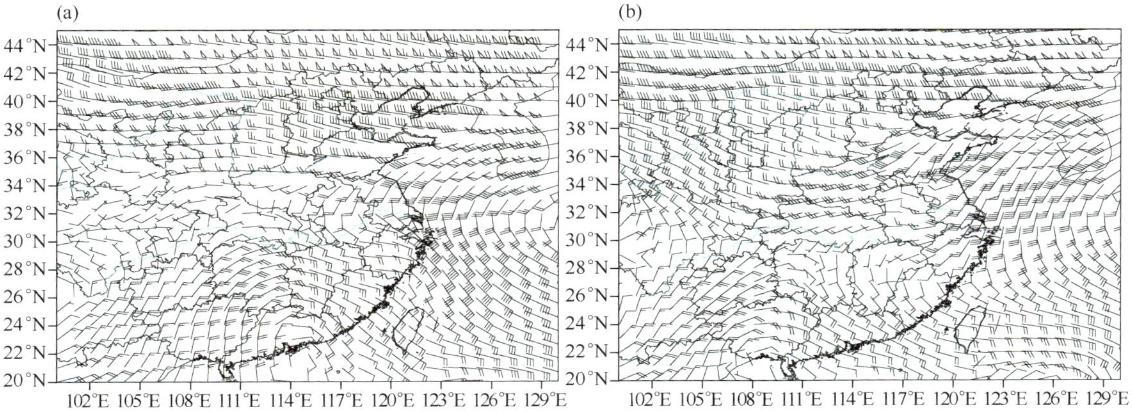

图 2.15.8　500 hPa 等压面的风场

(a. 1989 年 9 月 15 日 20 时；b. 1989 年 9 月 16 日 20 时，单位：m/s)

850 hPa 和 700 hPa 等压面 θ_{se} 可知，安徽省淮河以南大气均为不稳定状态。16 日台风环流中心位于江淮之间东部，暴雨出现在中心附近及其南部槽前(图 2.15.10)。

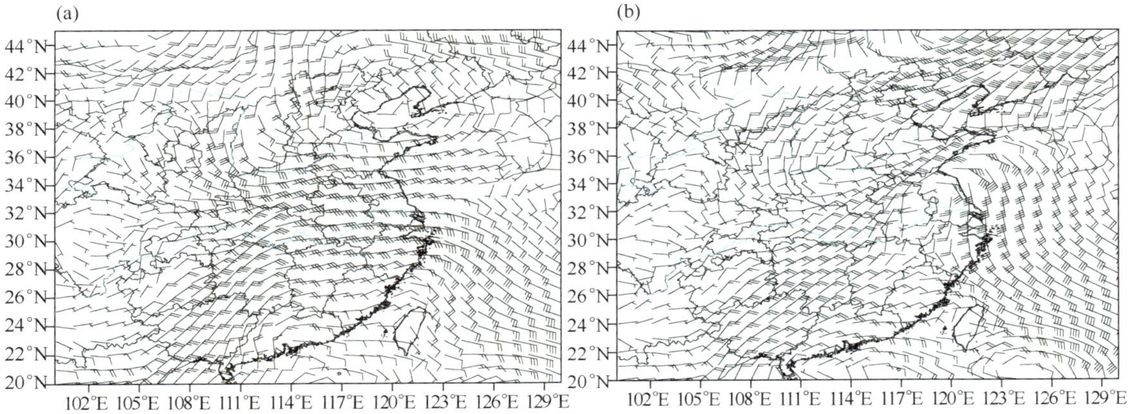

图 2.15.9　850 hPa 等压面的风场

(a. 1989 年 9 月 15 日 20 时；b. 1989 年 9 月 16 日 20 时，单位：m/s)

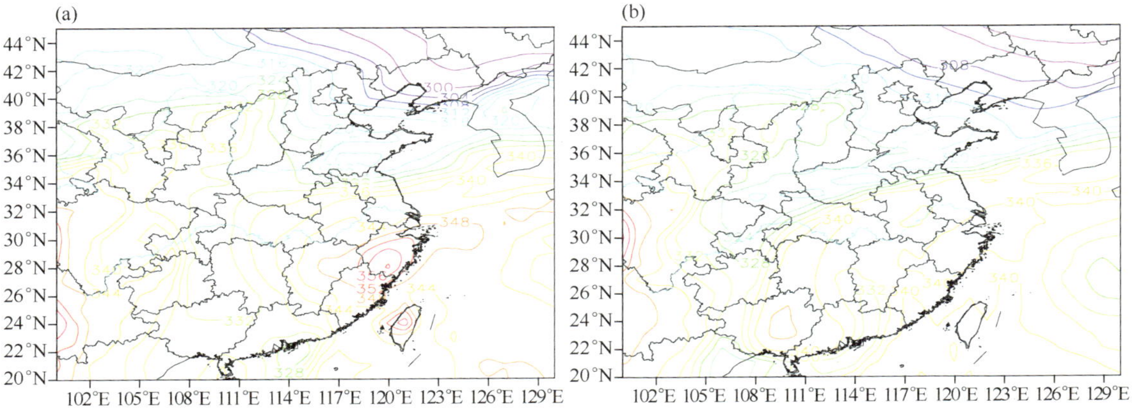

图 2.15.10　1989 年 9 月 15 日 20 时不同等压面的假相当位温场

(a. 850 hPa；b. 700 hPa，单位：K)

2.16 9015号台风“Abe”

2.16.1 台风“Abe”概况

台风“Abe”于1990年8月24日在西太平洋上生成，8月30日发展成强台风，8月31日08时在浙江省台州市东南部沿海登陆(40 m/s，13级，强台风级)。之后，“Abe”在浙江北部转为东北方向，经江苏南部进入黄海，9月2日08时在韩国西北部沿海再次登陆，最后穿越朝鲜半岛进入日本海减弱消失(图2.16.1)。

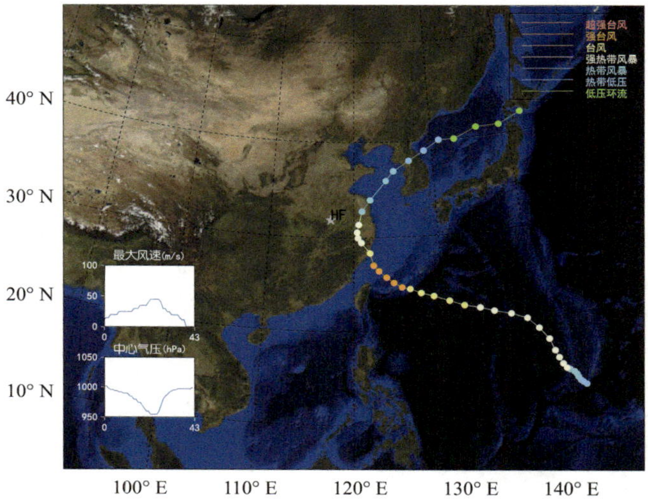

图2.16.1 9015号台风“Abe”移动路径图

2.16.2 “Abe”过程中国中东部降水实况

“Abe”于1990年8月30日—9月2日对我国造成明显降水(图2.16.2)。浙江中东部、安徽东南部、江苏中南部和上海降水量普遍超过50 mm，大部分地区超过100 mm，其中浙江东部局部超过250 mm。

2.16.3 “Abe”过程安徽降水实况

图2.16.3为“Abe”影响期间安徽省总雨量。1990年8月31日—9月1日，受“Abe”台风环流、高空槽和冷空气的共同影响，江淮之间东部和江南东南部出现暴雨，共有6个站超过50 mm，3个站超过100 mm；累计降雨量70～100 mm，部分地区120～150 mm，最大值为黄山160 mm。强降水主要出现在8月31日和9月1日，其中8月31日暴雨位于江南局部，最大值为广德24 h降水量64.1 mm；9月1日暴雨位于江淮之间东部和江南东南部，最大值为黄山24 h降水量97.7 mm。

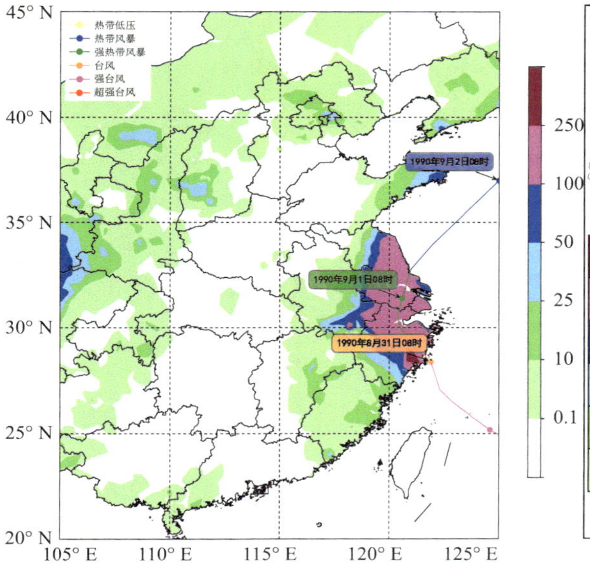

图 2.16.2　“Abe”影响期间 1990 年 8 月 30 日 20 时—9 月 2 日 20 时中国中东部总降水量(单位:mm)

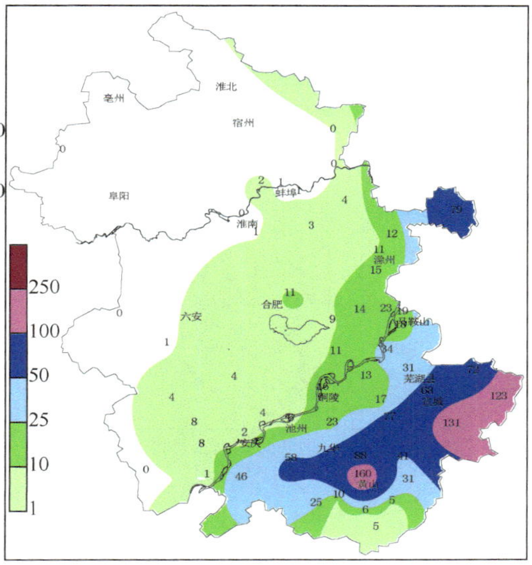

图 2.16.3　“Abe”影响期间 1990 年 8 月 30 日 20 时—9 月 1 日 20 时安徽总降水量(单位:mm)

2.16.4　“Abe”天气过程分析

200 hPa 等压面高度场、风场:南亚高压有两个中心,两个高压中心之间为低槽区,自东北北部至河南地区,安徽省位于东部南亚高压西北侧高空槽前,其中安徽省东南部位于南亚高压中心控制中,高层高压辐散(图 2.16.4);另外受南亚高压北部气流和高空槽共同影响,在渤海附近存在西南风急流核,安徽省位于急流入口区右侧,有利于高空辐散(图 2.16.5)。暴雨区位于辐散强烈的安徽省东南部。

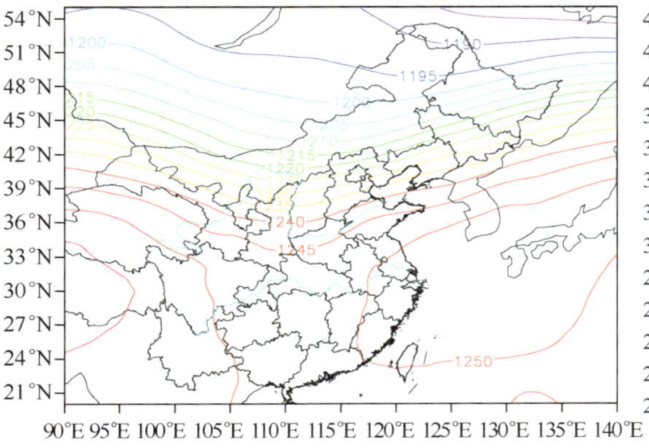

图 2.16.4　1990 年 8 月 31 日 20 时 200 hPa 等压面的高度场(单位:dagpm)

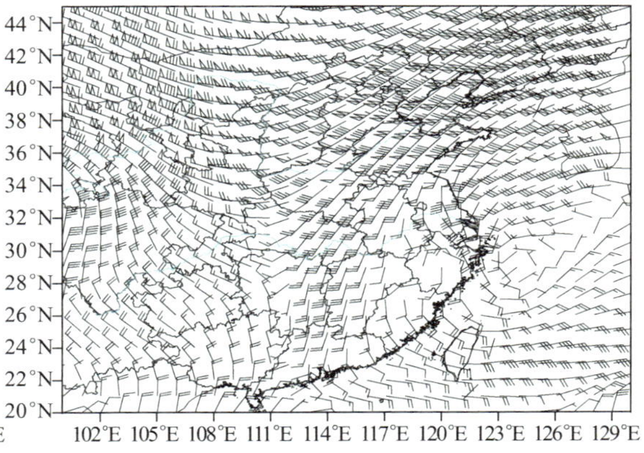

图 2.16.5　1990 年 8 月 31 日 20 时 200 hPa 等压面的风场(单位:m/s)

500 hPa 等压面高度场、风场:东北地区为一低槽,槽自东北北部向南伸至山东半岛附近;温度场上自内蒙古中部至湖南为一深冷槽;温度槽落后于高度槽,未来高度槽将发展。台风环流中心位于浙江省，安徽省位于其西侧偏北气流中，自江淮之间东部至江南西部存在偏北风急流，暴雨出现在台风环流西侧、偏北风急流东侧气旋式切变最大的区域。9 月 1 日台风北上，与高空槽结合成一深槽，槽线位于安徽省东部和东南部，暴雨出现在槽线附近(图 2.16.6—2.16.8)。

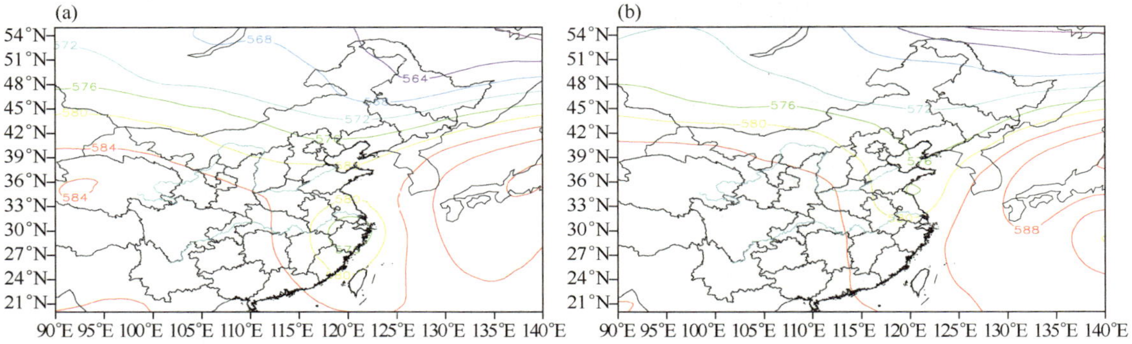

图 2.16.6 500 hPa 等压面的高度场

(a. 1990 年 8 月 31 日 20 时；b. 1990 年 9 月 1 日 20 时，单位：dagpm)

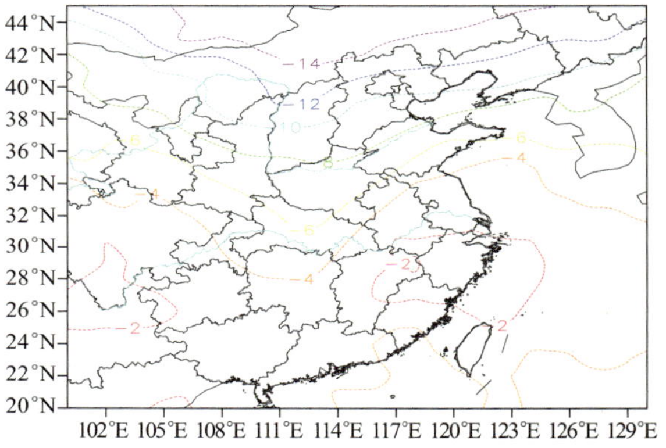

图 2.16.7 1990 年 8 月 31 日 20 时 500 hPa 等压面的温度场(单位：℃)

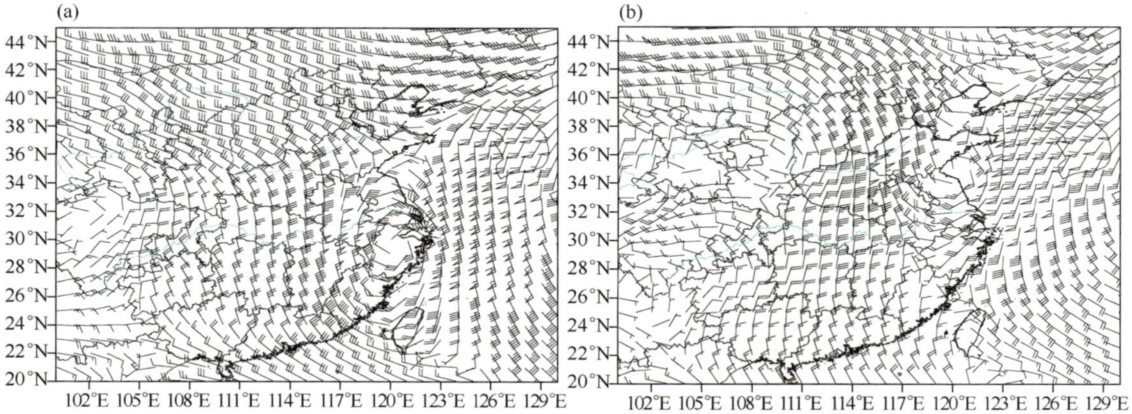

图 2.16.8 500 hPa 等压面的风场

(a. 1990 年 8 月 31 日 20 时；b. 1990 年 9 月 1 日 20 时，单位：m/s)

850 hPa 等压面风场、假相当位温场：台风环流中心位于浙江省，安徽省位于其西侧东北气流中，江淮之间东部南部及其以东地区存在东北风急流，暴雨出现在急流轴附近（图 2.16.9）。850 hPa 等压面 θ_{se} 安徽省东南部台风中心附近存在高值中心，江淮之间东部至江南西部为 θ_{se} 低槽区，二者之间等值线密集（图 2.16.10），表明此处冷暖空气交汇强烈，暴雨区与此能量锋区对应。

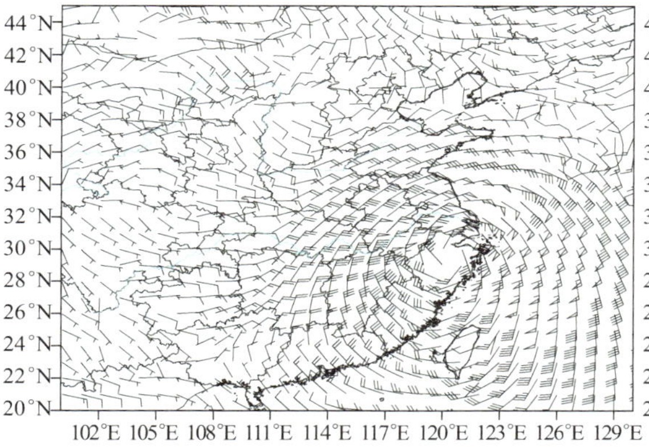

图 2.16.9　1990 年 8 月 31 日 20 时 850 hPa 等压面的风场（单位：m/s）

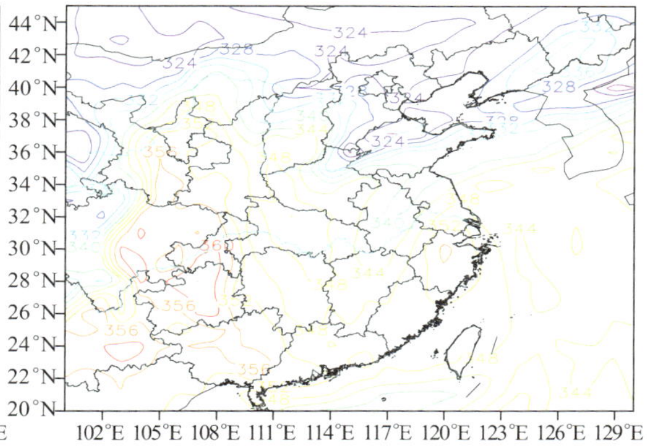

图 2.16.10　1990 年 8 月 31 日 20 时 850 hPa 等压面的假相当位温场（单位：K）

2.17　9216 号台风“珀莉”

2.17.1　台风“珀莉”概况

台风“珀莉”于 1992 年 8 月 27 日 08 时在台湾东部洋面上生成，29 日 08 时加强为台风（35 m/s，12 级，980 hPa），30 日中午在台湾花莲登陆，登陆后减弱为强热带风暴（30m/s，11 级，975 hPa），经台湾海峡后，31 日早晨在福建莆田附近二次登陆，登陆后 31 日 08 时强度为热带风暴（20 m/s，8 级，978 hPa），之后向偏北方向移动，8 月 31 日夜间至 9 月 1 日低压环流中心位于苏皖交界处附近，最终在江苏北部转向后再次入海（图 2.17.1）。

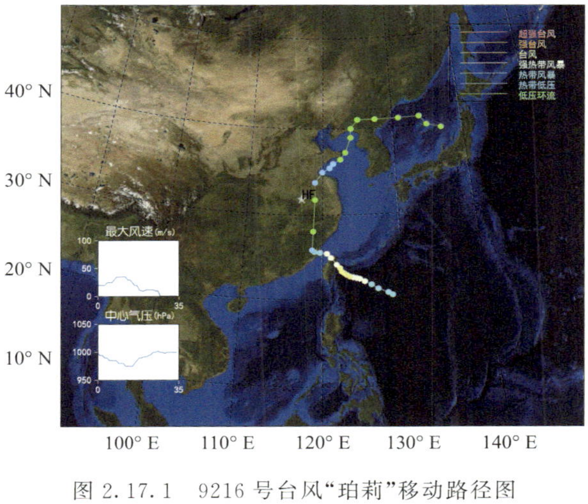

图 2.17.1　9216 号台风“珀莉”移动路径图

2.17.2 "珀莉"过程中国中东部降水实况

"珀莉"于 1992 年 8 月 30 日前后影响我国,至 9 月 2 日主要对登陆点和消亡点附近造成大范围明显降水(图 2.17.2),是 1992 年对我国影响最大的一次台风过程(陶祖钰等,1994)。浙江中东部、福建中东部、江西东部、安徽东部和南部、江苏大部、上海、山东东南部、辽宁东南部降水量普遍在 50 mm 以上,其中浙江和福建东部沿海、安徽南部山区和东北部、江苏北部、山东东南部、辽宁东部沿海地区降水量超过 100 mm。

2.17.3 "珀莉"过程安徽降水实况

图 2.17.3 为"珀莉"影响期间安徽省总雨量。1992 年 8 月 30 日—9 月 2 日,安徽中东部有 33 个县市累计降雨量超过 50 mm,其中 5 个县市超过 100 mm,主要位于淮北东部和皖南山区,最大值为九华山 223 mm。强降水时段为 8 月 30 日 20 时—9 月 1 日 20 时。

2.17.4 "珀莉"天气过程分析

关键影响系统:副高、台风、西风槽;有冷空气结合;且"珀莉"具有显著的不对称结构(陶祖钰等,1994)。

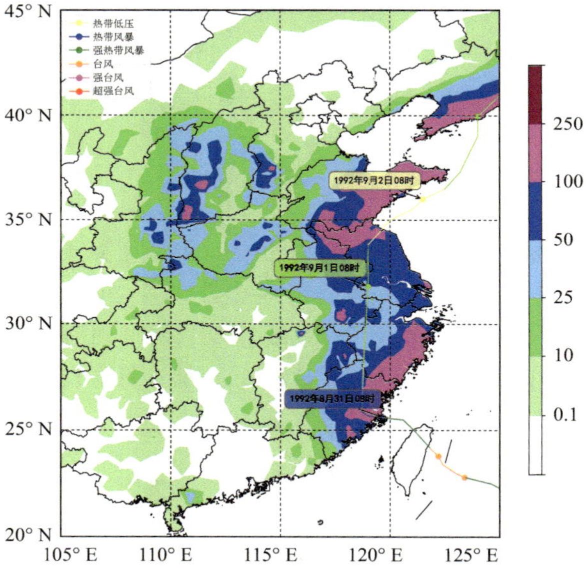

图 2.17.2 "珀莉"影响期间 1992 年 8 月 30 日 20 时—9 月 2 日 20 时中国中东部总降水量(单位:mm)

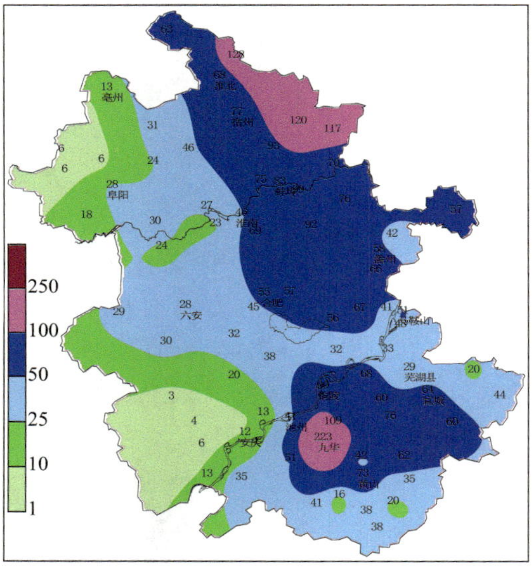

图 2.17.3 "珀莉"影响期间 1992 年 8 月 30 日 20 时—9 月 2 日 20 时安徽总降水量(单位:mm)

200 hPa 等压面风场:8 月 31 日 20 时,安徽位于低槽槽前、急流南侧(图 2.17.4)。

500 hPa 等压面高度场:9 月 1 日 20 时,"珀莉"减弱后的低压环流和高空槽合并,安徽位于槽前(图 2.17.5)。

500 hPa 等压面风场:低槽位于安徽北部,低槽两侧风速较大,辐合集中且较强(图 2.17.6a)。

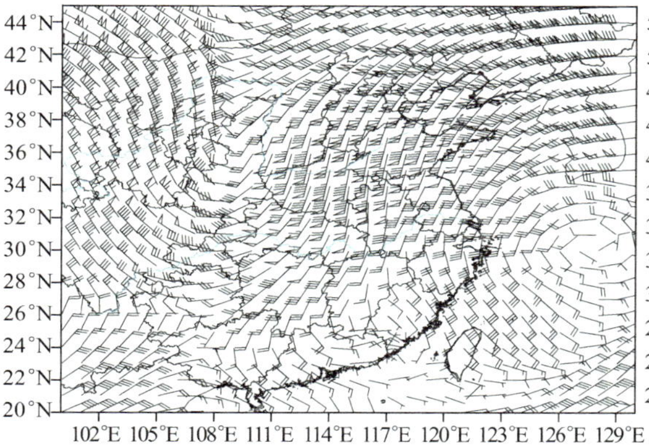

图 2.17.4　1992 年 8 月 31 日 20 时 200 hPa 等压面的风场(单位:m/s)

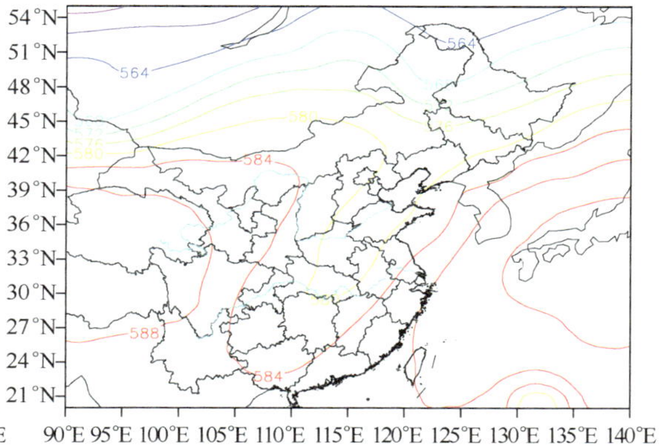

图 2.17.5　1992 年 9 月 1 日 20 时 500 hPa 等压面的高度场(单位:dagpm)

850 hPa 等压面风场:8 月 31 日 20 时,“珀莉”位于福建北部,安徽受外围偏东急流影响。9 月 1 日 20 时,“珀莉”和北方低槽合并,在安徽北部形成一低涡,低涡两侧风速超过 20 m/s(图 2.17.6b)。

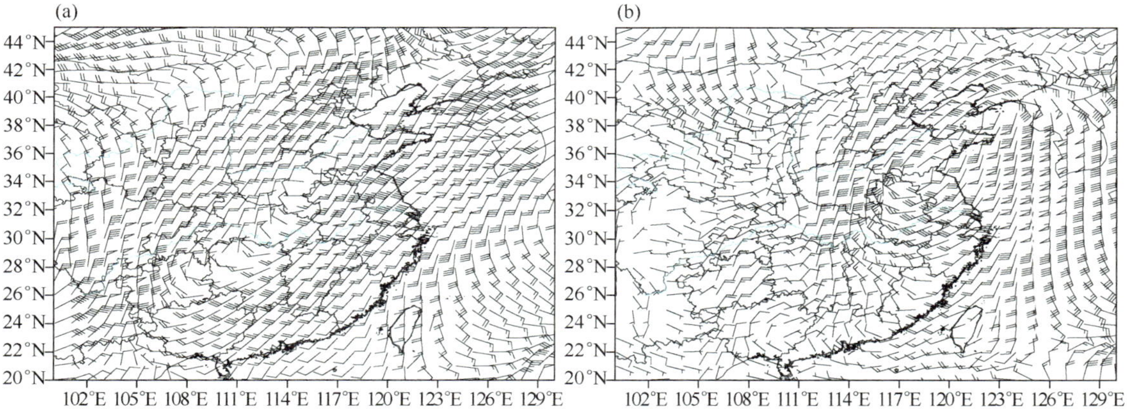

图 2.17.6　1992 年 9 月 1 日 20 时不同等压面的风场
(a. 500 hPa;b. 850 hPa,单位:m/s)

850 hPa 等压面温度场:9 月 1 日 20 时,从东北至湖北一线有温度槽,安徽中东部位于温度锋区附近(图 2.17.7)。

850 hPa 等压面比湿场:受“珀莉”外围影响,大比湿区偏东,安徽东部比湿超过 14 g/kg(图 2.17.8)。

850 hPa 等压面假相当位温场:9 月 1 日 20 时,安徽东部位于 θ_{se} 高能区内,西部受低槽影响为 θ_{se} 低值区,θ_{se} 锋区成南北向位于安徽中部,强降水位于 θ_{se} 锋区东侧、高能区内(图 2.17.9)。

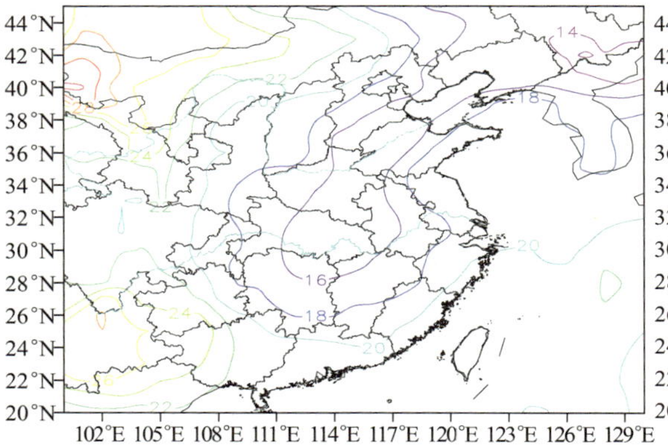

图 2.17.7 1992 年 9 月 1 日 20 时 850 hPa 等压面的温度场(单位:℃)

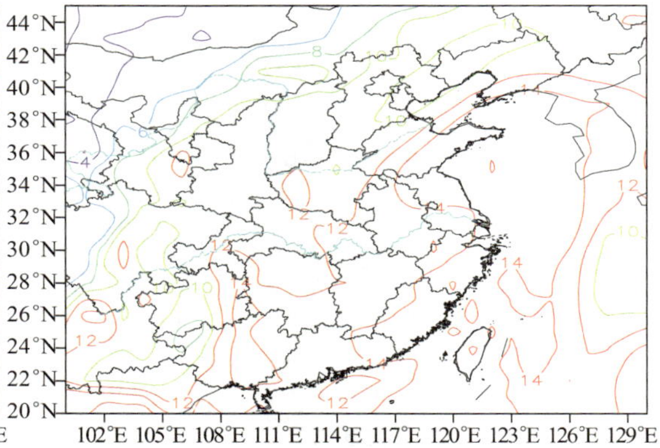

图 2.17.8 1992 年 9 月 1 日 20 时 850 hPa 等压面的比湿场(单位:g/kg)

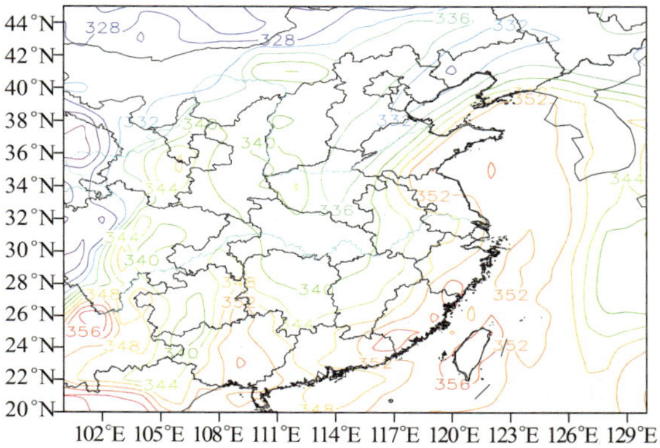

图 2.17.9 1992 年 9 月 1 日 20 时 850 hPa 等压面的假相当位温场(单位:K)

2.18 9406 号台风“提姆”

2.18.1 台风“提姆”概况

台风“堤姆”于 1994 年 7 月 7 日在西太平洋上生成,7 月 10 日发展成超强台风,7 月 10 日 20 时在台湾台东和花莲之间沿海登陆(45 m/s,14 级,强台风级),7 日 11 日 02 时在福建省泉州市沿海再次登陆(35 m/s,12 级,台风级)。之后,“堤姆”深入内陆经福建进入江西,并转为西北偏北移动方向经湖北东部、安徽西北部(热带低压)进入山东,最后越过渤海,在辽宁省境内减弱消失(图 2.18.1)。

2.18.2 “堤姆”过程中国中东部降水实况

“堤姆”于 1994 年 7 月 10—14 日对我国造成大范围明显降水,这些降水并非台风本体降水,而是台风与中低纬度系统相互作用造成的远距离降水(孟智勇等,2002;张苏平等,2006),降水区域横跨我国十余个省市(图 2.18.2)。浙江—福建—广东一带沿海、江西中部和西部、湖南中东部、湖北中东部、安徽西部、河南中部、山东西部、河北中部、天津、北京和辽宁的大部

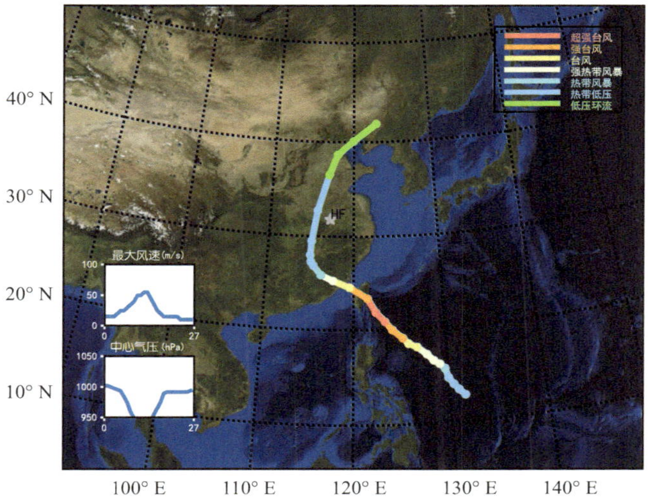

图 2.18.1　9406 号台风“堤姆”移动路径图

分地区降水量在 50 mm 以上，部分地区降水量超过 100 mm，局部超过 250 mm。

2.18.3　“堤姆”过程安徽降水实况

图 2.18.3 为“堤姆”影响期间安徽省总雨量。1994 年 7 月 11—14 日，受“堤姆”台风环流和高空槽的共同影响，安徽西部出现暴雨，共有 11 个站超过 50 mm；累计降雨量为 50～100 mm，最大值为金寨 99 mm。强降水主要出现在 12 日和 13 日，其中 12 日暴雨位于大别山区西部，最大值为金寨 24 h 降水量 63.8 mm；13 日暴雨位于大别山区南部，最大值为潜山 24 h 降水量 77.4 mm。

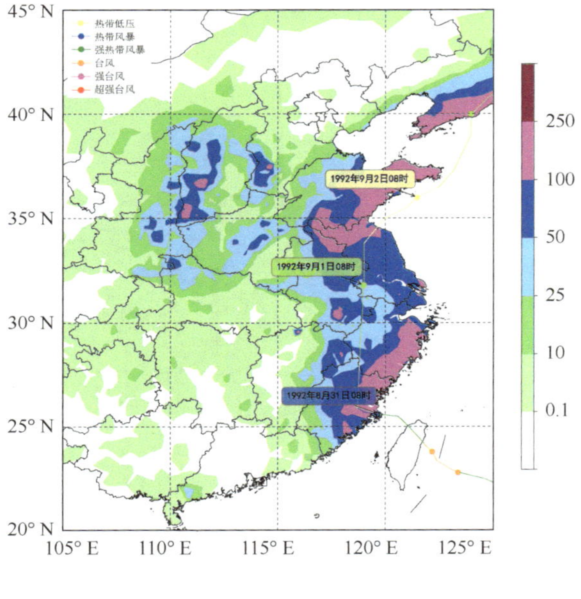

图 2.18.2　“堤姆”影响期间 1994 年 7 月 10 日 20 时—7 月 14 日 20 时中国中东部总降水量(单位:mm)

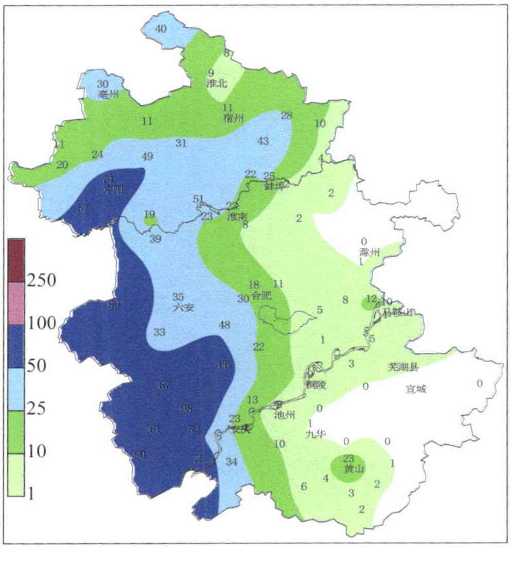

图 2.18.3　“堤姆”影响期间 1994 年 7 月 10 日 20 时—7 月 14 日 20 时安徽总降水量(单位:mm)

2.18.4 “堤姆”天气过程分析

200 hPa 等压面高度场、风场：中纬度地区经向度大，为两槽一脊型，12 日南亚高压在黄海附近存在一中心，安徽省位于南亚高压中心，高层高压辐散(图 2.18.4)；南亚高压北侧中国东北地区为高压脊，东西两侧分别为深槽；大陆槽位置较为稳定，南亚高压发展增强并东移。13－14 日安徽省位于槽前，西南风急流南侧负涡度区，高层辐散，另外 200 hPa 等压面风场上在安徽省西南湖南省附近还存在一个反气旋环流(图 2.18.5)，13 日环流中心东侧伸至安徽省西部地区，此处也是西南风与东北风反气旋式转变的变率最大区，亦有利于高层辐散，实况暴雨与此辐散区对应。

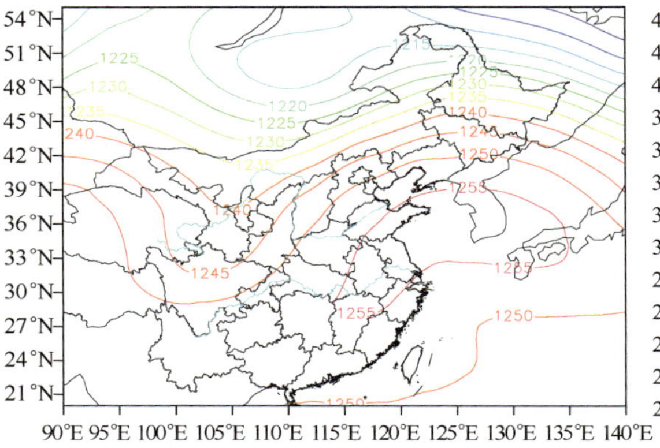

图 2.18.4 1994 年 7 月 12 日 20 时 200 hPa 等压面的高度场(单位：dagpm)

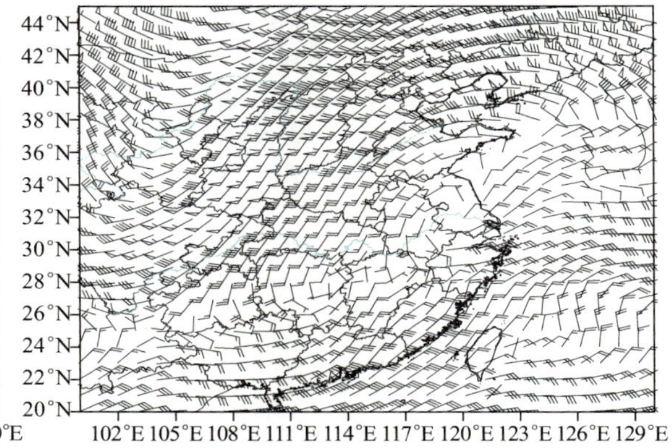

图 2.18.5 1994 年 7 月 12 日 20 时 200 hPa 等压面的风场(单位：m/s)

500 hPa 等压面风场、高度场：中高纬度贝加尔湖以东存在低涡中心，向南伸出一槽；副高强大，中心达 592 dagpm，受其西侧偏南引导气流影响，台风以北进为主，并逐渐与北部槽结合，有利于降水持续较长时间(图 2.18.6)。11 日台风倒槽位于安徽省以西地区，全省位于台风环流东侧偏东气流下，并存在显著东南风急流，暴雨出现在东南风急流西南侧气旋式切变中；12 日槽线位于安徽省西部地区(图 2.18.7)。温度槽落后于高度槽，有利于槽发展增强或维持，槽前西南气流强盛，暴雨出现在槽前西南气流中(图 2.18.8)。

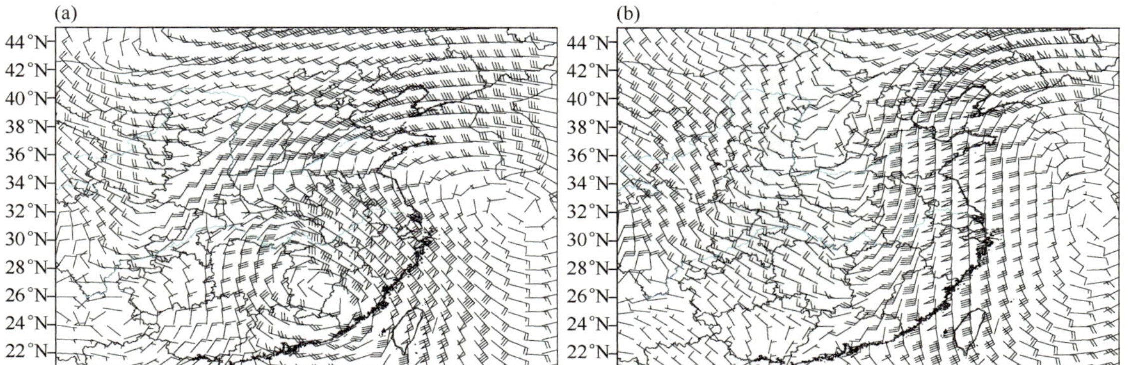

图 2.18.6 500 hPa 等压面的风场

(a. 1994 年 7 月 11 日 20 时；b. 1994 年 7 月 12 日 20 时，单位：m/s)

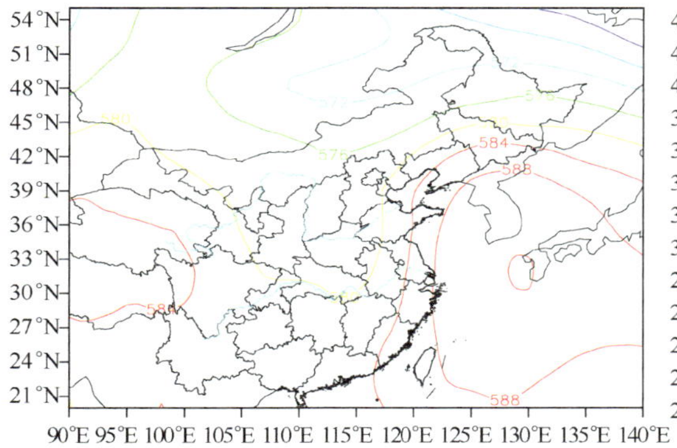

图 2.18.7　1994 年 7 月 12 日 20 时 500 hPa 等压面的高度场(单位:dagpm)

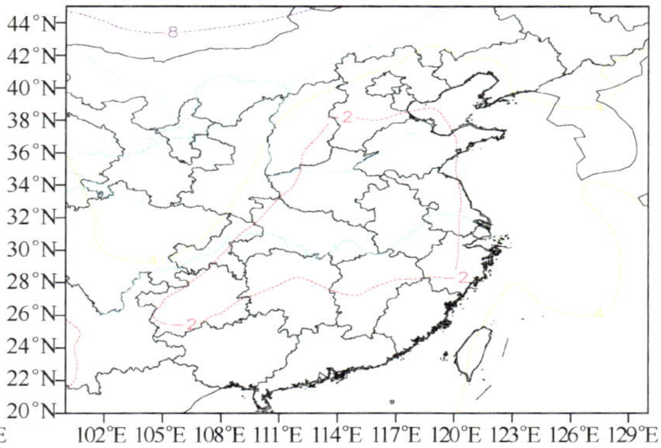

图 2.18.8　1994 年 7 月 12 日 20 时 500 hPa 等压面的温度场(单位:℃)

850 hPa 等压面风场、850 hPa 和 700 hPa 等压面假相当位温场:安徽省位于受台风环流东北侧和东侧,东南风急流和南风急流输送大量水汽和热量,大气高温高湿,并为暴雨产生提供了有利的动力条件。11 日台风倒槽位于安徽省西部,暴雨位于槽线附近;12 日南风急流位于安徽省中部,暴雨出现在急流左侧气旋式切变中(图 2.18.9—2.18.10)。

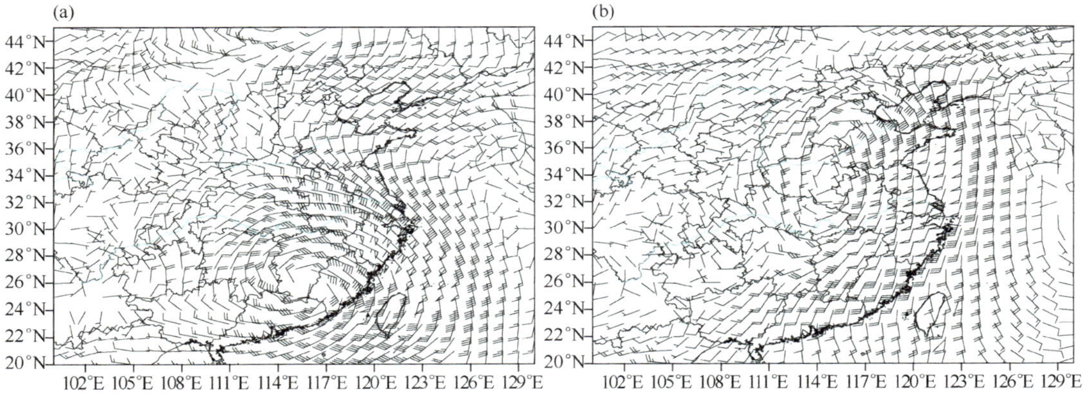

图 2.18.9　850 hPa 等压面的风场

(a. 1994 年 7 月 11 日 20 时; b. 1994 年 7 月 12 日 20 时,单位:m/s)

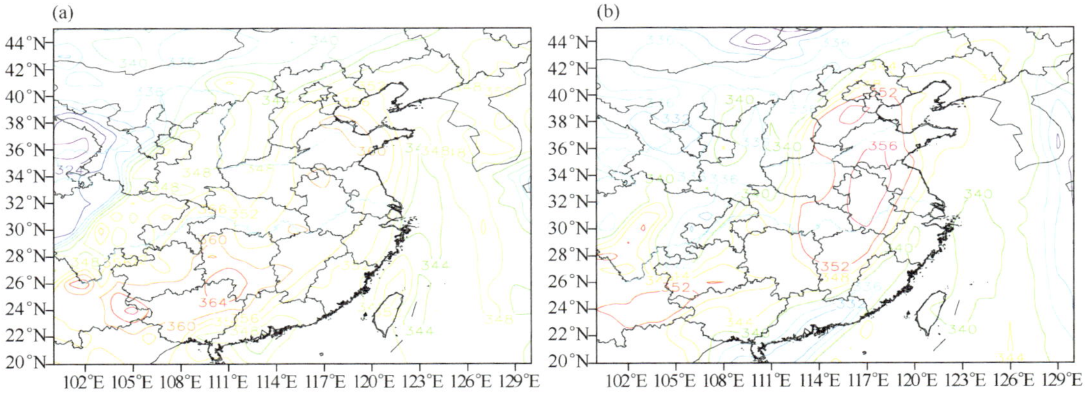

图 2.18.10　1994 年 7 月 12 日不同等压面的假相当位温场

(a. 850 hPa; b. 700 hPa,单位:K)

2.19 9418 号台风“格拉迪斯”

2.19.1 台风“格拉迪斯”概况

台风“格拉迪斯”于 1994 年 8 月 22 日在中西太平洋上生成，8 月 31 日发展成强台风，9 月 1 日 08 时在台湾花莲和宜兰之间沿海登陆(45 m/s，14 级，强台风级)，9 月 1 日 20 时在福建省莆田东部沿海再次登陆(35 m/s，12 级，台风级)。之后，“格拉迪斯”深入内陆经福建、江西进入安徽省西部(热带低压)和北部(低压环流)，最后在山东省境内减弱消失(图 2.19.1)。

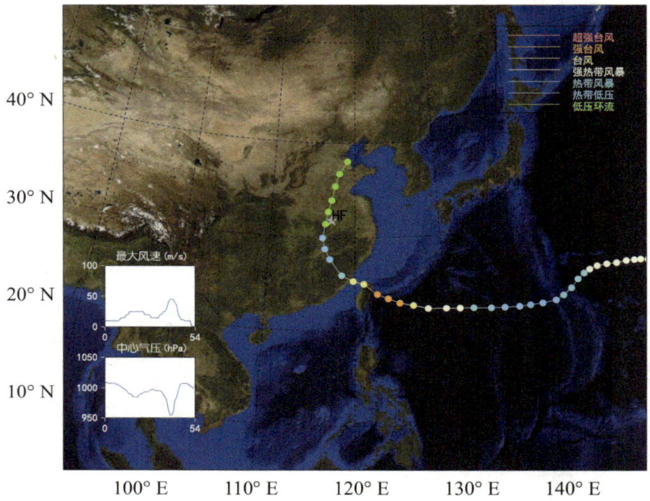

图 2.19.1 9418 号台风“格拉迪斯”移动路径图

2.19.2 “格拉迪斯”过程中国中东部降水实况

“格拉迪斯”于 1994 年 8 月 31 日—9 月 5 日对我国造成明显降水(图 2.19.2)。浙江南部、福建东部、湖南北部、湖北中东部、安徽部分地区、江苏中部、山东中部、河北中部和东部沿海、辽宁等地降水量普遍在 50 mm 以上，部分地区超过 100 mm。

2.19.3 “格拉迪斯”过程安徽降水实况

图 2.19.3 为“格拉迪斯”影响期间安徽省总雨量。1994 年 9 月 2—5 日，受“格拉迪斯”台风环流、高空槽和冷空气的共同影响，淮河以北北部和中西部、江淮之间中北部和东部、大别山区和江南中西部出现明显降水，共有 28 个站超过 50 mm，8 个站超过 100 mm；累计降雨量为 50～100 mm，部分地区为 110～120 mm，最大值为太湖 118 mm。强降水主要出现在 2 日、3 日和 5 日，其中 2 日暴雨位于大别山区南部，最大值为潜山 24 h 降水量 66.5 mm；3 日暴雨位于淮河以北西部和江淮之间中部，最大值为利辛 24 h 降水量 94.2 mm；5 日暴雨位于江淮之间东部，最大值为明光 24 h 降水量 69.4 mm。

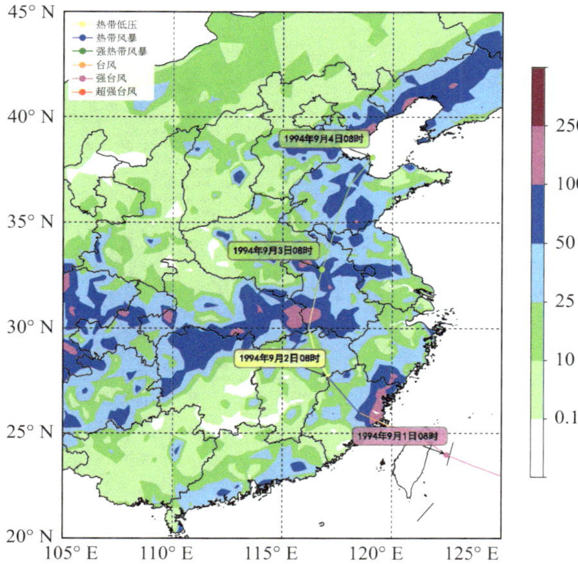

图 2.19.2　“格拉迪斯”影响期间 1994 年 8 月 31 日 20 时—9 月 5 日 20 时中国中东部总降水量(单位:mm)

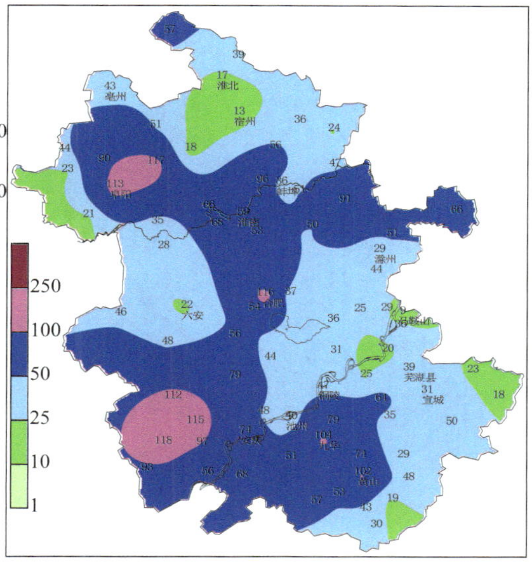

图 2.19.3　“格拉迪斯”影响期间 1994 年 9 月 1 日 20 时—9 月 5 日 20 时安徽总降水量(单位:mm)

2.19.4　“格拉迪斯”天气过程分析

200 hPa 等压面高度场、风场:中高纬度为两槽一脊形势,中纬度地区为南亚高压控制,中心位于华中地区,安徽省位于南亚高压控制下,高层高压辐散。后期随系统东移,东北地区低值系统发展,向南伸出的槽不断加强,槽底至湖南地区(图 2.19.4)。渤海附近存在西南风急流核,安徽省北部地区位于急流入口区,具有强风速辐散,南部仍位于反气旋环流控制(图 2.19.5)。

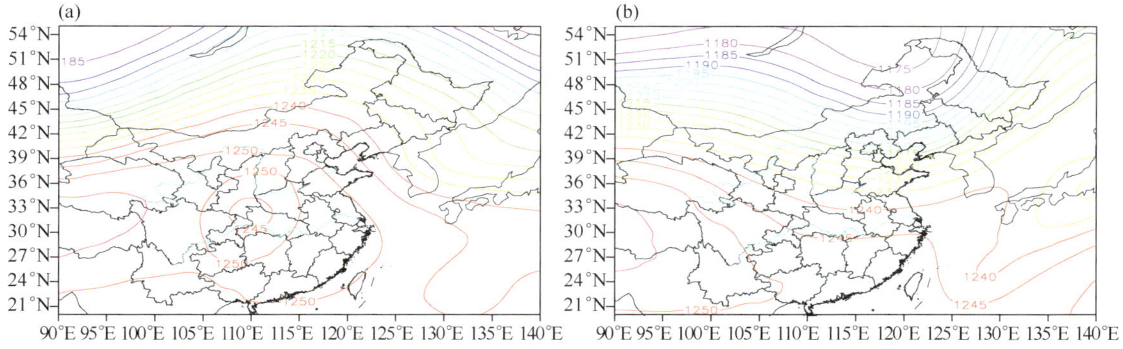

图 2.19.4　200 hPa 等压面的高度场

(a. 1994 年 9 月 2 日 20 时;b. 1994 年 9 月 5 日 20 时,单位:dagpm)

500 hPa 等压面高度场:中高纬度为两槽一脊形势,贝加尔湖附近和鄂霍茨克海地区存在两个强低涡中心,系统逐渐东移加强,尤其是贝加尔湖附近低涡,9 月 2—3 日位于贝加尔湖附近,此时副高强大,中心位于中国东部海上,台风环流自安徽省西南部向北移动;4—5 日贝加

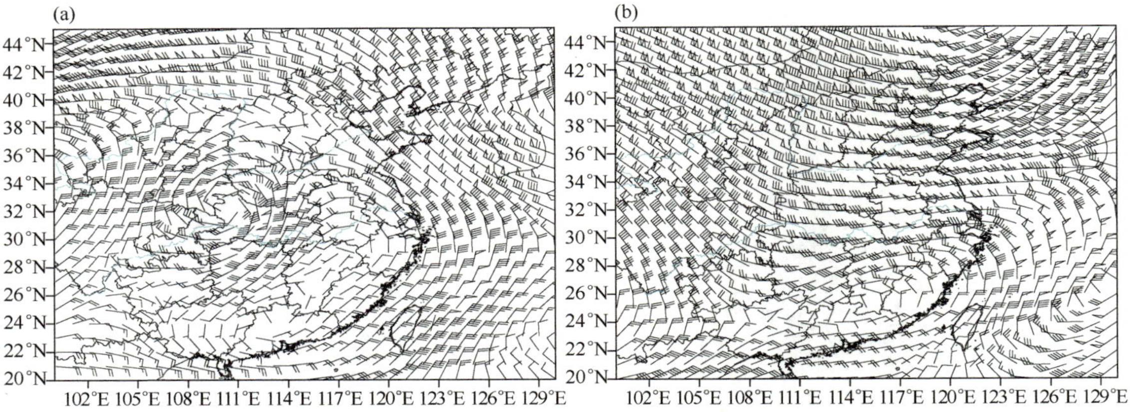

图 2.19.5 200 hPa 等压面的风场

(a. 1994 年 9 月 2 日 20 时;b. 1994 年 9 月 5 日 20 时,单位:m/s)

尔湖低涡移入中国东北地区并加深,最低可达 540 dagpm,同时其南部槽也不断发展增强,槽底不断南伸,与南部台风环流结合。安徽省先后受台风环流及其与低涡冷槽结合的影响,持续时间较长,利于强降水的发生(图 2.19.6)。

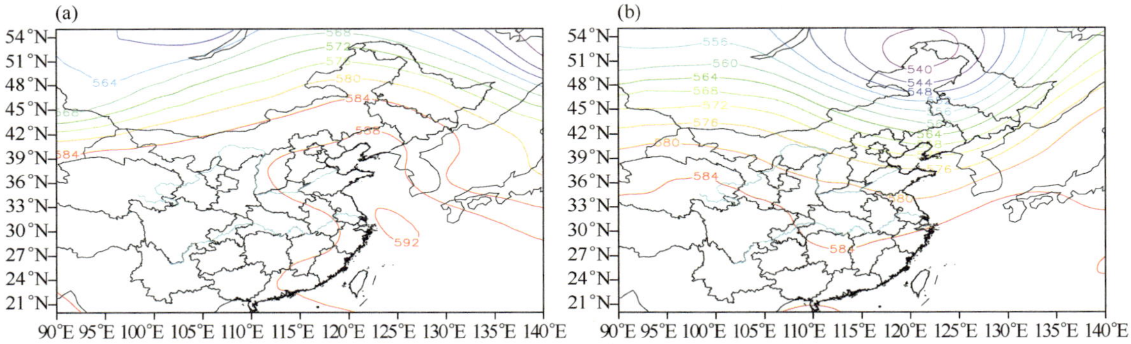

图 2.19.6 500 hPa 等压面的高度场

(a. 1994 年 9 月 2 日 20 时;b. 1994 年 9 月 5 日 20 时,单位:dagpm)

850 hPa 等压面风场和 850 hPa 等压面、700 hPa 等压面假相当位温场:2 日台风中心位于安徽省西南部,全省位于台风东北侧,存在显著东南风急流,低层大气高温高湿,受台风环流及地形共同影响,暴雨出现在江南西南部和大别山区,并与 700 hPa 等压面 θ_{se} 高值区对应;3 日台风环流中心北抬至淮北西北部,4 日台风环流逐渐与北方低槽结合,自东北地区向西南方向为一深槽,槽线位于安徽省淮北地区,暴雨位于环流中心偏南一侧及槽前。后期系统东移南压,5 日槽线位于江淮之间,暴雨落区位于槽线附近。受冷暖空气共同影响,在江淮之间 θ_{se} 等值线密集,暴雨落区与能量锋区对应(图 2.19.7—2.19.9)。

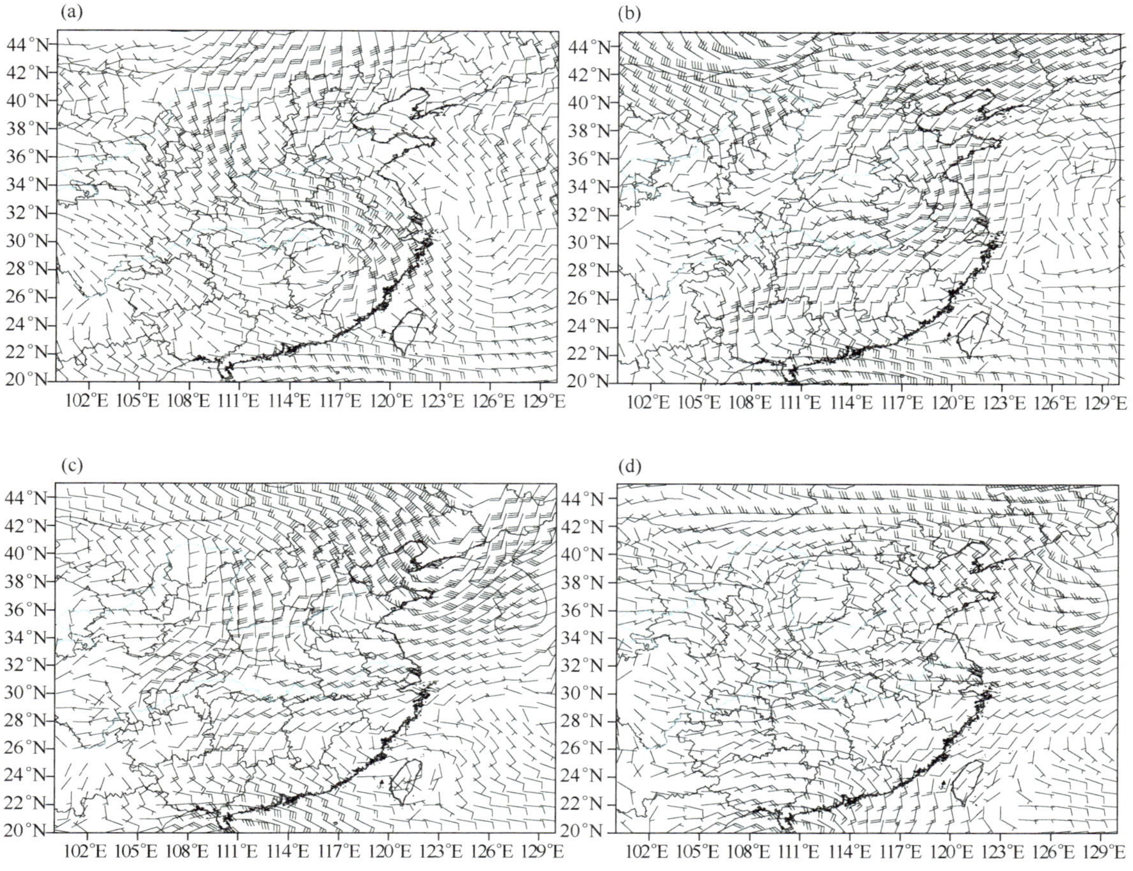

图 2.19.7　850 hPa 等压面的风场

(a. 1994 年 9 月 2 日 20 时；b. 1994 年 9 月 3 日 20 时；

c. 1994 年 9 月 4 日 20 时；d. 1994 年 9 月 5 日 20 时，单位：m/s)

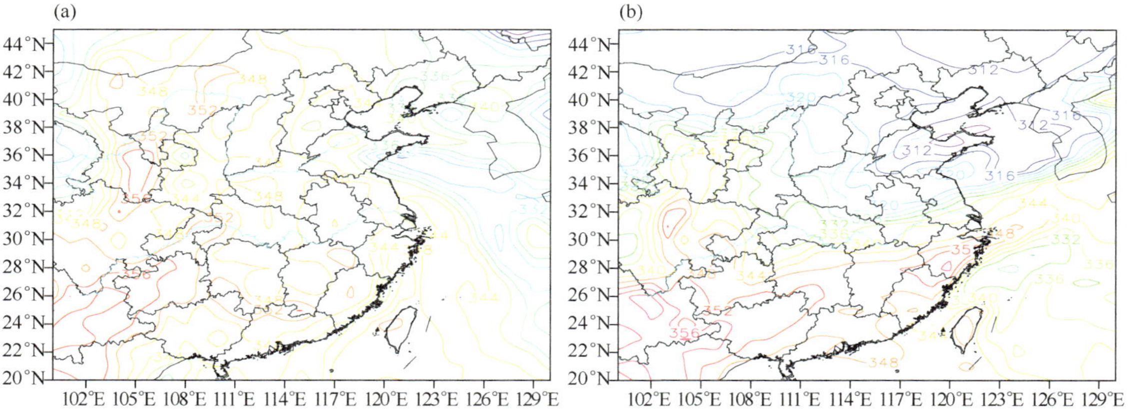

图 2.19.8　850 hPa 等压面的假相当位温场

(a. 1994 年 9 月 2 日 20 时；b. 1994 年 9 月 5 日 20 时，单位：K)

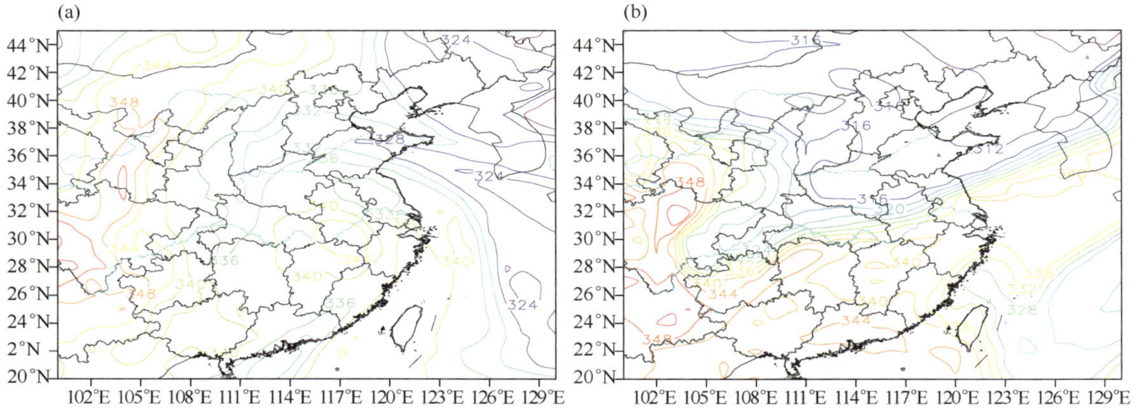

图 2.19.9 700 hPa 等压面的假相当位温场

（a. 1994 年 9 月 2 日 20 时；b. 1994 年 9 月 5 日 20 时，单位：K）

2.20 9714 号台风“安珀”

2.20.1 台风“安珀”概况

台风“安珀”于 1997 年 8 月 21 日在西北太平洋上生成，8 月 27 日发展成超强台风。8 月 29 日 20 时在台湾台东北部沿海登陆（80 m/s，17 级，超强台风级），8 月 30 日 14 时在福建省泉州市沿海再次登陆（35 m/s，12 级，台风级）。之后“安珀”深入内陆经福建进入江西并很快减弱消失（图 2.20.1）。

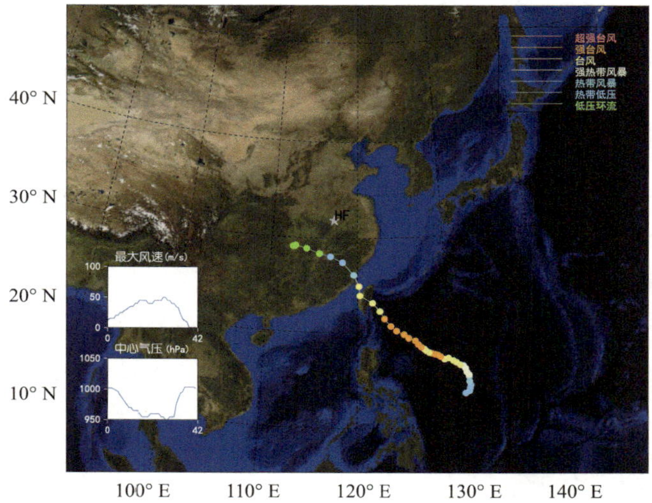

图 2.20.1 9714 号台风“安珀”移动路径图

2.20.2 “安珀”过程中国中东部降水实况

“安珀”于 1997 年 8 月 28 日—9 月 2 日对我国造成明显降水（图 2.20.2）。浙江南部、福建全省、广东东部、江西中南部、湖南东部和南部、湖北东部、安徽大别山区和淮河以北东部、江苏中部降水量普遍在 50 mm 以上，部分地区超过 100 mm。

2.20.3　“安珀”过程安徽降水实况

图 2.20.3 为“安珀”影响期间安徽省总雨量。1997 年 9 月 1—2 日，受“安珀”台风环流、高空槽和冷空气的共同影响，淮河以北东部和淮河以南出现暴雨，局部大暴雨，共有 8 个站超过 50 mm，2 个站超过 100 mm；累计降雨量 50～100 mm，部分地区 120～150 mm，最大值为五河 202 mm。强降水主要出现在 1 日和 2 日，其中 1 日暴雨位于沿淮东部，最大值为蚌埠 24 h 降水量 107.7 mm；2 日暴雨主要位于大别山区，最大值为潜山 24 h 降水量 112 mm。

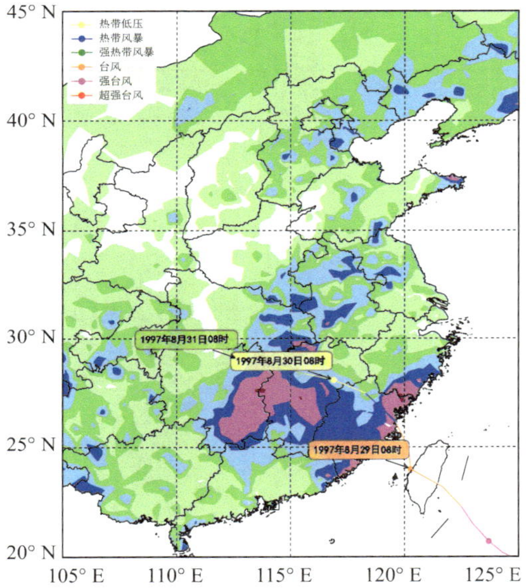

图 2.20.2　“安珀”影响期间 1997 年 8 月 28 日 20 时—9 月 2 日 20 时中国中东部总降水量(单位:mm)

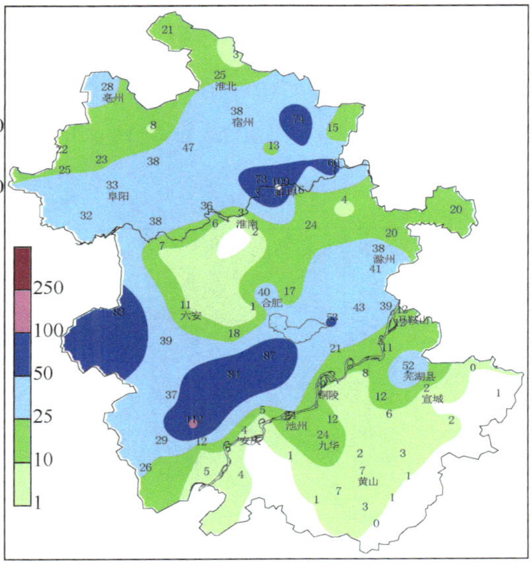

图 2.20.3　“安珀”影响期间 1997 年 8 月 31 日 20 时—9 月 2 日 20 时安徽总降水量(单位:mm)

2.20.4　“安珀”天气过程分析

200 hPa 等压面高度场：南亚高压强大，安徽省位于南亚控制下，高层高压辐散(图 2.20.4a)。

500 hPa 等压面高度场、850 hPa 和 700hPa 等压面假相当位温场：中高纬度为西高东低形势，日本北部存在低涡中心，低涡南部为槽，1 日槽自东北地区至黄淮地区，安徽省沿淮淮北地区位于槽前；台风低压环流位于江西，其北部倒槽伸至安徽省江淮之间西部(图 2.20.4b)；安徽省淮河以南地区受台风东侧和副高西侧气流影响，为偏南风，有利于水汽和热量的输送(图 2.20.5，图 2.20.7a)；850 hPa 等压面 θ_{se} 全省达 352 K 以上，且随高度减小，大气不稳定；暴雨出现在北部槽前和台风倒槽附近(图 2.20.8)。2 日台风环流减弱，华北地区槽东移至朝鲜半岛至黄海地区，安徽省江北地区转为槽后西北偏西风控制；副高受另一台风(9715 号台风“Bing”)影响，分为两部分，主体东退至海上，在台湾北部地区存在一个反气旋式中心(图 2.20.7b)。

850 hPa 等压面和 700 hPa 等压面温度场：台风低压环流位于江西，北方有较强冷空气南下，850 hPa 等压面低温中心位于山东半岛附近，2 日冷空气前沿至沿江地区，冷空气能够触发不稳定能量释放，产生强降水，暴雨出现在 850 hPa 等压面锋区北侧(图 2.20.6)。

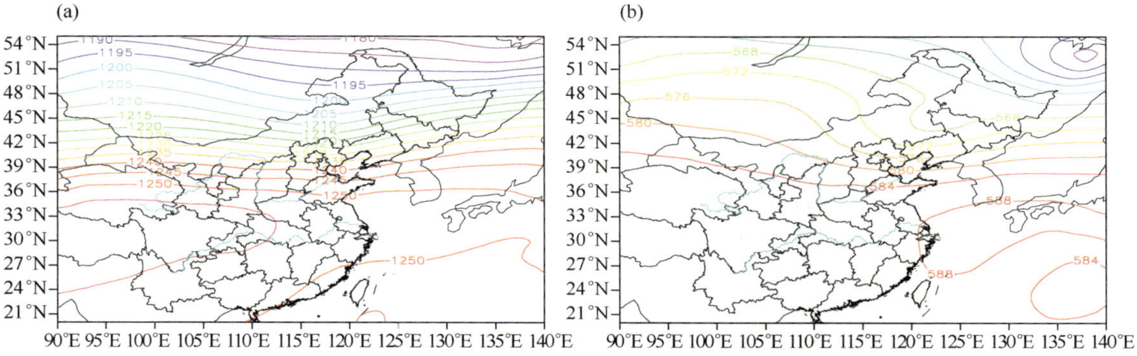

图 2.20.4 1997 年 9 月 1 日 20 时不同等压面的高度场

(a. 200 hPa; b. 500 hPa，单位：dagpm)

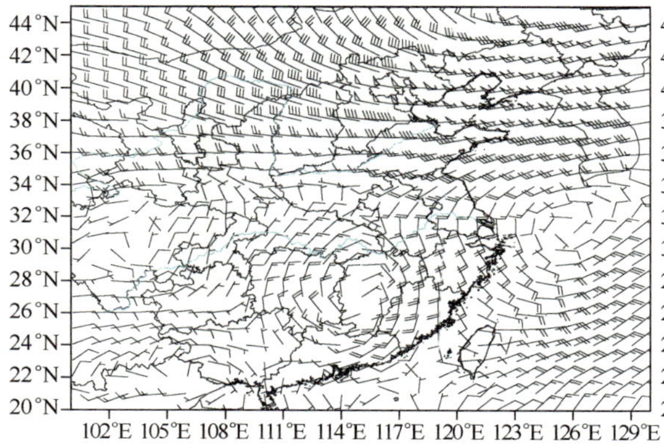

图 2.20.5 1997 年 9 月 1 日 20 时 500 hPa 等压面的风场(单位：m/s)

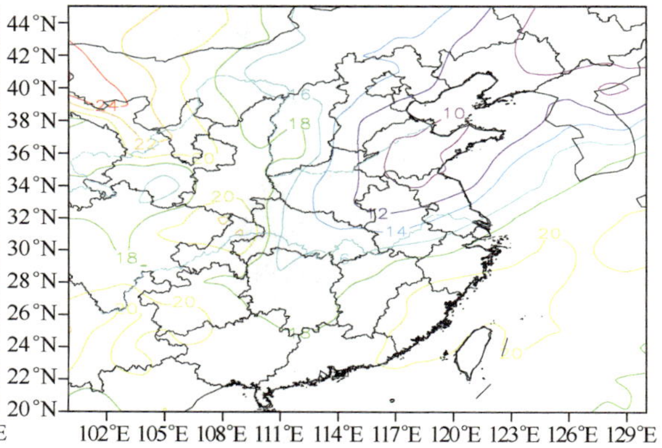

图 2.20.6 1997 年 9 月 2 日 20 时 850 hPa 等压面的温度场(单位：℃)

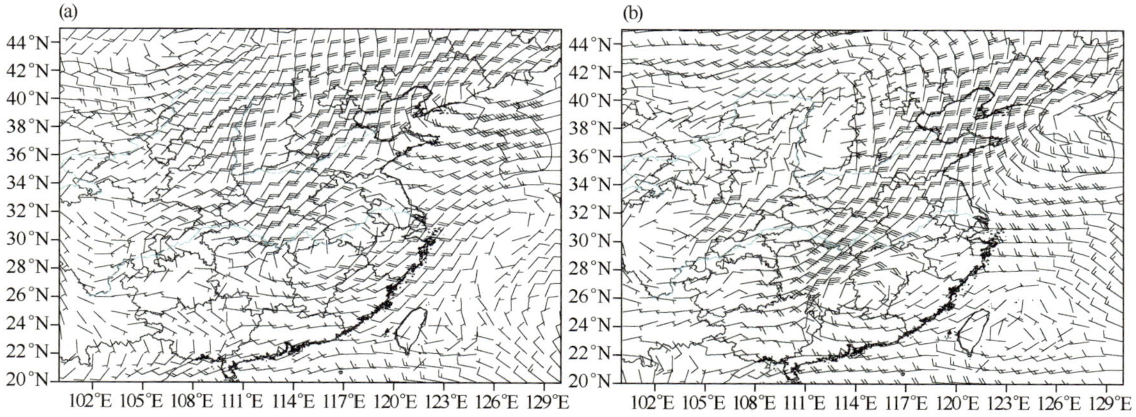

图 2.20.7 850 hPa 等压面的风场

(a. 1997 年 9 月 1 日 20 时；b. 1997 年 9 月 2 日 20 时，单位：m/s)

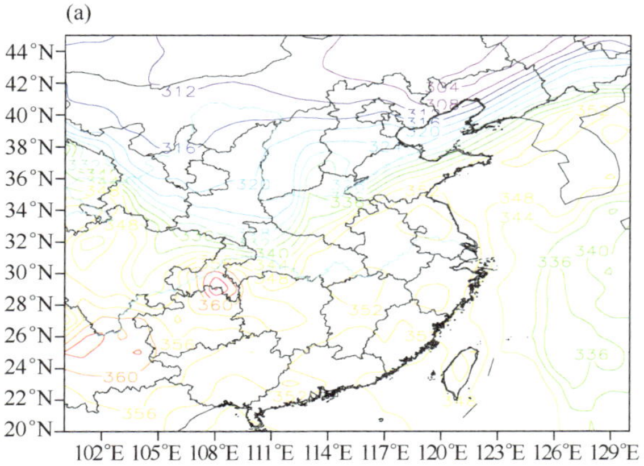

图 2.20.8　1997 年 9 月 1 日不同等压面的假相当位温场

（a. 850 hPa；b. 700 hPa，单位：K）

2.21　0010 号台风“碧利斯”

2.21.1　台风“碧利斯”概况

台风“碧利斯”于 2000 年 8 月 18 日在西太平洋上生成，8 月 21 日发展成超强台风。8 月 22 日 20 时在台湾东北部沿海登陆（55 m/s，16 级，超强台风级），8 月 23 日 08 时在福建省厦门市东北部沿海再次登陆（40 m/s，13 级，台风级）。之后“碧利斯”向西深入内陆，在福建省西南部转为向北移动，经江西东部进入安徽省西南部（热带低压），然后向东穿过安徽省南部、江苏省南部进入黄海，最后在朝鲜半岛西部减弱消失（图 2.21.1）。

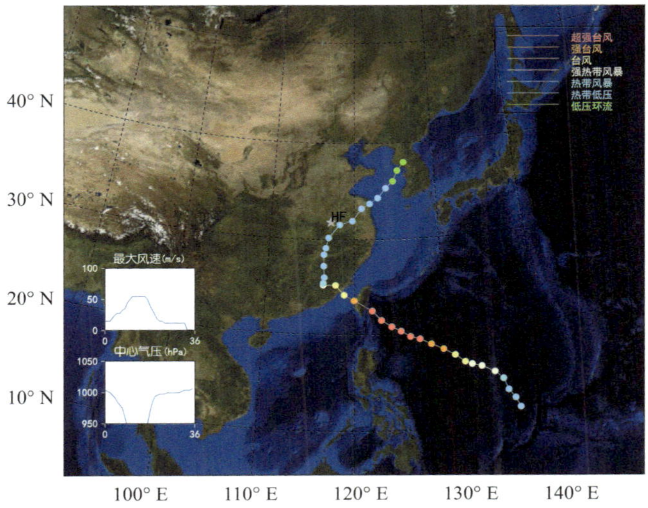

图 2.21.1　0010 号台风“碧利斯”移动路径图

2.21.2　“碧利斯”过程中国中东部降水实况

“碧利斯”于 2000 年 8 月 23 日前后对我国开始造成影响，至 8 月 26 日主要对登陆点和消亡点附近造成明显降水(图 2.21.2)。广东东部、福建全省、浙江省中南部、安徽江南的南部和江苏沿海地区降水量普遍在 50 mm 以上,广东省东部,福建中南部、浙江南部和安徽黄山地区及江苏东北部超过 100 mm,其中广东东北部局部地区、福建沿海局部以及浙江南部局部超过 250 mm。

2.21.3 “碧利斯”过程安徽降水实况

2000 年 8 月 24—26 日,受“碧利斯”台风环流、高空槽和冷空气的共同影响,淮河以北和江南出现暴雨,共有 9 个站超过 50 mm,2 个站超过 100 mm;累计降雨量为 50～100 mm,局部超过 150 mm,最大值为黄山 163 mm。强降水主要出现在 24 日和 25 日,其中 24 日暴雨位于淮河以北,最大值为灵璧 24 h 降水量 72.9 mm;25 日暴雨位于江南南部,最大值为黄山 24 h 降水量 103.2 mm(图 2.21.3)。

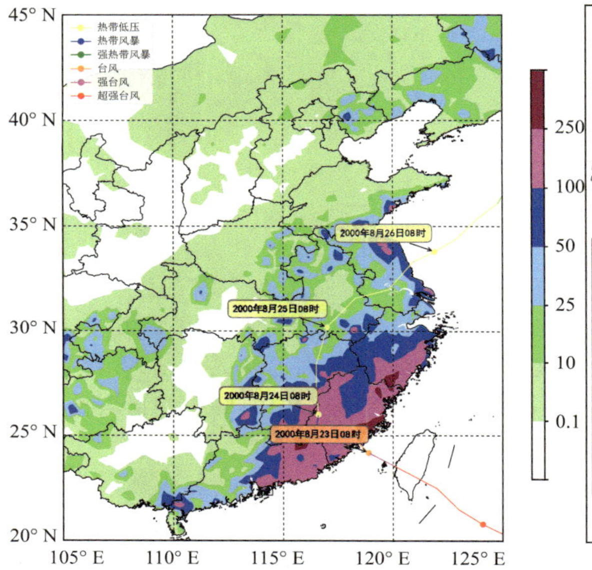

图 2.21.2 “碧利斯”影响期间 2000 年 8 月 22 日 20 时—8 月 26 日 20 时中国中东部总降水量(单位:mm)

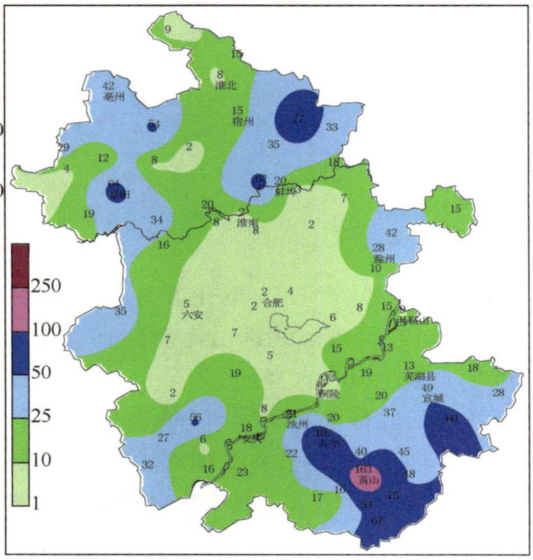

图 2.21.3 “碧利斯”影响期间 2000 年 8 月 23 日 20 时—8 月 26 日 20 时安徽省总雨量(单位:mm)

2.21.4 “碧利斯”过程天气分析

200 hPa 等压面高度场、风场:南亚高压分为东西两个部分;中高纬度为一脊一槽;副热带西风急流位于 40°～45°N,中国中东部地区为两个高压之间的低槽区,槽前中国东北南部至渤海黄海地区为风速大值区,安徽省尤其北部地区位于急流入口区右侧,有利于高空辐散(图 2.21.4—2.21.5)。

500 hPa 等压面高度场、风场、温度场:贝加尔湖附近为一高压脊,中国东北地区为低槽区,槽底伸至山东半岛;脊前槽后偏北风与等温线夹角大,表明冷平流强,有利于北方冷空气南下。副高强大,位置稳定,受副高西侧西南引导气流影响,台风环流自西南向东北移动,过程中逐渐与其北部低槽结合(图 2.21.6—2.21.8)。

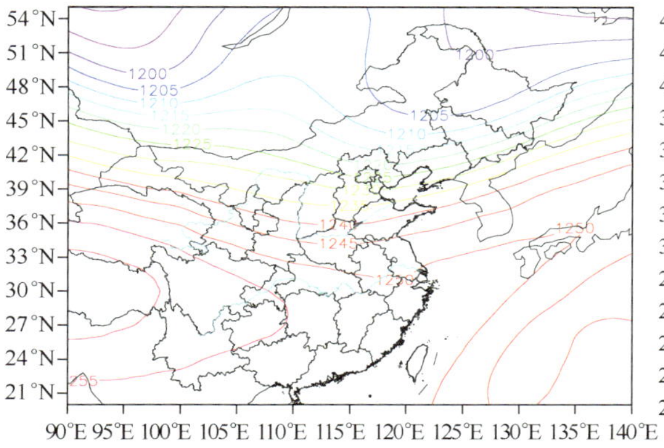

图 2.21.4　2000 年 8 月 25 日 20 时 200 hPa 等压面的高度场(单位:dagpm)

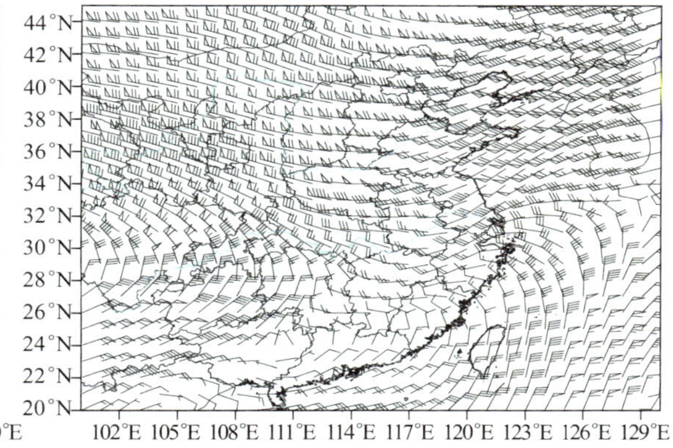

图 2.21.5　2000 年 8 月 25 日 20 时 200 hPa 等压面的风场(单位:m/s)

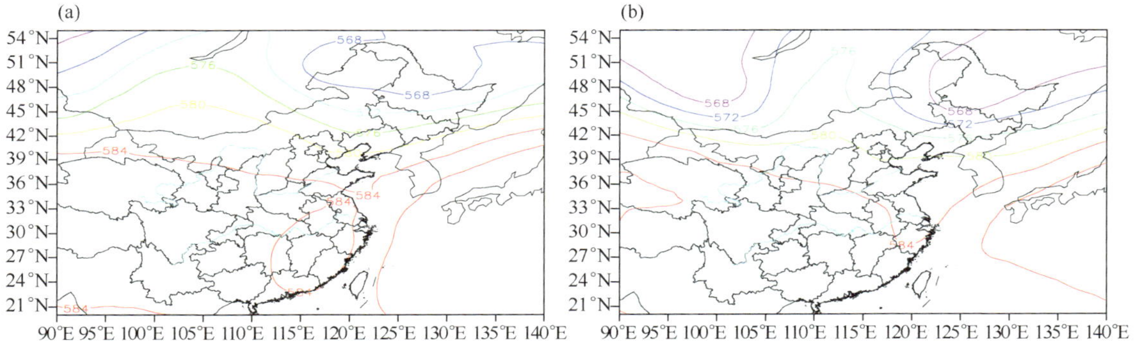

图 2.21.6　500 hPa 等压面的高度场

(a. 2000 年 8 月 24 日 20 时; b. 2000 年 8 月 25 日 20 时,单位:dagpm)

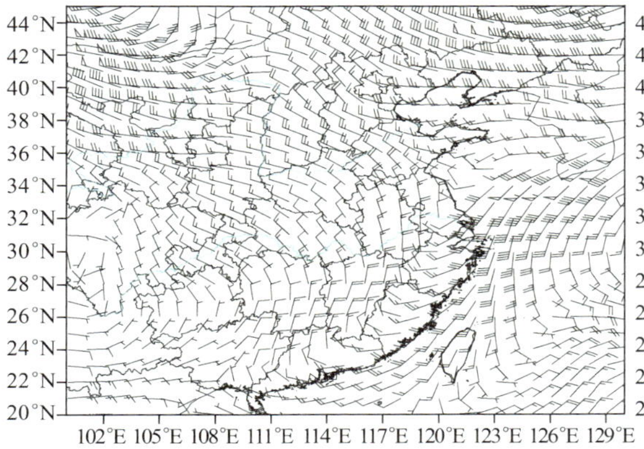

图 2.21.7　2000 年 8 月 25 日 20 时 500 hPa 等压面的风场(单位:m/s)

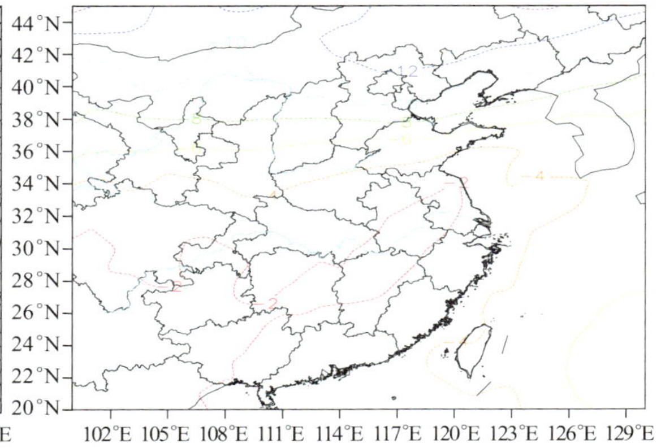

图 2.21.8　2000 年 8 月 25 日 20 时 500 hPa 等压面的温度场(单位:℃)

850 hPa 等压面风场:台风环流中心由安徽省西南部向东北移动,安徽省江南地区先后受台风北部倒槽和台风南部冷式切变影响,不仅提供了暴雨发生的动力条件,也使得降水的持续时间较长。江南暴雨基本出现在环流中心西南东北向移动的路径上。安徽省北部地区位于台风北侧和西侧的东北风影响下，急流轴基本位于淮北北部，淮河以北地区暴雨出现在偏东风急流南侧气旋式切变中(图 2.21.9)。

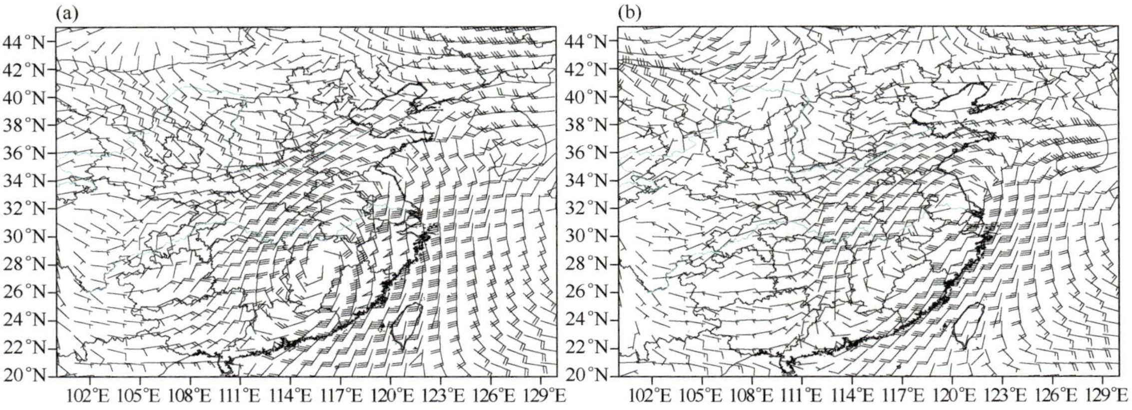

图 2.21.9 850 hPa 等压面的风场

(a. 2000 年 8 月 24 日 20 时; b. 2000 年 8 月 25 日 20 时,单位:m/s)

850 hPa 和 700 hPa 等压面假相当位温场:700 hPa 等压面淮河以北地区 θ_{se} 梯度大,等 θ_{se} 线密集,并且 850 hPa 等压面 θ_{se} 高于 700 hPa 等压面,表明此处 θ_{se} 随高度减小,有利于大气的不稳定。淮河以北地区暴雨与 700 hPa 等压面能量锋区对应(图 2.21.10)。

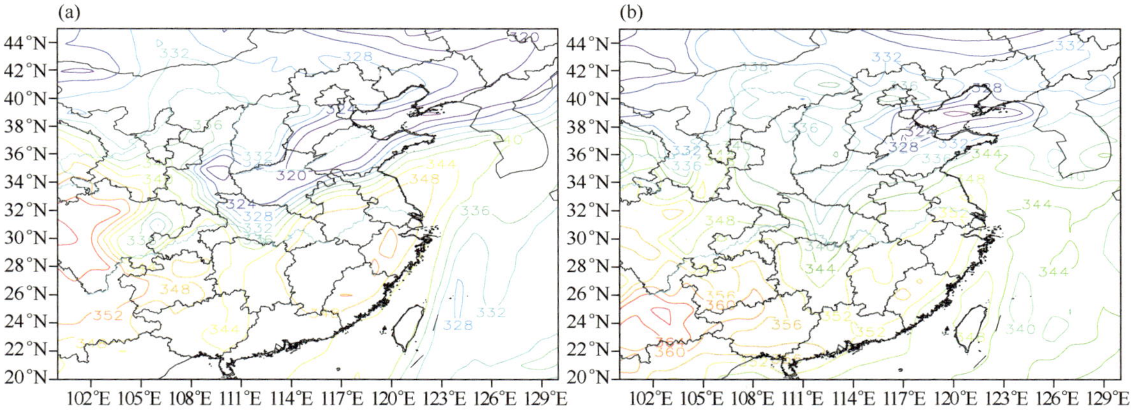

图 2.21.10 2000 年 8 月 25 日 20 时不同等压面的假相当位温场

(a. 700 hPa; b. 850 hPa,单位:K)

2.22 0513 号台风“泰利”

2.22.1 台风“泰利”概况

台风“泰利”于 2005 年 8 月 27 日 08 时在西北太平洋洋面上生成,30 日 02 时加强为超强台风(55 m/s,16 级,930 hPa),于 9 月 1 日 01 时在台湾花莲附近登陆,强度为超强台风(55 m/s,16 级,930 hPa),1 日 15 时在福建莆田二次登陆,强度为台风(35 m/s,12 级,970 hPa),登陆向西北方向移动,2 日 07 时“泰利”位于江西赣州北部,热带风暴级(18 m/s,8 级,996 hPa),之后减弱的低压环流位于江西中部(图 2.22.1)。

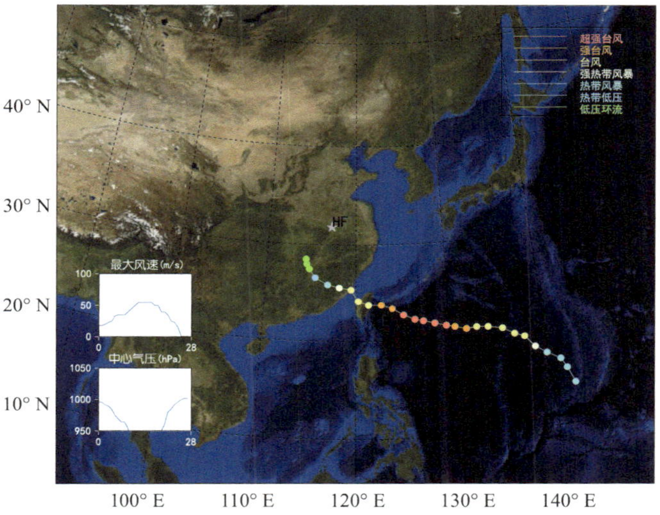

图 2.22.1　0513 号台风“泰利”移动路径图

2.22.2　“泰利”过程中国中东部降水实况

“泰利”于 2005 年 9 月 1 日前后对我国开始造成影响,至 9 月 3 日主要对登陆点和消亡点附近造成明显降水(图 2.22.2)。福建全省、江西中西部、浙江南部、湖北东部和安徽中部地区降水量普遍在 50 mm 以上,福建东部沿海地区、浙江南部、江西北部、湖北东部、安徽中部超过 100 mm,其中安徽大别山地区局部超过 250 mm。

2.22.3　“泰利”过程安徽降水实况

2005 年 9 月 1—4 日,受减弱台风低压环流和冷空气共同影响,淮河以南出现明显降水,有 50 个县市累计降雨量超过 50 mm,其中江淮之间 19 个县市超过 100 mm,强降水区位于大别山区,有 4 县市超过 250 mm,最大值为岳西 573 mm。降水主要时段为 2 日 20 时—3 日 20 时(图 2.22.3)。

2.22.4　“泰利”过程天气分析

200 hPa 等压面风场:安徽位于低槽槽前,急流南侧(图 2.22.4)。

500 hPa 等压面高度场:2 日 20 时,副高位于华东沿海,台风环流中心位于江西中部,河套东部有短波槽东移,安徽大别山区位于台风倒槽内,台风和冷空气结合点偏西(图 2.22.5)。

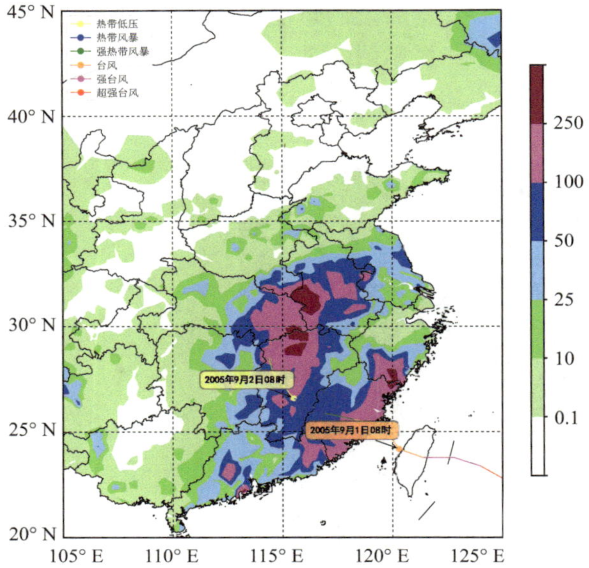

图 2.22.2 “泰利”影响期间 2005 年 8 月 31 日 20 时 —9 月 4 日 20 时中国中东部总降水量(单位:mm)

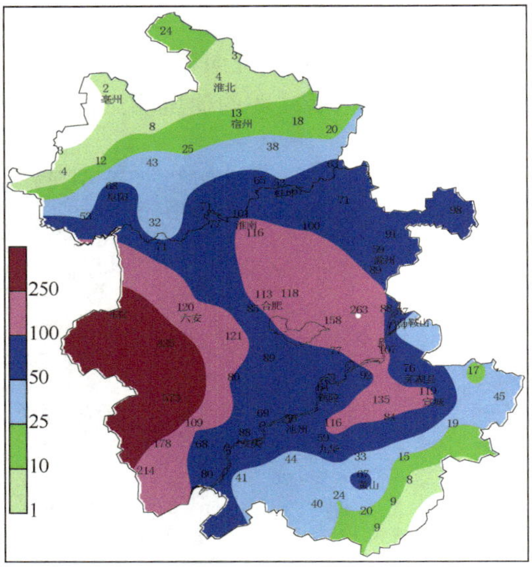

图 2.22.3 “泰利”影响期 2005 年 9 月 1 日 20 时 —9 月 4 日 20 时安徽省总雨量(单位:mm)

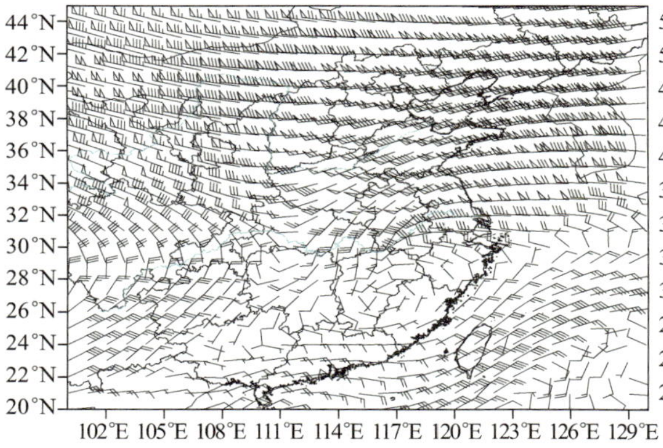

图 2.22.4 2005 年 9 月 2 日 20 时 200 hPa 等压面的风场(单位:m/s)

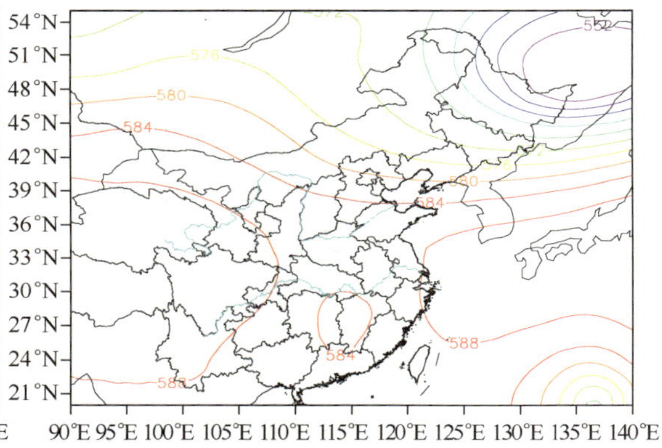

图 2.22.5 2005 年 9 月 2 日 20 时 500 hPa 等压面的高度场(单位:dagpm)

500 hPa 等压面风场:2 日 20 时,河南西部为一致的西北风,有西路冷空气从高层侵入台风环流,大别山区位于台风倒槽的东侧,有南风急流带来的强暖湿输送,加上弱冷空气的触发,有利于强降水的产生(图 2.22.6)。

850 hPa 等压面风场:3 日 20 时,大别山区位于倒槽顶部,大别山区东侧为偏东急流控制;安徽和湖北交界处为东北风,与东路低层扩散下的冷空气对应,两支气流间有明显辐合(图 2.22.7)。

850 hPa 等压面温度场:2 日 20 时,东北有冷槽南伸,安徽西部位于冷槽底部(图 2.22.8)。

850 hPa 等压面比湿场:安徽全省都位于 12 g/kg 的大比湿区控制内,大于 14 g/kg 的比湿中心主要位于大别山区南部(图 2.22.9)。

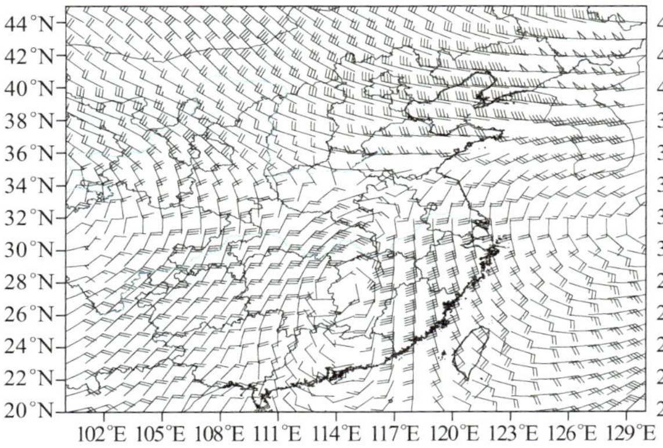

图 2.22.6　2005 年 9 月 2 日 20 时 500 hPa 等压面的风场(单位:m/s)

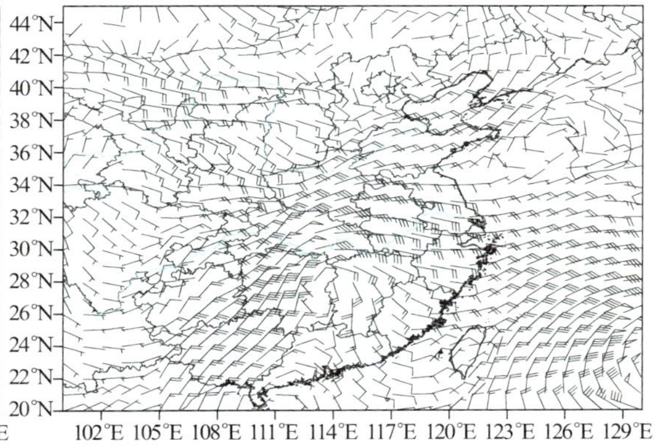

图 2.22.7　2005 年 9 月 3 日 20 时 850 hPa 等压面的风场(单位:m/s)

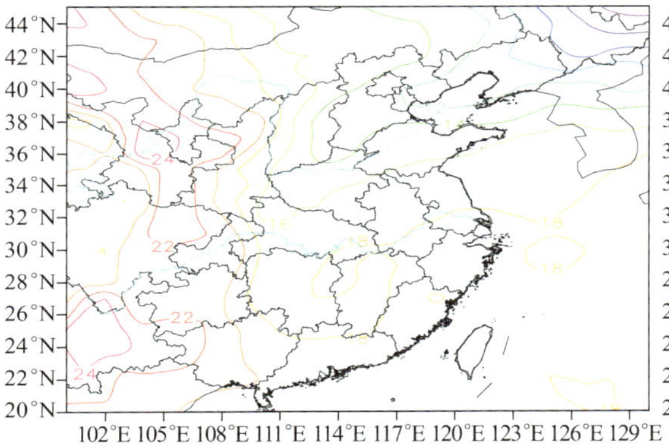

图 2.22.8　2005 年 9 月 2 日 20 时 850 hPa 等压面的温度场(单位:℃)

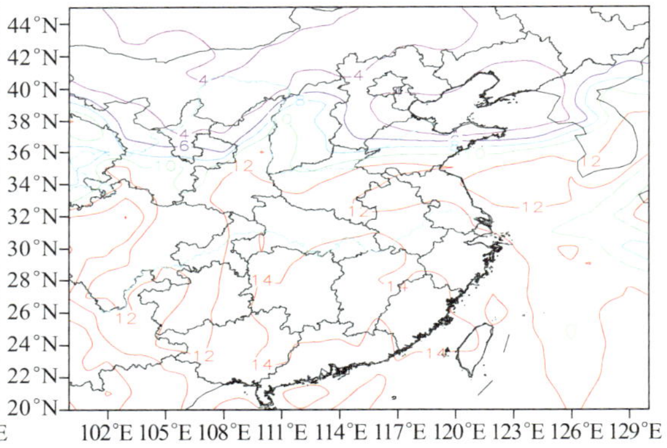

图 2.22.9　2005 年 9 月 2 日 20 时 850 hPa 等压面的比湿场(单位:g/kg)

850 hPa 等压面假相当位温场(图 2.22.10):3 日 20 时,安徽淮河以南为 θ_{se} 高能区控制,θ_{se} 中心位于江西北部,与弱冷空气对应 θ_{se} 低值区从东路南下,湖北至安徽北部一线存在 θ_{se} 锋区,强降水位于 θ_{se} 锋区南侧,高能区北侧。

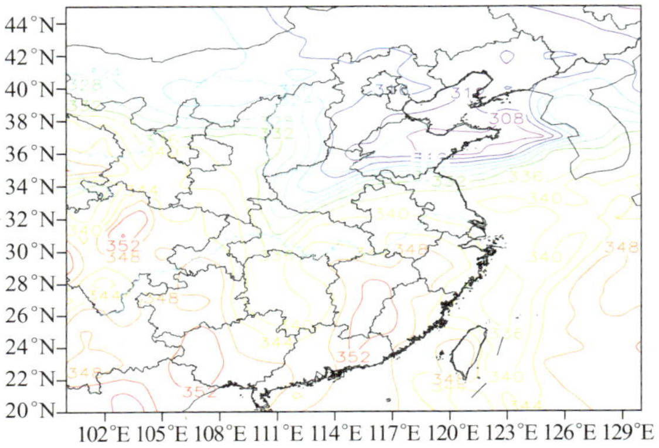

图 2.22.10　2005 年 9 月 3 日 20 时 850 hPa 等压面的假相当位温场(单位:K)

2.23 0605号台风“格美”

2.23.1 台风“格美”概况

台风“格美”于2006年7月18日在西太平洋上生成，7月21日发展成台风。7月25日00时在台湾台东北部沿海登陆(40 m/s，13级，台风级)，7月25日15时在福建省厦门市东部沿海再次登陆(35 m/s，12级，台风级)。之后“格美”在福建南部徘徊，强度衰减慢，最后在湖南南部减弱消失(图2.23.1)。

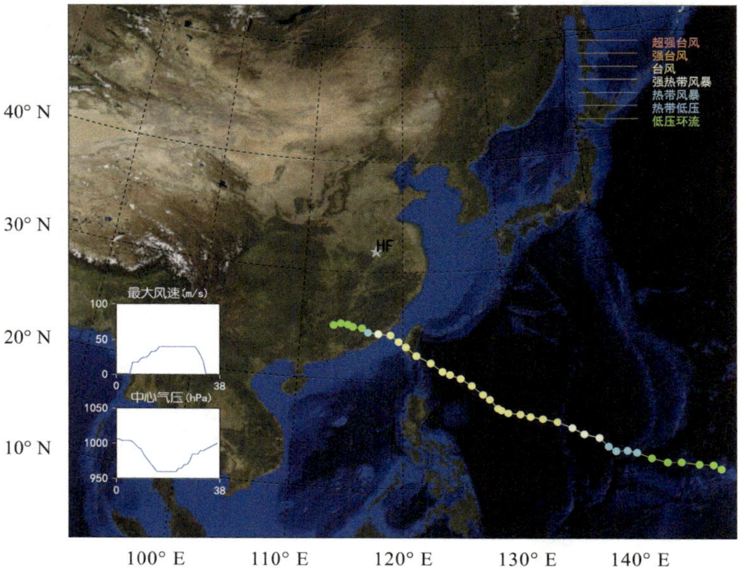

图2.23.1 0605号台风“格美”移动路径图

2.23.2 “格美”过程中国中东部降水实况

“格美”于2006年7月25日前后对我国开始造成影响，至7月28日主要对登陆点和消亡点附近造成明显降水(图2.23.2)。广东全省、福建省南部和赣湘两省南部地区降水量普遍在50 mm以上，广东省中北部，福建省南部和赣湘两省南部地区超过100 mm。

2.23.3 “格美”过程安徽降水实况

2006年7月24—28日，受“格美”台风倒槽、高空槽和冷空气的共同影响，淮河以北北部和江淮之间中西部出现暴雨，共有11个站超过50 mm，1个站超过100 mm；累计降雨量50～90 mm，局部超过100 mm，最大庐江104 mm。强降水主要出现在26日、27日和28日，其中26日庐江出现暴雨，24 h降水量84.3 mm；27日暴雨位于淮河以北西北部和大别山区，最大值为霍山24 h降水量72.8 mm；28日太和出现暴雨，24 h降水量69.4 mm(图2.23.3)。

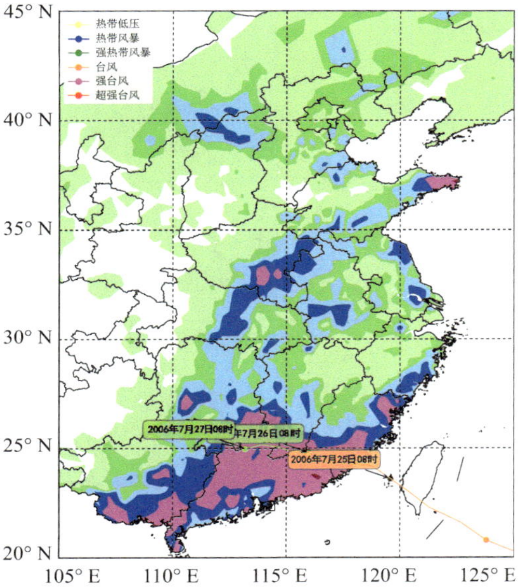

图 2.23.2　“格美”影响期间 2006 年 7 月 24 日 20 时—7 月 28 日 20 时中国中东部总降水量(单位:mm)

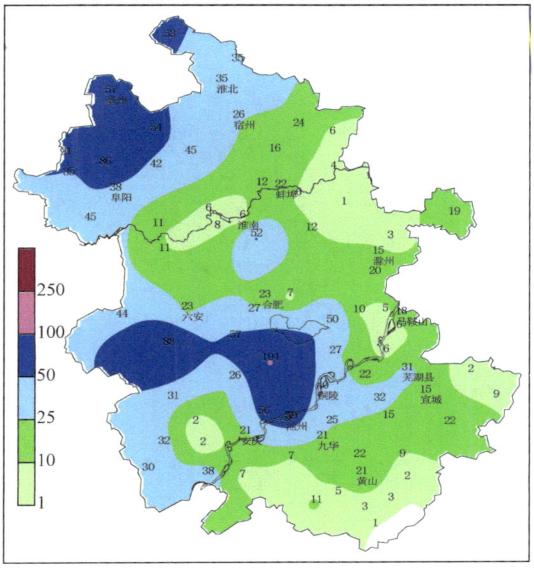

图 2.23.3　“格美”影响期间 2006 年 7 月 24 日 20 时—7 月 28 日 20 时安徽省总雨量(单位:mm)

2.23.4　“格美”过程天气分析

200 hPa 等压面风场:南亚高压有东西两个中心,两高压中心之间华北地区为低槽区。25—26 日安徽省位于华北地区低槽前。在渤海附近存在西南风急流中心,安徽省淮北北部地区具有强的风速辐散(图 2.23.4)。

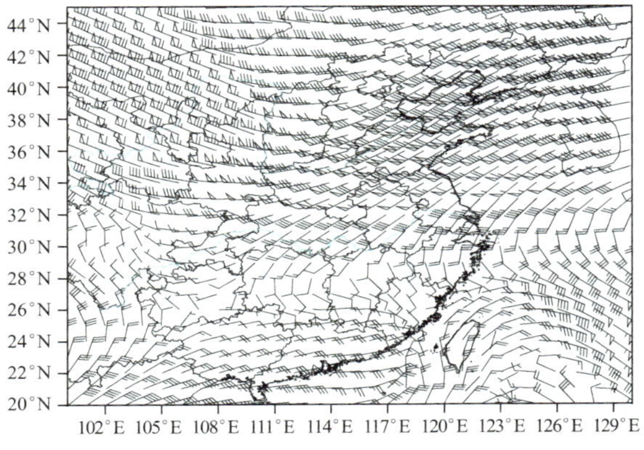

图 2.23.4　2006 年 7 月 25 日 20 时 200 hPa 等压面的风场(单位:m/s)

500 hPa 等压面高度场、风场、温度场:中高纬度为两槽一脊形势,脊位于贝加尔湖以东,西太平洋副高强大,中心值为 596 dagpm,受副热带高压坝阻挡,台风沿其西侧偏南引导气流移动。25 日自贝加尔湖南部向东南方向有一槽,槽底至安徽省淮北北部,江北地区位于槽前西南气流中,淮北地区暴雨出现在槽前;江南受台风外围偏南风影响,由于槽后冷平流不强,未来槽不能发展增强,台风环流不易与之结合。26 日台风倒槽位于安徽省西南地区,槽线位于大别山区东部,暴雨出现在槽线附近及其西侧(图 2.23.5—2.23.7)。

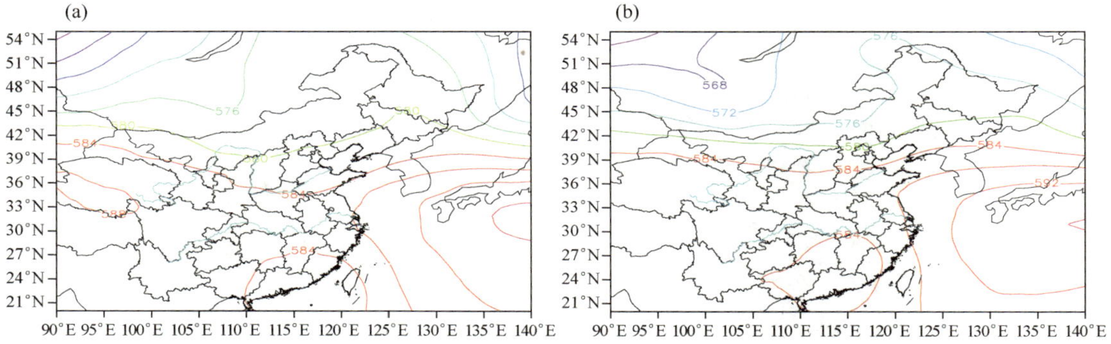

图 2.23.5　500 hPa 等压面的高度场

（a. 2006 年 7 月 25 日 20 时；b. 2006 年 7 月 26 日 20 时，单位：dagpm）

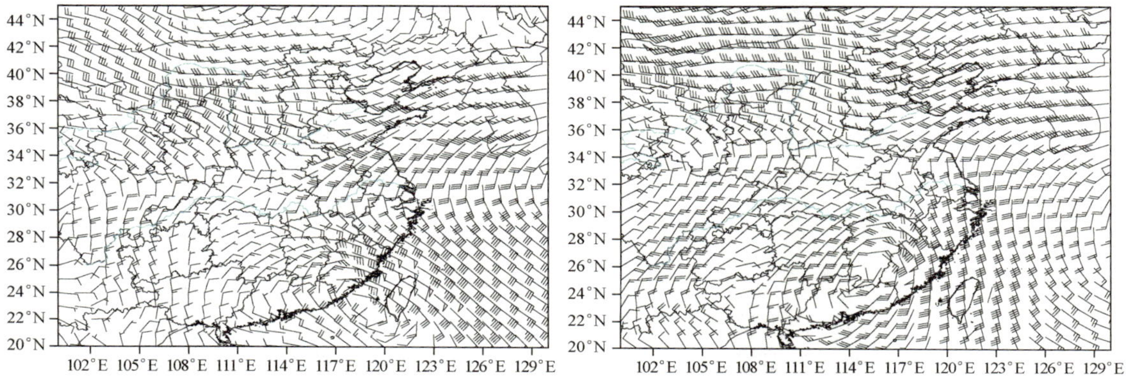

图 2.23.6　500 hPa 等压面的风场

（a. 2006 年 7 月 25 日 20 时；b. 2006 年 7 月 26 日 20 时，单位：m/s）

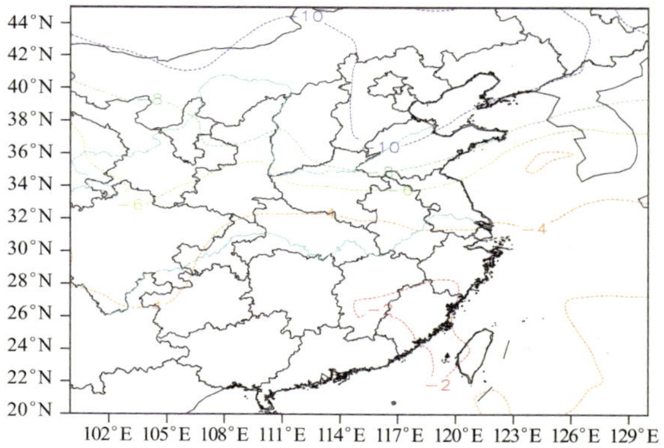

图 2.23.7　2006 年 7 月 25 日 20 时 850 hPa 等压面的温度场（单位：℃）

850 hPa 等压面风场、850 hPa 和 700 hPa 等压面假相当位温场：25 日台风环流中心位于华南沿海，安徽省受其北侧倒槽影响（图 2.23.8），低层台风的偏东风环流带来海上大量水汽和热量，同时受华北地区低槽影响，有冷空气南下，冷暖空气在淮北地区交汇，850 hPa 等压面 θ_{se} 等值线密集，700 hPa 等压面在淮北北部存在低值中心，表明大气高度不稳定，易于强降水的产生。淮北暴雨与 850 hPa 等压面能量锋区对应，并基本位于 700 hPa 等压面 θ_{se} 低值区。

26 日华北低槽已减弱，台风中心位于江西省，其北部倒槽伸至安徽省西南部，700 hPa 和 850 hPa 等压面 θ_{se} 在大别山均为高值区，并且大气不稳定，暴雨落区与 θ_{se} 大值区及不稳定区对应(图 2.23.9—2.23.10)。

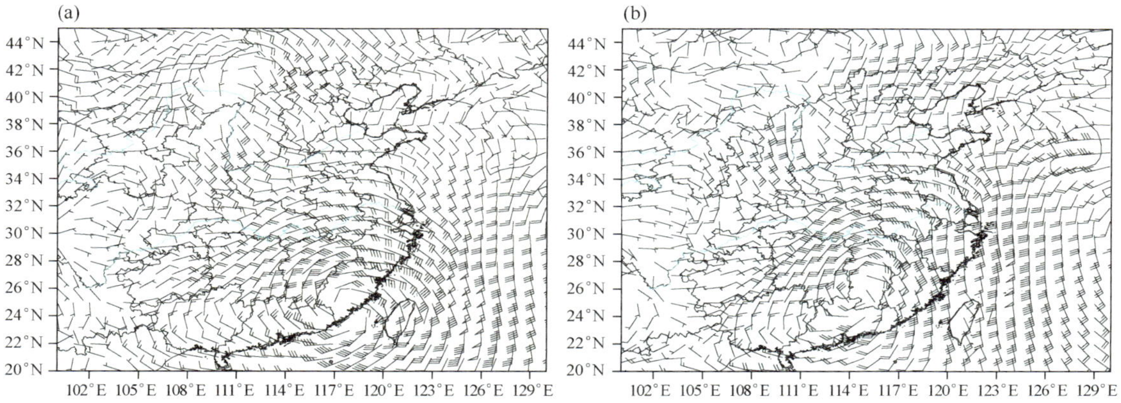

图 2.23.8　850 hPa 等压面的风场

(a. 2006 年 7 月 25 日 20 时；b. 2006 年 7 月 26 日 20 时，单位：m/s)

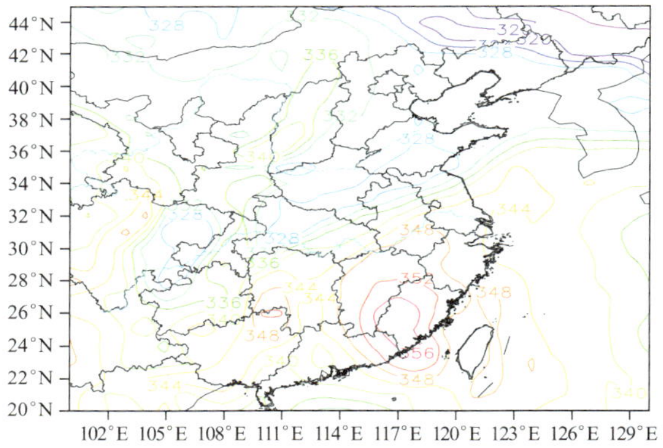

图 2.23.9　2006 年 7 月 25 日 20 时 700 hPa 等压面的假相当位温场(单位：K)

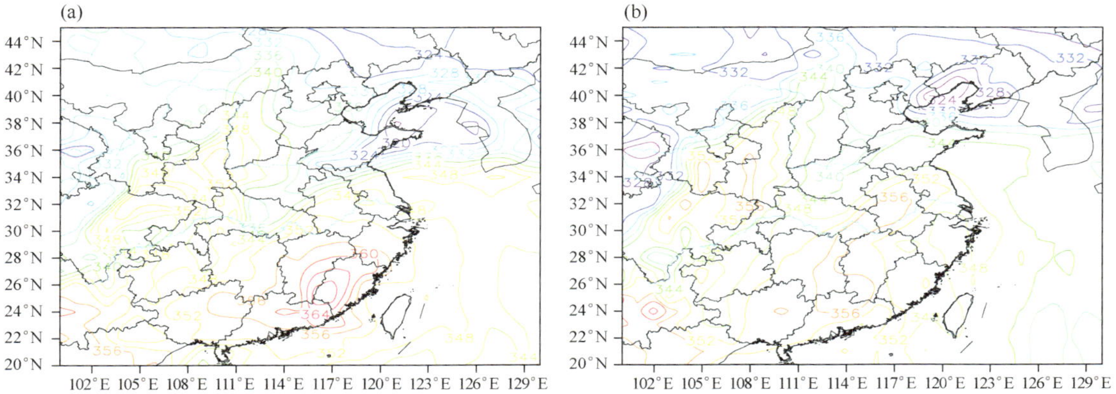

图 2.23.10　850 hPa 等压面的假相当位温场

(a. 2006 年 7 月 25 日 20 时；b. 2006 年 7 月 26 日 20 时，单位：K)

2.24 0709 号台风“圣帕”

2.24.1 台风“圣帕”概况

台风“圣帕”于 2007 年 8 月 12 日 08 时在西北太平洋洋面上生成，15 日 20 时加强为超强台风(55 m/s，16 级，930 hPa)，于 18 日 06 时在台湾花莲南部登陆，强度为强台风(50 m/s，15 级，930 hPa)，19 日 02 时在福建泉州二次登陆，强度为台风(33 m/s，12 级，975 hPa)，“圣帕”登陆后向西北方向移至江西，强度迅速减弱为低压环流，经江西后转向偏西方向移动，逐渐减弱消散(图 2.24.1)。

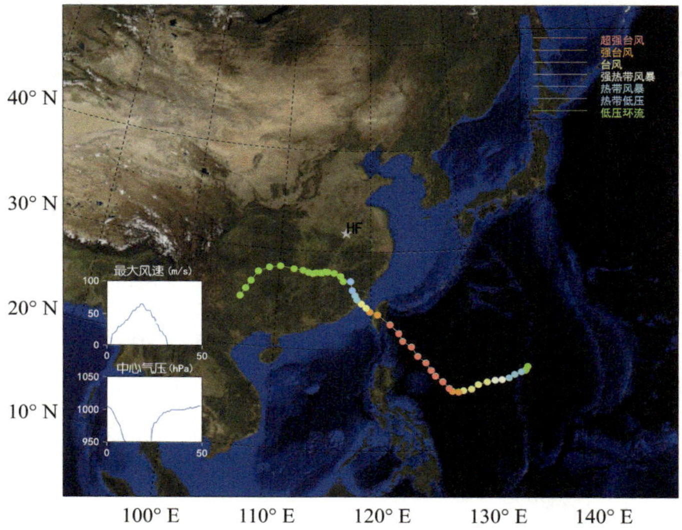

图 2.24.1 0709 号台风“圣帕”移动路径图

2.24.2 “圣帕”过程中国中东部降水实况

“圣帕”于 2007 年 8 月 18 日前后对我国开始造成影响，至 8 月 25 日主要对登陆点和消亡点附近造成明显降水(图 2.24.2)。沿江江南地区降水量普遍在 50 mm 以上，广西北部、广东东部，福建沿海、江西中南部、湖南全省和浙江南部超过 100 mm，其中福建东北部和湖南西南部地区局部超过 250 mm。

2.24.3 “圣帕”过程安徽降水实况

2007 年 8 月 18—22 日，安徽沿淮淮河以北东部有 7 个县市降雨量超过 50 mm，最大值为固镇 132 mm。降水主要时段为 8 月 21 日 20 时—22 日 20 时(图 2.24.3)。

2.24.4 “圣帕”过程天气分析

500 hPa 等压面高度场：副高位于安徽北部，台风中心位于福建、江西交界处(图 2.24.4)。

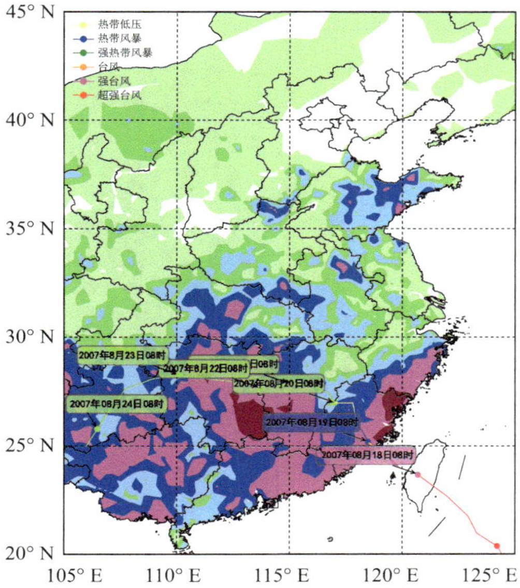

图 2.24.2　“圣帕”影响期间 2007 年 8 月 17 日 20 时—8 月 25 日 20 时中国中东部总降水量(单位:mm)

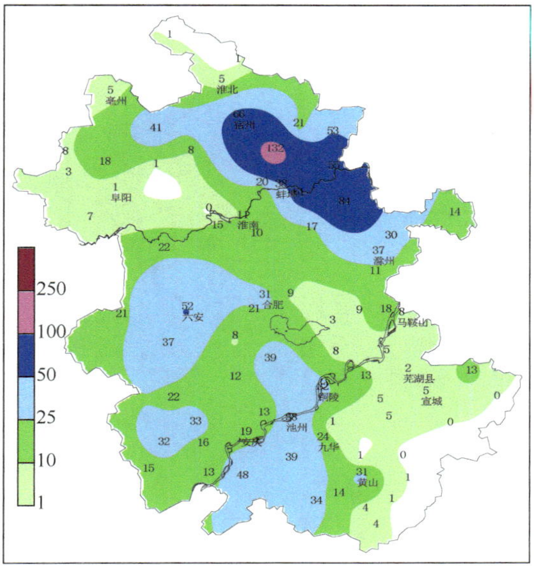

图 2.24.3　“圣帕”影响期间 2007 年 8 月 18 日 20 时—8 月 22 日 20 时安徽省总雨量(单位:mm)

500 hPa 等压面温度场:东北有冷槽南伸至山东一带,冷空气强度弱,位置偏东偏北(图 2.24.5)。

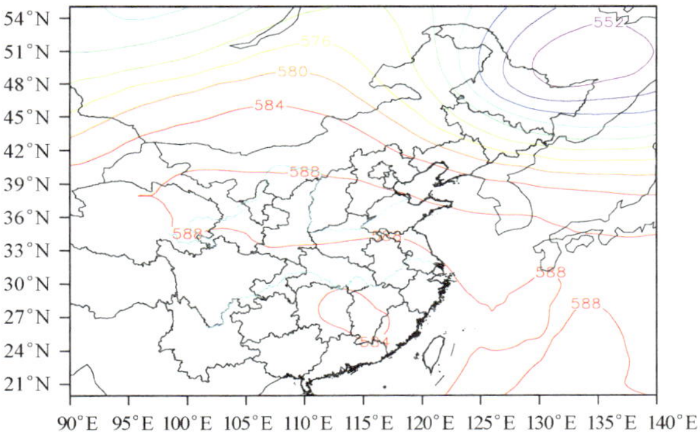

图 2.24.4　2007 年 8 月 21 日 20 时 500 hPa 等压面的高度场(单位:dagpm)

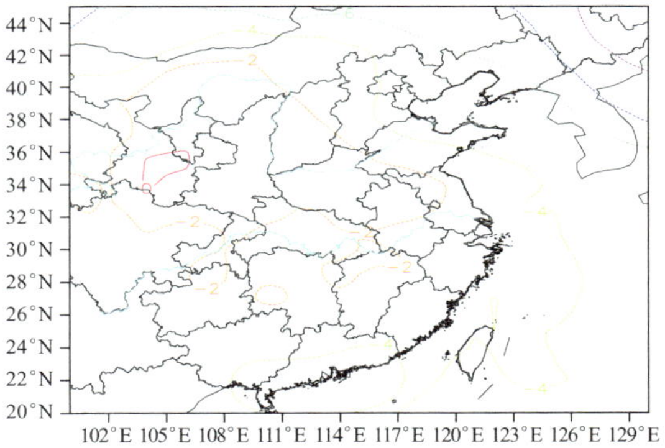

图 2.24.5　2007 年 8 月 22 日 20 时 500 hPa 等压面的温度场(单位:℃)

850 hPa 等压面风场:19 日 20 时,安徽淮河以南受台风外围倒槽影响,降水发生在台风环流和副高之间,降水量级不大。21 日 20 时,东北冷槽附近有弱冷空气扩散南下至安徽淮河以北,沿淮东部出现较强降水(图 2.24.6)。

850 hPa 等压面比湿场:受“圣帕”外围暖湿气流影响,比湿大于 14 g/kg 的湿舌一直向北延伸至河北地区(图 2.24.7)。

850 hPa 等压面假相当位温场:22 日 20 时,安徽大部为 θ_{se} 高能区控制,与弱冷空气对应 θ_{se} 低值中心位于山东北部,山东南部存在 θ_{se} 锋区,强降水位于 θ_{se} 锋区附近,高能区内(图 2.24.8)。

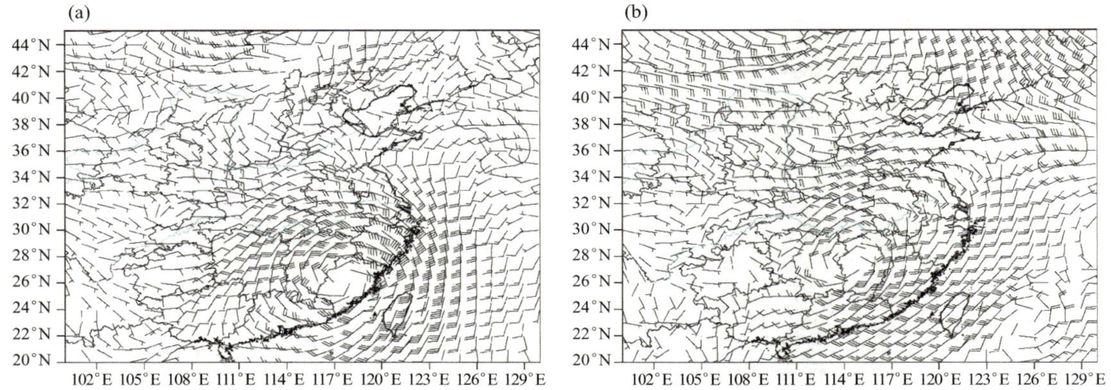

图 2.24.6　850 hPa 等压面的风场

(a. 2007 年 8 月 19 日 20 时；b. 2007 年 8 月 21 日 20 时，单位：m/s)

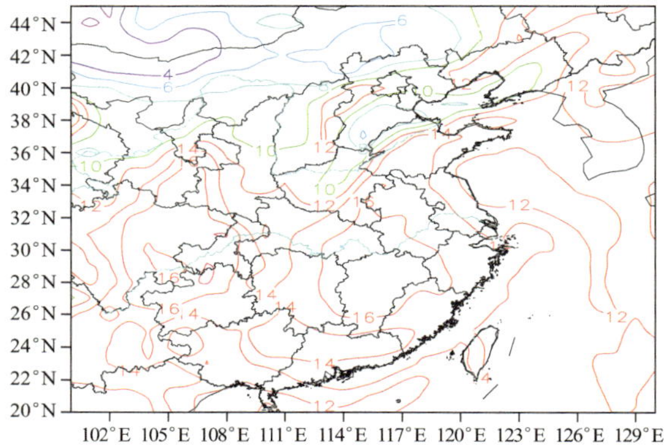

图 2.24.7　2007 年 8 月 20 日 20 时 850 hPa 等压面的比湿场(单位：g/kg)

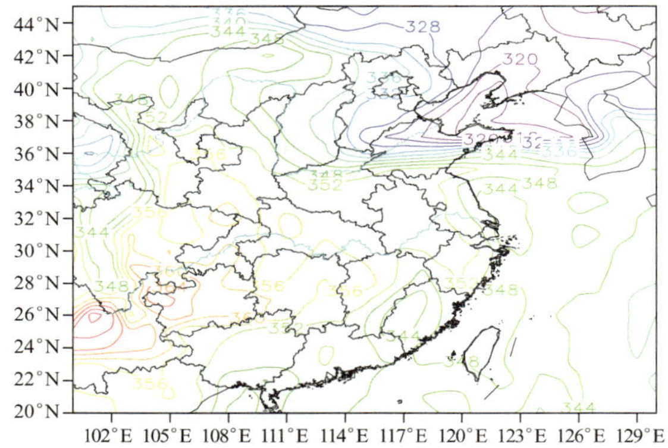

图 2.24.8　2007 年 8 月 22 日 20 时 850 hPa 等压面的假相当位温场(单位：K)

2.25　0808 号台风“凤凰”

2.25.1　台风“凤凰”概况

台风“凤凰”于 2008 年 7 月 24 日 08 时在菲律宾以东洋面上生成，27 日 20 时加强为强台风(45 m/s，14 级，955 hPa)，于 28 日 07 时在台湾省花莲南部登陆，强度为强台风(42 m/s，14 级，955 hPa)，28 日 22 时在福建省莆田附近二次登陆，强度为台风(33 m/s，12 级，975 hPa)，“凤凰”登陆后向西北方向移动，经福建进入江西，30 日 14 时位于江西北部，强度减弱为热带低压(17 m/s，7 级，996 hPa)，“凤凰”减弱后的低压环流在安徽西部维持较长时间(图 2.25.1)。

2.25.2　“凤凰”过程中国中东部降水实况

“凤凰”于 2008 年 7 月 28 日前后对我国开始造成影响，至 8 月 3 日主要对登陆点和消亡点附近造成明显降水(图 2.25.2)。华东及华南东部地区降水量普遍在 50 mm 以上，广东省

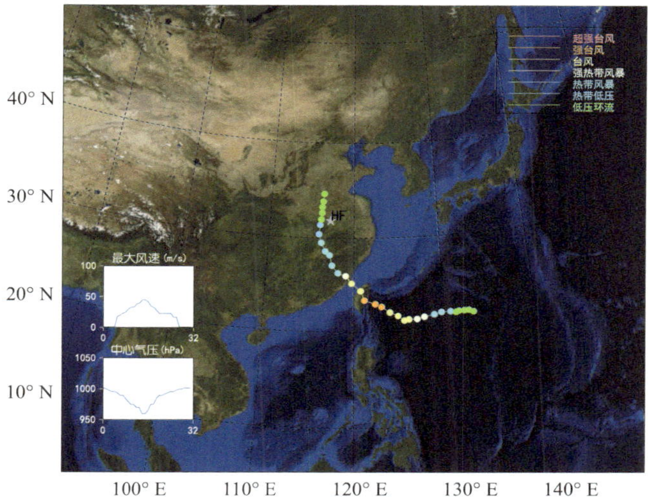

图 2.25.1 0808 号台风“凤凰”移动路径图

东部，福建全省、江西北部、浙江南部、安徽中南部及江苏中北部地区超过 100 mm，其中福建东北部及安徽江淮之间东部地区局部超过 250 mm。

2.25.3 “凤凰”过程安徽降水实况

2008 年 7 月 28 日 20 时—8 月 2 日 20 时，受“凤凰”台风环流和冷空气的共同影响，淮北南部和沿淮淮河以南出现 50 mm 以上降雨，江淮之间东部、沿江和江南西部地区 100 mm 以上，其中江淮之间东部和黄山超过 250 mm，最大值为滁州 523 mm(图 2.25.3)。

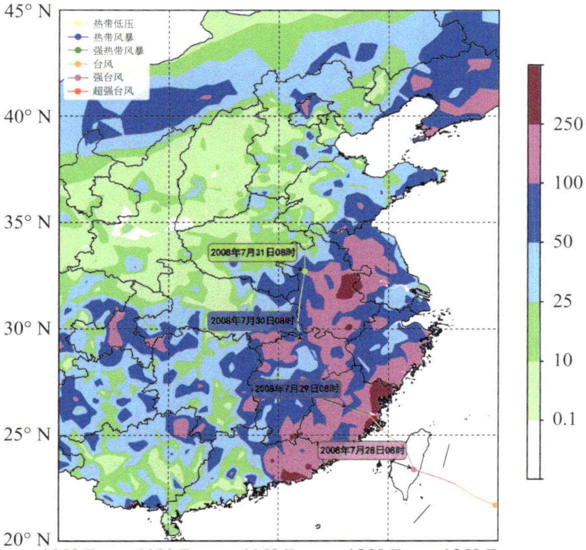

图 2.25.2 “凤凰”影响期间 2008 年 7 月 27 日 20 时—8 月 3 日 20 时中国中东部总降水量(单位：mm)

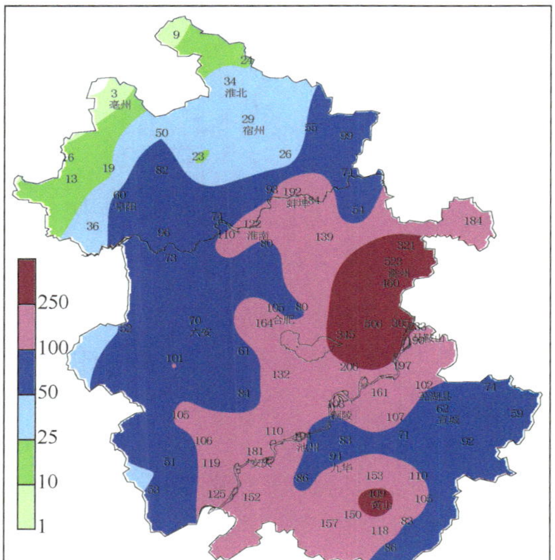

图 2.25.3 “凤凰”影响期间 2008 年 7 月 28 日 20 时—8 月 2 日 20 时安徽省总雨量(单位：mm)

2.25.4 “凤凰”过程天气分析

500 hPa 等压面高度场：7 月 30 日 20 时，副高位于华东沿海，台风环流中心位于大别山区，强降水主要位于沿江江南西部。8 月 1 日 20 时，河套东部有低槽东移，和台风低压环流合并，副高位于安徽南部，淮河以南大部分地区出现强降水（图 2.25.4）。

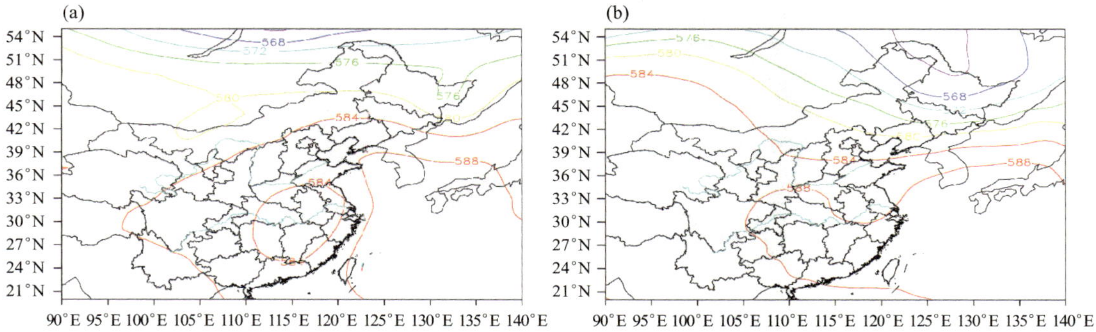

图 2.25.4 500 hPa 等压面的高度场

（a. 2008 年 7 月 30 日 20 时；b. 2008 年 8 月 1 日 20 时，单位：dagpm）

500 hPa 等压面风场：8 月 1 日 20 时，合并后的 500 hPa 等压面低槽位于江淮东部，低槽东部为强盛的副热带高压环流，低槽移动速度慢，在江淮东部维持时间较长（图 2.25.5）。

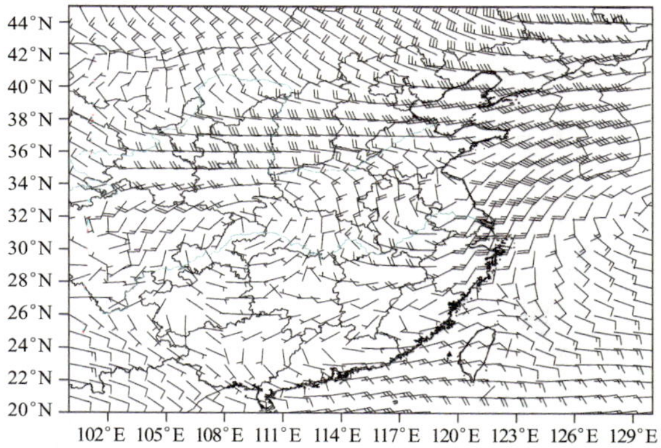

图 2.25.5 2008 年 8 月 1 日 20 时 500 hPa 等压面的风场（单位：m/s）

850 hPa 等压面风场：7 月 30 日 20 时，安徽西部受台风外围倒槽影响，降水以台风环流自身降水为主，降水量级不大。8 月 1 日 20 时，冷空气南下和台风环流合并，在东北、山东至安徽一线形成一深广的低槽，低槽东侧的西南风气流强盛，风速超 12 m/s。江淮东部出现较强降水（图 2.25.6）。

850 hPa 等压面温度场：8 月 1 日 20 时，东北有冷槽南伸，江淮东部位于冷槽底部（图 2.25.7）。

850 hPa 等压面比湿场：受“凤凰”外围暖湿气流影响，比湿大于 14 g/kg 的湿舌一直向北延伸至内蒙古、东北（图 2.25.8）。

850 hPa 等压面假相当位温场：8 月 2 日 20 时，安徽大部为 θ_{se} 高能区控制，与弱冷空气对应 θ_{se} 低值区从东路南下，江苏北部存在 θ_{se} 锋区，强降水位于 θ_{se} 锋区南侧，高能区内（图 2.25.9）。

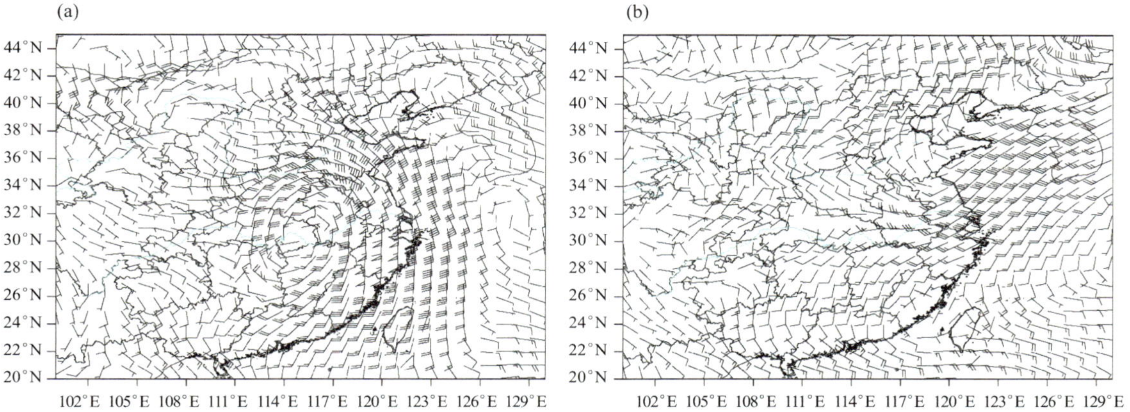

图 2.25.6　850 hPa 等压面的风场

(a. 2008 年 7 月 30 日 20 时;b. 2008 年 8 月 1 日 20 时,单位:m/s)

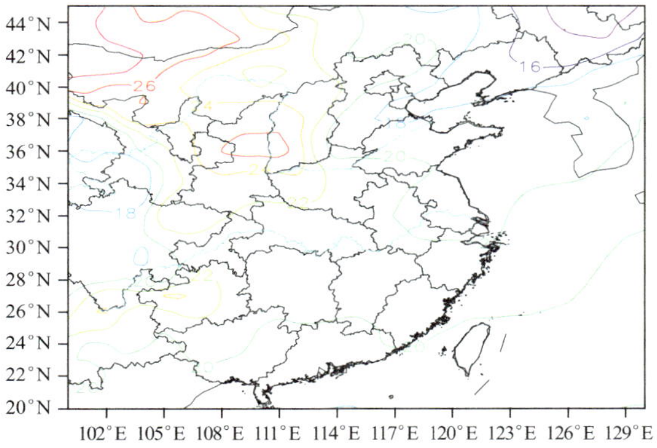

图 2.25.7　2008 年 8 月 1 日 20 时 850 hPa 等压面的温度场(单位:℃)

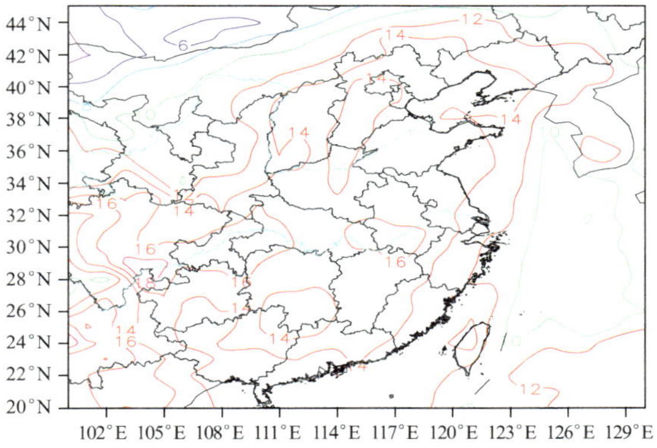

图 2.25.8　2008 年 7 月 31 日 20 时 850 hPa 等压面的比湿场(单位:g/kg)

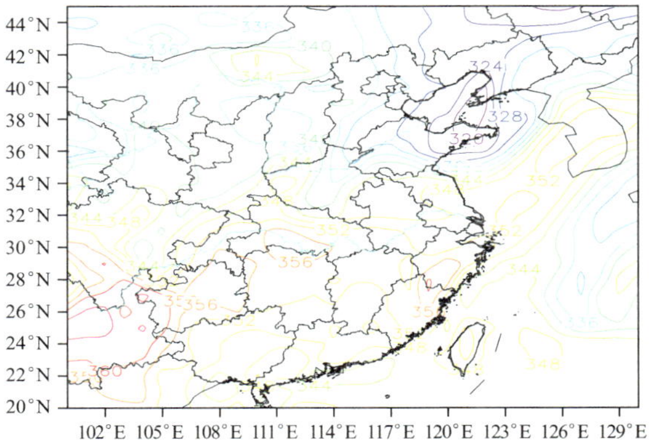

图 2.25.9　2008 年 8 月 2 日 20 时 850 hPa 等压面的假相当位温场(单位:K)

2.26 1211 号台风“海葵”

2.26.1 台风“海葵”概况

台风“海葵”于 2012 年 8 月 1 日在西北太平洋上生成，8 月 7 日发展成强台风。8 月 8 日 08 时在浙江省宁海东南部沿海登陆(38 m/s，13 级，台风级)。之后“海葵”经浙江东北部自东向西进入安徽省东南部(强热带风暴)，强度衰减慢，并且移动缓慢，长时间徘徊在安徽省南部，最后在安徽省西南部减弱消失(图 2.26.1)。

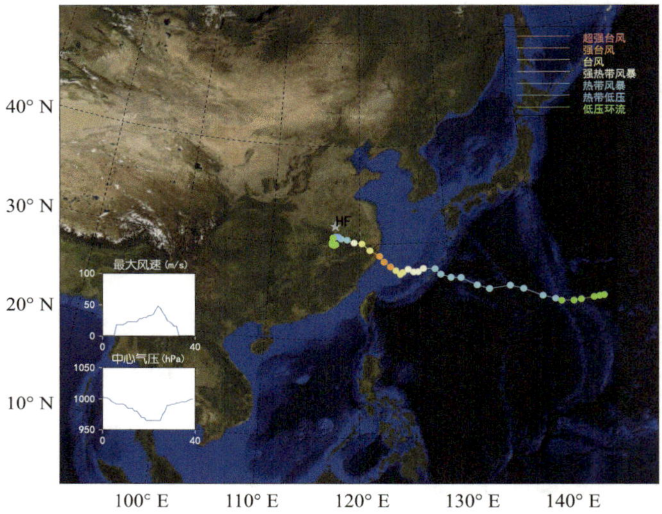

图 2.26.1 1211 号台风“海葵”移动路径图

2.26.2 “海葵”过程中国中东部降水实况

“海葵”于 2012 年 8 月 8 日前后对我国开始造成影响，至 8 月 12 日主要对登陆点和消亡点附近造成明显降水。浙江北部、湖北和江西东部、安徽淮河以南、江苏中西部和广东、广西南部地区降水量普遍在 50 mm 以上，江苏中西部、安徽淮河以南、浙江东北部和西北部及江西东北部超过 100 mm，其中江西东部地区局部超过 250 mm(图 2.26.2)。

2.26.3 “海葵”过程安徽降水实况

2012 年 8 月 7—11 日，受“海葵”台风环流和冷空气的共同影响，沿淮淮河以南出现暴雨到大暴雨，部分地区特大暴雨。上述地区共有 35 个站超过 100 mm，6 个站超过 250 mm；累计降雨量为 80～150 mm，部分地区为 200～300 mm，局部超过 500 mm，最大值为黄山 574 mm(图 2.26.3)。

2.26.4 “海葵”过程天气分析

热带气旋与中纬度环流系统的相互作用联系密切(陈联寿等，2001；雷小途等，2001)。

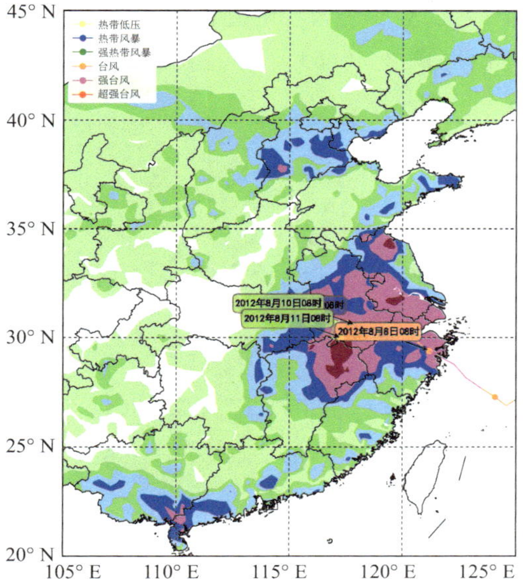

图 2.26.2　“海葵”影响期间 2012 年 8 月 8 日 08 时—8 月 12 日 08 时中国中东部总降水量(单位:mm)

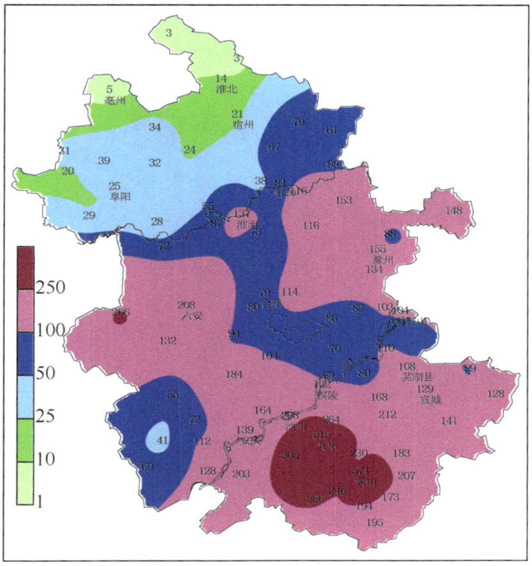

图 2.26.3　“海葵”影响期间 2012 年 8 月 6 日 20 时—8 月 11 日 20 时安徽省总雨量(单位:mm)

200 hPa 等压面高度场、风场:南亚高压强大,中心最强达 1260 dagpm,安徽省位于南亚高压偏东象限,高层高压辐散(图 2.26.4)。中国大陆上南亚高压脊线位于 30°N 附近,其北侧为副热带西风急流;中国东北东部—日本为低槽区,二者共同作用使得日本海附近存在西风急流中心,安徽省位于西风急流入口区右侧,利于高层辐散(图 2.26.5)。

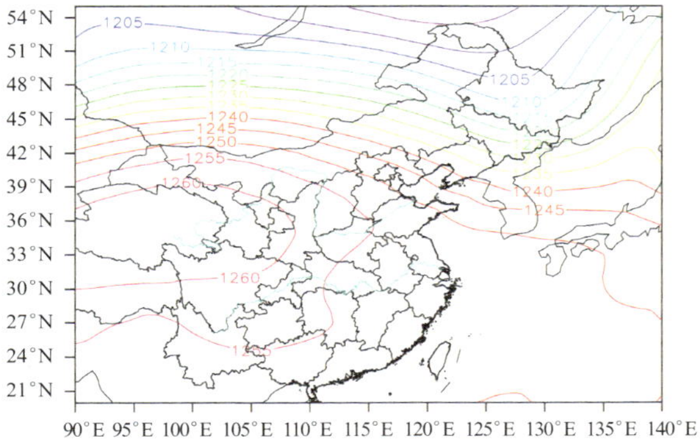

图 2.26.4　2012 年 8 月 10 日 20 时 200 hPa 等压面的高度场(单位:dagpm)

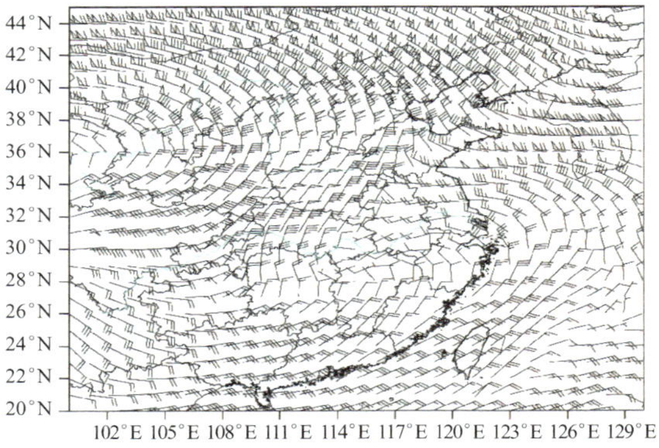

图 2.26.5　2012 年 8 月 10 日 20 时 200 hPa 等压面的风场(单位:m/s)

500 hPa 等压面高度场:7—10 日台风由东南部进入安徽省以后受北侧副高阻挡,北进缓慢,有利于在安徽省内较长时间停留;副高逐渐被台风切断,10 日安徽省处于低压环流中心,副高主体偏东(图 2.26.6)。中高纬度贝加尔湖西北侧低压中心逐渐东移,8—10 日低涡维持在中国东北地区,对应温度场存在冷中心,台风西北侧东北气流基本与等温线垂直,冷平流强,利于北方冷空气南下,与台风外围南来的暖湿空气交汇,利于大暴雨的发生(图 2.26.10)。

850 hPa 等压面涡度场:安徽省基本位于正涡度中心区,最大涡度位于安徽省西南部,表明低层动力条件好。有利于低层水汽辐合上升(图 2.26.7)。

850 hPa 等压面比湿场：低层 850 hPa 等压面比湿最大达 16 g/kg，中心位于沿淮淮河以南。925 hPa 等压面比湿超过 20 g/kg，表明低层水汽充沛(图 2.26.8)。

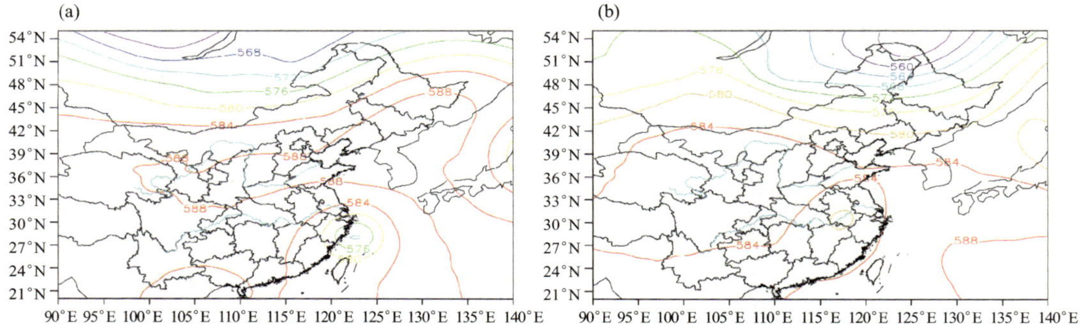

图 2.26.6 500 hPa 等压面的高度场

(a. 2012 年 8 月 7 日 20 时；b. 2012 年 8 月 9 日 20 时，单位：dagpm)

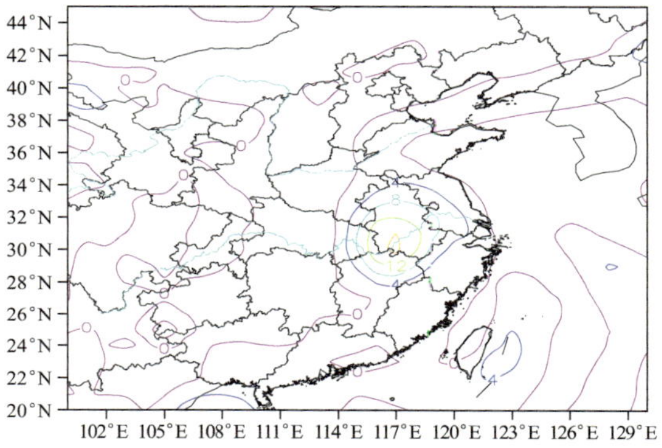

图 2.26.7 2012 年 8 月 9 日 20 时 850 hPa 等压面的涡度场(单位：$10^{-5} \cdot s^{-1}$)

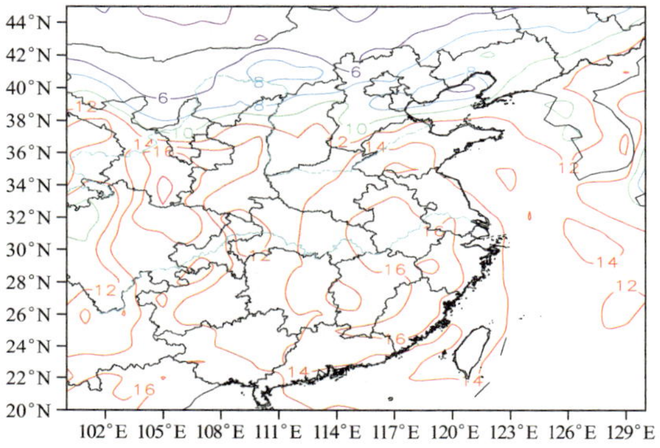

图 2.26.8 2012 年 8 月 9 日 20 时 850 hPa 等压面的比湿场(单位：g/kg)

850 hPa 等压面、700 hPa 等压面假相当位温场：850 hPa 等压面 θ_{se} 全省大于 352 K，淮河以南大于 356 K，最大值为大别山区 360 K(图 2.26.9a)；700 hPa 等压面 θ_{se} 全省大于 344 K，淮河以南大于 348 K，最大值为江南西南部 356 K(图 2.26.9b)。表明 θ_{se} 随高度减小，上冷下暖，有利于大气不稳定。

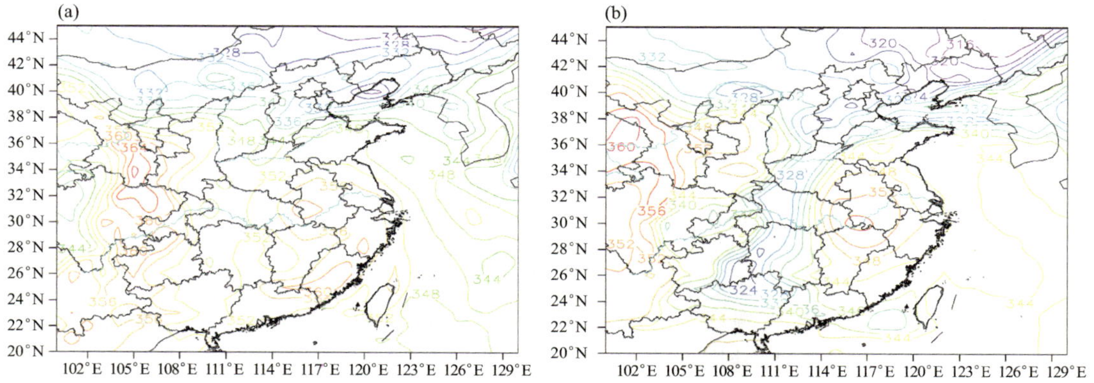

图 2.26.9 2012 年 8 月 9 日 20 时不同等压面的假相当位温场

(a. 850 hPa；b. 700 hPa，单位：K)

850 hPa 等压面风场：安徽省位于强气旋式环流中，中心位于安徽省西南部，南北分别存在两条低空急流带，北部东北风急流轴位于沿淮地区，南部偏南风急流轴位于江浙中部，暴雨出现在北部急流南侧气旋式切变，南北气流交汇最明显的沿淮淮河以南地区（图 2.26.11）。

另外，台风自北向南移动的过程中，还将受到皖南山区山脉的阻挡和地形的抬升作用，对降水有增幅作用，实况中特大暴雨也正是出现在这一带。

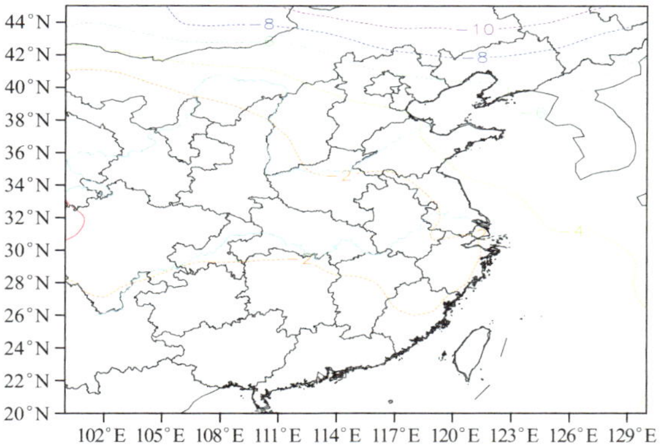

图 2.26.10　2012 年 8 月 9 日 20 时 500 hPa 等压面的温度场（单位：℃）

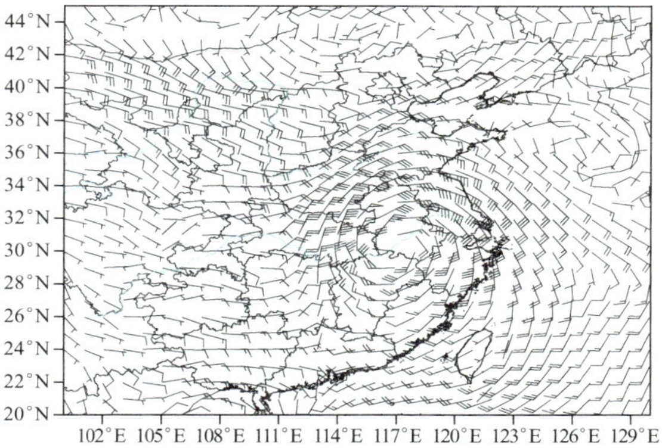

图 2.26.11　2012 年 8 月 9 日 20 时 850 hPa 等压面的风场（单位：m/s）

2.27　1513 号台风“苏迪罗”

2.27.1　台风“苏迪罗”概况

台风“苏迪罗”于 2015 年 7 月 30 日在西太平洋上生成，8 月 3 日发展成超强台风。8 月 8 日 04 时在台湾花莲北部沿海登陆（50 m/s，15 级，强台风级），8 月 8 日 23 时在福建省泉州市北部沿海再次登陆（35 m/s，12 级，台风级）。之后“苏迪罗”深入内陆，强度衰减慢，移动缓慢，经福建、江西进入安徽（热带低压），并转为东北偏东移动方向，经江苏南部进入东海，最后在韩国南部海上消失（图 2.27.1）。

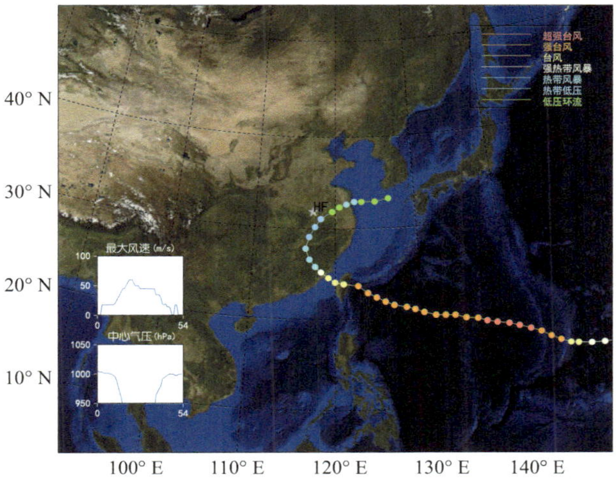

图 2.27.1　1513 号台风“苏迪罗”移动路径图

2.27.2 “苏迪罗”过程中国中东部降水实况

“苏迪罗”于2015年8月8日前后对我国开始造成影响，至8月12日主要对登陆点和消亡点附近造成明显降水。福建全省、浙江、江西东部、安徽淮河以南和江苏大部分地区降水量普遍在50 mm以上，江苏中部、安徽中东部和中西部、浙江中南部及福建东部和西部超过100 mm，其中江苏东部、浙江南部、福建东北部地区局部超过250 mm(图2.27.2)。

2.27.3 “苏迪罗”过程安徽降水实况

2015年8月8—11日，受“苏迪罗”台风环流和冷空气的共同影响，沿淮淮河以南出现暴雨，部分地区大暴雨。上述地区共有44个站超过50 mm，13个站超过100 mm；累计降雨量为50～100 mm，部分地区为120～160 mm，最大值为黄山249 mm(图2.27.3)。

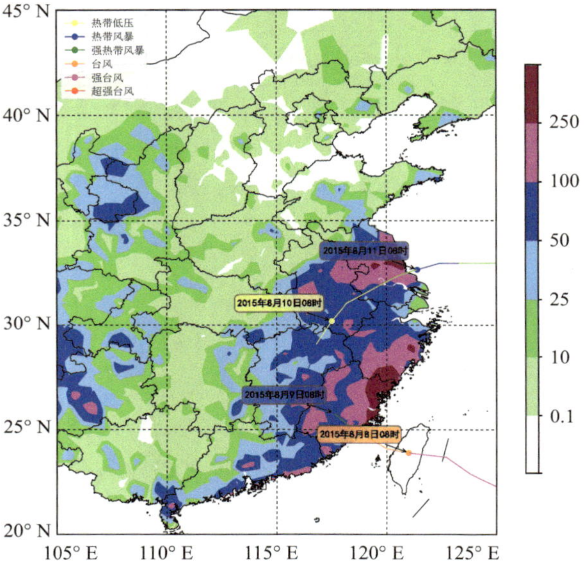

图2.27.2 “苏迪罗”影响期间2015年8月8日08时—8月12日08时中国中东部总降水量(单位:mm)

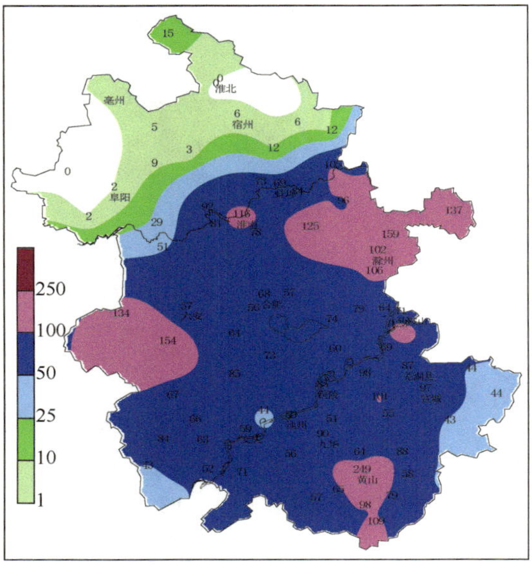

图2.27.3 苏迪罗”影响期间2015年8月7日20时—8月11日20时安徽省总雨量(单位:mm)

2.27.4 “苏迪罗”过程天气分析

200 hPa等压面高度场、风场：南亚高压强大，并具有多个中心，安徽省全省位于南亚高压控制下，高层高压辐散(图2.27.4a)。

500 hPa等压面高度场、925 hPa等压面温度场：中高纬度为两高一低形势，西部脊位于贝加尔湖附近，东部脊位于日本附近，二者之间东北地区为低压槽区，南部槽位于东北地区南部至黄淮地区，并稳定存在(图2.27.4b)，槽后低层不断有冷空气扩散南下(图2.27.5a)；台风和副热带高压相互作用可以使高压中心位置西移，强度加强(李春虎等，2002)。副热带高压强大，8日副高西侧588 dagpm西伸至河南，台风中心位于福建东南部，受北侧副高阻挡，台风移动缓慢，有利于降水持续较长时间(图2.27.4b)，台风北部倒槽呈准南北向，自福建至安徽省江南地区，安徽省受台风北侧偏东风影响，强降水出现在倒槽附近的江南地区，皖南山区受地形增幅作用，有利于大暴雨产生(图 2.27.6a)；9 日台风中心北移至江西，588 dagpm 东退至东部沿海，台风倒槽自江西北部向东北方向伸至安徽省淮北东部，强降水带也随之北抬至江淮之间(图 2.27.6b)；10 日台风中心位于安徽省江淮之间，台风西南部槽自江淮之间东部至湘赣交界南部，暴雨出现在槽线附近及槽前(图 2.27.7)。

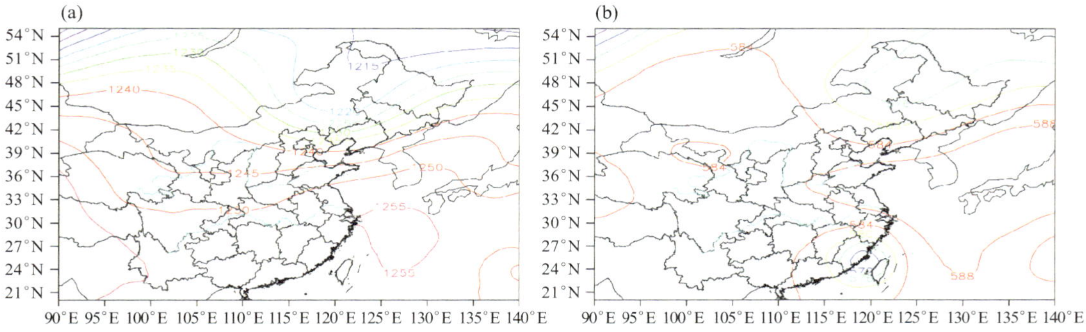

图 2.27.4　2015 年 8 月 8 日 20 时不同等压面的高度场

(a. 200 hPa；b. 500 hPa，单位：dagpm)

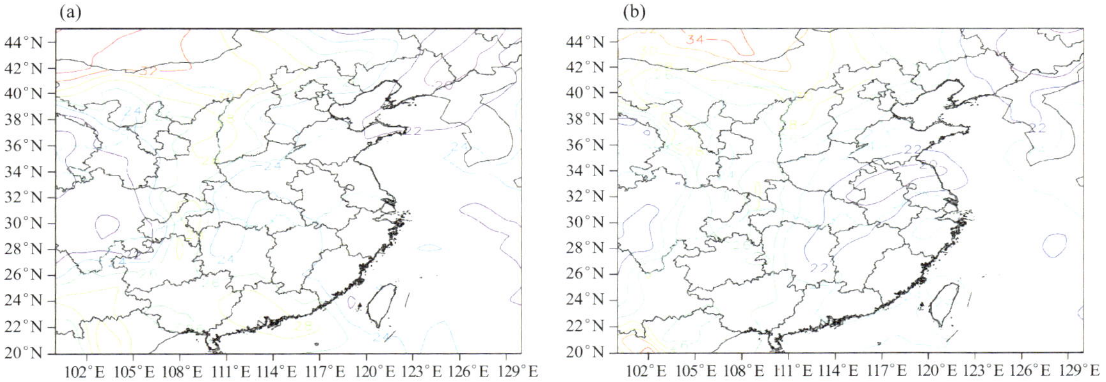

图 2.27.5　925 hPa 等压面的温度场(a. 2015 年 8 月 8 日 20 时；b. 2015 年 8 月 10 日 20 时，单位：℃)

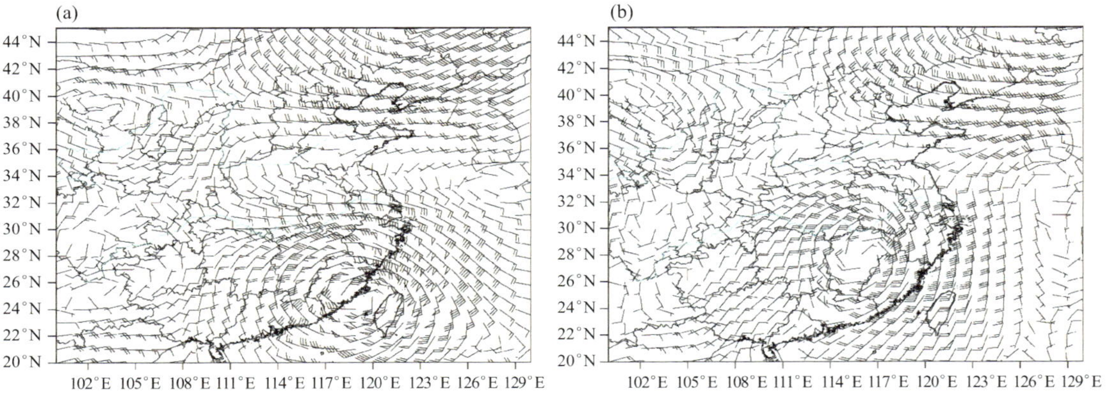

图 2.27.6　500 hPa 等压面的风场

(a. 2015 年 8 月 8 日 20 时；b. 2015 年 8 月 9 日 20 时，单位：m/s)

850 hPa 等压面风场：8—9 日安徽省受台风环流北侧偏东气流影响，最大可达 32 m/s，急流轴位于江淮之间南部和江南(图 2.27.8)，暴雨出现在台风倒槽和东风急流南侧强气旋式切变中

(图 2.27.9a)；西南气流的水汽输送对台风降水至关重要(程正泉等，2009)。10 日台风环流中心位于安徽省沿江中东部地区，台风北侧东北风急流和南侧西南风急流强盛(图 2.27.9b)，并伴有强干冷平流和暖湿平流(图 2.27.5b)，二者强烈交汇，辐合上升剧烈，暴雨出现在台风环流中心附近；另外台风中心东侧存在暖式切变，涡度场上存在正涡度中心，西侧存在冷式切变，也具有正涡度(图 2.27.10)，并且大别山区地形对暴雨有增幅作用，大暴雨即出现在上述两个地区(图 2.27.11)。

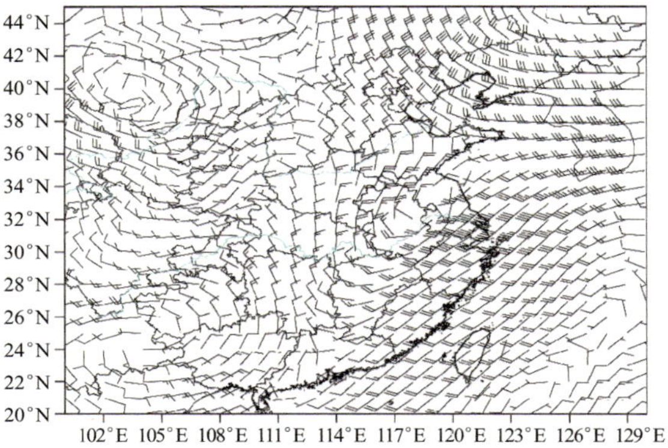

图 2.27.7 2015 年 8 月 10 日 20 时 500 hPa 等压面的风场(单位：m/s)

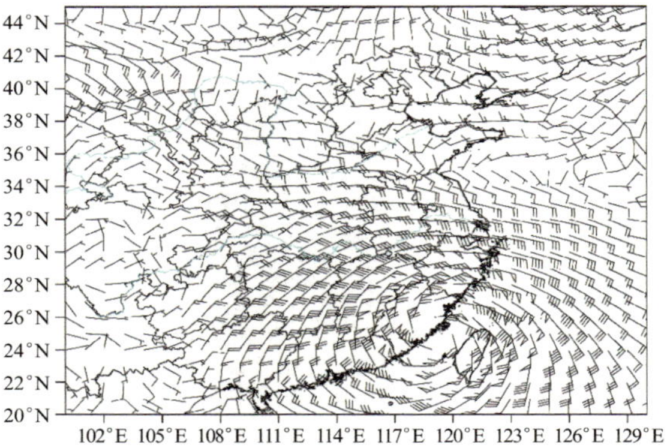

图 2.27.8 2015 年 8 月 8 日 20 时 850 hPa 等压面的风场(单位：m/s)

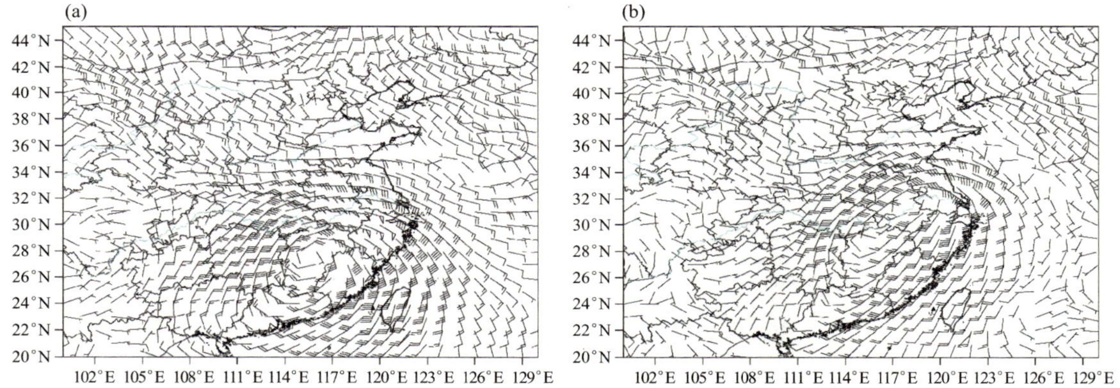

图 2.27.9 850 hPa 等压面的风场

(a. 2015 年 8 月 9 日 20 时；b. 2015 年 8 月 10 日 20 时，单位：m/s)

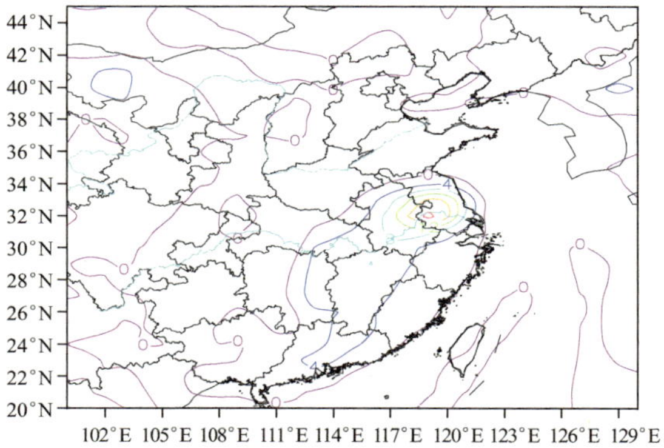

图 2.27.10 2015 年 8 月 10 日 20 时 850 hPa 等压面的涡度场(单位：$10^{-5}\cdot s^{-1}$)

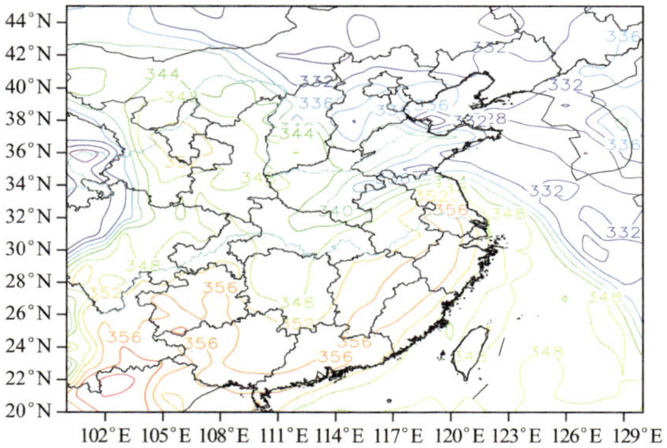

图 2.27.11 2015 年 8 月 10 日 20 时 850 hPa 等压面的假相当位温场(单位：K)

2.28　1614 号台风“莫兰蒂”

2.28.1　台风“莫兰蒂”概况

台风“莫兰蒂”于 2016 年 9 月 9 日在西太平洋上生成，9 月 12 日发展成超强台风。9 月 15 日 02 时在福建省金门县登陆（50 m/s，15 级，强台风级）。之后“莫兰蒂”深入内陆经福建西部、江西东部进入安徽东南部（热带低压）、江苏南部，最后在东海消失（图 2.28.1）。

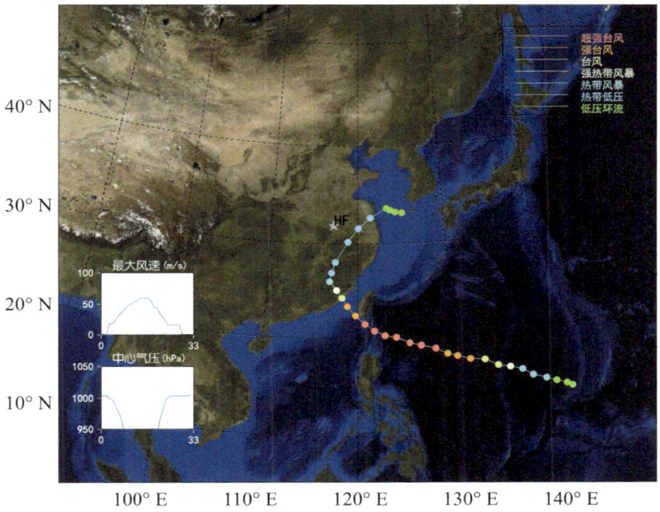

图 2.28.1　1614 号台风“莫兰蒂”移动路径图

2.28.2　“莫兰蒂”过程中国中东部降水实况

“莫兰蒂”于 2016 年 9 月 14 日前后对我国开始造成影响，至 9 月 17 日主要对登陆点和消亡点附近造成明显降水。福建中东部、浙江全省、江西东北部、安徽东南部和江苏中南部地区降水量普遍在 50 mm 以上，江苏中南部和浙江中东部及福建东部超过 100 mm，其中浙江东部地区局部超过 250 mm（图 2.28.2）。

2.28.3　“莫兰蒂”过程安徽降水实况

2016 年 9 月 14—16 日，受“莫兰蒂”台风环流、高空槽和冷空气的共同影响，江淮之间东部和江南东南部出现强降水。上述地区共有 20 个站超过 50 mm，9 个站超过 100 mm；累计降雨量为 50～100 mm，部分地区为 110～150 mm，最大值为黄山 174 mm（图 2.28.3）。

2.28.4　“莫兰蒂”过程天气分析

200 hPa 等压面高度场、风场：南亚高压有东西两个中心，东部的中心位于日本南部、台湾岛东部太平洋上，两个高压中心之间为低槽区，安徽省位于东部南亚高压西北侧高空槽前（图 2.28.4）；受南亚高压北部气流和高空槽共同影响，在渤海附近存在西南风急流核，安徽省位于急流入口区右侧，有利于高空辐散（图 2.28.5）。暴雨区位于辐散强烈的安徽省东部和东南部。

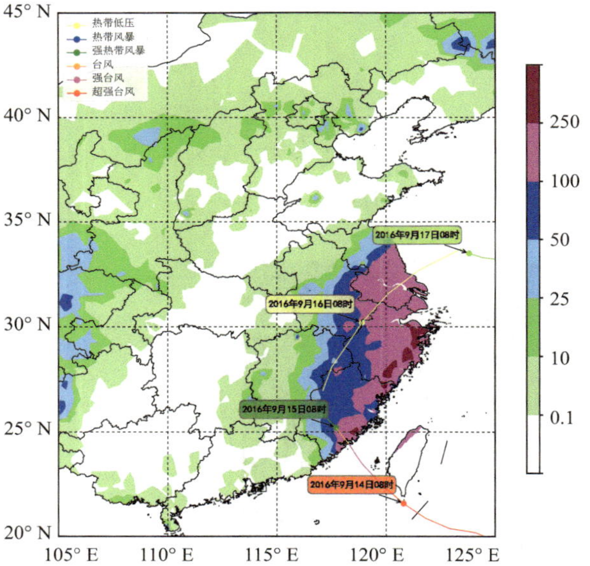

图 2.28.2 “莫兰蒂”影响期间 2016 年 9 月 14 日 08 时—9 月 17 日 08 时中国中东部总降水量（单位：mm）

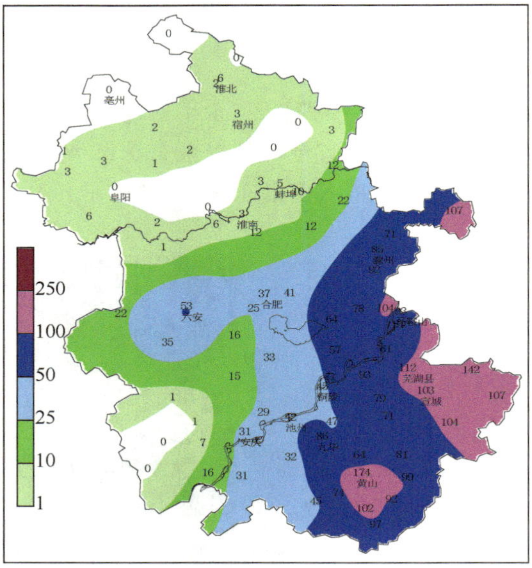

图 2.28.3 “莫兰蒂”影响期间 2016 年 9 月 13 日 20 时—9 月 16 日 20 时安徽省总雨量（单位：mm）

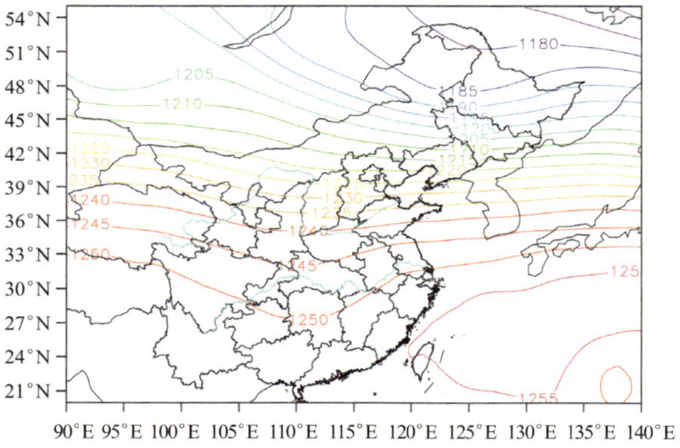

图 2.28.4 2016 年 9 月 15 日 20 时 200 hPa 等压面的高度场（单位：dagpm）

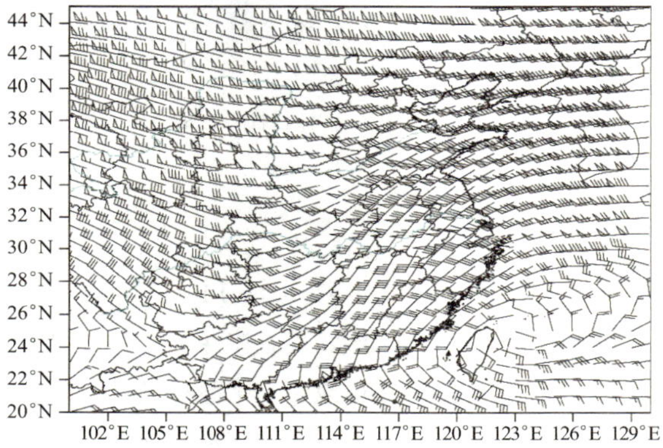

图 2.28.5 2016 年 9 月 15 日 20 时 200 hPa 等压面的风场（单位：m/s）

500 hPa 等压面高度场、风场：副高强大，中心位于日本东南部太平洋上；14 日西北地区东部有槽，并东移加深，588 dagpm 等值线西伸至安徽南部，台风沿其西侧向北移动（图 2.28.6a）；15—16 日 588 dagpm 等值线东退至东部海上（图 2.28.6b），台风逐渐与北部低槽结合为一深槽，槽线自山东向西南方向伸至江西北部地区，安徽省东部和南部位于槽前（图 2.28.7）。暴雨出现在槽线附近及槽前。

850 hPa 等压面风场、温度场和假相当位温场：14—15 日台风环流中心自华南沿海移入福建西部，安徽省位于台风环流北部倒槽中，存在强偏东风急流（图 2.28.8），15 日槽线位于安徽省东部和东南部；暴雨出现在东风急流南侧、倒槽附近的气旋式曲率大值区（图 2.28.9a）。16 日

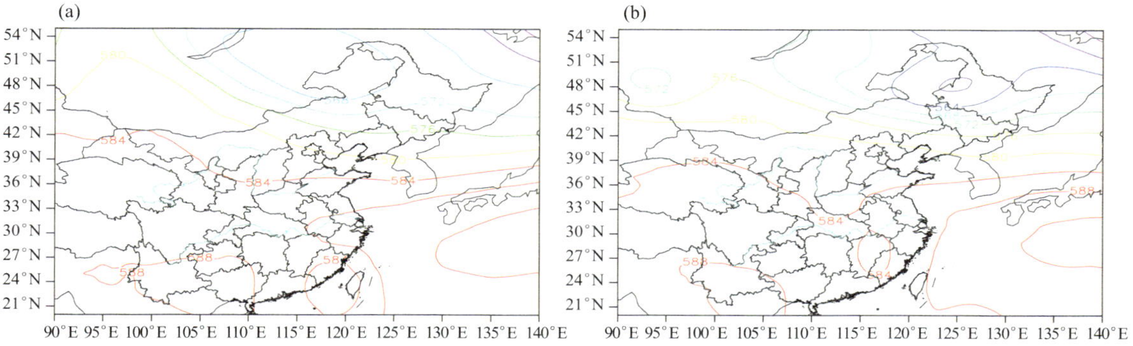

图 2.28.6　500 hPa 等压面的高度场

(a. 2016 年 9 月 14 日 20 时;b. 2016 年 9 月 15 日 20 时,单位:dagpm)

台风中心位于江苏中部,南侧低压槽位于安徽省东南部,槽后存在强东北风急流(图 2.28.9b),同时温度场上存在冷槽,表明槽后有较强冷空气南下(图 2.28.10);槽前存在西南风急流,冷暖空气在安徽省东南部强烈交汇,假相当位温等值线密集,暴雨区与此能量锋区对应(图 2.28.11)。

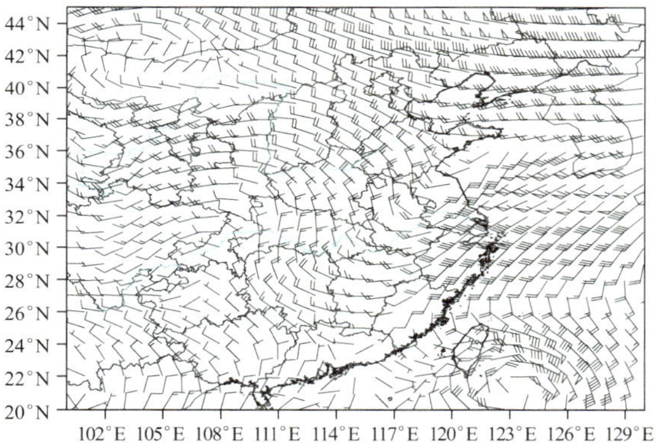

图 2.28.7　2016 年 9 月 16 日 20 时 500 hPa 等压面的风场(单位:m/s)

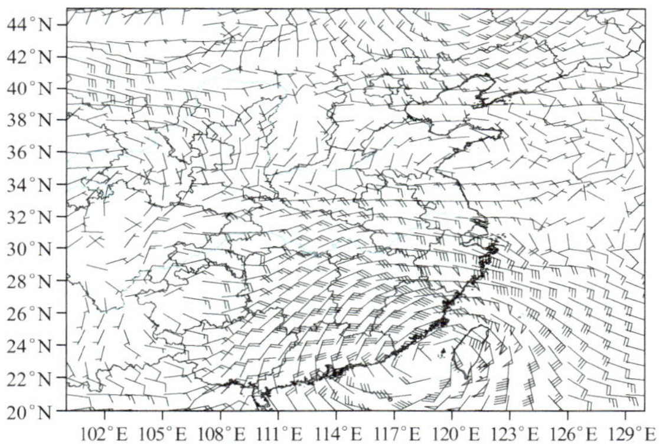

图 2.28.8　2016 年 9 月 14 日 20 时 850 hPa 等压面的风场(单位:m/s)

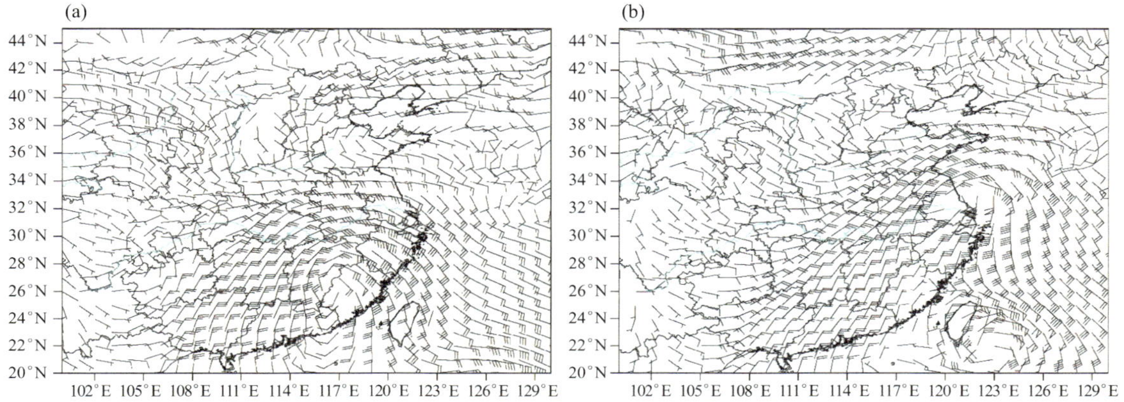

图 2.28.9　850 hPa 等压面的风场

(a. 2016 年 9 月 15 日 20 时;b. 2016 年 9 月 16 日 20 时,单位:m/s)

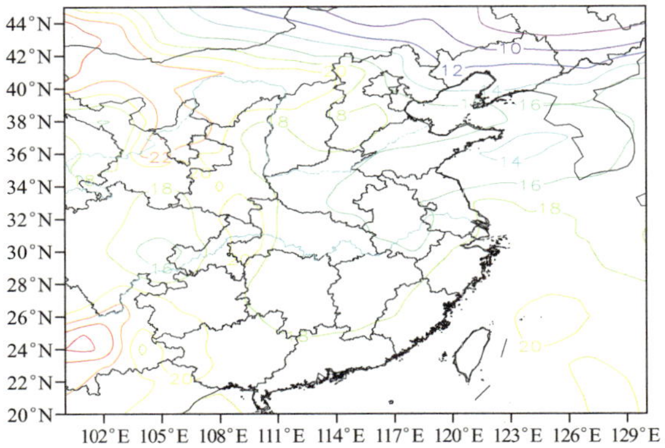

图 2.28.10　2016 年 9 月 16 日 20 时 850 hPa 等压面的温度场(单位:℃)

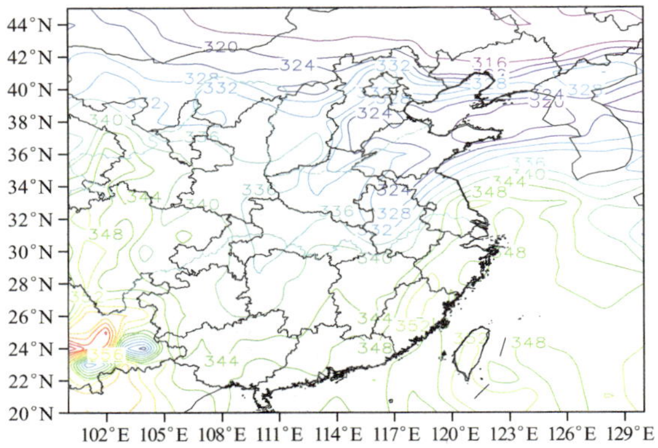

图 2.28.11　2016 年 9 月 16 日 20 时 850 hPa 等压面的假相当位温场(单位:K)

2.29　1710 号台风“海棠”

2.29.1　台风“海棠”概况

台风“海棠”2017 年 7 月 27 日 20 时生成于我国南部海面,生成后先在原地盘旋,后向东北方向移动,30 日 18 时在台湾高雄附近登陆,登陆时强度为热带风暴,穿过台湾西部于 31 日 03 时在福建平潭附近二次登陆,登陆时中心附近最大风力 8 级(18 m/s,热带风暴级),中心最低气压为 990 hPa。登陆后向偏北方向移动,迅速减弱为台风低压,从安徽西部穿过(图 2.29.1)。

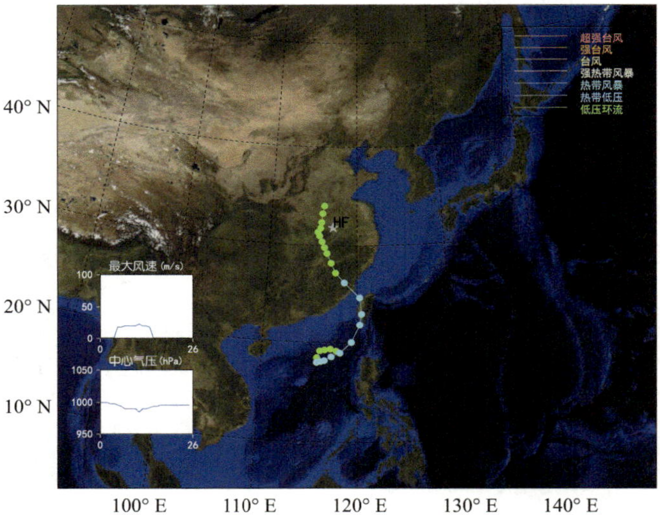

图 2.29.1　1710 号台风“海棠”移动路径图

2.29.2　“海棠”过程中国中东部降水实况

“海棠”于 2017 年 7 月 29 日前后对我国开始造成影响，至 8 月 3 日在安徽北部减弱为低压环流，主要在台风路径附近造成明显降水(图 2.29.2)。福建全省、浙江南部、江西、山东和安徽西部、北部降水量普遍在 50 mm 以上，福建大部、浙江南部、江西北部和安徽西南部降雨量超过 100 mm，其中福建北部局部地区超过 250 mm。

2.29.3　“海棠”过程安徽降水实况

2017 年 7 月 29 日—8 月 3 日台风“海棠”对安徽造成明显的风雨影响。图 2.29.3 为“海棠”影响期间安徽省总雨量。强降水区主要位于淮河以北、大别山区和江南西部。7 月 29 日 20 时—8 月 3 日 20 时累计降雨量：淮北北部和沿江西部有 16 个县市降雨量超过 100 mm，其中最大值为岳西 220 mm，最大小时雨强出现在霍山陡沙河 85.9 mm(31 日 20—21 时)。另外，7 月 30 日—8 月 1 日全省部分乡镇出现 8 级以上大风，最大值为太湖同义 26.5 m/s(10 级)。

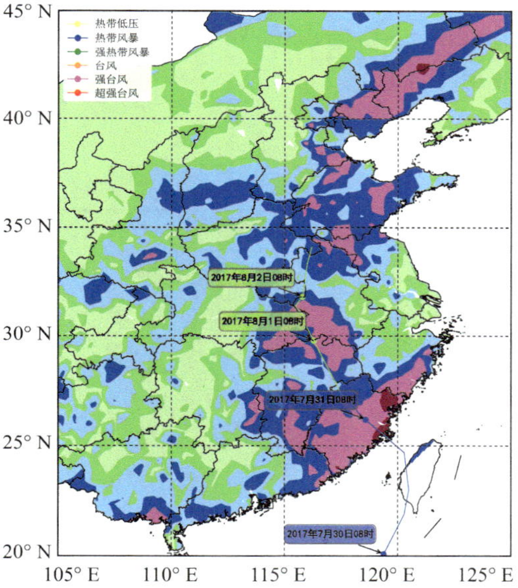

图 2.29.2　“海棠”影响期间 2017 年 7 月 28 日 20 时—8 月 3 日 20 时中国中东部总降水量(单位：mm)

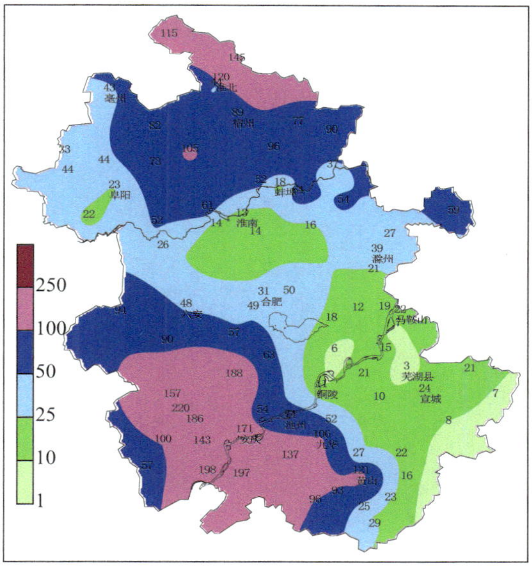

图 2.29.3　“海棠”影响期间 2017 年 7 月 29 日 20 时—8 月 3 日 20 时安徽省总雨量(单位：mm)

2.29.4　“海棠”天气过程分析

从台风路径与降水中心的对应关系来看，31 日“海棠”在福建沿海登陆，经福建进入江西，1 日下午台风又由江西进入安徽境内，从安徽西部穿过，在此之前的降水主要为台风本体降水，造成福建、江西大范围 100 mm 以上的强降水。2 日“海棠”北行并入 500 hPa 等压面西风槽中，与冷空气有所结合，降水强度再次增强。同时受副高的阻挡，西风槽东移速度缓慢，降水持续时间长，造成山东大部、安徽北部大范围的暴雨，局部大暴雨。

500 hPa 等压面高度场和风场：“海棠”登陆时，30 日 20 时(图 2.29.4a)副热带高压有所加强，西升北跳，“海棠”登陆后沿着副热带高压西侧的东南气流向北略偏西方向移动。在移动过程中受东部高压坝阻挡，移动速度缓慢，导致降水持续时间较长，强降水主要集中在副热带高压和台风之间的辐合区。随着台风系统的长时间维持，并向偏北方向移动，中纬度有低槽东移，2 日 20 时(图 2.29.4b)左右台风北上并入西风槽中，同时随着副高减弱东退，结合后的低值系统向东北方向移动，造成山东大范围的暴雨。风场结构上，“海棠”在 1 日 20 时(图 2.29.5a)前均维持明显的气旋性环流结构，2 日 20 时(图 2.29.5b)并入西风槽后，台风环流不可辨，风场上为低槽结构。

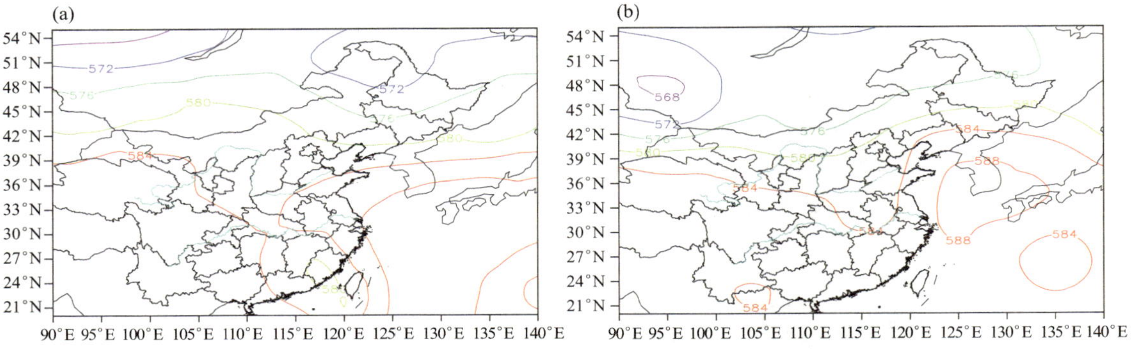

图 2.29.4　500 hPa 等压面的高度场

(a. 2017 年 7 月 30 日 20 时；b. 2017 年 8 月 2 日 20 时，单位：dagpm)

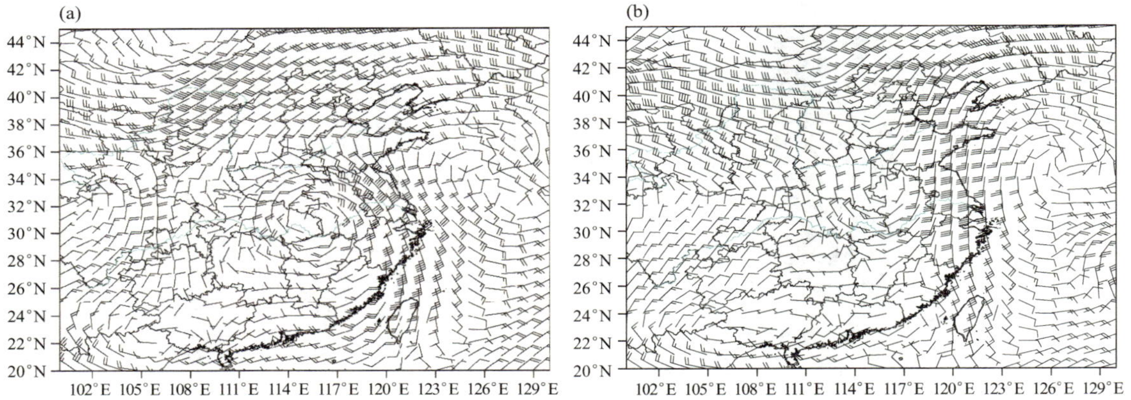

图 2.29.5　500 hPa 等压面的水平风场

(a. 2017 年 8 月 1 日 20 时；b. 2017 年 8 月 2 日 20 时，单位：m/s)

850 hPa 等压面风场：31 日 20 时，850 hPa 等压面风场上台风环流中心位于江西境内，安徽受台风北侧偏东气流影响；1 日 20 时(图 2.29.6a)，环流中心北行至安徽湖北交界处，安徽受偏南、东南气流控制，东南、偏南风风速较大，普遍超过 16m/s；2 日 20 时(图 2.29.6b)，环流中心位于安徽淮北西部，台风中心附近风速明显减小，台风强度明显减弱。在这之前的降水主要位于台风低压环流附近，台风外围大风速带附近的降水则不明显。3 日 20 时(图 2.29.6c)，台风环流和西风槽合并后，低层风场上山东中部至安徽北部有低槽存在，降水再度加强，强降水主要位于槽区附近。

850 hPa 等压面假相当位温场：2 日 20 时(图 2.29.7a)前，受“海棠”北上和副热带高压的共同影响，我国中东部大部分地区都位于 θ_{se} 高值区控制。3日20时（图2.29.7b），随着北方冷空气的侵入，山东、安徽北部出现 θ_{se} 锋区，强降水主要出现在 θ_{se} 锋区附近，偏暖区一侧。

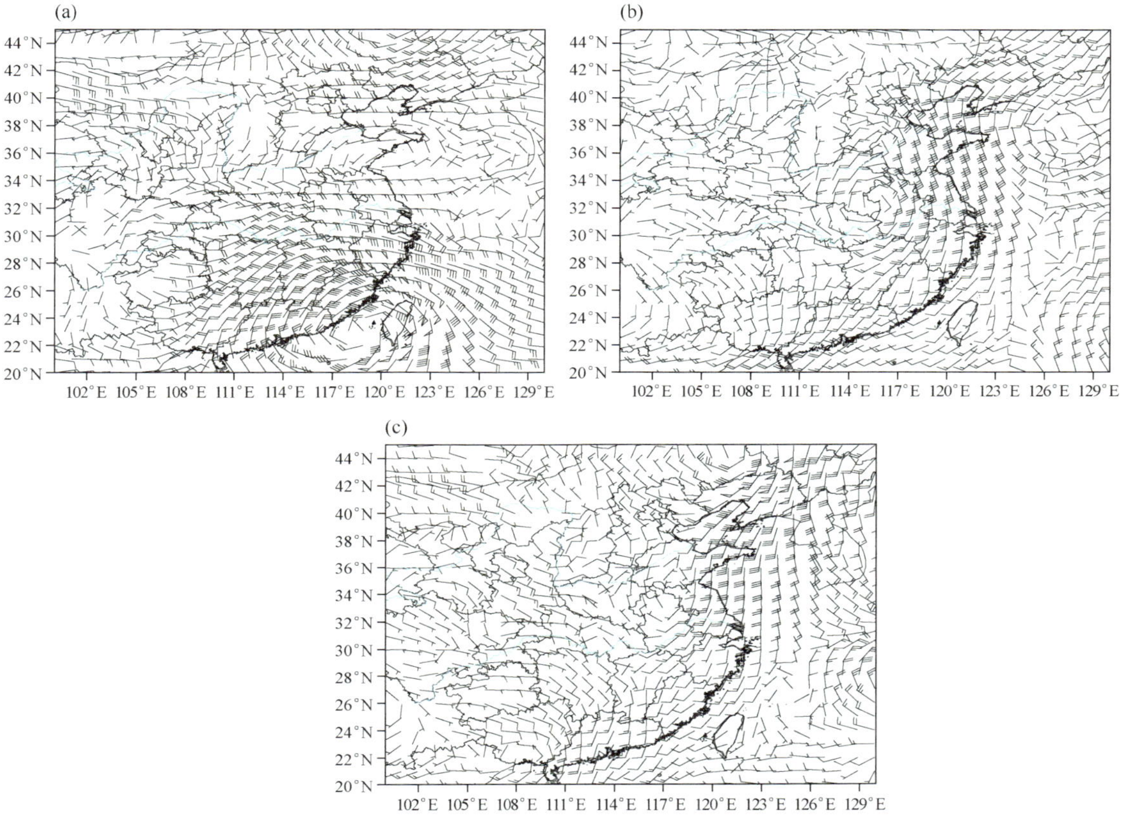

图2.29.6　850 hPa 等压面的水平风场

（a. 2017年8月1日20时；b. 2017年8月2日20时；c. 2017年8月3日20时，单位：m/s）

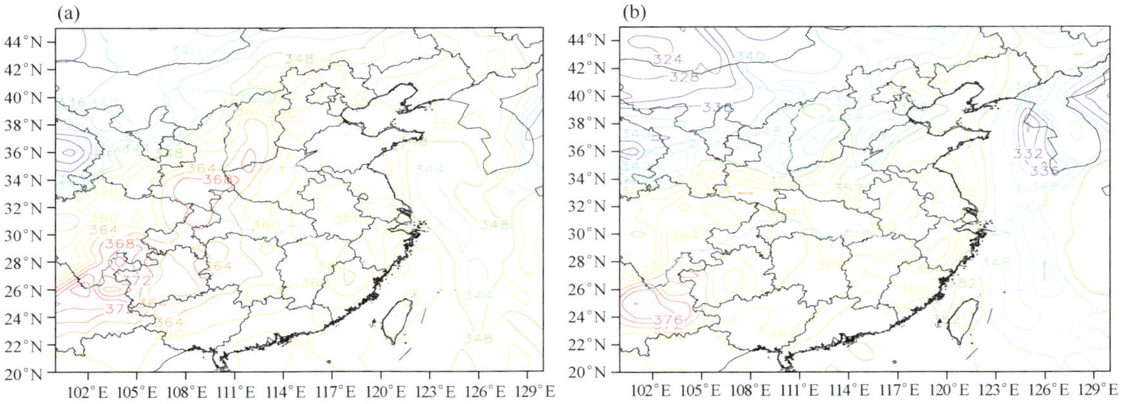

图2.29.7　850 hPa 等压面的假相当位温场

（a. 2017年8月2日20时；b. 2017年8月13日20时，单位：K）

第3章 西北路径无冷空气影响台风个例分析

3.1 7204号台风“苏珊”

3.1.1 台风“苏珊”概况

台风“苏珊”于1972年7月5日08时在菲律宾以东洋面上生成，10日20时在广东南部沿海发展至强台风（45 m/s，14级，980 hPa），之后转向东北方向移动，于15日上午在福建泉州附近登陆，登陆时强度为热带低压（15 m/s，7级，990 hPa）。“苏珊”登陆后再次转向西北方向移动，经福建进入江西、湖北，最后在湖北随州附近消亡（图3.1.1）。

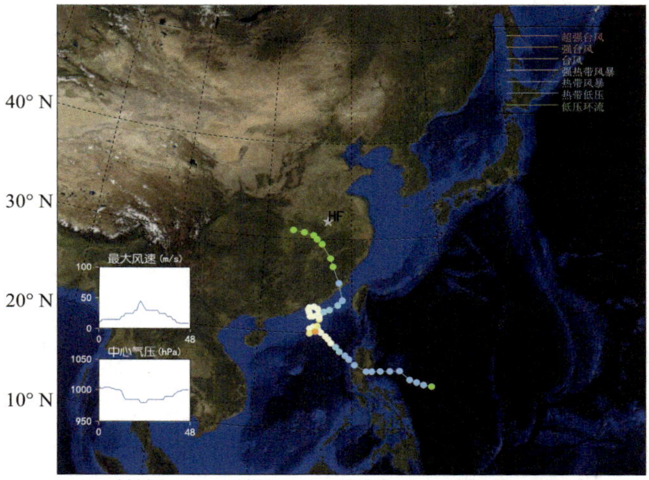

图3.1.1 7204号台风“苏珊”移动路径图

3.1.2 “苏珊”过程中国中东部降水实况

“苏珊”于1972年7月15日前后对我国开始造成影响，至7月17日主要对登陆点和消亡点附近造成明显降水。福建中部、浙江东南部、江西中东部和安徽北部地区降水量普遍在50 mm以上，福建中东部和浙江东南部超过100 mm（图3.1.2）。

3.1.3 “苏珊”过程安徽降水实况

1972年7月15—17日，淮河以北有5个县市累计降雨量超过50 mm，最大值为蒙城97 mm（图3.1.3）。

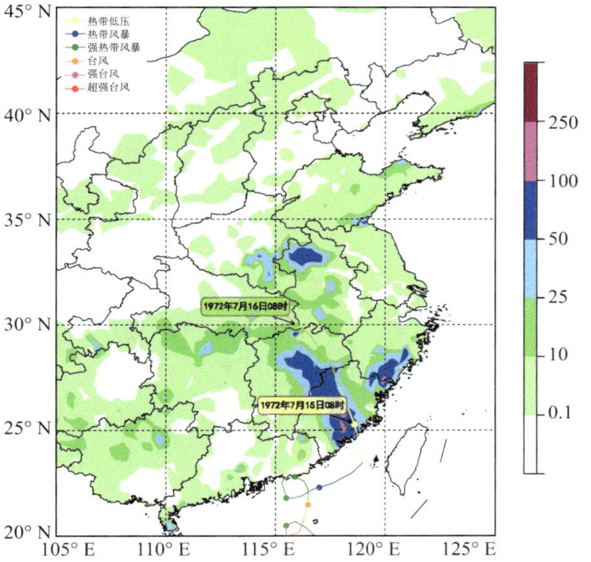

图 3.1.2　“苏珊”影响期间 1972 年 7 月 15 日 08 时—7 月 17 日 08 时中国中东部总降水量(单位:mm)

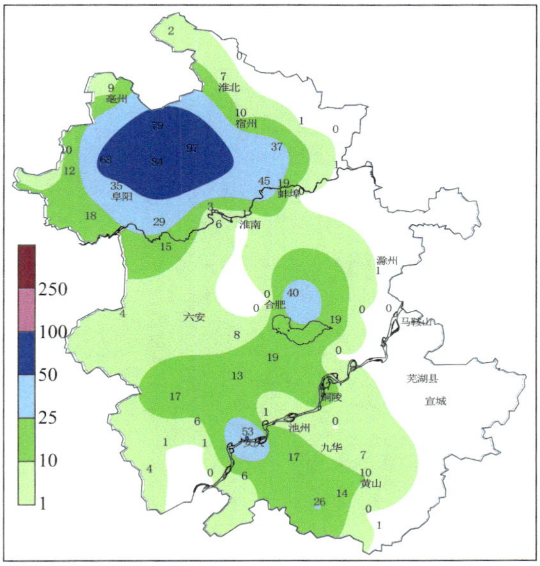

图 3.1.3　“苏珊”影响期间 1972 年 7 月 15 日 20 时—7 月 17 日 20 时安徽省总雨量(单位:mm)

3.1.4　“苏珊”过程天气分析

关键影响系统:副高、西风槽。强降水主要由西风槽和副高相互作用产生。

200 hPa 等压面风场:河南一带有低槽存在,安徽位于低槽槽前(图 3.1.4)。

500 hPa 等压面高度场:副高西伸控制安徽,台风减弱明显,已不可辨(图 3.1.5)。

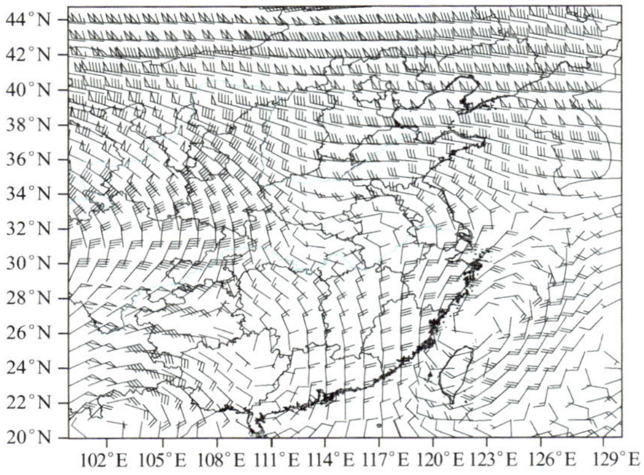

图 3.1.4　1972 年 7 月 17 日 20 时 200 hPa 等压面的风场(单位:m/s)

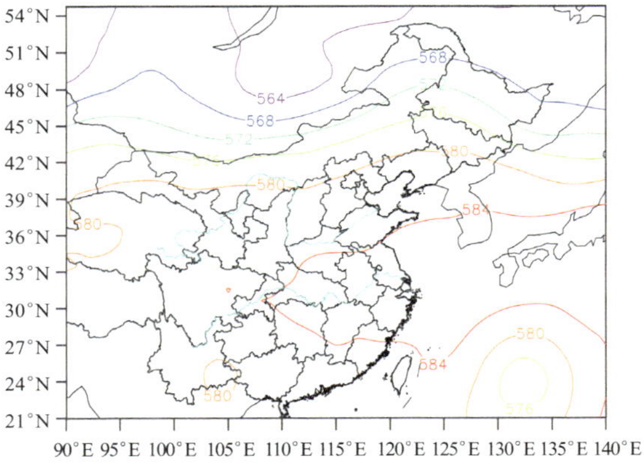

图 3.1.5　1972 年 7 月 17 日 20 时 500 hPa 等压面的高度场(单位:dagpm)

500 hPa 等压面风场:17 日 20 时,“苏珊”北上过程中高层环流减弱明显,安徽北部有低槽东移南下,淮河以北位于低槽附近(图 3.1.6)。

850 hPa 等压面风场:16 日 20 时,从江西、湖南交界处有台风倒槽北伸,淮河以北西部位于倒槽上，但倒槽两侧风速辐合较小，因此南部受台风影响，降雨量不大，强降水区位于淮河以北，由低槽产生（图 3.1.7）。

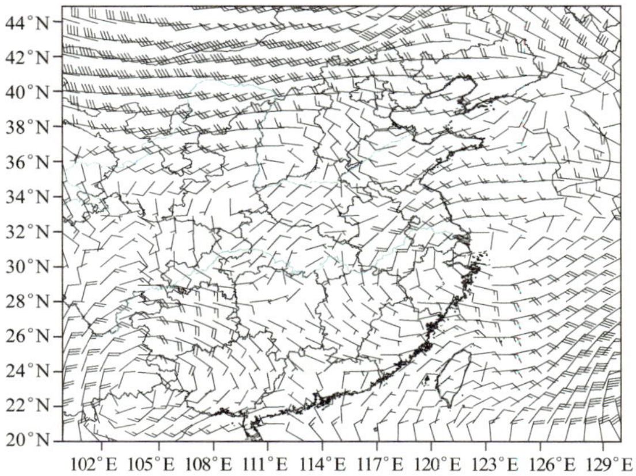

图 3.1.6　1972 年 7 月 17 日 20 时 500 hPa 等压面的风场(单位：m/s)

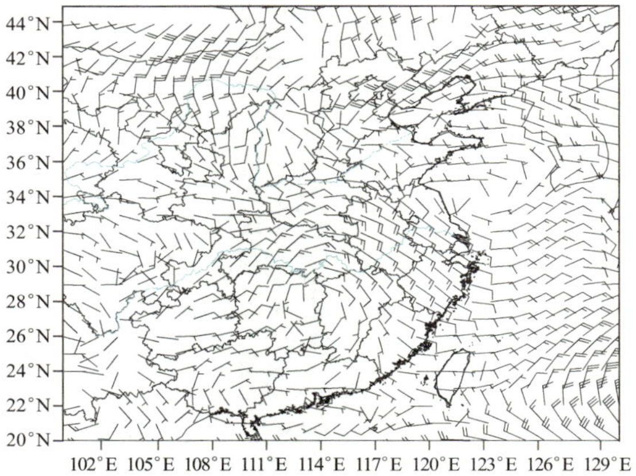

图 3.1.7　1972 年 7 月 16 日 20 时 850 hPa 等压面的风场(单位：m/s)

3.2　8015 号台风“珀西”

3.2.1　台风“珀西”概况

台风“珀西”于 1980 年 9 月 13 日 14 时在西北太平洋洋面上生成，17 日 20 时在广东南部沿海发展至超强台风（60 m/s，17 级，920 hPa），于 19 日早晨在福建厦门附近登陆，登陆时强度为台风（35 m/s，12 级，980 hPa）。“珀西”登陆后向西北方向移动，经福建进入江西，19 日 20 时在江西赣州减弱为热带低压（12 m/s，6 级，1005 hPa）（图 3.2.1）。

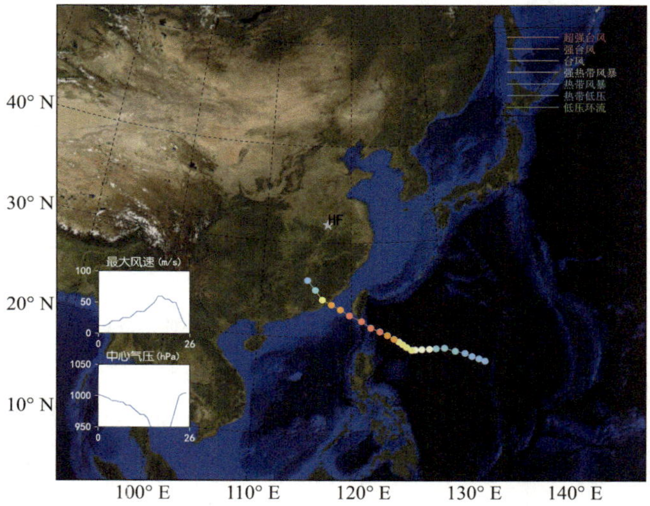

图 3.2.1　8015 号台风“珀西”移动路径图

3.2.2 "珀西"过程中国中东部降水实况

"珀西"于 1980 年 9 月 18 日前后对我国开始造成影响，至 9 月 20 日主要对登陆点和消亡点附近造成明显降水。福建东南部和北部、苏皖浙三省交界地区降水量普遍在 50 mm 以上，浙江西北部，福建东南部超过 100 mm（图 3.2.2）。

3.2.3 "珀西"过程安徽降水实况

1980 年 9 月 18—20 日，安徽淮河以南出现降水，其中沿江江南有 16 个县市累计降雨量超过 50 mm，最大值为广德 100 mm（图 3.2.3）。

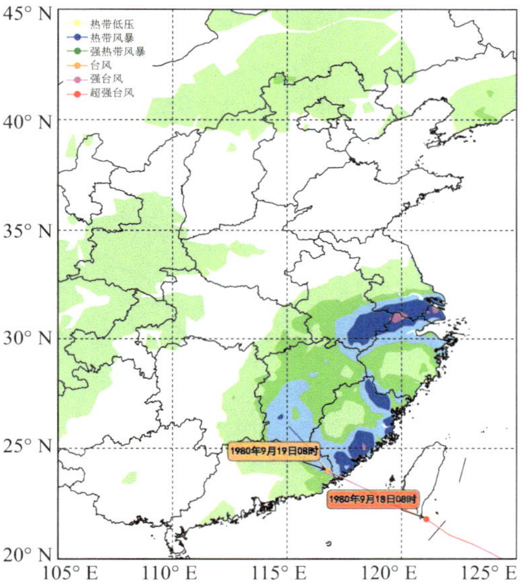

图 3.2.2　"珀西"影响期间 1980 年 9 月 18 日 08 时—9 月 20 日 08 时中国中东部总降水量（单位：mm）

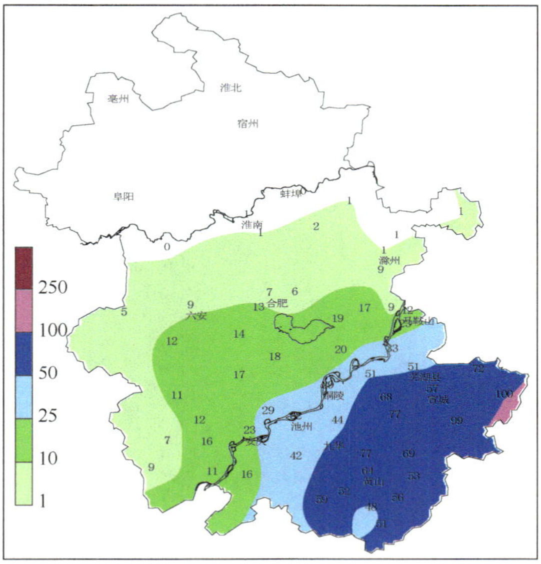

图 3.2.3　"珀西"影响期间 1980 年 9 月 18 日 20 时—9 月 20 日 20 时安徽省总雨量（单位：mm）

3.2.4 "珀西"过程天气分析

关键影响系统：副高、大陆高压、台风。无冷空气结合。

200 hPa 等压面风场：安徽南部位于高空急流右侧（图 3.2.4）。

500 hPa 等压面高度场：台风环流减弱明显，不可辨。江南位于副高边缘（图 3.2.5）。

850 hPa 等压面风场：19 日 20 时，安徽南部位于大陆高压和副高之间的辐合区内，同时江南受台风外围影响（图 3.2.6）。

850 hPa 等压面比湿场：20 日 20 时，江南位于比湿大于 12g/kg 的高湿区内，台风东侧、副高西侧的偏南气流为暴雨区上空输送大量水汽（图 3.2.7）。

850 hPa 等压面假相当位温场：20 日 20 时，θ_{se} 高能区主要位于沿江江南，θ_{se} 锋区位于江淮之间，强降水区位于 θ_{se} 锋区南侧，高能区内（图 3.2.8）。

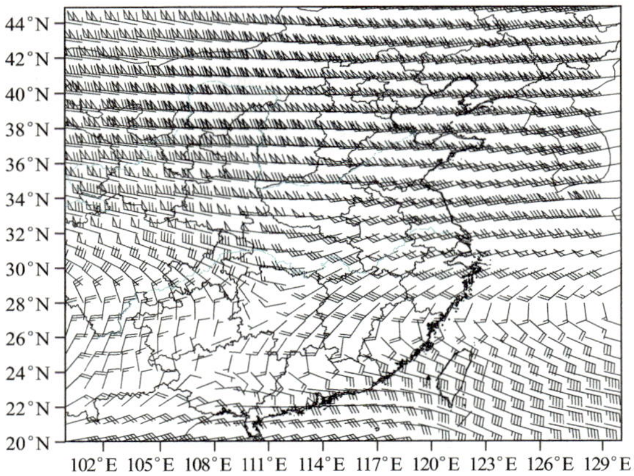

图 3.2.4 1980 年 9 月 20 日 20 时 200 hPa 等压面的风场(单位:m/s)

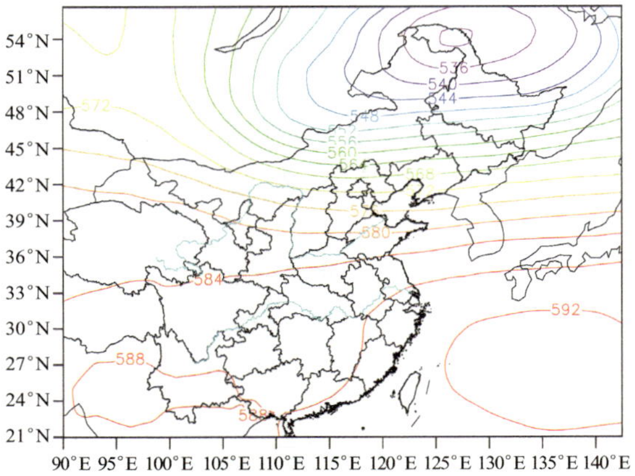

图 3.2.5 1980 年 9 月 20 日 20 时 500 hPa 等压面的高度场(单位:dagpm)

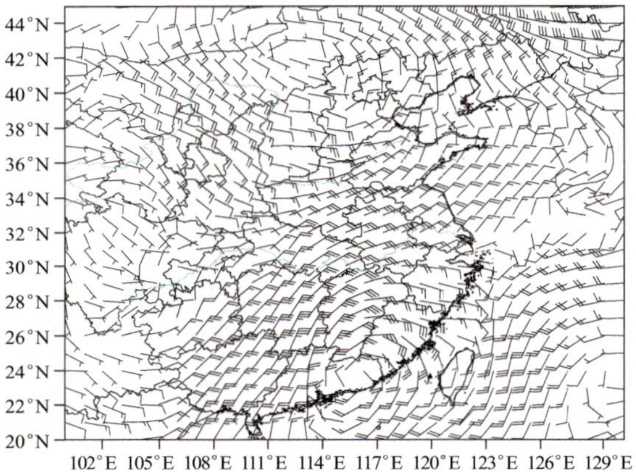

图 3.2.6 1980 年 9 月 19 日 20 时 850 hPa 等压面的风场(单位:m/s)

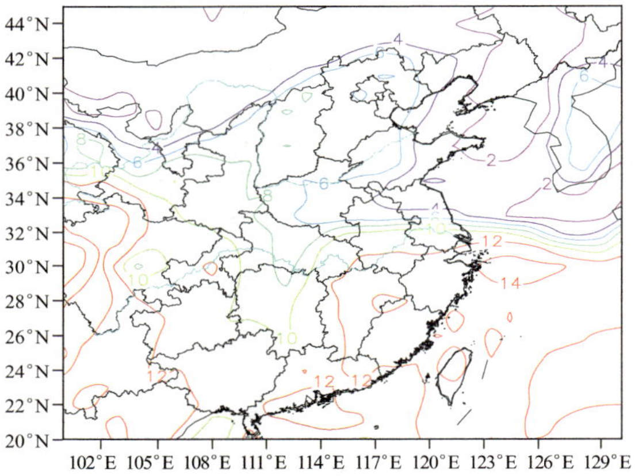

图 3.2.7 1980 年 9 月 20 日 20 时 850 hPa 等压面的比湿场(单位:g/kg)

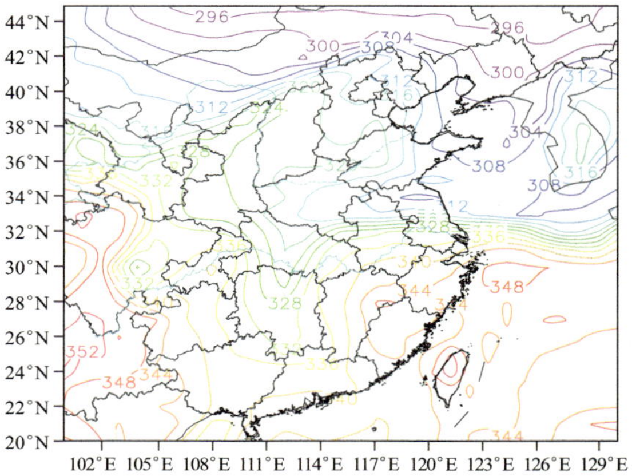

图 3.2.8 1980 年 9 月 20 日 20 时 850 hPa 等压面的假相当位温场(单位:K)

3.3　8108 号台风“Nina”

3.3.1　台风“Nina”概况

台风“Nina”于 1981 年 7 月 21 日 08 时在台湾东部海面上生成，22 日 20 时在福建东部沿海发展至强热带风暴(25 m/s，10 级，994 hPa)，23 日 14 时在浙江温州附近登陆，登陆时强度为热带风暴(20 m/s，8 级，996 hPa)，向偏西方向移动，经浙江省中部进入安徽省祁门县，24 日 02 时强度为热带低压(15 m/s，7 级，998 hPa)，并在祁门转向偏北方向移动，从安徽省中部穿过，26 日 08 时从淮北移出安徽，此时强度仍为热带低压(12 m/s，6 级，1001 hPa)(图 3.3.1)。

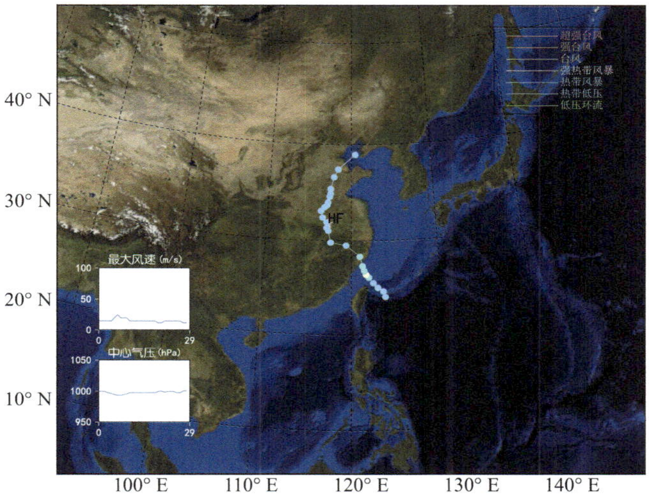

图 3.3.1　8108 号台风“Nina”移动路径图

3.3.2　“Nina”过程中国中东部降水实况

“Nina”过程中国中东部的强降水时段为 1981 年 7 月 22 日 20 时—7 月 28 日 20 时，此期间强降水落区主要位于浙江东部、安徽淮河以南西部和淮北地区东部、江苏西北部、山东大部分地区和辽东半岛，以上地区降水总量普遍超过 50 mm，部分地区超过 100 mm(图 3.3.2)。

3.3.3　“Nina”过程安徽降水实况

1981 年 7 月 23—27 日，安徽中部有 31 个县市累计降雨量超过 50 mm，其中超过 100 mm 的降水主要位于江淮之间西部和淮河以北东部，共有 11 个县市，最大值为舒城 238 mm。强降水时段为 7 月 23 日 20 时—7 月 25 日 20 时(图 3.3.3)。

3.3.3　“Nina”过程天气分析

关键影响系统：副高、双台风。无冷空气结合(图 3.3.4)。

500 hPa 等压面高度场：副高位于海上，副高西侧存在一深广的低槽。

500 hPa 等压面风场：23 日 20 时，安徽南部位于台风低压环流附近，沿江一带偏东风风速超过 12 m/s。此外在广东、广西交界处还有一台风，两个台风形成范围宽广的倒槽（图 3.3.5）。

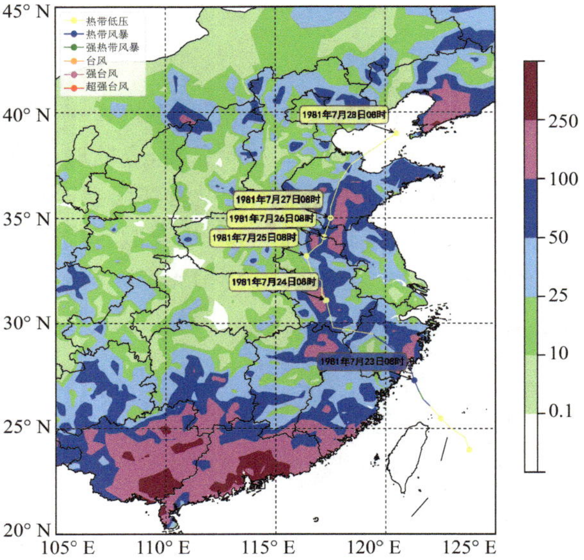

图 3.3.2 “Nina”影响期间 7 月 22 日 20 时—7 月 28 日 20 时中国中东部总降水量（单位：mm）

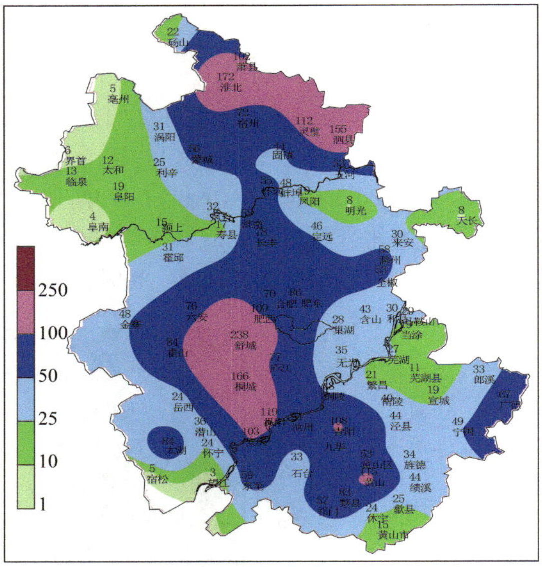

图 3.3.3 “Nina”影响期间 7 月 22 日 20 时—7 月 27 日 20 时安徽省总雨量（单位：mm）

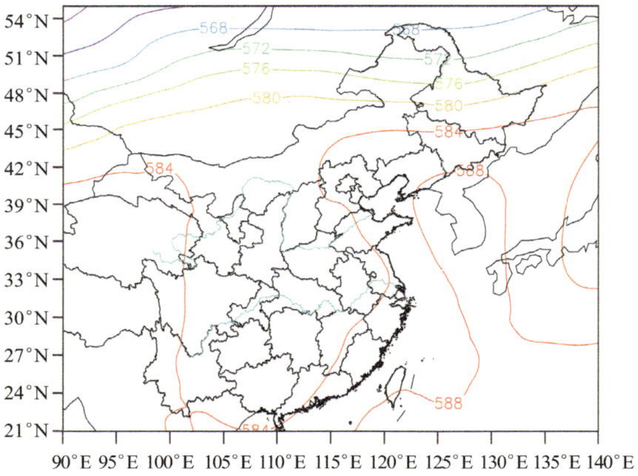

图 3.3.4 1981 年 7 月 24 日 20 时 850 hPa 等压面的高度场（单位：dagpm）

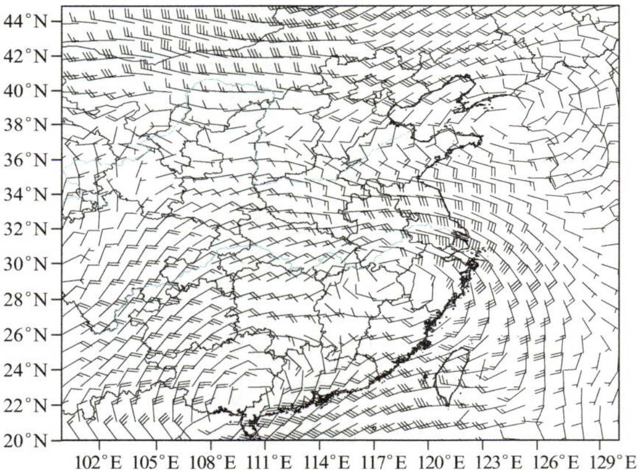

图 3.3.5 1981 年 7 月 23 日 20 时 500 hPa 等压面的风场（单位：m/s）

850 hPa 等压面风场：24 日 20 时，从广西、湖南至安徽西部有台风倒槽存在，此倒槽维持时间较长，强降水区位于倒槽顶端。同时台风“Nina”从安徽中部穿过，环流减弱慢，降水持续时间长。台风生命史长的一个重要原因是在倒槽东侧有由双台风效应造成的强水汽输送带存在（西南风急流）（图 3.3.6）。

700 hPa 等压面假相当位温场：24 日 20 时，θ_{se} 高能区控制华东华南大部分地区，其间 θ_{se} 中心与两个台风中心对应。两台风的相互作用使得暴雨区上空的暖湿输送更强，同时也使得台风生命史变长，降水时间长（图 3.3.7）。

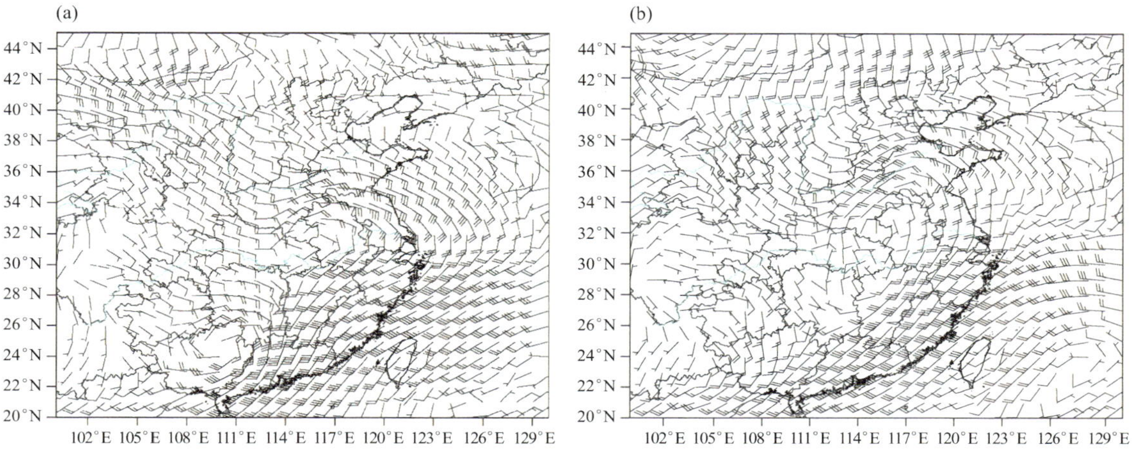

图 3.3.6　850 hPa 等压面的风场

(a. 1981 年 7 月 24 日 20 时；b. 1981 年 7 月 25 日 20 时；单位：m/s)

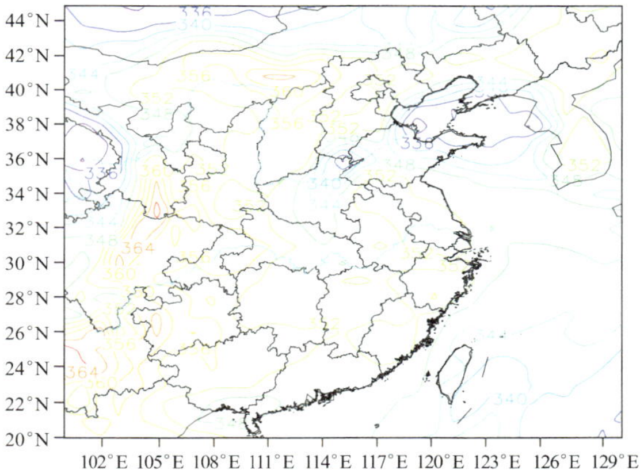

图 3.3.7　1981 年 7 月 24 日 20 时 700 hPa 等压面的假相当位温场(单位：K)

3.4　8209 号台风“安迪”

3.4.1　台风“安迪”概况

台风“安迪”于 1982 年 7 月 21 日 20 时在西北太平洋洋面上生成，27 日 14 时加强为超强台风(55 m/s，16 级，930 hPa)，于 29 日凌晨在台湾台东登陆，经过台湾时强度为台风(40 m/s，13 级，965 hPa)，经台湾海峡折向偏北方向移动，29 日 20 时在福建东南沿海登陆，强度为热带风暴(20 m/s，8 级，980 hPa)。登陆后偏北方向移动的过程中强度减弱为热带低压，从江西中部穿过进入湖北东部，最后在河南南部消亡(图 3.4.1)。

3.4.2　“安迪”过程中国中东部降水实况

“安迪”过程中国中东部的强降水时段为 7 月 28 日 20 时—8 月 2 日 20 时，此期间强降水落区主要位于河南、山西和陕西，以上地区降水总量普遍超过 50 mm，大部分地区超过 100 mm，其中河南和山西两省交界处部分地区超过 250 mm(图 3.4.2)。

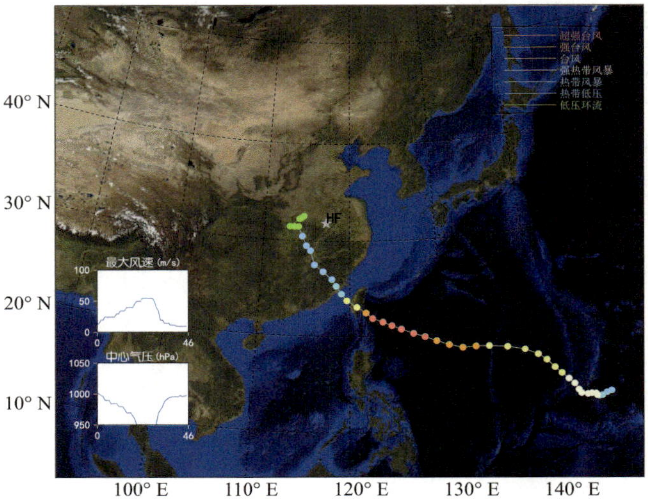

图 3.4.1 8209号台风“安迪”移动路径图

3.4.3 “安迪”过程安徽降水实况

1981 年 7 月 29 日—8 月 1 日，安徽沿淮淮河以北有 9 个县市累计降雨量超过 50 mm，最大值为亳州 112 mm。强降水时段为 7 月 30 日 20 时—7 月 31 日 20 时(图 3.4.3)。

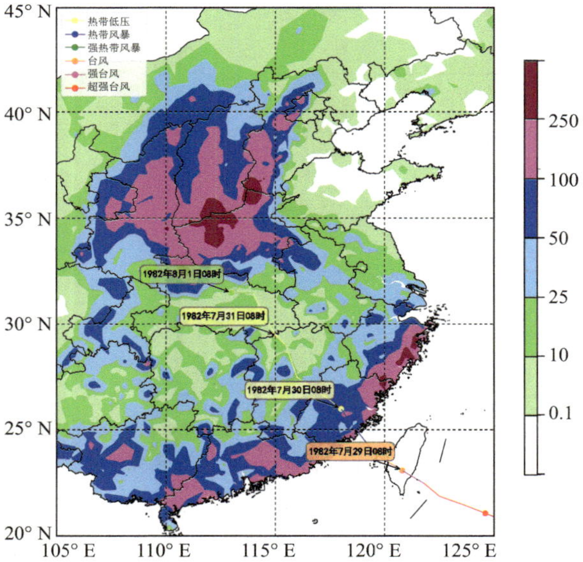

图 3.4.2 “安迪”影响期间 1981 年 7 月 28 日 20 时—8 月 2 日 20 时中国中东部总降水量(单位:mm)

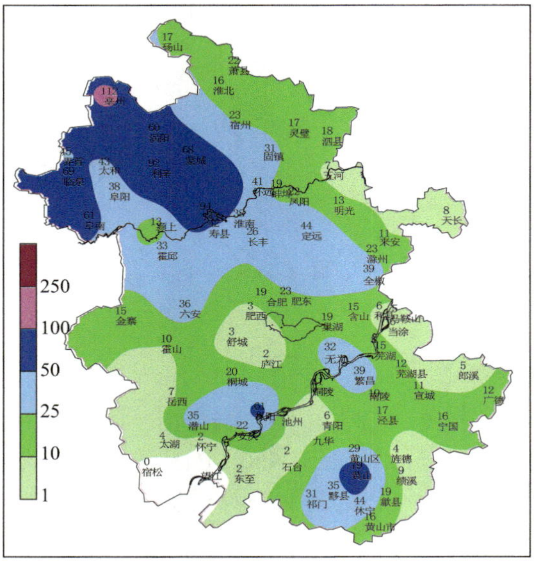

图 3.4.3 “安迪”影响期间 1981 年 7 月 28 日 20 时—8 月 2 日 20 时安徽省总雨量(单位:mm)

3.4.4 "安迪"过程天气分析

关键影响系统：副高、台风。无冷空气结合。

500 hPa 等压面高度场：副高位于海上，"安迪"受副高顶托向西北方向移动(图 3.4.4)。

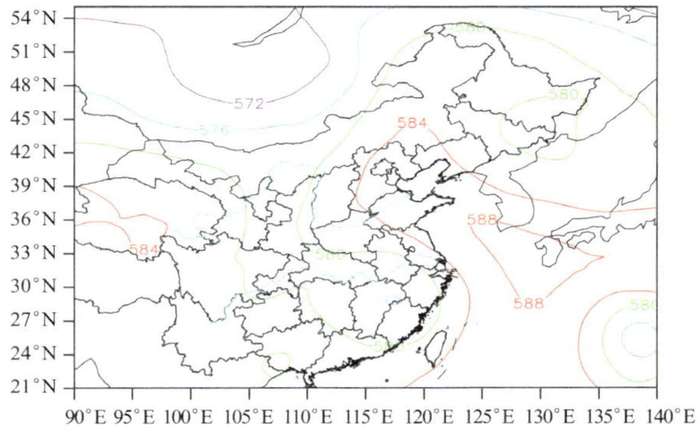

图 3.4.4　1982 年 7 月 30 日 20 时 500 hPa 等压面的高度场(单位：dagpm)

500 hPa 等压面风场：30 日 20 时，"安迪"位于江西、安徽交界处，受"安迪"和副高的共同影响，江北一带偏东风普遍超过 16 m/s(图 3.4.5a)。

850 hPa 等压面风场：30 日 20 时，低层的东南风急流更为显著，全省东南风风速在 16～24 m/s(图 3.4.5b)。

925 hPa 等压面比湿场：30 日 20 时，由于低层强的东南风输送，使得大湿区的位置偏北偏西(图 3.4.7)。

850 hPa 等压面假相当位温场：1 日 20 时，θ_{se} 高能区主要位于安徽西部、河南、湖北一带，θ_{se} 的锋区位于淮河以北，呈西北东南向。强降水区位于 θ_{se} 锋区附近，偏向高能区一侧(图 3.4.8)。

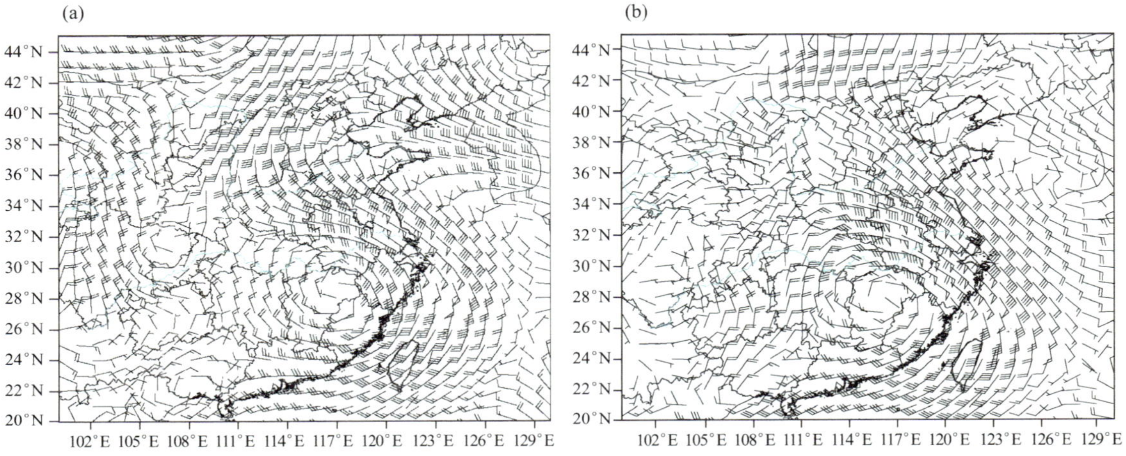

图 3.4.5　1982 年 7 月 30 日 20 时不同等压面的风场

(a. 500 hPa；b. 850 hPa，单位：m/s)

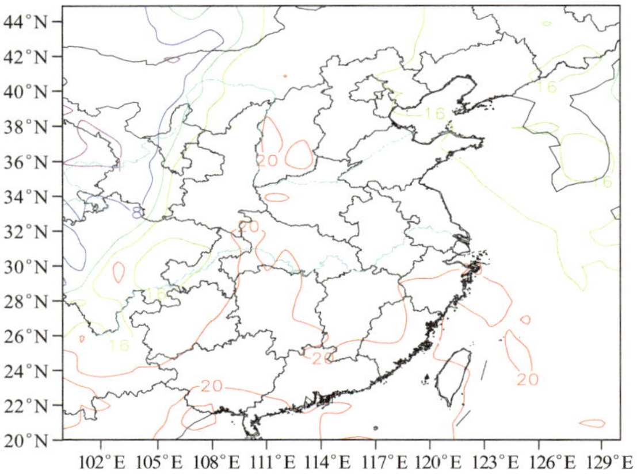

图 3.4.7 1982 年 7 月 30 日 20 时 925 hPa 等压面的比湿场(单位:g/kg)

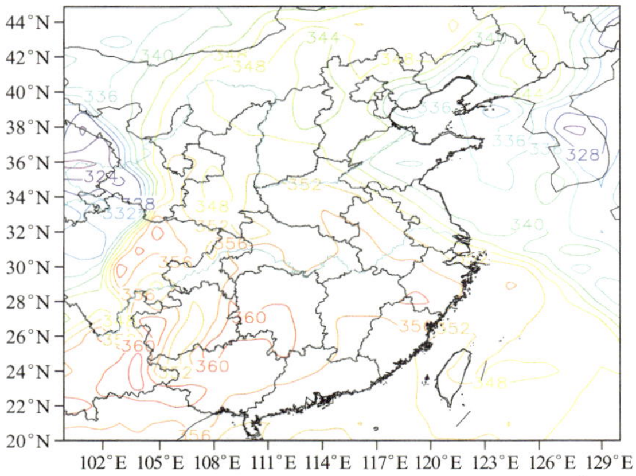

图 3.4.8 1982 年 8 月 1 日 20 时 850 hPa 等压面的假相当位温场(单位:K)

3.5 8407 号台风“弗里达”

3.5.1 台风“弗里达”概况

台风“弗里达”于 1984 年 8 月 4 日 08 时在菲律宾以东洋面上生成,6 日 20 时加强为强热带风暴(25 m/s,10 级,985 hPa),于 8 日 02 时在福建宁德附近登陆,登陆时强度为强热带风暴(25 m/s,10 级,988 hPa),登陆后向西北偏北方向移动,经福建北部、江西北部进入湖北东部、河南东部,最后在河北折向东北移动,影响中国大陆时间较长(图 3.5.1)。

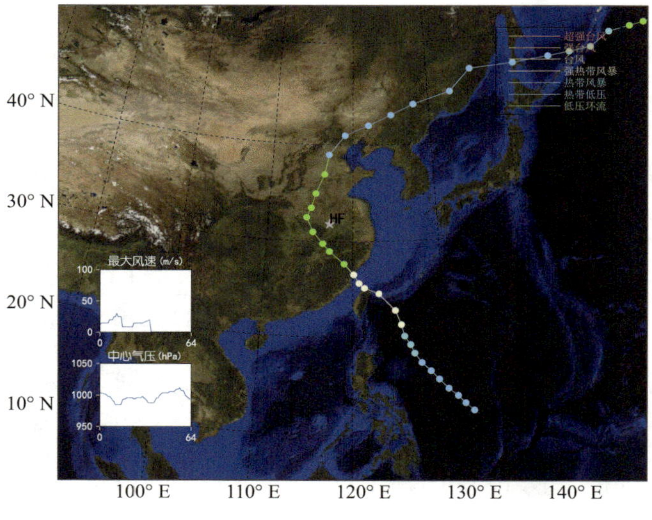

图 3.5.1 8407 号台风“弗里达”移动路径图

3.5.2　“弗里达”过程中国中东部降水实况

“弗里达”过程中国中东部的强降水时段为 1984 年 7 月 28 日 20 时—8 月 2 日 20 时，此期间强降水落区主要位于台风登陆后由西北向转成东北向后所经过的区域，包括河南东北部、山东西部、河北东部和辽宁西部，以上地区降水总量普遍超过 100 mm，其中河北东部部分地区超过 250 mm（图 3.5.2）。

3.5.3　“弗里达”过程安徽降水实况

1984 年 8 月 7—9 日，暴雨落区位于安徽省江北西部，共有 11 个县市累计降雨量超过 50 mm，最大值为岳西 126 mm（图 3.5.3）。

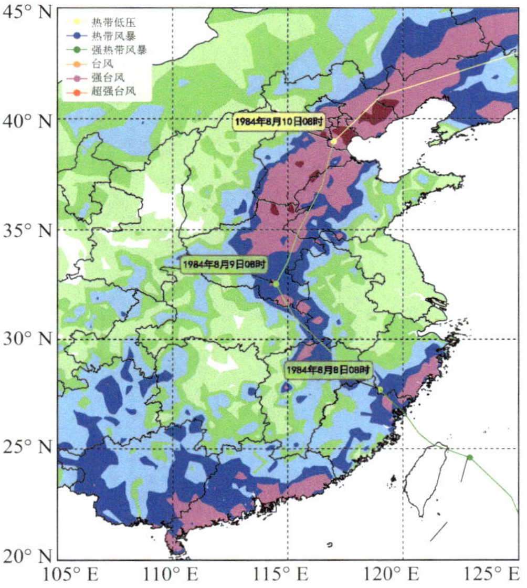

图 3.5.2　“弗里达”影响期间 1984 年 8 月 7 日 20 时—8 月 12 日 20 时中国中东部总降水量（单位：mm）

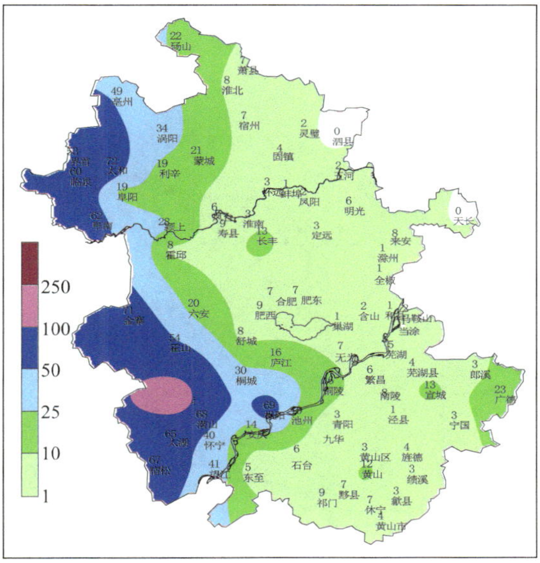

图 3.5.3　“弗里达”影响期间 1984 年 8 月 7 日 20 时—8 月 12 日 20 时安徽省总雨量（单位：mm）

3.5.4　“弗里达”过程天气分析

关键影响系统：副高、台风。在安徽无冷空气结合。

500 hPa 等压面高度场：副高势力较强，安徽东部位于副高控制下，“弗里达”受副高外围引导气流影响快速向偏北方向移动（图 3.5.4）。

500 hPa 等压面风场：8 日 20 时，“弗里达”中心位于江西、湖北和安徽三省交界处，台风和副高之间的风速较大，引导气流强，台风移速快（图 3.5.5）。

850 hPa 等压面风场：台风中心从湖北东部穿过，安徽西部位于辐合中心附近，降水明显（图 3.5.6）。

850 hPa 等压面比湿场：8 日 20 时，大于 16g/kg 的比湿中心位于安徽西部（图 3.5.7）。

850 hPa 等压面假相当位温场：8 日 20 时，与台风中心对应的 θ_{se} 高能区位于安徽大别山区，强降水区位于 θ_{se} 中心附近，是台风本体带来的降水（图 3.5.8）。

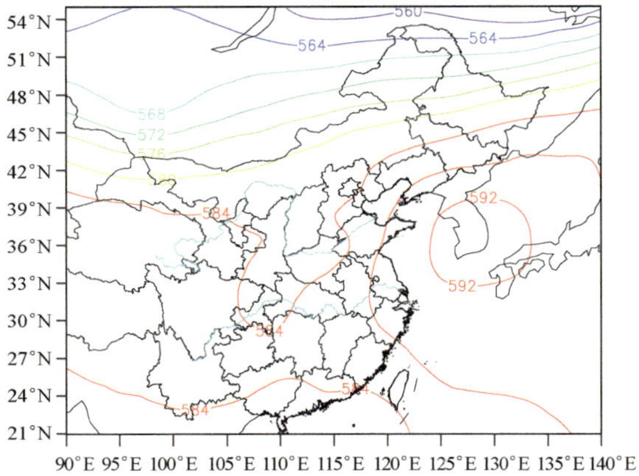

图 3.5.4 1984 年 8 月 9 日 20 时 500 hPa 等压面的高度场(单位:dagpm)

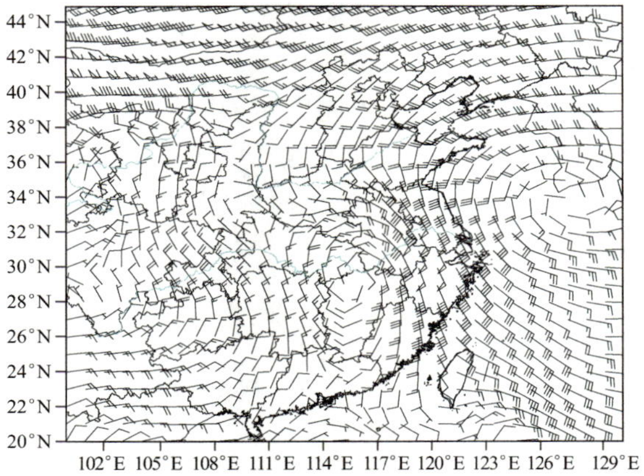

图 3.5.5 1984 年 8 月 8 日 20 时 500 hPa 等压面的风场(单位:m/s)

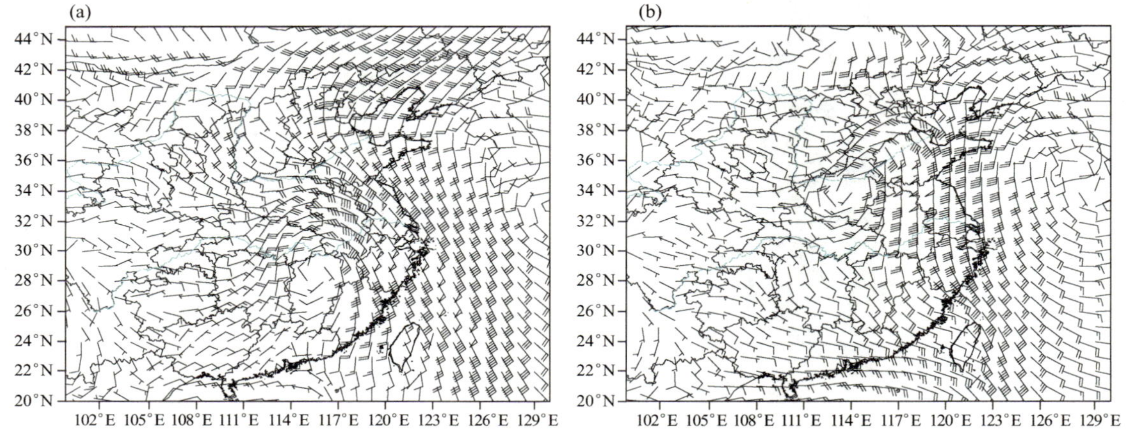

图 3.5.6 850 hPa 等压面的风场

(a. 1984 年 8 月 8 日 20 时;b. 1984 年 8 月 9 日 20 时;单位:m/s)

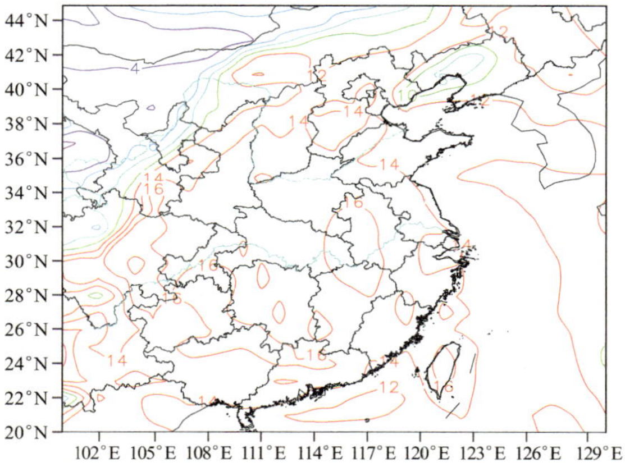

图 3.5.7 1984 年 8 月 8 日 20 时 850 hPa 等压面的比湿场(单位:g/kg)

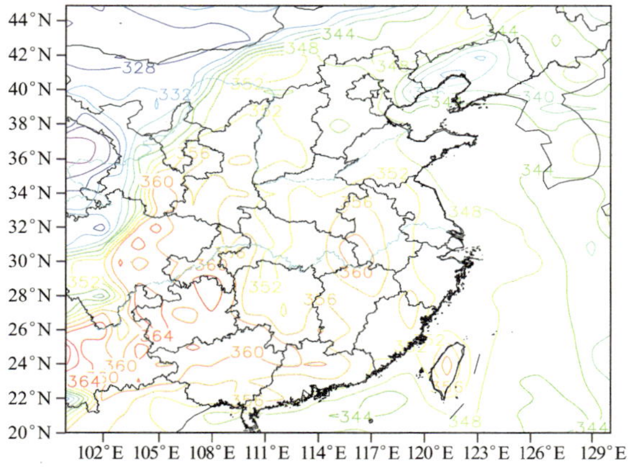

图 3.5.8 1984 年 8 月 8 日 20 时 850 hPa 等压面的假相当位温场(单位:K)

3.6 8712 号台风“吉罗德”

3.6.1 台风“吉罗德”概况

台风“吉罗德”于 1987 年 9 月 2 日 08 时在菲律宾以东洋面上生成，8 日 20 时加强为强台风(45 m/s，14 级，960 hPa)，于 10 日 20 时在福建泉州附近登陆，登陆时强度为强热带风暴(30 m/s，11 级，980 hPa)，登陆后沿福建南部向西北偏西方向移动，11 日 08 时在江西东南部减弱为热带低压(12 m/s，6 级，1002 hPa)。

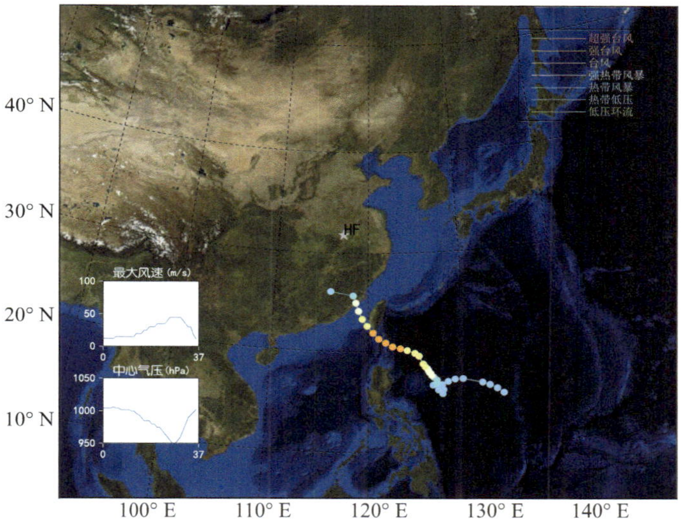

图 3.6.1 8712 号台风“吉罗德”移动路径图

3.6.2 “吉罗德”过程中国中东部降水实况

“吉罗德”过程中国中东部的强降水时段为 1987 年 9 月 9 日 20 时—11 日 20 时，此期间 50 mm 以上的强降水出现在浙江全省、安徽和江苏南部、福建北部，其中浙江东部超过 100 mm，部分地区超过 250 mm(图 3.6.2)。

3.6.3 “吉罗德”过程安徽降水实况

1987 年 9 月 9—11 日，安徽江南有 10 个县市累计降雨量超过 50 mm，其中 3 个县市超过 100 mm，最大值为广德 130 mm(图 3.6.3)。

3.6.4 “吉罗德”过程天气分析

关键影响系统：副高、台风。无冷空气结合。

200 hPa 等压面风场：10 日 20 时，安徽位于低槽槽前、急流南侧(图 3.6.4a)。

500 hPa 等压面高度场：“吉罗德”位于福建沿海，副高位于海上，势力较强，在西伸过程中“吉罗德”沿其南侧的偏东气流向偏西方向移动(图 3.6.5)。

850 hPa 等压面风场：10 日 20 时，台风中心位于福建沿海，安徽为一致的偏东风，风速超过 10 m/s(图 3.6.4b)。

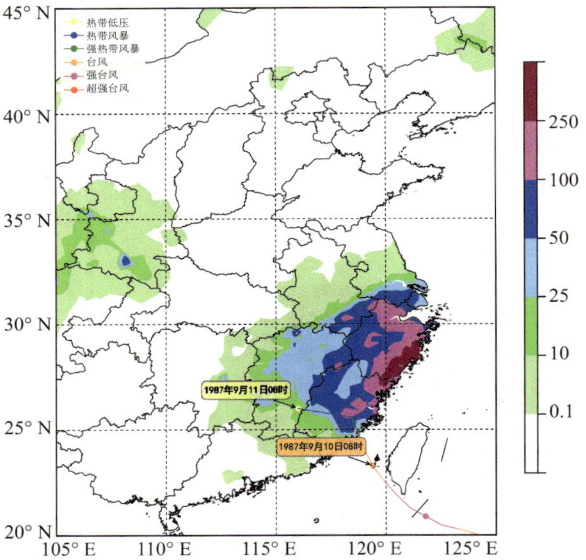

图 3.6.2 “吉罗德”影响期间 1987 年 9 月 9 日 20 时—9 月 11 日 20 时中国中东部总降水量(单位：mm)

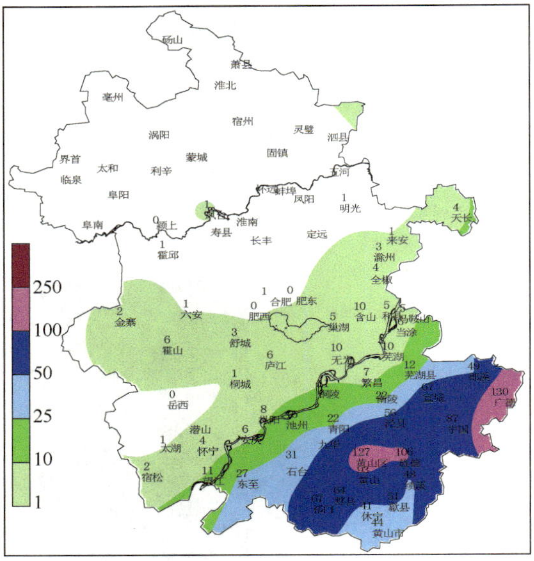

图 3.6.3 “吉罗德”影响期间 1987 年 9 月 9 日 20 时—9 月 11 日 20 时安徽省总雨量(单位：mm)

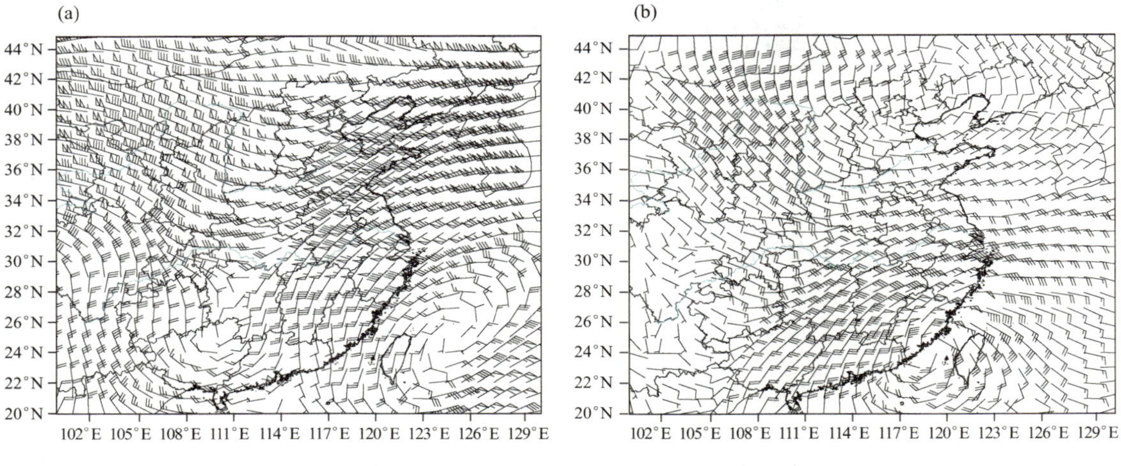

图 3.6.4 1987 年 9 月 10 日 20 时不同等压面的风场(a. 200 hPa；b. 850 hPa，单位：m/s)

850 hPa 等压面假相当位温场：11 日 20 时，与台风中心对应的 θ_{se} 高能区位于福建，安徽南部受 θ_{se} 高能区外围影响，梯度较大(图 3.6.6)。

850 hPa 等压面比湿场：11 日 20 时，大比湿区偏南，安徽江南比湿超过 12 g/kg(图 3.6.7)。

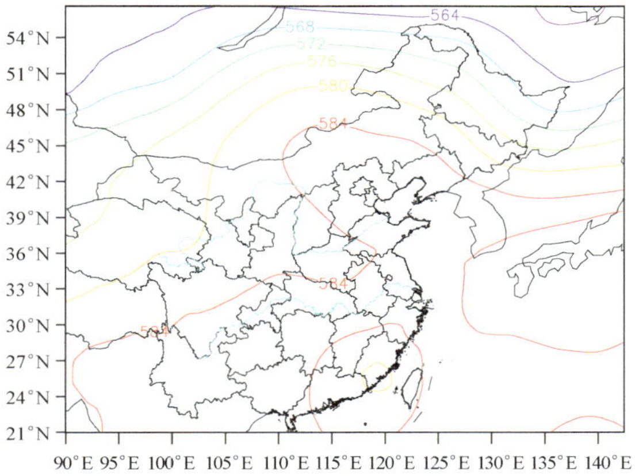

图 3.6.5　1987 年 9 月 10 日 20 时 500 hPa 等压面的高度场(单位:dagpm)

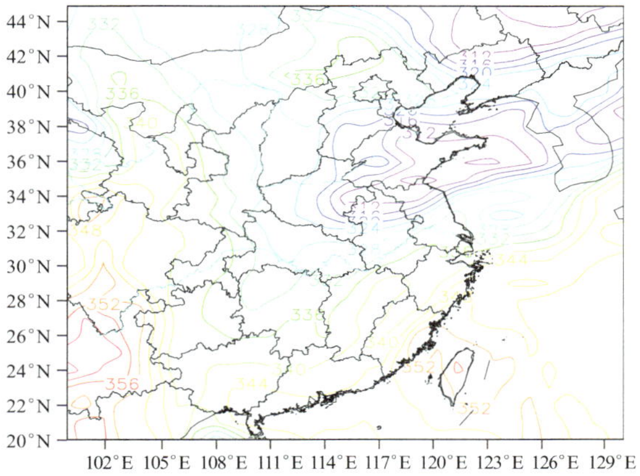

图 3.6.6　1987 年 9 月 11 日 20 时 850 hPa 等压面的假相当位温场(单位:K)

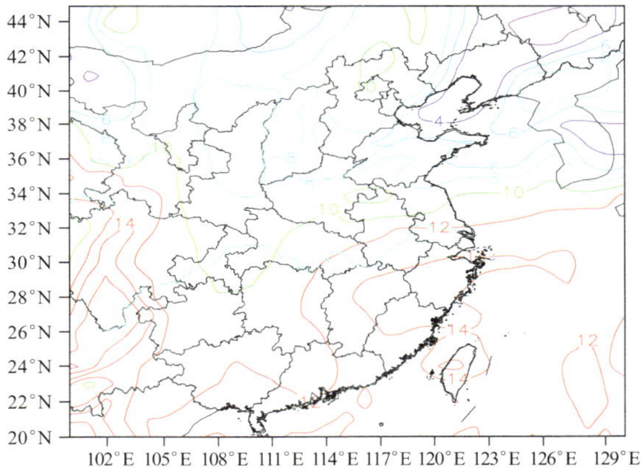

图 3.6.7　1987 年 9 月 11 日 20 时 850 hPa 等压面的比湿场(单位:g/kg)

3.7　9417 号台风“弗雷德”

3.7.1　台风“弗雷德”概况

台风“弗雷德”于 1994 年 8 月 14 日 02 时在西北太平洋洋面上生成,19 日 14 时加强为超强台风(55 m/s,16 级,940 hPa),于 21 日夜里在浙江温州附近登陆,登陆后减弱为台风(22 日 02 时,35 m/s,12 级,975 hPa),向西北方向移动经浙江南部至江西北部,在九江(22 日 20 时,15 m/s,7 级,1000 hPa)附近转向偏北方向移动,“弗雷德”转向北行后环流中心距离安徽西部较近,并于 23 日 20 时(12 m/s,6 级,1002 hPa)进入安徽阜阳境内,经亳州、宿州移出安徽(图 3.7.1)。

3.7.2　“弗雷德”过程中国中东部降水实况

“弗雷德”过程中国中东部的强降水时段为 1994 年 8 月 20 日 20 时—25 日 20 时,此期间

50 mm 以上的强降水出现在浙江、安徽省大别山区、江西东北部和山东南部，其中浙江东部和南部、山东南部和安徽大别山区部分地区超过 100 mm，浙江东南部局部地区超过 250 mm（图 3.7.2）。

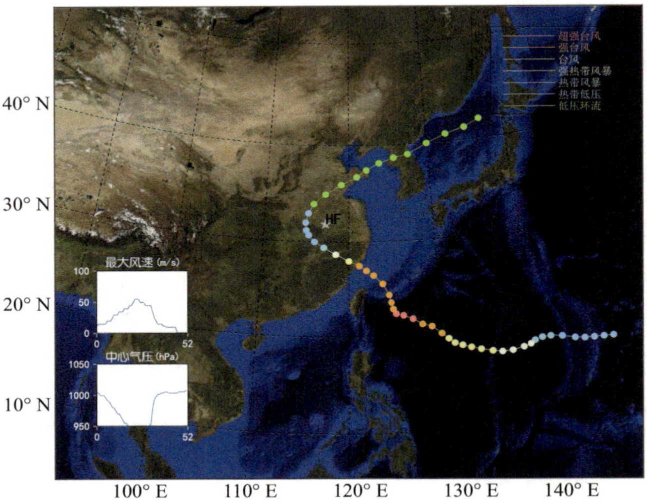

图 3.7.1　9417 号台风“弗雷德”移动路径图

3.7.3　“弗雷德”过程安徽降水实况

1994 年 8 月 21—23 日，安徽有 18 个县市累计降雨量超过 50 mm，强降水区主要位于大别山区，最大值为桐城 148 mm（图 3.7.3）。

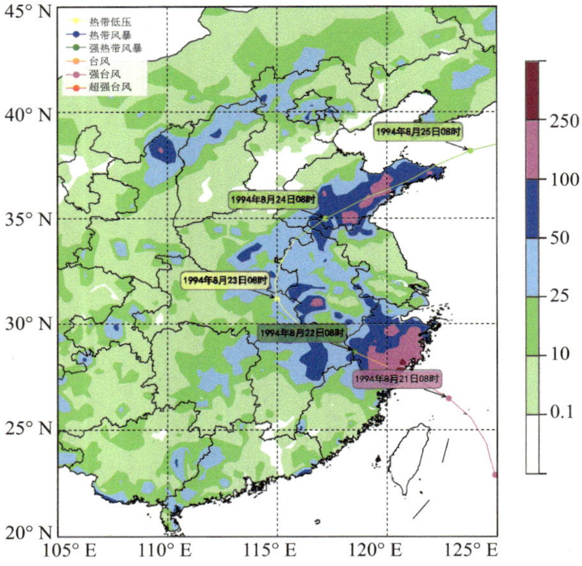

图 3.7.2　“弗雷德”影响期间 1994 年 8 月 20 日 20 时—8 月 25 日 20 时中国中东部总降水量（单位：mm）

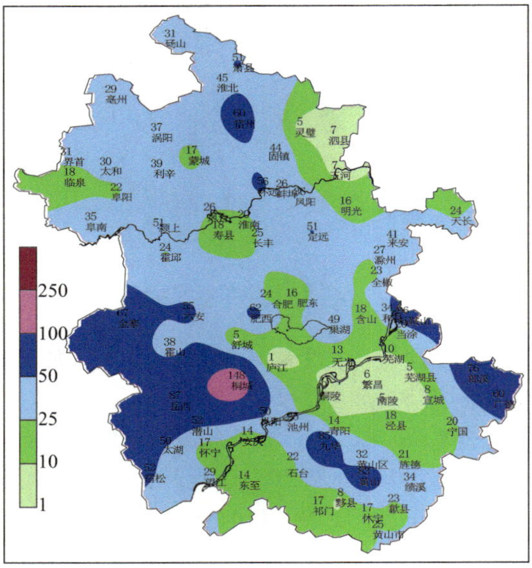

图 3.7.3　“弗雷德”影响期间 1994 年 8 月 20 日 20 时—8 月 23 日 20 时安徽省总雨量（单位：mm）

3.7.4　“弗雷德”过程天气分析

关键影响系统：副高、台风。在安徽无冷空气结合。

500 hPa 等压面高度场：22 日 20 时，“弗雷德”中心位于江西北部，副高强度较强，“弗雷德”受副高影响向北偏西方向移动(图 3.7.4)。

850 hPa 等压面风场：台风环流中心位于江西北部，安徽受台风北侧的偏东急流影响，台风在北行的过程中，大别山区位于环流中心附近，降水较强(图 3.7.5)。

850 hPa 等压面比湿场：受“弗雷德”外围影响，安徽西部比湿超过 14 g/kg(图 3.7.6)。

850 hPa 等压面假相当位温场：22 日 20 时，安徽西部位于台风外围的 θ_{se} 高能区内，强降水以台风本体降水为主(图 3.7.7)。

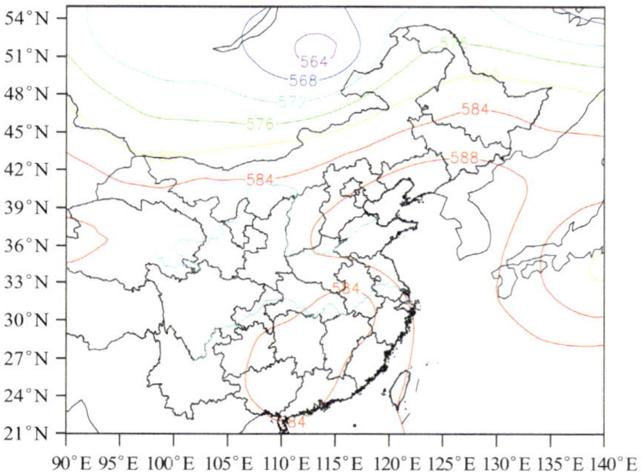

图 3.7.4　1994 年 8 月 22 日 20 时 500 hPa 等压面的高度场(单位：dagpm)

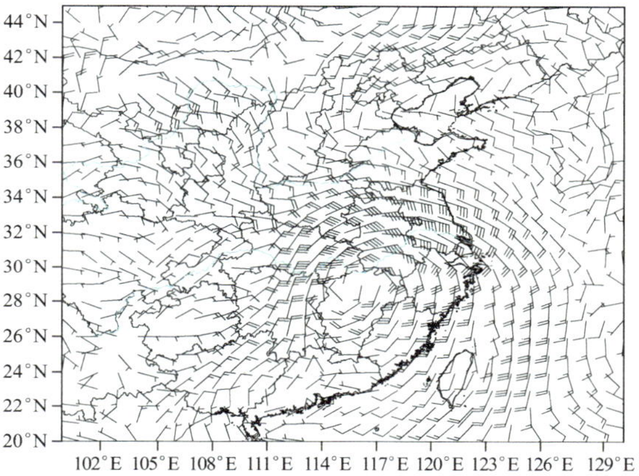

图 3.7.5　1994 年 8 月 22 日 20 时 850 hPa 等压面的风场(单位：m/s)

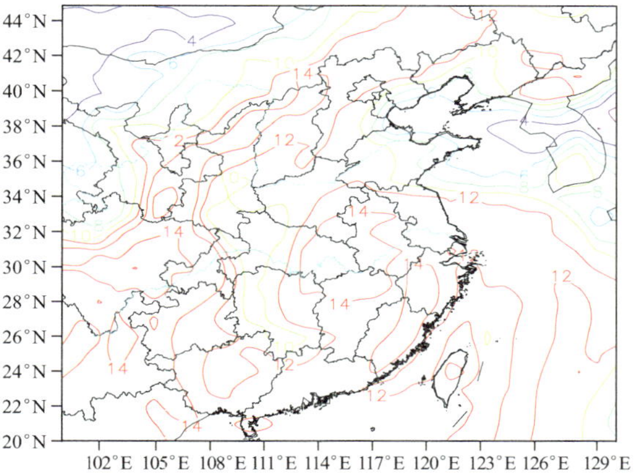

图 3.7.6　1994 年 8 月 22 日 20 时 850 hPa 等压面的比湿场(单位：g/kg)

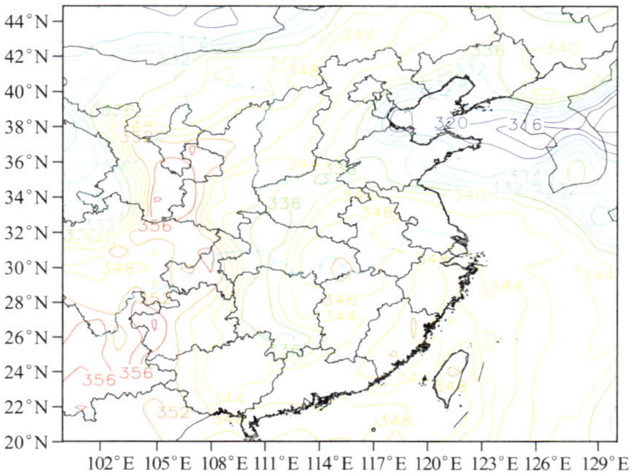

图 3.7.7　1994 年 8 月 22 日 20 时 850 hPa 等压面的假相当位温场(单位：K)

3.8 9711 号台风“温妮”

3.8.1 台风“温妮”概况

台风“温妮”于 1997 年 8 月 8 日 08 时在西北太平洋洋面上生成，12 日 14 时加强为超强台风(55 m/s，16 级，930 hPa)，于 18 日夜里在浙江温州附近登陆，登陆后减弱为台风(19 日 02 时，35 m/s，12 级，970 hPa)，向西北方向移动经浙江中部，于 19 日早晨进入安徽绩溪境内，进入安徽前强度为强热带风暴(19 日 08 时，28 m/s，10 级，980 hPa)，之后转向偏北方向移动从安徽中部穿过，途径铜陵、合肥、淮南，由灵璧移出安徽，“温妮”在安徽维持热带风暴强度(20 m/s，8 级，990 hPa)(图 3.7.1)。

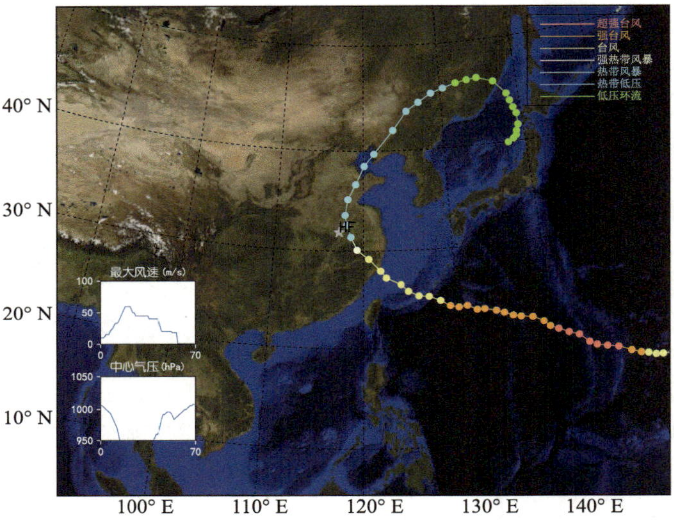

图 3.8.1 9711 号台风“温妮”移动路径图

3.8.2 “温妮”过程中国中东部降水实况

“温妮”过程中国中东部的强降水时段为 1997 年 8 月 17 日 20 时—8 月 23 日 20 时，此期间 50 mm 以上的强降水出现在浙江全省、安徽和江苏南部、福建北部，其中浙江东部超过 100 mm，部分地区超过 250 mm(图 3.7.2)。

3.8.3 “温妮”过程安徽降水实况

1997 年 8 月 17—20 日，强降水区主要位于安徽中东部，有 38 个县市累计降雨量超过 50 mm，其中 7 个县市超过 100 mm，最大值为黄山光明顶 260 mm。强降水时段为 8 月 18 日 20 时—19 日 20 时(图 3.7.3)。

3.8.4 “温妮”过程天气分析

关键影响系统：副高、台风。无冷空气结合。

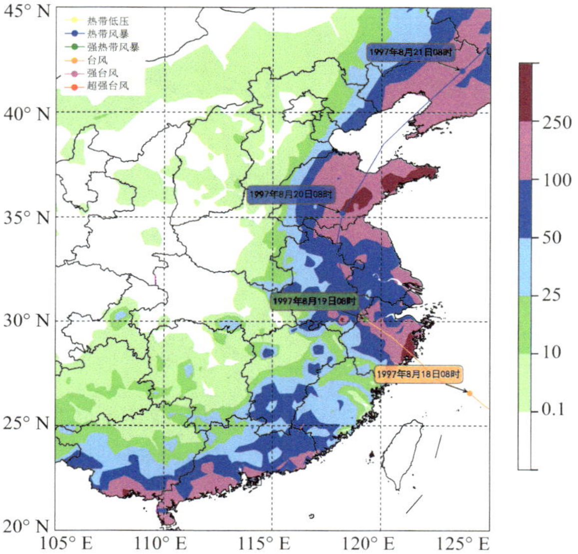

图 3.8.2　“温妮”影响期间 1997 年 8 月 17 日 20 时—8 月 23 日 20 时中国中东部总降水量(单位:mm)

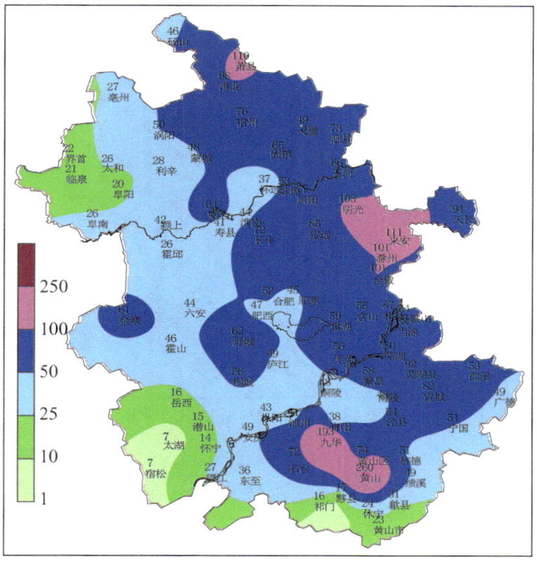

图 3.8.3　“温妮”影响期间 1997 年 8 月 17 日 20 时—8 月 20 日 20 时安徽省总雨量(单位:mm)

500 hPa 等压面高度场：22 日 20 时，“温妮”中心位于安徽中部，副高强度较强，中高纬为弱脊控制，冷空气不明显(图 3.8.4)。

850 hPa 等压面风场：台风环流中心位于安徽中部，安徽东部受台风外围偏南急流影响，台风在东北行的过程中，安徽东部位于台风的东部象限，降水较明显(图 3.8.5)。

850 hPa 等压面比湿场：受“温妮”外围影响，全省比湿超过 14 g/kg，淮河以北东部有 16 g/kg 的中心(图 3.8.6)。

850 hPa 等压面假相当位温场：19 日 20 时，安徽淮河以北东部有 θ_{se} 的高值中心，强降水落区位于台风中心东侧，θ_{se} 高能区内，以台风本体降水为主(图 3.8.7)。

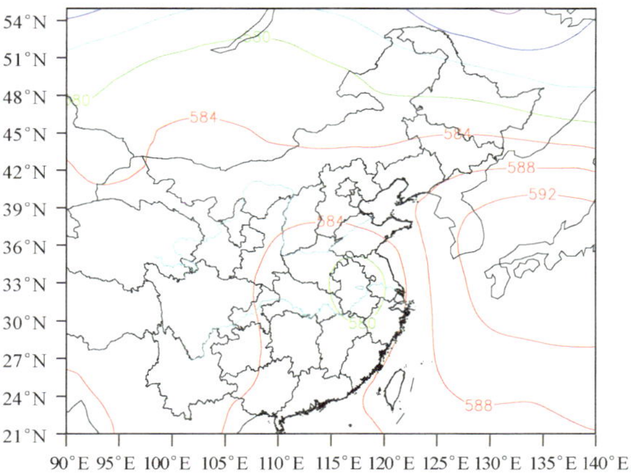

图 3.8.4　1997 年 8 月 19 日 20 时 500 hPa 等压面的高度场(单位:dagpm)

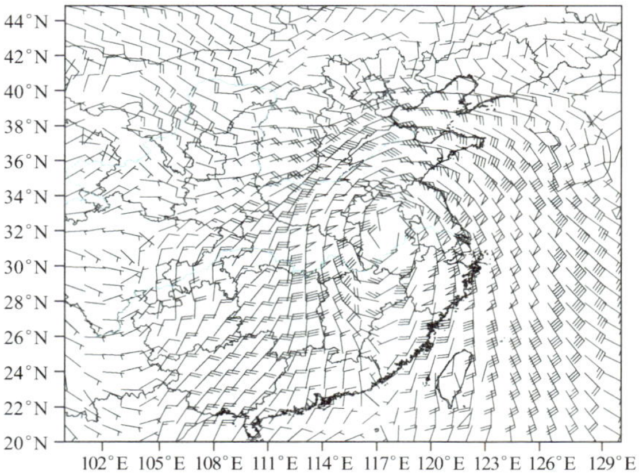

图 3.8.5　1997 年 8 月 19 日 20 时 850 hPa 等压面的风场(单位:m/s)

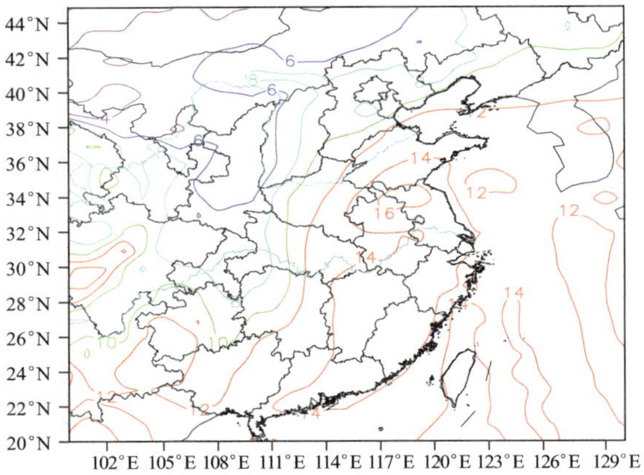

图 3.8.6 1997 年 8 月 19 日 20 时 850 hPa 等压面的比湿场(单位:g/kg)

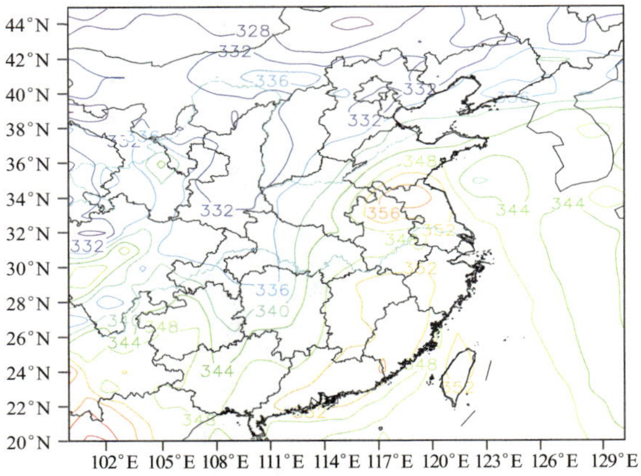

图 3.8.7 1997 年 8 月 19 日 20 时 850 hPa 等压面的假相当位温场(单位:K)

3.9 0311 号台风“环高”

3.9.1 台风“环高”概况

台风“环高”于 2003 年 8 月 18 日 14 时在菲律宾以东洋面上生成,19 日 14 时加强为热带风暴(18 m/s,8 级,998 hPa),于 20 日早晨在浙江温州附近登陆,登陆后强度为热带风暴(20 日 08 时,23 m/s,9 级,990 hPa),向西北方向移动经浙江南部,20 日 20 时在浙江、安徽、江西三省交界处消亡(图 3.9.1)。

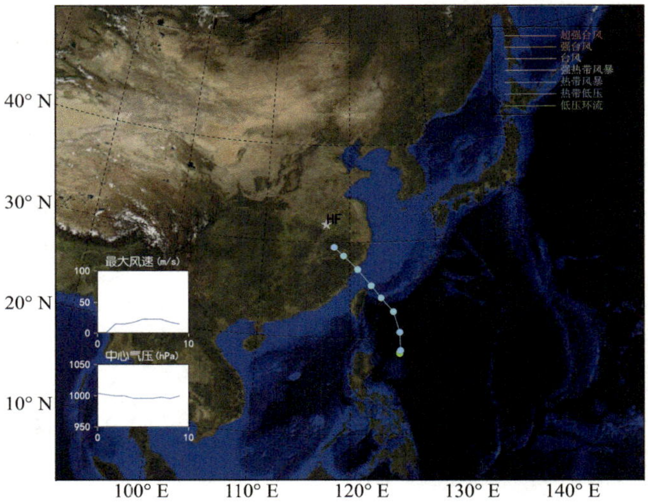

图 3.9.1 0311 号台风“环高”移动路径图

3.9.2 "环高"过程中国中东部降水实况

"环高"于2003年8月19日前后对我国开始造成影响，至8月21日主要对登陆点和消亡点附近造成明显降水(图3.9.2)。浙江西南部、福建南部地区以及广东部分地区降水量在50 mm以上，其中浙江西南部、福建南部地区及湖南南部局局部超过100 mm。

3.9.3 "环高"过程安徽降水实况

图3.9.3为"环高"影响期间安徽省总雨量。2003年8月19—21日，江南南部有4个县市累计降雨量超过50 mm，最大值为黟县79 mm。

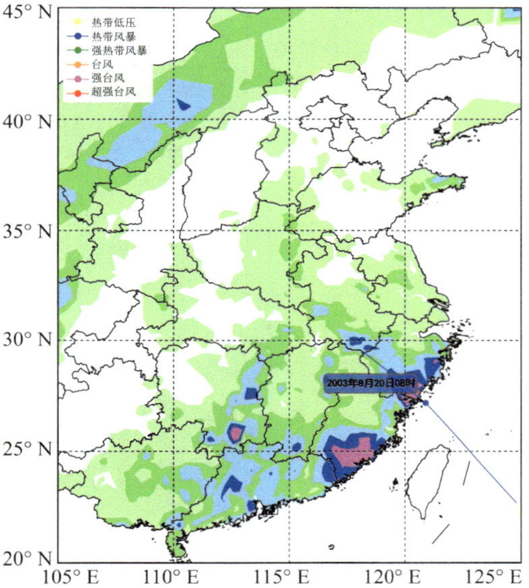

图3.9.2 "环高"影响期间2003年8月19日20时—8月21日20时中国中东部总降水量(单位:mm)

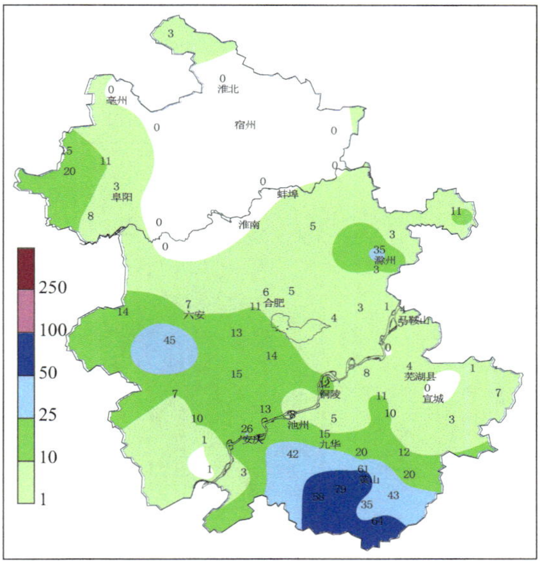

图3.9.3 "环高"影响期间2003年8月19日20时—8月21日20时安徽省总雨量(单位:mm)

3.9.4 "环高"过程天气分析

关键影响系统：副高、台风。无冷空气结合。

500 hPa等压面高度场：20日20时，副高稳定强盛，安徽大部分地区在副高控制下，南部受台风环流外围影响(图3.9.4)。

850 hPa等压面风场：台风环流中心位于广东沿海，位置偏南，江南位于台风倒槽的顶部，存在东南风和东北风的辐合，且风速普遍超过12 m/s(图3.9.5)。

925 hPa等压面比湿场：受"环高"外围影响，全省比湿都很大，江南有20 g/kg的比湿中心(图3.9.6)。

850 hPa等压面假相当位温场：20日20时，安徽全省都位于θ_{se}的高能区内，但由于副高强度强，台风距离安徽远，强降水区偏南，位于台风环流北侧、副高边缘(图3.9.7)。

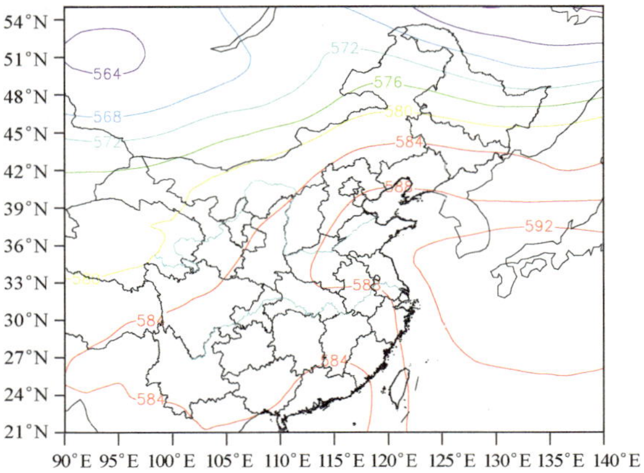

图 3.9.4 2003年8月20日20时500 hPa等压面的高度场(单位:dagpm)

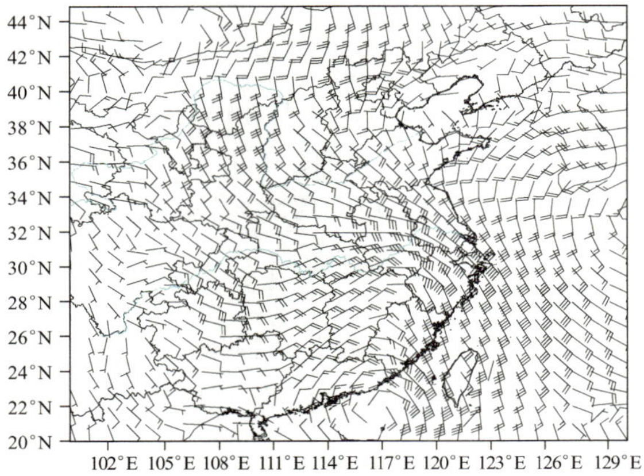

图 3.9.5 2003年8月20日20时850 hPa等压面的风场(单位:m/s)

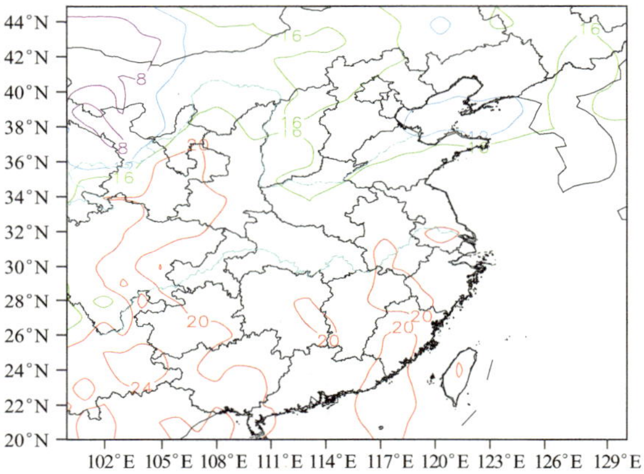

图 3.9.6 2003年8月20日20时925 hPa等压面的比湿场(单位:g/kg)

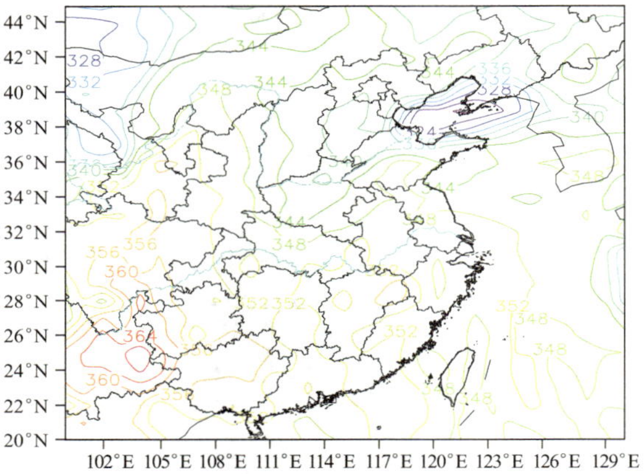

图 3.9.7 2003年8月20日20时850 hPa等压面的假相当位温场(单位:K)

3.10 0505号台风“海棠”

3.10.1 台风“海棠”概况

台风“海棠”于2005年7月12日08时在西北太平洋洋面上生成,16日14时加强为超强台风(55 m/s,16级,930 hPa),于18日08时在台湾花莲附近登陆,登陆时强度为超强台风(55 m/s,16级,930 hPa),19日18时在福建福州附近二次登陆,强度为台风(33 m/s,12级,975 hPa),登陆后向西北偏北方向移动,经福建北部进入江西中部,一路西行最后在江西湖南交界处消亡(图3.10.1)。“海棠”台风具有风力强、范围广、降雨强度大、持续时间长和路径复杂多变的特点(余贞寿等,2007)。

3.10.2 “海棠”过程中国中东部降水实况

“海棠”于2005年7月18日前后对我国开始造成影响,至7月22日主要对中东部地区造成明显降水(图 3.10.2),雨量分布不均,且台风北侧降水较南侧强,呈明显非对称分布(岳彩军,2009)。浙江中东部、福建北部、江西北部及河南北部和南部等地区降水量普遍在 50 mm 以上,浙江东部、福建东北部、河南部分地区超过 100 mm,其中浙江东部与福建东北部沿海地区超过 250 mm。其登陆后在浙江南部和中部沿海地区形成了较为明显的螺旋雨带,且雨量在浙江陆地上增幅并造成了局部地区 24 h 降水量超过 350 mm 的特大暴雨,给这一地区的人民生命财产带来了巨大的损失(王勇等,2008)。

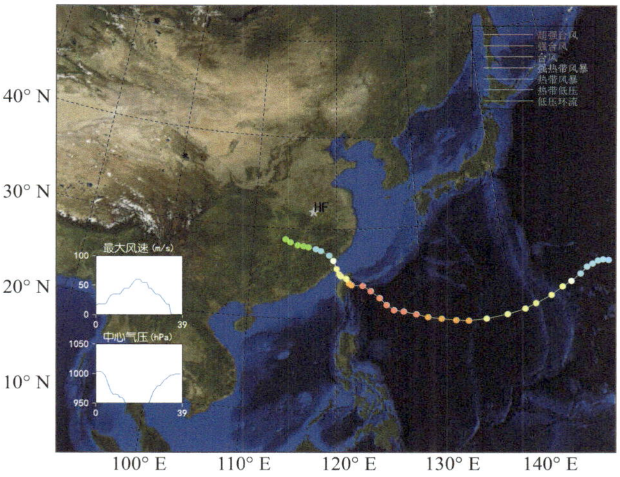

图 3.10.1　0505 号台风"海棠"移动路径图

3.10.3　"海棠"过程安徽降水实况

图 3.10.3 为"海棠"影响期间安徽省总雨量。2005 年 7 月 18—22 日,安徽淮河以南有 12 个县市累计降雨量超过 50 mm,最大值为繁昌 105 mm。强降水时段为 7 月 19 日 20 时—21 日 20 时。

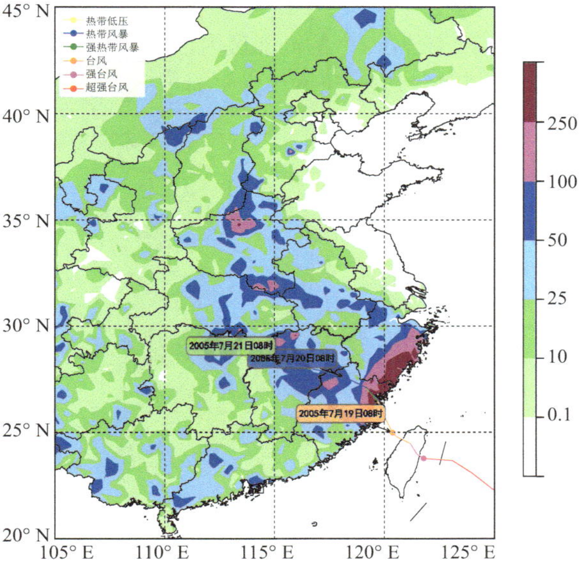

图 3.10.2　"海棠"影响期间 2005 年 7 月 18 日 20 时—7 月 22 日 20 时中国中东部总降水量(单位:mm)

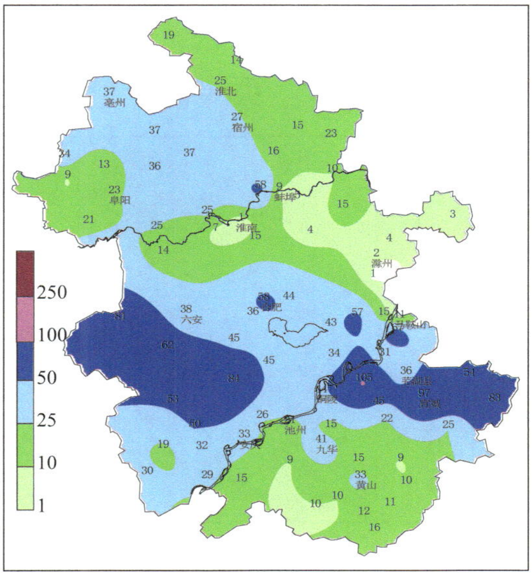

图 3.10.3　"海棠"影响期间 2005 年 7 月 18 日 20 时—7 月 22 日 20 时安徽省总雨量(单位:mm)

3.10.4 “海棠”过程天气分析

关键影响系统：副高、台风。无冷空气结合。

这次暴雨是台风螺旋云带暴雨，边界层强中尺度辐合带是直接导致暴雨发生的主要系统之一(周玲丽等，2009)。

500 hPa 等压面高度场：20 日 20 时，副高位于我国东部沿海，“海棠”中心位于江西北部，受副高外围东南气流影响向西北方向移动(图 3.10.4)。

850 hPa 等压面风场：台风环流中心位于江西北部，安徽淮河以南位于台风倒槽控制下，存在东南风和东北风的辐合，且风速普遍超过 12 m/s(图 3.10.5)。

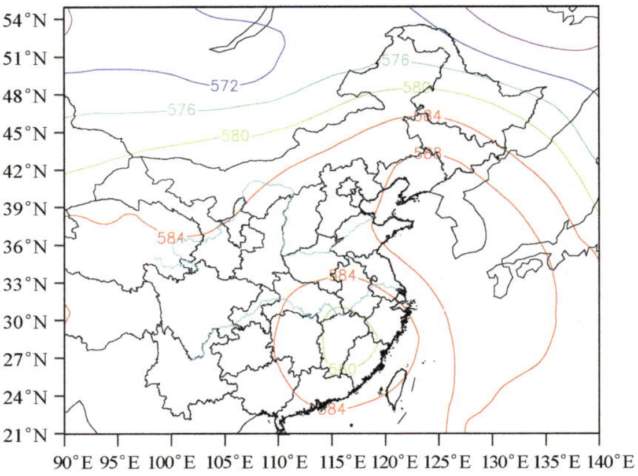

图 3.10.4 2005 年 7 月 20 日 20 时 500 hPa 等压面的高度场(单位：dagpm)

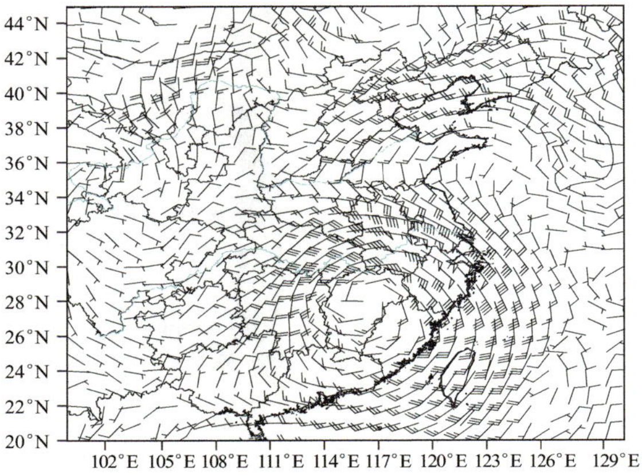

图 3.10.5 2005 年 7 月 20 日 20 时 850 hPa 等压面的水平风场(单位：m/s)

850 hPa 等压面比湿场：受“海棠”外围影响，淮河以南大部分地区比湿超过 14 g/kg(图 3.10.6)。

850 hPa 等压面假相当位温场：20 日 20 时，安徽淮河以南位于 θ_{se} 的高能区内，副高位于台风东北侧，过程中无冷空气结合，强降水发生在台风环流和副高之间，以台风本体降水为主(图 3.10.7)。

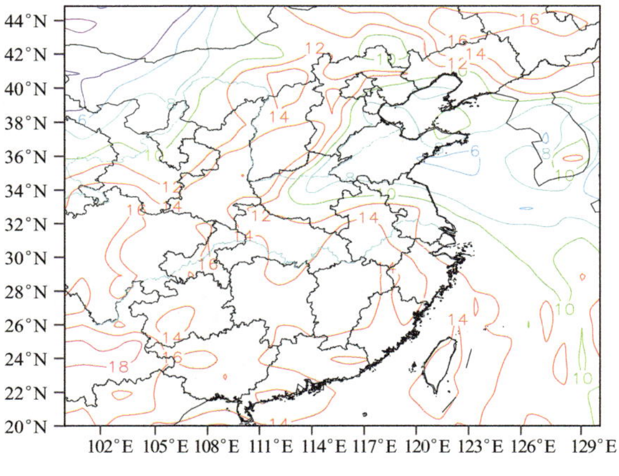

图 3.10.6 2005 年 7 月 20 日 20 时 850 hPa 等压面的比湿场(单位：g/kg)

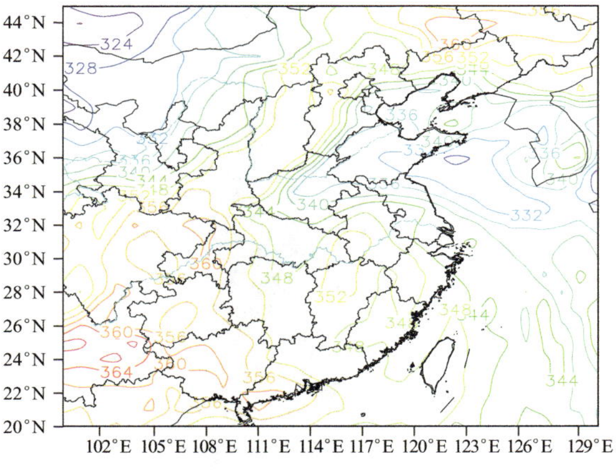

图 3.10.7 2005 年 7 月 20 日 20 时 850 hPa 等压面的假相当位温场(单位：K)

3.11 0509 号台风“麦莎”

3.11.1 台风“麦莎”概况

台风“麦莎”于 2005 年 7 月 31 日 20 时在菲律宾以东洋面上生成，8 月 4 日 18 时加强为强台风（45 m/s，14 级，950 hPa），于 6 日 04 时在浙江温州附近登陆，强度为强台风（45 m/s，14 级，950 hPa），登陆向西北偏北方向移动，6 日 23 时进入安徽宁国境内，强度为强热带风暴（28 m/s，10 级，985 hPa），经宣城、芜湖、马鞍山于 7 日下午转向移出安徽，在安徽境内维持热带风暴强度。“麦莎”转向后向偏北方向移动经江苏、山东入海（图 3.11.1）。它先后影响福建北部、浙江、上海、江苏、安徽大部、山东、天津、河北东北部和辽宁中南部等地，给这些地区带来强风和暴雨，致使很多地区出现严重洪涝和山体滑坡、泥石流等次生地质灾害。仅浙、沪、苏、皖受灾人口竟达 1600 万，死亡 17 人，直接经济损失 95 亿元（何立富等，2006）。

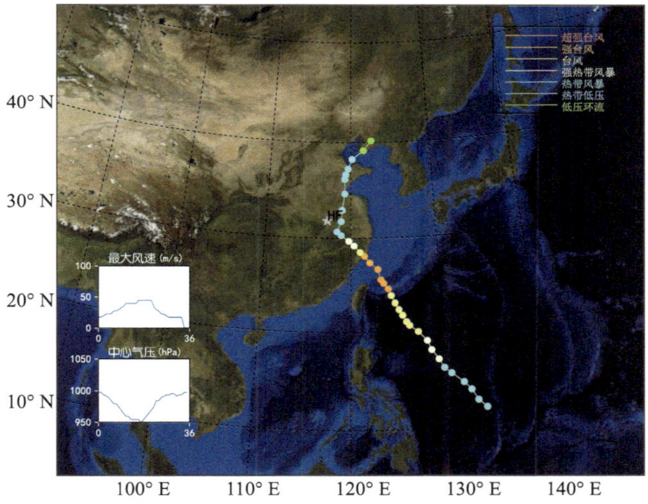

图 3.11.1 0509 号台风“麦莎”移动路径图

3.11.2 “麦莎”过程中国中东部降水实况

“麦莎”于 2005 年 8 月 4 日前后对我国开始造成影响，至 8 月 9 日主要对登陆点和消亡点附近造成明显降水（图 3.11.2）。江浙两省、山东中东部、上海、天津、河北东北部和辽宁中南部地区降水量普遍在 50 mm 以上，浙江东部和北部、江苏大部分地区、上海、山东东部及辽宁南部超过 100 mm，其中浙江东南部地区局部超过 250 mm。

3.11.3 “麦莎”过程安徽降水实况

图 3.11.3 为“麦莎”影响期间安徽省总雨量。2005 年 8 月 4—8 日，安徽中东部有 26 个县市累计降雨量超过 50 mm，其中 5 个县市超 100 mm，最大值为天长 227 mm。强降水时段为 8 月 4 日 20 时—5 日 20 时、8 月 6 日 20 时—7 日 20 时。

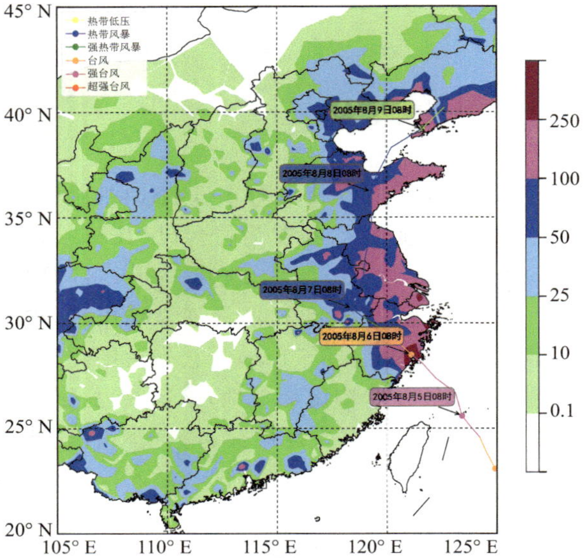

图 3.11.2 “麦莎”影响期间 2005 年 8 月 4 日 20 时—8 月 9 日 20 时中国中东部及东北总降水量(单位:mm)

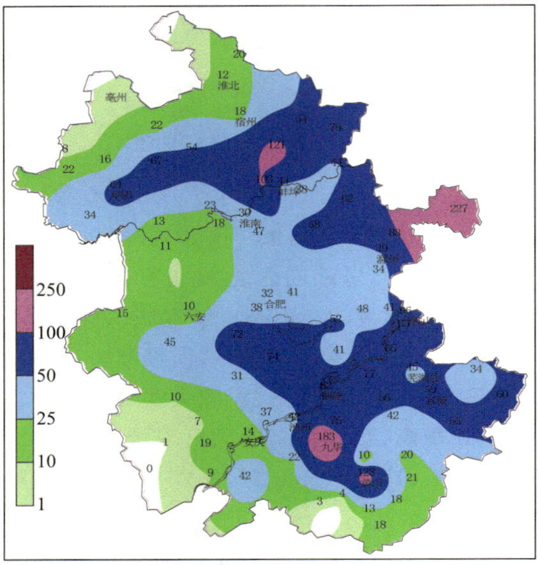

图 3.11.3 “麦莎”影响期间 2005 年 8 月 4 日 20 时—8 月 8 日 20 时安徽省总降水量(单位:mm)

3.11.4 “麦莎”过程天气分析

关键影响系统:副高、台风。无冷空气结合。

500 hPa 等压面高度场:5 日 20 时,副高位于东部沿海,强度稳定,“麦莎”受副高西侧引导气流影响向北移动(图 3.11.4)。

850 hPa 等压面风场:降水集中在 5 日和 7 日两天,从低层风场看,5 日江淮东部的降水主要发生在副高和台风环流之间(图 3.11.5);7 日江北东部的强降水主要位于台风环流中心附近(图 3.11.6)。

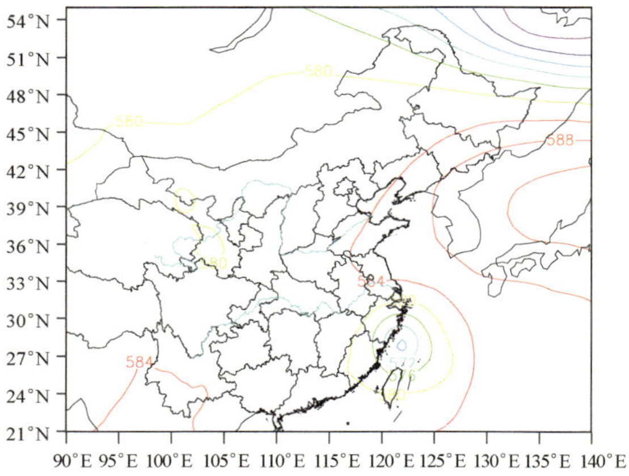

图 3.11.4 2005 年 8 月 5 日 20 时 500 hPa 等压面的高度场(单位:dagpm)

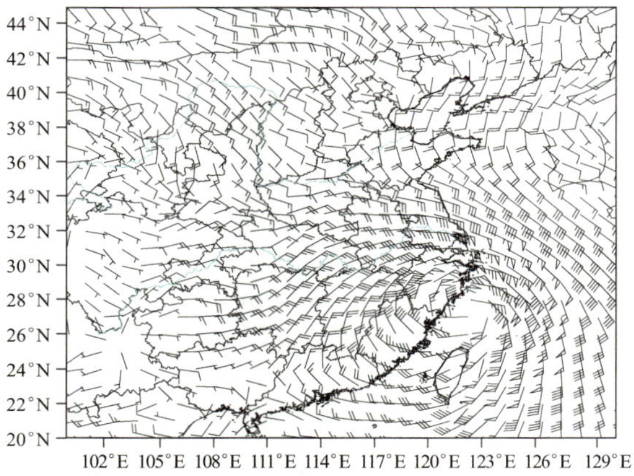

图 3.11.5 2005 年 8 月 5 日 20 时 850 hPa 等压面的水平风场(单位:m/s)

850 hPa 等压面比湿场:受“麦莎”外围影响,全省比湿都很大,安徽东部比湿超过 14 g/kg

（图 3.11.7）。

850 hPa 等压面假相当位温场：5 日 20 时，θ_{se} 中心位于浙江南部沿海，江淮东部的强降水局地性强，是发生的副高和台风之间的对流性降水（图 3.11.8）。7 日 20 时，θ_{se} 高能区位于苏皖交界处，环流中心也位于此处，强降水区主要位于江北东部，是台风的本体降水（图 3.11.9）。

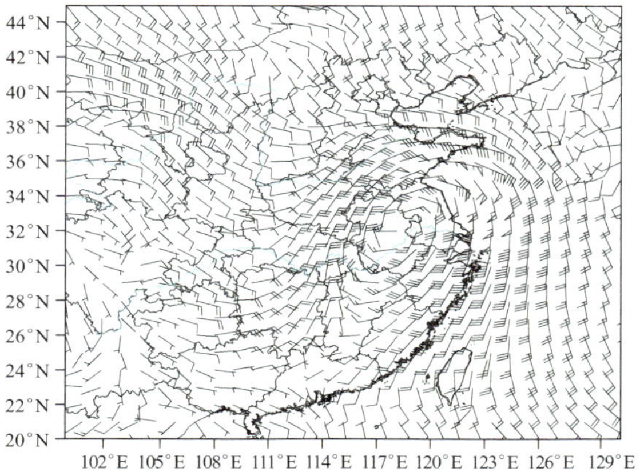

图 3.11.6　2005 年 8 月 7 日 20 时 850 hPa 等压面的水平风场（单位：m/s）

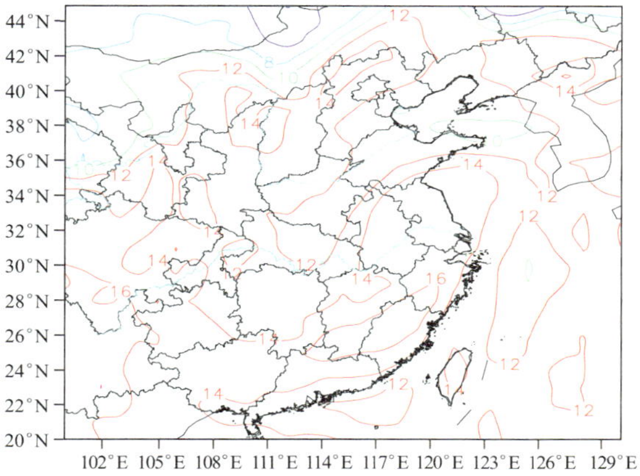

图 3.11.7　2005 年 8 月 7 日 20 时 500 hPa 等压面的比湿场（单位：g/kg）

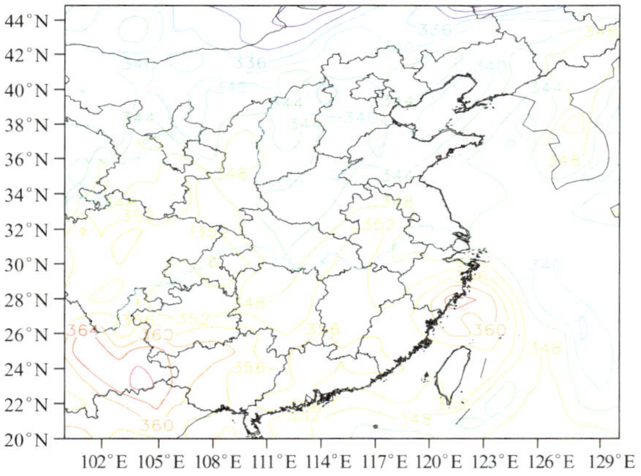

图 3.11.8　2005 年 8 月 5 日 20 时 850 hPa 等压面的假相当位温场（单位：K）

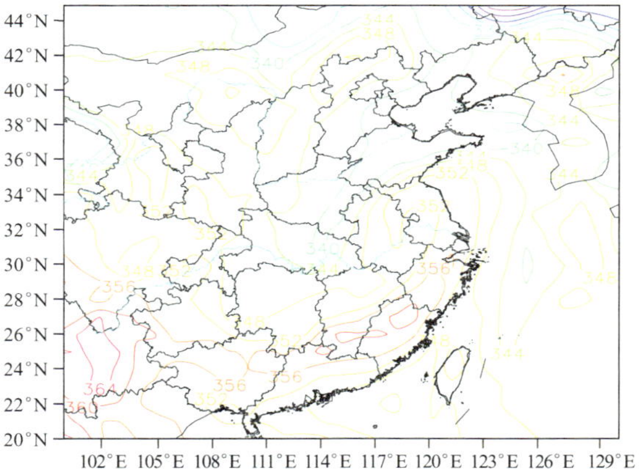

图 3.11.9　2005 年 8 月 7 日 20 时 850 hPa 等压面的假相当位温场（单位：K）

3.12　0515 号台风“卡努”

3.12.1　台风“卡努”概况

台风“卡努”于 2005 年 9 月 6 日 20 时在西北太平洋洋面上生成，10 日 12 时加强为强台风（45 m/s，14 级，950 hPa），于 11 日 15 时在浙江台州登陆，强度为强台风（50 m/s，15 级，945 hPa），登陆后向偏北方向移动，经浙江、江苏中部入海（图 3.12.1）。

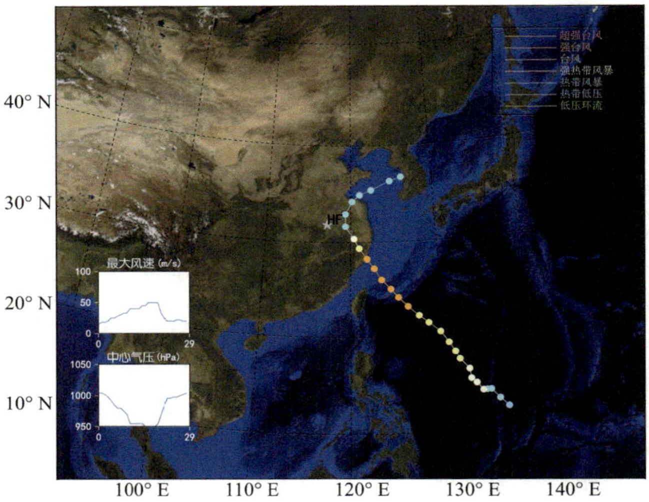

图 3.12.1 0515号台风“卡努”移动路径图

3.12.2 “卡努”过程中国中东部降水实况

“卡努”于2005年9月10日前后对我国开始造成影响，至9月13日主要对登陆点和消亡点附近造成明显降水(图3.12.2)。江浙两省中东部、上海市、山东东南部地区降水量普遍在50 mm以上，其中上海市、浙江东部、江苏东北部与东南部局部超过100 mm。

3.12.3 “卡努”过程安徽降水实况

图3.12.3为“卡努”影响期间安徽省总雨量。2005年9月10—12日，安徽江淮东部和江南受“卡努”影响出现降水，最大值为九华山59 mm。

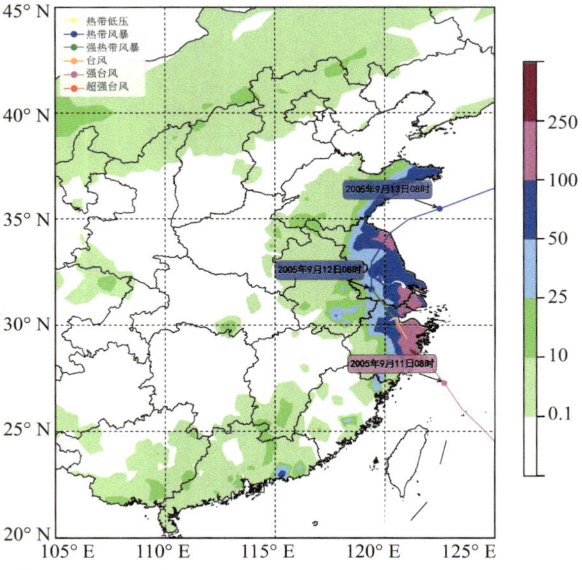

图 3.12.2 “卡努”影响期间2005年9月10日20时—9月13日20时中国中东部总降水量(单位:mm)

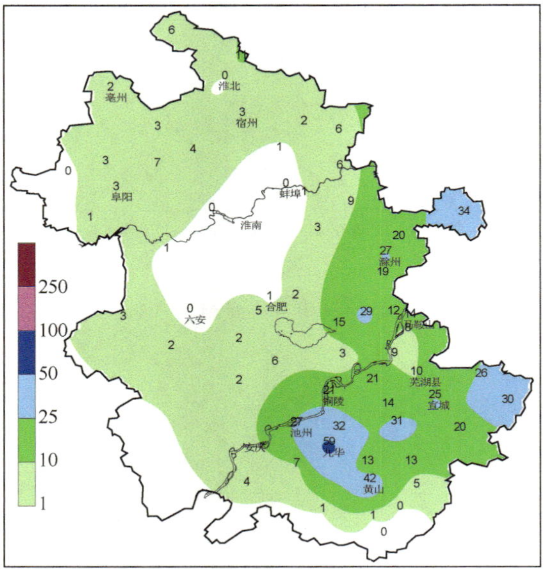

图 3.12.3 “卡努”影响期间2005年9月10日20时—9月12日20时安徽省总雨量(单位:mm)

3.12.4 “卡努”过程天气分析

关键影响系统：副高、台风。无冷空气结合。

500 hPa 等压面高度场：副高北界位于河北、河南一线，安徽位于副高控制下（图 3.12.4）。

850 hPa 等压面风场：12 日 20 时，江苏北部有台风环流中心，安徽东部位于台风西侧，以东北风为主，降水不明显（图 3.12.5）。

850 hPa 等压面比湿场：大于 14 g/kg 的比湿中心偏东（图 3.12.6）。

850 hPa 等压面假相当位温场：20 日 20 时，θ_{se} 高能区位于江苏北部，θ_{se} 中心强度不强，安徽上空不稳定能量偏小，降水不明显（图 3.12.7）。

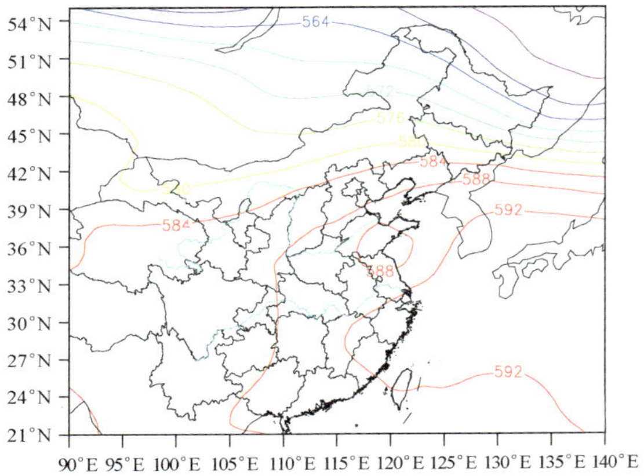

图 3.12.4 2005 年 9 月 12 日 20 时 500 hPa 等压面的高度场（单位：dagpm）

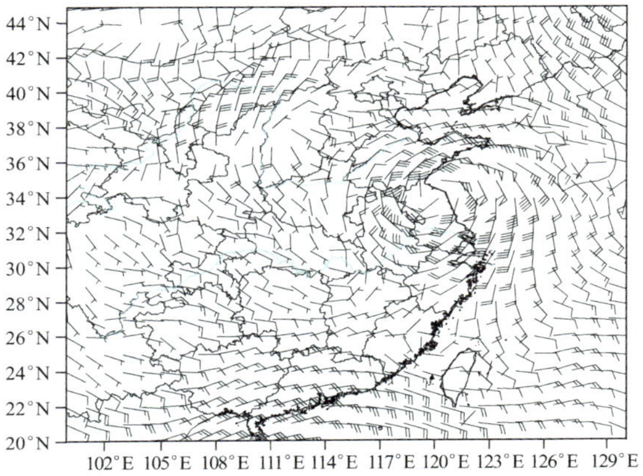

图 3.12.5 2005 年 9 月 12 日 20 时 850 hPa 等压面的水平风场（单位：m/s）

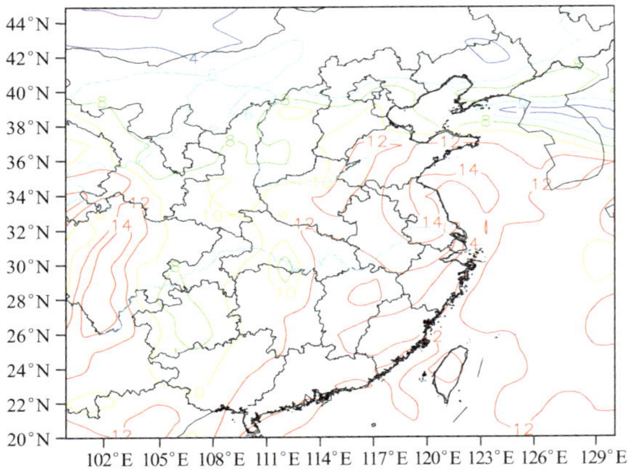

图 3.12.6 2005 年 9 月 12 日 20 时 850 hPa 等压面的比湿场（单位：g/kg）

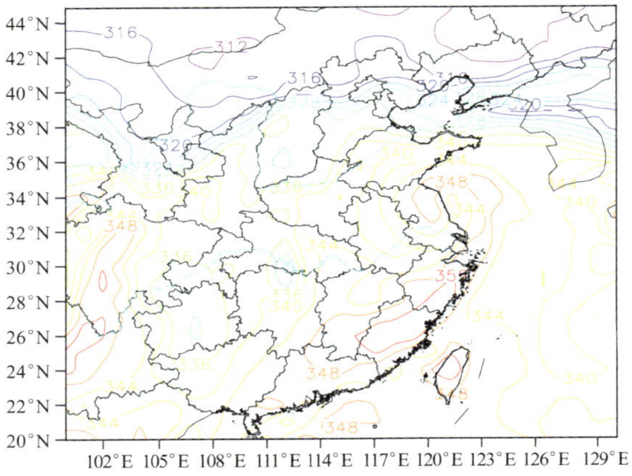

图 3.12.7 2005 年 9 月 12 日 20 时 850 hPa 等压面的假相当位温场（单位：K）

3.13 1812号台风“云雀”

3.13.1 台风“云雀”概况

台风“云雀”于2018年7月25日05时在西北太平洋洋面生成，强度为热带风暴，生成向东北方向移动，后转向偏西方向移动，于7月29日在日本登陆，登陆时强度为台风，穿过日本西部后“云雀”继续向偏西方向移动，于8月3日9时，在上海与浙江交界处登陆，登陆时为热带风暴，中心附近最大风力9级，登陆后逐渐减弱为台风低压，于3日23时停止编报（图3.13.1）。

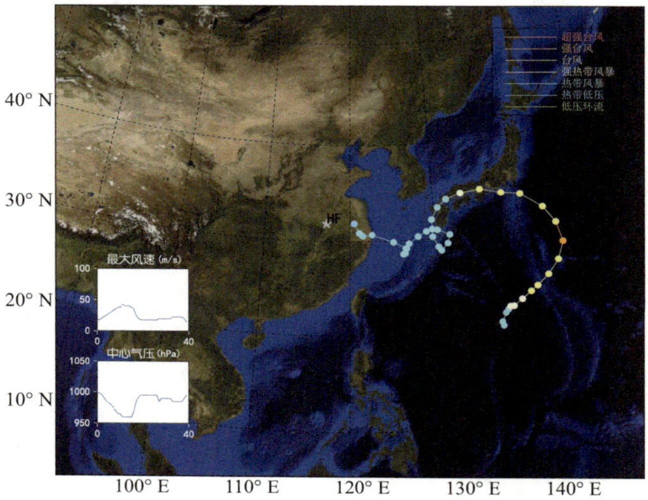

图3.13.1 1812号台风“云雀”移动路径图

3.13.2 “云雀”过程中国中东部降水实况

“云雀”于2018年8月2日前后对我国开始造成影响，至8月3日停止编报，主要在台风路径附近造成明显降水（图3.13.2）。强降雨的范围不大，江苏南部、上海、浙江北部、安徽沿江东部降水量在50 mm以上，其中浙江北部局部地区降雨量超过100 mm。

3.13.3 “云雀”过程安徽降水实况

2018年8月2—4日台风“云雀”对安徽造成一定的风雨影响。图3.13.3为“云雀”影响期间安徽省总雨量，芜湖、铜陵、马鞍山和宣城等地雨量超过50 mm，其中芜湖、宣城局部地区累积降雨量超100 mm。此外，全省风力普遍较大，大部分地区阵风超过6级，最大值为太湖21.5 m/s（9级）。

3.13.4 “云雀”天气过程分析

从台风路径与降水中心的对应关系来看，3日“云雀”在上海附近登陆后向偏西方向移动，在移动路径附近出现了较强降水，由于过程中副热带高压位于台风北部，阻挡了冷空气的侵入，因此此次过程的降水以台风本体降水为主。登陆后“云雀”迅速减弱，降水持续时间短，对我国的影响较弱。

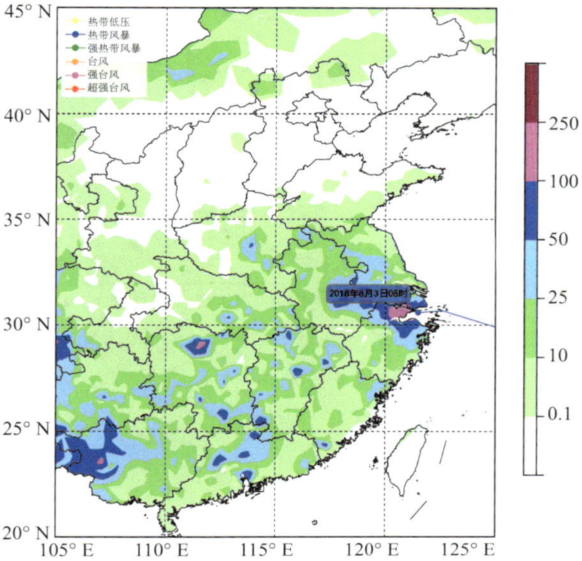

图 3.13.2　“云雀”影响期间 2018 年 8 月 2 日 20 时—8 月 4 日 20 时中国中东部总降水量(单位：mm)

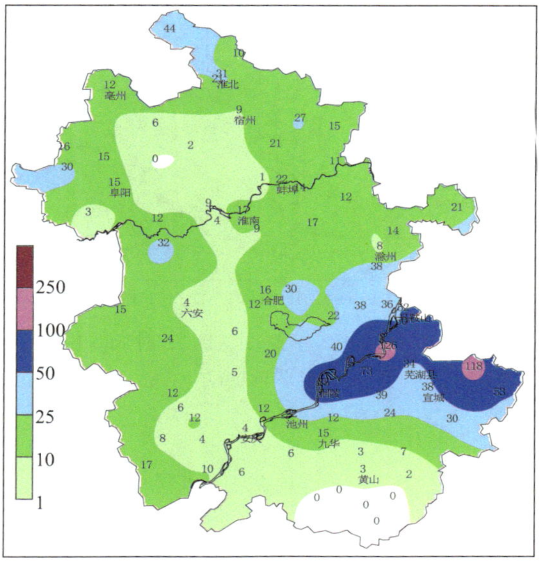

图 3.13.3　“云雀”影响期间 2018 年 8 月 2 日 20 时—8 月 4 日 20 时安徽省总雨量(单位：mm)

500 hPa 等压面高度和风场：“云雀”登陆前，2 日 20 时，副热带高压异常强盛，592 dagpm 等值线控制华东、东北地区，“云雀”受副热带高压南侧的东风气流引导向偏西方向移动(图 3.13.4)。风场结构上，3 日 20 时，台风环流已明显减弱(图 3.13.5)。

850 hPa 等压面风场：3 日 20 时，台风环流中心位于苏皖交界处，中心附近风速普遍小于 8 m/s，台风强度明显减弱(图 3.13.6)。降水主要位于台风环流中心附近。

850 hPa 等压面比湿场：暴雨发生时为 3 日 20 时，暴雨区比湿值在 12～14 g/kg(图 3.13.7)。

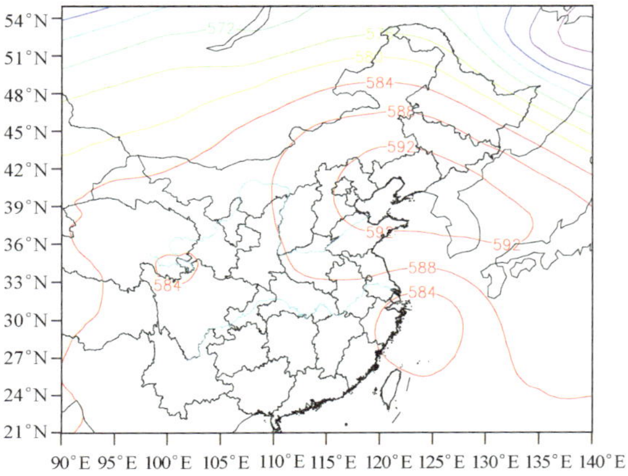

图 3.13.4　2018 年 8 月 2 日 20 时 500 hPa 等压面的高度场(单位：dagpm)

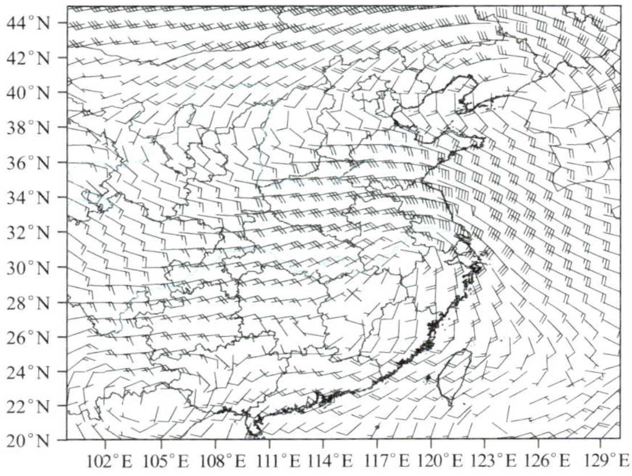

图 3.13.5　2018 年 8 月 3 日 20 时 500 hPa 等压面的水平风场(单位：m/s)

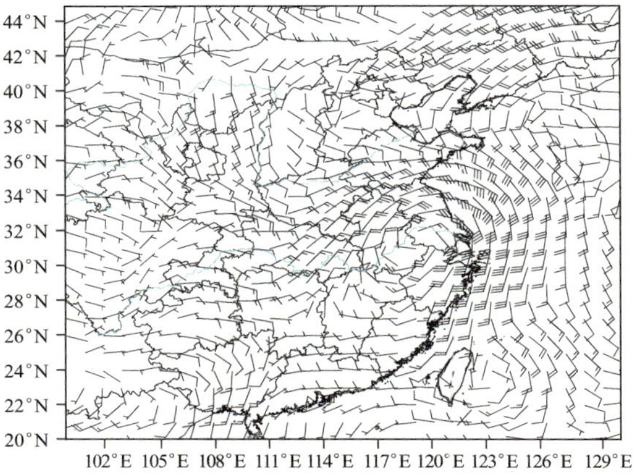

图 3.13.6 2018 年 8 月 3 日 20 时 850 hPa 等压面的水平风场(单位:m/s)

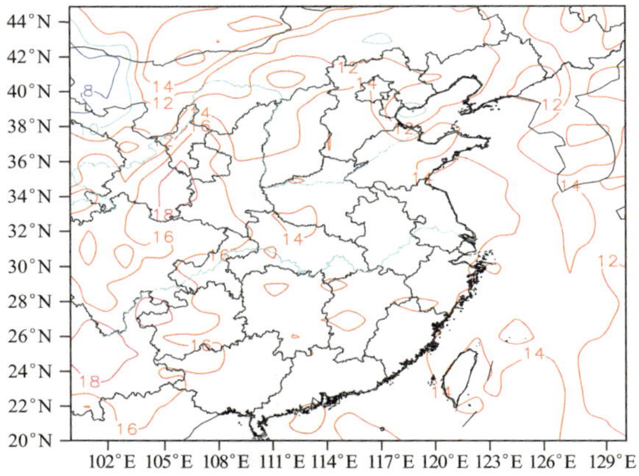

图 3.13.7 2018 年 8 月 3 日 20 时 850 hPa 等压面比湿场(单位:g/kg)

3.14 1814 号台风“摩羯”

3.14.1 台风“摩羯”概况

台风“摩羯”于 2018 年 8 月 8 日 11 时生成于菲律宾以东洋面,生成后向西北方向移动,于 8 月 12 日晚上 11 点 35 分前后在浙江温岭沿海登陆,登陆时中心附近最大风力 10 级(28 m/s,强热带风暴级),中心最低气压为 980 hPa。13 日早晨 8 时中心位于安徽省广德境内(30.7°N,119.3°E),中心附近最大风力 8 级(18 m/s,热带风暴级),中心最低气压为 995 hPa。之后“摩羯”继续向西北方向移动,中国气象局于 14 日凌晨对此台风停止编报,但其减弱的低压系统继续向东北移动,之后在较强东北气流引导下,于 16 日上午再次返回影响安徽(图 3.14.1)。

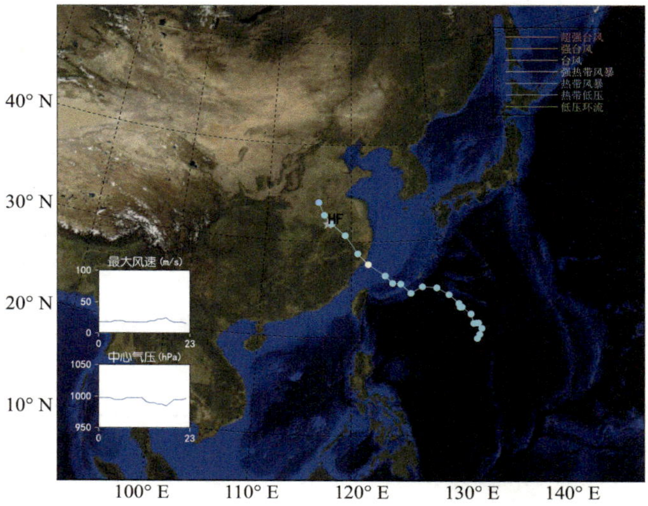

图 3.14.1 1814 号台风“摩羯”移动路径图

3.14.2 “摩羯”过程中国中东部降水实况

“摩羯”对我国的影响主要在 2018 年 8 月 11 日 20 时—8 月 16 日 14 时，强降水中心位于台风登陆后登陆路径附近，浙江东部、安徽东部、山东西部、河北东部、辽宁东南部都出现了 50 mm 以上降水，部分地区 100 mm 以上(图 3.14.2)。

3.14.3 “摩羯”过程安徽降水实况

图 3.14.3 为“摩羯”影响期间安徽省总雨量。受“摩羯”影响，2018 年 8 月 12—13 日全省出现降水，除淮北西部和沿江江南中部地区，全省大部分地区出现 25 mm 以上降雨，其中沿淮淮北中东部、淮河以南东部部分地区 100 mm 以上，强降水中心位于淮北东部地区，最大值为淮北地区泗县 205 mm(图 3.14.3)。自动站中有 168 个站小时雨强超过 40 mm，最大值为五河刘集 93.6 mm。

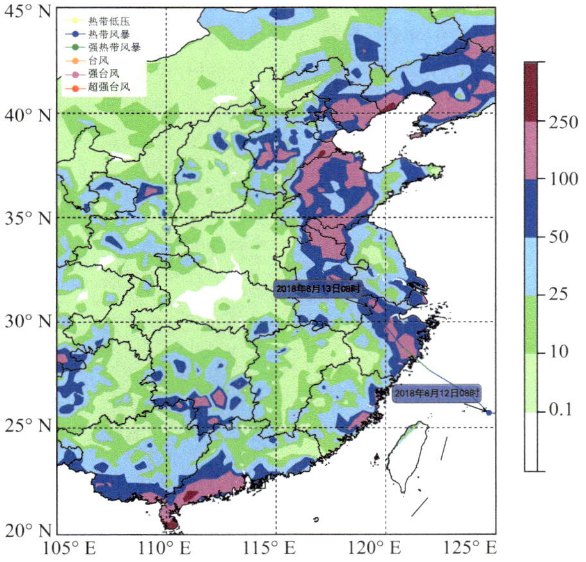

图 3.14.2　“摩羯”影响期间 2018 年 8 月 11 日 20 时—8 月 16 日 20 时中国中东部总降水量(单位：mm)

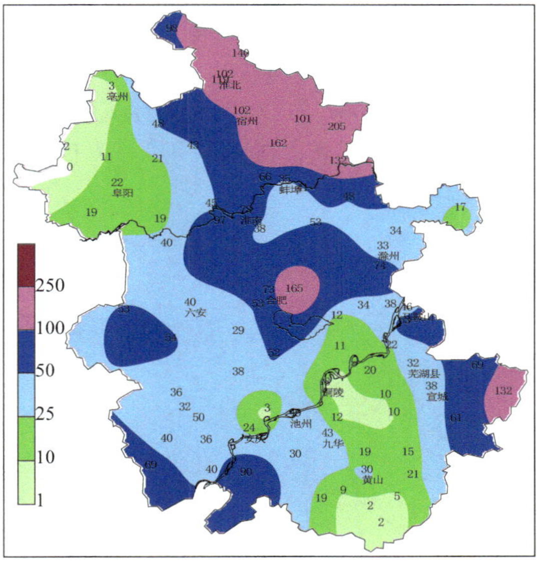

图 3.14.3　“摩羯”影响期间 2018 年 8 月 11 日 20 时—8 月 16 日 20 时安徽省总雨量(单位：mm)

3.14.4 “摩羯”天气过程分析

“摩羯”在影响安徽期间基本无冷空气与其结合，由于台风与西太平洋副热带高压的相互作用，“摩羯”由西北方向转为向东北方向移动的转向点附近，安徽省淮北地区东部降水异常增强，安徽省东部的较强降雨落区主要位于“摩羯”中低层倒槽附近及槽线以东与副高外围偏南风急流结合区域，淮北地区东部的强降水中心与 13 日 20 时 500 hPa 等压面台风中心和西太平洋副热带高压西侧急流核之间区域对应较好。

500 hPa 等压面高度场：12 日 20 时西太平洋副热带高压呈带状控制黄淮地区，安徽省南部地区开始受到台风倒槽的影响。13 日 20 时西太平洋副热带高压呈增强趋势，588 dagpm 和 592 dagpm 等值线范围明显扩大(图 3.14.4)。

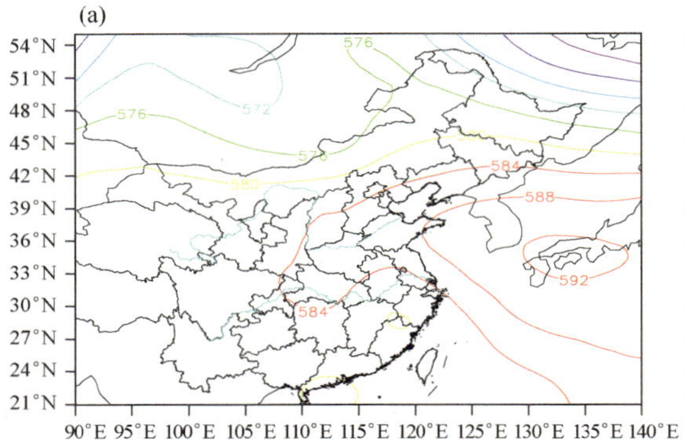

图 3.14.4　500 hPa 等压面的高度场

（a. 2018 年 8 月 12 日 20 时；b. 2018 年 8 月 13 日 20 时，单位：dagpm）

500 hPa 等压面风场：12 日 20 时 500 hPa 等压面台风倒槽相对于 700 hPa 和 850 hPa 等压面更明显，12 日较强降水位于淮河以南东部地区，与 500 hPa 槽线以东地区对应较好。13 日 20 时 500 hPa 等压面的台风环流中心位置相对于中低层明显偏北，暴雨中心与台风中心和西太平洋副热带高压西侧偏南风急流核之间区域对应较好（图 3.14.5）。

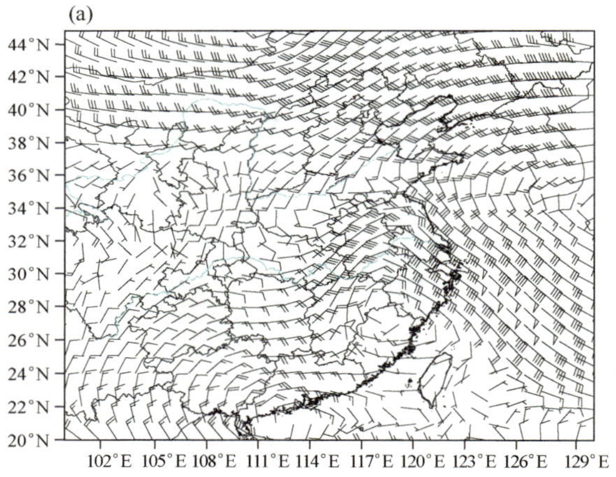

图 3.14.5　700 hPa 等压面的风场

（a. 2018 年 8 月 12 日 20 时；b. 2018 年 8 月 13 日 20 时，单位：m/s）

700 hPa 和 850 hPa 等压面风场：12 日 20 时安徽省上空在 700 hPa 等压面有弱的偏东风与东南风的风向辐合，850 hPa 等压面倒槽还没有影响到安徽省。13 日 20 时两层均无闭合的环流中心，较强降水位于台风倒槽附近及其以东地区。14 日 20 时中低层台风环流中心北上位于山东西北侧与河北交界处，之后向东北方向移动，随着西太平洋副热带高压的减弱东退 15 日 20 时在中低层台风低压环流位于山东上空，之后在东北风急流的引导下，此低压环流又向西南移动，在 16 日上午再次影响到安徽，造成省会合肥和其以西地区出现较明显降水（图 3.14.6—3.14.7）。

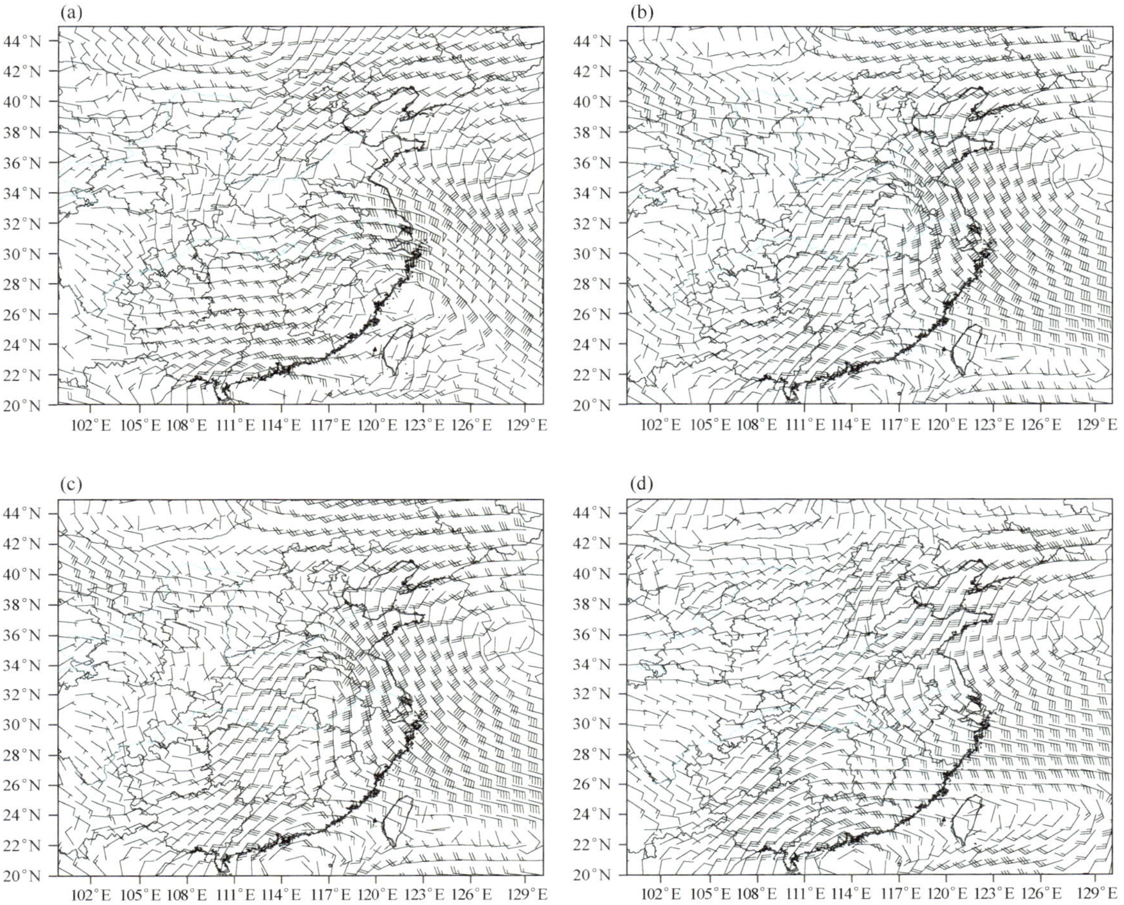

图 3.14.6 700 hPa 等压面的风场

(a. 2018 年 8 月 12 日 20 时;b. 2018 年 8 月 13 日 20 时;
c. 2018 年 8 月 14 日 20 时;d. 2018 年 8 月 15 日 20 时,单位:m/s)

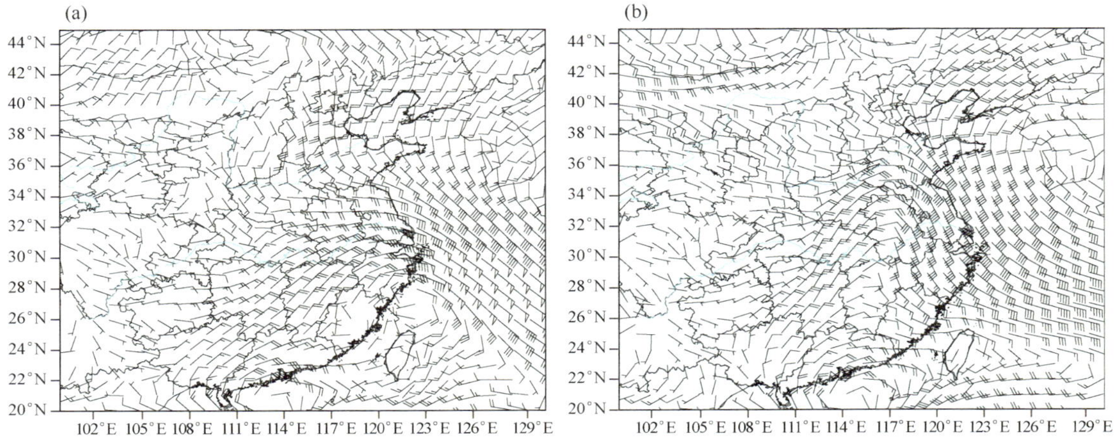

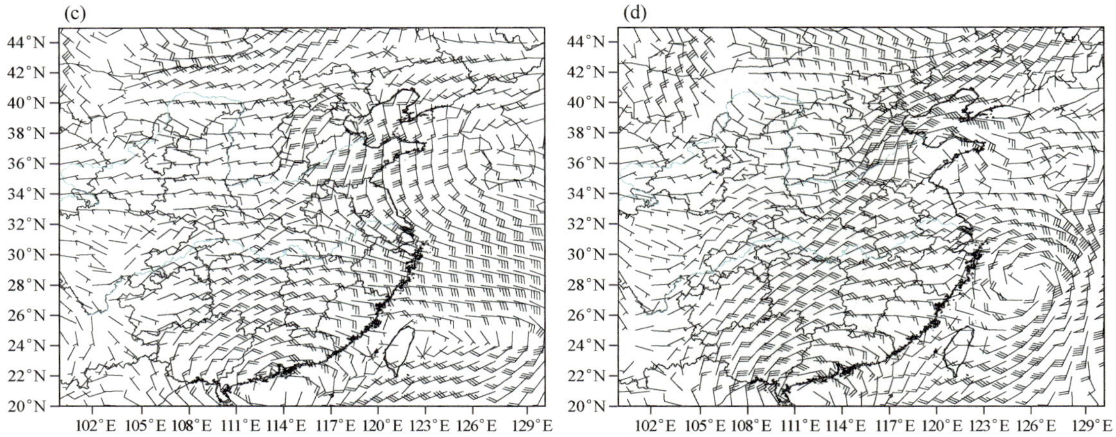

图 3.14.7　850 hPa 等压面的风场

（a. 2018 年 8 月 12 日 20 时；b. 2018 年 8 月 13 日 20 时；

c. 2018 年 8 月 14 日 20 时；d. 2018 年 8 月 15 日 20 时，单位：m/s）

第 4 章　广东登陆有冷空气影响台风个例分析

4.1　6001 号台风“玛丽”

4.1.1　台风“玛丽”概况

台风“玛丽”于 1960 年 6 月 2 日 14 时生成于 115.4°E，17.8°N 南海中部海域，生成时为热带低压，之后向西顺时针方向移动，6 月 3 日 14 时加强为热带风暴，于 6 月 4 日 02 时加强为强热带风暴，6 月 4 日 20 时加强为台风，6 月 5 日 14 时在西沙群岛附近转向东北方向，并加强为强台风，最大风速 45 m/s，6 月 7 日 14 时减弱为台风，在香港离岛区登陆，穿过广东省东部和福建省中南部，强度逐渐减弱为强热带风暴，并于 6 月 10 日向东移出我国东南沿海地区，6 月 18 日 08 时在 178°E，44.2°N 附近海域消亡（图 4.1.1）。

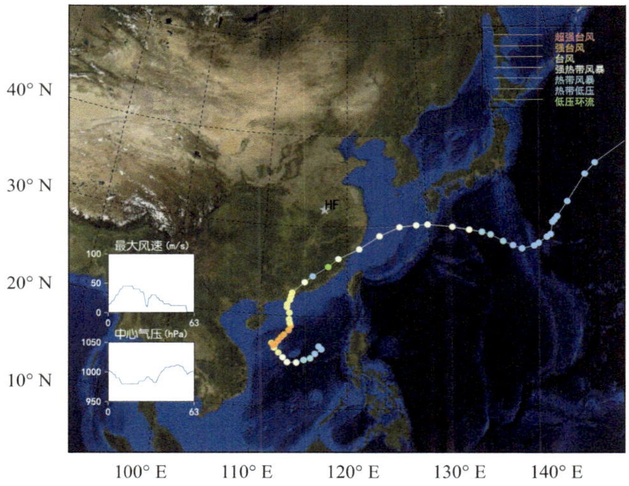

图 4.1.1　6001 号台风“玛丽”移动路径图

4.1.2　“玛丽”过程中国中东部降水实况

“玛丽”于 1960 年 6 月 8 日前后对我国开始造成影响，至 6 月 11 日主要对登陆点和消亡点附近造成明显降水（图 4.1.2）。浙江、福建两省全省、广东中东部、苏皖两省中南部和江西北部地区降水量普遍在 50 mm 以上，浙江南部、福建大部分地区、广东中东部及江苏东南部、安徽南部超过 100 mm，其中福建中部、广东南部地区局部超过 250 mm。

4.1.3　“玛丽”过程安徽降水实况

图 4.1.3 为“玛丽”影响期间安徽省总雨量。受“玛丽”影响，1960 年 6 月 8 日 20 时—10

日20时，淮河以北西南部和淮河以南大部分地区出现10 mm以上降水，降水中心位于沿淮到沿江西部以及沿江江南中北部，普遍降水量50～100 mm，其中江南的青阳、泾县、宁国、广德超过100 mm，最大值为广德153 mm。

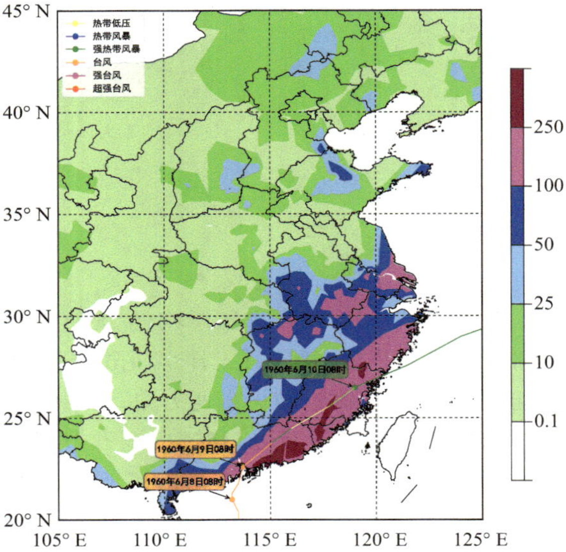

图4.1.2 “玛丽”影响期间1960年6月7日20时—6月11日20时中国中东部总降水量(单位：mm)

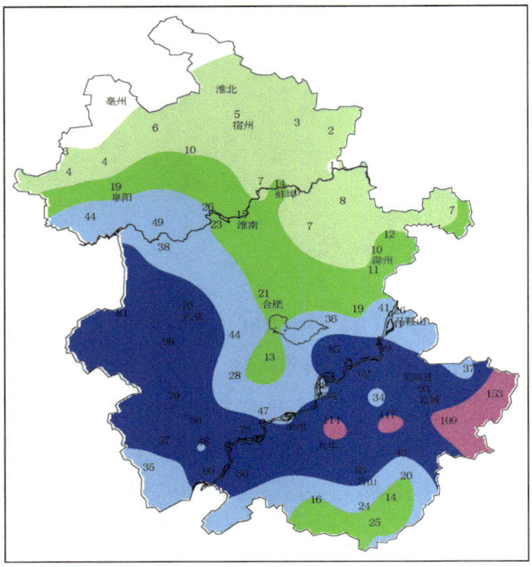

图4.1.3 “玛丽”影响期间1960年6月8日20时—6月10日20时安徽省总雨量(单位：mm)

4.1.4 “玛丽”过程天气形势分析

500 hPa等压面高度场：从日本岛至长江中下游地区有一低槽，暴雨落区位于槽线附近(图4.1.4)。

结合500 hPa，700 hPa，850 hPa等压面的风场和温度场分析(图4.1.4—4.1.9)，发现此次过程有明显的冷平流，且结合三层风场来看，冷空气先从低层南下与台风结合。

从500 hPa等压面风场和温度场可以看出风场与等温线基本正交，槽后有明显冷平流影响到安徽省，大别山区温度槽对应地面该区出现较强降水。

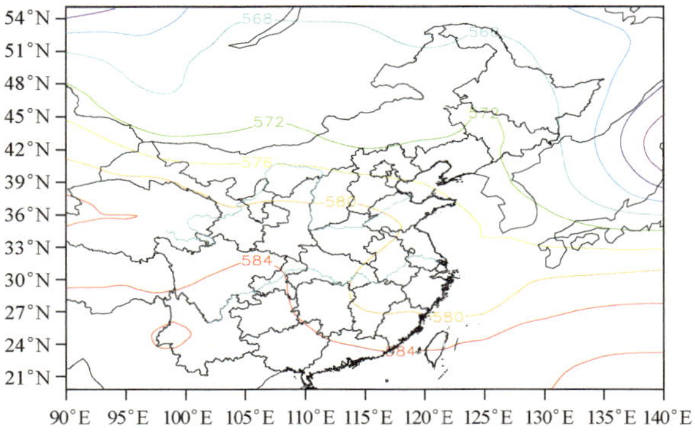

图4.1.4 1960年6月10日20时500 hPa等压面的高度场(单位：dagpm)

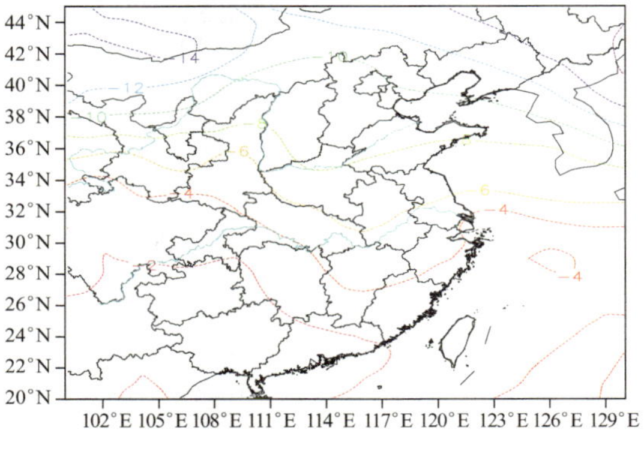

图4.1.5 1960年6月10日20时500 hPa等压面的温度场(单位：℃)

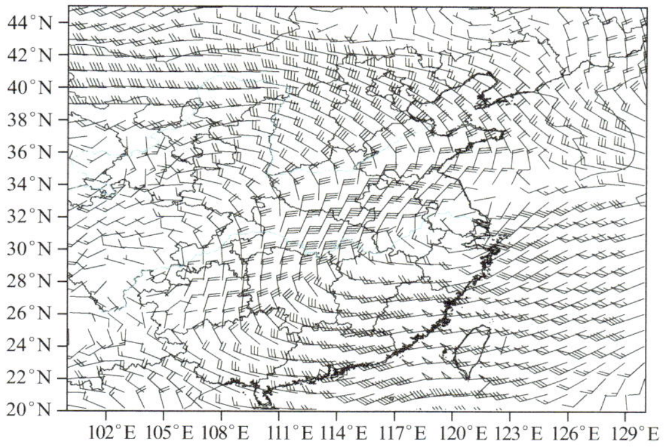

图 4.1.6 1960 年 6 月 10 日 20 时 500 hPa 等压面的水平风场(单位:m/s)

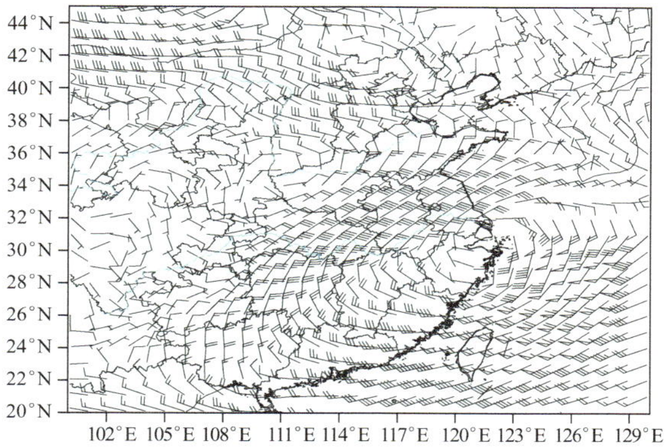

图 4.1.7 1960 年 6 月 10 日 20 时 700 hPa 等压面的水平风场(单位:m/s)

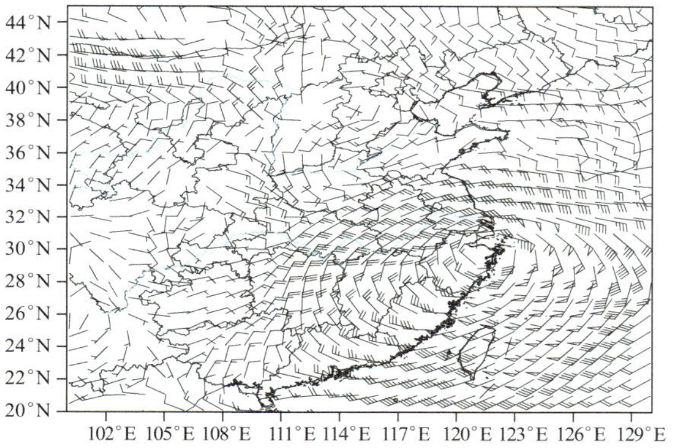

图 4.1.8 1960 年 6 月 10 日 20 时 850 hPa 等压面的水平风场(单位:m/s)

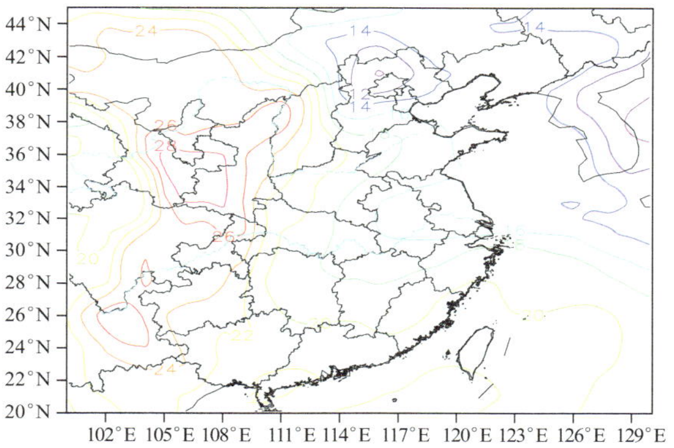

图 4.1.9 1960 年 6 月 10 日 20 时 850 hPa 等压面的温度场(单位:℃)

700 hPa 等压面假相当位温 θ_{se} 高值区对应台风南侧的西南风急流,低值区位于低槽北部的东北风急流处,暴雨落区与等 θ_{se} 线的密集区对应较好(图 4.1.10)。

结合 850 hPa 等压面风场、温度场和比湿场可以看出暴雨落区位于台风西北侧的东北风区域内,对应 850 hPa 等压面温度槽南侧区域,比湿大小为 12~14 g/kg(图 4.1.8—4.1.9,图 4.1.11)。

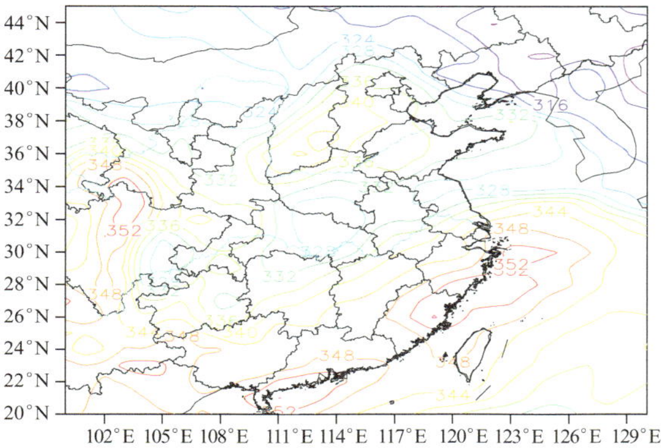

图 4.1.10 1960 年 6 月 10 日 20 时 700 hPa 等压面的假相当位温场(单位:K)

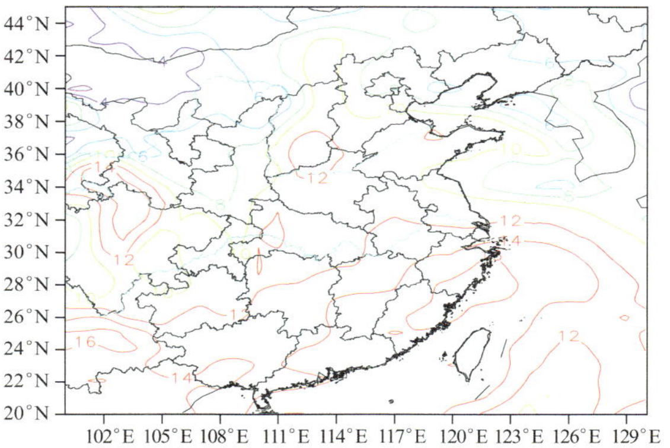

图 4.1.11 1960 年 6 月 10 日 20 时 850 hPa 等压面的比湿场(单位:g/kg)

850 hPa 等压面假相当位温场：暴雨落区位于等 θ_{se} 线高密度区以北，偏向冷空气一侧（图 4.1.12）。

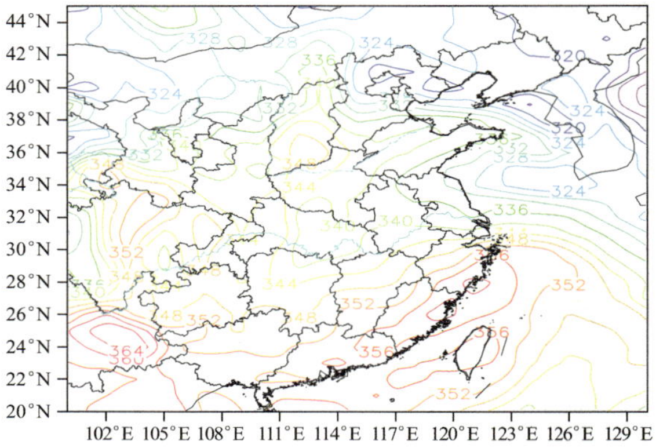

图 4.1.12　1960 年 6 月 10 日 20 时 850 hPa 等压面的假相当位温场（单位：K）

4.2　7108 号台风"弗里达"

4.2.1　台风"弗里达"概况

台风"弗里达"于 1971 年 6 月 10 日 08 时生成于菲律宾以东洋面，之后向西移动，于 6 月 11 日 14 时加强为热带低压，6 月 14 日 08 时加强为热带风暴，6 月 14 日 20 时加强为强热带风暴，6 月 15 日 14 时加强为台风，最大风速 35 m/s，6 月 18 日凌晨在珠海附近登陆，登陆后逐渐减弱，6 月 18 日 20 时在广州北部减弱为热带低压，之后继续减弱为低压环流向东北方向移动，于 6 月 19 日 20 时在江西北部消亡（图 4.2.1）。

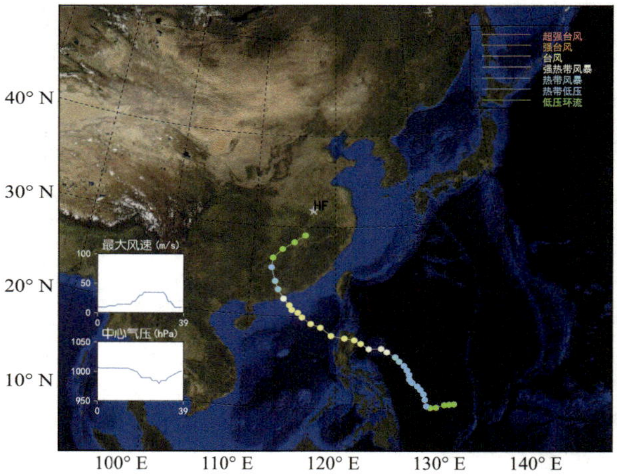

图 4.2.1　7108 号台风"弗里达"移动路径图

4.2.2　"弗里达"过程中国中东部降水实况

"弗里达"对我国中东部降水的主要影响时段为 1971 年 6 月 16 日 20 时—20 日 20 时，降水中心位于苏皖两省南部和广东省，普遍超过 50 mm，其中皖南中东部、江苏西南部和广东中西部超过 100 mm，广东西部局部超过 250 mm(图 4.2.2)。

4.2.3 “弗里达”过程安徽降水实况

受“弗里达”影响，1971 年 6 月 17 日 20 时—20 日 20 时，合肥以南普遍出现 50 mm 以上降水，其中庐江、巢湖、当涂、无为、芜湖、芜湖县、宣城、青阳、九华、黄山、祁门降水量 100 mm 以上，最大值为无为 178 mm。沿淮淮河以北地区降水量较少，普遍在 2 mm 以下，江淮之间北部降水量为 1～30 mm。此次过程 18 日 20 时—19 日 20 时雨量最大，江淮之间南部和江南中北部普遍暴雨，其中庐江雨量最大，达到 123 mm(图 4.2.3)。

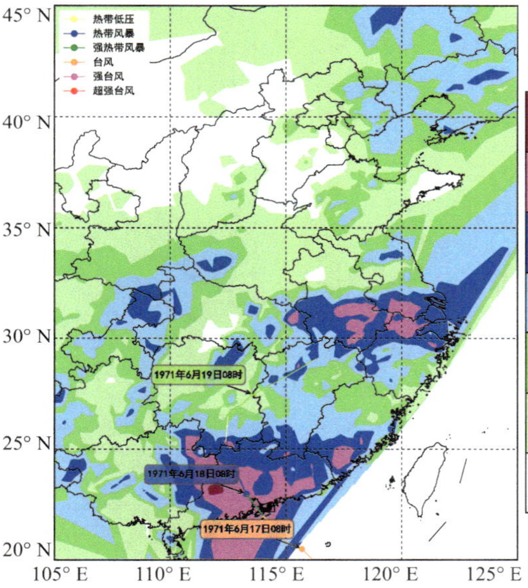

图 4.2.2　“弗里达”影响期间 1971 年 6 月 16 日 20 时—6 月 20 日 20 时中国中东部总降水量(单位：mm)

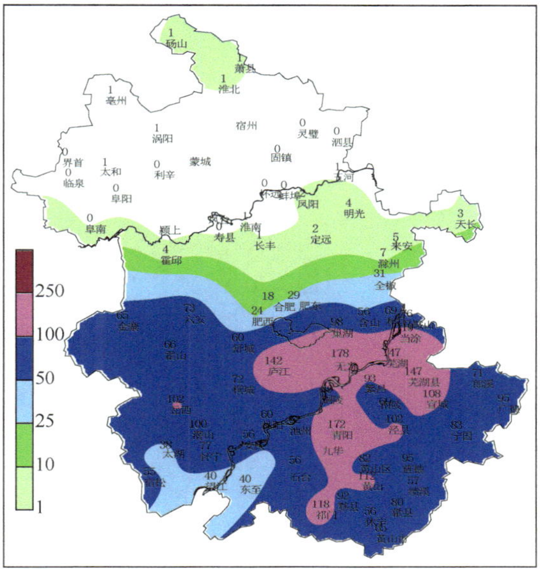

图 4.2.3　“弗里达”影响期间 1971 年 6 月 17 日 20 时—6 月 20 日 20 时安徽省总雨量(单位：mm)

4.2.4 “弗里达”天气过程分析

“弗里达”过程冷空气先从低层南下与台风结合，台风走向与 850 hPa 等压面切变线重合，暴雨落区与 850 hPa 等压面切变线对应关系最好。

500 hPa 等压面高度场：东北地区有一低涡，低涡南侧有伸向我国东部海域的浅槽，槽后不断有冷空气南下与台风外围云系相结合，在安徽省淮河以南形成较强降水(图 4.2.4)。

200 hPa 等压面风场：暴雨区高层为辐散区，淮河流域至江南地区有明显分流(图 4.2.5)。

700 hPa 和 850 hPa 等压面风场：对比两层风场可以发现，低层冷空气先于高层南下。850 hPa 等压面 6 月 18 日 20 时淮河以南为暖切变(图 4.2.6)，至 19 日 20 时(图 4.2.7)和 20 日 20 时(图 4.2.8)已转为冷切变影响，台风走向与 850 hPa 等压面切变线重合，暴雨落区位于 850 hPa 等压面切变线附近。

850 hPa 等压面比湿场：暴雨落区比湿大小为 12～15 g/kg(图 4.2.9)。

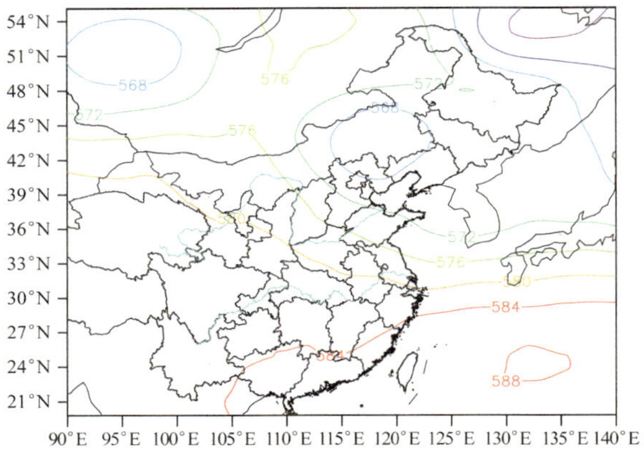

图 4.2.4 1971 年 6 月 19 日 20 时 500 hPa 等压面的高度场(单位:dagpm)

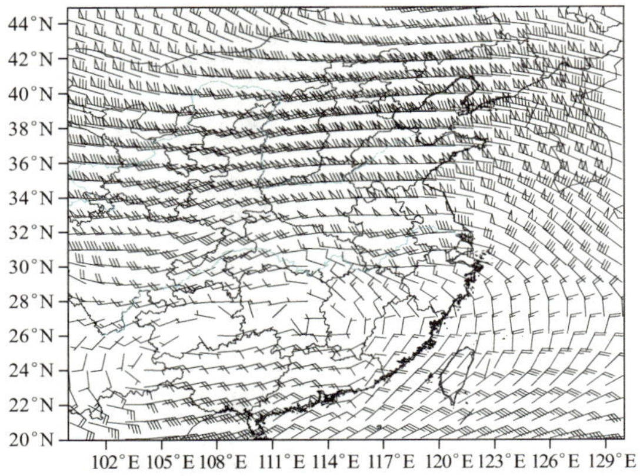

图 4.2.5 1971 年 6 月 18 日 20 时 200 hPa 等压面的风场(单位:m/s)

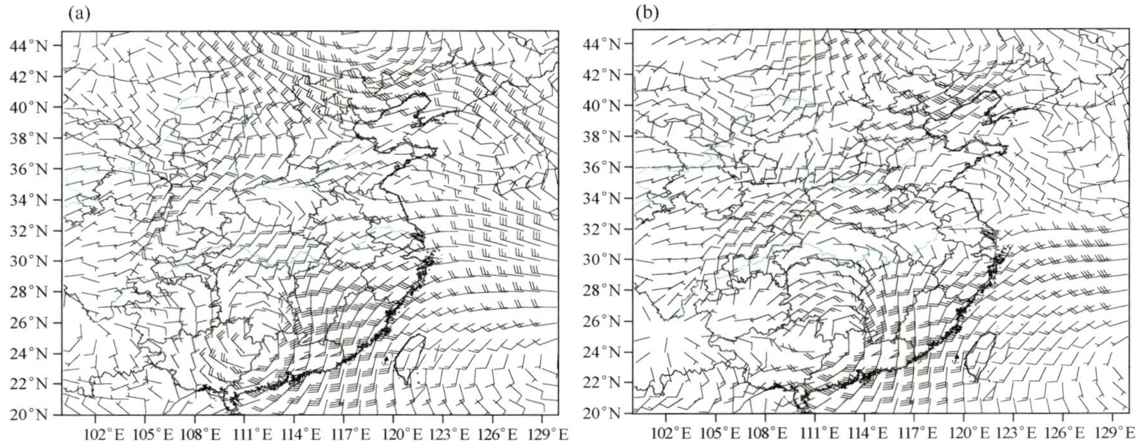

图 4.2.6 1971 年 6 月 18 日 20 时不同等压面的风场

(a. 700 hPa;b. 850 hPa,单位:m/s)

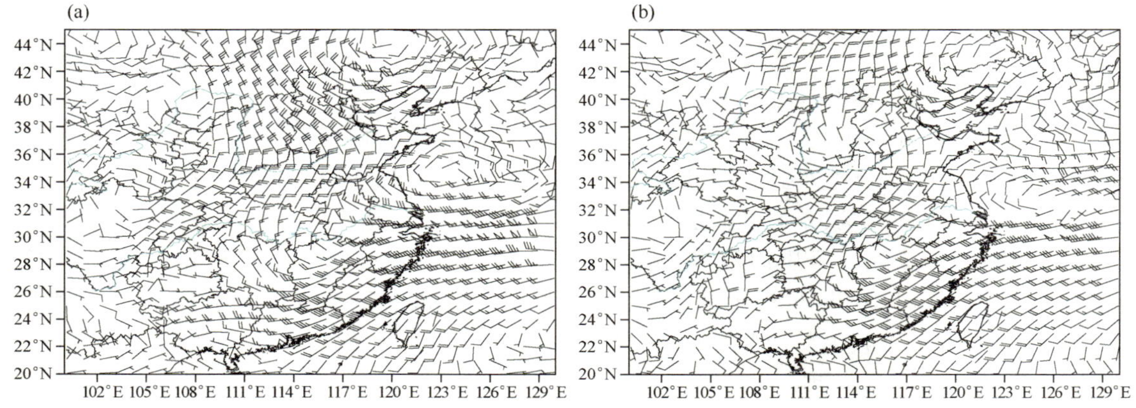

图 4.2.7 1971 年 6 月 19 日 20 时不同等压面的风场

(a. 700 hPa;b. 850 hPa,单位:m/s)

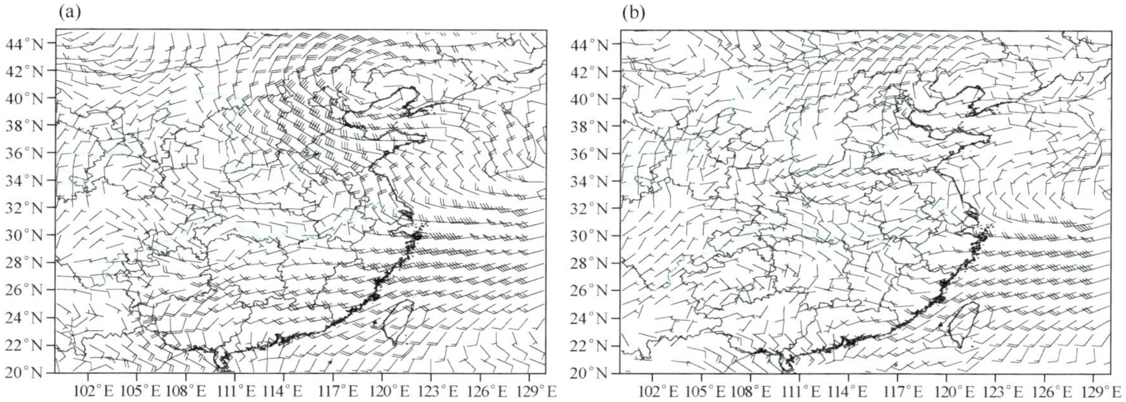

图 4.2.8　1971 年 6 月 20 日 20 时不同等压面的风场

(a. 700 hPa；b. 850 hPa，单位：m/s)

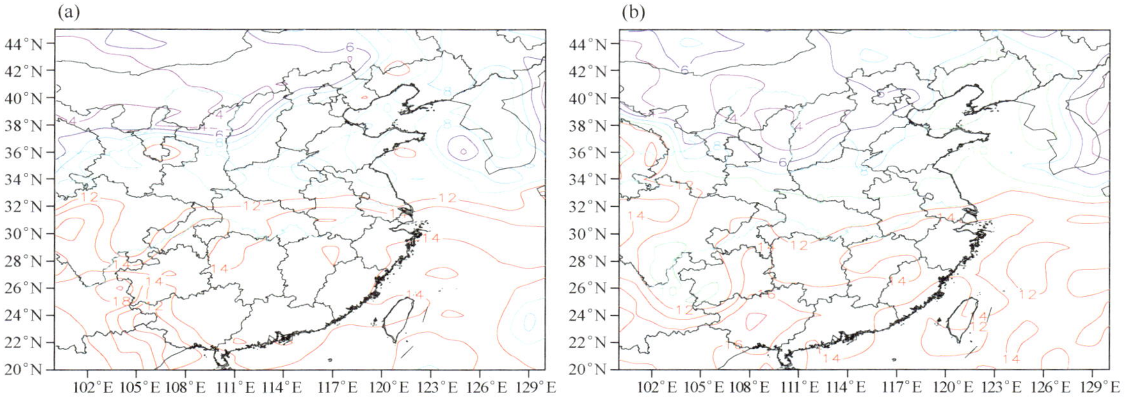

图 4.2.9　850 hPa 等压面的比湿场

(a. 1971 年 6 月 18 日 20 时；b. 1971 年 6 月 19 日 20 时，单位：g/kg)

700 hPa 和 850 hPa 等压面假相当位温场：θ_{se} 高值区分别对应各层台风中心南侧的西南风急流，低值区位于低槽以北的东北风区域，暴雨落区对应两层等 θ_{se} 的梯度密集区靠向暖区一侧(图 4.2.10—4.2.11)。

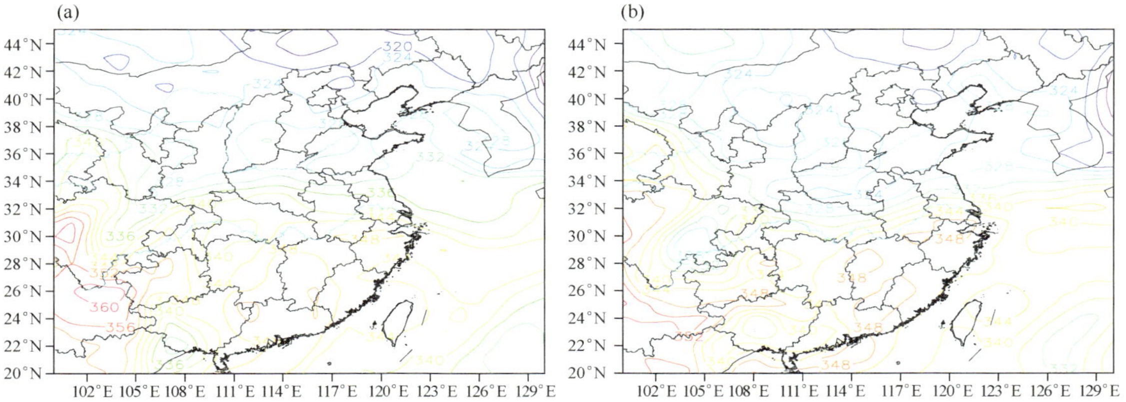

图 4.2.10　750 hPa 等压面假相当位温场

(a. 1971 年 6 月 18 日 20 时；b. 1971 年 6 月 19 日 20 时，单位：K)

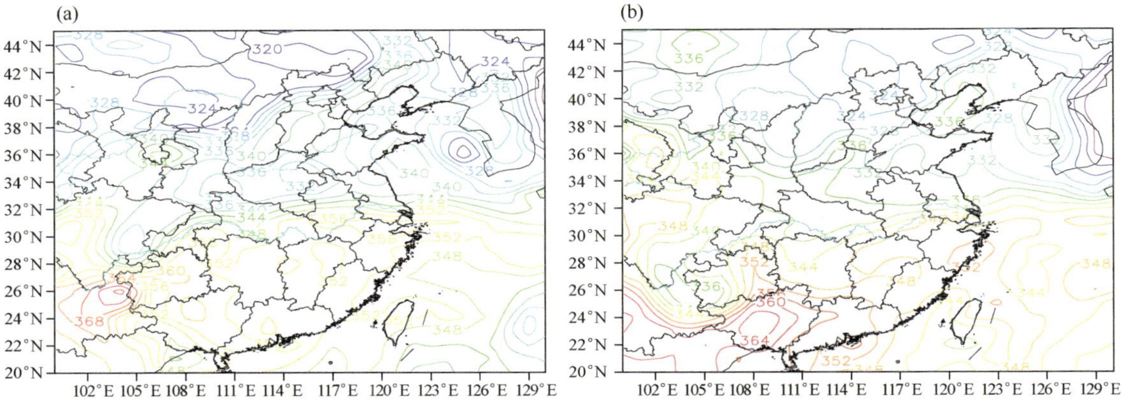

图 4.2.11 850 hPa 等压面假相当位温场

（a. 1971 年 6 月 18 日 20 时；b. 1971 年 6 月 19 日 20 时，单位：K）

4.3 7220 号台风“波密拉”

4.3.1 台风“波密拉”概况

台风“波密拉”于 1972 年 11 月 2 日在菲律宾以东洋面生成，生成时为热带低压，之后向西移动，11 月 4 日 20 时，在靠近菲律宾附近时加强为台风，经过菲律宾后转向为西北方向移动，11 月 7 日 08 时在黄岩岛以西加强为强台风，中心附近最大风速为 45 m/s，11 月 8 日中午前后在海南省文昌市登陆，登陆时减弱为强热带风暴，之后越过南海向东北方向移动，8 日夜间在广东省南部的茂名登陆，登陆后强度继续减弱，9 日 20 时“波密拉”在安徽省沿江东部地区消亡(图 4.3.1)。

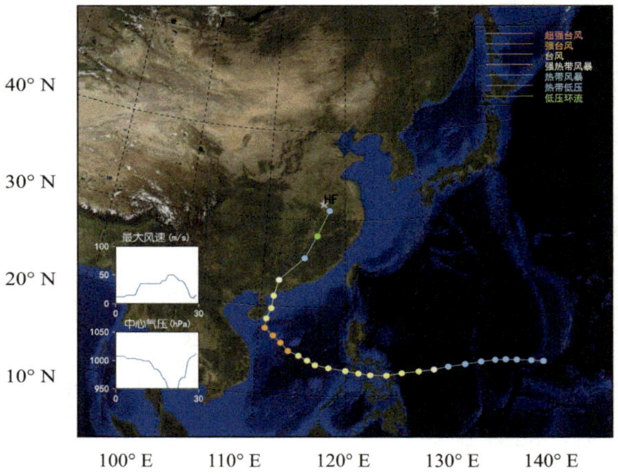

图 4.3.1 7220 号台风“波密拉”移动路径图

4.3.2 “波密拉”过程中国中东部降水实况

“波密拉”于 1972 年 11 月 8 日前后对我国开始造成影响，至 11 月 10 日主要对登陆点和消亡点附近造成明显降水(图 4.3.2)。广东中西部、广西东部、湘赣交界、安徽沿江和江苏中南部地区降水量普遍在 50 mm 以上,其中广东省西南部超过 100 mm。

4.3.3　“波密拉”过程安徽降水实况

受“波密拉”影响,1972 年 11 月 8 日 20 时—9 日 20 时,安徽省普遍出现 10 mm 以上降水,除淮河以北中北部和江南南部,其他大部分地区降水量在 25 mm 以上,其中大别山区北部、沿江和江淮之间东部出现 50 mm 以上降水,最大值为繁昌 87 mm(图 4.3.3)。

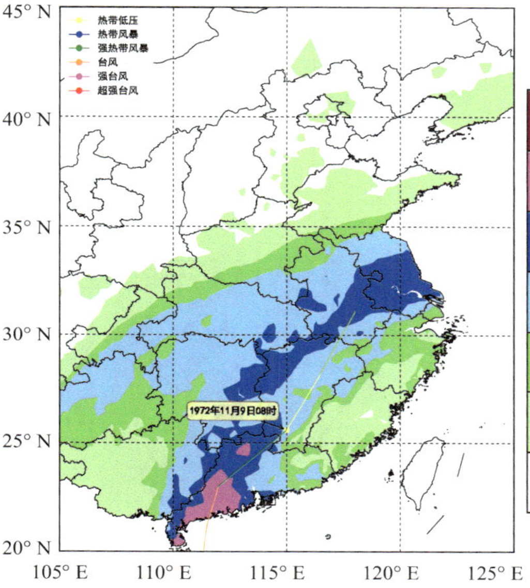

图 4.3.2　“波密拉”影响期间 1972 年 11 月 7 日 20 时—11 月 10 日 20 时中国中东部总降水量(单位:mm)

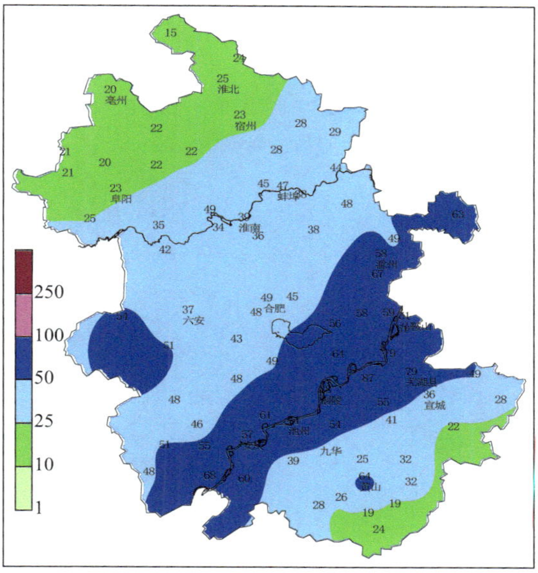

图 4.3.3　“波密拉”影响期间 1972 年 11 月 8 日 20 时—11 月 9 日 20 时安徽省总雨量(单位:mm)

4.3.4　“波密拉”天气过程分析

综合分析可见“波密拉”过程冷空气先从低层南下与台风结合,暴雨落区与 850 hPa 等压面低涡中心附近切变线对应关系最好。

500 hPa 等压面高度场:我国华北至西南地区有一明显低槽,此过程安徽省处于槽前(图 4.3.4)。

200 hPa 等压面风场:强降水区位于 200 hPa 等压面急流南侧(图 4.3.5)。

500 hPa 和 925 hPa 等压面温度场:对比两层气温场,925 hPa 等压面等温线密集区位于安徽省南部,而 500 hPa 等压面等温线则位于安徽省北部,低层冷空气明显先于高层冷空气南下(图 4.3.6)。

700 hPa 和 850 hPa 等压面风场:对比两层风场也可以发现,低层冷空气先于高层南下。850 hPa 等压面上暴雨落区对应低涡中心两侧的暖切变及冷切变附近(图 4.3.7—4.3.8)。

700 hPa 和 850 hPa 等压面假相当位温场:θ_{se} 高值区分别对应各层台风中心南侧的西南风急流,低值区位于低槽以北的东北风区域,暴雨落区对应两层等 θ_{se} 线梯度密集区靠向暖区一侧(图 4.3.9)。

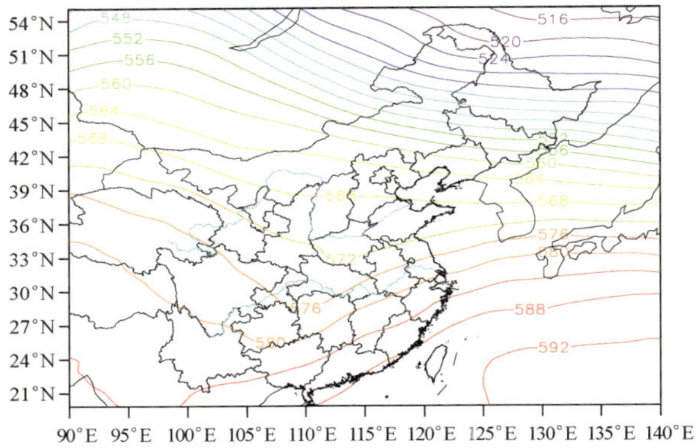

图 4.3.4 1972 年 11 月 9 日 20 时 500 hPa 等压面的高度场(单位:dagpm)

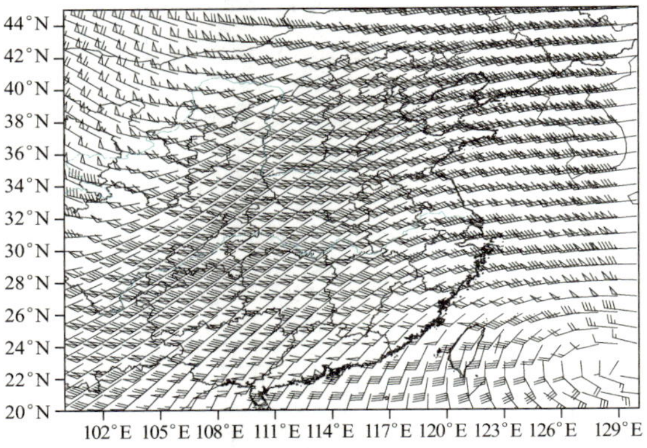

图 4.3.5 1972 年 11 月 9 日 20 时 200 hPa 等压面的水平风场(单位:m/s)

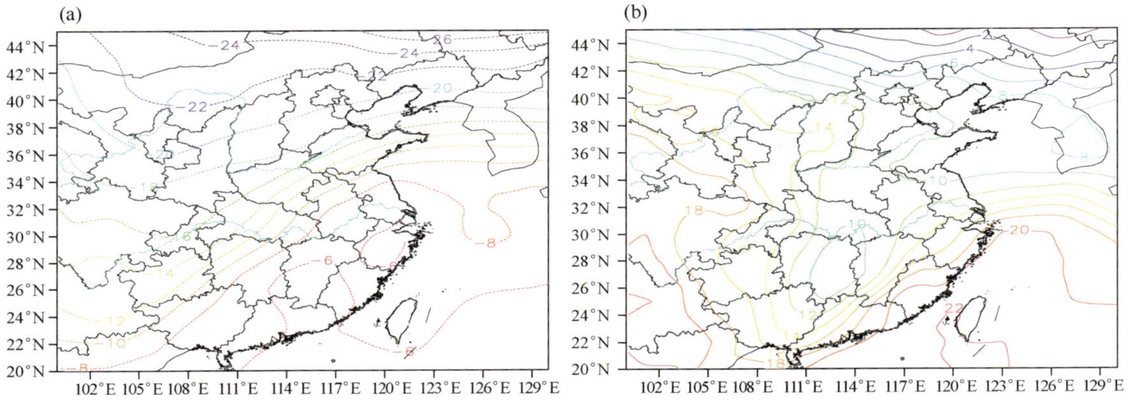

图 4.3.6 1972 年 11 月 9 日 20 时不同等压面的温度场

(a. 500 hPa;b. 925 hPa,单位:℃)

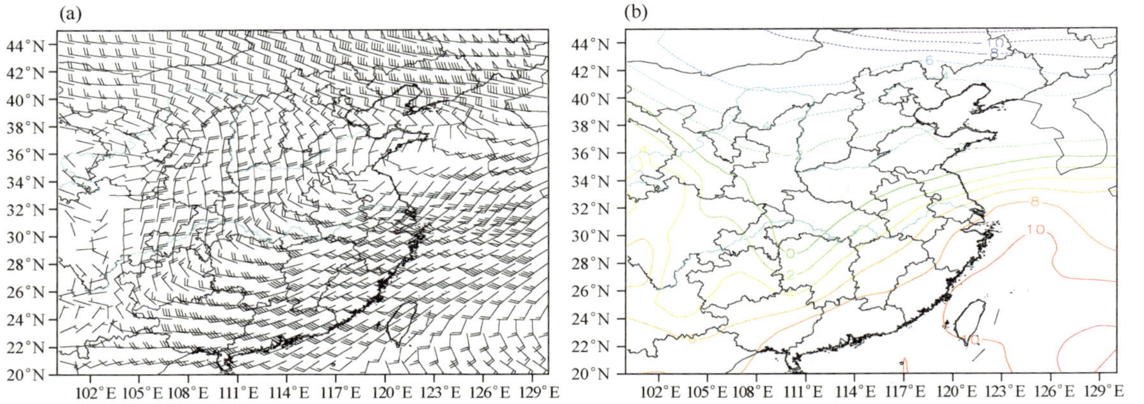

图 4.3.7 1972 年 11 月 9 日 20 时 700 hPa 等压面的水平风场和温度场

(a. 水平风场,单位:m/s;b. 温度场,单位:℃)

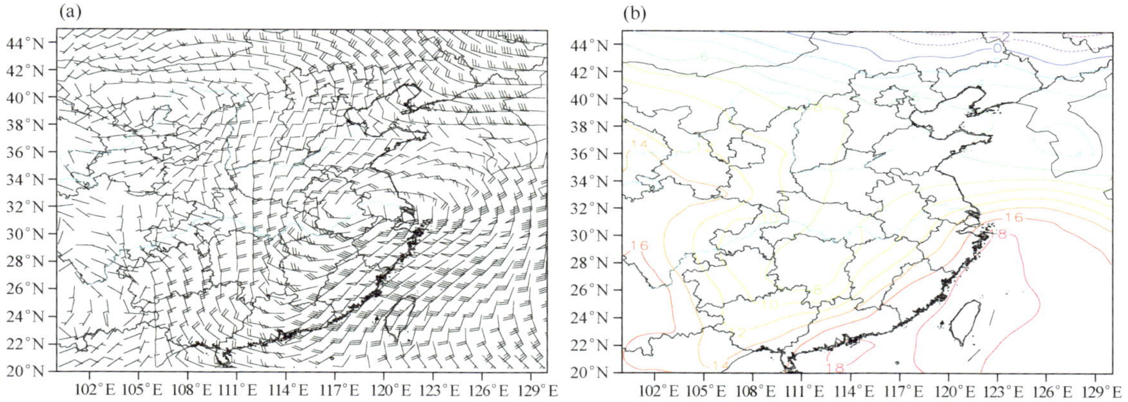

图 4.3.8　1972 年 11 月 9 日 20 时 850 hPa 等压面的水平风场和温度场

（a. 水平风场，单位：m/s；b. 温度场，单位：℃）

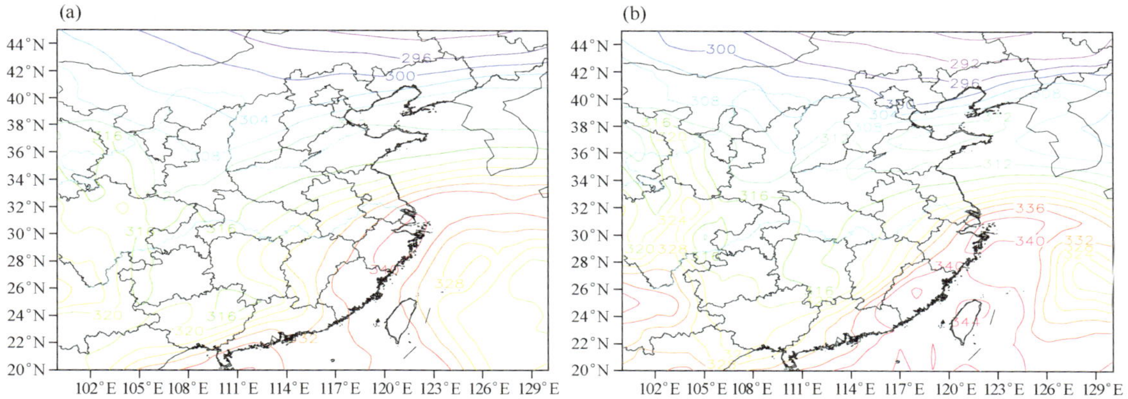

图 4.3.9　1972 年 11 月 9 日 20 时不同等压面的假相当位温场

（a. 700 hPa；b. 850 hPa，单位：K）

850 hPa 等压面比湿场：此次过程发生在 11 月，暴雨落区的比湿明显小于 6—7 月，比湿值为 8～10 g/kg（图 4.3.10）。

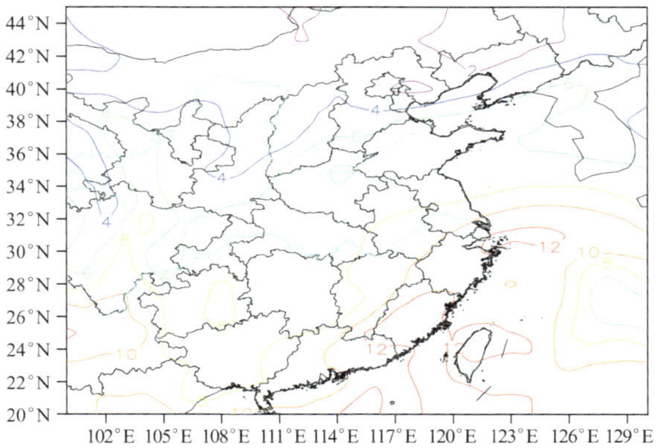

图 4.3.10　1972 年 11 月 9 日 20 时 850 hPa 等压面的比湿场（单位：g/kg）

4.4 7304 号台风“黛特”

4.4.1 台风“黛特”概况

台风“黛特”于 1973 年 7 月 12 日 08 时生成于中南半岛以东洋面，生成后向东北方向移动，在中沙群岛北部向东北偏北方向移动，并逐渐加强为台风，最大风速为 35 m/s。7 月 17 日 08 时左右在广东省惠州附近登陆，登陆后逐渐减弱并转向东北偏东方向移动，于 18 日 08 时减弱为热带风暴，并从福建省福州离开大陆沿我国东部海域向北影响到东北地区，7 月 21 日 08 时在东北地区消亡(图 4.4.1)。

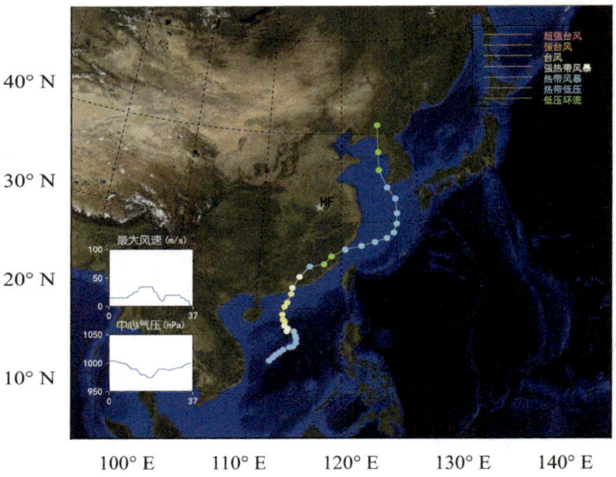

图 4.4.1 7304 号台风“黛特”移动路径图

4.4.2 “黛特”过程中国中东部降水实况

“黛特”于 1973 年 7 月 17 日前后对我国开始造成影响，至 7 月 21 日主要对登陆点和消亡点附近造成明显降水(图 4.4.2)。广东中东部、福建东部和南部、江西南部、浙江东南部、山东中部和辽宁大部地区降水量普遍在 50 mm 以上，其中广东东部、福建东南部和辽宁南部地区超过 100 mm，江西南部和浙江南部的局部地区也超过 100 mm。

4.4.3 “黛特”过程安徽降水实况

受 7303 号台风“Billie”和 7304 号台风“黛特”共同影响，1973 年 7 月 16 日 20 时—19 日 20 时，安徽省普遍出现降水，雨量分布不均，其中淮河以北北部、大别山区、沿江江南和江淮之间东部雨量大部分为 10～40 mm，定远、潜山、安庆超过 50 mm，最大值为安庆 112 mm(图 4.4.3)。

4.4.4 “黛特”天气过程分析

由图 4.4.4—4.4.10 分析可知，此次降水过程受 7303 号台风“Billie”和 7304 号台风“黛特”共同影响，且强降水落区与 500 hPa 等压面风场对应关系较好。

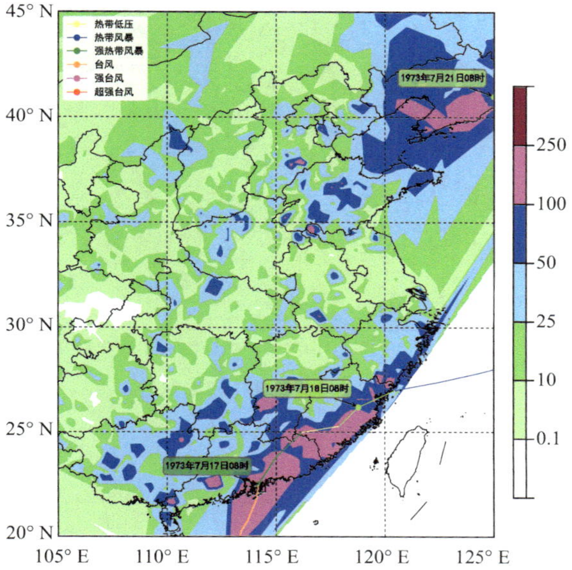

图 4.4.2　“黛特”影响期间 1973 年 7 月 16 日 20 时—7 月 21 日 20 时中国中东部总降水量(单位:mm)

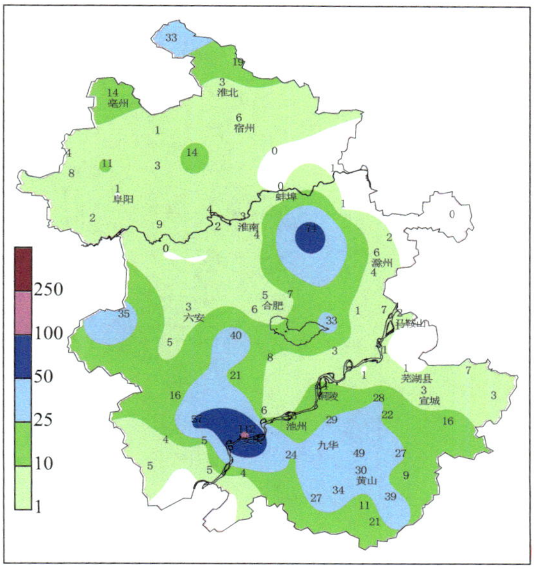

图 4.4.3　“黛特”影响期间 1973 年 7 月 16 日 20 时—7 月 19 日 20 时安徽省总雨量(单位:mm)

500 hPa 等压面高度场:7 月 18—19 日的 500 hPa 等压面高度场上,从内蒙古至长江中下游地区有明显低槽南伸(图 4.4.4—4.4.5),结合 7 月 19 日 500 hPa 等压面温度场(图 4.4.8)发现该层有冷空气影响到长江中下游地区。

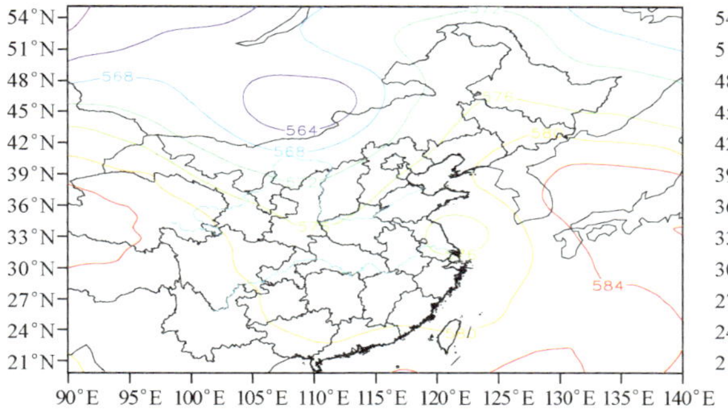

图 4.4.4　1973 年 7 月 18 日 20 时 500 hPa 等压面的高度场(单位:dagpm)

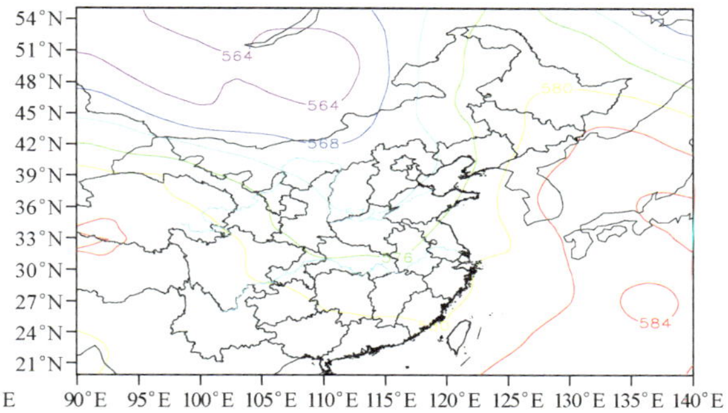

图 4.4.5　1973 年 7 月 19 日 20 时 500 hPa 等压面的高度场(单位:dagpm)

500 hPa 等压面风场:此次过程 850 hPa 和 700 hPa 等压面都无明显系统与暴雨落区对应(图 4.4.10)。而在 500 hPa 等压面上 18 日暴雨落区对应台风西侧外围云系与低槽底部偏西或西北风气流结合处。19 日 500 hPa 等压面风场上暴雨落区基本与台风系统无关,而与 500 hPa 等压面的低槽略偏槽前区域对应较好(图 4.4.6—4.4.7)。

700 hPa 等压面假相当位温场:暴雨落区与 19 日 θ_{se} 梯度大值区对应关系较好(图 4.4.9)。

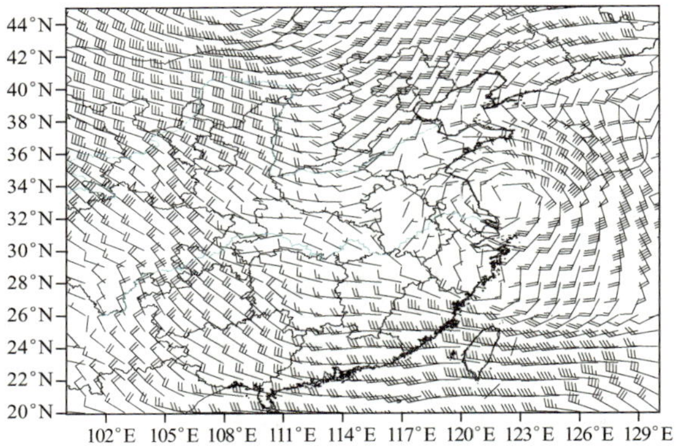

图 4.4.6 1973 年 7 月 18 日 20 时 500 hPa 等压面的水平风场(单位:m/s)

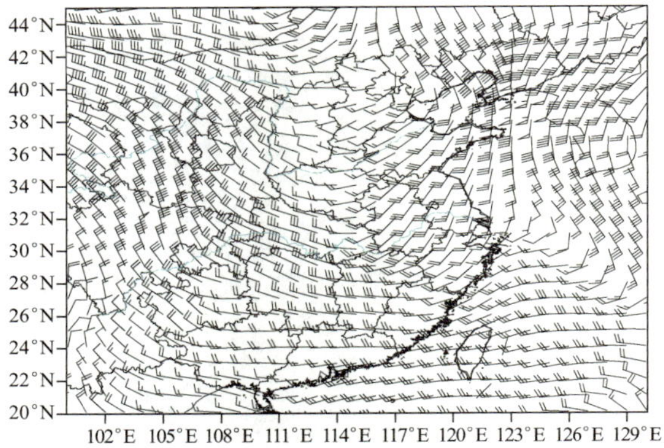

图 4.4.7 1973 年 7 月 19 日 20 时 500 hPa 等压面的水平风场(单位:m/s)

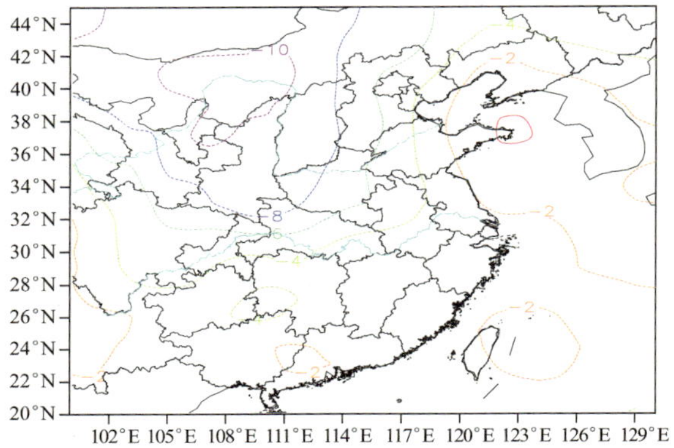

图 4.4.8 1973 年 7 月 19 日 20 时 500 hPa 等压面的温度场(单位:℃)

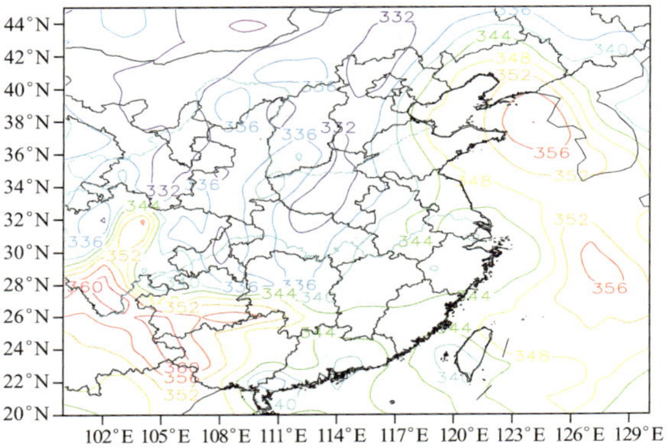

图 4.4.9 1973 年 7 月 19 日 20 时 700 hPa 等压面的假相当位温场(单位:K)

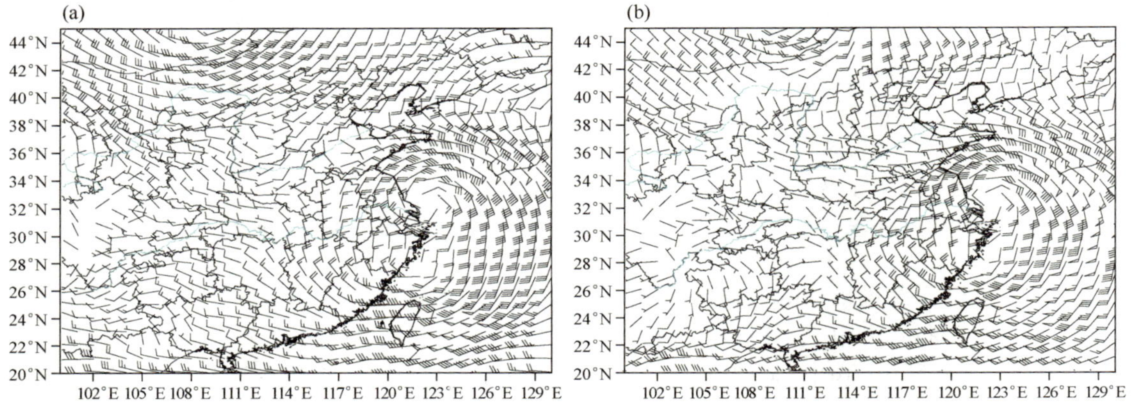

图 4.4.10 1973 年 7 月 18 日 20 时不同等压面的水平风场

(a. 700 hPa;b. 850 hPa,单位:m/s)

4.5 7513 号台风“都丽丝”

4.5.1 台风“都丽丝”概况

台风“都丽丝”于 1975 年 10 月 1 日 08 时左右生成于南沙群岛附近，之后向西北偏北方向移动，10 月 5 日 20 时在 112°E，20.6°N 附近加强为台风，中心附近最大风速为 35 m/s，10 月 6 日凌晨在澳门附近登陆，登陆时强度为台风，登陆后向东北方向移动，强度逐渐减弱，并于 10 月 7 日 08 时在温州附近离开大陆向日本岛移动，10 月 8 日 08 时在日本岛东部海域消亡(图 4.5.1)。

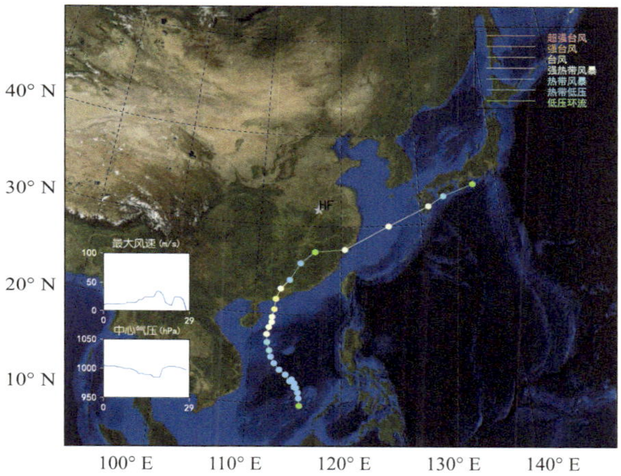

图 4.5.1 7513 号台风“都丽丝”移动路径图

4.5.2 “都丽丝”过程中国中东部降水实况

“都丽丝”于 1975 年 10 月 5 日前后对我国开始造成影响，至 10 月 7 日主要对登陆点和消亡点附近造成明显降水(图 4.5.2)。广东省大部、福建东部、江西中部、浙江东部和安徽沿江地区降水量普遍在 50 mm 以上，其中福建东部部分地区、广东东部和中部地区超过 100 mm。

4.5.3 “都丽丝”过程安徽降水实况

受“都丽丝”影响，1975 年 10 月 5 日 20 时—7 日 20 时，淮河以北东部和淮河以南出现降水(图 4.5.3)，沿江江南和江淮之间东部降水量普遍在 25 mm 以上，其中望江、安庆、池州、枞阳、东至、石台、九华、青阳、黄山区、泾县、宣城、郎溪降水量为 50 mm 以上，最大值为望江 87 mm。

4.5.4 “都丽丝”天气过程分析

综合分析可知，此次降水过程受西风槽与台风“都丽丝”共同影响，西风槽对降水影响更大一些，暴雨落区与 850 hPa 等压面低槽位置对应较好。

500 hPa 等压面高度场：10 月 6 日的 500 hPa 等压面高度上东北地区有一低涡，从东北至我国西南地区有明显低槽，安徽省处于槽前，暴雨落区与 584 dagpm 等值线关系对应较好(图 4.5.4)。

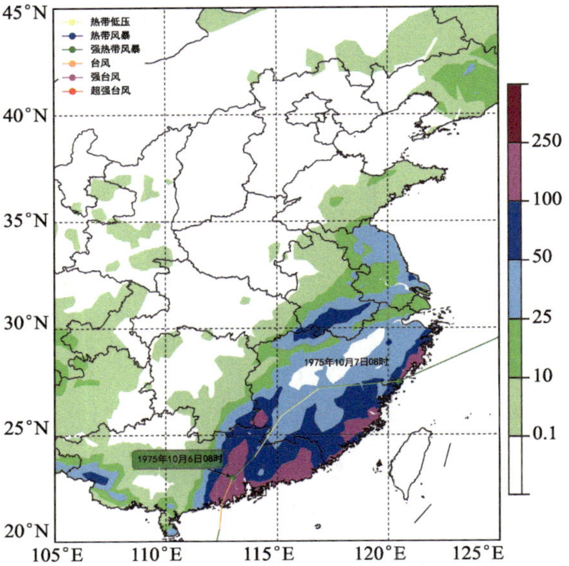

图 4.5.2 “都丽丝”影响期间 1975 年 10 月 4 日 20 时—10 月 7 日 20 时中国中东部总降水量(单位:mm)

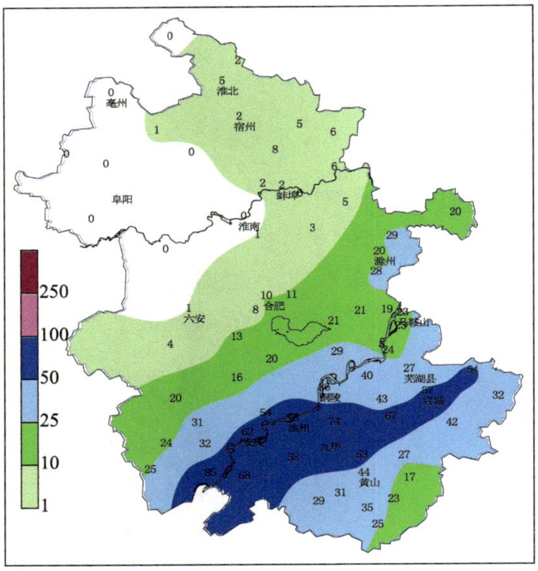

图 4.5.3 “都丽丝”影响期间 1975 年 10 月 5 日 20 时—10 月 7 日 20 时安徽省总雨量(单位:mm)

200 hPa 等压面风场:200 hPa 等压面上沿江江南地区处于高空急流轴南侧,风速辐散及风向分流区(图 4.5.5)。

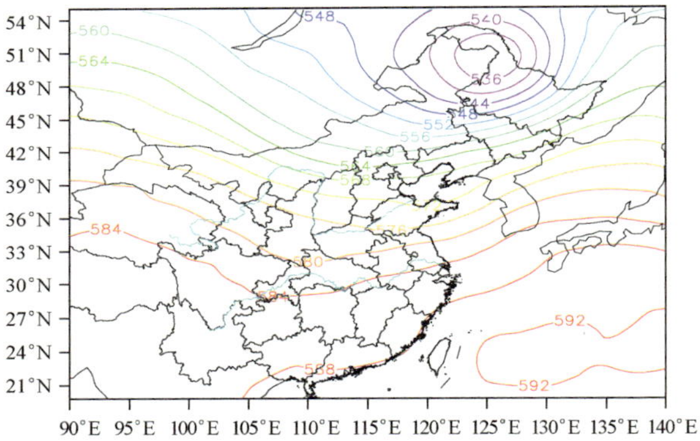

图 4.5.4 1975 年 10 月 6 日 20 时 500 hPa 等压面的高度场(单位:dagpm)

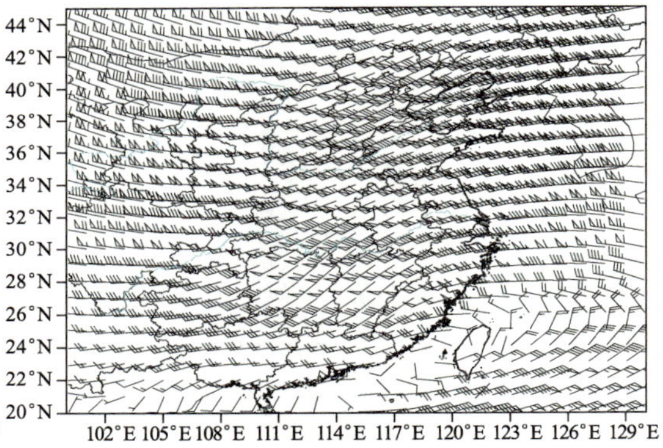

图 4.5.5 1975 年 10 月 6 日 20 时 200 hPa 等压面的水平风场(单位:m/s)

700 hPa 等压面风场:有明显低槽,但槽线位置比暴雨区偏北,暴雨区对应 700 hPa 等压面西南急流(图 4.5.6a)。

850 hPa 等压面风场:有低涡自西向东移出安徽省,暴雨落区与低涡后部冷切变对应关系好,同时江南南部有西南风急流,“都丽丝”东北侧的外围云系影响到安徽省沿江江南西部地区(图 4.5.6b)。

700 hPa 等压面假相当位温场:暴雨落区与 θ_{se} 大值区(暖区)对应关系较好(图 4.5.7a)。

850 hPa 等压面假相当位温场:暴雨落区与等 θ_{se} 线密集区对应关系较好(图 4.5.7b)。

850 hPa 等压面比湿场:暴雨落区比湿为 12～14 g/kg。

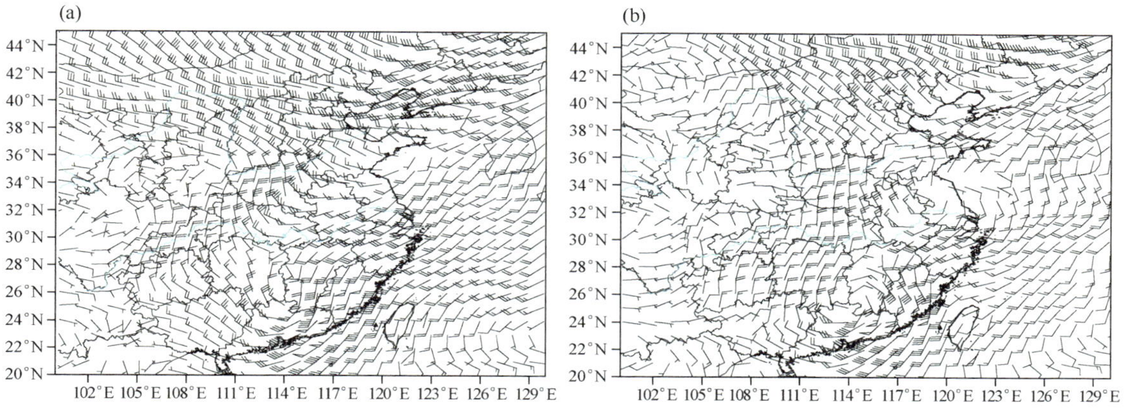

图 4.5.6　1975 年 10 月 6 日 20 时不同等压面的水平风场

（a. 700 hPa；b. 850 hPa，单位：m/s）

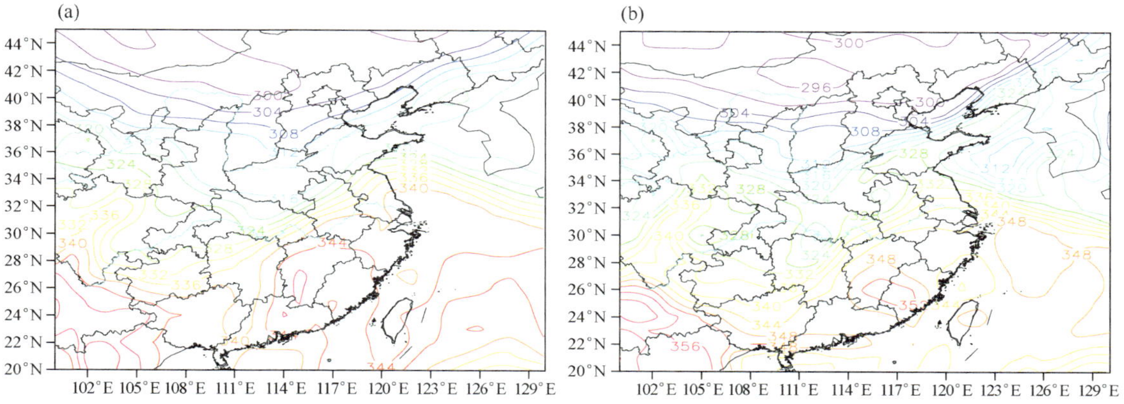

图 4.5.7　1975 年 10 月 6 日 20 时不同等压面的假相当位温场

（a. 700 hPa；b. 850 hPa，单位：K）

4.6　8004 号台风“乔治亚”

4.6.1　台风“乔治亚”概况

台风“乔治亚”于 1980 年 5 月 19 日 08 时左右在菲律宾北部以西洋面生成，并于中沙群岛附近打转后北上，北上时逐渐加强为强热带风暴，中心附近最大风速为 25 m/s，5 月 24 日早晨在广东省惠东县登陆，登陆后减弱为热带风暴并逐渐减弱向东北方向移动，5 月 25 日早晨在福建省福州市附近消亡（图 4.6.1）。

4.6.2　“乔治亚”过程中国中东部降水实况

“乔治亚”于 1980 年 5 月 24 日前后对我国开始造成影响，至 5 月 25 日主要对登陆点和消亡点附近造成明显降水（图 4.6.2）。四川中部、湖南北部、湖北东部、河南南部以及福建南部和苏皖两省北部地区降水量普遍在 50 mm 以上，福建南部、湖北北部、河南南部和安徽江南东部及江苏江南的西部超过 100 mm。

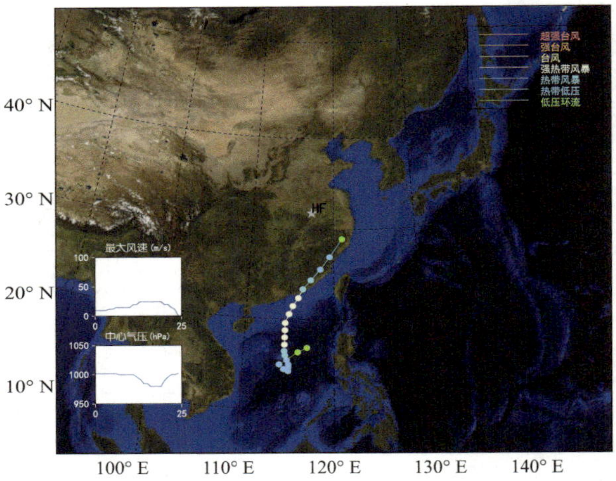

图 4.6.1　8004 号台风“乔治亚”移动路径图

4.6.3　“乔治亚”过程安徽降水实况

图 4.6.3 为“乔治亚”影响期间安徽省总雨量。1980 年 5 月 23 日 20 时—25 日 20 时，淮河以北、江淮之间北部和江淮之间西南部降水量为 50 mm 以上，其中五河、固镇、霍邱降水量为 100 mm 以上，最大值为五河 156 mm；江淮之间东南部和江南东部为 5～20 mm；其他地区为 20～50 mm。

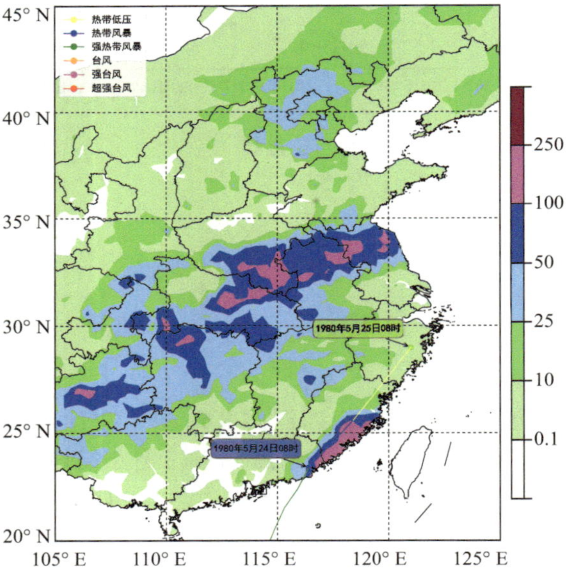

图 4.6.2　“乔治亚”影响期间 1980 年 5 月 23 日 20 时—5 月 25 日 20 时中国中东部总降水量(单位：mm)

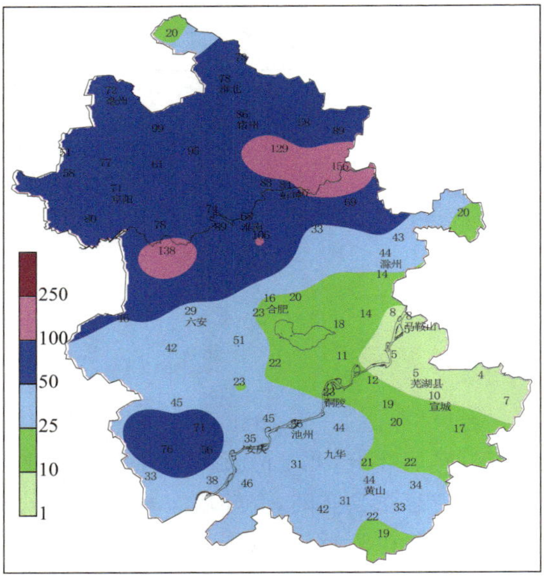

图 4.6.3　“乔治亚”影响期间 1980 年 5 月 24 日 20 时—5 月 25 日 20 时安徽省总雨量(单位：mm)

4.6.4　“乔治亚”天气过程分析

综合分析可以发现此次降水过程受西风槽影响，同时受到台风“乔治亚”的顶托作用，使得冷空气南下速度较慢，同时在低层，台风外围云系受副高西侧的偏南风影响（任素玲等，2007），不断输送到安徽省北部地区，与冷空气相结合形成强降水。

500 hPa 等压面高度场：1980 年 5 月 24 日的 500 hPa 等压面高度场上，我国东北北部至西南地区有低槽影响我国大部分地区，安徽省处于槽前，暴雨落区与 580 dagpm 等值线关系对应较好（图 4.6.4）。

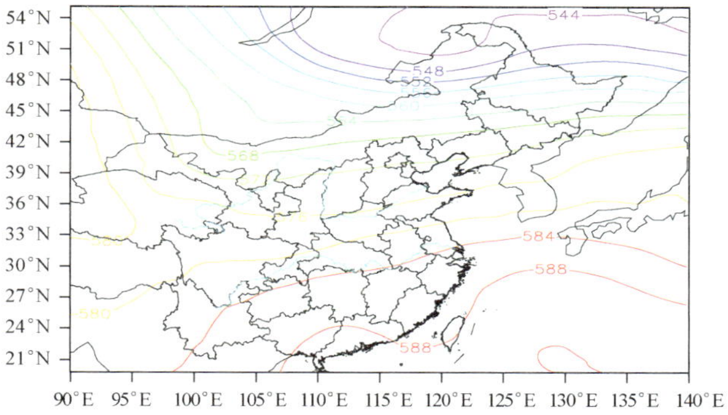

图 4.6.4　1980 年 5 月 24 日 20 时 500 hPa 等压面的高度场（单位：dagpm）

200 hPa 等压面风场：安徽省北部上空有明显的分流，同时为风速辐散区（陈久康等，2000）（图 4.6.5a）。

700 hPa 等压面风场：有明显低槽，但槽线位置比暴雨区偏北，暴雨区对应 700 hPa 等压面西南风急流（图 4.6.5b）。

850 hPa 等压面风场：有低涡自西向东移出安徽省以北地区，暴雨落区与低涡南侧的西南风急流区对应较好（图 4.6.5c）。

925 hPa 等压面风场：此次过程暴雨落区与 925 hPa 等压面风场的风速辐和区对应最好（图 4.6.5d）。

假相当位温场：暴雨落区与 925 hPa 等压面等 θ_{se} 密集区对应关系较好（图 4.6.6a）。850 hPa 和 700 hPa 等压面假相当位温的大值区对应暴雨落区（图 4.6.6b，c）。

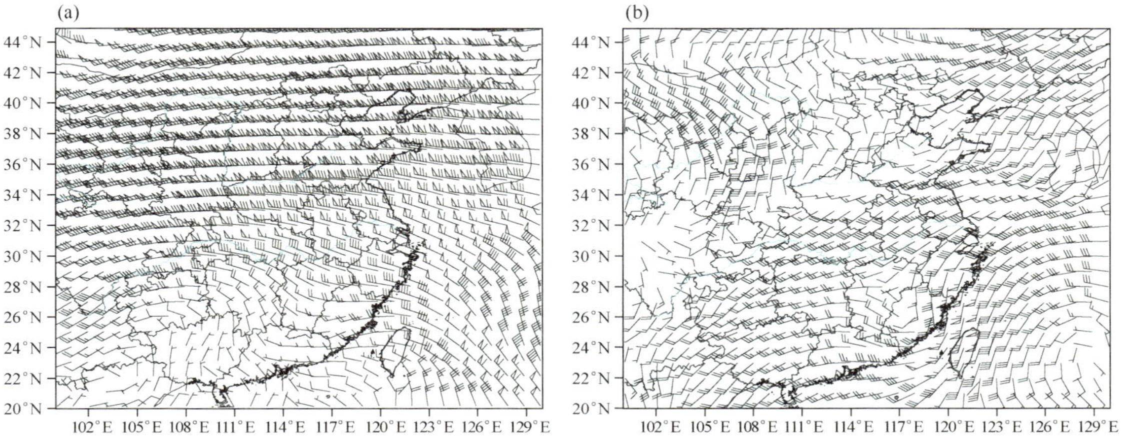

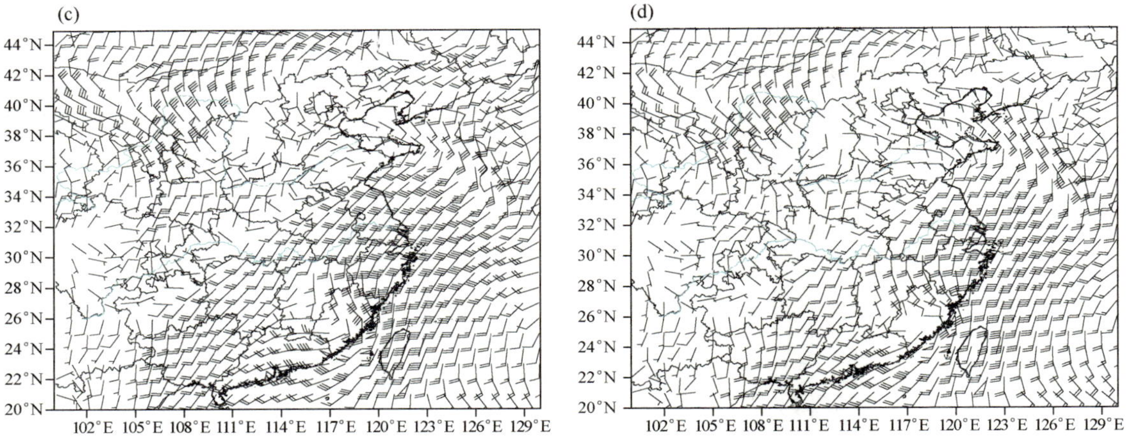

图 4.6.5　1980 年 5 月 24 日 20 时不同等压面的水平风场

（a. 200 hPa；b. 700 hPa；c. 850 hPa；d. 925 hPa，单位：m/s）

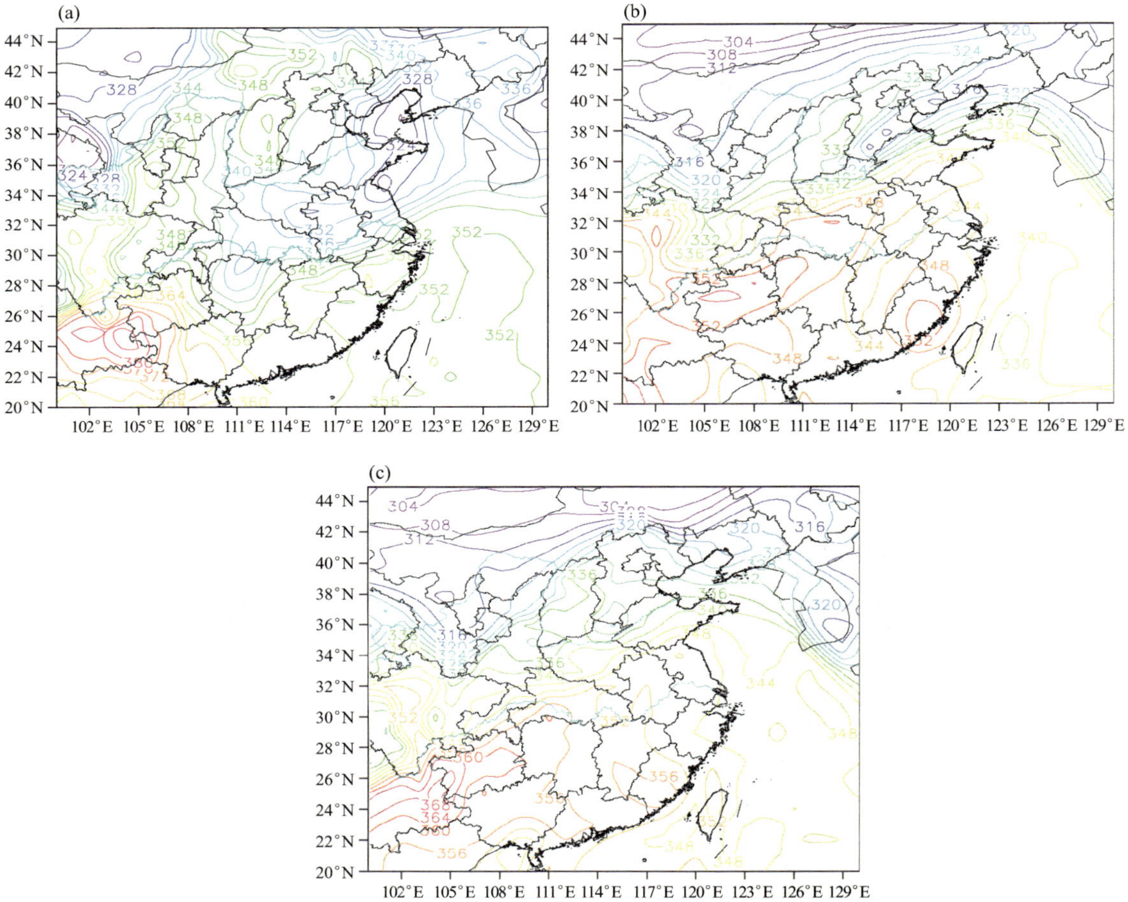

图 4.6.6　1980 年 5 月 24 日 20 时不同等压面的假相当位温场

（a. 925 hPa；b. 700 hPa；c. 850 hPa，单位：K）

4.7　8006 号台风“艾达”

4.7.1　台风“艾达”概况

台风“艾达”于 1980 年 7 月 6 日生成于菲律宾以东，西太平洋海域，生成后向西北方向移动，强度逐渐加强，7 月 7 日 20 时加强为强热带风暴，中心附近最大风速为 11 级，30 m/s，“艾达”穿过台湾与菲律宾之间海域后在广东省汕头市登陆，登陆后在赣州附近转向为东北方向移动，7 月 13 日下午在上海崇明岛附近向东北方向移出，并继续向朝鲜半岛和日本岛北部移动，最终在日本岛北部附近消亡(图 4.7.1)。

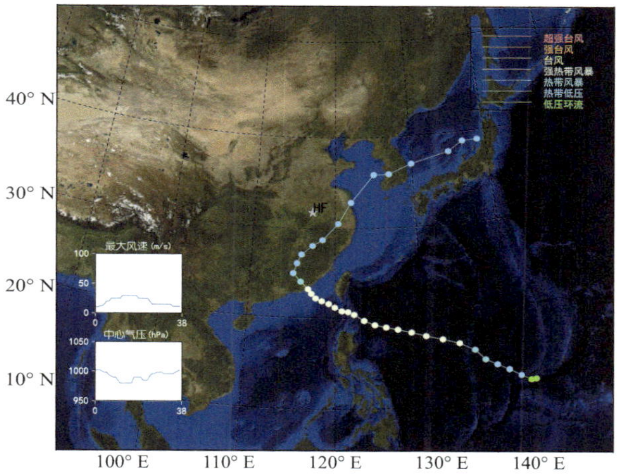

图 4.7.1　8006 号台风“艾达”移动路径图

4.7.2　“艾达”过程中国中东部降水实况

“艾达”于 1980 年 7 月 10 日前后对我国开始造成影响，至 7 月 13 日主要对登陆点和消亡点附近造成明显降水(图 4.7.2)。广西、广东、江西南部以及福建北部和苏皖两省中部地区降水量普遍在 50 mm 以上，广西中部、广东南部、江西南部和安徽中东部及江苏中东部超过 100 mm。

4.7.3　“艾达”过程安徽降水实况

图 4.7.3 为“艾达”影响期间安徽省总雨量。1980 年 7 月 11 日 20 时—13 日 20 时，淮河以北中东部和淮河以南大部分地区降水量 10 mm 以上，其中江淮之间东部、沿江西部、江南中部和东南部 25 mm 以上，最大值为天长 59 mm。

4.7.4　“艾达”天气过程分析

综合分析可以发现此次降水过程“艾达”位于安徽省以南，沿浙江北部移出，安徽省南部的强降水区域与低层风场对应关系较好。

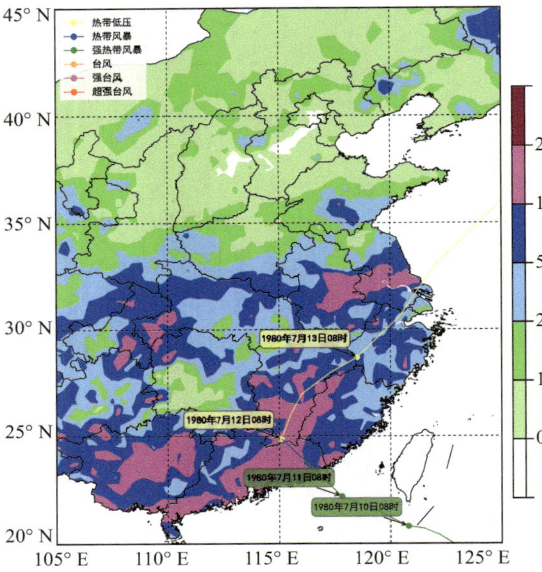

图 4.7.2 “艾达”影响期间 1980 年 7 月 6 日 20 时—7 月 14 日 20 时中国中东部总降水量(单位:mm)

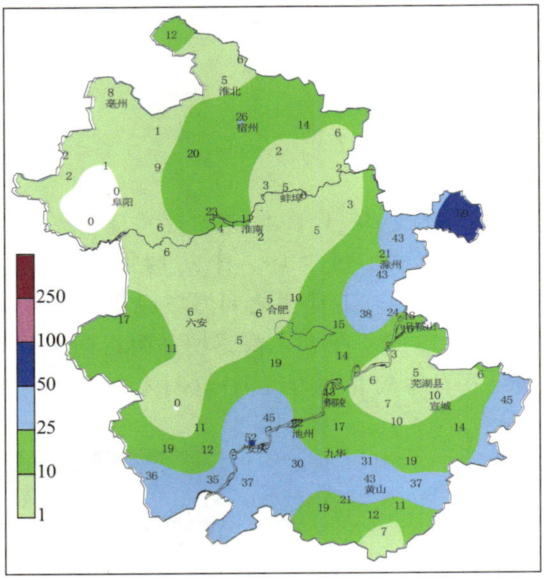

图 4.7.3 “艾达”影响期间 1980 年 7 月 11 日 20 时—7 月 13 日 20 时安徽省总雨量(单位:mm)

500 hPa 等压面高度场:西太平洋副热带高压范围广、强度很强,副高中心强度为 592 dagpm 以上。西风带有小槽东移,与副高结合。台风在两系统之间沿副高西北侧移出大陆(任素玲等,2007)(图 4.7.4)。

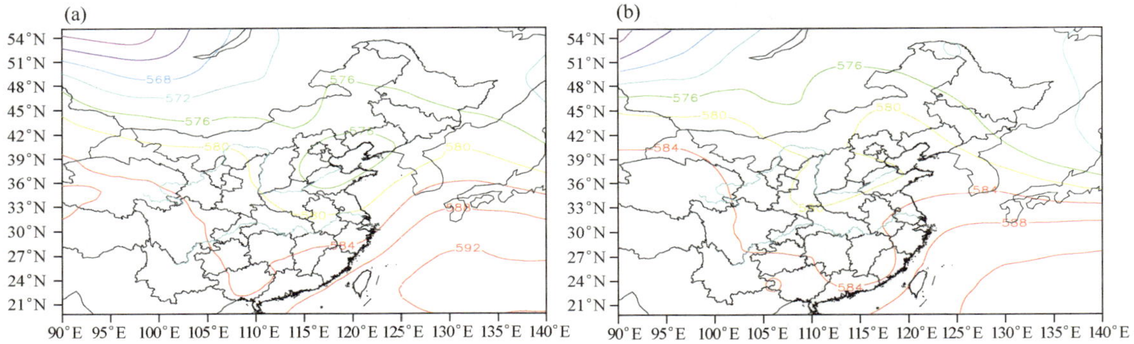

图 4.7.4 500 hPa 等压面的高度场

(a. 1980 年 7 月 12 日 20 时;b. 1980 年 7 月 13 日 20 时,单位:dagpm)

700 hPa 等压面风场:在 7 月 12 日 20 时风场图上,安徽省以西同时有台风“艾达”和其以北的低涡系统,两系统均东移,于 13 日合并为一低涡,强降水区与 13 日低涡后侧冷切变对应关系较好(图 4.7.5)。

850 hPa 等压面风场:强降水区同时对应 12 日 20 时的倒槽区和 13 日 20 时的台风中心后部的冷切变区域(图 4.7.6)。

假相当位温场:暴雨落区与 850 hPa 等压面等 θ_{se} 线密集区对应关系较好。700 hPa 等压面假相当位温的大值区对应暴雨落区(图 4.7.7)。

850 hPa 等压面比湿场:暴雨落区对应 850 hPa 等压面比湿场为 12~14 g/kg。

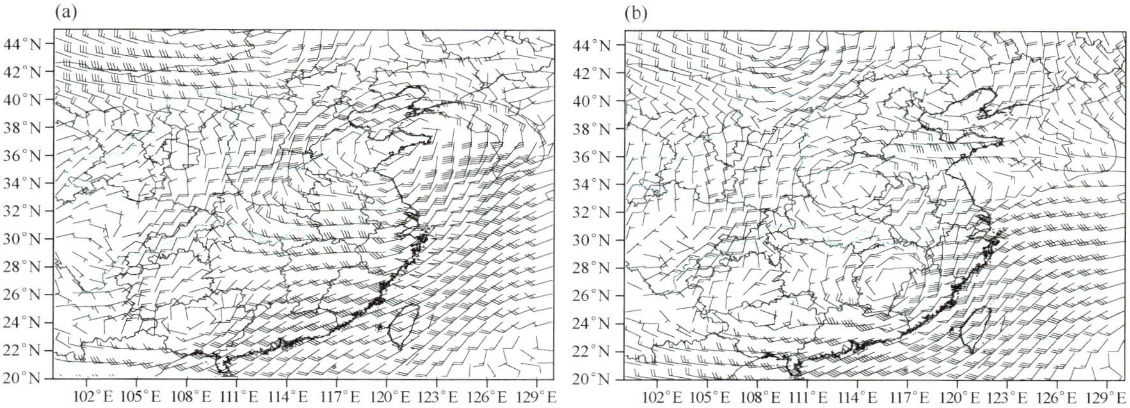

图 4.7.5　700 hPa 等压面的水平风场

(a. 1980 年 7 月 12 日 20 时；b. 1980 年 7 月 13 日 20 时，单位：m/s)

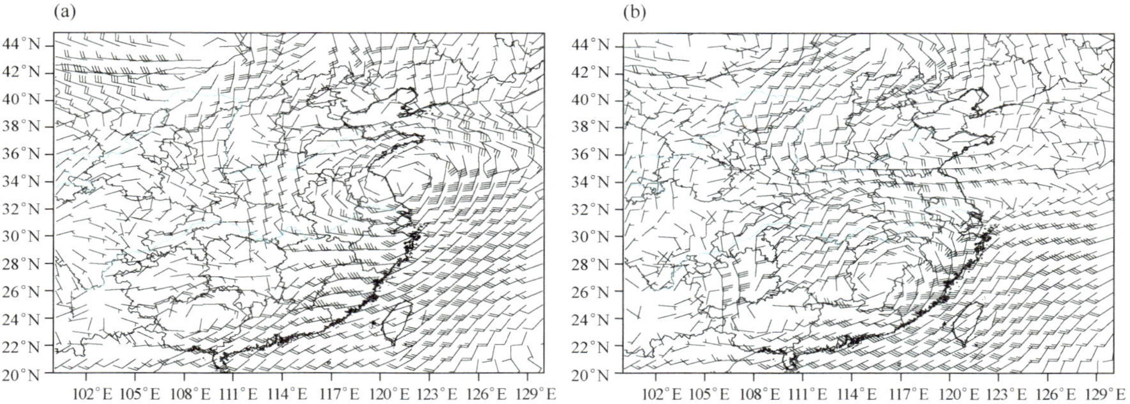

图 4.7.6　850 hPa 等压面的水平风场

(a. 1980 年 7 月 12 日 20 时；b. 1980 年 7 月 13 日 20 时，单位：m/s)

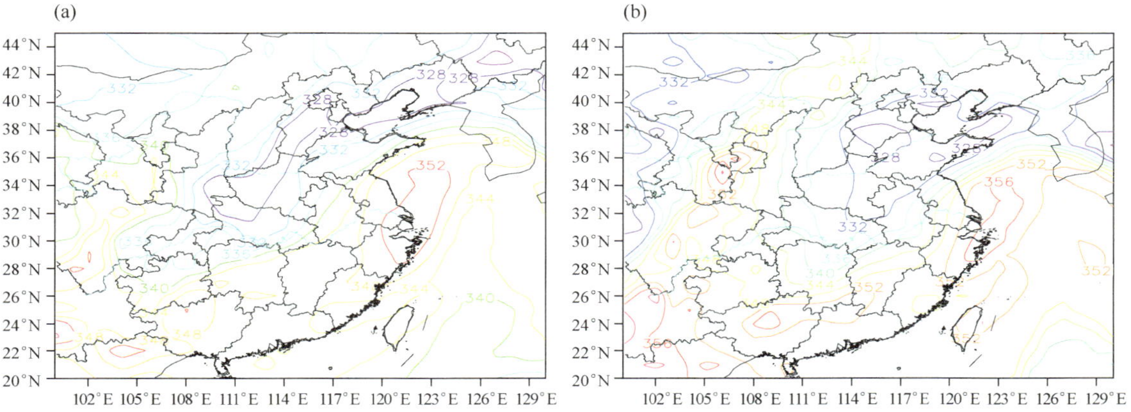

图 4.7.7　1980 年 7 月 13 日 20 时不同等压面的假相当位温场(a. 700 hPa；b. 850 hPa，单位：K)

4.8 8504 号台风“Hal”

4.8.1 台风“Hal”概况

台风“Hal”于 1985 年 6 月 19 日生成于菲律宾以东洋面，之后向西北偏西方向移动，强度逐渐加强，6 月 21 日凌晨在靠近菲律宾时加强为台风，中心附近最大风速为 40 m/s，之后穿过台湾与菲律宾之间海域，6 月 24 日 14 时左右在广东省汕尾附近登陆，登陆后强度逐渐减弱并转向东北方向移动，先后穿过广东省东部、江西省中部、浙江省西北部及江苏省南部，6 月 27 日 14 时左右在上海崇明岛附近离开我国大陆，6 月 28 日 08 时左右在 125.5°E，32.5°N 附近海域消亡（图 4.8.1）。

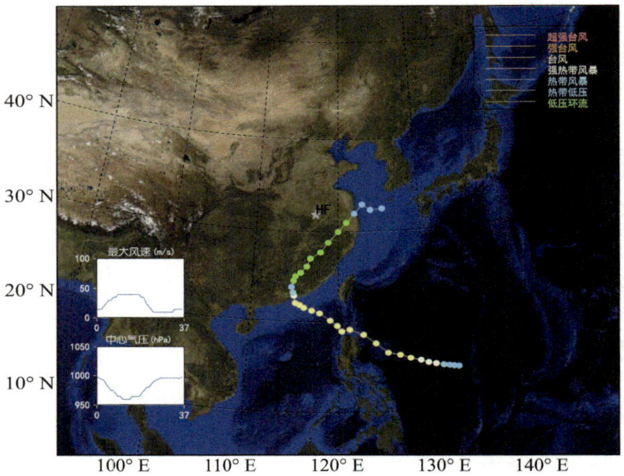

图 4.8.1 8504 号台风“Hal”移动路径图

4.8.2 “Hal”过程中国中东部降水实况

“Hal”于 1985 年 6 月 24 日前后对我国开始造成影响，至 6 月 27 日主要对登陆点和消亡点附近造成明显降水（图 4.8.2）。广东东部、福建全省、江西南部以及浙江北部地区降水量普遍在 50 mm 以上，广东东部、福建南部、江西南部和浙江北部超过 100 mm。

4.8.3 “Hal”过程安徽降水实况

图 4.8.3 为“Hal”影响期间安徽省总雨量。受“Hal”影响，1985 年 6 月 23 日 20 时—27 日 20 时，淮河以北中南部和淮河以南有降水，沿江江南和滁州降水量普遍超过 25 mm，其中和县、当涂、马鞍山、芜湖县、青阳、九华、光明顶、绩溪、歙县、黄山区、黄山市和广德降水量超过 50 mm，最大黄山光明顶 94 mm。此次过程降水时间较长，暴雨分散，暴雨落区分别出现在 24 日当涂、25 日和县、26 日青阳和黄山光明顶，较强降水出现在 6 月 25 日 20 时—26 日 20 时，强降水区域位于黄山市。

4.8.4 “Hal”天气过程分析

综合分析可以发现台风“Hal”降水过程的强降水落区与中低层风场台风倒槽位置对应

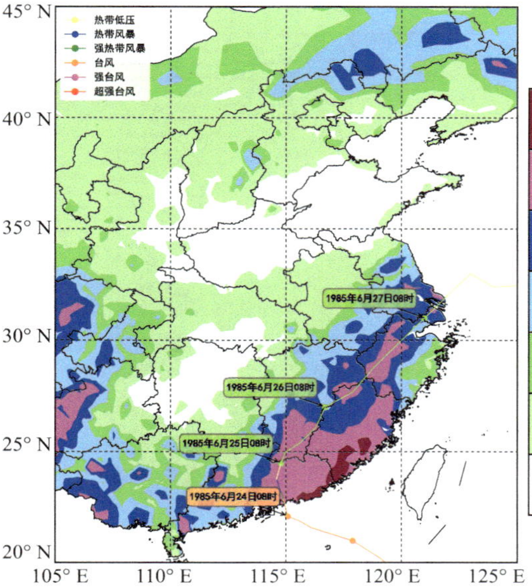

图 4.8.2　“Hal”影响期间 1985 年 6 月 23 日 23 时—6 月 28 日 20 时中国中东部总降水量(单位:mm)

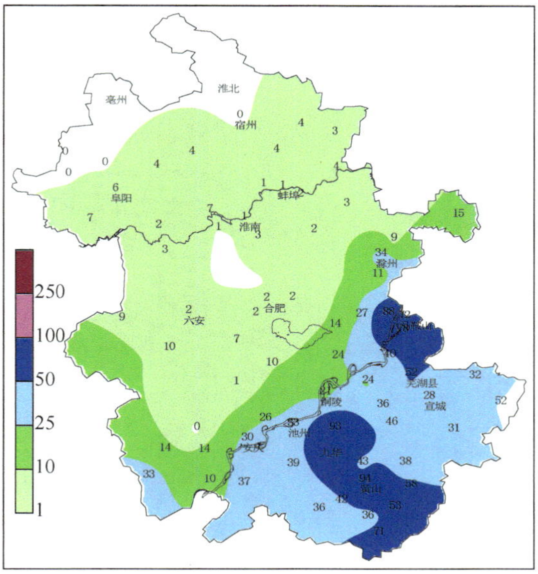

图 4.8.3　“Hal”影响期间 1985 年 6 月 23 日 20 时—6 月 27 日 20 时安徽省总雨量(单位:mm)

较好,因 200 hPa 等压面上安徽省北部对应为低槽,对上升运动有抑制作用,因此北部降水不明显;而在江南地区上空对应 200 hPa 等压面风场为辐散,有利于强降水发生。

500 hPa 等压面高度场:西太平洋副热带高压 584 dagpm 等值线位于我国东南部沿海地区,台风“Hal”沿 584 dagpm 等值线以北区域向东北移出皖浙交界处。中高纬地区为西北气流控制,不利于强降水发生(图 4.8.4)。

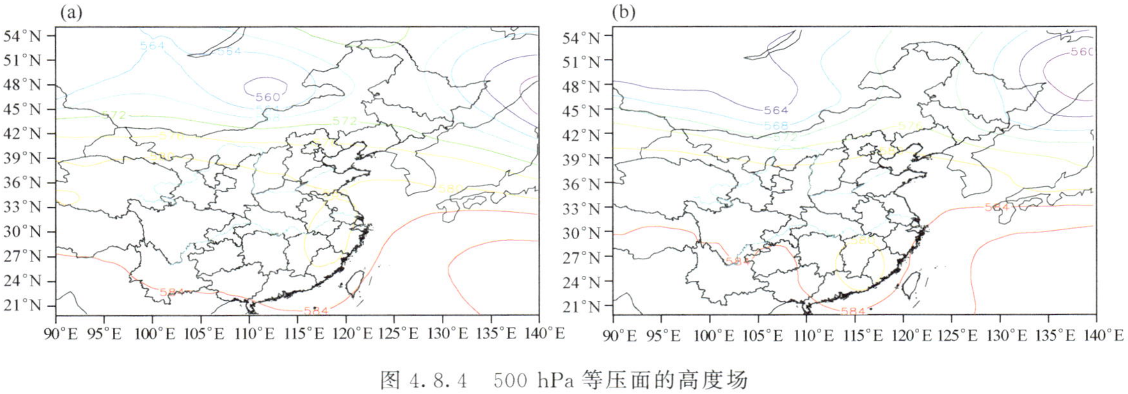

图 4.8.4　500 hPa 等压面的高度场

(a. 1985 年 6 月 25 日 20 时;b. 1985 年 6 月 26 日 20 时,单位:dagpm)

200 hPa 等压面风场:在 6 月 25 日 20 时—26 日 20 时风场图上,安徽省北部上空低槽,不利于上升运动,对强降水有抑制作用;但南部高空对应为 200 hPa 等压面风场辐散区,有利于强降水发生(图 4.8.5)。

700 hPa 和 850 hPa 等压面风场:强降水区位于两层风场倒槽附近(图 4.8.6—4.8.7)。

假相当位温场:暴雨落区与 850 hPa 和 700 hPa 等压面等 θ_{se} 线的大值区和 925 hPa 等压面等 θ_{se} 线密集区对应较好(图 4.8.8—4.8.10)。

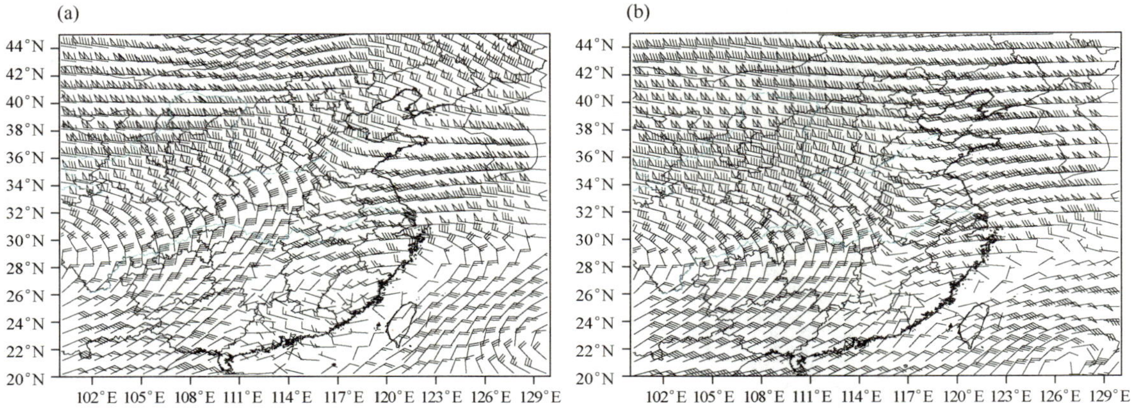

图 4.8.5 200 hPa 等压面的水平风场

(a. 1985 年 6 月 25 日 20 时;b. 1985 年 6 月 26 日 20 时,单位:m/s)

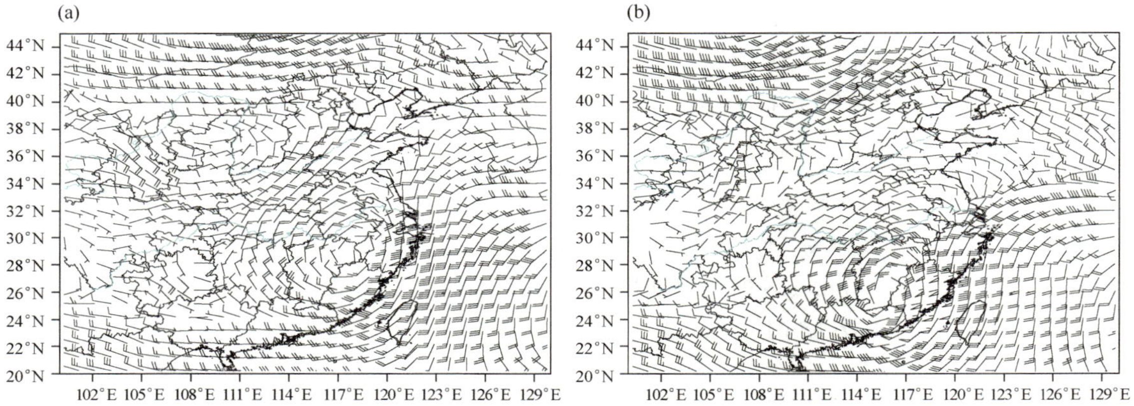

图 4.8.6 700 hPa 等压面的水平风场

(a. 1985 年 6 月 25 日 20 时;b. 1985 年 6 月 26 日 20 时,单位:m/s)

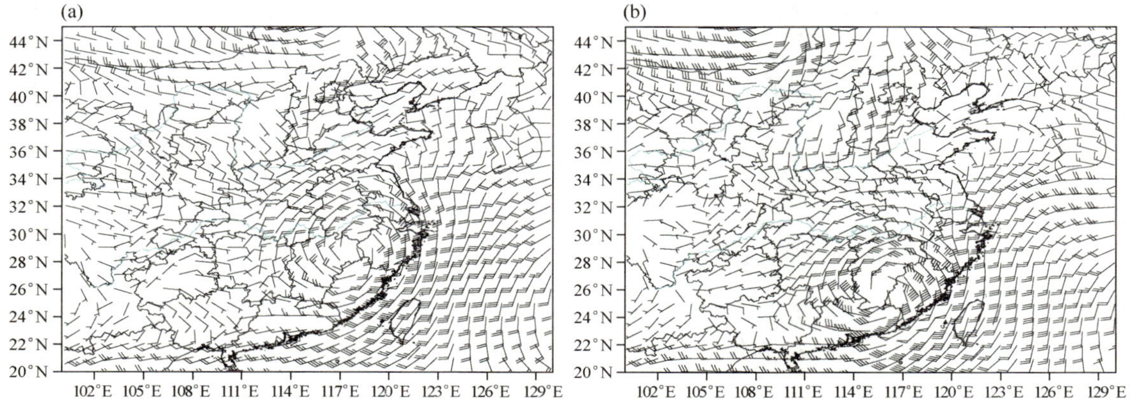

图 4.8.7 850 hPa 等压面的水平风场

(a. 1985 年 6 月 25 日 20 时;b. 1985 年 6 月 26 日 20 时,单位:m/s)

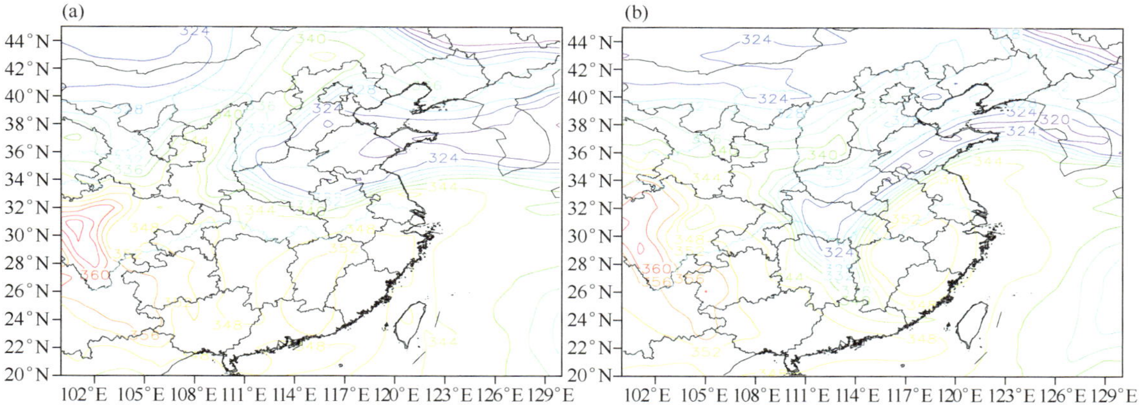

图 4.8.8　700 hPa 等压面的假相当位温场
（a. 1985 年 6 月 25 日 20 时；b. 1985 年 6 月 26 日 20 时，单位：K）

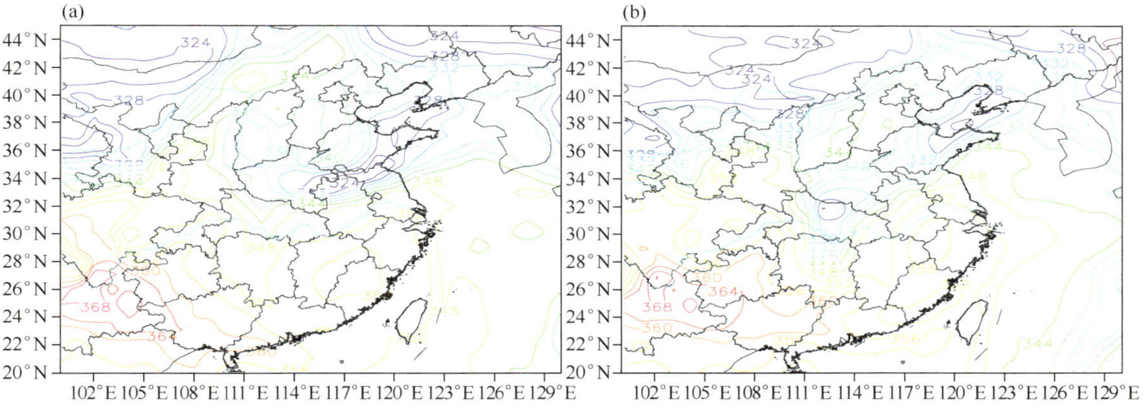

图 4.8.9　850 hPa 等压面的假相当位温场
（a. 1985 年 6 月 25 日 20 时；b. 1985 年 6 月 26 日 20 时，单位：K）

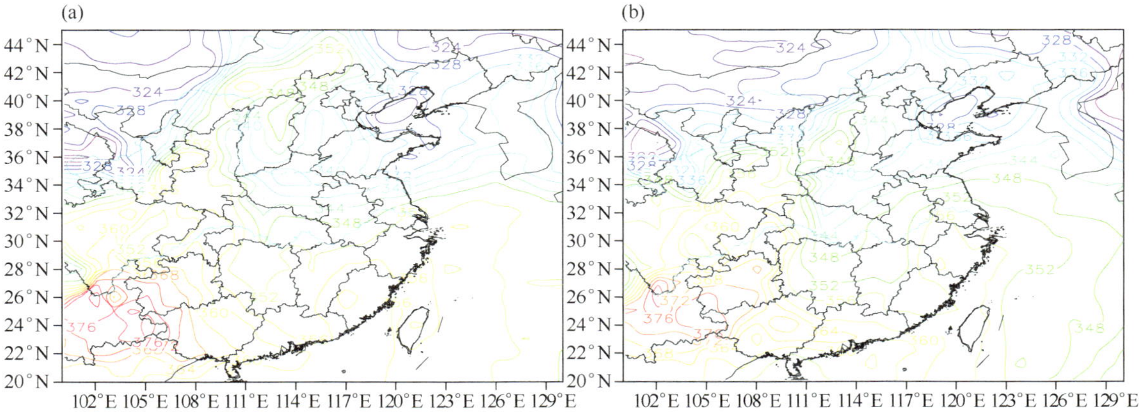

图 4.8.10　925 hPa 等压面的假相当位温场
（a. 1985 年 6 月 25 日 20 时；b. 1985 年 6 月 26 日 20 时，单位：K）

4.9 9403号台风“Russ”

4.9.1 台风“Russ”概况

台风“Russ”于1994年6月3日14时左右生成于114.1°E,20.3°N附近海域,生成时强度为热带风暴,生成后向东移动,强度逐渐加强,6月4日14时在116.3°E,19.8°N附近海域加强为强热带风暴,中心附近最大风速为30 m/s,6月5日14时左右在117.2°E ,20.2°N附近发生转向,转为向西北偏西方向移动,在靠近海南省海口附近海域转向西北偏北方向移动,并于6月8日中午前后在两广交界处登陆,登陆后强度逐渐减弱,6月9日20时在广西柳州市附近,我国对“Russ”停止编报,但根据日本气象厅台风路径显示,其减弱的低压环流继续转向东北方向移动,先后穿过湖南省南部、江西中部和浙江省南部,最终在浙江省台州附近东移入海,并于6月12日08时左右在日本岛南部海域消亡(图4.9.1)。

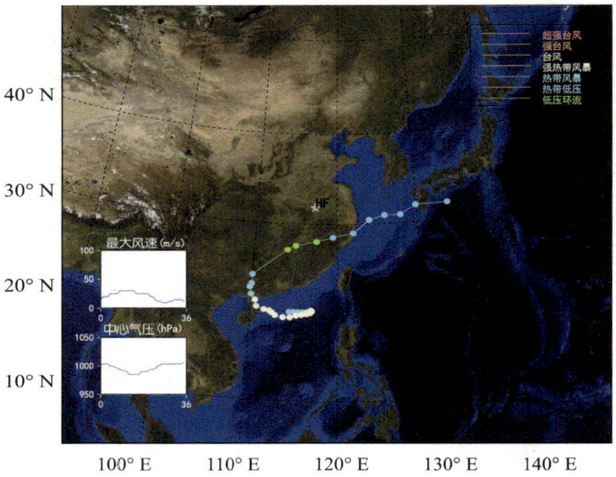

图4.9.1 9403号台风“Russ”移动路径图

4.9.2 “Russ”过程中国中东部降水实况

“Russ”于6月8日前后对我国开始造成影响,至6月11日主要对登陆点和消亡点附近造成明显降水(图4.9.2)。广西东南部、广东北部和西部、福建北部、江西东北部以及安徽南部和浙江北部地区降水量普遍在50 mm以上,广西东部、广东西部、江西北部和浙江北部还有安徽南部超过100 mm。

4.9.3 “Russ”过程安徽降水实况

图4.9.3为“Russ”影响期间安徽省总雨量。受“Russ”影响,1994年6月6日20时—10日20时,淮河以北北部降水量10~50 mm;淮河以北中南部和淮河以南降水量为50 mm以上,其中大别山区和沿江江南大部分地区超过100 mm,黄山市降水量普遍超过200 mm,最大值为黄山光明顶244 mm。此次降水过程6月6日20时—7日20时在淮河以北南部至江淮之间北部大雨,其中沿淮地区暴雨,最大值为阜阳64 mm。6月7日20时—8日20时在沿淮

附近、沿江附近、大别山区和江南东南部大雨，其中沿江东部和岳西、桐城暴雨，最大值为无为 119 mm。6 月 8 日 20 时—9 日 20 时暴雨区位于沿江西部和江南中南部，黄山市和池州市南部降水量普遍 100 mm 以上，最大值为东至 149 mm，为此过程最强降水时段。6 月 9 日 20 时—10 日 20 时暴雨至大暴雨区南压至黄山市中南部地区。

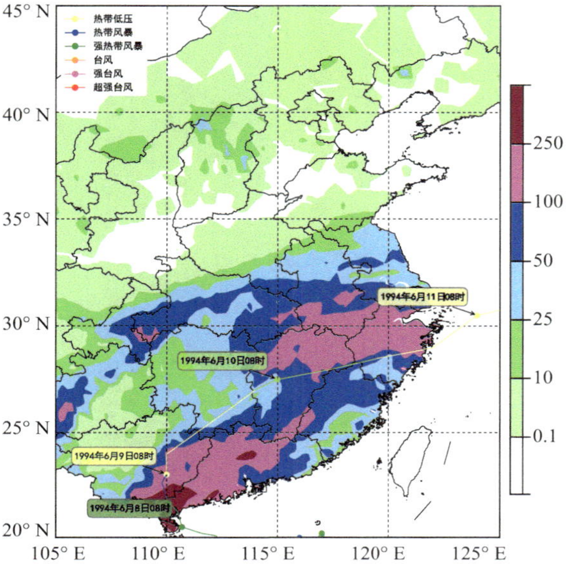

图 4.9.2　“Russ”影响期间 1994 年 6 月 7 日 20 时—6 月 11 日 20 时中国中东部总降水量(单位:mm)

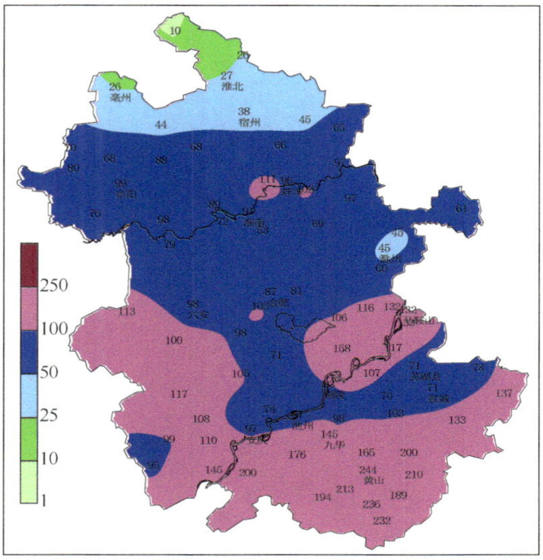

图 4.9.3　“Russ”影响期间 1994 年 6 月 6 日 20 时—6 月 10 日 20 时安徽省总雨量(单位:mm)

4.9.4　“Russ”天气过程分析

综合分析可以看到此次过程 9 日 20 时我国对“Russ”停止编报，但其低压环流仍向东北移动，至 10 日 20 时移动至 119.5°E，28.5°N，同时受冷空气、副高外围西南急流共同影响，8 日 20 时—10 日 20 时安徽省南部出现强降水。此过程降水中心与 700 hPa 和 850 hPa 等压面冷切变对应关系都较好。

500 hPa 等压面高度场：6 月 8 日 20 时副高位置偏北，584 dagpm 等值线位于安徽省江淮之间南部地区，从东北至华北地区有一低槽，8 日前受副高和低槽共同影响，强降水落区主要位于安徽省北部。8 日 20 时—9 日 20 时副高明显南落，冷空气影响到安徽省南部地区(图 4.9.4)。

700 hPa 和 850 hPa 等压面风场：两层都有明显西南风急流，9 日 20 时两层风场图可以发现台风外围云系、副高西北侧的西南急流与冷空气相结合，有利于形成强降水。8 日 20 时—9 日 20 时暴雨落区与 700 hPa 等压面在 9 日 20 时的冷切变位置对应较好；与 850 hPa 等压面 8 日 20 时冷切变和 9 日 20 时偏东风急流南侧区间对应较好(图 4.9.5—4.9.6)。

假相当位温场：暴雨落区与 9 日 20 时 700 hPa 等压面等 θ_{se} 线高密度区和 850 hPa 等压面略偏向于暖区一侧的等 θ_{se} 线高密度区对应关系较好(图 4.9.7—4.9.8)。

850 hPa 等压面比湿场：强降水落区位于比湿为 12～15g/kg 区域(图 4.9.9)。

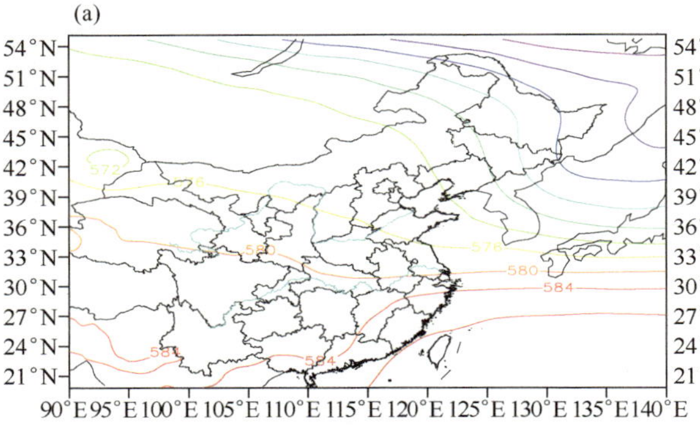

图 4.9.4　500 hPa 等压面的高度场

(a. 1994 年 6 月 8 日 20 时;b. 1994 年 6 月 9 日 20 时,单位:dagpm)

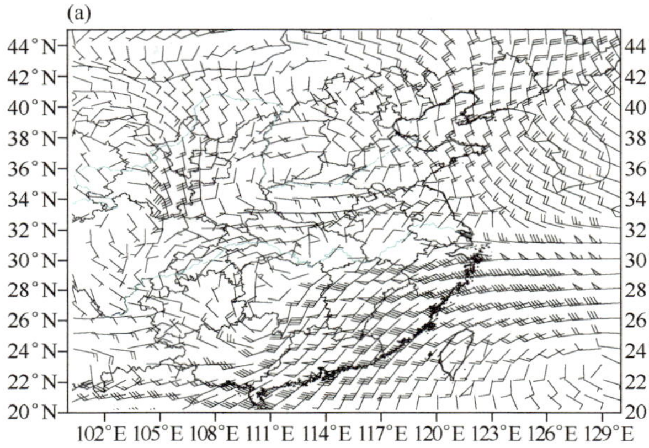

图 4.9.5　700 hPa 等压面的水平风场

(a. 1994 年 6 月 8 日 20 时;b. 1994 年 6 月 9 日 20 时,单位:m/s)

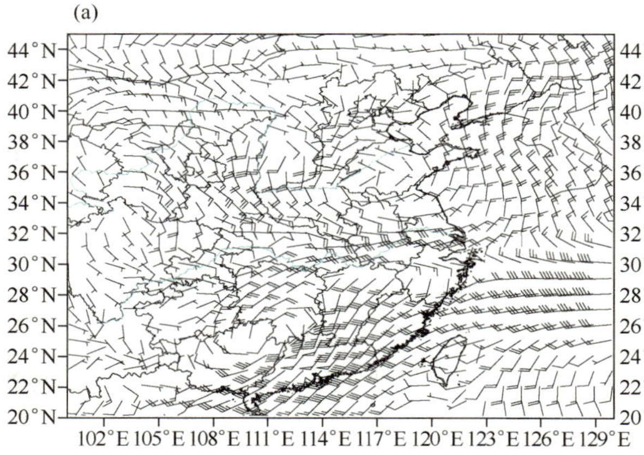

图 4.9.6　850 hPa 等压面的水平风场

(a. 1994 年 6 月 8 日 20 时;b. 1994 年 6 月 9 日 20 时,单位:m/s)

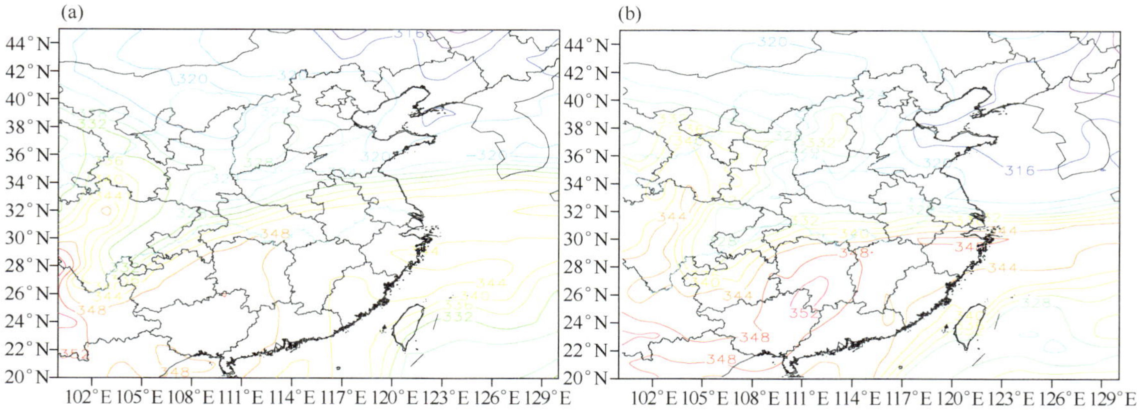

图 4.9.7　700 hPa 等压面的假相当位温场

(a. 1994 年 6 月 8 日 20 时;b. 1994 年 6 月 9 日 20 时,单位:K)

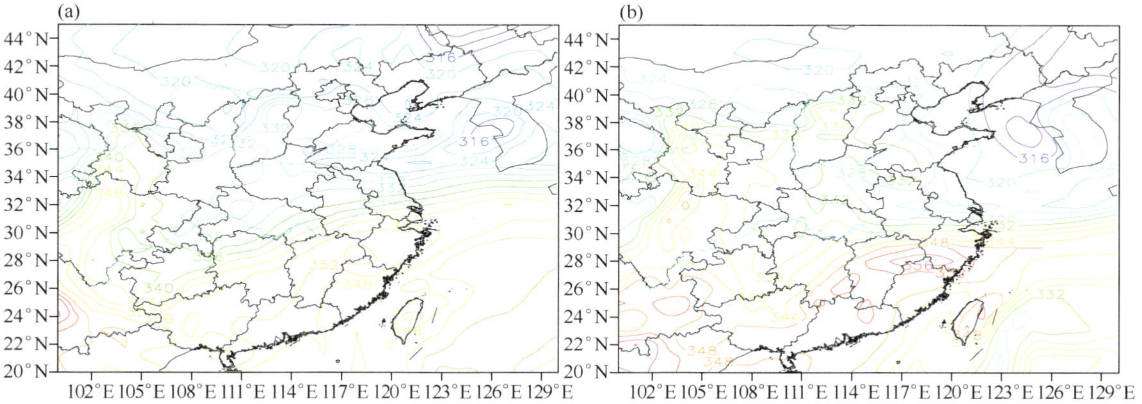

图 4.9.8　850 hPa 等压面的假相当位温场

(a. 1994 年 6 月 8 日 20 时;b. 1994 年 6 月 9 日 20 时,单位:K)

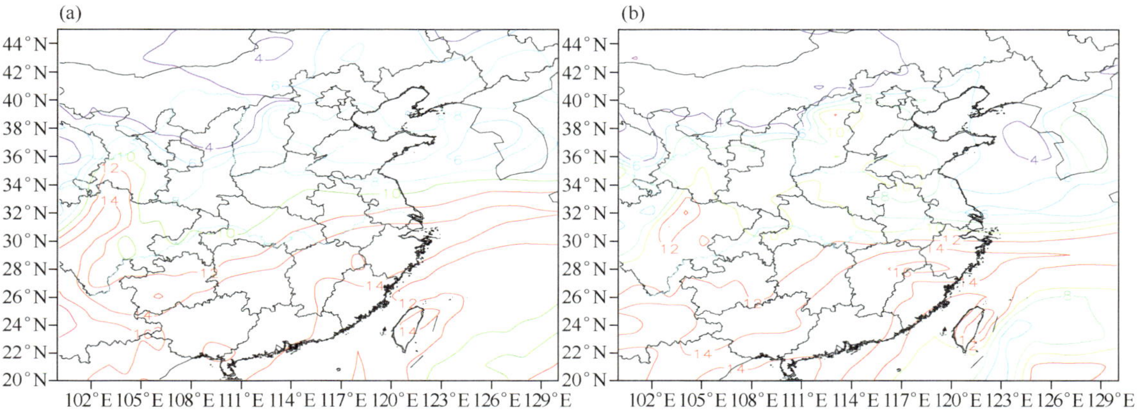

图 4.9.9　850 hPa 等压面的比湿场

(a. 1994 年 6 月 8 日 20 时;b. 1994 年 6 月 9 日 20 时,单位:g/kg)

4.10 9505 号台风“海伦”

4.10.1 台风“海伦”概况

台风“海伦”于 1995 年 8 月 7 日 14 时左右在菲律宾以东洋面生成，生成时强度为热带低压，强度逐渐加强，向西北偏西方向移动，穿过台湾和菲律宾之间海域，在 116°E，18°N 附近海域加强为强热带风暴，并转向偏北方向移动，期间最大风力 30 m/s，8 月 12 日 08 时左右在广东省惠州附近登陆，登陆后强度减弱，穿过广东省东部和江西省南部，最终在江西省南部吉安附近消亡（图 4.10.1）。

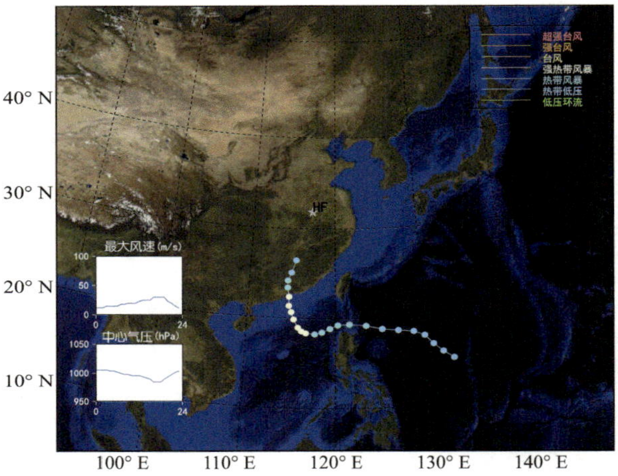

图 4.10.1 9403 号台风“海伦”移动路径图

4.10.2 “海伦”过程中国中东部降水实况

“海伦”于 1995 年 8 月 12 日前后对我国开始造成影响，至 8 月 13 日主要对登陆点和消亡点附近造成明显降水（图 4.10.2）。广西东部、福建西部、陕西南部以及重庆东北部地区降水量普遍在 50 mm 以上，广东东南部、福建西南部和陕西南部超过 100 mm。

4.10.3 “海伦”过程安徽降水实况

图 4.10.3 为“海伦”影响期间安徽省总雨量。受“海伦”影响，1995 年 8 月 11 日 20 时—15 日 20 时，江北西部和江南南部降水明显，降水量普遍在 25 mm 以上，其中亳州、界首、阜阳和太湖降水量 50 mm 以上，最大值为阜阳 82 mm。13 日 20 时—14 日 20 时强降水位于淮河以北的西北部；14 日 20 时—15 日 20 时强降水位于淮河以北北部、江淮之间西部和江南西南部。

4.10.4 “海伦”天气过程分析

综合分析可以发现台风“海伦”过程中西太平洋副热带高压呈块状分布，副高范围广、强度强，脊线位置偏北（张胜军等，2005），降水中心位于副高西侧边缘，呈南北走向。

500 hPa 等压面高度场：8 月 14 日 20 时副高中心位于日本岛及以南地区，中心强度为 592 dagpm，588 dagpm 等值线位于安徽省东部边界，呈南北分布(图 4.10.4)。

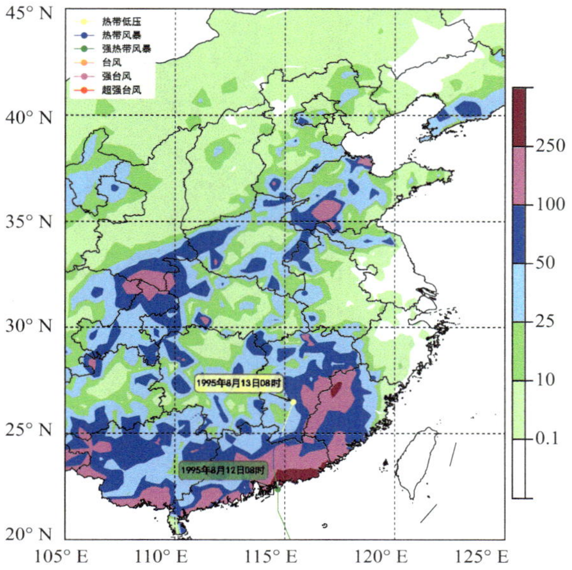

图 4.10.2　“海伦”影响期间 1995 年 8 月 11 日 20 时—8 月 15 日 20 时中国中东部总降水量(单位：mm)

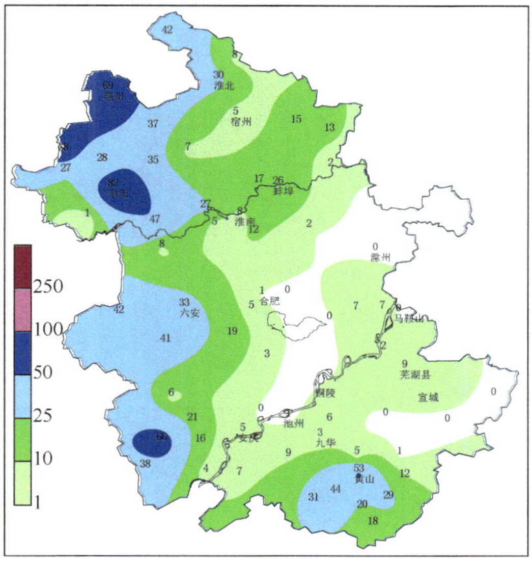

图 4.10.3　“海伦”影响期间 1995 年 8 月 12 日 20 时—8 月 15 日 20 时安徽省总雨量(单位：mm)

200 hPa 等压面风场：高层分流区位于安徽省西部地区(图 4.10.5)。

700 hPa 和 850 hPa 等压面风场：我国对该热带系统 13 日 08 时停止编报，但 14 日 20 时的风场图上可以发现两层在安徽西部都有明显的低压环流系统，同时安徽省西部地区处于偏南风急流的左侧，但从温度场来看，并无明显冷空气影响(图 4.10.6)。

假相当位温场：从等 θ_{se} 线分布来看，安徽省西北部受冷空气影响，等值线较密集，降水相对明显，但大别山区附近强降水 θ_{se} 线分布并不很密集，基本无冷空气影响(图 4.10.7)。

850 hPa 等压面比湿场：全省比湿均为 14 g/kg 左右。

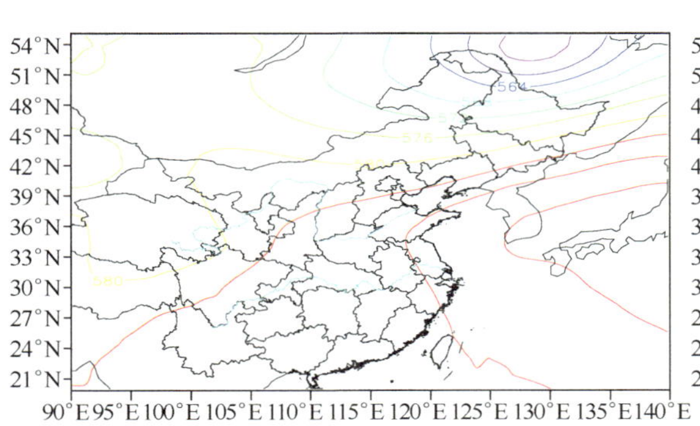

图 4.10.4　1995 年 8 月 14 日 20 时 500 hPa 等压面的高度场(单位：dagpm)

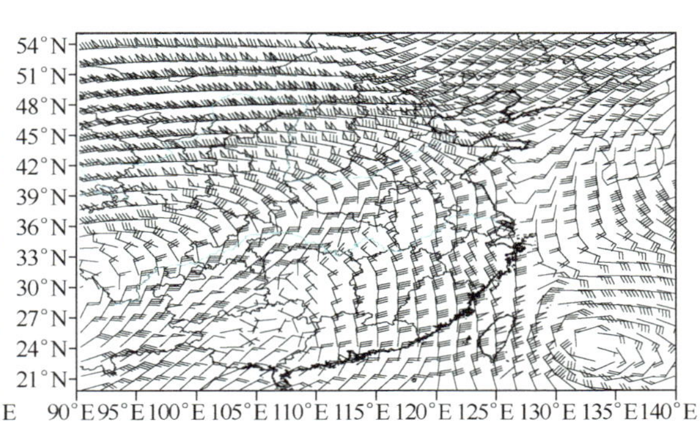

图 4.10.5　1995 年 8 月 14 日 20 时 200 hPa 等压面的风场(单位：m/s)

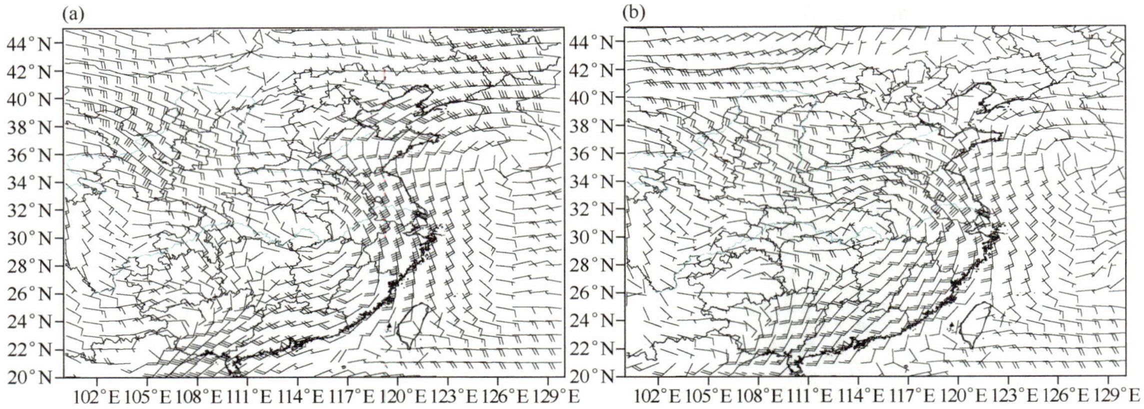

图 4.10.6 1995 年 8 月 14 日 20 时不同等压面的水平风场

(a. 700 hPa;b. 850 hPa,单位:m/s)

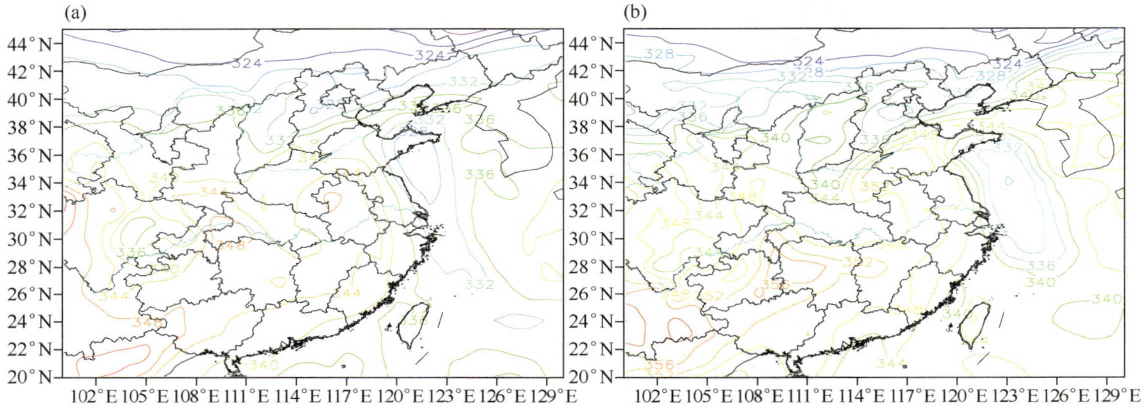

图 4.10.7 1995 年 8 月 14 日 20 时不同等压面的假相当位温场

(a. 700 hPa;b. 850 hPa,单位:K)

4.11 9710 号台风“维克特”

4.11.1 台风“维克特”概况

台风“维克特”于 1997 年 7 月 31 日 08 时左右在我国中沙群岛附近海域生成,生成后向偏北方向移动,强度逐渐加强,于 8 月 1 日 20 时左右在 114.2°E,18.7 °N 附近海域加强为热带风暴,最大风力为 30 m/s,8 月 2 日 20 时左右在我国香港附近登陆,登陆后继续北移,强度逐渐减弱,8 月 3 日 08 时在湖南省和江西省北部交界处转向东北方向移动,8 月 4 日 14 时在安徽省淮南市附近消亡(图 4.11.1)。台风“维克特”在登陆后移向基本不变,有研究表明该路径在历史统计中出现频率最高,约占登陆台风总数的 39.4%(陈玉林等,2005)。

4.11.2 “维克特”过程中国中东部降水实况

台风“维克特”于 1997 年 8 月 2—5 日对我国产生明显降水影响(图 4.11.2)。安徽省南部、江西省部分地区、福建省南部和广东省中东部降水量普遍在 50 mm 以上;广东省中东部和福建省南部部分地区超过 100 mm，其中广东省东南部部分地区超过 250 mm。

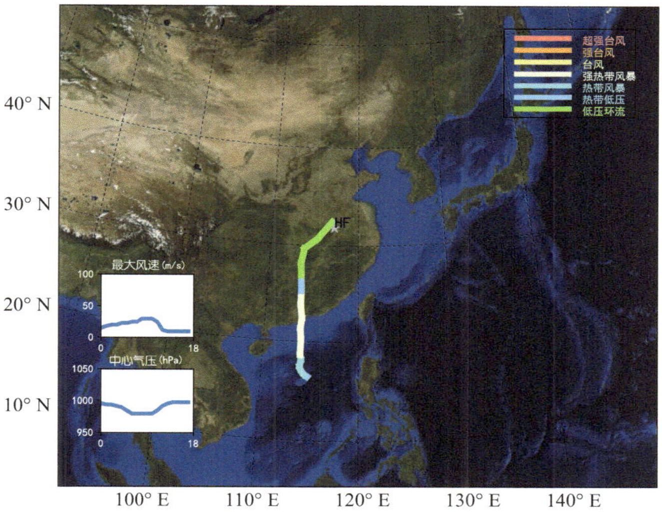

图 4.11.1　9710 号台风“维克特”移动路径图

4.11.3　“维克特”过程安徽降水实况

受“维克特”影响，1997 年 8 月 2 日 20 时—4 日 20 时，安徽省大部分地区出现降水，雨量分布不均，大别山区和沿江江南、江淮之间东部地区、淮河以北北部降水明显，总降水量普遍超过 25 mm，其中宿松、太湖、祁门、黄山超过 50 mm，最大值为黄山光明顶 126 mm。此过程 3 日 20 时—4 日 20 时雨量较大，大别山区和江南的强降水均出现在此时段(图 4.11.3)。

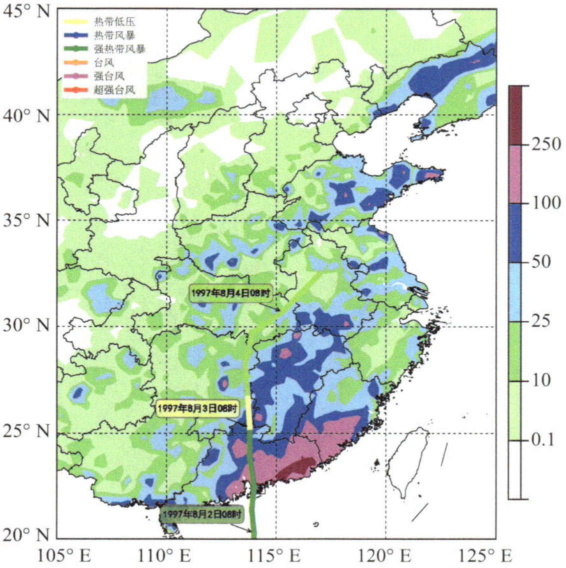

图 4.11.2　“维克特”影响期间 1997 年 8 月 2 日 20 时—8 月 5 日 20 时中国中东部总降水量(单位：mm)

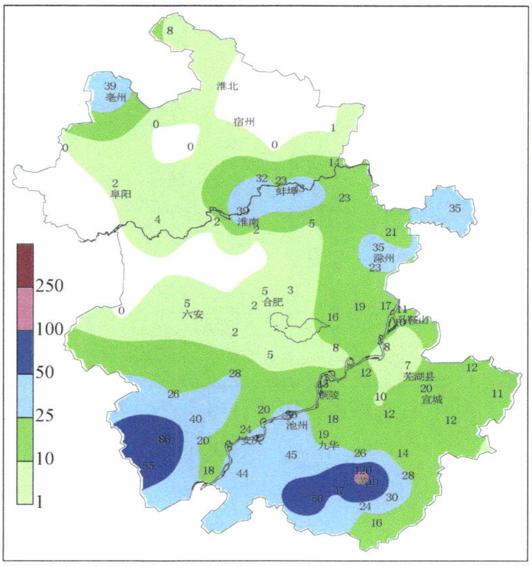

图 4.11.3　“维克特”影响期间 1997 年 8 月 2 日 20 时—8 月 4 日 20 时安徽省总降水量(单位：mm)

4.11.4 “维克特”天气过程分析

综合分析图所示，在台风“维克特”过程中，强降水落区与中低层冷槽位置对应较好。

500 hPa 等压面高度场：西太平洋副热带高压范围广、强度较强。东北地区有冷涡，冷涡西南侧低槽影响到华东沿海地区（图 4.11.4）。

200 hPa 等压面风场：8 月 3 日 20 时，安徽省北部为低槽区，不利于上升运动发展；南部为气流辐散区，有利于强降水（图 4.11.5）。

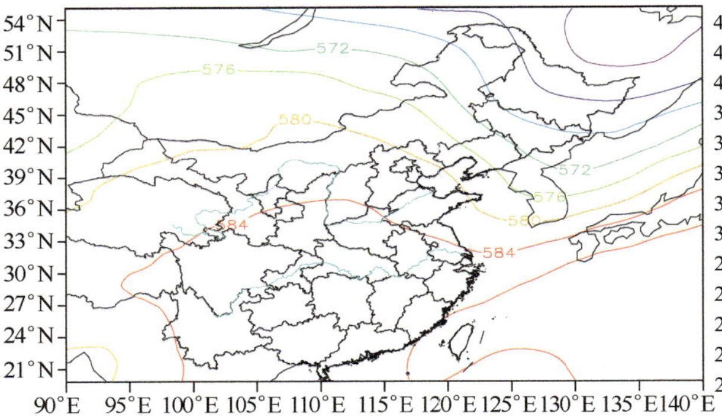

图 4.11.4 1997 年 8 月 4 日 20 时 500 hPa 等压面的高度场（单位：dagpm）

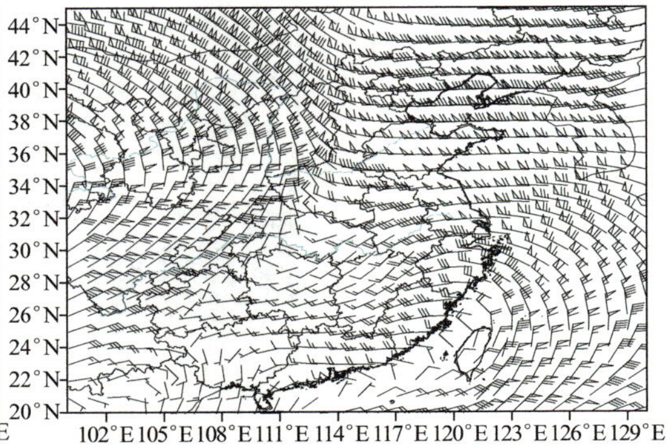

图 4.11.5 1997 年 8 月 3 日 20 时 200 hPa 等压面的水平风场（单位：m/s）

700 hPa 和 850 hPa 等压面风场：该热带系统 8 月 4 日 14 时停止编报，但 4 日 20 时的风场图上可以发现两层在沿江地区都有明显低槽，槽南侧的西南风速为 8～12 m/s，并且有明显风速辐合，有利于强降水（图 4.11.6—4.11.7）。

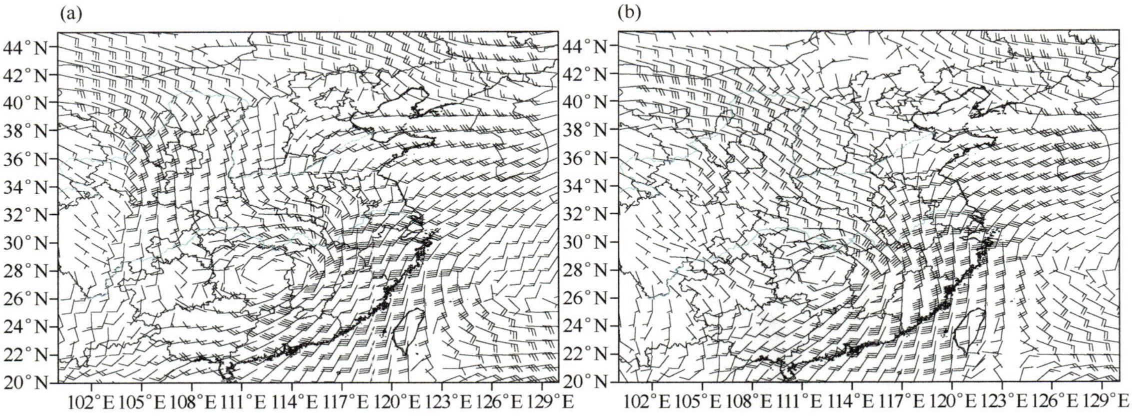

图 4.11.6 1997 年 8 月 3 日 20 时不同等压面的水平风场

（a. 700 hPa；b. 850 hPa，单位：m/s）

假相当位温场：从等 θ_{se} 线分布来看，强降水落区位于高值中心，虽有冷槽影响，但从假相当位温来看，冷空气作用较弱（图 4.11.8）。

850 hPa 等压面比湿场：全省比湿均为 14～16 g/kg，对暴雨落区指示并不明显（图 4.11.9）。

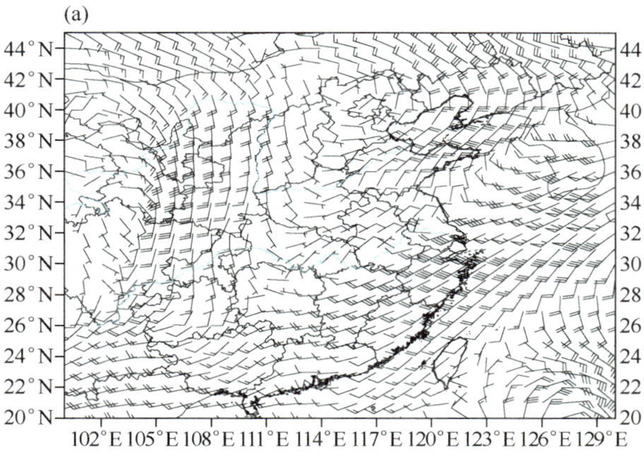

图 4.11.7　1997 年 8 月 4 日 20 时不同等压面的水平风场

(a. 700 hPa；b. 850 hPa，单位：m/s)

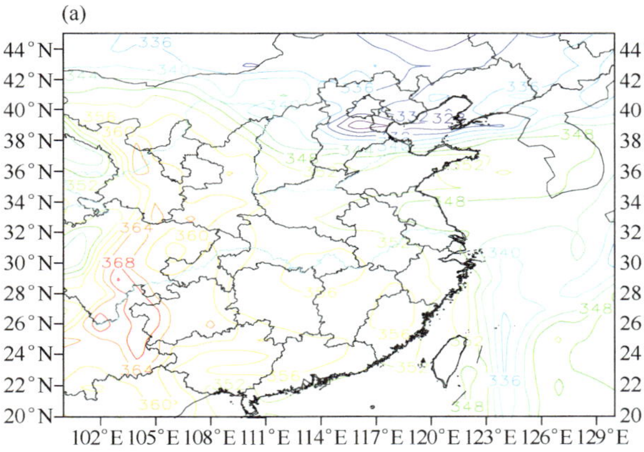

图 4.11.8　850 hPa 等压面的假相当位温场

(a. 1997 年 8 月 3 日 20 时；b. 1997 年 8 月 4 日 20 时，单位：K)

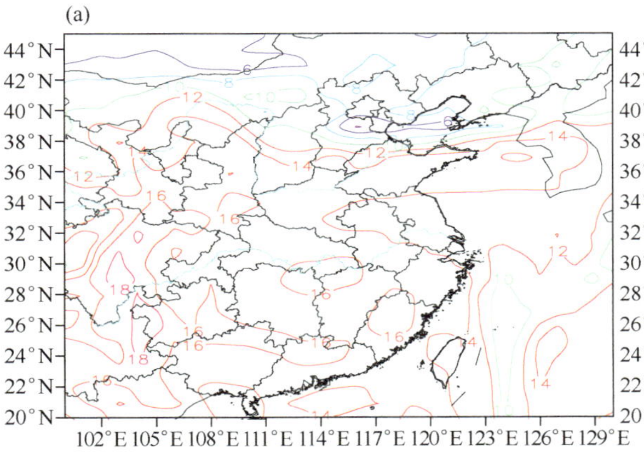

图 4.11.9　850 hPa 等压面的比湿场

(a. 1997 年 8 月 3 日 20 时；b. 1997 年 8 月 4 日 20 时，单位：g/kg)

4.12 9908 号台风“山姆”

4.12.1 台风“山姆”概况

台风“山姆”于 1999 年 8 月 18 日 08 时左右在菲律宾以东海域生成，生成后向西北方向移动，8 月 20 日 14 时在菲律宾北部加强为强热带风暴，8 月 22 日 14 时在香港的东南部海域加强为台风，最大风速 33 m/s，22 日 17 时左右在香港登陆后强度逐渐减弱，并在广东省北部转向东北方向移动，先后经过湖南省和江西省南部交界处、江西省西北部和安徽省沿江地区，强度逐渐减弱为低压环流，最终在江苏省南通东部移入我国黄海南部海域并继续向东北方向移动，于 8 月 27 日 08 时在日本岛以西海域消亡(图 4.12.1)。

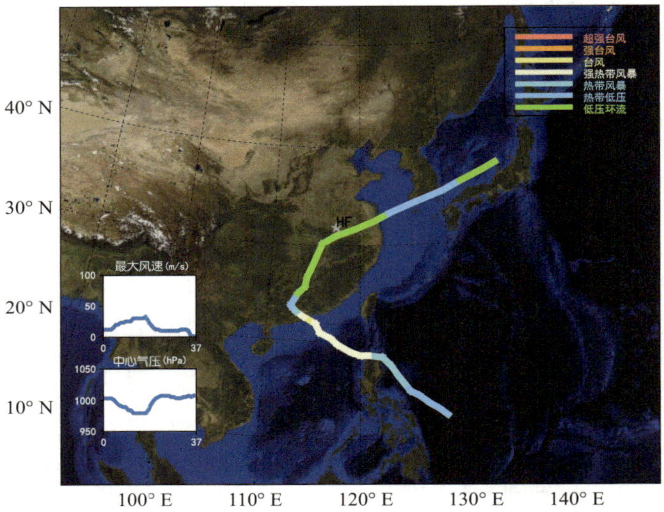

图 4.12.1 9908 号台风“山姆”移动路径图

4.12.2 “山姆”过程中国中东部降水实况

台风“山姆”于 1999 年 8 月 22—26 日对我国产生明显降水影响(图 4.12.2)。湖北东部、安徽淮河以南、江苏中南部、湖南中部、江西北部、广西沿海、广东全省、福建沿海地区降水量普遍在 50 mm 以上；湖北和江西交界处、安徽大别山区和沿江地区及两广沿海地区超过 100 mm，其中广东省南部超过 250 mm。

4.12.3 “山姆”过程安徽降水实况

受“山姆”影响，1999 年 8 月 22 日 20 时—26 日 20 时，全省大部分地区出现降水，淮河以南降水量普遍超过 50 mm，其中江淮之间南部到沿江地区降水量在 100 mm 以上，最大值为安庆 201 mm。此次过程每日雨量分布不均，最强降水时段出现在 22 日 20 时—23 日 20 时，该时段江淮之间南部到沿江地区普遍为大雨，部分地区出现暴雨(图 4.12.3)。

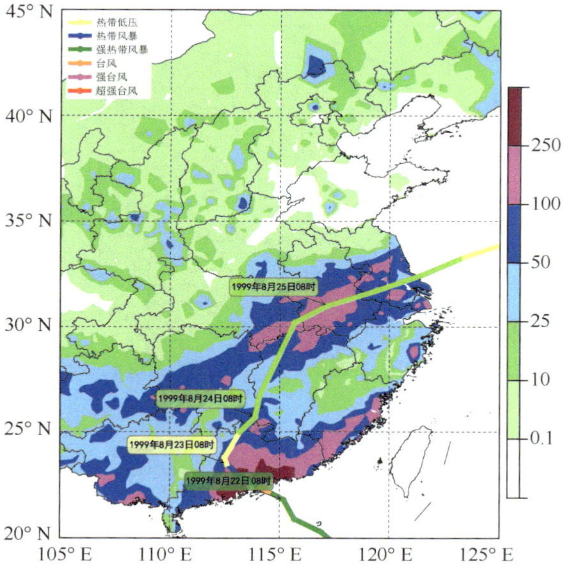

图 4.12.2　“山姆”影响期间 1999 年 8 月 22 日 20 时—8 月 26 日 20 时中国中东部总降水量(单位:mm)

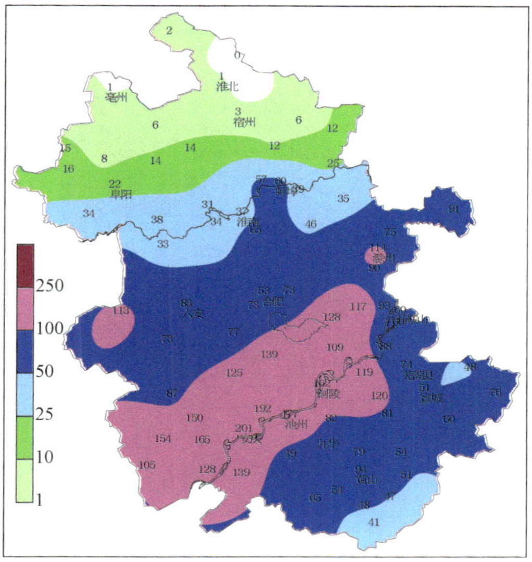

图 4.12.3　“山姆”影响期间 1999 年 8 月 22 日 20 时—8 月 26 日 20 时安徽省总雨量(单位:mm)

4.12.4　“山姆”天气过程分析

综合分析图所示,台风“山姆”过程的强降水落区 24 日与台风倒槽对应关系较好,25 日强降水位于台风中心以北偏东风急流南侧。

500 hPa 等压面高度场:24 日 20 时,584 dagpm 等值线位于安徽省北部,至 25 日 20 时 584 dagpm 等值线南压至安徽省南部地区,同时有西风带低槽东移影响到安徽省北部(图 4.12.4)。

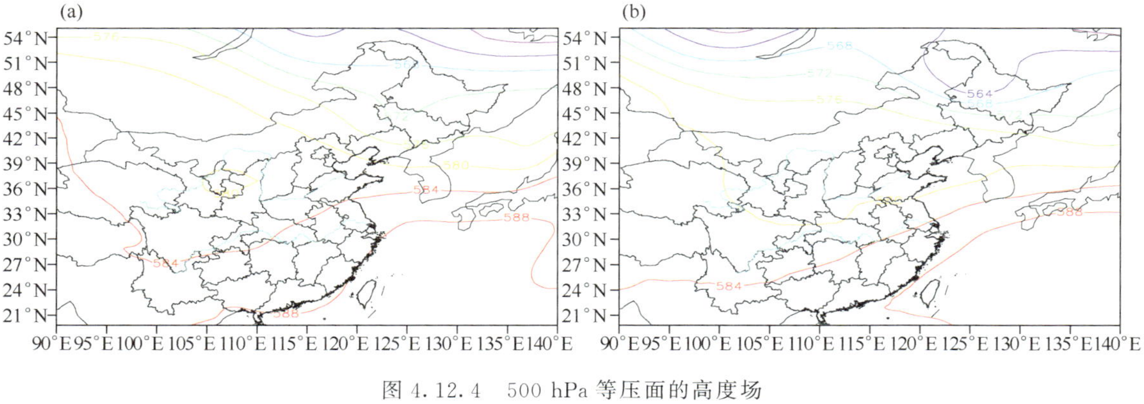

图 4.12.4　500 hPa 等压面的高度场

(a. 1999 年 8 月 24 日 20 时;b. 1999 年 8 月 25 日 20 时,单位:dagpm)

中低层风场:24 日 20 时 925 hPa 等压面风场,台风外围云系已经影响到安徽省,从 700 hPa,850 hPa,925 hPa 等压面风场来看,均无冷空气影响。强降水中心位于安徽省南部,对应 925 hPa 等压面偏东风急流南侧。25 日强降水中心位于江淮之间的东西两侧,对应台风中心北侧的偏东风急流以南地区,此台风偏东风急流明显强于其南侧的西南风急流,这可能是造成 25 日强降水位置更趋近于偏东风急流的主要原因(图 4.12.5—4.12.7)。

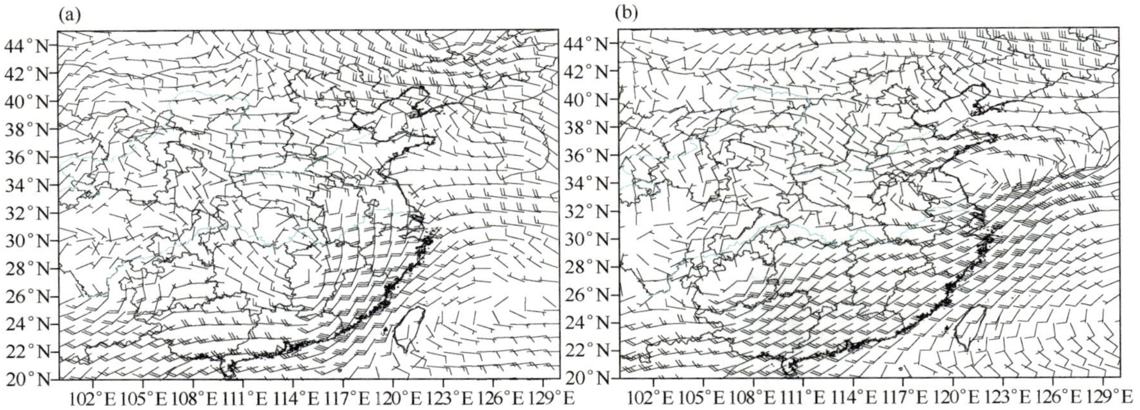

图 4.12.5　700 hPa 等压面的水平风场

（a. 1999 年 8 月 24 日 20 时；b. 1999 年 8 月 25 日 20 时，单位：m/s）

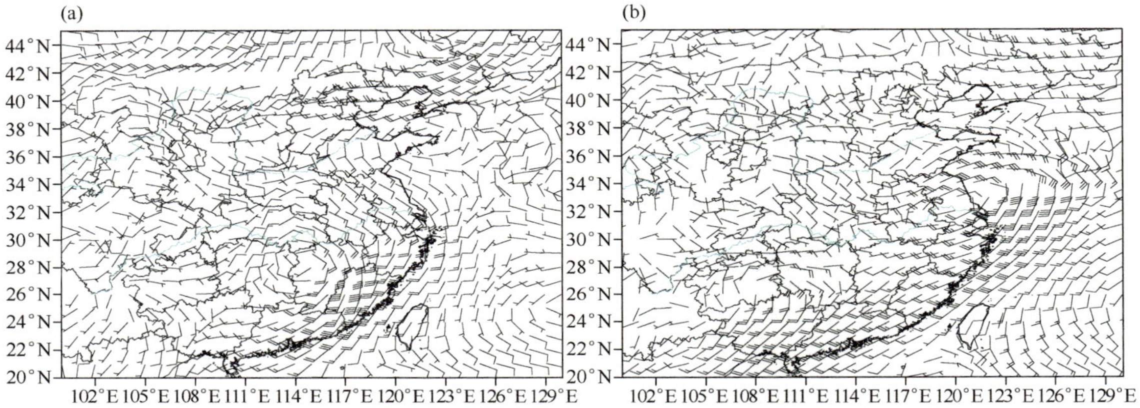

图 4.12.6　850 hPa 等压面的水平风场

（a. 1999 年 8 月 24 日 20 时；b. 1999 年 8 月 25 日 20 时，单位：m/s）

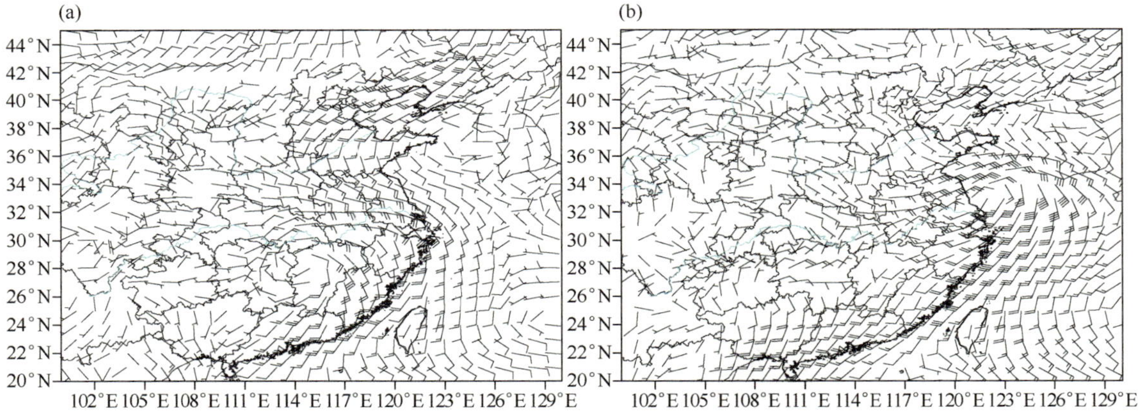

图 4.12.7　925 hPa 等压面的水平风场

（a. 1999 年 8 月 24 日 20 时；b. 1999 年 8 月 25 日 20 时，单位：m/s）

假相当位温场：从 925 hPa 等压面等 θ_{se} 线分布来看，强降水落区位于等 θ_{se} 线密集区（图 4.12.8）。

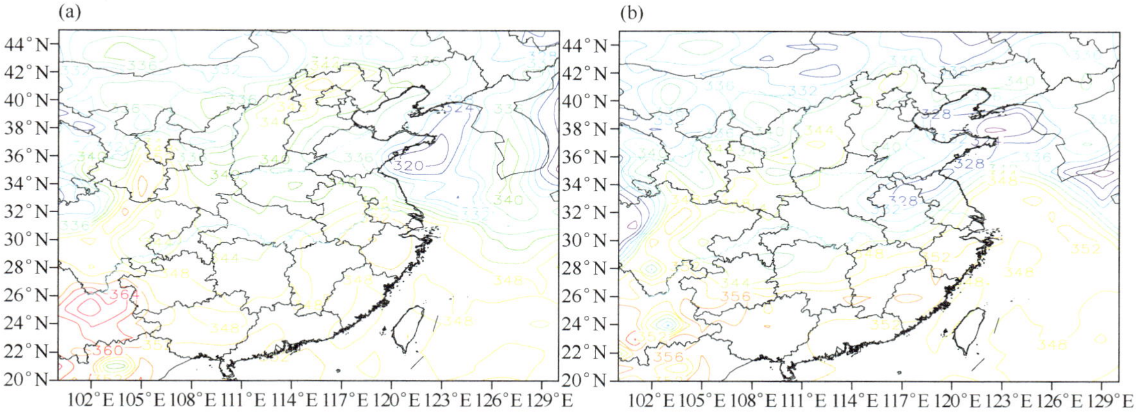

图 4.12.8　925 hPa 等压面的假相当位温场

（a. 1999 年 8 月 24 日 20 时；b. 1999 年 8 月 25 日 20 时，单位：K）

850 hPa 等压面比湿场：24 日 20 时全省比湿为 14～16 g/kg，对暴雨落区指示并不明显。25 日 20 时暴雨落区位于等比湿线密集区，12 g/kg 附近区域（图 4.12.9）。

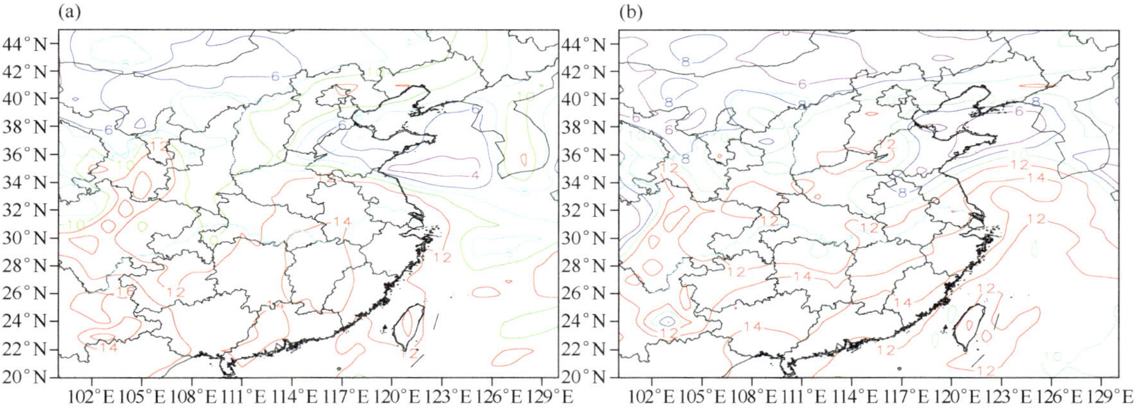

图 4.12.9　850 hPa 等压面的比湿场

（a. 1999 年 8 月 24 日 20 时；b. 1999 年 8 月 25 日 20 时，单位：g/kg）

4.13　9909 号台风“温迪”

4.13.1　台风“温迪”概况

台风“温迪”于 1999 年 9 月 1 日 14 时在菲律宾东部沿海地区生成，生成后向西北方向移动，强度逐渐加强，经过菲律宾北部海域后 9 月 3 日 08 时左右在 119.5°E，20.2°N 附近加强为热带风暴，9 月 2 日 20 时登陆前风速达到最大为 20 m/s，20 时后在广东省汕头和汕尾之间的惠来县登陆，登陆后强度逐渐减弱，并在广东省东部转向至东北方向移动，先后经过江西省东南部、浙江省与安徽省和江苏省交界处，最终于 9 月 6 日 12 时左右在崇明岛附近移出大陆并继续向东北方向移动到朝鲜半岛南部消亡（图 4.13.1）。热带气旋登陆广东的时间出现频率有三个峰值，分别集中在 02—04 时、07—11 时和 21—23 时（梁建茵，2003），台风“温迪”登陆时间为 20 时，为频率较高的时段。

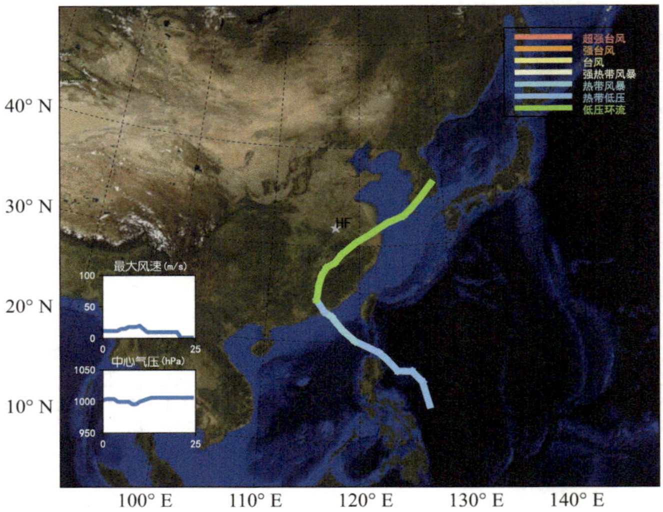

图 4.13.1 9909 号台风"温迪"移动路径图

4.13.2 "温迪"过程中国中东部降水实况

台风"温迪"于 1999 年 9 月 3—6 日对我国产生明显降水影响，且降水分布不均(图 4.13.2)。江苏北部和南部沿海地区、江西东南部、浙江南部沿海、广西东部和两广交界地区降水量普遍在 50 mm 以上，其中部分地区超过 100 mm。

4.13.3 "温迪"过程安徽降水实况

受"温迪"影响，1999 年 9 月 3 日 20 时—6 日 20 时，全省大部分地区出现降水，雨量分布不均匀，淮河以北东部地区、大别山区和沿江江南 10 mm 以上，其中泗县、怀远、宿州、马鞍山、无为、沿江江南西部、南部及东南部边界地区出现 25 mm 以上降水，最大值为黄山市 46 mm(图 4.13.3)。

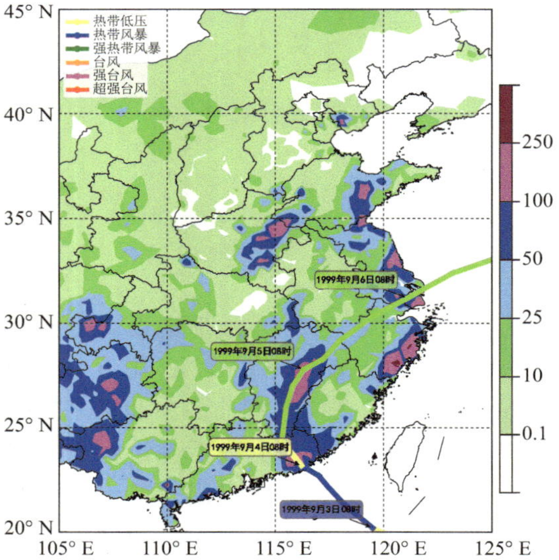

图 4.13.2 "温迪"影响期间 1999 年 9 月 2 日 20 时—9 月 7 日 20 时中国中东部总降水量(单位：mm)

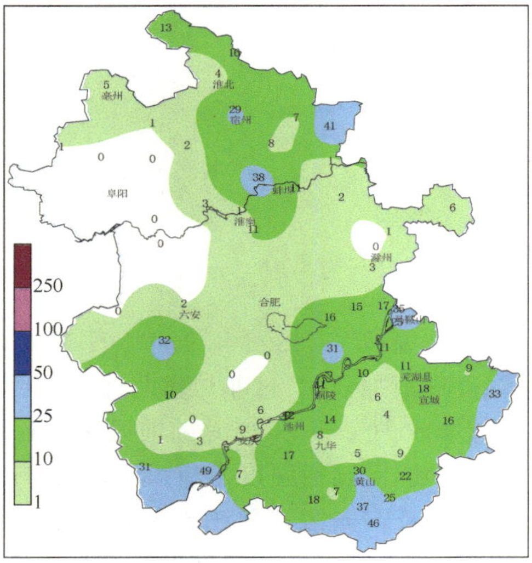

图 4.13.3 "温迪"影响期间 1999 年 9 月 3 日 20 时—9 月 6 日 20 时安徽省总雨量(单位：mm)

4.13.4　“温迪”天气过程分析

综合分析图所示，台风“温迪”过程虽然有西风槽，但台风与冷空气并无明显结合，降雨量也较小。

500 hPa 等压面高度场：4 日 20 时 584 dagpm 等值线位于山东中部地区，至 6 日 20 时 584 dagpm 等值线南落到安徽省沿淮地区，同时北部有小槽影响，但此时台风已向东移出到海上，与冷空气基本无结合(图 4.13.4)。

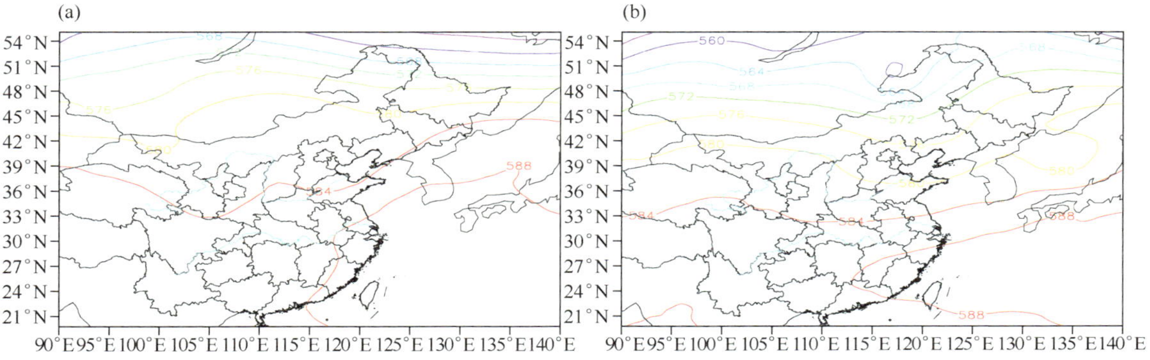

图 4.13.4　500 hPa 等压面的高度场

(a. 1999 年 9 月 4 日 20 时；b. 1999 年 9 月 6 日 20 时，单位：dagpm)

中低层风场：从 4 日 20 时 925 hPa 等压面风场来看，台风外围云系已经影响到安徽省地区，但从 700 hPa 等压面风场来看，台风外围风圈并未影响到安徽省，并且无论从中层还是低层风场，均无冷空气影响(图 4.13.5—4.13.6)。

假相当位温场：从 925 hPa 等压面等 θ_{se} 线分布来看，9 月 4 日强降水落区位于等 θ_{se} 线高值区，无明显冷空气作用；6 日强降水落区附近等 θ_{se} 线也不是很密集(图 4.13.7)。

850 hPa 等压面比湿场：4 日 20 时—6 日 20 时全省比湿均为 12～14 g/kg，对暴雨落区指示并不明显(图 4.13.8)。

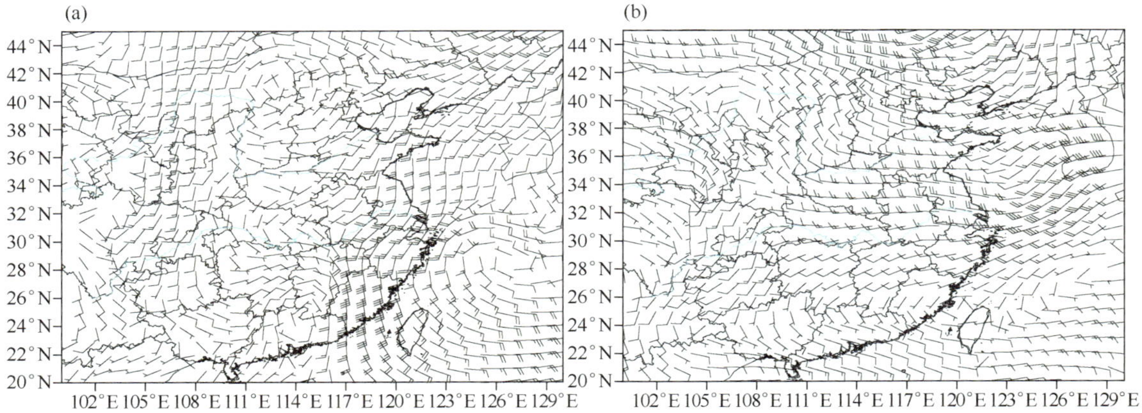

图 4.13.5　700 hPa 等压面的水平风场

(a. 1999 年 9 月 4 日 20 时；b. 1999 年 9 月 6 日 20 时，单位：m/s)

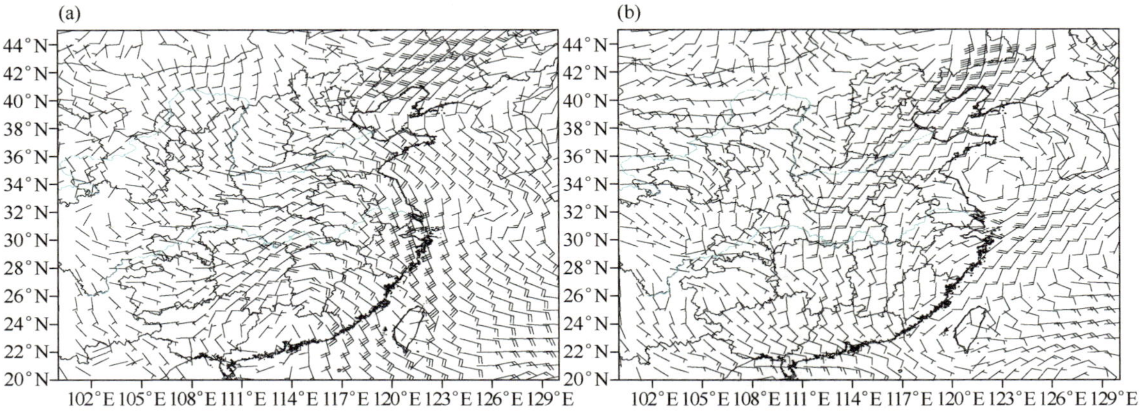

图 4.13.6　925 hPa 等压面的水平风场

(a. 1999 年 9 月 4 日 20 时;b. 1999 年 9 月 6 日 20 时,单位:m/s)

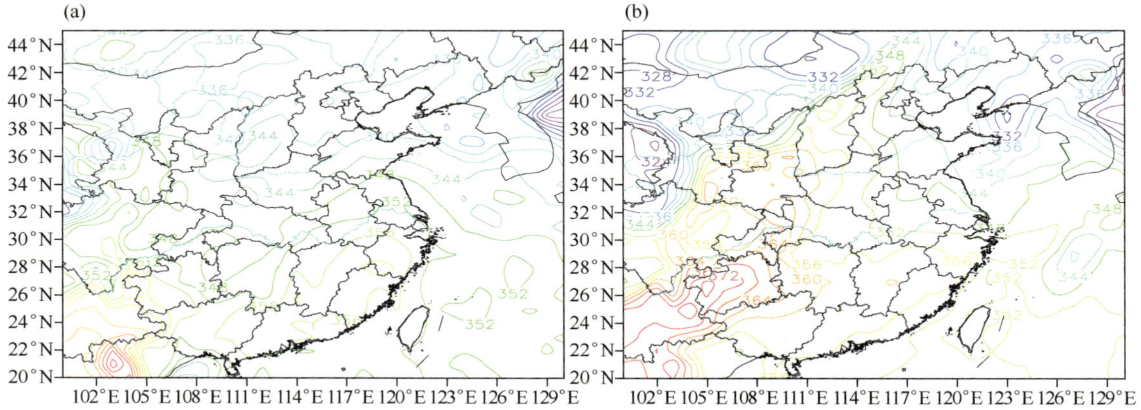

图 4.13.7　925 hPa 等压面的假相当位温场

(a. 1999 年 9 月 4 日 20 时;b. 1999 年 9 月 6 日 20 时,单位:K)

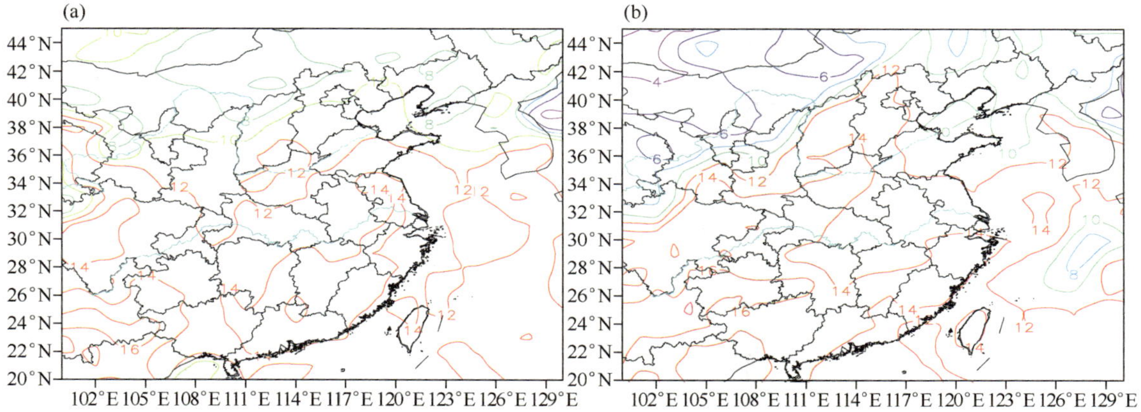

图 4.13.8　850 hPa 等压面的比湿场

(a. 1999 年 9 月 4 日 20 时;b. 1999 年 9 月 6 日 20 时,单位:g/kg)

4.14　0212 号台风“北冕”

4.14.1　台风“北冕”概况

台风“北冕”于 2002 年 8 月 2 日 02 时在菲律宾北部海域生成，生成后向西北方向移动，并在东沙群岛附近转向偏西方向移动，8 月 4 日 08 时在 114.5°E，20.5°N 附近海域转向偏北方向移动，8 月 5 日 02 时在 115.5°E，22°N 附近海域加强为强热带风暴，最大风速为 28 m/s，8 月 5 日 08 时左右在广东省汕尾市附近登陆，登陆时强度为强热带风暴，登陆后继续向偏北方向移动，强度逐渐减弱，最终在江西省西北部消亡（图 4.14.1）。

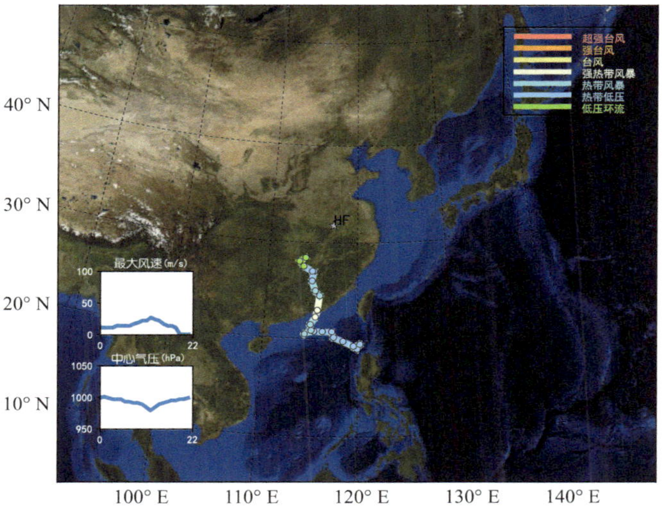

图 4.14.1　0212 号台风“北冕”移动路径图

4.14.2　“北冕”过程中国中东部降水实况

台风“北冕”于 2002 年 8 月 5—7 日对我国产生明显降水影响（图 4.14.2）。江苏北部部分地区、安徽大别山区和江南部分地区、湖南南部、江西北部部分地区、广西东部、广东大部分地区和福建沿海地区降水量普遍在 50 mm 以上，部分地区超过 100 mm，其中广东东部沿海和福建沿海地区降水量超过 250 mm。

4.14.3　“北冕”过程安徽降水实况

受“北冕”影响，2002 年 8 月 5 日 20 时—7 日 20 时，全省大部分地区出现降水，雨量分布不均匀，大别山区和江南 25 mm 以上，其中大别山区北部和江南西部 50 mm 以上，霍山和九华超过 100 mm，最大值为霍山 127 mm。5 日 20 时—6 日 20 时强降水位于大别山区北部；6 日 20 时—7 日 20 时，强降水位于大别山区和江南，为此次过程最强降水时段（图 4.14.3）。

4.14.4　“北冕”天气过程分析

综合分析图所示，台风“北冕”过程暴雨落区与 850 hPa 等压面 6 日 20 时倒槽位置至 7 日

20 时冷槽位置之间区域对应关系较好。

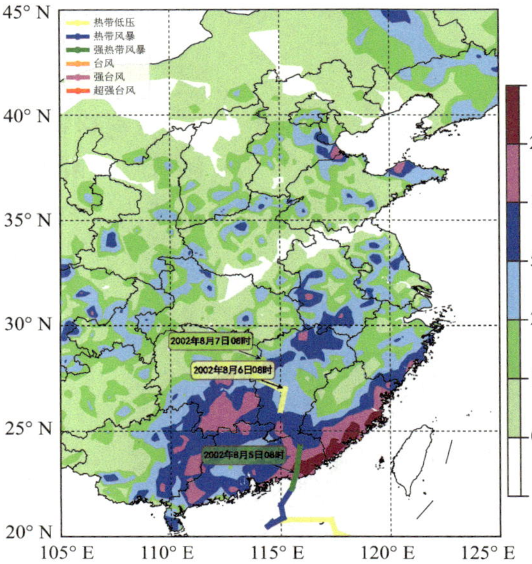

图 4.14.2 “北冕”影响期间 2002 年 8 月 5 日 20 时—8 月 7 日 20 时中国中东部总降水量(单位:mm)

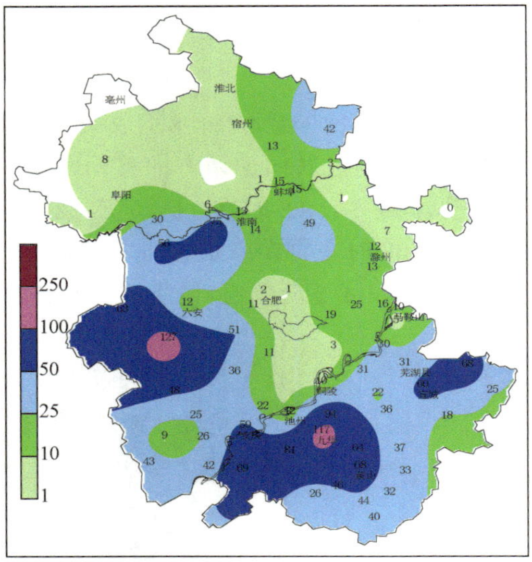

图 4.14.3 “北冕”影响期间 2002 年 8 月 5 日 20 时—8 月 7 日 20 时安徽省总雨量(单位:mm)

500 hPa 等压面高度场:7 日 20 时高度场上,东北地区有一冷涡,冷涡南侧低槽向南延伸到江南、华南地区,西太平洋副高强度较强,中心高度达 592 dagpm,但主体位置偏东,588 dagpm 等值线位于 130°E 以东,584 dagpm 等值线控制我国西部大部分地区,江南、华南地区受低槽影响,584 dagpm 等值线明显南落,我国中纬度地区为明显的两高一低形势(图 4.14.4)。

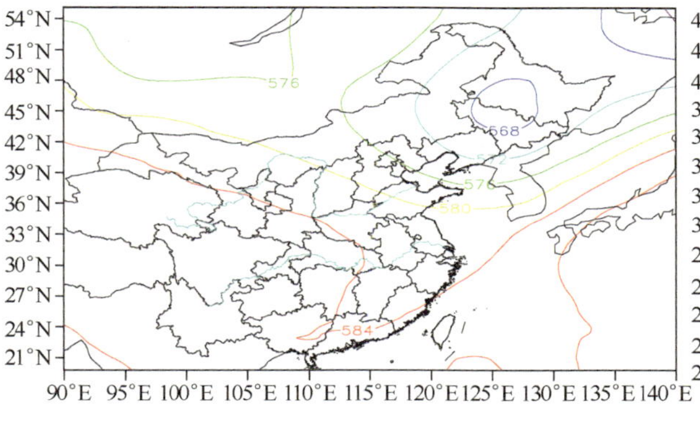

图 4.14.4 2002 年 8 月 7 日 20 时 500 hPa 等压面的高度场(单位:dagpm)

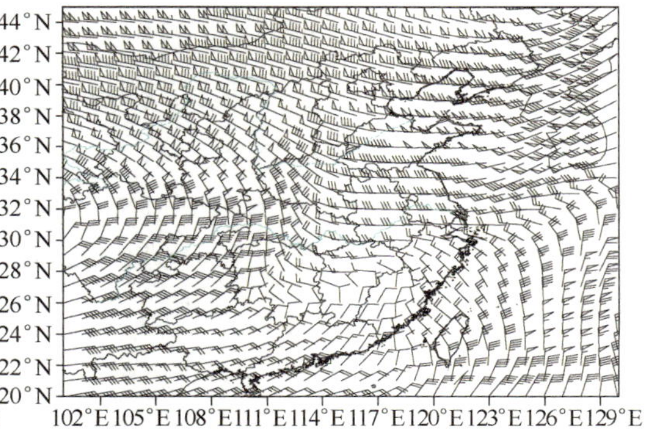

图 4.14.5 2002 年 8 月 7 日 20 时 200 hPa 等压面的水平风场(单位:m/s)

200 hPa 等压面风场:7 日 20 时的高层风场上,安徽省大别山区和江南地区有明显的风向分流和风速辐散(图 4.14.5)。

中低层风场:6 日 20 时—7 日 20 时强降水落区对应 6 日 20 时两层的倒槽区域,冷空气先从低层南压，至 7 日 20 时 850 hPa 等压面槽线位于皖浙两省交界处，而 700 hPa 等压面低槽仍位于安徽省江淮之间南部地区。暴雨落区与 850 hPa 等压面 6 日 20 时倒槽位置至 7 日 20 时冷槽位置之间区域对应关系较好。此外，低层的南风急流对强降水有很大影响。有研究（刘爱鸣等，2004）表明，闽东南地区的强降水中心是由低空偏南风急流造成的：低空急流形成了从孟加拉湾到福建沿海的强水汽输送带，同时加强了最大风速出口区左侧的闽东南沿海低空辐合和高空辐散，形成暴雨区上空强烈的垂直上升运动，激发对流云团强烈发展和暴雨的发生（图 4.14.6—4.14.7）。

假相当位温场：从 850 hPa 等 θ_{se} 线分布来看，强降水落区位于等 θ_{se} 线密集区以南偏向暖空气一侧（图 4.14.8）。

850 hPa 等压面比湿场：7 日 20 时，暴雨落区与 12～14 g/kg 的比湿对应关系较好（图 4.14.9）。

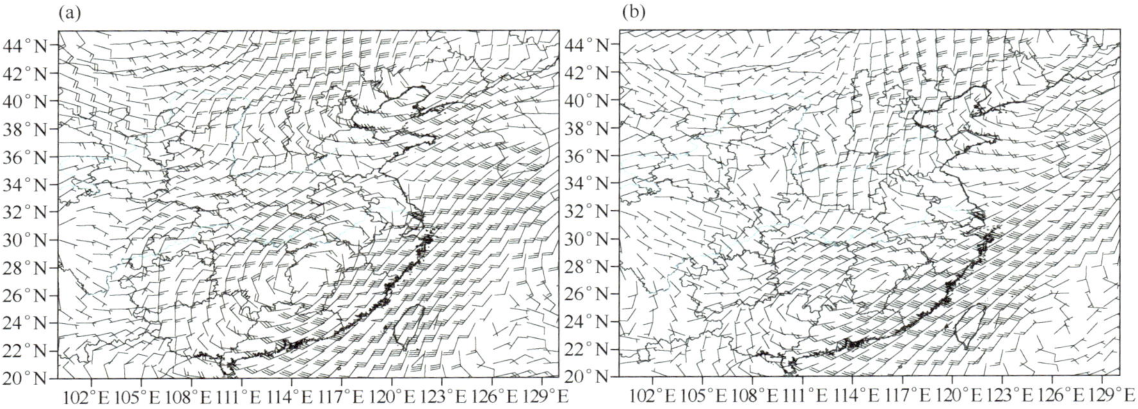

图 4.14.6　700 hPa 等压面的水平风场

（a. 2002 年 8 月 6 日 20 时；b. 2002 年 8 月 7 日 20 时，单位：m/s）

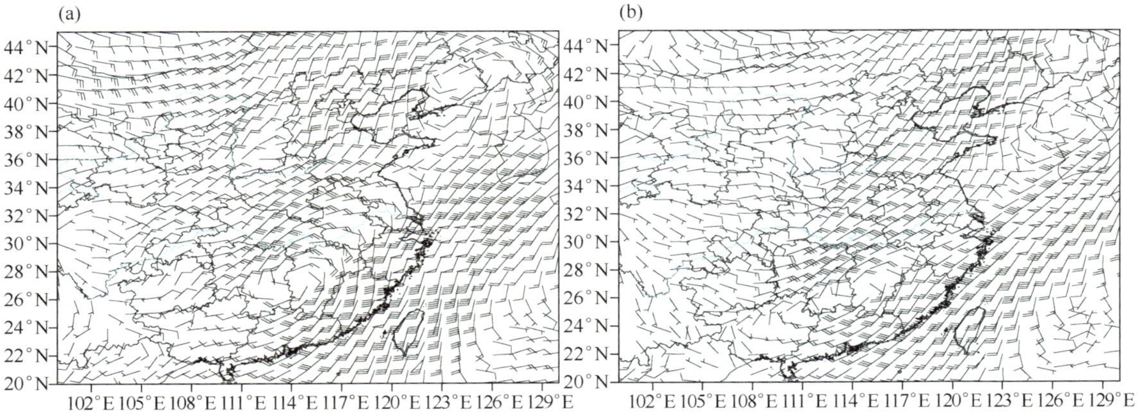

图 4.14.7　850 hPa 等压面的水平风场

（a. 2002 年 8 月 6 日 20 时；b. 2002 年 8 月 7 日 20 时，单位：m/s）

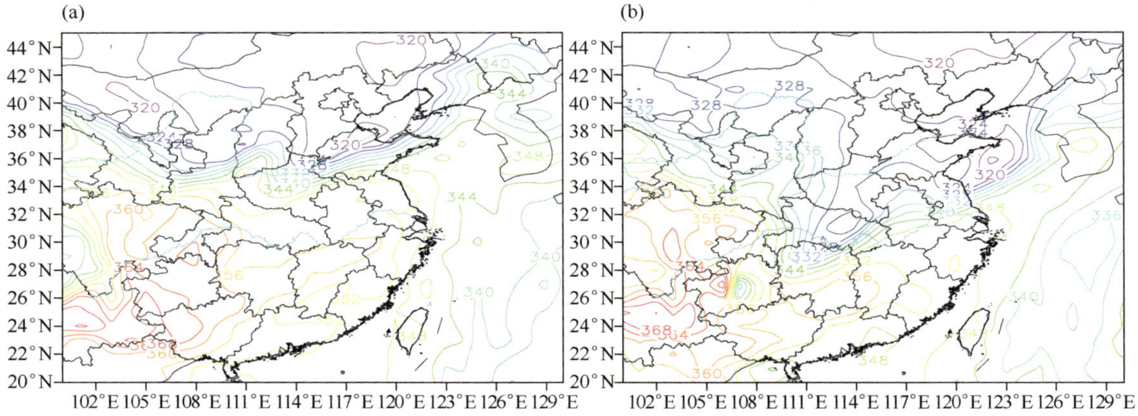

图 4.14.8　850 hPa 等压面的假相当位温场

(a. 2002 年 8 月 6 日 20 时；b. 2002 年 8 月 7 日 20 时，单位：K)

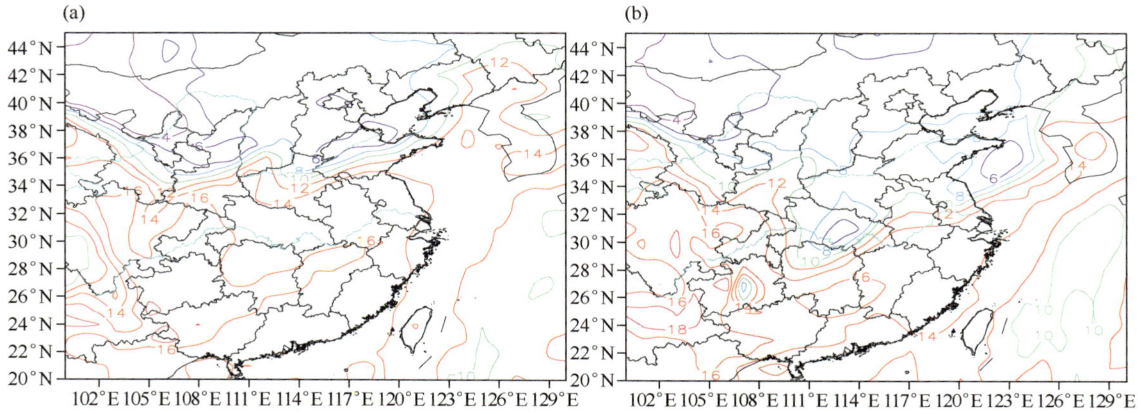

图 4.14.9　850 hPa 等压面的比湿场

(a. 2002 年 8 月 6 日 20 时；b. 2002 年 8 月 7 日 20 时，单位：g/kg)

4.15　1622 号台风“海马”

4.15.1　台风“海马”概况

台风“海马”于 2016 年 10 月 14 日 20 时在西太平洋海域生成，生成后向西北偏西方向移动，强度逐渐加强。10 月 17 日 17 时在 135.2°E，13.5°N 附近海域加强为超强台风，之后继续向西北偏西方向移动，期间最大风速为 60 m/s。在菲律宾北部“海马”减弱为强台风，之后继续减弱并向西北方向移动。10 月 21 日 13 时在广东省汕尾市附近登陆，登陆后减弱为热带风暴，并且强度继续减弱，转向东北方向移动，先后经过广东省东部、江西省东南部和浙江省中北部，在浙江省东北部向东移入东海，最终在西太平洋海域消亡(图 4.15.1)。

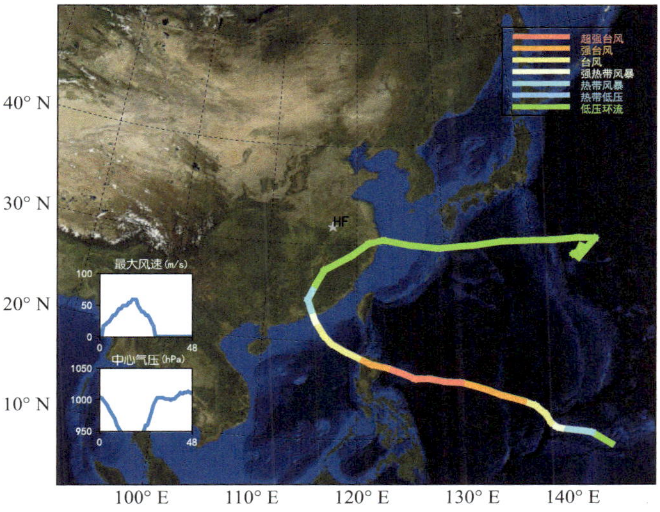

图 4.15.1　1622 号台风“海马”移动路径图

4.15.2　“海马”过程中国中东部降水实况

台风“海马”于 2016 年 10 月 20—22 日对我国产生明显降水影响(图 4.15.2)。安徽大别山区和江南部分地区、江苏南部、广西东部和福建西部地区降水量普遍在 50 mm 以上，其中部分地区超过 100 mm。

4.15.3　“海马”过程安徽降水实况

受“海马”影响，2016 年 10 月 20 日 20 时—22 日 20 时，安徽省大部分地区出现降水，淮河以南至江淮之间中北部 25 mm 以上，其中大别山区北部和沿江东部 50 mm 以上，最大值为无为 93 mm。此次过程 21 日 20 时—22 日 20 时沿江东部降水明显，部分地区暴雨(图 4.15.3)。

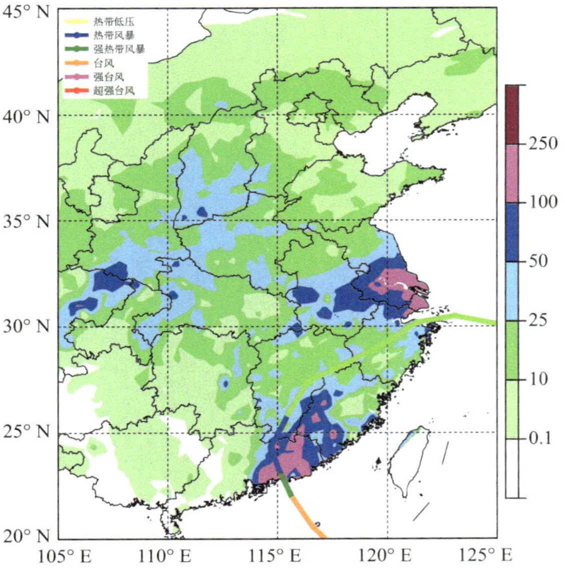

图 4.15.2　“海马”影响期间 2016 年 10 月 21 日 20 时—10 月 23 日 20 时中国中东部总降水量(单位:mm)

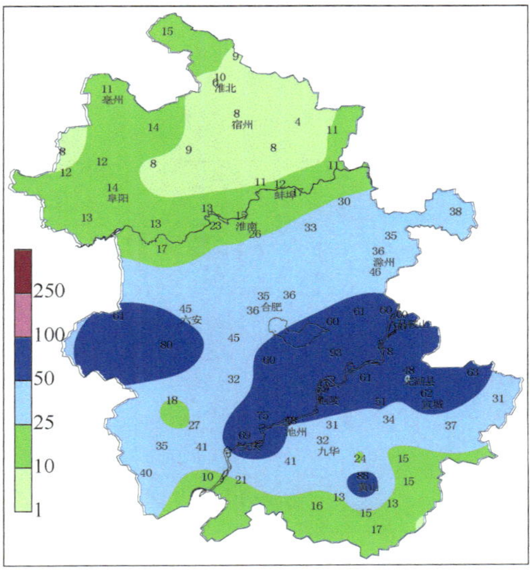

图 4.15.3　“海马”影响期间 2016 年 10 月 20 日 20 时—10 月 22 日 20 时安徽省总雨量(单位:mm)

4.15.4 “海马”天气过程分析

综合分析图所示，台风“海马”过程有冷空气影响，暴雨落区与台风中心西北侧的 850 hPa 等压面的东北风急流和 700 hPa 等压面偏北风急流及两层的等 θ_{se} 线密集区对应关系较好。

500 hPa 等压面高度场：21 日 20 时高度场上，西太平洋副高西伸到华东地区，中心高度为 592 dagpm，副高西侧，“海马”中心位于广东和湖南两省交界处，至 22 日 20 时，西太平洋副高 588 dagpm 等值线南落西伸至华南地区，“海马”减弱（图 4.15.4）。

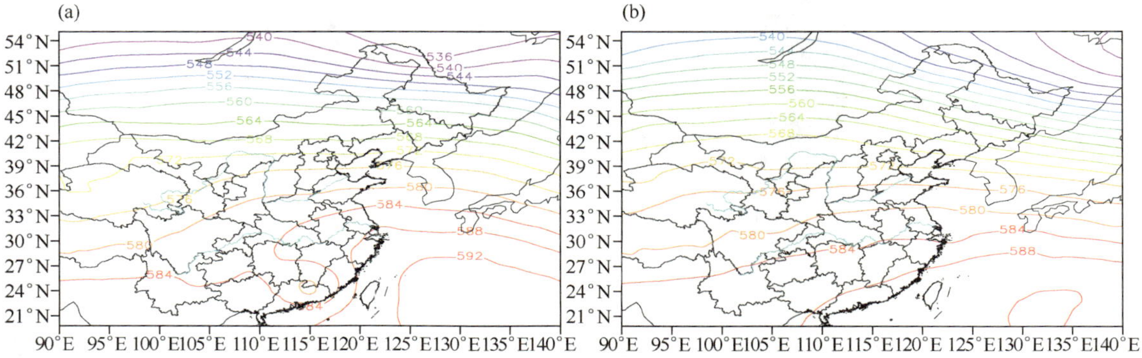

图 4.15.4 500 hPa 等压面的高度场

（a. 2016 年 10 月 21 日 20 时；b. 2016 年 10 月 22 日 20 时，单位：dagpm）

中低层风场：21 日 20 时“海马”低压环流位于华南地区，安徽省 700 hPa 和 850 hPa 等压面均未受到冷空气影响。22 日 20 时“海马”中心位于浙江省西北部，700 hPa 等压面上安徽省全省都为偏北风，850 hPa 等压面安徽省上空为东北风，暴雨落区位于台风中心西北侧的 700 hPa 和 850 hPa 等压面急流附近，此处为台风与东亚中高纬地区低涡向南伸入到安徽的偏北或东北风气流交汇处（图 4.15.5—4.15.6）。

假相当位温场：从 700 hPa 和 850 hPa 等压面等 θ_{se} 线分布来看，强降水落区位于台风中心西北侧的等 θ_{se} 线密集区（图 4.15.7—4.15.8）。

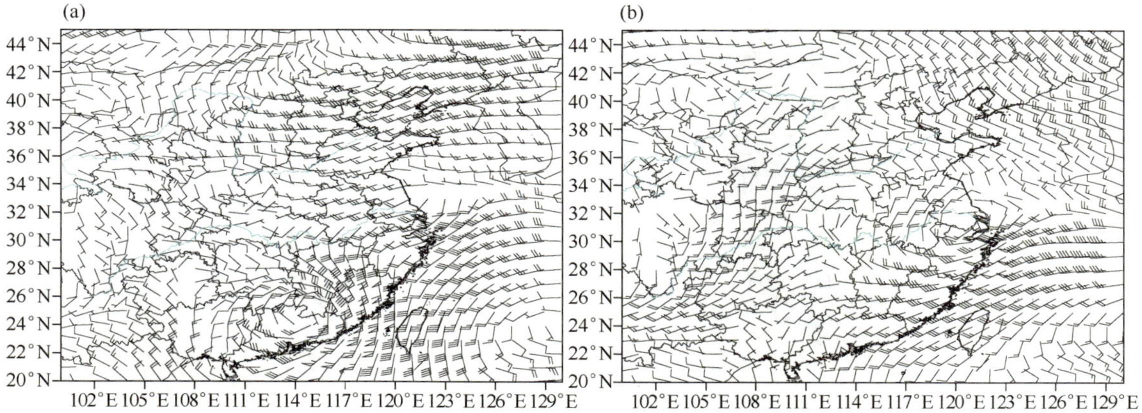

图 4.15.5 700 hPa 等压面的水平风场

（a. 2016 年 10 月 21 日 20 时；b. 2016 年 10 月 22 日 20 时，单位：m/s）

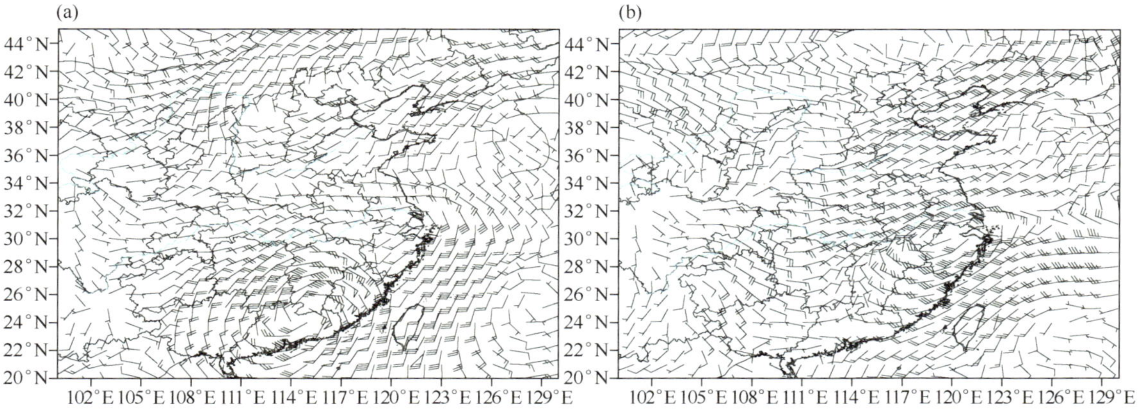

图 4.15.6　850 hPa 等压面的水平风场

（a. 2016 年 10 月 21 日 20 时；b. 2016 年 10 月 22 日 20 时，单位：m/s）

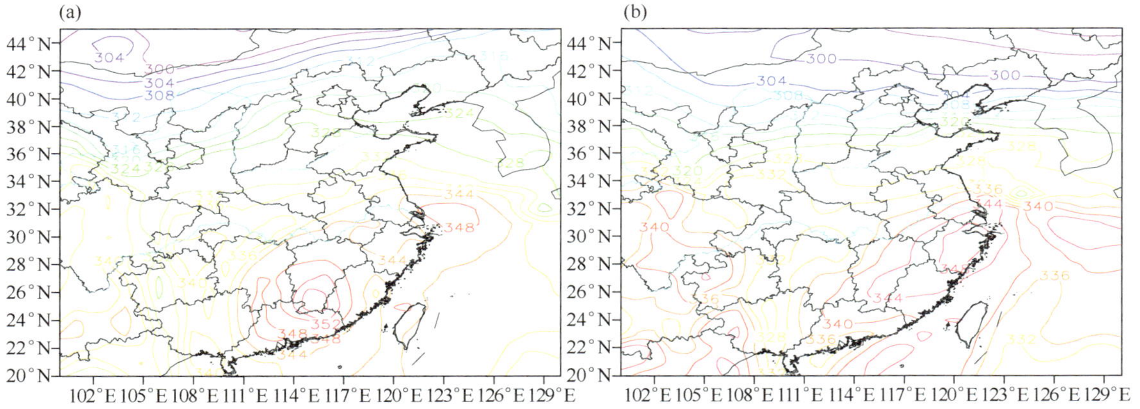

图 4.15.7　700 hPa 等压面的假相当位温场

（a. 2016 年 10 月 21 日 20 时；b. 2016 年 10 月 22 日 20 时，单位：K）

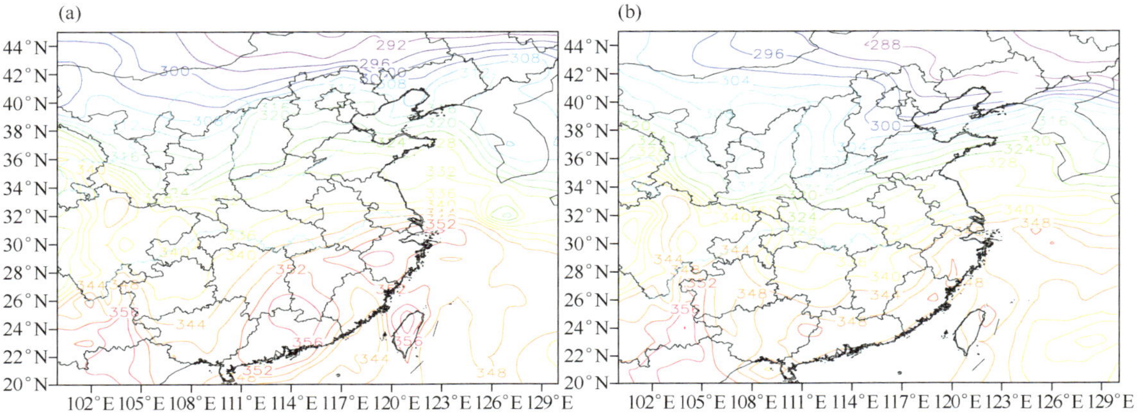

图 4.15.8　850 hPa 等压面的假相当位温场

（a. 2016 年 10 月 21 日 20 时；b. 2016 年 10 月 22 日 20 时，单位：K）

第 5 章　偏北路径有冷空气影响台风个例分析

5.1　5901 号台风“毕莉”

5.1.1　台风“毕莉”概况

台风“毕莉”于 1959 年 7 月 9 日 14 时在西太平洋海域生成，生成后向偏西方向移动，7 月 10 日 20 时在 129.1°E，8.4°N 附近海域增强为热带低压并转向西北方向移动，之后强度逐渐加强，7 月 14 日 14 时在 125.5°E，20.2°N 附近海域加强为强台风，继续向西北方向移动，期间最大风力为 45 m/s，7 月 16 日 08 时“毕莉”在浙江省温州市附近登陆，登陆时强度为台风，登陆后转向东北方向移动，强度逐渐减弱，先后穿过浙江省东部、上海和江苏省东南部，最终在江苏南通的启东市移入黄海并继续向东北方向移动，7 月 20 日 02 时左右在日本岛北部的 139.8°E，42.8°N 附近海域消亡（图 5.1.1）。

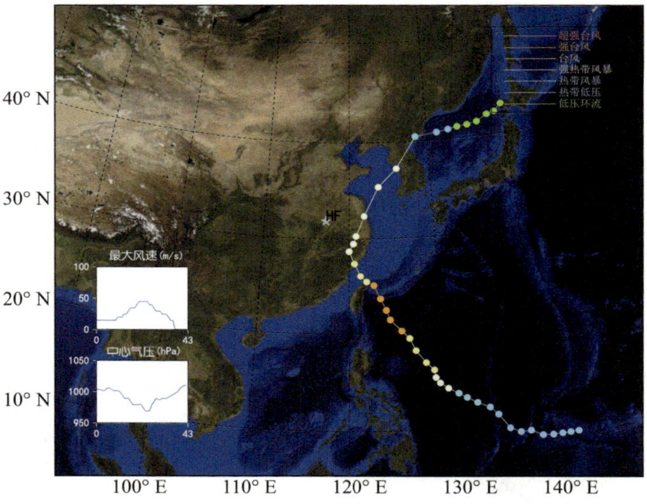

图 5.1.1　5901 号台风“毕莉”移动路径图

5.1.2　“毕莉”过程中国中东部降水实况

“毕莉”于 1959 年 7 月 14 日前后对我国开始造成影响，至 7 月 17 日主要对登陆点和消亡点附近造成明显降水（图 5.1.2）。广东中南部、福建沿海、浙江东南部、安徽东南部、江苏中北部、山东半岛、河北东部和辽宁东部沿海地区降水量普遍在 50 mm 以上，部分地区超过 100 mm。

5.1.3　“毕莉”过程安徽降水实况

图 5.1.3 为“毕莉”影响期间安徽省总雨量。1959 年 7 月 15 日 20 时—17 日 20 时，江北

偏东部和沿江江南大部分地区出现降水，其中天长和江南中东部降水量普遍在 25 mm 以上，江南中部地区超过 50 mm，最大值为黄山光明顶 100 mm。7 月 15 日 20 时—16 日 20 时泾县暴雨；16 日 20 时—17 日 20 时旌德、黄山光明顶暴雨。

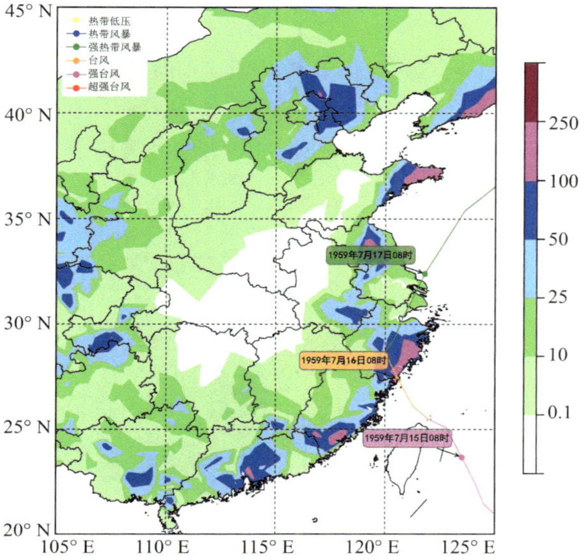

图 5.1.2　“毕莉”影响期间 1959 年 7 月 14 日 20 时—7 月 17 日 20 时中国中东部总降水量(单位:mm)

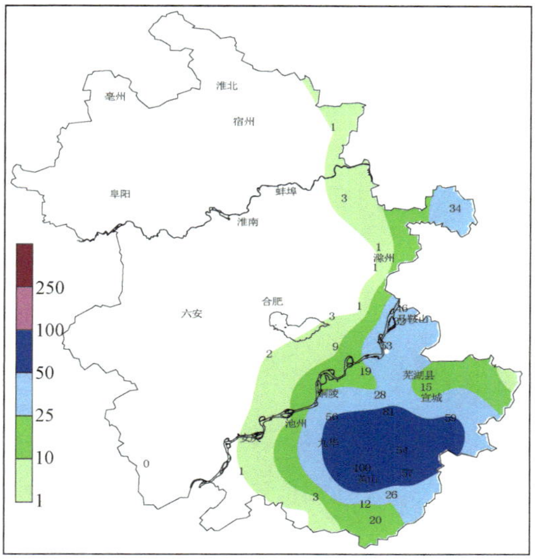

图 5.1.3　“毕莉”影响期间 1959 年 7 月 15 日 20 时—7 月 17 日 20 时安徽省总雨量(单位:mm)

5.1.4　“毕莉”过程天气形势分析

“毕莉”过程强降水中心位于 850 hPa 等压面偏北风急流东侧，并与“毕莉”中心附近西北侧的假相当位温大值区对应较好。

500 hPa 等压面高度场：7 月 16 日 20 时，“毕莉”中心位于 120.7°E，29°N，之后沿副高 584 dagpm 等值线附近向北移动。贝加尔湖以东地区有冷涡，冷涡南侧冷空气南下影响到安徽地区(图 5.1.4)。有研究表明适当强度冷空气的入侵有利于斜压能的积累和释放，为台风的再发展提供能量来源(陆佳麟等，2012)。

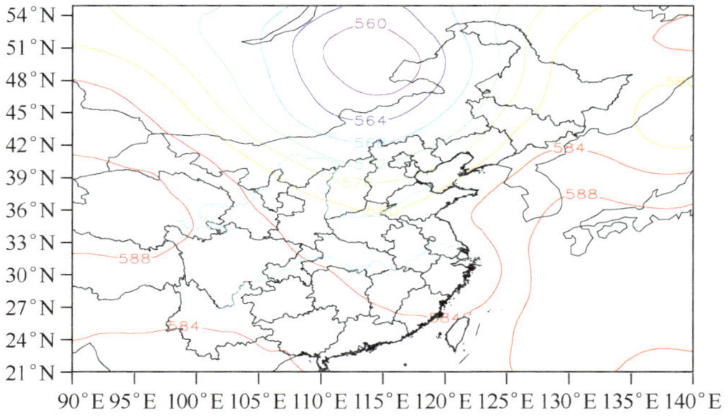

图 5.1.4　1959 年 7 月 16 日 20 时 500 hPa 等压面的高度场(单位:dagpm)

中低层风场：16 日 20 时，700 hPa 和 850 hPa 等压面上暴雨落区位于台风中心西北侧。700 hPa 和 850 hPa 等压面系统相似，但在 850 hPa 等压面安徽省的江北和江南西部地区存在台风外围风圈和来自贝加尔湖以东低涡南侧的偏北风形成的偏北风急流，风速达到 10～12 m/s，强降水中心位于偏北风急流以东、靠近台风中心风速较小的地区。700 hPa 等压面风速略小于 850 hPa 等压面(图 5.1.5)。

850 hPa 等压面温度场：850 hPa 有一冷槽从华北地区伸入到安徽省北部，但等温线已比较稀疏，冷空气强度较弱(图 5.1.6)。

假相当位温场：暴雨落区与 850 hPa 等压面等 θ_{se} 线大值区对应较好，表明此次强降水过程，降水中心主要靠近台风暖中心一侧(图 5.1.7)。

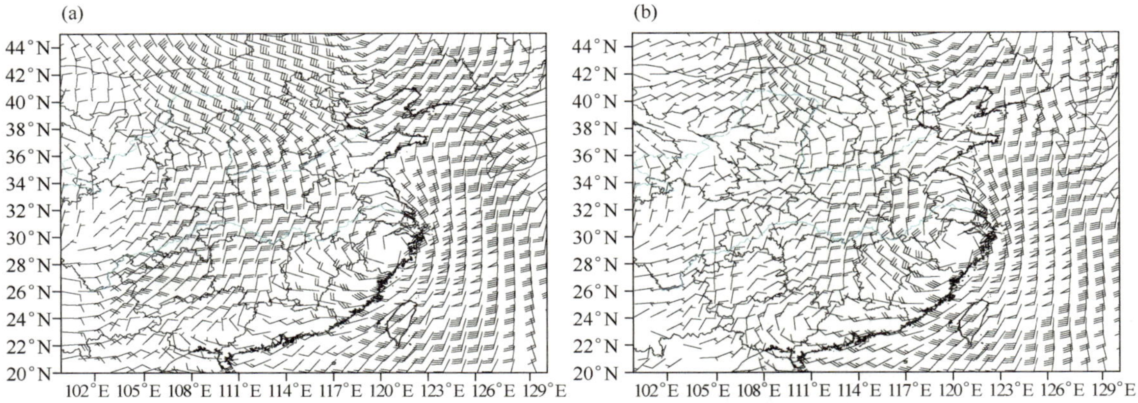

图 5.1.5　1959 年 7 月 16 日 20 时不同等压面的水平风场

(a. 700 hPa；b. 850 hPa，单位：m/s)

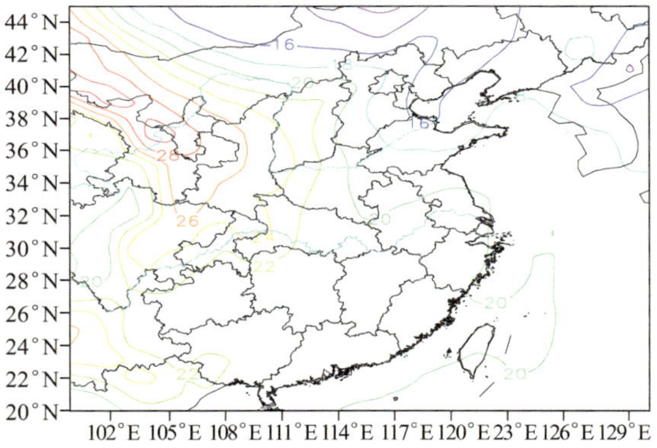

图 5.1.6　1959 年 7 月 16 日 20 时 850 hPa 等压面的温度场(单位：℃)

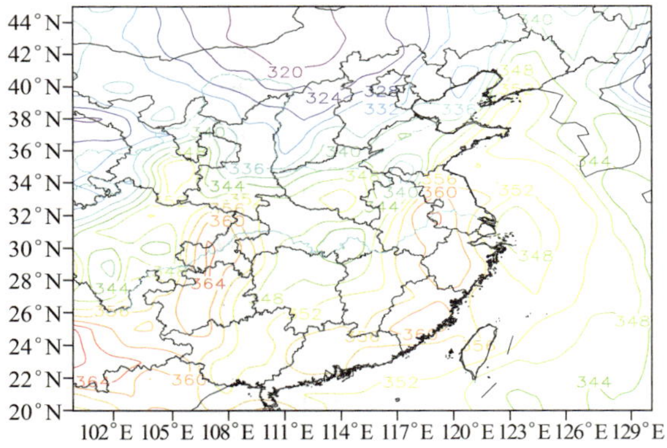

图 5.1.7　1959 年 7 月 16 日 20 时 850 hPa 等压面的假相当位温场(单位：K)

5.2　5905 号台风“路易斯”

5.2.1　台风“路易斯”概况

台风“路易斯”于 1959 年 8 月 31 日 14 时在菲律宾以东海域生成，生成后向西北方向移动，9 月 3 日 08 时在 123.3°E，21.4°N 附近海域增强为超强台风，中心附近最大风速为 60 m/s，穿过台湾岛东北部后强度逐渐减弱，9 月 4 日 20 时在福建东北部的宁德登陆，登陆时强度为强热带风暴，登陆后向东北偏北方向移动，强度逐渐减弱，先后穿过浙江东部沿海地区、上海和江苏省东南部，9 月 6 日 08 时在江苏省南通的启东市移入黄海并继续向东北偏北方向移动，9 月 9 日 08 时在内蒙古东部消亡(图 5.2.1)。

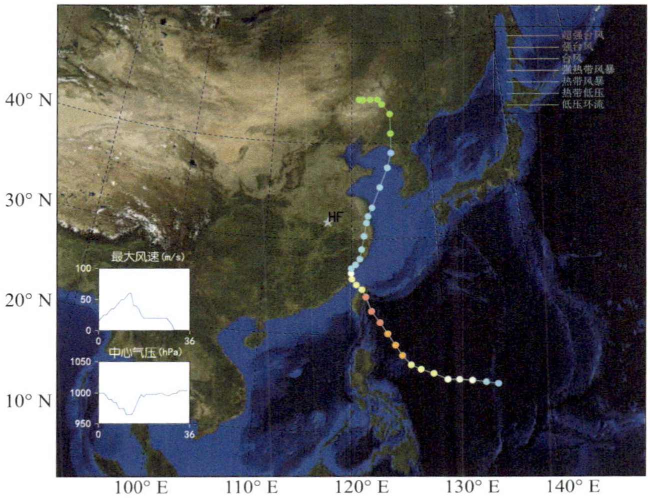

图 5.2.1　5905 号台风“路易斯”移动路径图

5.2.2　“路易斯”过程中国中东部降水实况

“路易斯”于 1959 年 9 月 3 日前后对我国开始造成影响，至 9 月 9 日主要对登陆点和消亡点附近造成明显降水(图 5.2.2)。福建东部、浙江大部、安徽东部、江苏北部、山东沿海、河北中部、辽宁沿海和内蒙古东部地区降水量普遍在 50 mm 以上，部分地区超过 100 mm，其中浙江东南部地区局部超过 250 mm。

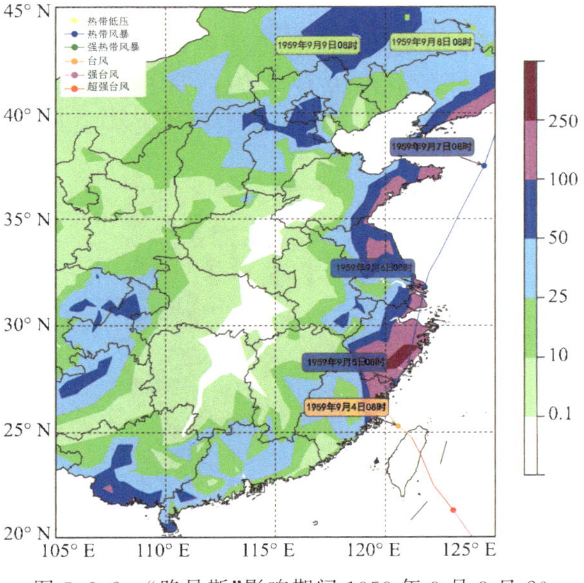

图 5.2.2　“路易斯”影响期间 1959 年 9 月 3 日 20 时—9 月 9 日 20 时中国中东部总降水量(单位：mm)

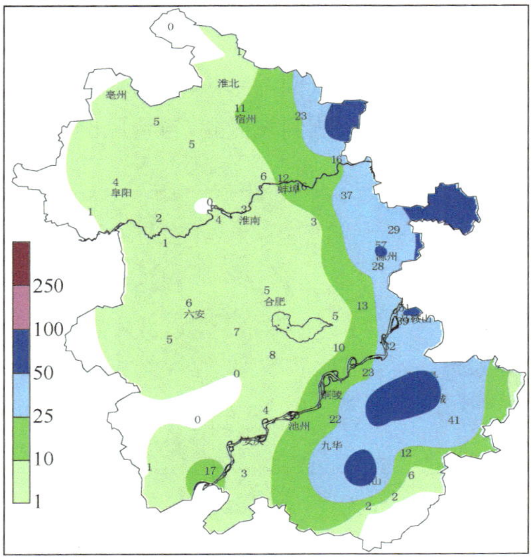

图 5.2.3　“路易斯”影响期间 1959 年 9 月 3 日 20 时—9 月 6 日 20 时安徽省总雨量(单位：mm)

5.2.3 “路易斯”过程安徽降水实况

图5.2.3为“路易斯”影响期间安徽省总雨量。1959年9月3日20时—6日20时，全省大部分地区出现降水，其中江北东部和江南中东部普遍在25 mm以上，泗县、天长、滁州、南陵、宣城、泾县、黄山光明顶降水量50 mm以上，最大值为天长90 mm。9月3日20时—4日20时淮河以南东部地区出现中到大雨，其中天长、南陵暴雨；9月5日20时—6日20时沿淮东部中到大雨，其中泗县暴雨。

5.2.4 “路易斯”过程天气形势分析

“路易斯”过程强降水中心位于台风倒槽附近，淮河以南东部的降水中心与台风倒槽附近的等 θ_{se} 线高值区对应较好。台风北上后，与冷空气结合，安徽省沿淮东部地区出现强降水。

500 hPa等压面高度：9月4日20时，“路易斯”中心位于119.7°E，26.6°N，在西太平洋副热带高压584 dagpm和588 dagpm等值线之间；东北地区有一冷涡，但冷空气并没有影响到安徽。6日20时，500 hPa等压面低槽已经明显影响到安徽省北部地区(图5.2.4)。

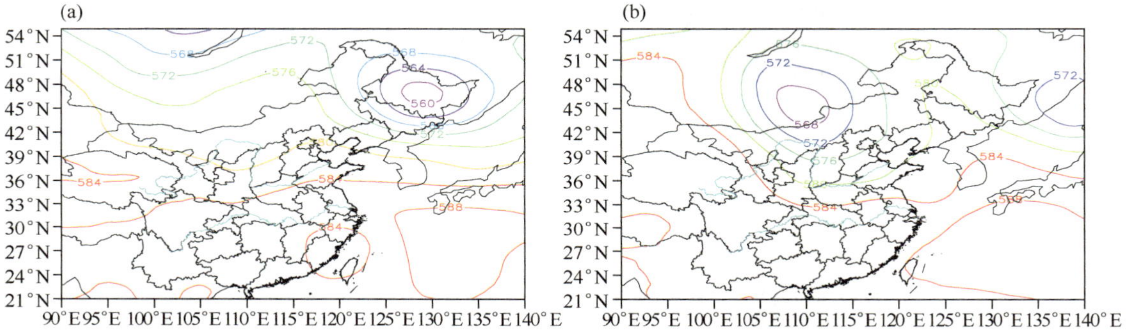

图5.2.4 500 hPa等压面的高度场

(a. 1959年9月4日20时；b. 1959年9月6日20时，单位：dagpm)

中低层风场：9月4日20时，700 hPa和850 hPa等压面风场上无冷空气，淮河以南东部地区的强降水主要受台风倒槽影响，暴雨落区与位于台风中心北侧的倒槽对应关系较好。6日20时，有明显冷空气南下影响到安徽省，与台风倒槽结合，安徽省沿淮东部地区出现强降水(图5.2.5—5.2.6)。

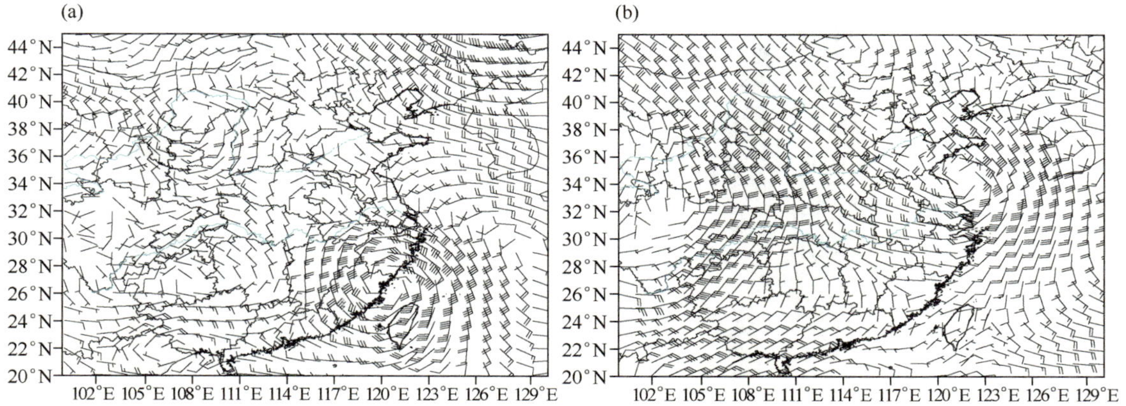

图5.2.5 700 hPa等压面的水平风场

(a. 1959年9月4日20时；b. 1959年9月6日20时，单位：m/s)

700 hPa 等压面假相当位温场：9 月 4 日 20 时，暴雨落区与 700 hPa 等压面等 θ_{se} 线大值区对应较好，表明此时强降水中心主要靠近台风暖中心一侧。6 日 20 时，暴雨落区位于等 θ_{se} 线密集区，表明暴雨同时受到台风和冷空气共同影响(图 5.2.7)。

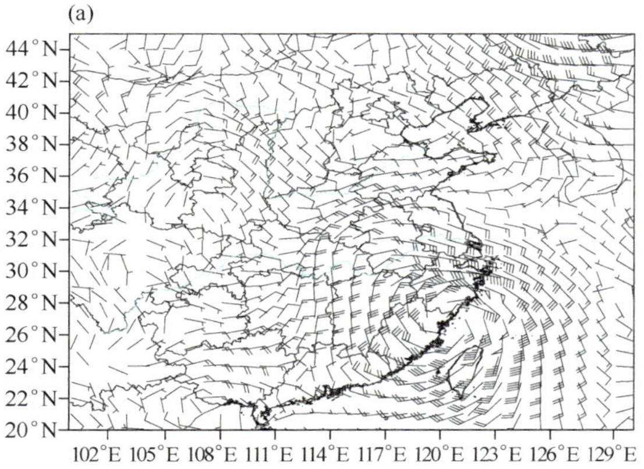

图 5.2.6　850 hPa 等压面的水平风场

(a. 1959 年 9 月 4 日 20 时；b. 1959 年 9 月 6 日 20 时，单位：m/s)

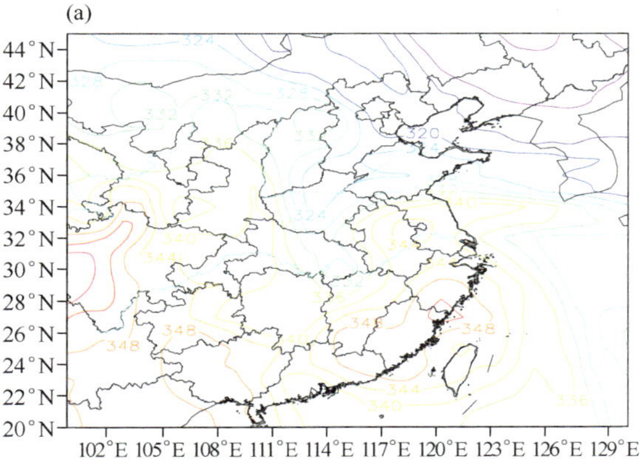

图 5.2.7　700 hPa 等压面的假相当位温场

(a. 1959 年 9 月 4 日 20 时；b. 1959 年 9 月 6 日 20 时，单位：K)

5.3　6205 号台风“凯特”

5.3.1　台风“凯特”概况

台风“凯特”于 1962 年 7 月 18 日 14 时在菲律宾以东海域生成，生成后向西北方向移动，穿过巴士海峡后，7 月 20 日 14 时在 119.5°E，19.5°N 附近海域增强为台风并打转后折向东北偏北方向移动，之后强度逐渐减弱，7 月 22 日穿过台湾岛后转向西北偏北方向移动，7 月 23 日 20 时在福建和浙江两省交界处登陆，登陆时强度为强热带风暴，登陆后继续向西北偏北方向移动，强度逐渐减弱，先后穿过浙江省西南部、安徽省西部，7 月 26 日 02 时在山东省西部消亡(图 5.3.1)。

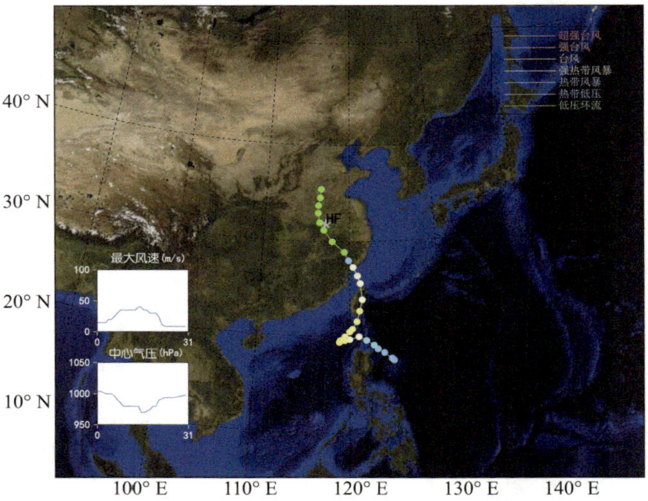

图 5.3.1 6205 号台风“凯特”移动路径图

5.3.2 “凯特”过程中国中东部降水实况

“凯特”于 1962 年 7 月 22 日前后对我国开始造成影响，至 7 月 28 日主要对登陆点和消亡点附近造成明显降水(图 5.3.2)。福建沿海和北部、浙江中南部、安徽南部、江苏中部、山东中西部、河北中东部、辽宁西部和内蒙古东部地区降水量普遍在 50 mm 以上，部分地区超过 100 mm，其中河北东部和辽宁西部地区局部超过 250 mm。

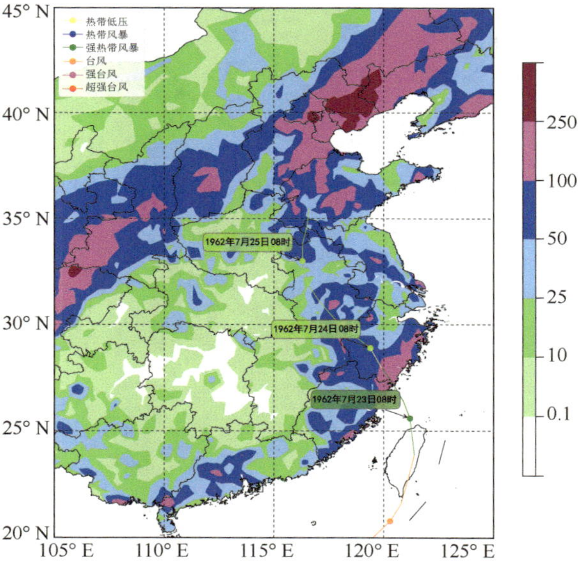

图 5.3.2 “凯特”影响期间 1962 年 7 月 22 日 20 时—7 月 28 日 20 时中国中东部总降水量(单位：mm)

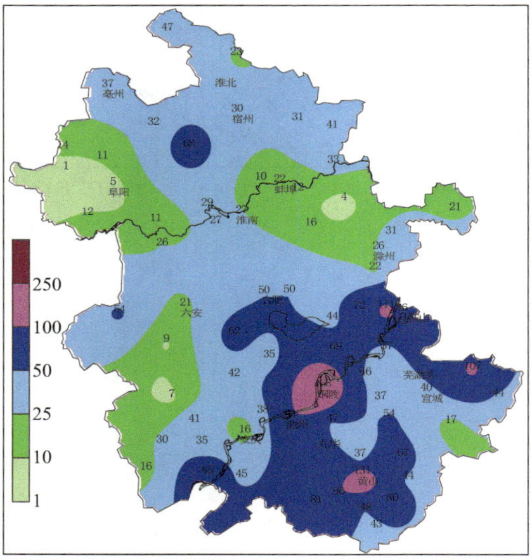

图 5.3.3 “凯特”影响期间 1962 年 7 月 23 日 20 时—7 月 26 日 20 时安徽省总雨量(单位：mm)

5.3.3　“凯特”过程安徽降水实况

图 5.3.3 为“凯特”影响期间安徽省总雨量。1962 年 7 月 23 日 20 时—26 日 20 时，除江淮之间东北部、淮河以北西部和大别山区，全省大部分地区降水量在 25 mm 以上，其中蒙城、合肥和沿江江南大部分地区过程总降水量超过 50 mm，最大值为铜陵 168 mm。24 日 20 时—25 日 20 时，江南中西部大雨到暴雨；25 日 20 时—26 日 20 时，江南东部大雨到暴雨。

5.3.4　“凯特”过程天气形势分析

“凯特”过程台风中心自南向北所经过的安徽省中部地区普遍出现大雨到暴雨，同时 500 hPa 等压面浅槽所影响的江南东部地区也出现大雨到暴雨。

500 hPa 等压面高度场：7 月 24 日 20 时，西太平洋副热带高压中心位于日本岛附近，584 dagpm 等值线南北向穿过江苏东部，“凯特”位于 584 dagpm 等值线以西，此时无低槽影响安徽省。25 日 20 时，500 hPa 等压面上有浅槽延伸到安徽省东部地区（图 5.3.4）。

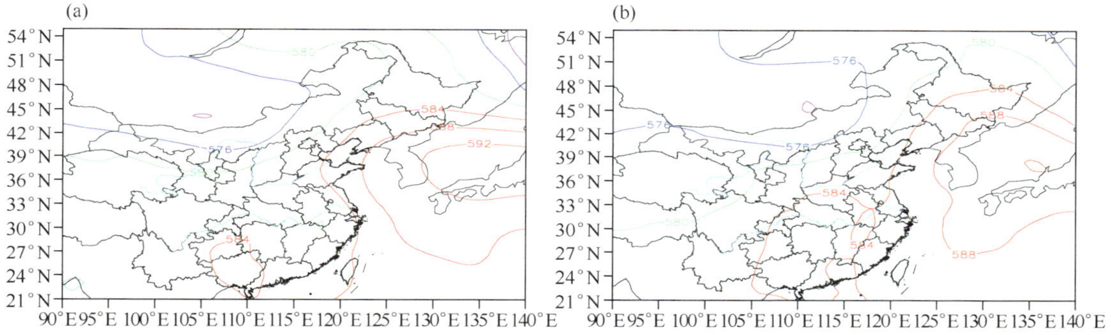

图 5.3.4　500 hPa 等压面的高度场
（a. 1962 年 7 月 24 日 20 时；b. 1962 年 7 月 25 日 20 时，单位：dagpm）

500 hPa 等压面风场：24 日 20 时，500 hPa 等压面环流特征与中低层相似，台风中心都位于安徽沿江中部地区。25 日 20 时，500 hPa 等压面环流与中低层明显不同，东部有浅槽影响安徽省，尤其是江南东部地区处于槽线附近，对应此处出现大雨到暴雨（图 5.3.5）。有研究表

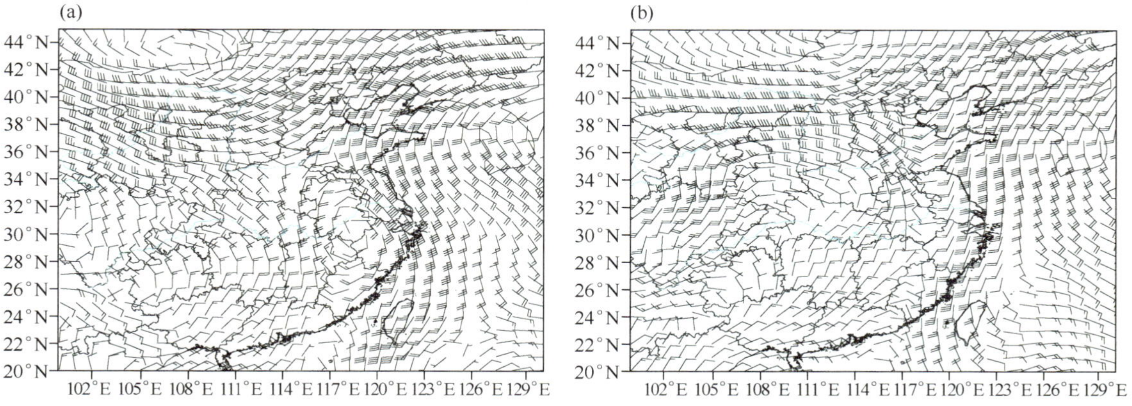

图 5.3.5　500 hPa 等压面的水平风场
（a. 1962 年 7 月 24 日 20 时；b. 1962 年 7 月 25 日 20 时，单位：m/s）

明(韩桂荣等,2007)北方冷空气与台风暖湿气团之间的锋生作用使得台风低压重新发展并具有温带气旋锋面特征是引起中高纬地区台风降水的重要原因之一。

中低层风场:7 月 24 日 20 时,“凯特”中心位于 117.7°E,30.9°N,即安徽省沿江中部地区,强降水落区与台风中心及其以西地区对应关系较好。25 日 20 时,台风中心位于 116.7°E,33.2°N,即出现暴雨的蒙城附近(图 5.3.6—5.3.7)。

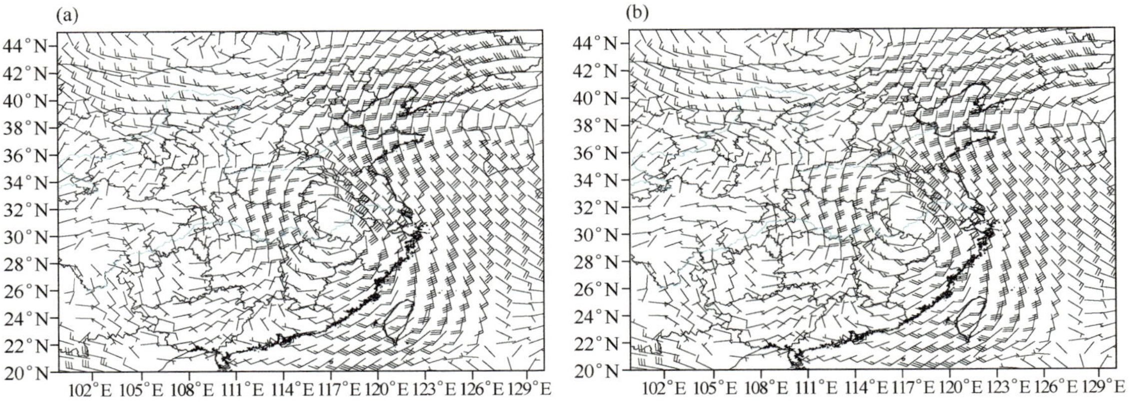

图 5.3.6　700 hPa 等压面的水平风场

(a. 1962 年 7 月 24 日 20 时;b. 1962 年 7 月 25 日 20 时,单位:m/s)

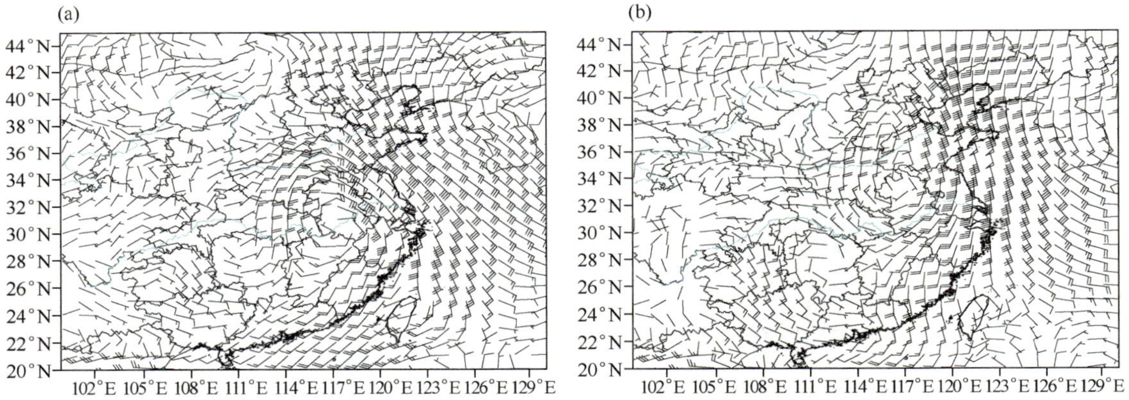

图 5.3.7　850 hPa 等压面的水平风场

(a. 1962 年 7 月 24 日 20 时;b. 1962 年 7 月 25 日 20 时,单位:m/s)

5.4　7301 号台风“威尔达”

5.4.1　台风“威尔达”概况

台风“威尔达”于 1973 年 6 月 28 日 14 时在菲律宾以东洋面上生成,并向西北偏北方向移动,7 月 3 日 02 时在广东东部近海加强为台风(35 m/s,12 级,980 hPa),3 日 14 时在福建厦门登陆(35 m/s,12 级,978 hPa),登陆后向偏北方向移动,4 日 14 时在浙江、江西交界处转向偏西方向移动,从江西北部进入湖南,6 日 08 时在湖南长沙附近消亡(图 5.4.1)。

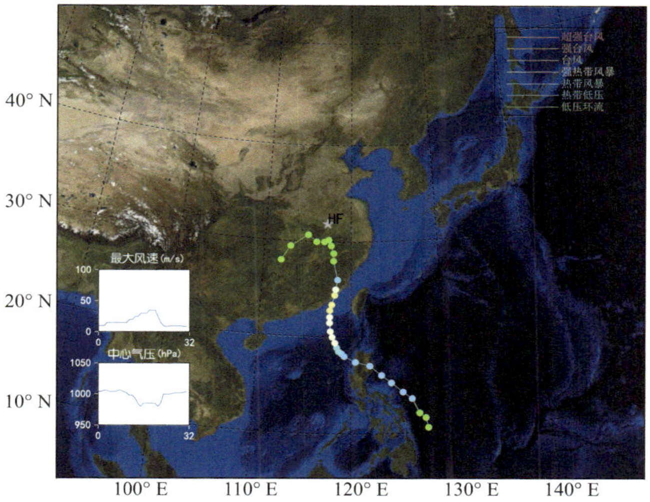

图 5.4.1　7301 号台风“威尔达”移动路径图

5.4.2　“威尔达”过程中国中东部降水实况

“威尔达”于 1973 年 7 月 2 日前后对我国开始造成影响，至 7 月 6 日主要对登陆点和消亡点附近造成明显降水（图 5.4.2）。广西东南部、广东中部、福建沿海、浙江南部、湖南东部、江西中北部、湖北东部、安徽西南部、河南西部和江苏北部地区降水量普遍在 50 mm 以上，部分地区超过 100 mm，其中福建东部沿海和浙江南部沿海地区局部超过 250 mm。

5.4.3　“威尔达”过程安徽降水实况

图 5.4.3 为“威尔达”影响期间安徽省总雨量。1973 年 7 月 2 日 20 时—5 日 20 时，安徽

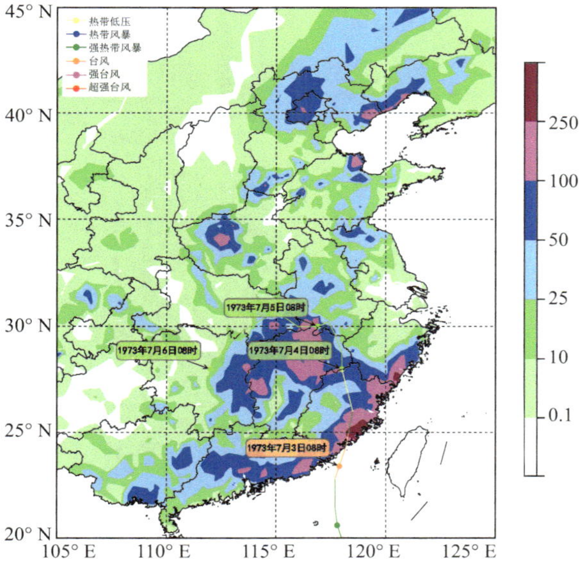

图 5.4.2　“威尔达”影响期间 1973 年 7 月 2 日 20 时—7 月 6 日 20 时中国中东部总降水量（单位：mm）

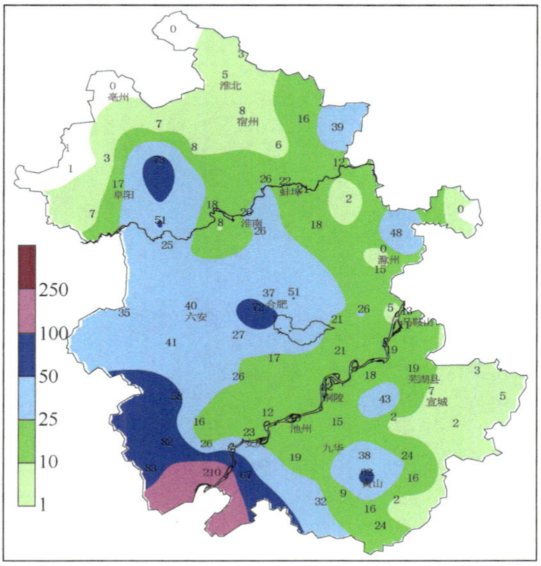

图 5.4.3　“威尔达”影响期间 1973 年 7 月 2 日 20 时—7 月 5 日 20 时安徽省总雨量图（单位：mm）

沿江西部10个县市累计降水量超过50 mm,其中望江最大210 mm。降水集中时段为3日20时—5日20时,落区位于沿江西部。

5.4.4 "威尔达"过程天气分析

"威尔达"影响我国期间由于副高势力强,阻断了冷空气和台风在安徽的结合。

500 hPa等压面高度场:4日20时,副高强盛,呈块状位于东部沿海,沿海为高压脊控制,西风槽位置偏西偏北。"威尔达"环流位于安徽南部,受副高的顶托作用,沿副高外围向偏西方向移动(图5.4.4)。

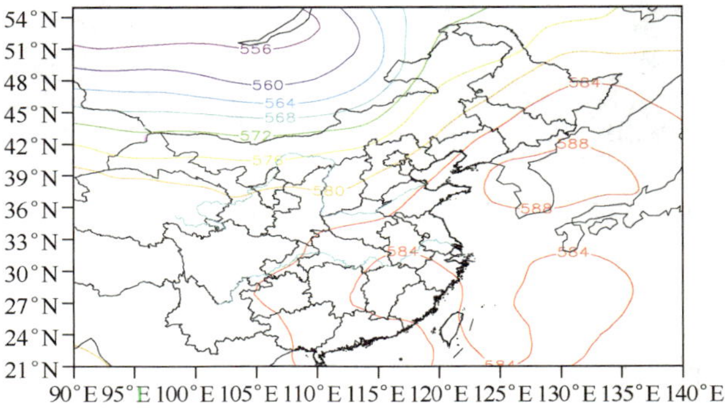

图5.4.4 1973年7月4日20时500 hPa等压面的高度场(单位:dagpm)

中低层风场:4日20时,700 hPa等压面河南至湖北一带风场上有低槽存在,但位置偏西偏北,后期由于副高的加强,使得冷空气和台风的结合被阻断,降水以台风本体降水为主;850 hPa等压面台风环流中心位于浙江、江西北部交界处,安徽南部位于台风环流控制下,台风东侧、安徽上空有偏南风急流存在(图5.4.5)。

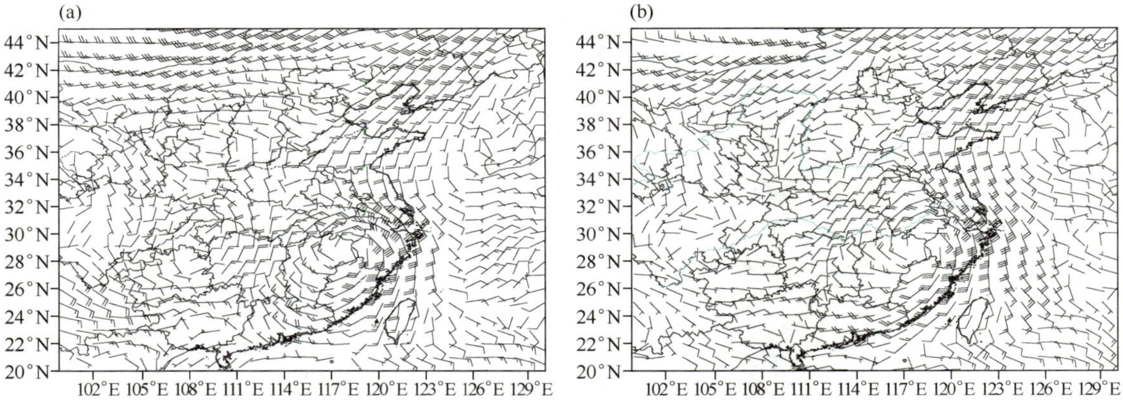

图5.4.5 1973年7月4日20时不同等压面的水平风场

(a. 700 hPa;b. 850 hPa,单位:m/s)

850 hPa等压面比湿场:受"威尔达"外围影响,安徽大部分地区位于比湿大于12 g/kg的大湿区内,其中大于14 g/kg的比湿中心位于江南西南部,和强降水区对应较好(图5.4.6)。

700 hPa 等压面假相当位温场：4 日 20 时，θ_{se} 锋区位于湖北、湖南中东部，安徽主要位于台风环流内 θ_{se} 高值区（图 5.4.7）。

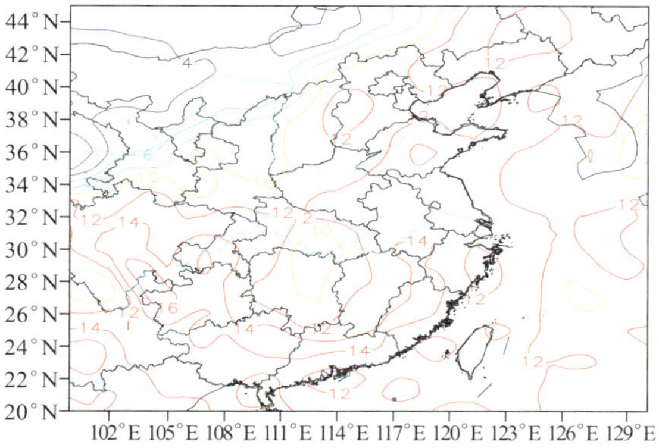

图 5.4.6　1973 年 7 月 4 日 20 时 850 hPa 等压面的比湿场（单位：g/kg）

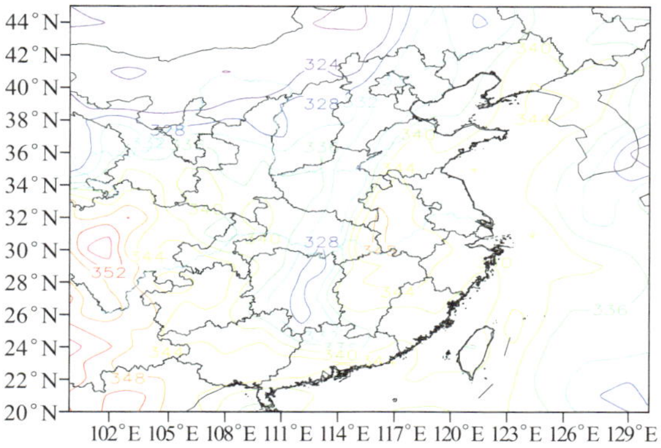

图 5.4.7　1973 年 7 月 4 日 20 时 700 hPa 等压面的假相当位温场（单位：K）

5.5　7412 号台风“露西”

5.5.1　台风“露西”概况

台风“露西”于 1974 年 8 月 8 日 14 时在黄岩岛和菲律宾之间的海域生成，生成后向偏北方向移动，强度逐渐加强，8 月 9 日 20 时在 119.6°E，18.8°N 附近海域增强为强热带风暴，最大风速 30 m/s，8 月 10 日 02 时后，“露西”强度逐渐减弱，向西北偏北方向移动，8 月 11 日 20 时在福建省泉州市附近登陆，登陆时强度为热带低压，登陆后向偏北方向移动，强度继续减弱，最终在安徽省北部的淮南市附近消亡（图 5.5.1）。

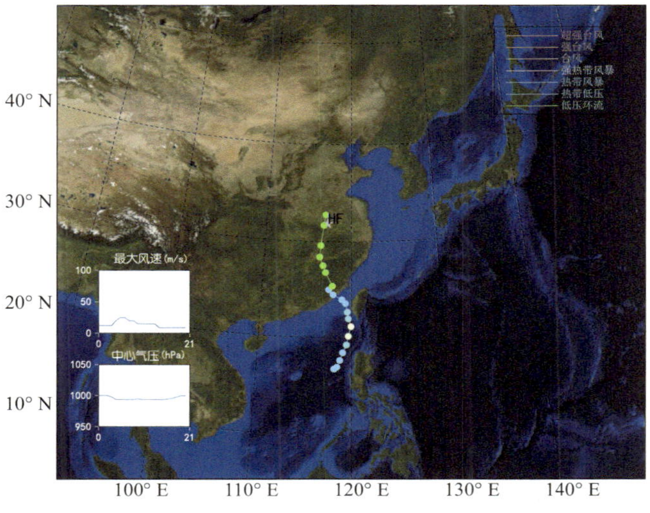

图 5.5.1　7412 号台风“露西”移动路径图

5.5.2 “露西”过程中国中东部降水实况

“露西”于1974年8月10日前后对我国开始造成影响，至8月14日主要对登陆点和消亡点附近造成明显降水(图5.5.2)。广东中东部、福建大部、湖南东南部、江西大部、浙江东南部、安徽中北部、江苏北部、山东中东部、河北南部和辽宁东南部地区降水量普遍在50 mm以上，部分地区超过100 mm，其中浙江南部、安徽东北部、江苏西北部和山东东南部地区局部超过250 mm。

5.5.3 “露西”过程安徽降水实况

图5.5.3为“露西”影响期间安徽省总雨量。1974年8月10日20时—14日20时，全省普遍出现10 mm以上降水，降水中心位于淮北东部、江淮之间中北部和西部，呈东北西南走向，该区域降水量普遍为100～250 mm，五河、泗县、明光3站超过250 mm，最大五河322 mm。此过程11日、12日和13日连续三天在以上强降水区域都有明显降水，其中最强11日20时—12日20时和12日20时—13日20时，在以上强降水区域均出现大范围暴雨到大暴雨天气。

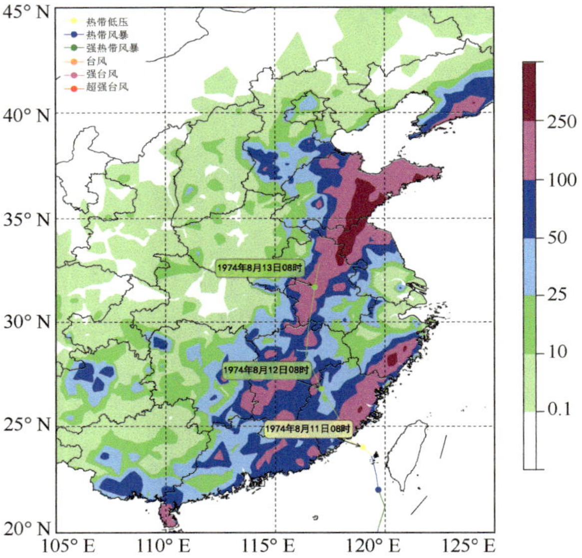

图5.5.2 “露西”影响期间1974年8月10日20时—8月14日20时中国中东部总降水量(单位:mm)

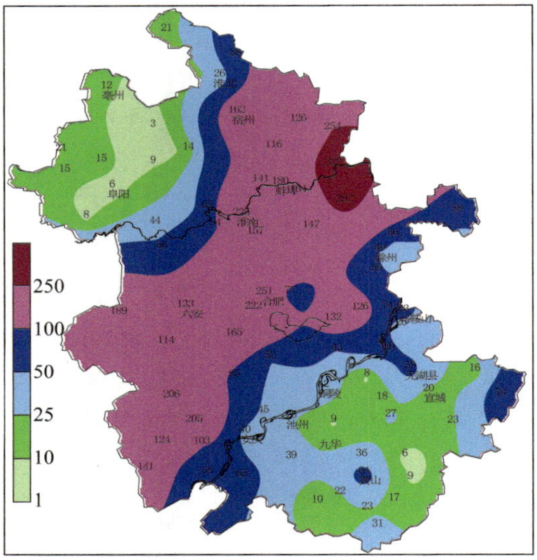

图5.5.3 “露西”影响期间1974年8月10日20时—8月14日20时安徽省总雨量(单位:mm)

5.5.4 “露西”过程天气形势分析

8月12日20时华北地区有明显冷槽，强降水落区位于冷槽南侧至台风倒槽之间的区域。

500 hPa等压面高度场：8月12日20时，西太平洋副热带高压控制120°E以东大部分地区，584 dagpm等值线南北向穿过苏皖交界，东北地区有冷涡(图5.5.4)。

200 hPa等压面风场：安徽省西北部上空有明显的西南风急流，急流走向与此次过程强降水落区走向一致，急流右侧为辐散及风向分流区，该区域与强降水落区对应较好(图5.5.5)。

中低层风场：8月12日20时，700 hPa和850 hPa等压面上台风倒槽及其略偏北侧与强降水落区对应较好。13日20时，“露西”减弱的低压向北移出安徽省，强降水落区与“露西”南侧低层850 hPa和925 hPa等压面低槽及低槽以东靠近东南风急流的区域对应较好，700 hPa

等压面低槽位置相对于强降水落区明显偏北(图 5.5.6—5.5.7)。

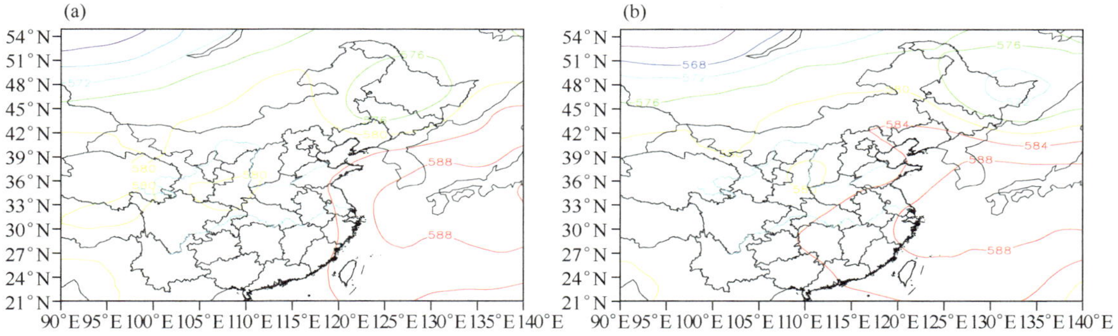

图 5.5.4　500 hPa 等压面的高度场

(a. 1974 年 8 月 12 日 20 时;b. 1974 年 8 月 13 日 20 时,单位:dagpm)

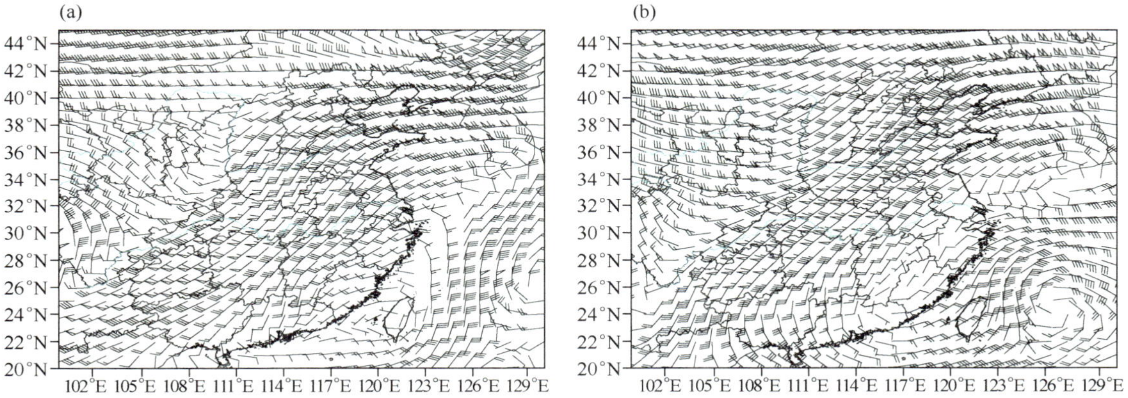

图 5.5.5　200 hPa 等压面的水平风场

(a. 1974 年 8 月 12 日 20 时;b. 1974 年 8 月 13 日 20 时,单位:m/s)

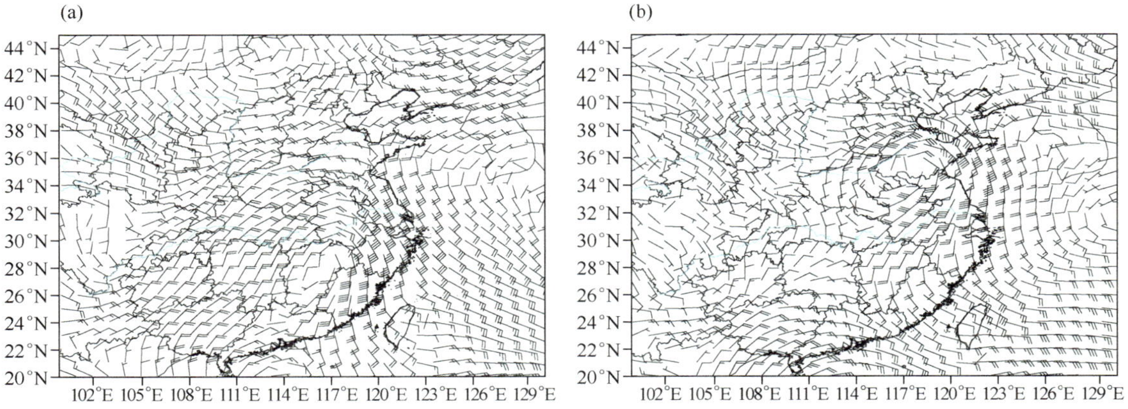

图 5.5.6　700 hPa 等压面的水平风场

(a. 1974 年 8 月 12 日 20 时;b. 1974 年 8 月 13 日 20 时,单位:m/s)

850 hPa 等压面温度场:8 月 12 日 20 时,华北地区有明显冷槽,强降水落区位于冷槽南侧至台风倒槽之间的区域(图 5.5.8)。

假相当位温场:强降水落区与 12 日 20 时 850 hPa 等压面等 θ_{se} 线密集区以南的高值区对

应较好，与 13 日 20 时等 θ_{se} 密集区对应关系较好(图 5.5.9)。

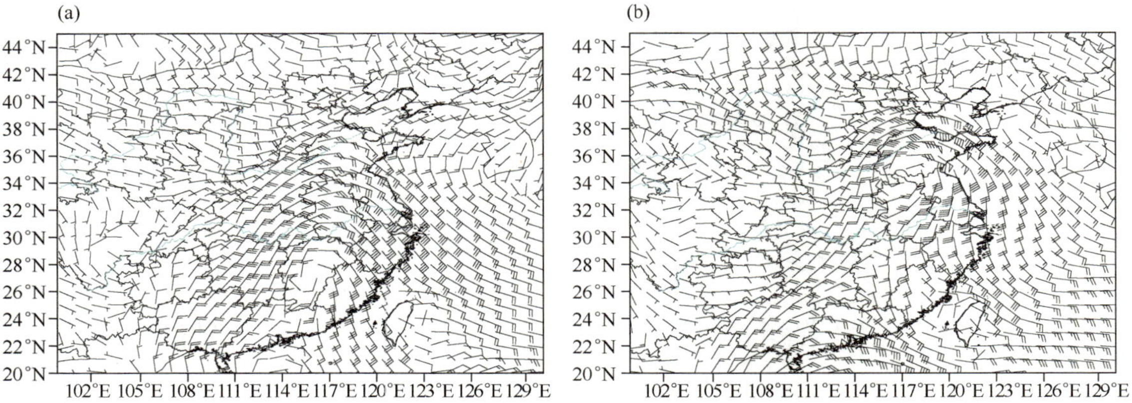

图 5.5.7 850 hPa 等压面的水平风场

(a. 1974 年 8 月 12 日 20 时；b. 1974 年 8 月 13 日 20 时，单位：m/s)

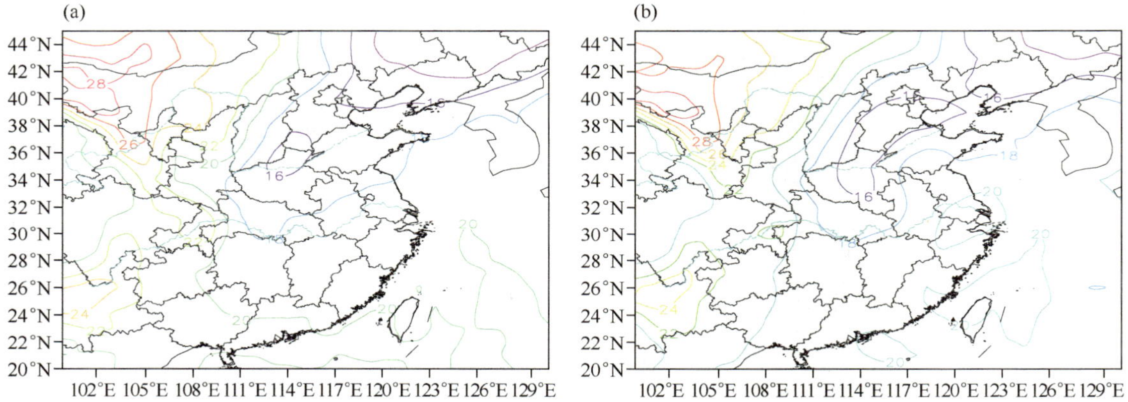

图 5.5.8 850 hPa 等压面的温度场

(a. 1974 年 8 月 12 日 20 时；b. 1974 年 8 月 13 日 20 时，单位：℃)

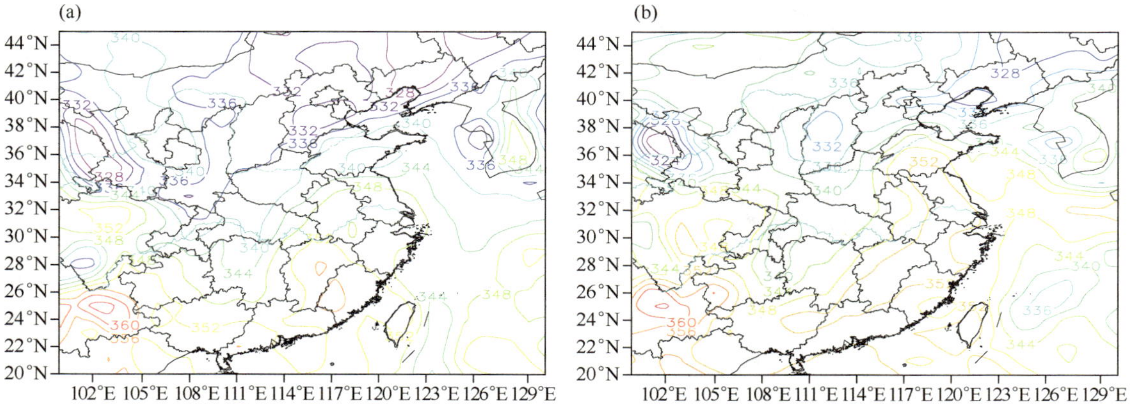

图 5.5.9 850 hPa 等压面的假相当位温场

(a. 1974 年 8 月 12 日 20 时；b. 1974 年 8 月 13 日 20 时，单位：K)

5.6 7701 号台风“露芙”

5.6.1 台风“露芙”概况

台风“露芙”于 1977 年 6 月 10 日在西北太平洋洋面上生成，向西北方向移动，6 月 14 日 08 时在黄岩岛附近加强为强热带风暴（25 m/s，10 级，990 hPa），转向东北方向移动，17 日 02 时在福建莆田附近登陆，登陆后强度为热带低压（15 m/s，7 级，998 hPa），之后沿着福建、浙江一带沿海移动，17 日 14 时位于浙江温州附近，强度为热带风暴（20 m/s，8 级，1000 hPa），后转向偏东方向移动再次入海（图 5.6.1）。

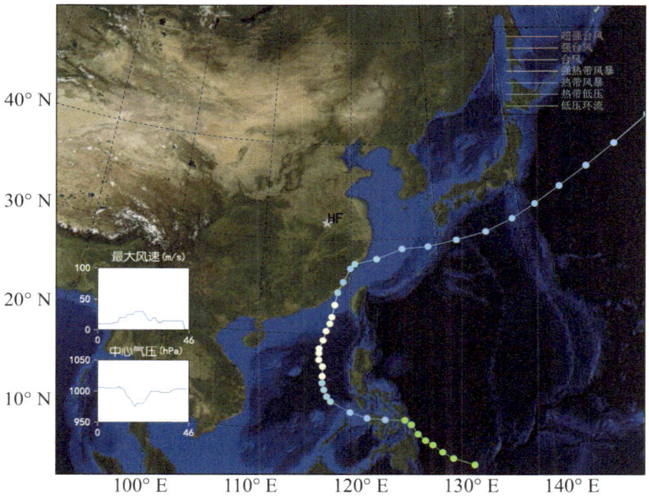

图 5.6.1 7701 号台风“露芙”移动路径图

5.6.2 “露芙”过程中国中东部降水实况

“露芙”对我国影响时间段主要为 1977 年 6 月 15 日 20 时—18 日 20 时，强降水落区位于贵州、重庆、湖南东部、江西中南部、安徽南部和浙江北部，以上地区降水量普遍超过 50 mm，部分地区超过 100 mm（图 5.6.2）。

5.6.3 “露芙”过程安徽降水实况

1977 年 6 月 16—17 日，安徽沿江江南出现降水，其中江南西南部有 2 个县市累计降水量超过 50 mm，最大值为祁门 126 mm（图 5.6.3）。

5.6.4 “露芙”过程天气分析

关键影响系统：副高、西风槽、冷空气。主要为西风槽和副高之间的降水，台风环流弱。

500 hPa 等压面高度场：17 日 20 时副高位于东部沿海，东北有一冷涡存在，安徽位于冷涡后部、低槽后部（图 5.6.4）。

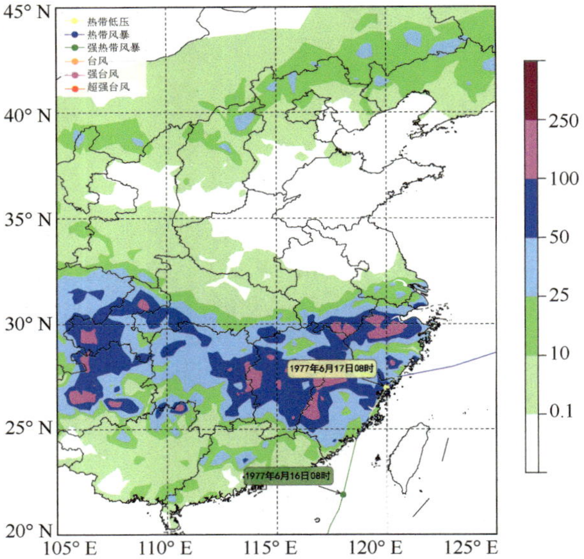

图 5.6.2 “露芙”影响期间 1977 年 6 月 15 日 20 时—6 月 18 日 20 时中国中东部总降水量(单位:mm)

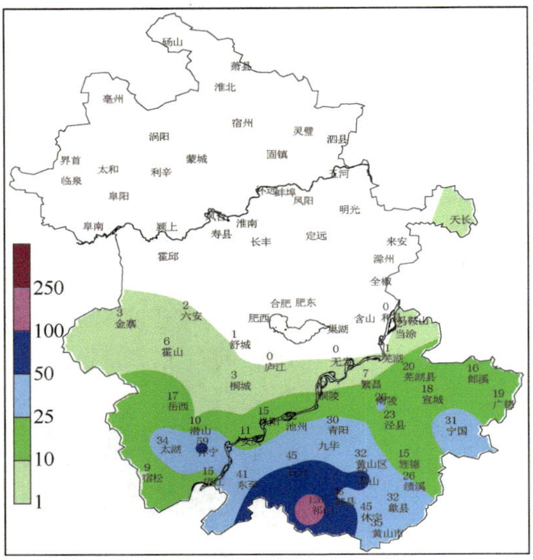

图 5.6.3 “露芙”影响期间 1977 年 6 月 16 日 20 时—6 月 17 日 20 时安徽省总雨量(单位:mm)

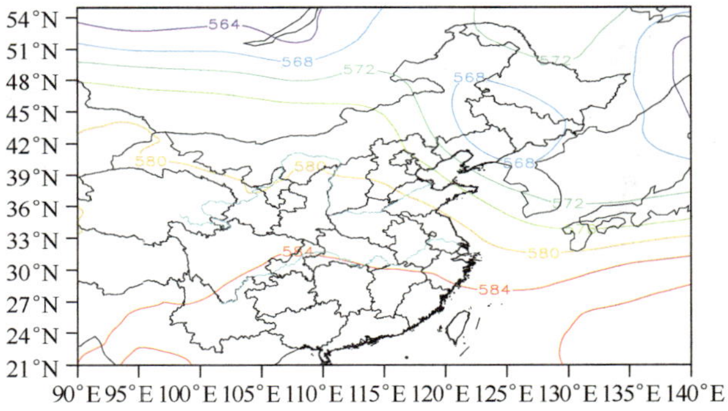

图 5.6.4 1977 年 6 月 17 日 20 时 500 hPa 等压面的高度场(单位:dagpm)

200 hPa 等压面风场:安徽南部位于高空急流区的右侧(图 5.6.5a)。

500 hPa 等压面风场:安徽上空为一致的西北气流(图 5.6.5b)。

850 hPa 等压面风场:17 日 20 时沿江江北位于偏东气流控制下,江南南部有切变线存在(图 5.6.5c)。

850 hPa 等压面温度场:东北地区有明显温度槽向西南方向延伸,强降水落区在温度槽底附近(图 5.6.6)。

850 hPa 等压面比湿场:受台风外围影响,安徽南部为比湿大于 14 g/kg 的大湿区控制(图 5.6.7)。

850 hPa 等压面假相当位温场:17 日 20 时,安徽沿江有冷空气南下形成的 θ_{se} 锋区,强降水区主要位于 θ_{se} 锋区南侧,高能区内(图 5.6.8)。

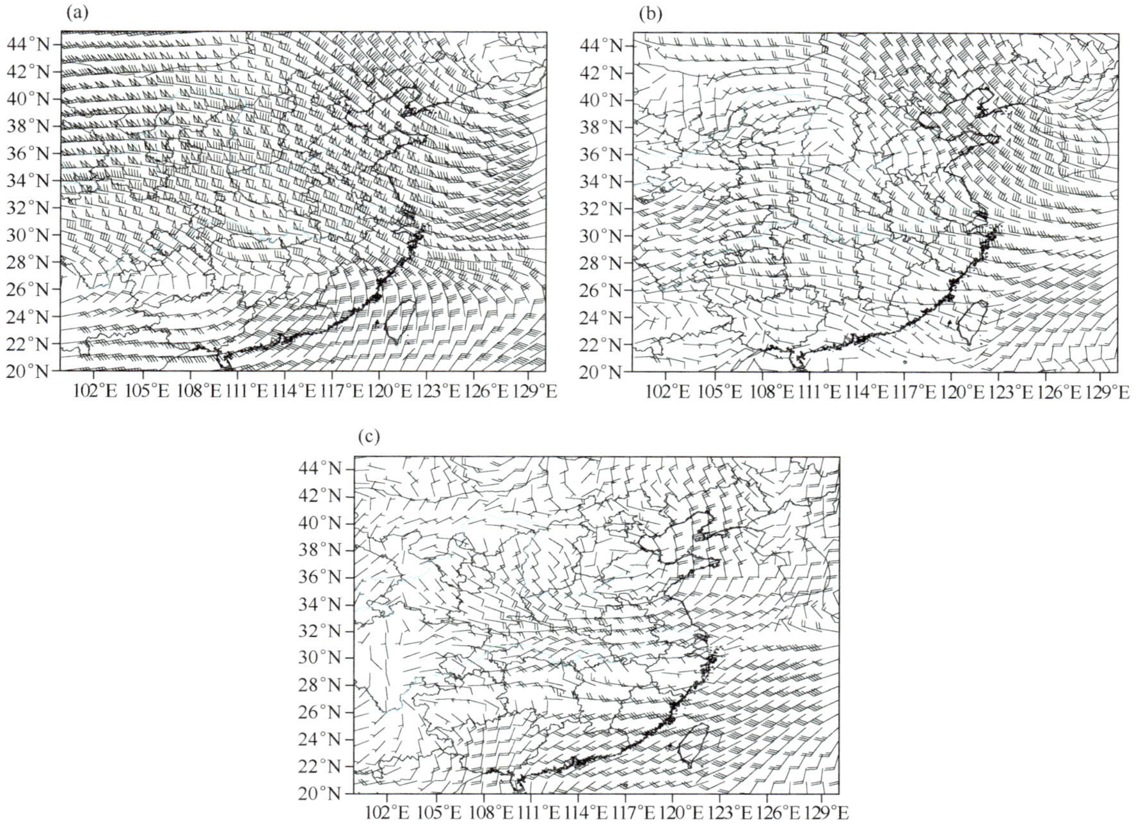

图 5.6.5　1977 年 6 月 17 日 20 时不同等压面的风场

(a. 200 hPa；b. 500 hPa；c. 850 hPa，单位：m/s)

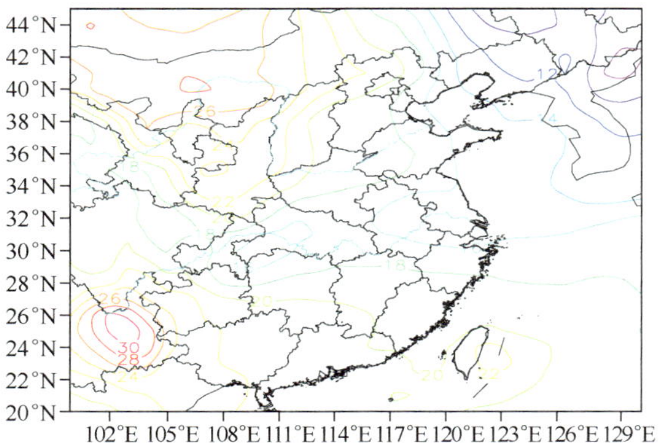

图 5.6.6　1977 年 6 月 17 日 20 时 850 hPa 等压面的温度场(单位：℃)

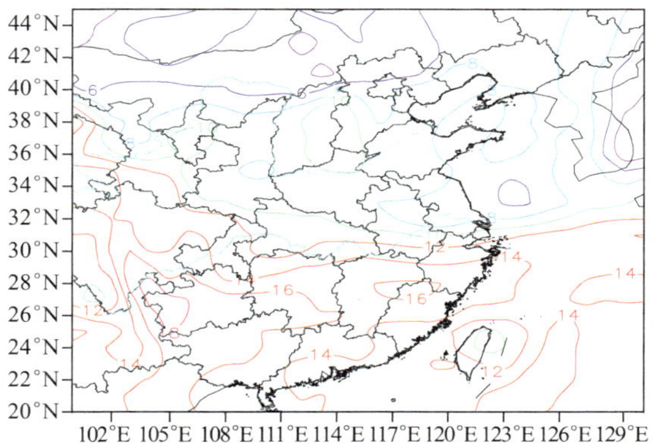

图 5.6.7　1977 年 6 月 17 日 20 时 850 hPa 等压面的比湿场(单位：g/kg)

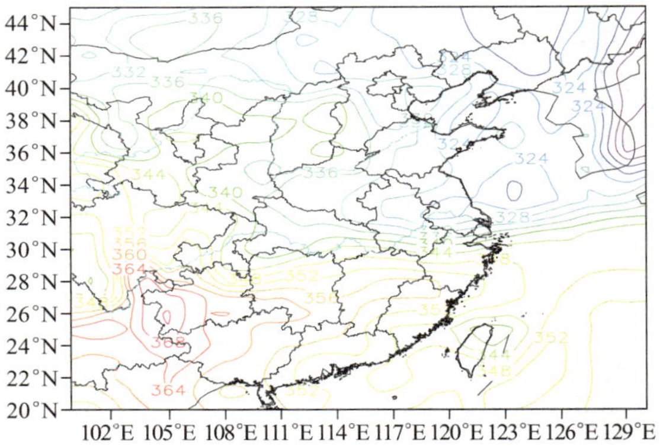

图 5.6.8　1977 年 6 月 17 日 20 时 850 hPa 等压面的假相当位温场(单位:K)

5.7　8403 号台风“Alex”

5.7.1　台风“Alex”概况

台风“Alex”于 1984 年 7 月 1 日 02 时在菲律宾以东洋面上生成,向偏北方向移动,7 月 3 日 02 时在台湾南部海面加强为台风(35 m/s,12 级,968 hPa),3 日 14 时在台湾台东和花莲之间登陆,登陆后强度为强热带风暴(30 m/s,11 级,985 hPa)。在浙江省沿海二次登陆后转向东北方向移动(图 5.7.1)。

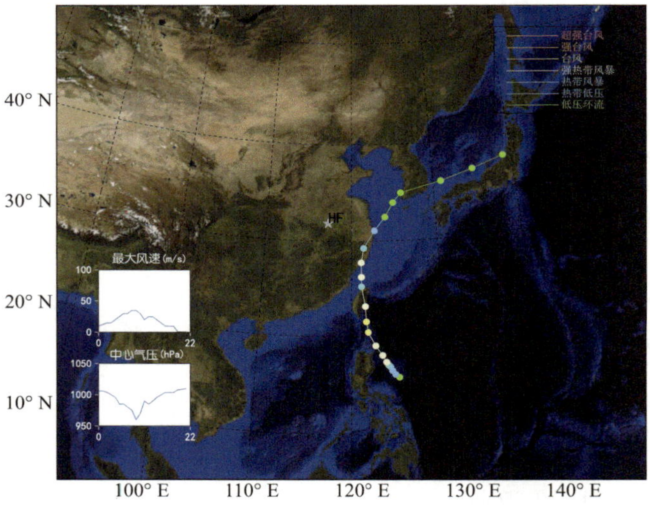

图 5.7.1　8403 号台风“Alex”移动路径图

5.7.2　“Alex”过程中国中东部降水实况

“Alex”对我国造成降水的主要时段为 1984 年 7 月 2 日 20 时—7 月 5 日 20 时,强降水中心范围较小，位于湖北东部、安徽南部和江西北部，降水量普遍超过 50 mm，其中安徽的南部和江西北部局部超过 100 mm（图 5.7.2）。

5.7.3 "Alex"过程安徽降水实况

1984 年 7 月 2—5 日，安徽江淮之间南部和江南有 17 个县市累计降雨量超过 50 mm，其中两个县市超过 100 mm，最大庐江 195 mm。降水集中时段为 7 月 3 日 20 时—4 日 20 时，降水中心位于江淮之间南部和沿江（图 5.7.3）。

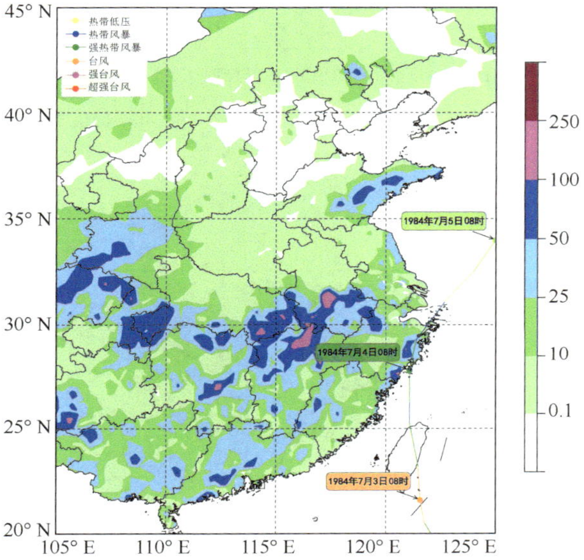

图 5.7.2 "Alex"影响期间 1984 年 7 月 2 日 20 时—7 月 5 日 20 时中国中东部总降水量（单位：mm）

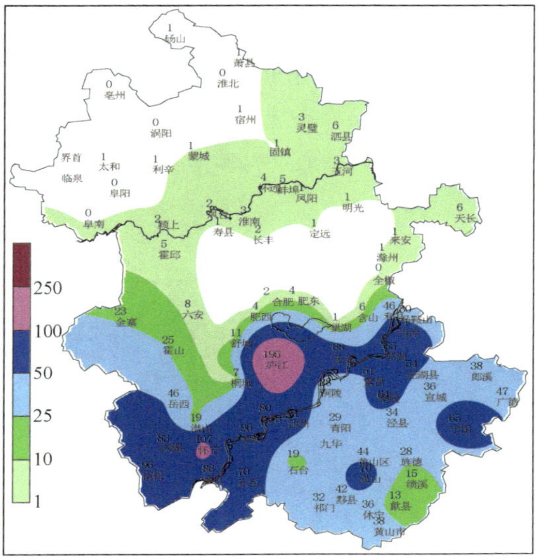

图 5.7.3 "Alex"影响期间 1984 年 7 月 2 日 20 时—7 月 5 日 20 时安徽省总雨量（单位：mm）

5.7.4 "Alex"过程天气分析

关键影响系统：副高、西风槽。台风势力弱，降水主要由西风槽和副高相互作用产生。

200 hPa 等压面风场：安徽南部位于 200 hPa 等压面风场分流区内，与高空辐散相对应（图 5.7.4）。

500 hPa 等压面高度场：3 日 20 时副高呈带状位于东部沿海，东北至山东一带有西风槽活动，584 dagpm 等值线位于江淮之间，强降水区呈带状、位于 584 dagpm 等值线南侧（图 5.7.5）。

850 hPa 等压面风场：3 日 20 时，台风环流位于福建沿海，安徽江淮之间有低槽切变线存在；4 日 20 时台风环流已不可辨，低槽切变线南压至江南（图 5.7.6）。

850 hPa 等压面比湿场：安徽淮河以南位于比湿大于 12 g/kg 的大湿区控制内（图 5.7.7）。

850 hPa 等压面假相当位温场：4 日 20 时，安徽南部位于 θ_{se} 的高能区内，安徽北部有与西风槽相对应的 θ_{se} 的低值区，安徽江淮之间位于等 θ_{se} 密集带上，强降水位于 θ_{se} 密集带的南侧，偏向高能区一侧（图 5.7.8）。

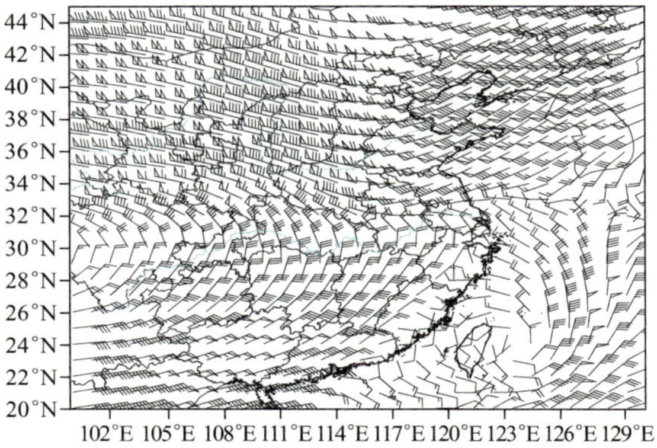

图 5.7.4 1984 年 7 月 3 日 20 时 200 hPa 等压面的风场(单位:m/s)

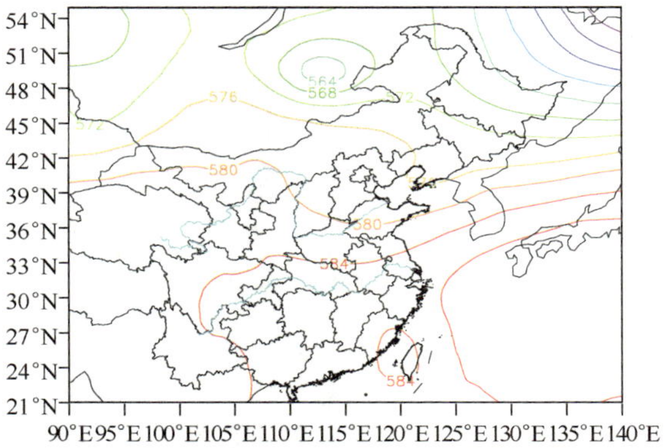

图 5.7.5 1984 年 7 月 3 日 20 时 500 hPa 等压面的高度场(单位:dagpm)

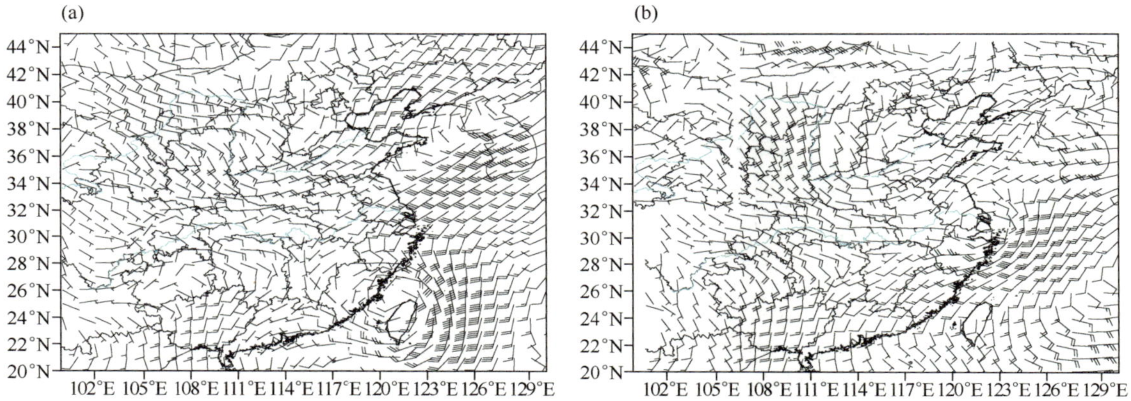

图 5.7.6 850 hPa 等压面的风场

(a. 1984 年 7 月 3 日 20 时;b. 1984 年 7 月 4 日 20 时,单位:m/s)

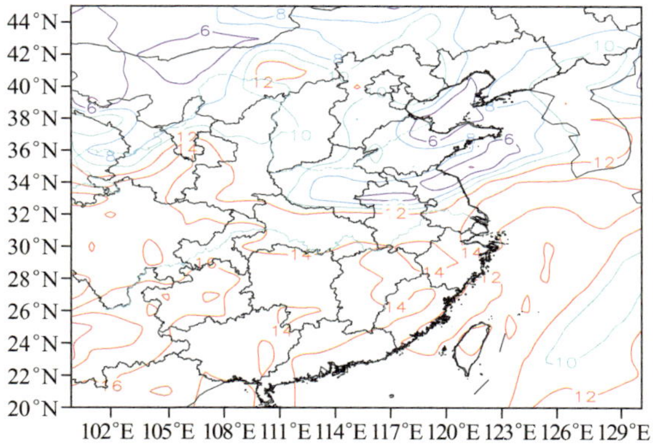

图 5.7.7 1984 年 7 月 4 日 20 时 850 hPa 等压面的比湿场(单位:g/kg)

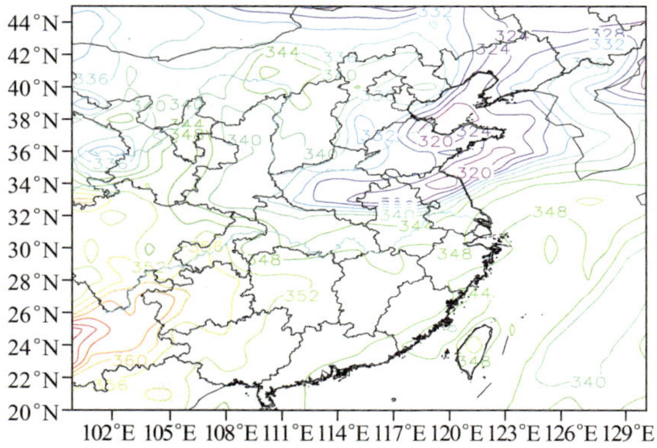

图 5.7.8 1984 年 7 月 4 日 20 时 850 hPa 等压面的假相当位温场(单位:K)

5.8　8506 号台风“杰夫”

5.8.1　台风“杰夫”概况

台风“杰夫”于 1985 年 7 月 22 日在太平洋上生成，7 月 29 日发展成台风（35 m/s，12 级，978 hPa）。7 月 30 日 20 时“杰夫”在浙江省温州北部沿海登陆（40 m/s，13 级，台风级），之后向北移动，经浙江和江苏南部进入黄海；8 月 2 日 14 时在辽宁省南部再次登陆（20 m/s，8 级，热带风暴级），并深入东北三省，最后在黑龙江东部消失（图 5.8.1）。

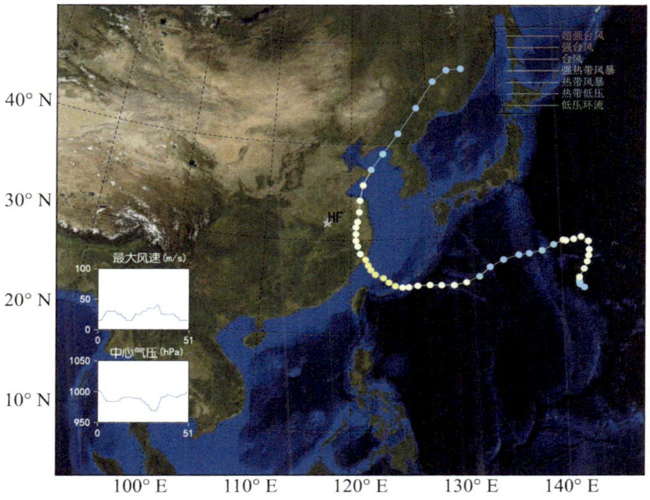

图 5.8.1　8506 号台风“杰夫”移动路径图

5.8.2　“杰夫”过程中国中东部降水实况

“杰夫”对我国造成降水的主要时段为 1985 年 7 月 29 日 20 时—8 月 4 日 20 时，强降水中心主要位于我国东部靠近台风路径区域，包括浙江东部、上海、江苏南部、山东和东北地区，以上大部分地区都出现了 100 mm 以上的降水。其中浙江东部登陆点附近和东北局部地区出现 250 mm 以上降水（图 5.8.2）。

5.8.3　“杰夫”过程安徽降水实况

1985 年 7 月 30 日—8 月 2 日，受“杰夫”台风环流和冷空气的共同影响，淮河以北西北部和江南东南部出现明显降水，共有 3 个站超过 50 mm，1 个站超过 100 mm；江南东南部累计降雨量 50～80 mm，最大值为广德 115 mm。强降水主要出现在 31 日，最大值为广德 24 h 降水量 94.5 mm（图 5.8.3）。

5.8.4　“杰夫”过程天气分析

200 hPa 等压面高度场：31 日南亚高压中心位于浙江东部，安徽省东南部位于该中心西北侧反气旋环流中，高层辐散，自江南南部至江南东北部存在风速辐散。暴雨与辐散区对应（图 5.8.4）。

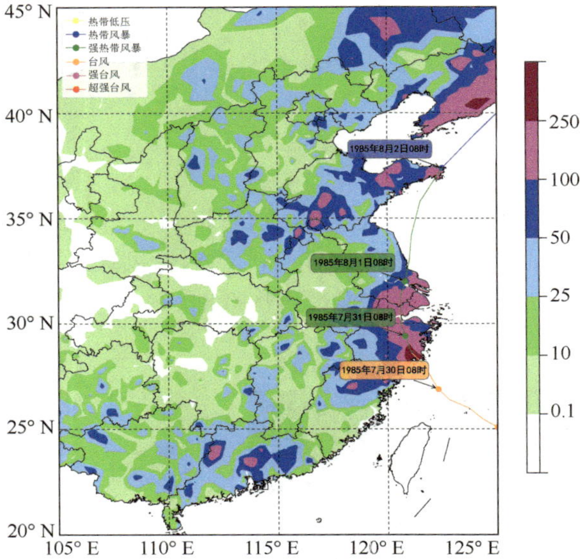

图 5.8.2 “杰夫”影响期间 1985 年 7 月 2 日 20 时—7 月 5 日 20 时中国中东部总降水量(单位:mm)

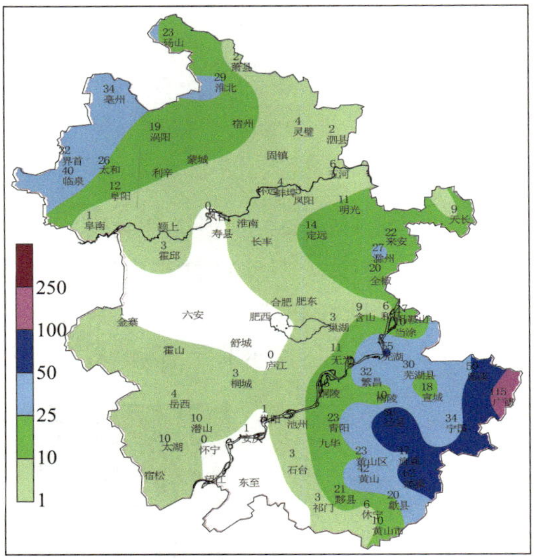

图 5.8.3 “杰夫”影响期间 1985 年 7 月 2 日 20 时—7 月 5 日 20 时安徽省总雨量(单位:mm)

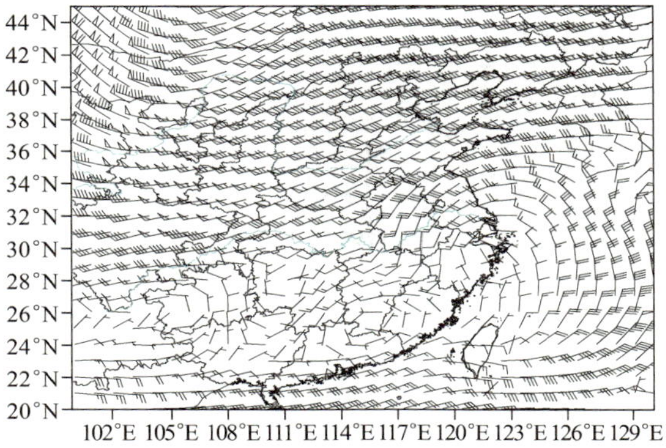

图 5.8.4 1985 年 7 月 31 日 20 时 200 hPa 等压面的风场(单位:m/s)

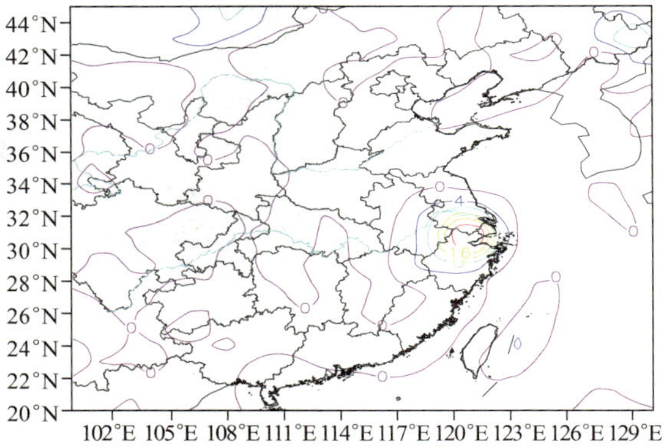

图 5.8.5 1985 年 7 月 31 日 20 时 850 hPa 等压面的涡度场(单位:$10^{-5}\cdot s^{-1}$)

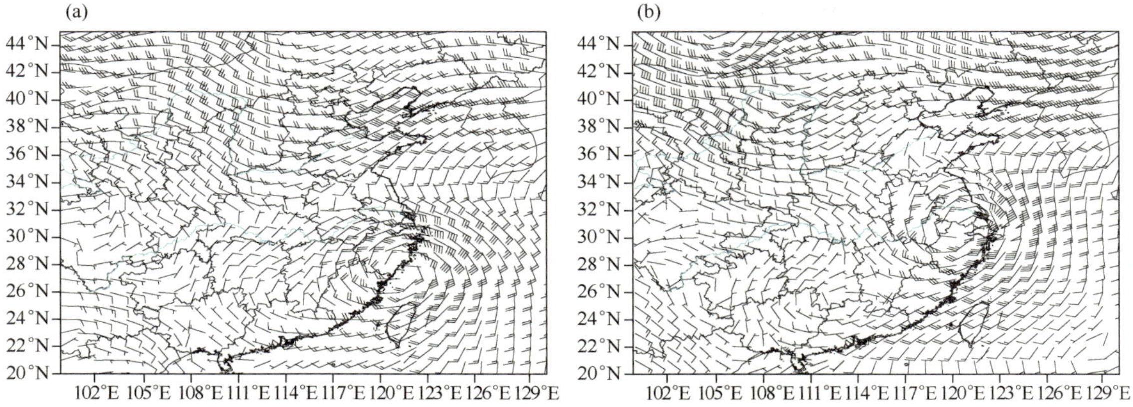

图 5.8.6 500 hPa 等压面的风场

(a. 1985 年 7 月 30 日 20 时;b. 1985 年 7 月 31 日 20 时,单位:m/s)

500 hPa 和 850 hPa 等压面风场和涡度场：30 日台风位于浙江东南部，31 日中心北移；安徽省东南部先后受台风北部倒槽和台风环流影响，31 日台风环流中心对应正涡度大值区，江南东南部暴雨出现在正涡度中心西侧，大暴雨接近正涡度中心。30 日 500 hPa 等压面华北—黄淮地区存在高空槽，槽底位于河南省东南部，安徽省淮河以北西北部位于槽前，850 hPa 等压面存在倒槽，并具有一定正涡度，受其影响，安徽省淮河以北西北部出现大雨（图 5.8.5—5.8.7）。

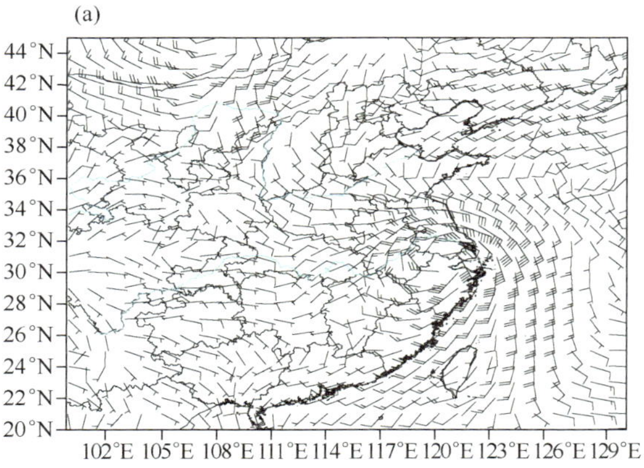

图 5.8.7　850 hPa 等压面的风场

（a. 1985 年 7 月 30 日 20 时；b. 1985 年 7 月 31 日 20 时，单位：m/s）

850 hPa 和 925 hPa 等压面温度场：31 日在江苏南部和安徽江南中部存在低温中心，受台风北侧偏东风和西侧偏北风影响，江南东部有东路冷空气，东南部还有偏北路冷空气，两股冷空气与台风中心附近高温高湿大气交汇；并且冷空气从低层切入，能够触发不稳定能量释放，从而有利于大暴雨的产生（图 5.8.8）。

700 hPa 和 850 hPa 等压面假相当位温场：江南东南部接近 θ_{se} 高值中心，广德附近 850 hPa 等压面 θ_{se} 为 352～356 K，700 hPa 等压面 θ_{se} 为 348～352 K，θ_{se} 随高度减小，表明此处大气不仅高温高湿，还具有不稳定能量，广德大暴雨即发生在此（图 5.8.9）。

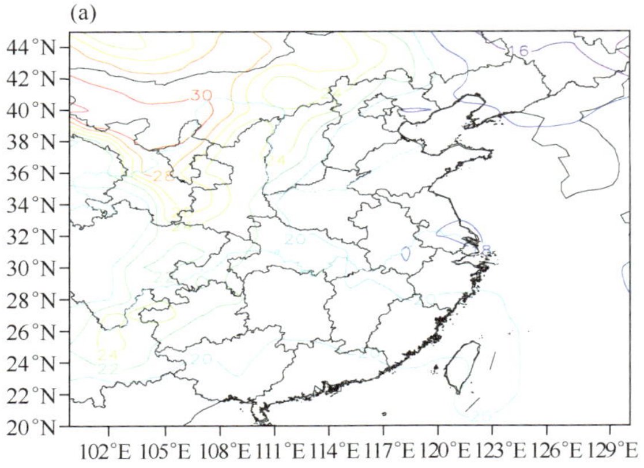

图 5.8.8　1985 年 7 月 31 日 20 时不同等压面的温度场

（a. 850 hPa；b. 925 hPa，单位：℃）

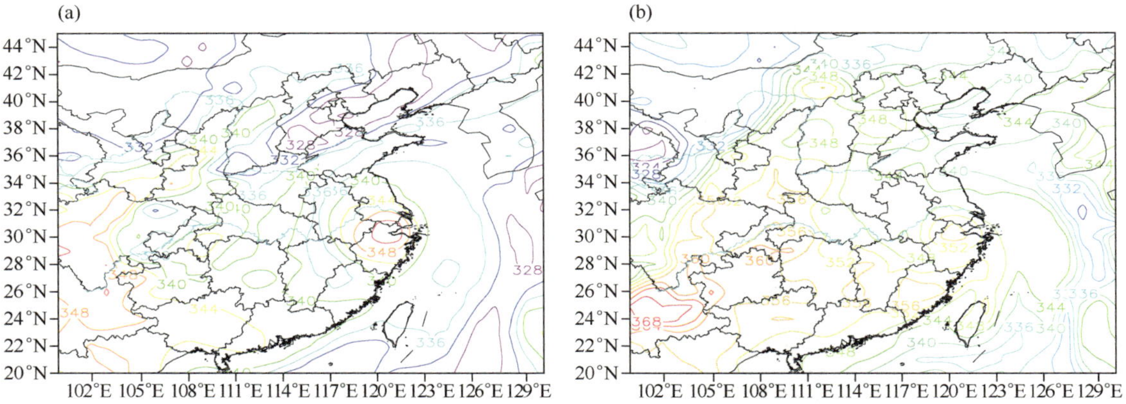

图 5.8.9 1985 年 7 月 31 日 20 时不同等压面的假相当位温场
（a. 700 hPa；b. 850 hPa，单位：K）

5.9 8509 号台风“Mamie”

5.9.1 台风“Mamie”概况

台风“Mamie”于 1985 年 8 月 14 日在台湾岛东部洋面生成，8 月 18 日 08 时发展成台风，并在上海市东部沿海登陆（35 m/s，12 级，台风级）。之后“Mamie”沿江苏省东部沿海地区向西北移动，8 月 19 日转为东北移动方向，穿过山东半岛和渤海湾，20 时在大连南部登陆，然后深入东北内陆地区，强度迅速减弱，最后在俄罗斯东部消失（图 5.9.1）。

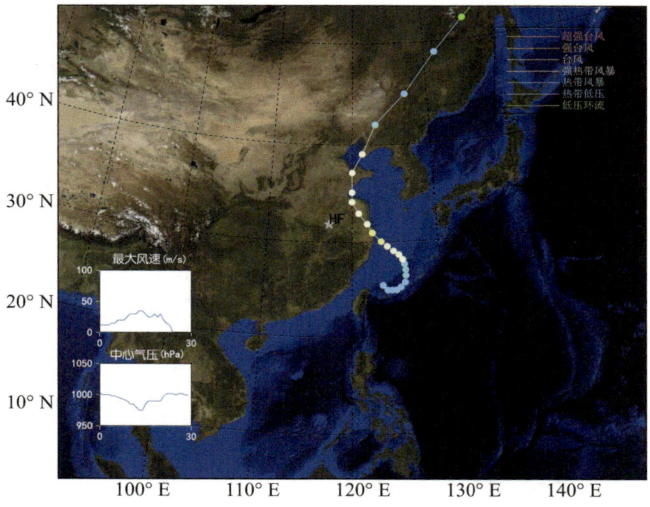

图 5.9.1 8506 号台风“Mamie”移动路径图

5.9.2 “Mamie”过程中国中东部降水实况

“Mamie”对我国造成降水的主要时段为 1985 年 8 月 17 日 20 时—8 月 21 日 20 时，强降水中心位于山东和东北地区，以上大部分地区都出现了 100 mm 以上的降水。其中山东中部和东北南部地区出现 250 mm 以上降水(图 5.9.2)。

5.9.3 “Mamie”过程安徽降水实况

1985 年 8 月 18—20 日，受“Mamie”台风环流和冷空气的共同影响，江淮之间西北部和淮河以北东北部出现暴雨，局部大暴雨，共有 5 个站超过 50 mm，1 个站超过 100 mm；累计降雨量 50～80 mm，最大值为宿州 104 mm。强降水主要出现在 20 日，暴雨位于大别山区北部和淮河以北东北部，最大值为宿县，24 h 降水量 103.3 mm(图 5.9.3)。

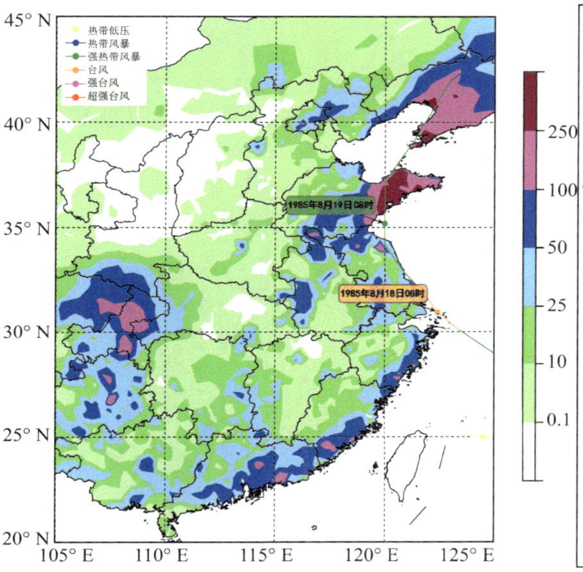

图 5.9.2 “Mamie”影响期间 1985 年 8 月 17 日 20 时—8 月 21 日 20 时中国中东部总降水量(单位：mm)

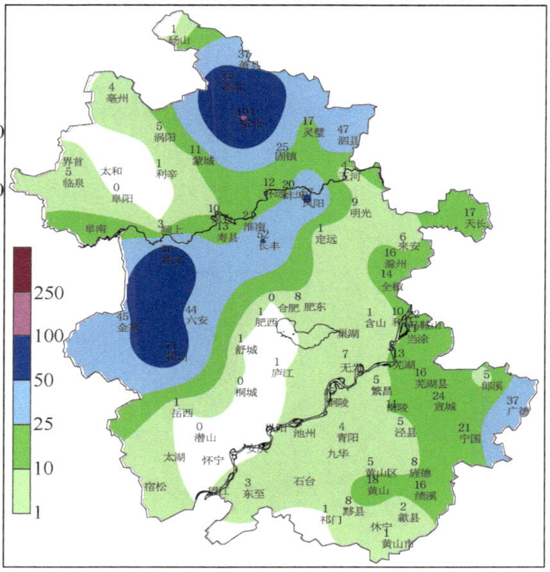

图 5.9.3 “Mamie”影响期 1985 年 8 月 17 日 20 时—8 月 20 日 20 时安徽省总雨量(单位：mm)

5.9.4 “Mamie”过程天气分析

200 hPa 等压面高度场和风场：南亚高压强大，有两个中心，东段明显北抬，中心位于日本海附近；贝加尔湖东部存在低压中心，其南侧至湖北西部为深槽，受低压槽及东段南亚高压共同影响，渤海至东北地区存在西南风高空急流；安徽省江淮之间西北部和淮河以北地区位于槽前，高空急流入口区右侧，高层辐散。暴雨出现在高空强辐散区(图 5.9.4—5.9.5)。

500 hPa 等压面高度场和风场：20 日贝加尔湖东部存在低涡中心，自内蒙古东部向西南方向伸出一槽，槽底至河南省西部；副高强大，中心为 592 dagpm，位于日本岛；安徽省江淮之间北部和淮河以北地区位于副高西侧高空槽前。暴雨出现在槽前(图 5.9.6—5.9.7)。

850 hPa 等压面风场和涡度场：20 日“Mamie”中心已移至东北地区，在台湾以东西太平洋上同时存在另一个台风“Nelson”，其北侧东南气流与“Mamie”后部东北气流交汇，自渤海东部至安徽江淮之间西北部地区存在东北—西南向倒槽，正涡度中心位于山东半岛。暴雨发生在倒槽气旋式切变中(图 5.9.8—5.9.9)。

850 hPa 和 925 hPa 等压面温度场：20 日渤海附近存在低温中心，受“Mamie”后部东北气流影响，低层冷空气自东北向西南影响安徽省淮河以北东北部和江淮之间西北部地区。925 hPa 等压面温度槽自山东东部至河南南部，暴雨发生在温度槽前（图 5.9.10）。

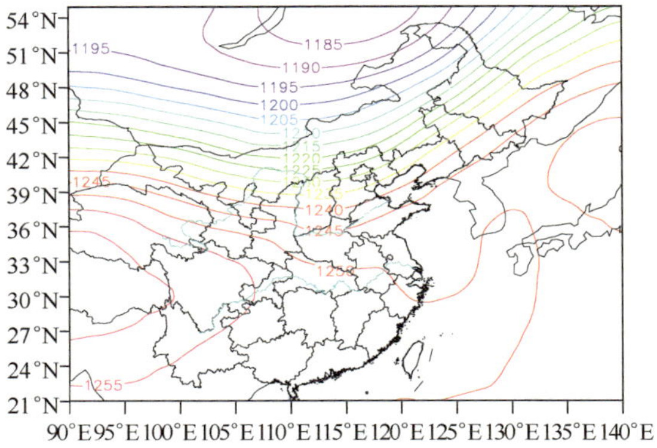

图 5.9.4　1985 年 8 月 20 日 20 时 200 hPa 等压面的高度场（单位：dagpm）

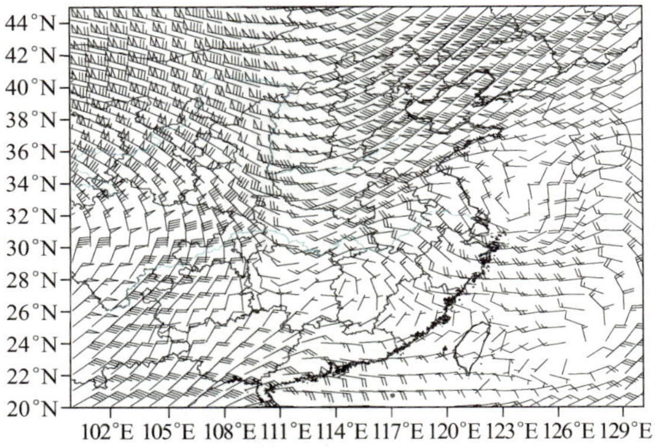

图 5.9.5　1985 年 8 月 20 日 20 时 200 hPa 等压面的风场（单位：m/s）

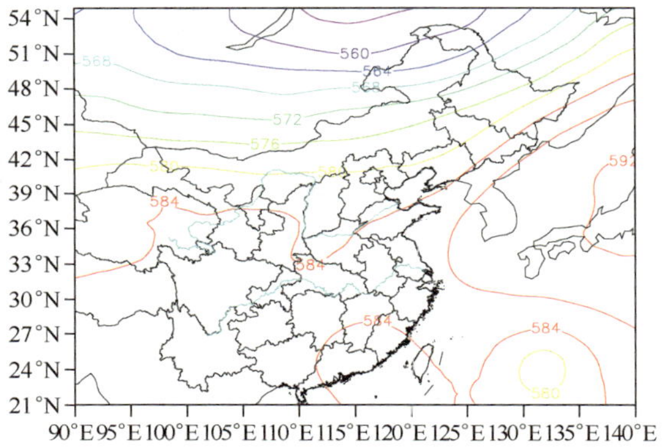

图 5.9.6　1985 年 8 月 20 日 20 时 500 hPa 等压面的高度场（单位：dagpm）

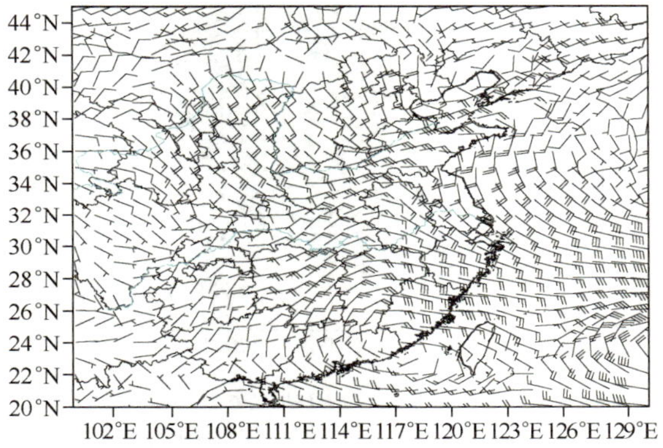

图 5.9.7　1985 年 8 月 20 日 20 时 500 hPa 等压面的风场（单位：m/s）

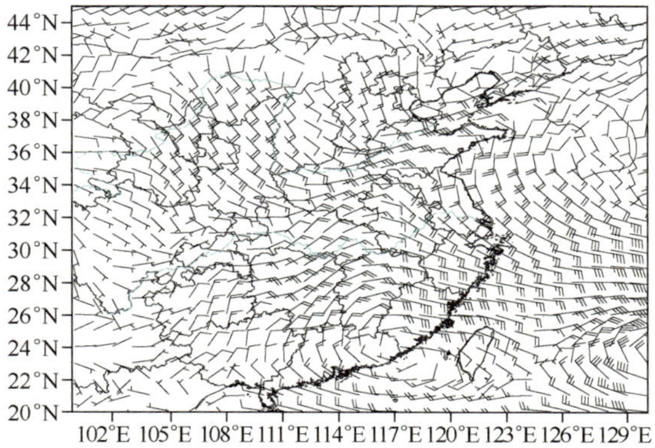

图 5.9.8　1985 年 8 月 20 日 20 时 850 hPa 等压面的风场（单位：m/s）

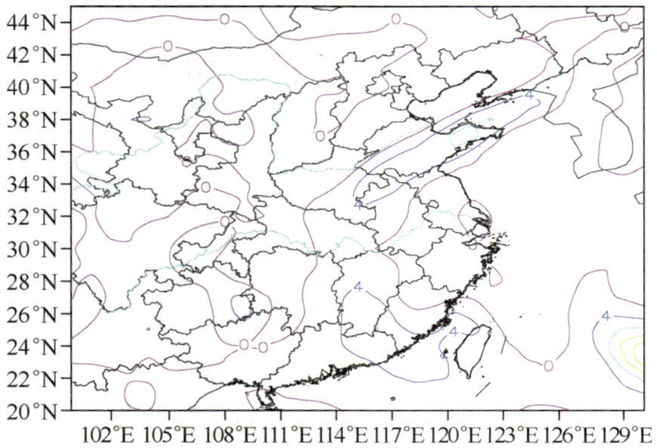

图 5.9.9　1985 年 8 月 20 日 20 时 850 hPa 等压面的涡度场（单位：$10^{-5}\cdot s^{-1}$）

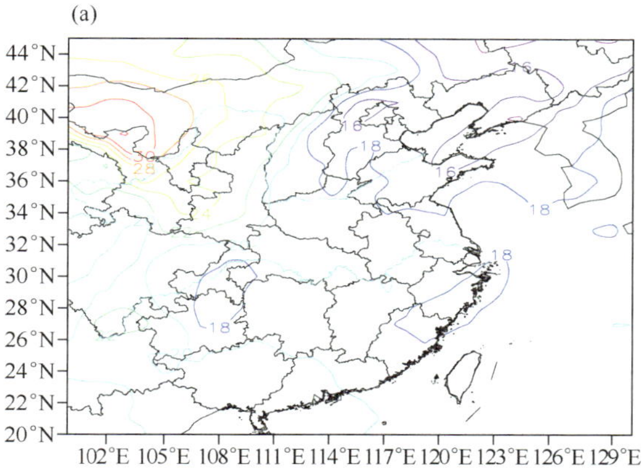

图 5.9.10　1985 年 8 月 20 日 20 时不同等压面的温度场

（a. 850 hPa；b. 925 hPa，单位：℃）

850 hPa 和 700 hPa 等压面假相当位温场：安徽省全省处于倒槽式 θ_{se} 高值区，江淮之间西部和淮河以北东部 700 hPa 等压面 $\theta_{se} \geqslant 344$ K，850 hPa 等压面 θ_{se} 为 348～352 K，表明该处大气高温高湿，并具有不稳定能量，低层冷空气一旦触发，有利于强降水的产生。暴雨落区与 700 hPa 等压面 θ_{se} 高值区对应（图 5.9.11）。

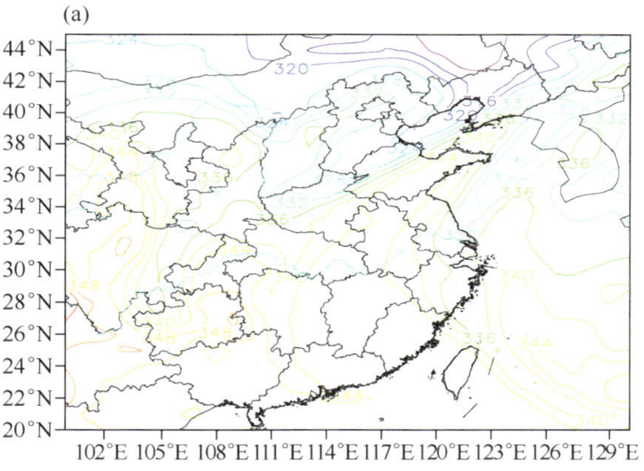

图 5.9.11　1985 年 8 月 20 日 20 时不同等压面的假相当位温场

（a. 700 hPa；b. 850 hPa，单位：K）

5.10　9006 号台风“珀西”

5.10.1　台风“珀西”概况

台风“珀西”于 1990 年 6 月 21 日在塞班岛南部西太平洋上生成，6 月 25 日发展成强台风。6 月 29 日 14 时在福建省漳州市南部沿海登陆（40 m/s，13 级，台风级）。之后“珀西”沿福建东部向北移动，在福建东北部减弱消失。

5.10.2　“珀西”过程中国中东部降水实况

“珀西”对我国造成降水的主要时段为 1990 年 6 月 28 日 20 时—7 月 2 日 20 时，强降水中

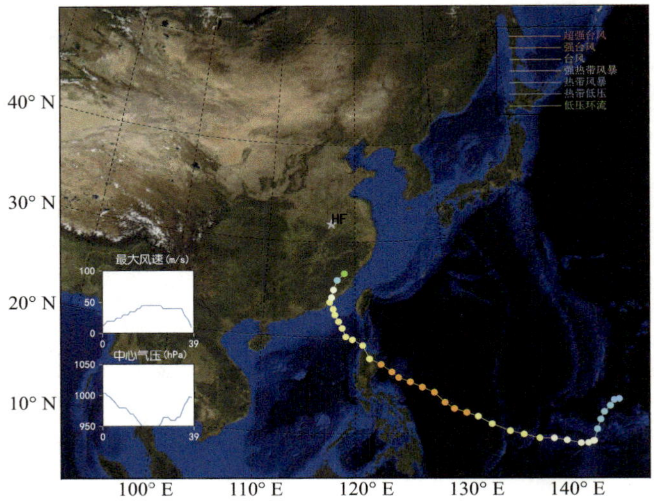

图 5.10.1　9006 号台风“珀西”移动路径图

心位于我国沿江江南大部分地区(除江苏南部、浙江等地区),以上大部分地区都出现了 50 mm 以上的降水,其中山东中部和东北南部地区出现 250 mm 以上降水(图 5.10.2)。

5.10.3 “珀西”过程安徽降水实况

1990 年 6 月 30 日—7 月 2 日,受“珀西”台风环流和冷锋共同影响,淮河以南出现显著降水,共有 26 个站超过 50 mm,12 个站超过 100 mm;江淮之间中南部和江南累计降雨量 50～100 mm,部分地区 120～160 mm,最大东至 168 mm。强降水主要出现在 1 日和 2 日,其中 1 日暴雨位于大别山区东部、沿江西部和江南南部,最大值为桐城 87.9 mm,以不稳定性降水为主;2 日江南出现大范围暴雨,局部大暴雨,最大值为繁昌 24 h 降水量 107.2 mm,以稳定性降水为主(图 5.10.3)。

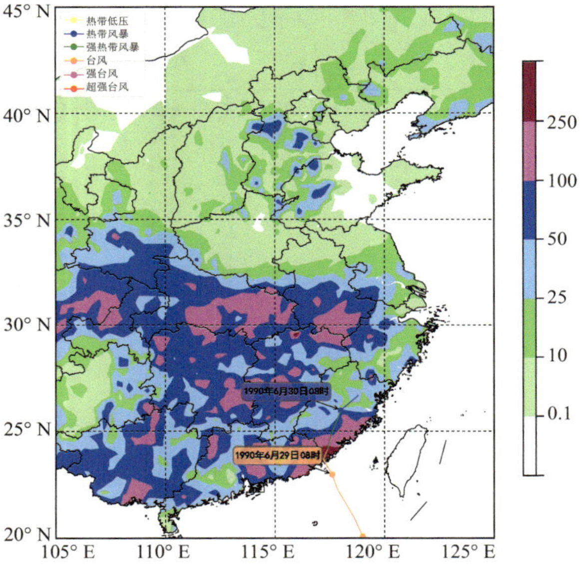

图 5.10.2　“珀西”影响期间 1990 年 6 月 28 日 20 时—7 月 2 日 20 时中国中东部总降水量(单位:mm)

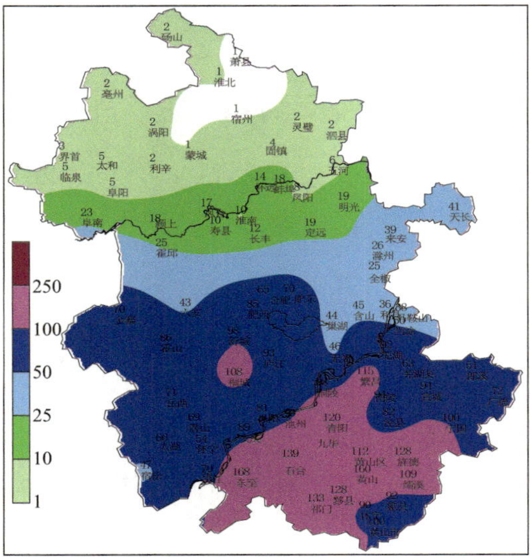

图 5.10.3　“珀西”影响期间 1990 年 6 月 29 日 20 时—7 月 2 日 20 时安徽省总雨量(单位:mm)

5.10.4 “珀西”过程天气分析

200 hPa 等压面高度场和风场：南亚高压强大，并逐渐增强，2 日具有两个中心，东部中心位于日本南部洋面，其北侧存在强高压脊；贝加尔湖西部存在低压中心，其南侧至云贵地区为高空深槽；槽前脊后存在高空西南风急流。受南亚高压反气旋式环流和高空急流入口区右侧负涡度平流影响，安徽省江淮之间南部和江南为强辐散区（图 5.10.4—5.10.5）。

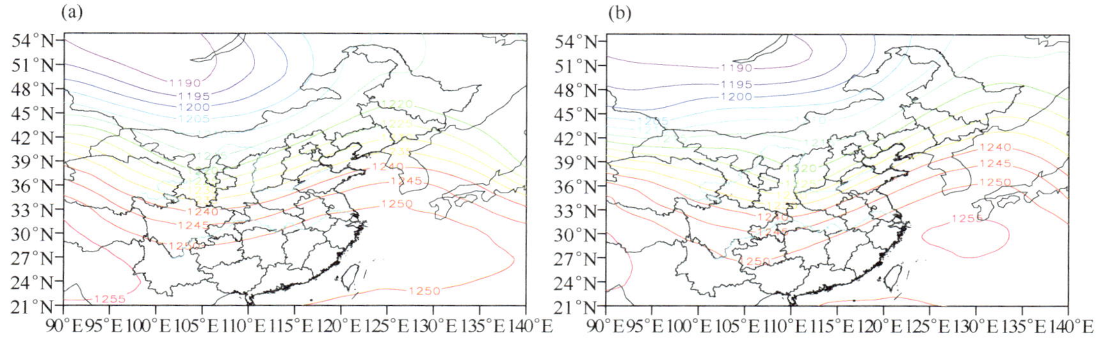

图 5.10.4　200 hPa 等压面的高度场

（a. 1990 年 7 月 1 日 20 时；b. 1990 年 7 月 2 日 20 时，单位：dagpm）

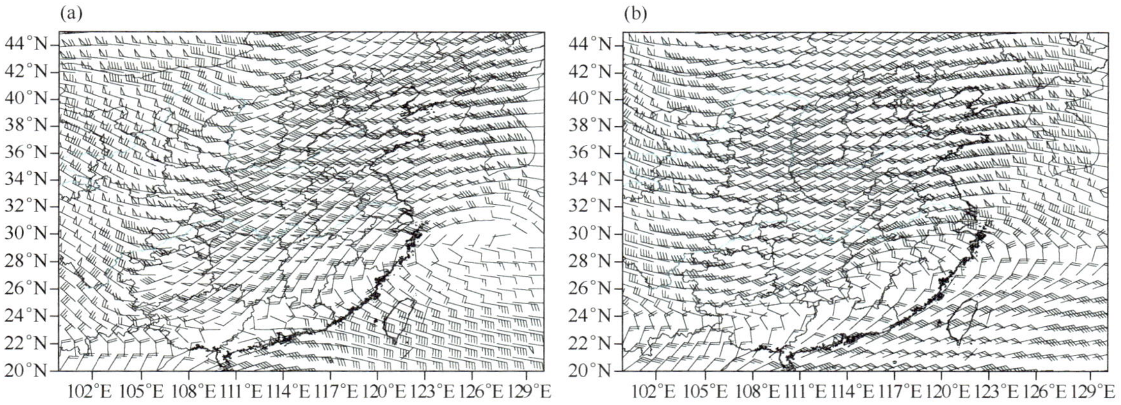

图 5.10.5　200 hPa 等压面的风场

（a. 1990 年 7 月 1 日 20 时；b. 1990 年 7 月 2 日 20 时，单位：m/s）

500 hPa 等压面高度场和风场：贝加尔湖附近存在低涡中心，2 日强度增强，最低为 556 dagpm；低涡南侧华北至华中地区为低槽区；副高强大，其北部存在强高压脊，1 日在日本海西部存在高压中心；安徽省位于槽前脊后，西南风强盛，并且形势稳定（图 5.10.6—5.10.7）。

850 hPa 等压面风场和涡度场、700 hPa 和 850 hPa 等压面假相当位温场：1 日台风中心主要位于皖鄂赣三省交界处，对应涡度场存在正涡度中心；700 hPa 等压面江淮之间南部和江南 θ_{se}≤348 K，并且在大别山区东部存在低温中心，同时 850 hPa 等压面 θ_{se} 为 348～356 K，并且江南南部存在高温中心，表明江淮之间南部和江南大部高温高湿，并具有不稳定能量，其中大别山区东部和江南南部不稳定性高，暴雨与不稳定区对应。2 日台风中心位于黄海东部，其南部冷式切变线自东北向西南位于安徽省沿江一带，东南沿海至东海存在西南风低空急流，江南位于急流左侧气旋式切变中。850 hPa 和 925 hPa 等压面江西至浙江北部存在 θ_{se} 密集区，与冷锋对应，江南地区850 hPa等压面θ_{se}为336～340 K，700 hPa等压面为340～348 K，θ_{se}上暖下冷，大气稳定，暴雨出现在冷锋锋后（图5.10.8—5.10.12）。

850 hPa和925 hPa等压面温度场：1日湖北附近850 hPa和925 hPa等压面均存在低温中心，台风西北侧东北气流使得冷空气自东北向西南，与西南暖湿气流交汇，等温线密集，底层

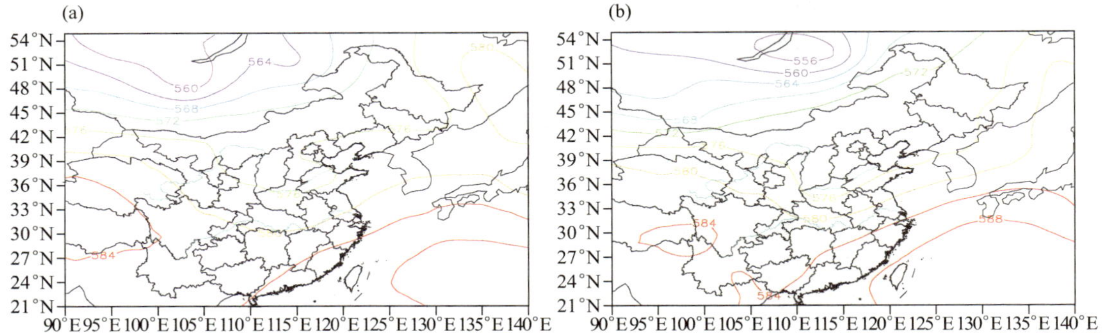

图5.10.6 500 hPa等压面的高度场

（a. 1990年7月1日20时；b. 1990年7月2日20时，单位：dagpm）

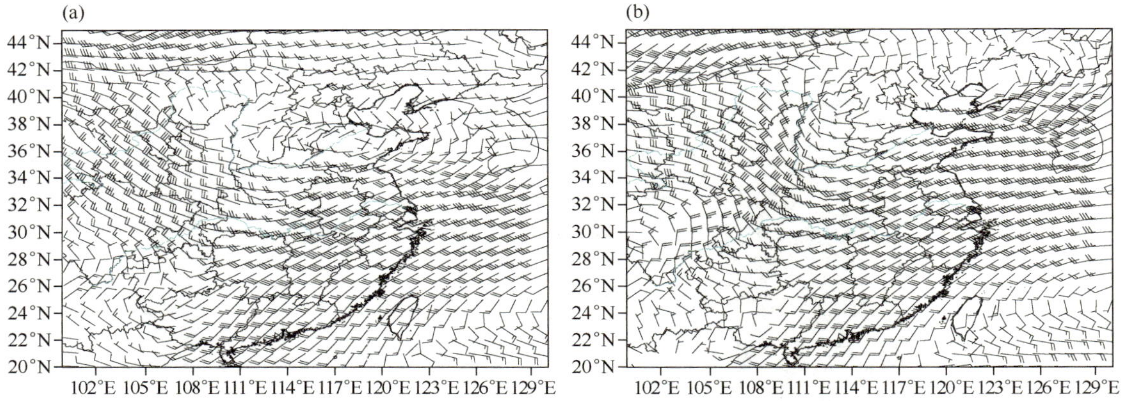

图5.10.7 500 hPa等压面的风场

（a. 1990年7月1日20时；b. 1990年7月2日20时，单位：m/s）

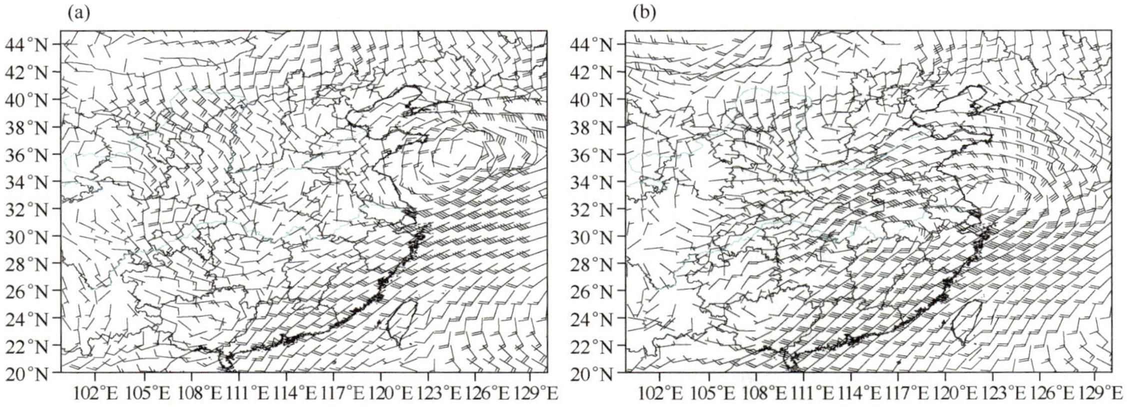

图5.10.8 850 hPa等压面的风场

（a. 1990年7月1日20时；b. 1990年7月2日20时，单位：m/s）

925 hPa 等压面锋区位于大别山区南部至沿江一带，暴雨出现在冷锋附近及锋前。2 日等温线密集带已南移至江西东部至浙江北部，暴雨出现在冷锋附近及锋后(图 5.10.10，图 5.10.13)。

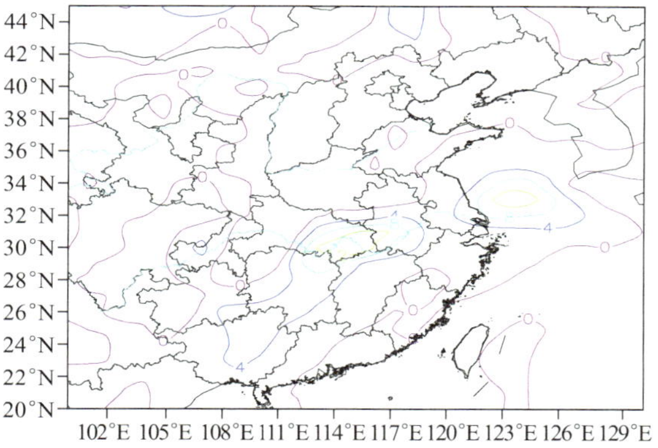

图 5.10.9 1990 年 7 月 1 日 20 时 850 hPa 等压面的涡度场(单位：$10^{-5}\cdot s^{-1}$)

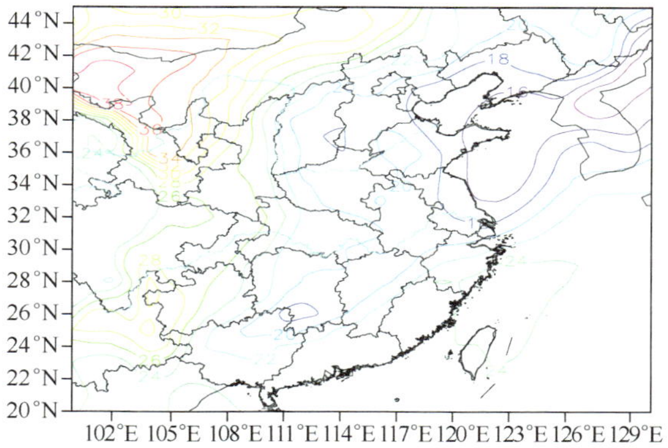

图 5.10.10 1990 年 7 月 2 日 20 时 925 hPa 等压面的气温(单位：℃)

(a) (b)

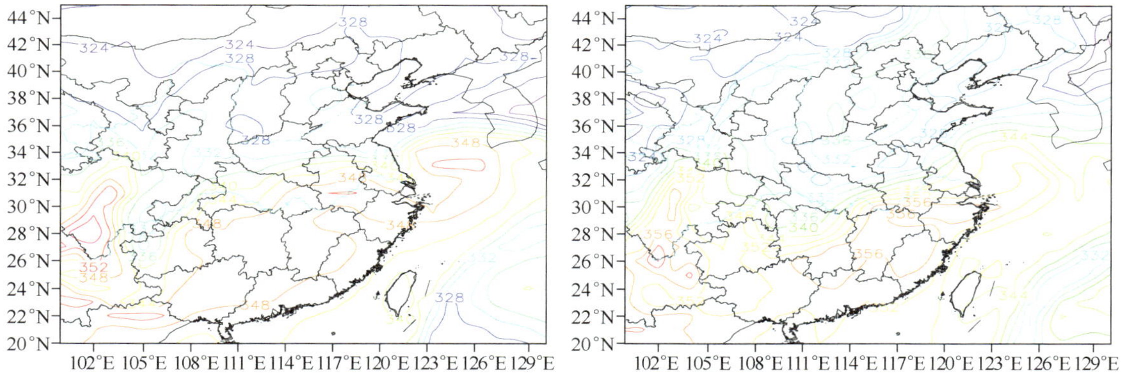

图 5.10.11 1990 年 7 月 1 日 20 时不同等压面的假相当位温场

(a. 700 hPa；b. 850 hPa，单位：K)

(a) (b)

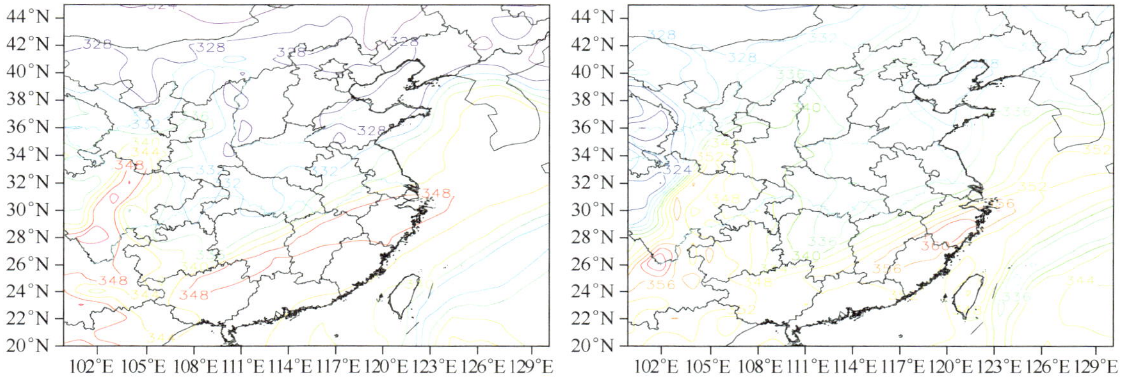

图 5.10.12 1990 年 7 月 2 日 20 时不同等压面的假相当位温场

(a. 700 hPa；b. 850 hPa，单位：K)

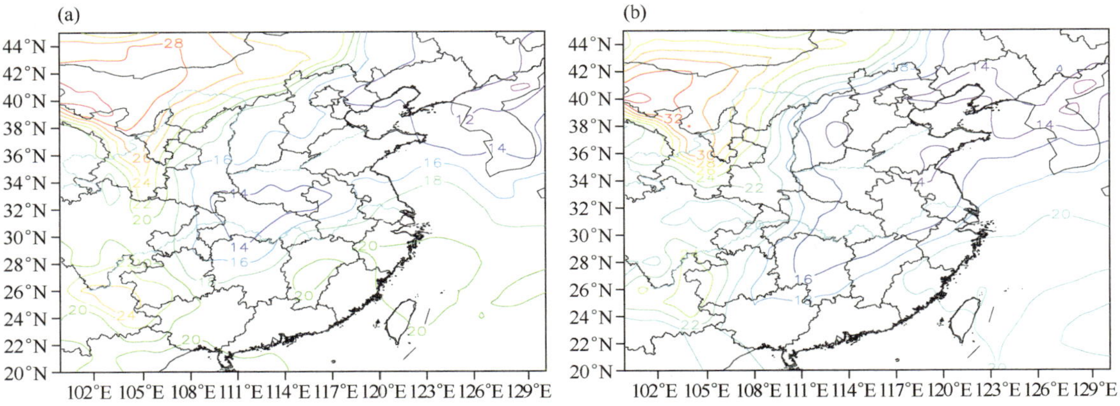

图 5.10.13　850 hPa 等压面的气温

（a. 1990 年 7 月 1 日 20 时；b. 1990 年 7 月 2 日 20 时，单位：℃）

5.11　0108 号台风“桃芝”

5.11.1　台风“桃芝”概况

台风“桃芝”于 2001 年 7 月 25 日 14 时以热带低压的强度在菲律宾以东洋面生成，27 日 14 时加强为强热带风暴，28 日 02 时加强发展成为台风。期间此台风一直西北行并于 30 日 02 时在我国台湾第一次登陆，强度稍有减弱；31 日 02 时第二次在福建登陆，之后强度迅速减弱并继续北上，31 日 14 时减弱为热带低压；8 月 1 日 20 时左右在山东半岛的海阳县境内第三次登陆，之后快速穿过山东半岛进入渤海，8 月 2 日 14 时在渤海湾停止编报（图 5.11.1）。

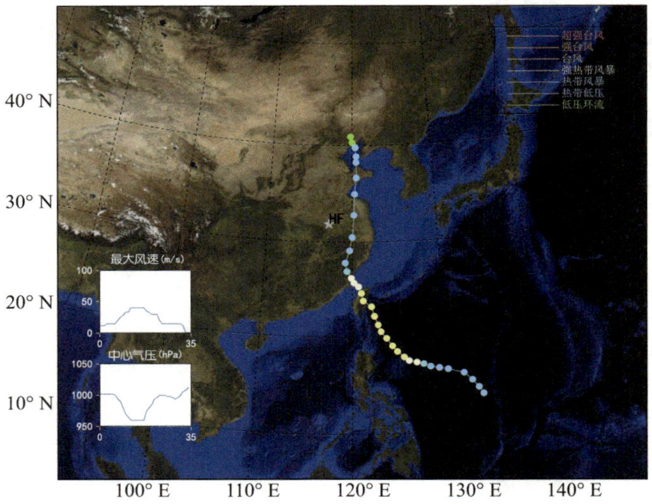

图 5.11.1　0108 号台风“桃芝”移动路径图

5.11.2　“桃芝”过程中国东部降水实况

“桃芝”于 2001 年 7 月 30 日前后对我国开始造成影响，至 8 月 3 日主要对华南地区、长江下游地区、黄淮地区和山东半岛等地造成明显降水(图 5.11.2)。两广、福建、苏皖部分及山东等地降水量普遍在 50 mm 以上,山东省局部超过 250 mm(高留喜等,2008)。

5.11.3 “桃芝”过程安徽降水实况

图 5.11.3 为“桃芝”影响期间安徽省总雨量。受“桃芝”影响,2001 年 7 月 31 日—8 月 1 日淮河以北东部、大别山区南部和江南东部有 8 个县市累计降水量超过 50 mm,最大值为广德 116 mm。

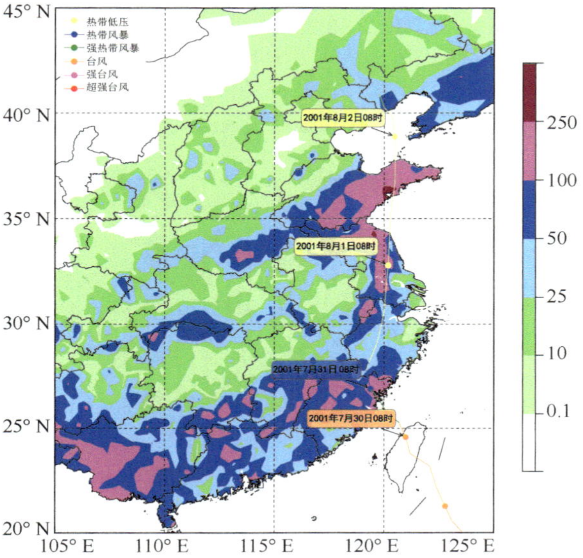

图 5.11.2 “桃芝”影响期间 2001 年 7 月 29 日 20 时—8 月 3 日 20 时中国中东部总降水量(单位:mm)

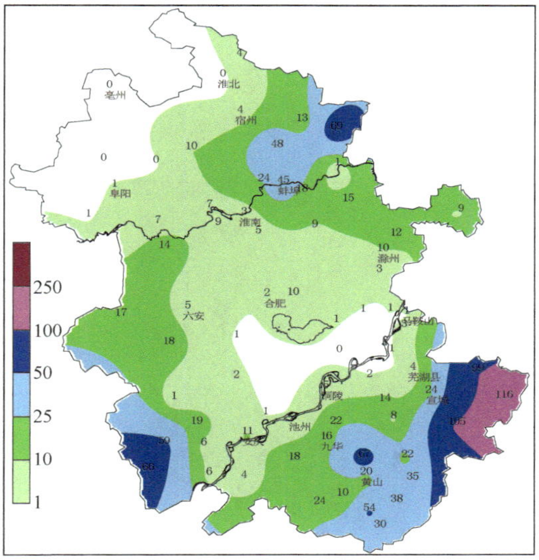

图 5.11.3 “桃芝”影响期间 2001 年 7 月 30 日 20 时—8 月 1 日 20 时安徽省总雨量(单位:mm)

5.11.4 “桃芝”天气过程分析

500 hPa 等压面高度场:7 月 31 日 20 时,台风低压位于浙江西部,副高稳定强盛控制华东沿海到日本海(图 5.11.4);东北低涡与台风低压结合,这与韩桂荣等(2005)指出的冷空气侵入造成变形锋生结论一致,结合后的低值系统沿副高西侧北上,安徽受东移低涡影响,东部有较明显降水。强降水中心一块位于台风低压环流附近(江南东部),另一块位于东路冷空气南下路径上(淮河以北东部)。

850 hPa 等压面风场:台风环流中心位于浙江西部,江南东部位于台风倒槽的顶部,存在东南风和东北风的辐合(图 5.11.5)。

850 hPa 等压面比湿场:受“桃芝”影响,全省比湿都很大,江南南部有 16 g/kg 的比湿中心(图 5.11.6)。

850 hPa 等压面假相当位温场:31 日 20 时,安徽沿江江南位于 θ_{se} 的高能区内,θ_{se} 锋区位于安徽中部,强降水发生在 θ_{se} 锋区南侧的高能区内(图 5.11.7)。

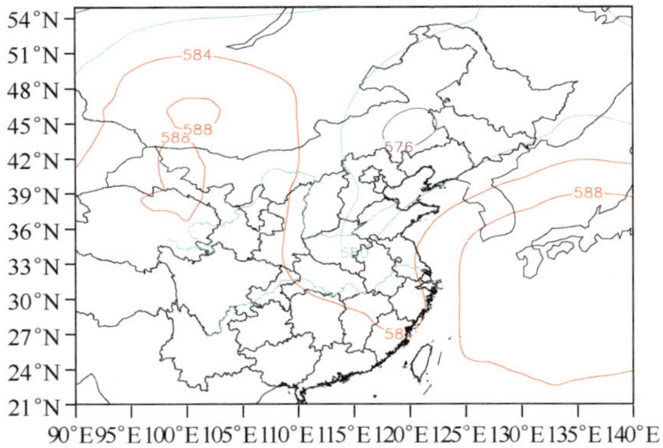

图 5.11.4 2001 年 7 月 31 日 20 时
500 hPa 等压面的高度场(单位:dagpm)

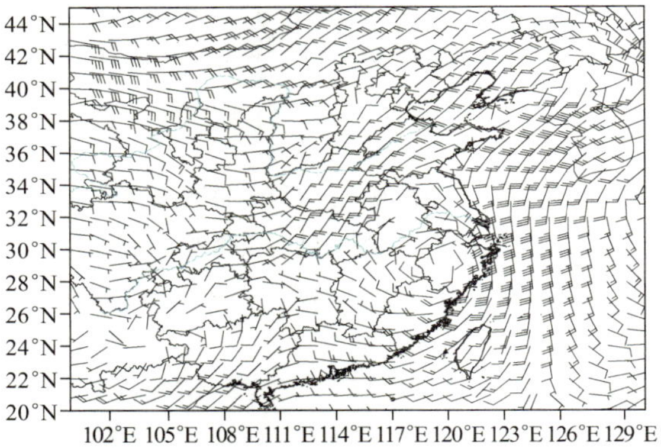

图 5.11.5 2001 年 7 月 31 日 20 时
850 hPa 等压面的风场(单位:m/s)

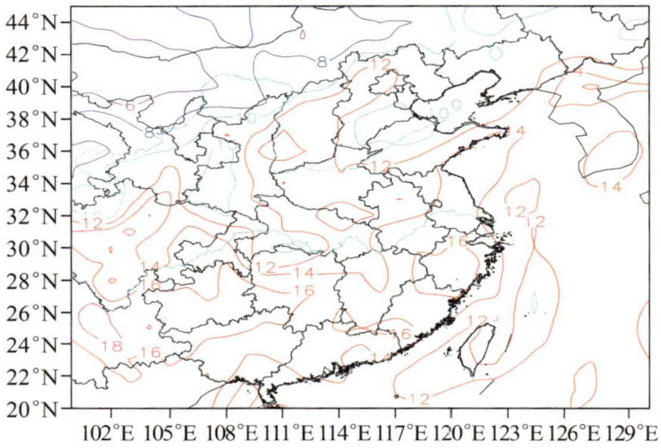

图 5.11.6 2001 年 7 月 31 日 20 时
850 hPa 等压面的比湿场(单位:g/kg)

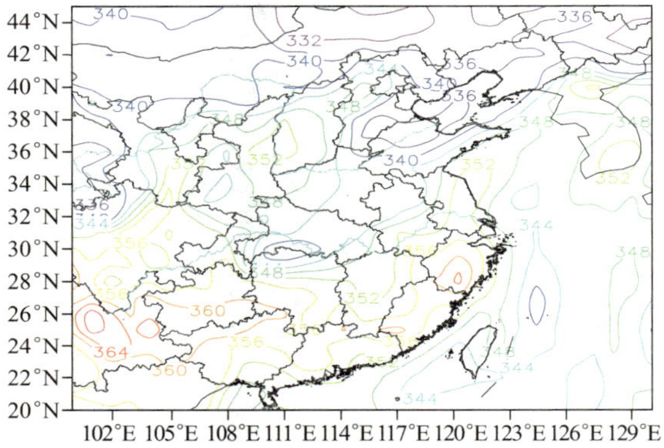

图 5.11.7 2001 年 7 月 31 日 20 时
850 hPa 等压面的假相当位温场(单位:K)

5.12 0421 号台风"海马"

5.12.1 台风"海马"概况

台风"海马"于 2004 年 9 月 11 日在台湾南部以东约 50 km 处生成为热带低压并沿着台湾以东海域向北行;13 日中午在浙江温州附近登陆,登陆时为热带风暴(18 m/s,8 级,998 hPa);登陆后减弱为热带低压向西北方向移动,13 日 17 时停止编报(图 5.12.1)。

5.12.2 "海马"过程中国东部降水实况

"海马"于 2002 年 9 月 13 日前后开始影响我国,从登陆点到消失点的所过之处附近均有明显降水。浙江省沿海、福建省沿海、安徽省东北部、苏北、山东省中部、天津、北京、河北省东部等降水超过 50 mm,局部地区超过 100 mm(图 5.12.2)。

5.12.3 "海马"过程安徽降水实况

受"海马"影响,2002 年 9 月 13—14 日沿淮淮河以北东部有 10 个县市累计降水量超过

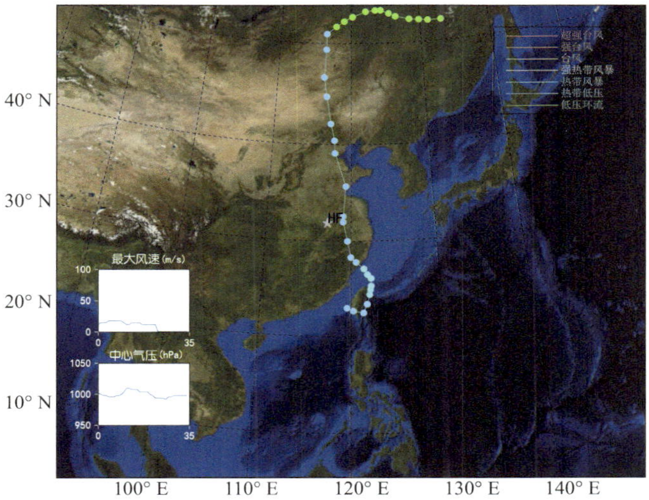

图 5.12.1　0421 号台风“海马”移动路径图

50 mm，最大值为灵璧 83 mm（图 5.12.3）。

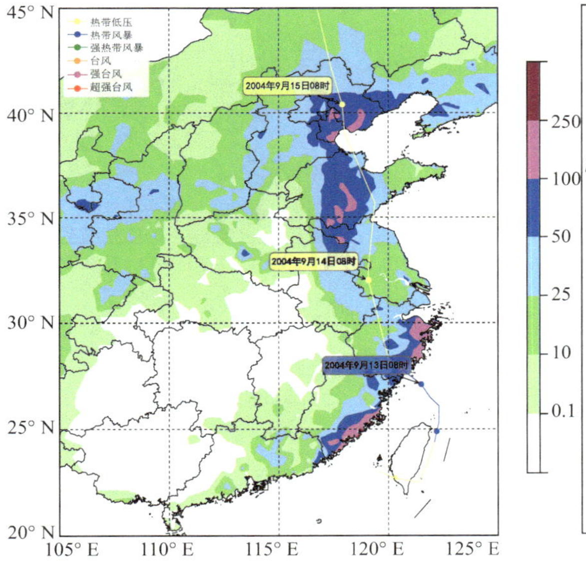

图 5.12.2　“海马”影响期间 2004 年 9 月 12 日 20 时—9 月 17 日 20 时中国中东部总降水量(单位：mm)

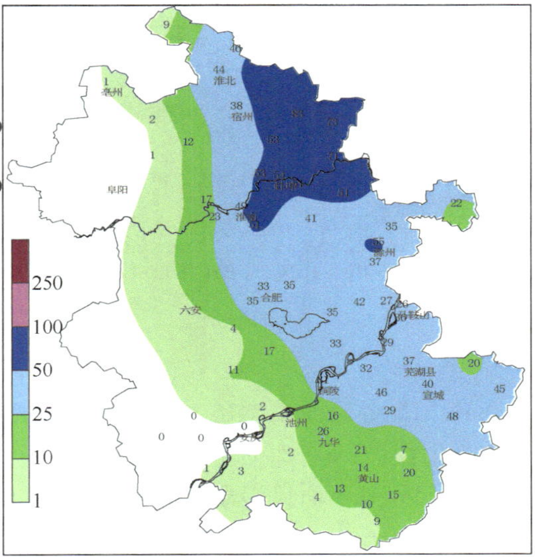

图 5.12.3　“海马”影响期间 2004 年 9 月 12 日 20 时—9 月 14 日 20 时安徽省总雨量(单位：mm)

5.12.4　“海马”天气过程分析

500 hPa 等压面高度场：13 日 20 时，在河套有一明显的西风槽东移，槽后有较强的冷空气；“海马”低压环流较弱，中心位于浙江南部，并迅速与北方强冷空气结合（图 5.12.4）。受东移低槽影响，安徽省东北部降水较明显。

850 hPa 等压面风场：13 日 20 时，弱低压环流中心位于浙江南部，低槽位于 110°E 以西，安徽处槽前西南气流中，此后低槽（冷空气）迅速东移与台风低压结合，安徽省东部辐合较明显，强降水位于低槽槽底（淮河以北东部）附近（图 5.15.5）。

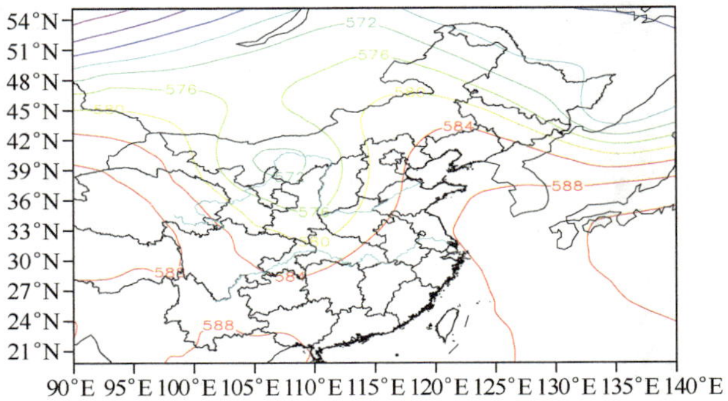

图 5.12.4 2004 年 9 月 13 日 20 时 500 hPa 等压面的高度场

（单位：dagpm）

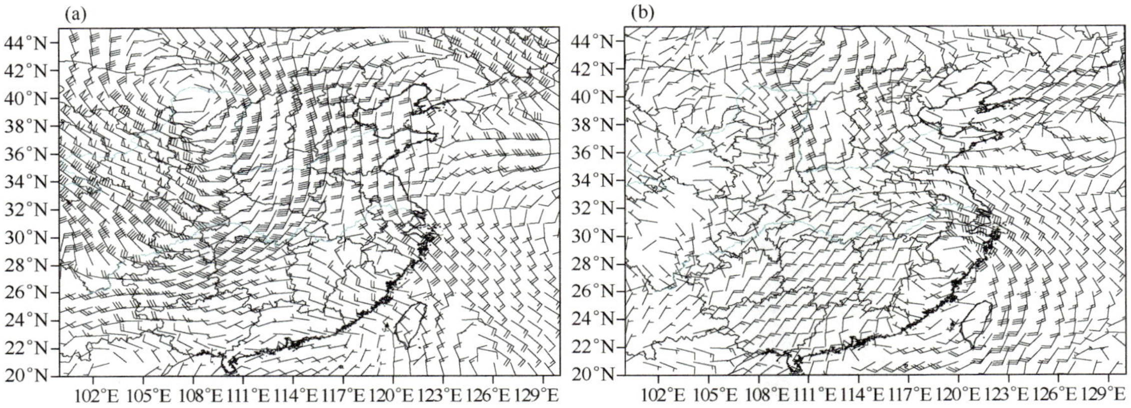

图 5.12.5 2004 年 9 月 13 日 20 时不同等压面的风场

（a. 500 hPa；b. 850 hPa，单位：m/s）

850 hPa 等压面温度场：华北有明显的温度槽东移南下，14 日 20 时 8 ℃的冷温度中心位于河北、山西（图 5.12.6）。

850 hPa 等压面比湿场：淮河以南东部比湿较大，超过 12 g/kg（图 5.12.7）。

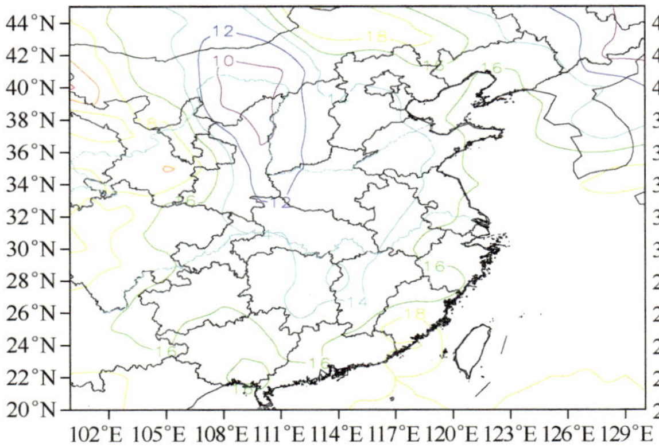

图 5.12.6 2004 年 9 月 13 日 20 时

850 hPa 等压面的温度场（单位：℃）

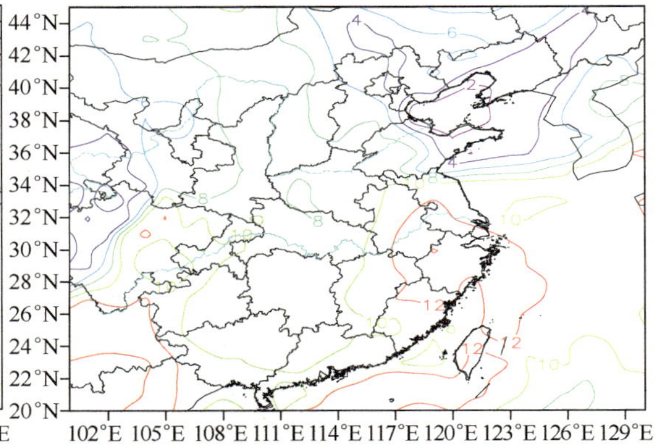

图 5.12.7 2004 年 9 月 13 日 20 时

850 hPa 等压面的比湿场（单位：g/kg）

850 hPa 等压面假相当位温场：13 日 20 时，淮河以南东部位于 θ_{se} 的高能区内，θ_{se} 锋区位于江苏北部，强降水发生在 θ_{se} 锋区南侧的高能区内(图 5.12.8)。

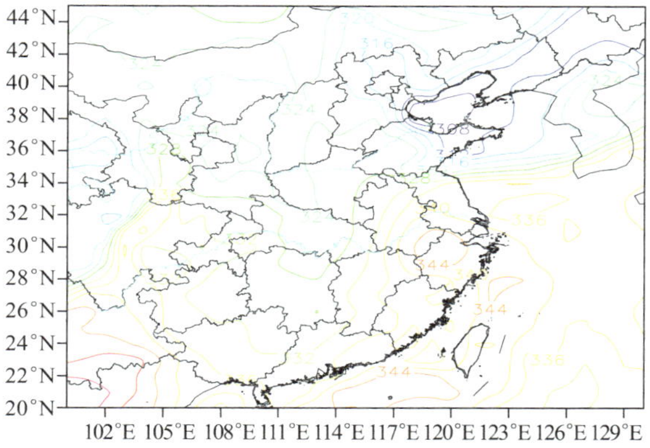

图 5.12.8　2004 年 9 月 13 日 20 时 850 hPa 等压面的假相当位温场(单位：K)

5.13　0713 号台风“韦帕”

5.13.1　台风“韦帕”概况

台风“韦帕”于 2007 年 9 月 15 日 08 时在台湾以东洋面生成并西北行，其间加强为超强台风，19 日凌晨 2 时 30 分以强台风级别在浙江苍南霞关镇登陆，登陆后强度有所减弱并逐渐转偏北方向移动。19 时已减弱为热带风暴进入安徽省绩溪县境内，22 时由郎溪县移出安徽省。20 日早晨 6 时，热带风暴于江苏省连云港进入黄海(图 5.13.1)。

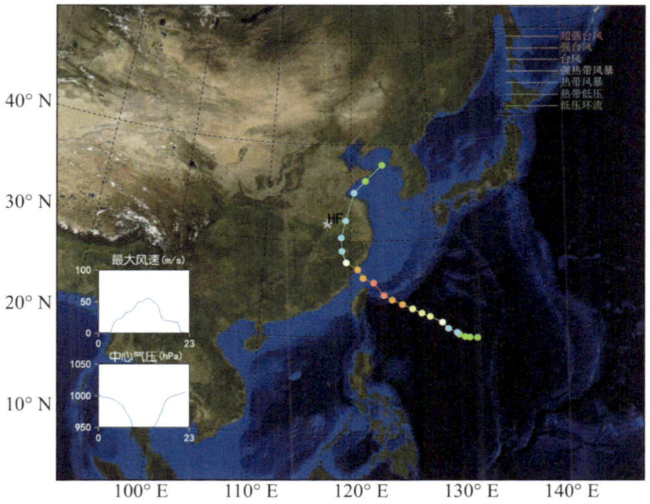

图 5.13.1　0713 号台风“韦帕”移动路径图

5.13.2　“韦帕”过程中国东部降水实况

“韦帕”于 2007 年 9 月 18 日前后开始影响我国降水，至 9 月 20 日东部沿海地区降水明显

(图 5.13.2)。浙江省、江苏省、安徽省东部以及山东省东南部、山东半岛(梁卫芳等,2009)等地雨量普遍超过 50 mm,部分地区超过 100 mm,浙江省东南部沿海雨量超过 250 mm(周玲丽等,2011)。

5.13.3 “韦帕”过程安徽降水实况

图 5.13.3 显示,受“韦帕”影响,2007 年 9 月 18 日—20 日沿淮淮河以南中东部普遍累计降水量超过 50 mm,其中 20 个县市超过 100 mm,最大值为九华山 214 mm。18 日 20 时—19 日 20 时强降水位于沿淮淮河以南中东部;19 日 20 时—20 日 20 时强降水位于淮河以北东部地区。此外,19 日有 32 个市县出现 7 级以上大风,其中桐城、枞阳、巢湖风力达 8 级以上。

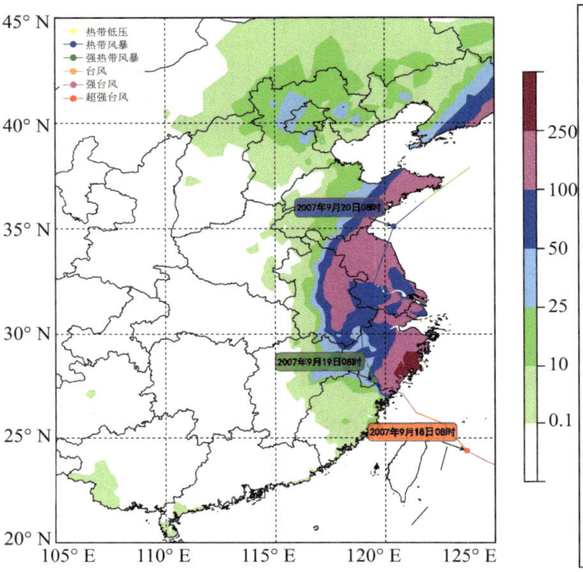

图 5.13.2 “韦帕”影响期间 2007 年 9 月 17 日 20 时—9 月 20 日 20 时中国中东部总降水量(单位:mm)

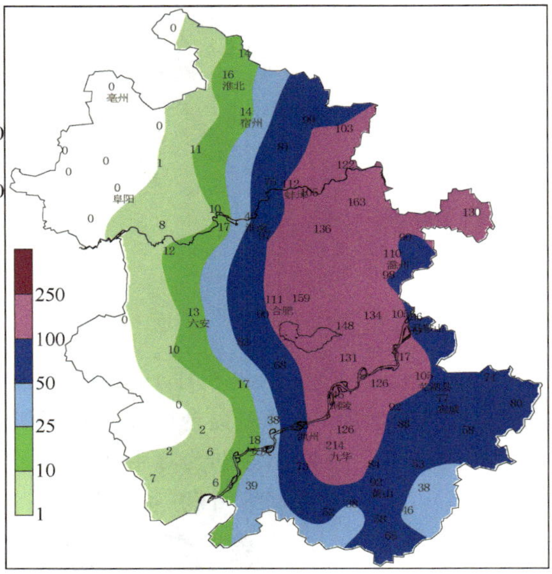

图 5.13.3 “韦帕”影响期间 2007 年 9 月 17 日 20 时—9 月 20 日 20 时安徽省总雨量(单位:mm)

5.13.4 “韦帕”天气过程分析

500 hPa 等压面高度场:19 日 20 时,低压环流位于安徽南部、浙江北部地区,自东海、黄海至日本海为强盛稳定的副热带高压区,588 dagpm 等值线的位置北抬到 40°N 附近,副高中心强度高达 596 dagpm;“韦帕”低压环流北侧河套地区有冷空气(高空槽)东移南下影响安徽,槽底延伸到 33°N,并逐渐与低压环流结合,强降水位于冷空气东移南下路径上(安徽省东部)(图 5.13.4)。

850 hPa 等压面风场:台风环流中心位于安徽江南,安徽中东部处于偏东急流中,风速超过 20 m/s,辐合明显,强降水位于台风低压中心附近及其西侧(图 5.13.5)。

850 hPa 温度场:华北地区有明显的温度槽并逐渐东移南下,华东沿海为暖区,强降水发生在冷暖交汇处(安徽东部)(图 5.13.6)。

850 hPa 等压面比湿场:安徽东部比湿较大,普遍超过 12 g/kg(图 5.13.7)。

850 hPa 等压面假相当位温场:18 日 20 时,θ_{se} 锋区位于江苏中部到安徽江南东部,强降

水区位于 θ_{se} 锋区附近；19 日 20 时，随着冷空气入侵及 θ_{se} 高能中心的北移，θ_{se} 锋区位于江苏北部到安徽江淮东部地区，强降水仍位于 θ_{se} 锋区附近(图 5.13.8)。以上冷空气的作用与朱健等(2009)的结论一致。

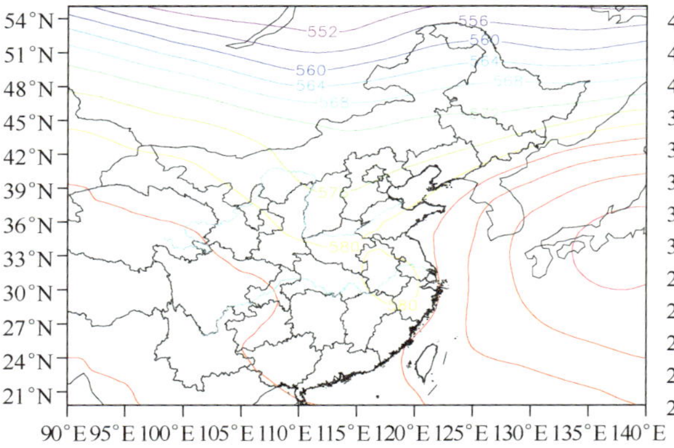

图 5.13.4 2007 年 9 月 19 日 20 时
500 hPa 等压面的高度场(单位：dagpm)

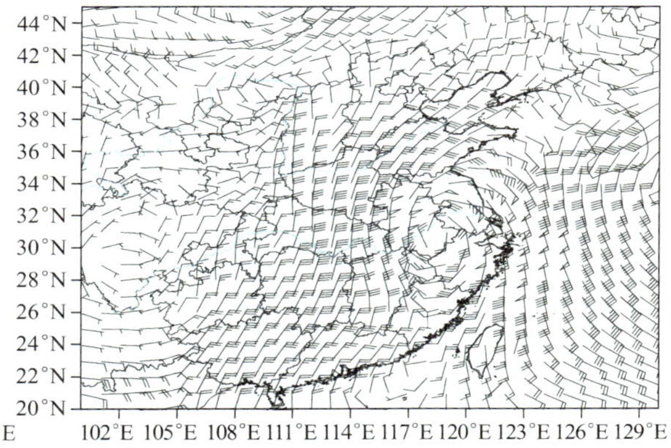

图 5.13.5 2007 年 9 月 19 日 20 时
850 hPa 等压面的水平风场(单位：m/s)

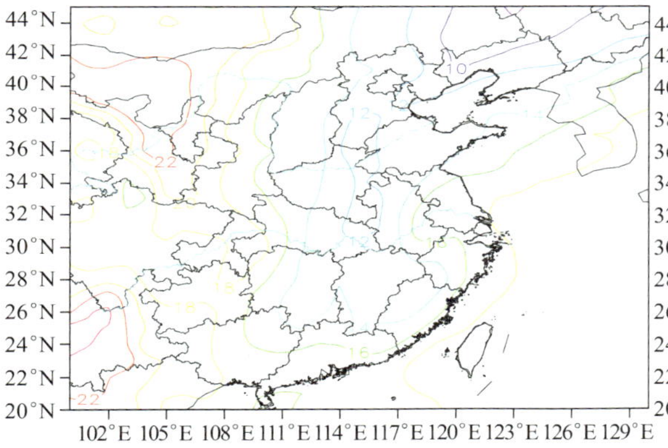

图 5.13.6 2007 年 9 月 19 日 20 时
850 hPa 等压面的温度场(单位：℃)

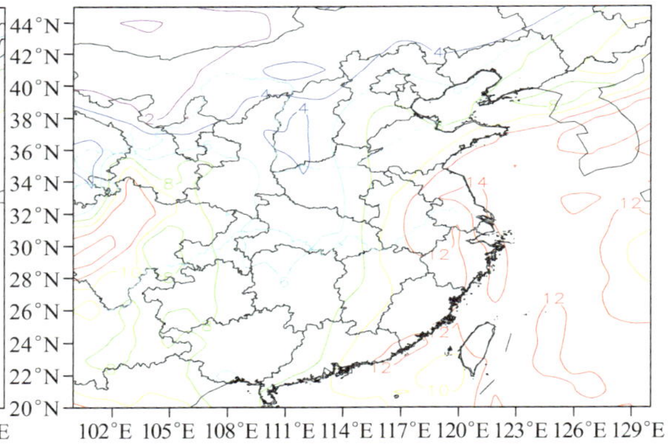

图 5.13.7 2007 年 9 月 19 日 20 时
850 hPa 等压面的比湿场(单位：g/kg)

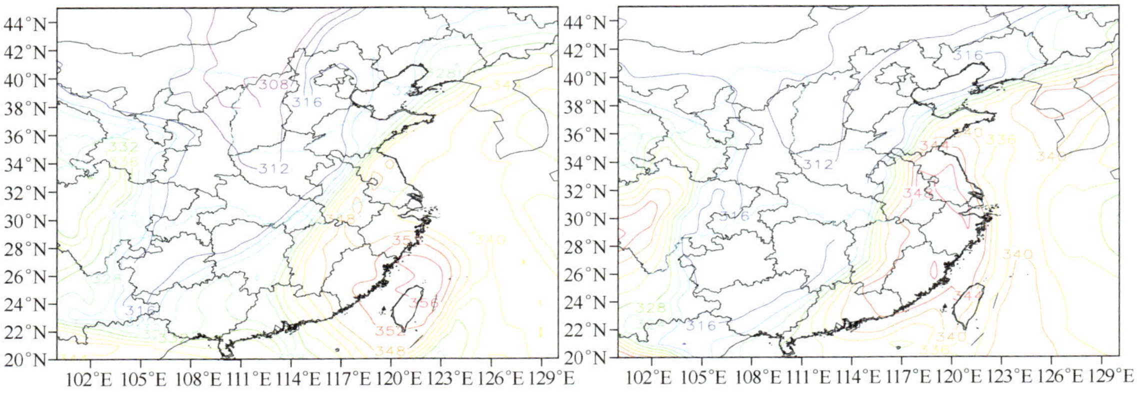

图 5.13.8 不同时次 850 hPa 等压面的假相当位温场
(a. 2007 年 9 月 18 日 20 时；b. 2007 年 9 月 19 日 20 时，单位：K)

5.14 0908号台风“莫拉克”

5.14.1 台风“莫拉克”概况

台风“莫拉克”于2009年8月3日凌晨在台湾以东约1500 km的洋面上生成，随后向西偏北方向移动，5日下午加强为台风。7日23时45分在台湾花莲市沿海登陆，登陆时中心风力13级，西行进入台湾海峡后转为偏北方向移动；9日16时20分在福建霞浦沿海再次登陆，登陆后逐渐减弱为热带风暴，此后“莫拉克”一直偏北行，到江苏宜兴后转为东北方向移动。11日晚上在黄海南部海面减弱为热带低压，中央气象台于12日02时对其停止编号(图5.14.1)。

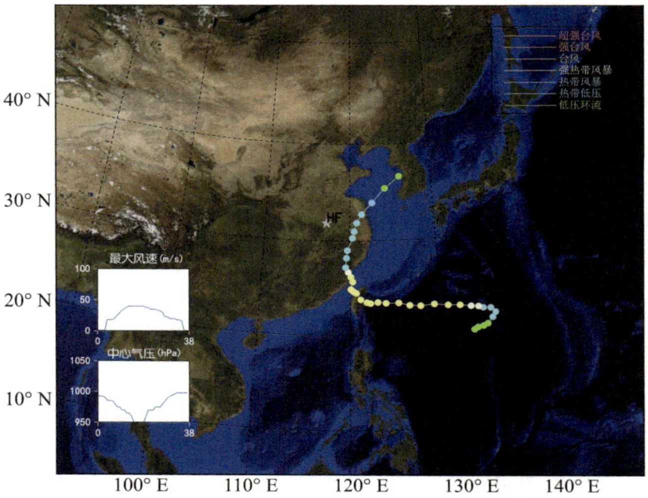

图5.14.1 0908号台风“莫拉克”移动路径图

5.14.2 “莫拉克”过程中国东部降水实况

“莫拉克”于2009年8月9日前后开始影响我国，至8月12日造成华南沿海和东部沿海地区明显降水(潘旸等，2011)(图5.14.2)。广东省、福建省、浙江省、江苏省和安徽省东南部雨量普遍超过50 mm，部分地区超过100 mm；福建省沿海地区、浙江省沿海地区和安徽省皖南山区局部雨量超过250 mm。

5.14.3 “莫拉克”过程安徽降水实况

受“莫拉克”影响，2009年8月9—11日沿江江南中东部累计降水量普遍超过50 mm，其中5个县市超过100 mm，最大值为九华山406 mm。9日20时—10日20时强降水落区在江南中东部；10日20时—11日20时强降水位于江南中部(图5.14.3)。

5.14.4 “莫拉克”天气过程分析

500 hPa等压面高度场：9日20时台风低压环流位于闽浙一带，副高已东退至东海海面，台风在副高西侧的偏南气流引导下北上；同时华北有中路冷空气(低槽)南下影响安徽，并逐渐与登陆后减弱的低压系统结合。11 日 20 时结合后的低槽东移至江苏、浙江一线，由此造成了安徽东部地区的暴雨天气(图 5.14.4)。

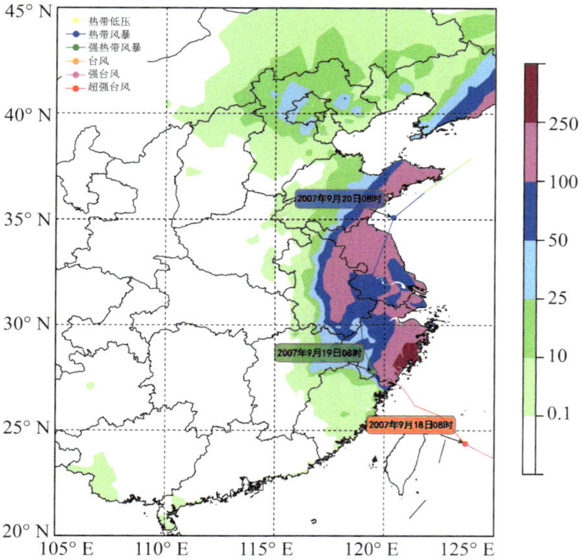

图 5.14.2 “莫拉克”影响期间 2009 年 8 月 8 日 20 时—8 月 12 日 20 时中国中东部总降水量(单位:mm)

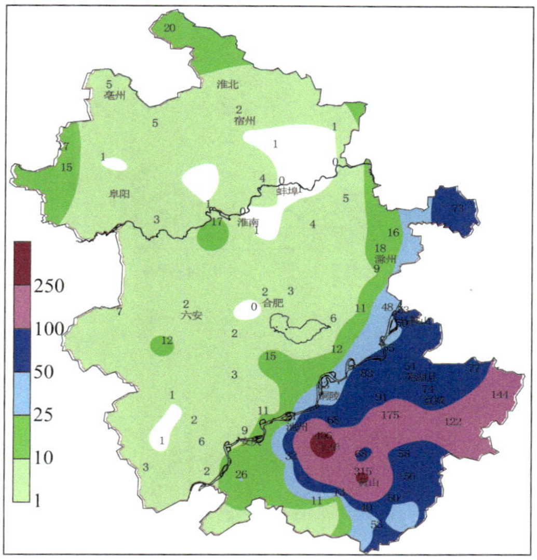

图 5.14.3 “莫拉克”影响期间 2009 年 8 月 8 日 20 时—8 月 11 日 20 时安徽省总雨量(单位:mm)

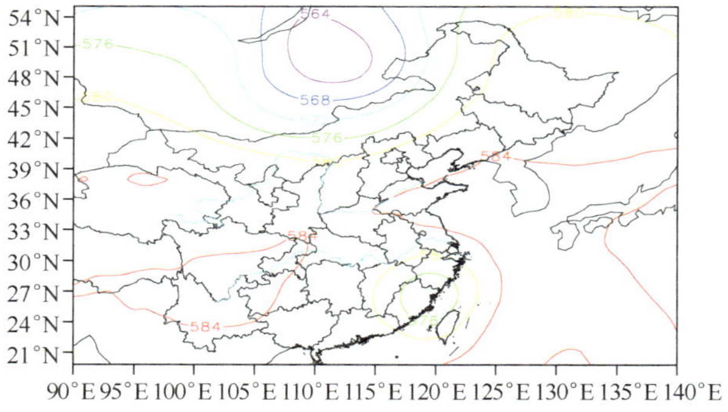

图 5.14.4 2009 年 8 月 9 日 20 时 500 hPa 等压面的高度场(单位:dagpm)

500 hPa 和 850 hPa 等压面风场:10 日 20 时的风场上从福建、浙江到安徽至江苏南部一带存在明显的台风倒槽，强降水区位于台风倒槽附近，此后随着冷空气的南下，台风倒槽逐渐东移北上，至 11 日 20 时台风倒槽远离安徽，安徽省降水趋于结束(图 5.14.5—5.14.6)。

850 hPa 等压面温度场:9 日 20 时东北、华北有明显的温度槽，但槽底较偏北；同时安徽以南地区为暖区，随着冷空气逐渐东移南下，冷暖交汇区即安徽省江南降水强度较大(图 5.14.7)。

850 hPa 等压面比湿场:受“莫拉克”影响，华东、华南均为比湿大于 12 g/kg 的大湿区控制；10 日 20 时安徽全省比湿大于 14 g/kg，江南有 16 g/kg 的比湿中心(图 5.14.8)。

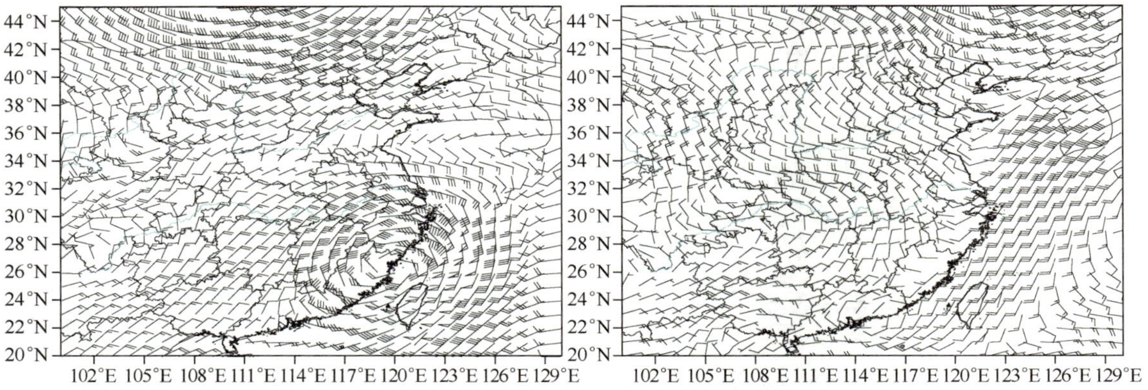

图 5.14.5 不同时次 500 hPa 等压面的水平风场

（a. 2009 年 8 月 9 日 20 时；b. 2009 年 8 月 11 日 20 时，单位：m/s）

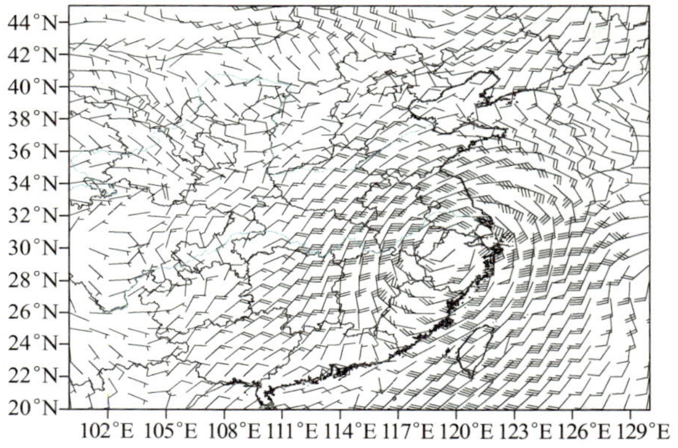

图 5.14.6 2009 年 8 月 10 日 20 时 850 hPa 等压面的水平风场

（单位：m/s）

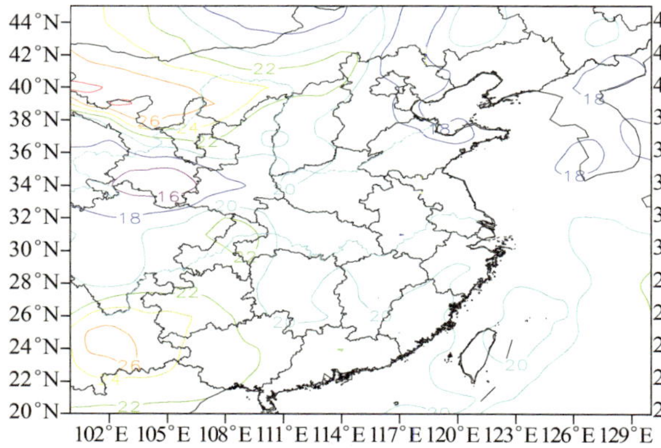

图 5.14.7 2009 年 8 月 9 日 20 时

850 hPa 等压面的温度场（单位：℃）

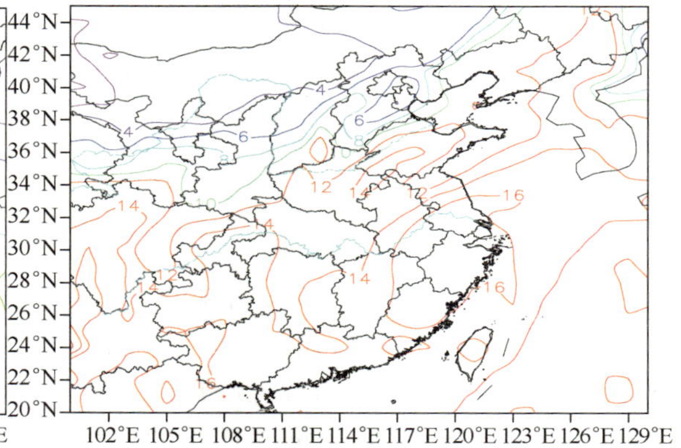

图 5.14.8 2009 年 8 月 10 日 20 时

850 hPa 等压面的比湿场（单位：g/kg）

850 hPa 等压面假相当位温场：9 日 20 时，闽浙至苏皖南部一带为 θ_{se} 高能区内，θ_{se} 高值中心位于福建北部，θ_{se} 锋区位于安徽江南东南部；10 日 20 时 θ_{se} 高值中心向偏北方向移动，冷空气主体有所南压，θ_{se} 锋区位于安徽江南中部，强降水区均位于 θ_{se} 锋区附近（图 5.14.9）。

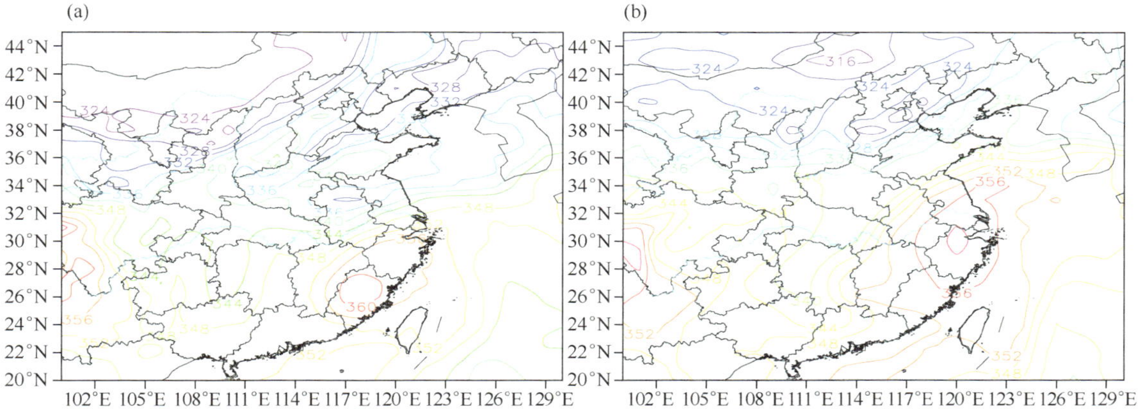

图 5.14.9　不同时次 850 hPa 等压面的假相当位温场

（a. 2009 年 8 月 9 日 20 时；b. 2009 年 8 月 10 日 20 时，单位：K）

5.15　1410 号台风“麦德姆”

5.15.1　台风“麦德姆”概况

台风“麦德姆”于 2014 年 7 月 16 日 06 时在菲律宾以东的西北太平洋洋面上生成，于 7 月 23 日 15 时在福建省福清市高山镇沿海登陆，登陆时减弱为强热带风暴（30 m/s，11 级，980 hPa）；登陆后以 20 km/h 左右的速度向西北/北方向移动，24 日 16 时前后从江西省上饶市进入安徽省黄山市休宁县境内；25 日凌晨 03 时后由安徽省滁州市移入江苏省淮安市，25 日 17 时 10 分再次在山东省荣成市虎山镇沿海进入黄海海面（图 5.15.1）。

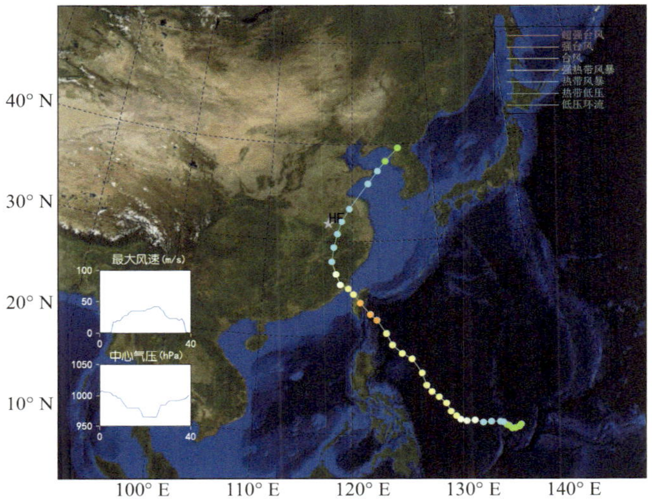

图 5.15.1　1410 号台风“麦德姆”移动路径图

5.15.2 “麦德姆”过程中国东部降水实况

“麦德姆”于 2014 年 7 月 23 日前后影响我国，至 7 月 26 日台风所过之处均有明显降水。福建省、江西省北部、浙江省西南部、安徽省大部、江苏省北部和山东东部雨量普遍超过 50 mm，福建省大部、浙江省西南部、安徽省西南和中东部、江苏省北部、山东半岛雨量超过 100 mm，福建东北局部、山东半岛局部超过 250 mm(图 5.15.2)。

5.15.3 “麦德姆”过程安徽降水实况

图 5.15.3 表明，受“麦德姆”影响，2014 年 7 月 23 日—25 日江北中东部、大别山区和江南西部有 26 个县市累计降水量超过 50 mm，其中 8 个县市超过 100 mm，最大值为黄山风景区 155 mm，其次滁州 152 mm。强降雨时段：23 日 20 时—24 日 20 时强降水位于淮北南部到沿江地区；24 日 20 时—25 日 20 时强降水位于江淮之间东部地区，滁州地区出现大暴雨。此外，全省出现 5 级以上阵风，其中淮北中东部、沿淮到江南北部阵风 6 级，最大值为石台 26.7 m/s(10 级)。

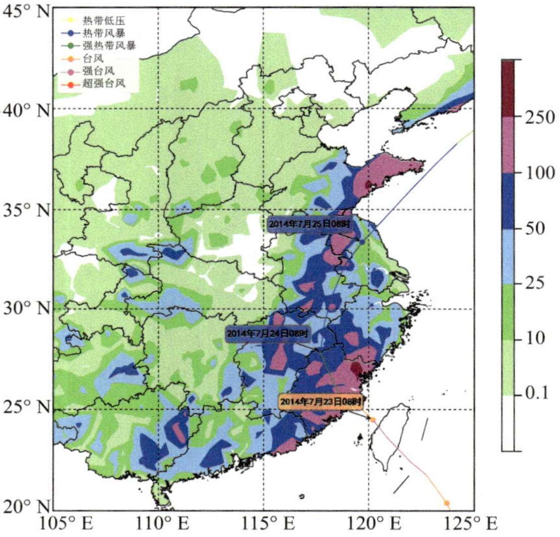

图 5.15.2 “麦德姆”影响期间 2014 年 7 月 22 日 20 时—7 月 26 日 20 时中国中东部总降水量(单位：mm)

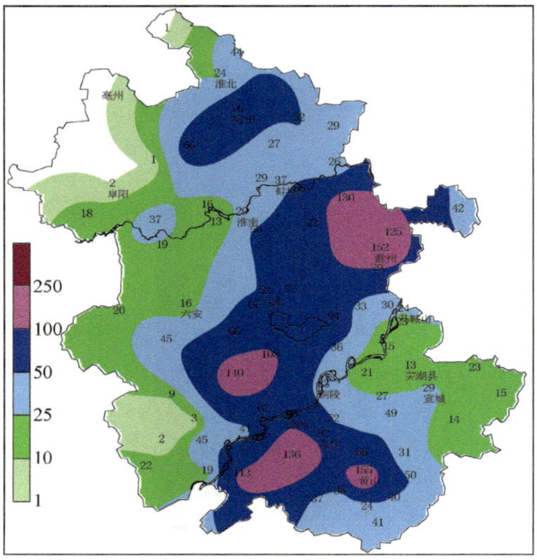

图 5.15.3 “麦德姆”影响期间 2014 年 7 月 22 日 20 时—7 月 25 日 20 时安徽省总雨量(单位：mm)

5.15.4 “麦德姆”天气过程分析

500 hPa 等压面高度场：23 日后期自华东沿海伸向长江中上游的东西带状高压带断裂，副高开始减弱东退。24 日 20 时，副高东退至东海海面，台风在副高西侧的偏南气流引导下北上；同时河套低槽东移南压，并逐渐与“麦德姆”登陆后减弱的低压系统结合。此后低压环流受槽前西南气流影响向东北行，并穿过安徽进入江苏，由此造成了安徽中东部地区的暴雨天气(图 5.15.4)。

850 hPa 等压面风场：台风倒槽影响从福建经江浙到安徽一带，24 日 20 时低压环流中心位于安徽江南地区，并伴随有东南风急流和东北风急流，且风速普遍超过 12 m/s；至 25 日 08 时台风倒槽移出安徽，安徽省降水结束(图 5.15.5)。

850 hPa 等压面温度场：东北地区有明显冷温度槽，安徽省处温度槽底附近(图 5.15.6)。

850 hPa 等压面比湿场：受“麦德姆”影响，安徽省比湿都很大，淮河以南中东部有 16 g/kg 的比湿中心（图 5.15.7）。

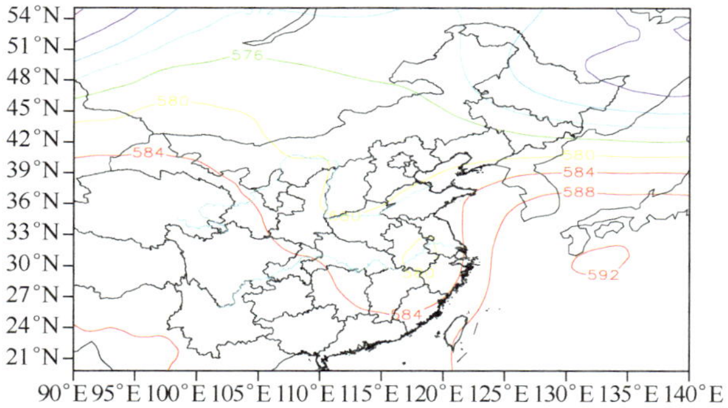

图 5.15.4　2014 年 7 月 24 日 20 时

500 hPa 等压面的高度场（单位：dagpm）

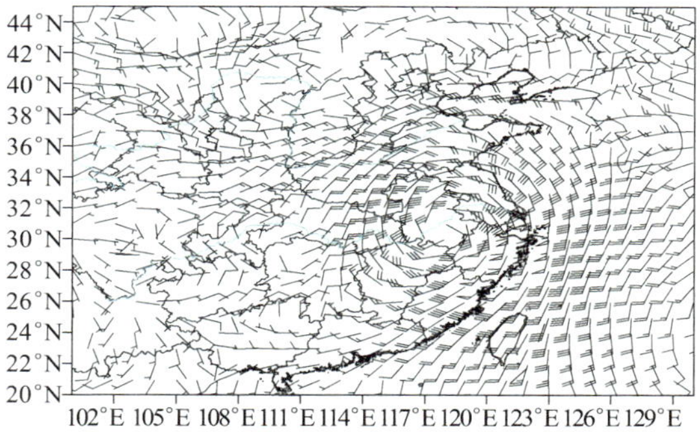

图 5.15.5　2014 年 7 月 24 日 20 时

850 hPa 等压面的水平风场（单位：m/s）

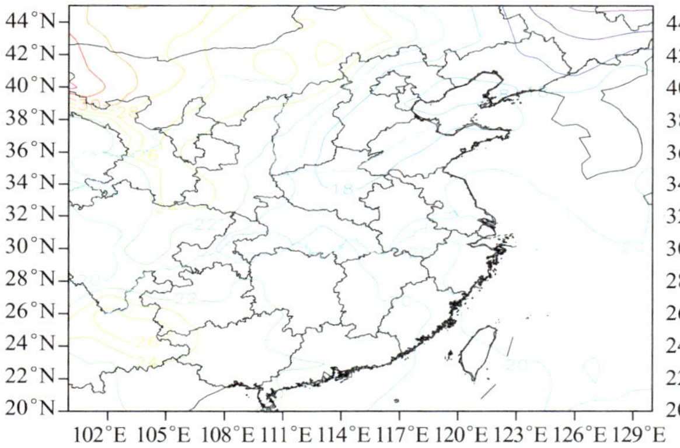

图 5.15.6　2014 年 7 月 24 日 20 时

850 hPa 等压面的温度场（单位：℃）

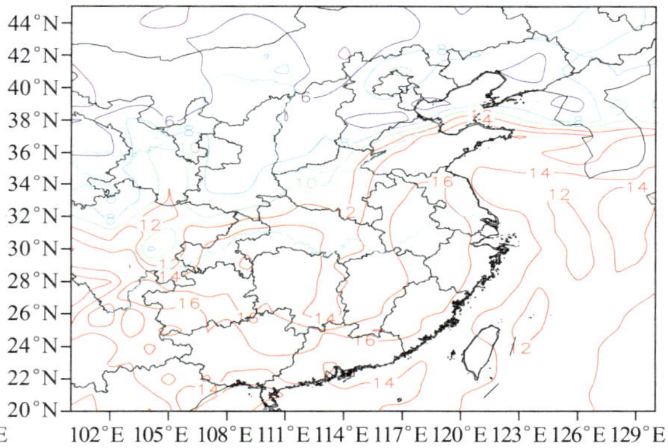

图 5.15.7　2014 年 7 月 24 日 20 时

850 hPa 等压面的比湿场（单位：g/kg）

850 hPa 等压面假相当位温场：23 日 20 时，安徽全省都位于 θ_{se} 的高能区内，θ_{se} 低值区偏北，且台风低压位于福建省，安徽省强降水区偏南，位于台风环流北侧；24 日 20 时，θ_{se} 高值中心向东北方向移动，冷空气主体仍然偏北，强降水区主要位于 θ_{se} 锋区南侧，高能区内（图 5.15.8）。

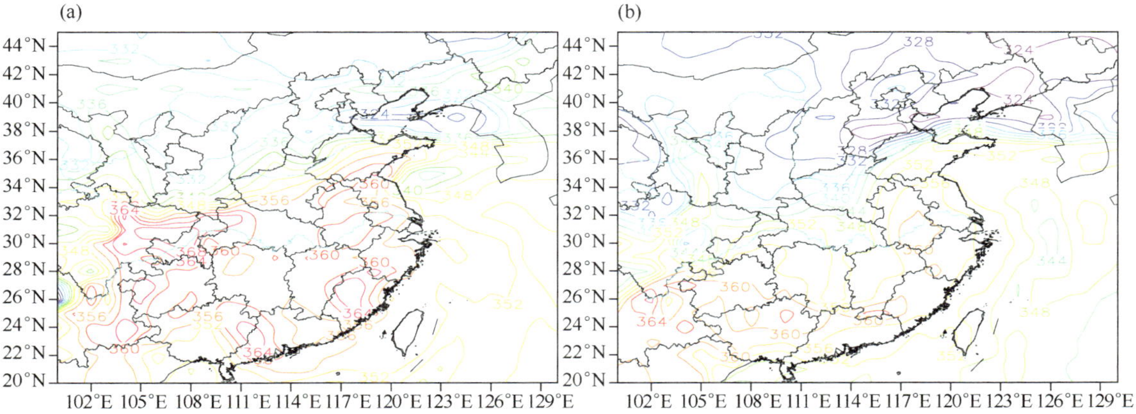

图 5.15.8　不同时次 850 hPa 等压面的假相当位温场

（a. 2014 年 7 月 23 日 20 时；b. 2014 年 7 月 24 日 20 时，单位：K）

第6章　偏北路径无冷空气影响台风个例分析

6.1　7410号台风“珍”

6.1.1　台风“珍”概况

台风“珍”于1974年7月15日08时在西太平洋海域生成，生成后向西北方向移动，强度逐渐加强，7月18日08时在125.2°E，21.3°N附近海域加强为强热带风暴，至登陆前最大风速30 m/s，7月20日02时在浙江省台州附近登陆，登陆时强度仍为强热带风暴，之后“珍”沿我国东部海岸线向偏北方向移动，强度逐渐减弱，最终在黄海南部海域消亡（图6.1.1）。

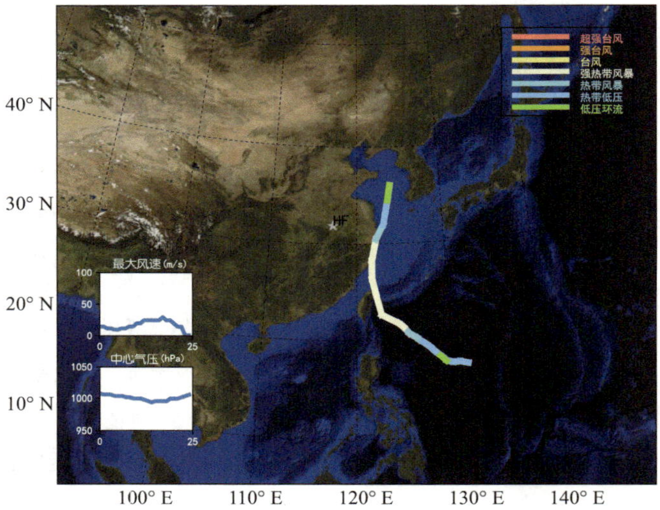

图6.1.1　7410号台风“珍”移动路径图

6.1.2　“珍”过程中国中东部降水实况

“珍”于1974年7月18日前后对我国开始造成影响，至7月21日主要对广西和消亡点附近造成明显降水（图6.1.2）。广西西部、北部和苏皖两省北部地区降水量普遍在25 mm以上，部分地区超过50 mm，其中广西和贵州交界处局部超过100 mm。

6.1.3　“珍”过程安徽降水实况

受“珍”影响，1974年7月18日20时—21日20时，全省普遍出现降水，其中淮河以北中东部地区普遍降水10～40 mm，最大值在蒙城和固镇，分别出现66 mm和63 mm降水，该区域降水主要出现在20日20时—21日20时（图6.1.3）。

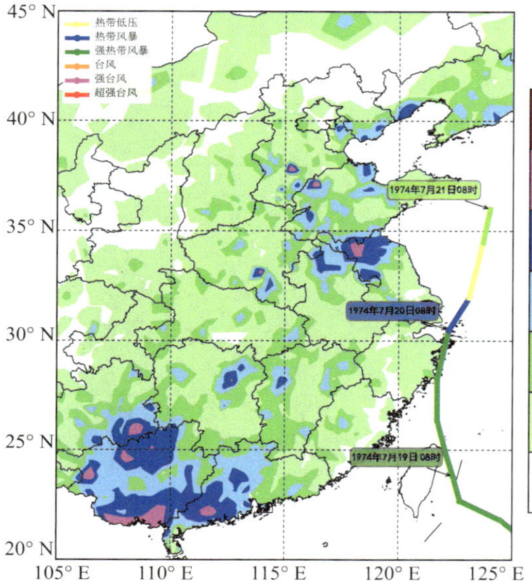

图 6.1.2　“珍”影响期间 1974 年 7 月 18 日 20 时—7 月 21 日 20 时中国中东部总降水量(单位:mm)

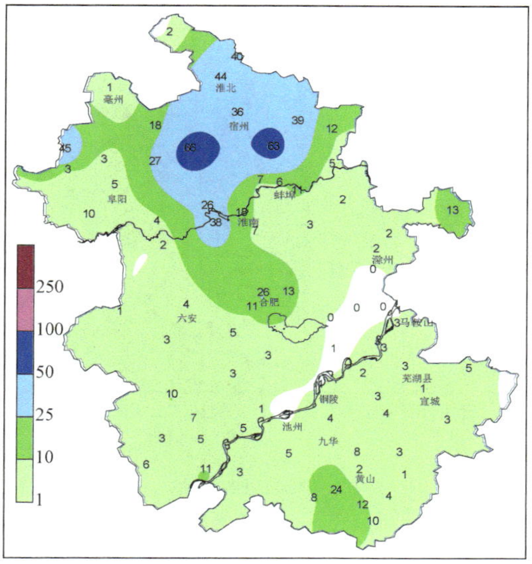

图 6.1.3　“珍”影响期间 1974 年 7 月 18 日 20 时—7 月 21 日 20 时安徽省总雨量(单位:mm)

6.1.4　“珍”过程天气形势分析

综合分析可以发现“珍”过程无冷空气影响,7 月 20 日 20 时,“珍”位于 122.6°E,33°N 附近,随着副高向西北部推进,“珍”减弱后仍影响到安徽省沿淮淮北地区。

500 hPa 等压面高度:7 月 20 日 20 时,副高呈块状位于日本岛以南和我国以东海域,“珍”位于 588 dagpm 等值线外围的西北侧。21 日 20 时随着副高西进,“珍”对安徽影响结束(图 6.1.4)。

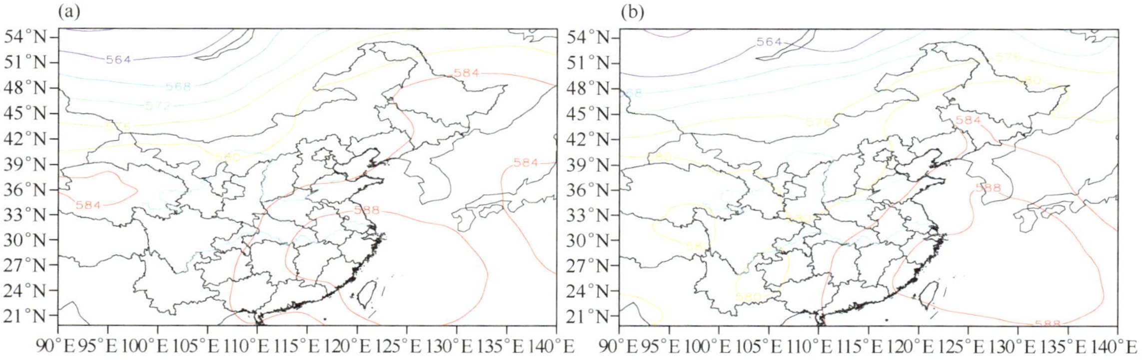

图 6.1.4　500 hPa 等压面的高度场

(a. 1974 年 7 月 20 日 20 时;b. 1974 年 7 月 21 日 20 时,单位:dagpm)

中低层风场:20 日 20 时 700 hPa、850 hPa、925 hPa 等压面在安徽省东北部都对应有暖切变,尤其是 925 hPa 等压面暖切变位置与暴雨落区对应较好,暖切变两侧风力对比,其北侧的东北风风力更强一些,此次过程强降水落区与暖切变及暖切变北侧的东北风气流左侧区域对应关系较好。至 21 日 20 时 700 hPa 等压面风场已全部转为副高低层的辐散气流控制,在低层风场也为此特征(图 6.1.5—6.1.6)。

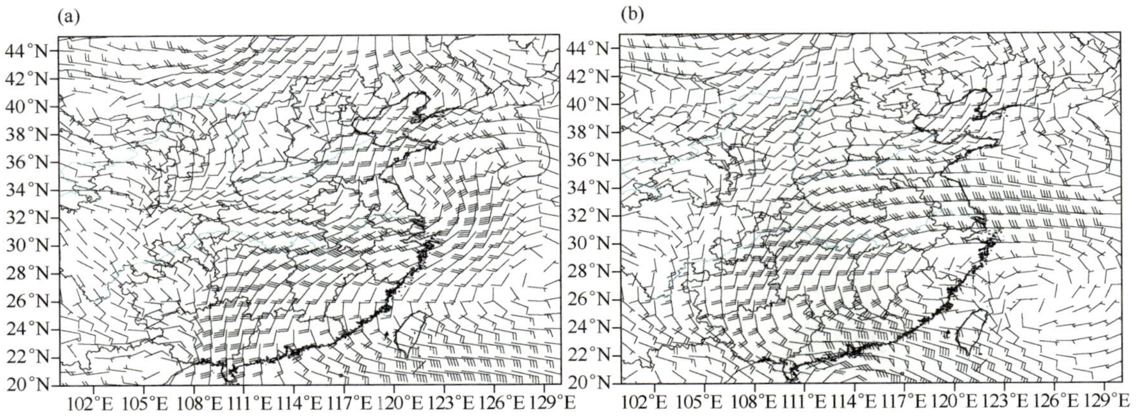

图 6.1.5　700 hPa 等压面的水平风场

（a. 1974 年 7 月 20 日 20 时；b. 1974 年 7 月 21 日 20 时，单位：m/s）

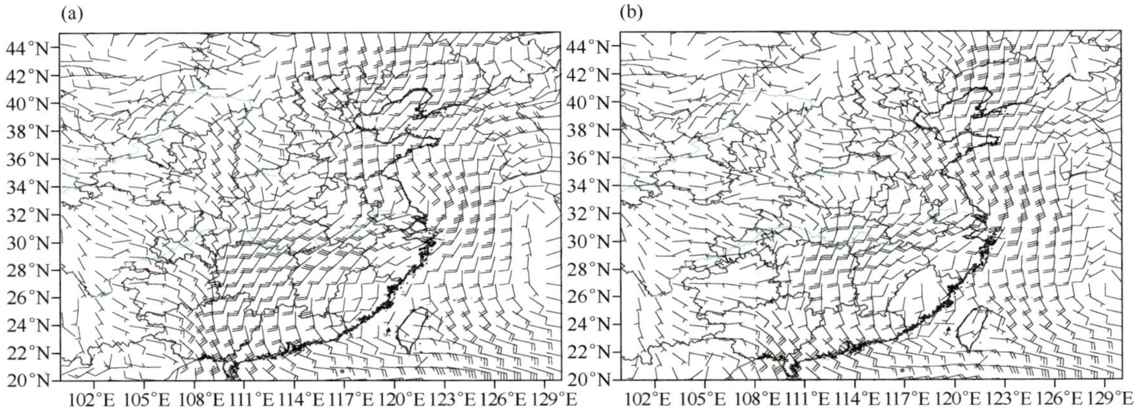

图 6.1.6　1974 年 7 月 20 日 20 时不同等压面的水平风场

（a. 850 hPa；b. 925 hPa，单位：m/s）

假相当位温场：700 hPa 和 850 hPa 等压面的强降水落区都对应等 θ_{se} 高值区（图 6.1.7）。

850 hPa 等压面比湿场：安徽省比湿大小为 12～14 g/kg，比湿值对暴雨落区无明显指示作用（图 6.1.8）。

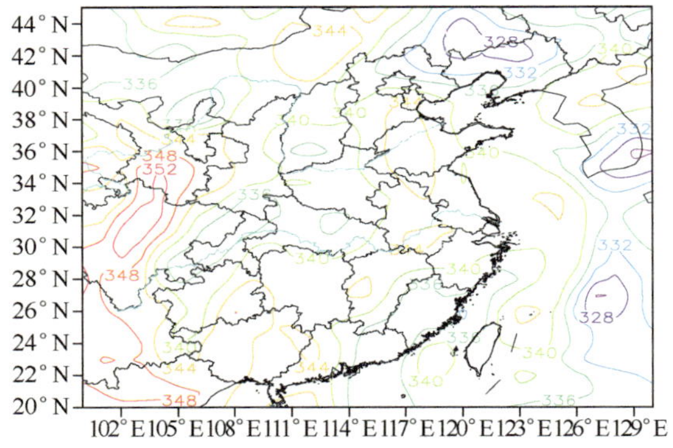

图 6.1.7　1974 年 9 月 20 日 20 时 700 hPa 等压面的假相当位温场（单位：℃）

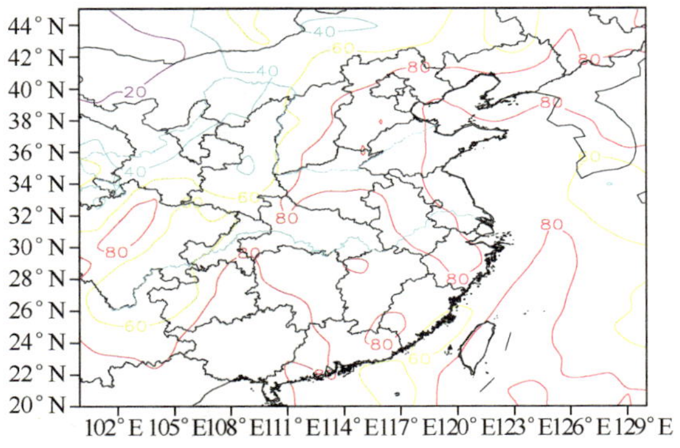

图 6.1.8　1974 年 7 月 20 日 20 时 850 hPa 等压面的比湿场（单位：%）

6.2 7704 号台风“赛洛玛”

6.2.1 台风“赛洛玛”概况

台风“赛洛玛”于 1977 年 7 月 20 日 02 时在西太平洋海域生成，生成后向西北方向移动，强度逐渐加强，7 月 23 日 14 时在 122.7°E，18.8°N 附近海域增强为强台风，最大风速为 45 m/s，之后强度逐渐减弱，经过菲律宾北部海域后向偏北方向移动，7 月 25 日 20 时左右在福建省东北部的平潭县附近登陆，登陆时强度为热带低压，登陆后强度逐渐减弱为低压环流，并向西北偏北方向移动，经过福建省东部、江西省东部，最终在安徽省西部的大别山区附近消亡（图 6.2.1）。

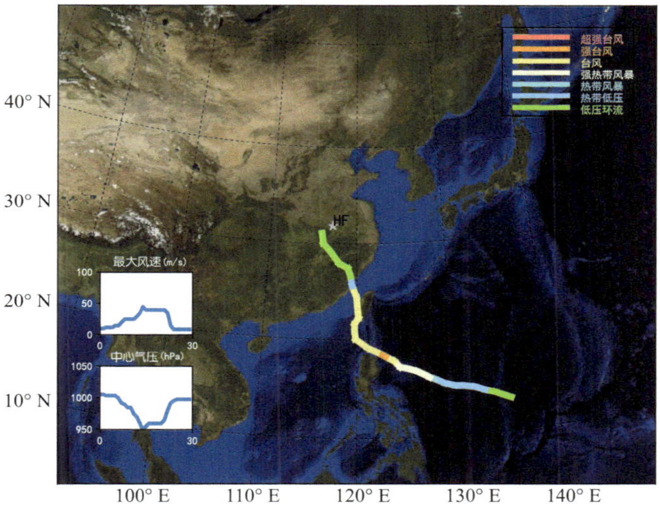

图 6.2.1 7704 号台风“赛洛玛”移动路径图

6.2.2 “赛洛玛”过程中国中东部降水实况

“赛洛玛”于 1977 年 7 月 24 日前后对我国开始造成影响，至 7 月 30 日主要对登陆点和消亡点附近造成明显降水（图 6.2.2）。广东、广西、贵州部分地区，以及河北、辽宁部分地区降水量普遍在 50 mm 以上，广东省东部和河北东部超过 100 mm。

6.2.3 “赛洛玛”过程安徽降水实况

图 6.2.3 为“赛洛玛”影响期间安徽省总雨量。1977 年 7 月 26 日 20 时—30 日 20 时，全省大部分地区出现 25 mm 以上降水，其中沿淮淮河以北的北部、中部、大别山区和沿江江南的西部地区降水量 50 mm 以上，利辛、长丰、黄山光明顶、祁门、大别山区南部及沿江西部地区超过 100 mm，怀宁、潜山分别为 322 和 480 mm，出现极端强降水。此次过程 27 日 20—28 日 20 时和 28 日 20 时—29 日 20 时，潜山和怀宁连续两天出现大暴雨，29 日 20—30 日 20 时强降雨出现在淮河以北的东北部。

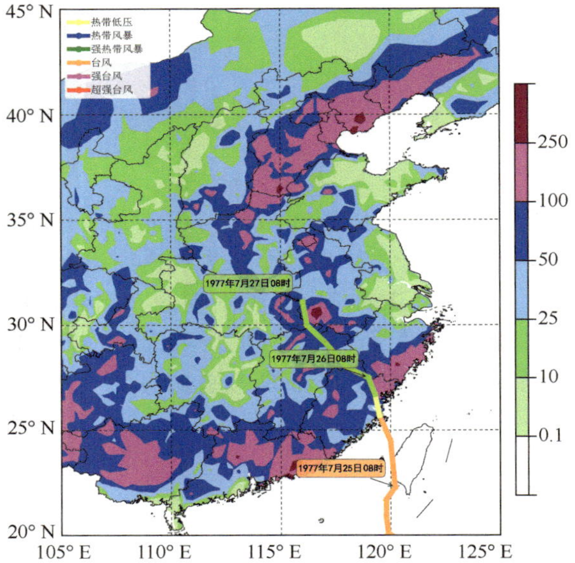

图 6.2.2 “赛洛玛”影响期间 1977 年 7 月 24 日 20 时—7 月 30 日 20 时中国中东部总降水量(单位:mm)

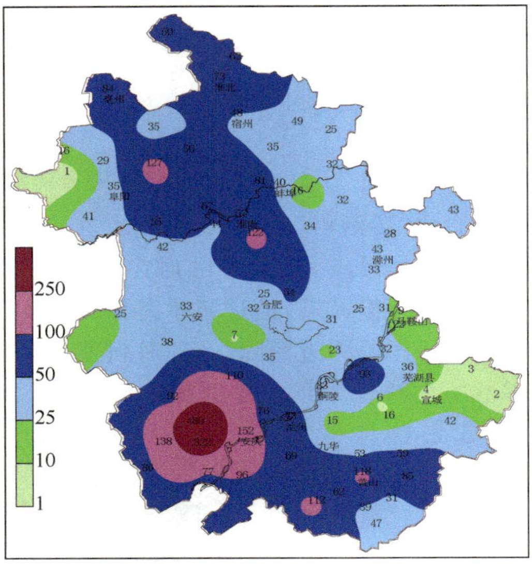

图 6.2.3 “赛洛玛”影响期间 1977 年 7 月 26 日 20 时—7 月 30 日 20 时安徽省总雨量(单位:mm)

6.2.4 “赛洛玛”过程天气形势分析

综合分析可以发现,“赛洛玛”过程无冷空气影响,该过程“赛洛玛”减弱后的低压环流位于 Ω 形副高西南侧的凹进处,其东侧和北侧都有高压阻挡,因此稳定少动,这可能是造成安徽省西南部台风中心附近形成极端强降水的主要原因。

500 hPa 等压面高度场:西太平洋副高呈 Ω 形分布,安徽省处于 Ω 形副高西南侧边缘,处于 584 dagpm 等值线以西。584 dagpm 等值线向江苏沿海凹进,但其在安徽省以北又向西部延伸。“赛洛玛”27 日 14 时位于安徽西南部,之后停止编报,但低压环流仍比较清楚。27 日 20 时和 28 日 20 时副高都为 Ω 形分布,“赛洛玛”位于 Ω 形副高西南侧的凹进处,其东侧和北侧都有高压阻挡,因此稳定少动,这可能是造成安徽省西南部台风中心附近形成极端强降水的主要原因(图 6.2.4)。有研究也指出,台风向中纬度地区的能量频散,特别是相对停滞的台风,能激发中纬度地区的中小尺度系统,造成连续性降水,甚至暴雨成灾(雷小途等,2001)。

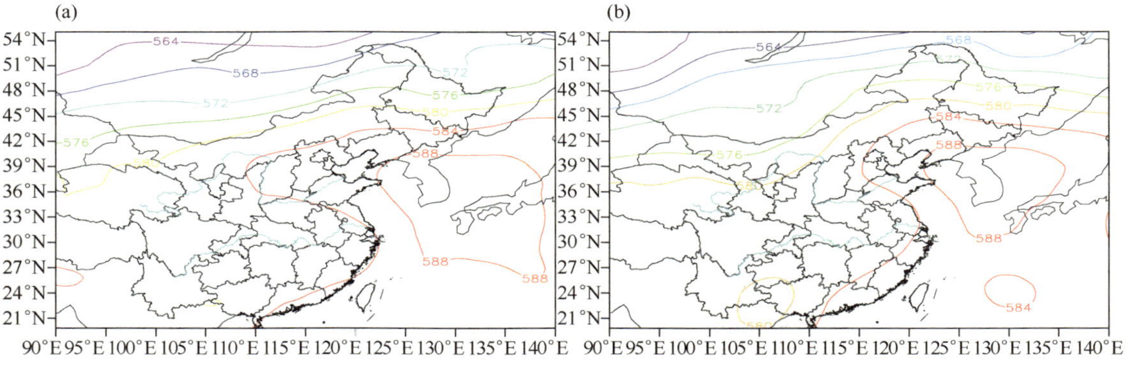

图 6.2.4 500 hPa 等压面的高度场

(a. 1977 年 7 月 27 日 20 时;b. 1977 年 7 月 28 日 20 时,单位:dagpm)

200 hPa 等压面风场：27 日 20 时安徽省西南部上空有明显的分流，28 日 20 时安徽省西南部仍有明显辐散，有利于上升运动发展，强降水位于辐散中心略偏北，靠近偏西风急流右侧区域（图 6.2.5）。

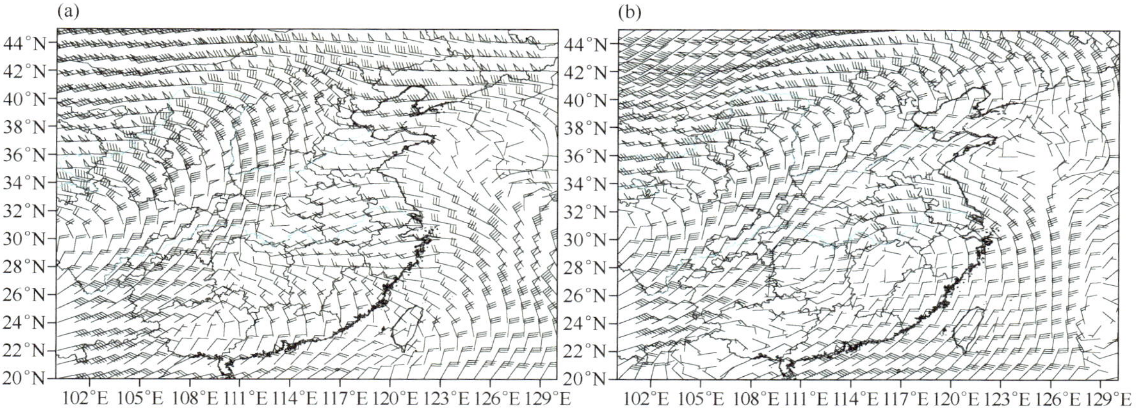

图 6.2.5　200 hPa 等压面的水平风场

（a. 1977 年 7 月 27 日 20 时；b. 1977 年 7 月 28 日 20 时，单位：m/s）

中低层风场：27 日 20 时“赛洛玛”已停止编报，其低压环流位于安徽省西南部，极端强降水中心位于低压环流中心附近。28 日 20 时该低压环流北移较少，低压环流周围风速较大，分别有西南风、偏南风和偏东风急流，强降水位于西南风急流和偏东风急流的左侧（图 6.2.6—6.2.8）。

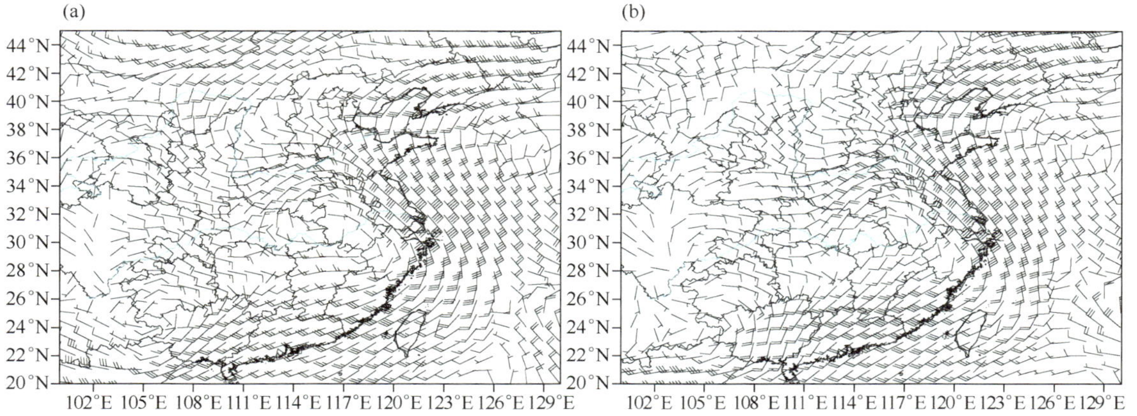

图 6.2.6　1977 年 7 月 27 日 20 时不同等压面的水平风场

（a. 700 hPa；b. 850 hPa，单位：m/s）

850 hPa 等压面温度场和假相当位温场：此过程无明显冷空气，因此这两物理量的大值区均对应强降水中心。

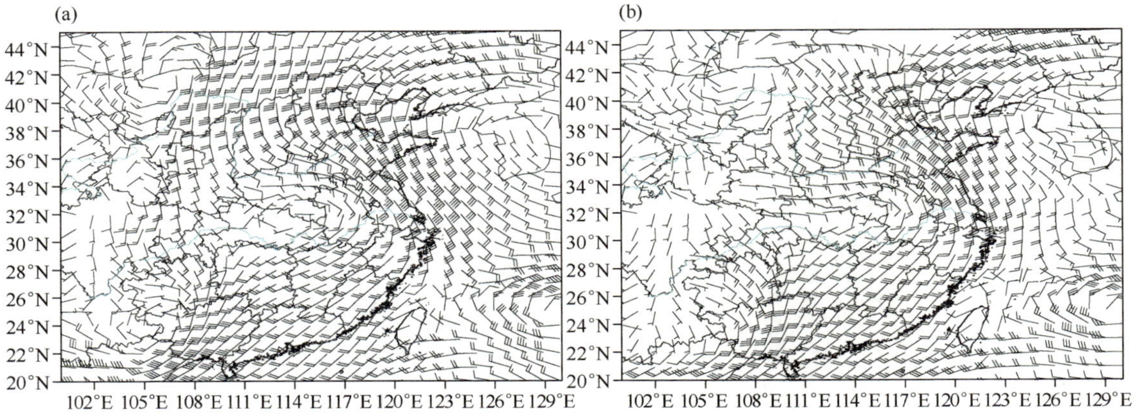

图 6.2.7　1977 年 7 月 28 日 20 时不同等压面的水平风场

(a. 700 hPa；b. 850 hPa，单位：m/s)

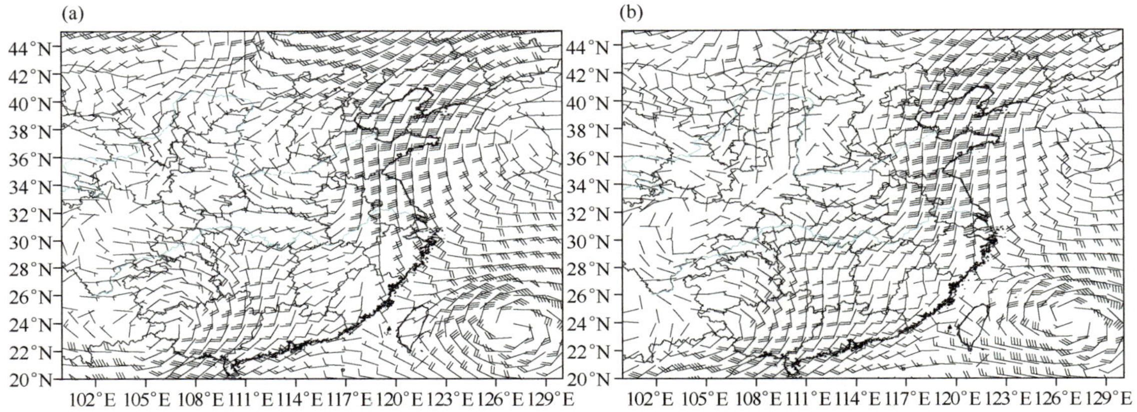

图 6.2.8　1977 年 7 月 29 日 20 时不同等压面的水平风场

(a. 700 hPa；b. 850 hPa，单位：m/s)

6.3　8707 号台风“Alex”

6.3.1　台风“Alex”概况

台风“Alex”于 1987 年 7 月 22 日 20 时在西太平洋海域生成，生成后向偏西方向移动，强度逐渐加强，7 月 23 日 20 时在靠近菲律宾 131.1°E，10.7°N 附近海域转向西北偏北方向移动，7 月 25 日 20 时在 124.6°E，18.5°N 附近海域增强为台风，最大风速 30 m/s，之后向偏北方向移动，7 月 27 日 20 时在浙江省温州附近登陆，登陆时强度仍为台风，登陆后“Alex”强度逐渐减弱，向偏北方向移动，7 月 28 日 20 时在江苏省盐城附近移入黄海，并向东北方向移动，8 月 2 日 8 时在日本岛以西海域消亡（图 6.3.1）。

6.3.2　“Alex”过程中国中东部降水实况

“Alex”于 1987 年 7 月 26 日前后对我国开始造成影响，至 7 月 29 日主要对经过地区和两

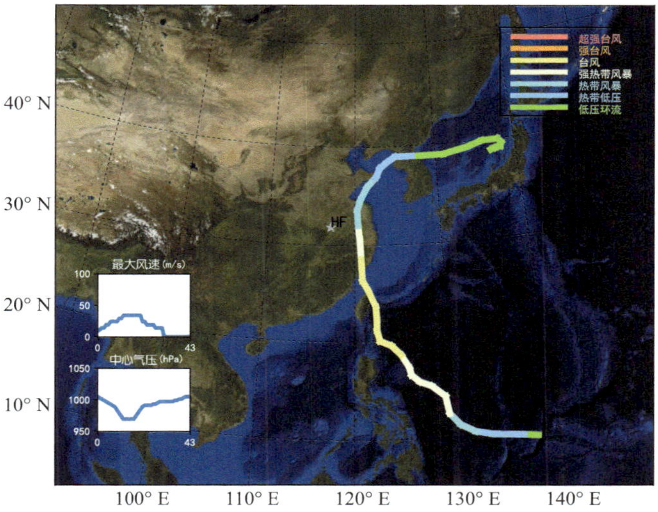

图 6.3.1　8707 号台风“Alex”移动路径图

广、湖南部分地区造成明显降水(图 6.3.2)。广东、广西、湖南东部、浙江东部和江苏地区降水量普遍在 50 mm 以上,广东南部、广西东部、湖南东部和浙江东部降水量超过 100 mm。

6.3.3　“Alex”过程安徽降水实况

受“Alex”影响,1987 年 7 月 26 日 20 时—29 日 20 时,安徽省大部分地区出现降水,降水分布不均,其中沿淮淮河以北西部地区、江淮之间东部地区和沿江江南大部分地区降水量 10 mm 以上,其中阜阳、五河、潜山、池州、青阳、广德出现 50 mm 以上,最大值为阜阳 70 mm(图 6.3.3)。此过程 27 日 20 时—28 日 20 时阜阳出现暴雨,28 日 20 时—29 日 20 时潜山出现暴雨,单日雨强不是很强。

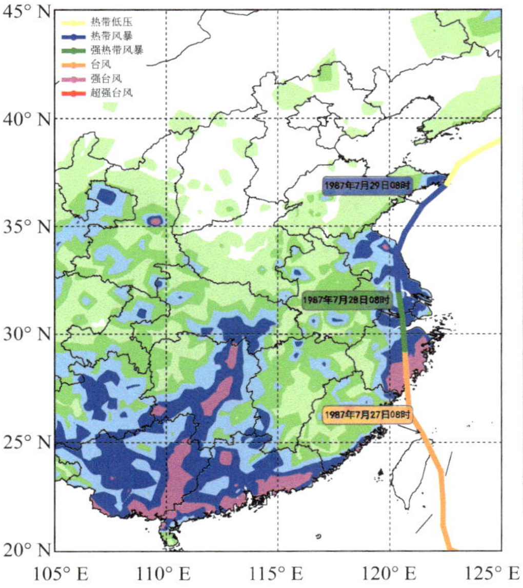

图 6.3.2　“Alex”影响期间 1987 年 7 月 26 日 20 时—7 月 29 日 20 时中国中东部总降水量(单位:mm)

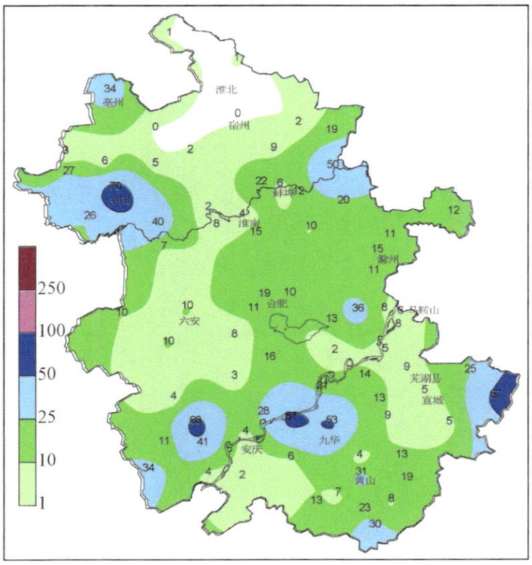

图 6.3.3　“Alex”影响期间 1987 年 7 月 26 日 20 时—7 月 29 日 20 时安徽省总雨量(单位:mm)

6.3.4 “Alex”过程天气形势分析

综合分析可以发现“Alex”过程无冷空气影响，该过程强降水中心分别与高层辐散中心和850 hPa等压面倒槽或低槽位置对应较好。

500 hPa等压面高度场：西太平洋副高向朝鲜半岛突出，我国东部海域588 dagpm等值线呈南北走向，“Alex”位于588 dagpm等值线与584 dagpm等值线之间，沿588 dagpm等值线西侧北上（图6.3.4）。

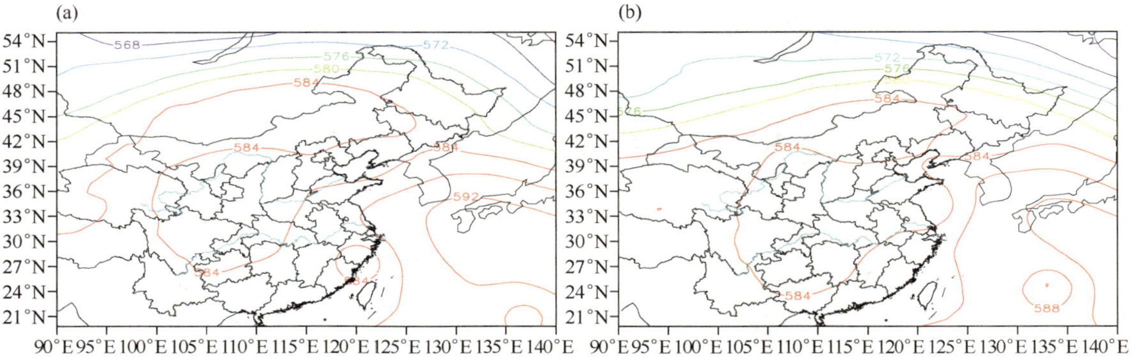

图6.3.4 500 hPa等压面的高度场

（a. 1987年7月27日20时；b. 1987年7月28日20时，单位：dagpm）

200 hPa风场：27日20时阜阳附近高空有明显分流和风速辐散，28日20时风速辐散和分流区位于潜山附近高空（图6.3.5）。

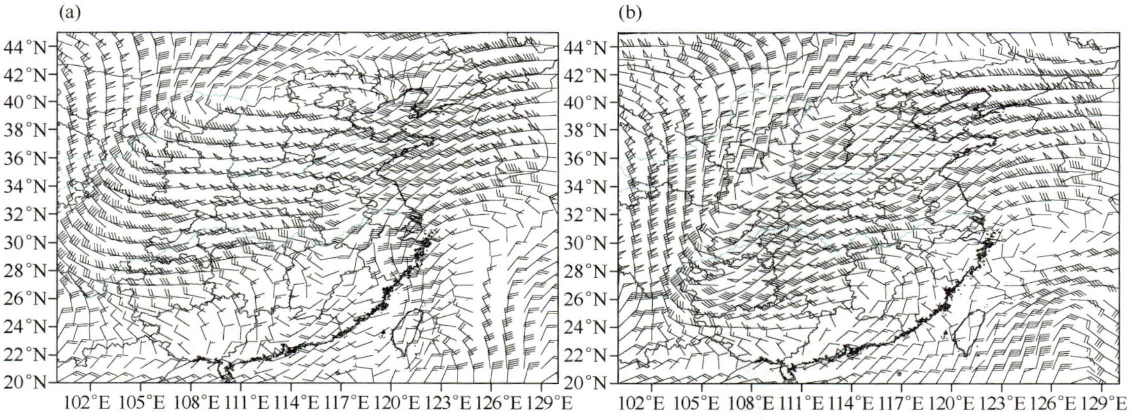

图6.3.5 200 hPa等压面的水平风场

（a. 1987年7月27日20时；b. 1987年7月28日20时，单位：m/s）

中低层风场：27日20时850 hPa等压面“Alex”台风倒槽伸入到淮河以北西部地区，倒槽位置与强降水落区对应较好；28日20时潜山附近强降水中心对应台风中心西南侧的低槽附近（图6.3.6—6.3.7）。

低层的强辐合与高层的强辐散的垂直互耦，是形成强垂直上升运动和暴雨产生和持续的重要动力机制（林毅等，2007）。

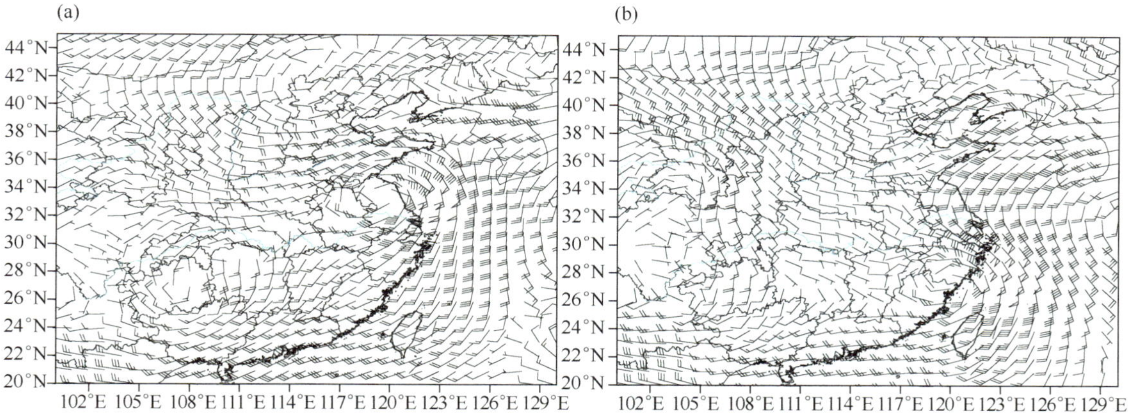

图 6.3.6 700 hPa 等压面的水平风场

(a. 1987 年 7 月 27 日 20 时;b. 1987 年 7 月 28 日 20 时,单位:m/s)

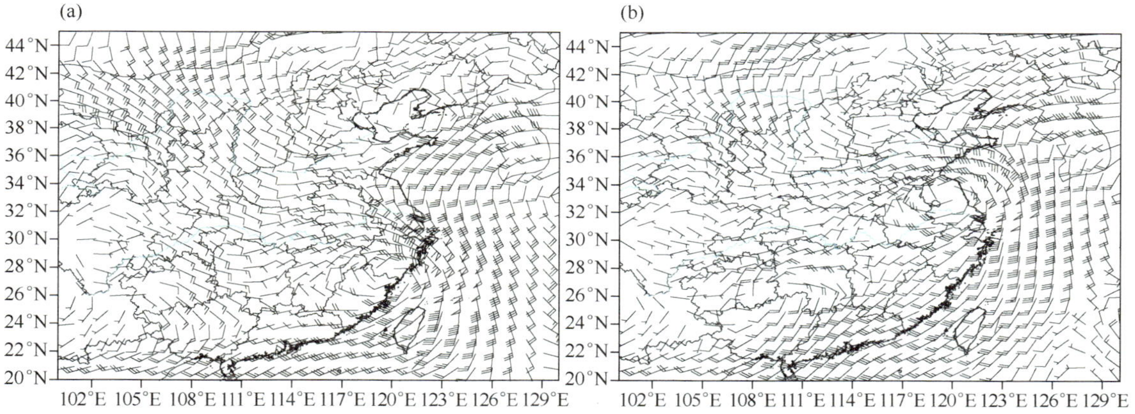

图 6.3.7 850 hPa 等压面的水平风场

(a. 1987 年 7 月 27 日 20 时;b. 1987 年 7 月 28 日 20 时,单位:m/s)

6.4 9219 号台风“泰德”

6.4.1 台风“泰德”概况

台风“泰德”于 1992 年 9 月 16 日 08 时在西太平洋海域生成,生成后向偏西方向移动,强度逐渐加强,9 月 20 日 8 时在菲律宾以东 126.5°E,17.5°N 附近海域加强为强热带风暴并转向西北方向移动,9 月 22 日 2 时在台湾岛南部 122°E,21.3°N 附近海域加强为台风,并转向偏北方向移动,中心附近最大风速为 35 m/s,经过台湾岛北部后强度逐渐减弱,9 月 23 日 8 时左右在浙江温州附近登陆,登陆时强度为强热带风暴,之后向偏北方向移动,强度逐渐减弱,9 月 24 日 02 时在南通东部的启东附近移入到黄海,之后向东北方向移动,9 月 27 日 20 时在 155°E,48.5°N 附近海域消亡(图 6.4.1)。

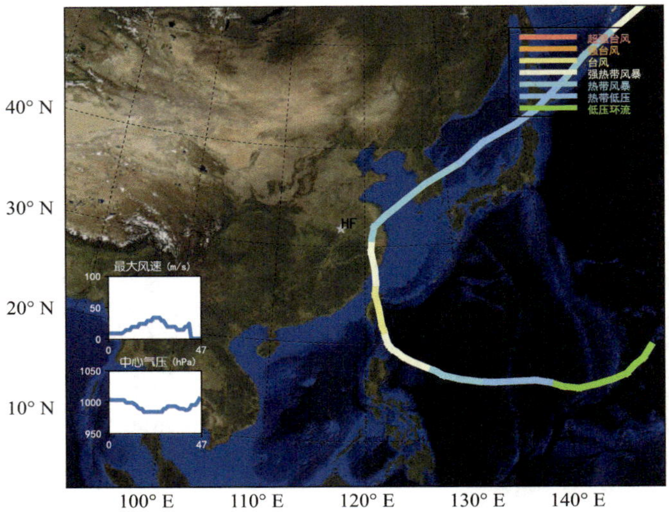

图 6.4.1　9219 号台风“泰德”移动路径图

6.4.2　“泰德”过程中国中东部降水实况

“泰德”于 1992 年 9 月 22 日前后对我国开始造成影响，至 9 月 24 日主要对登陆点和经过地区附近造成明显降水(图 6.4.2)。浙江全省、苏皖南部地区降水量普遍在 50 mm 以上，浙江中东部降水量超过 100 mm。

6.4.3　“泰德”过程安徽降水实况

受“泰德”影响，1992 年 9 月 22 日 20 时—24 日 20 时，安徽省江北西部、江南和江淮之间东部地区有降水(图 6.4.3)，大别山区和江南 10 mm 以上，江南中东部地区 25 mm 以上，其中

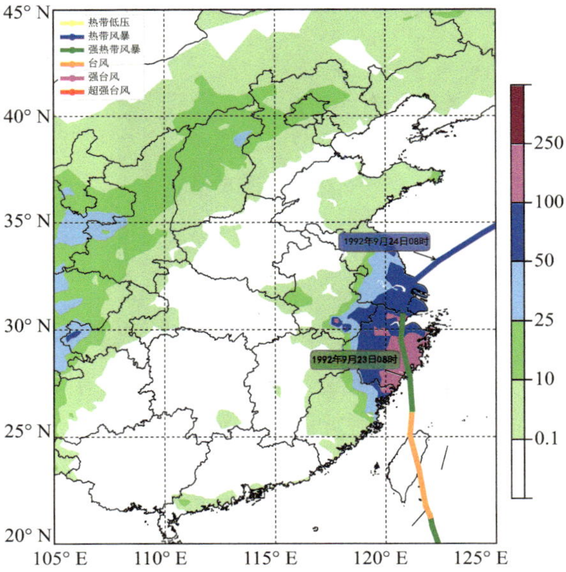

图 6.4.2　“泰德”影响期间 1992 年 9 月 22 日 20 时—9 月 24 日 20 时中国中东部总降水量(单位：mm)

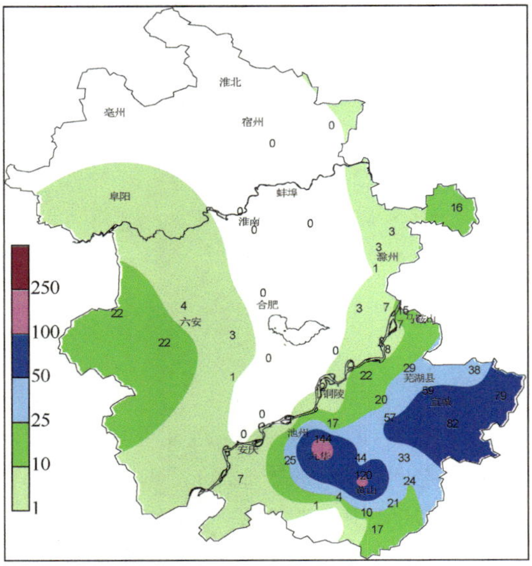

图 6.4.3　“泰德”影响期间 1992 年 9 月 22 日 20 时—9 月 24 日 20 时安徽省总雨量(单位：mm)

宣城大部分地区 50～100 mm，九华山和黄山光明顶最大，分别为 144 mm 和 120 mm。此过程江南暴雨出现在 22 日 20 时—23 日 20 时。

6.4.4 "泰德"过程天气形势分析

综合分析可以发现"泰德"过程无冷空气影响，强降水落区位于台风中心西北侧附近。

500 hPa 等压面高度场：西太平洋副高呈块状，584 dagpm 等值线控制江南、华南大部分地区，但受台风影响，584 dagpm 等值线在华东江南地区向东南沿海凹进，"泰德"位于副高西北部，影响到华东地区(图 6.4.5)。

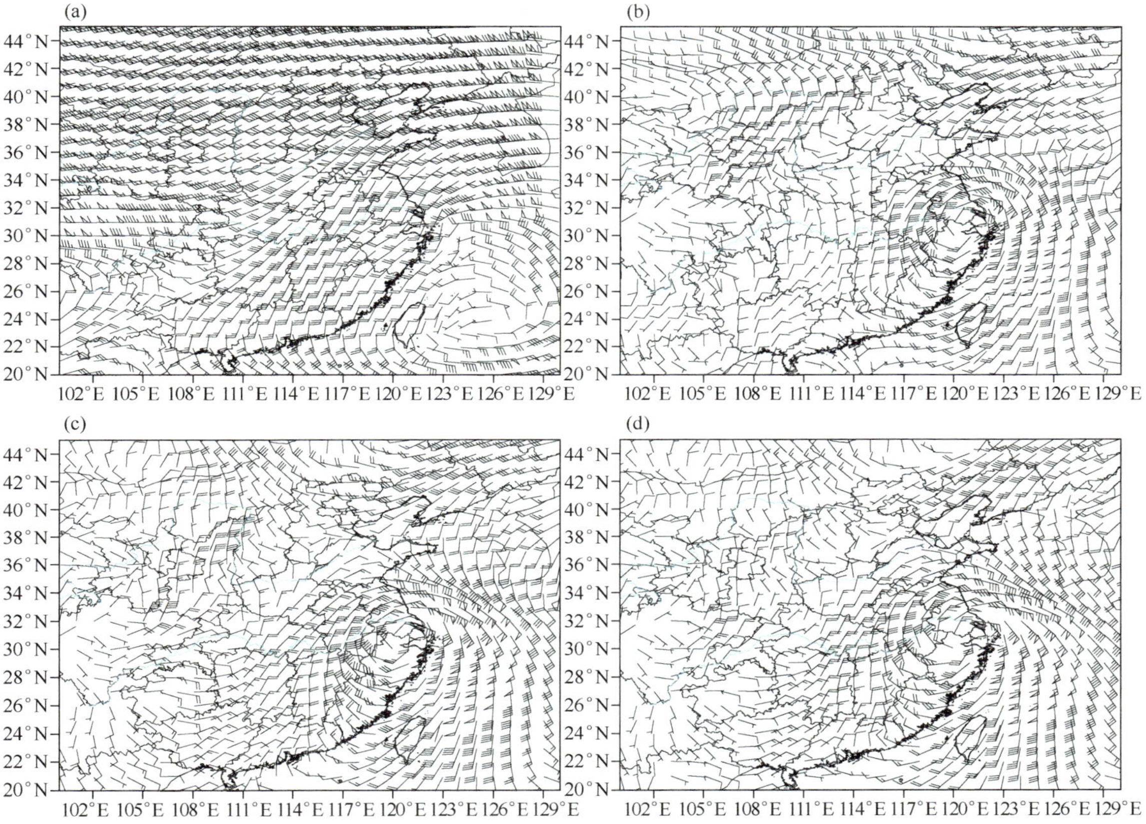

图 6.4.4　1992 年 9 月 23 日 20 时不同等压面的水平风场

(a. 200 hPa；b. 700 hPa；c. 850 hPa；d. 925 hPa，单位：m/s)

200 hPa 等压面风场：中纬度上空 200 hPa 等压面无明显急流中心，但安徽省上空为风速辐散场(图 6.4.4a)。

中低层风场：23 日 20 时安徽省暴雨区位于"泰德"中心西北侧(图 6.4.4b,c,d)。

850 hPa 等压面假相当位温场：强降水落区位于台风中心附近的 θ_{se} 高值区(图 6.4.6)。

850 hPa 等压面比湿场：强降水落区位于比湿接近 14 g/kg 的大中心处(图 6.4.7)。

850 hPa 等压面温度场：安徽省以北有一狭窄温度槽(图 6.4.8)，虽然在 850 hPa 等压面假相当位温场上，安徽省北部有明显假相当位温梯度大值区(图 6.4.6)。有研究表明，假相当位温的大值锋区附近有利于降水加剧(赵宇等，2004)。但结合 850 hPa 等压面温度场看此温度槽并没有在安徽与台风结合。

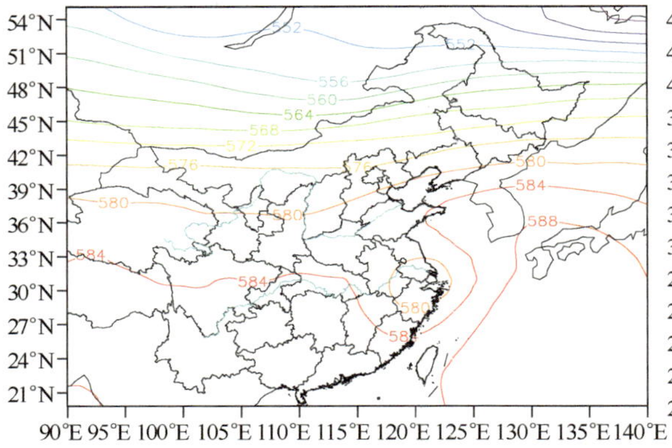

图 6.4.5 1992 年 9 月 23 日 20 时 500 hPa 等压面的高度场(单位:dagpm)

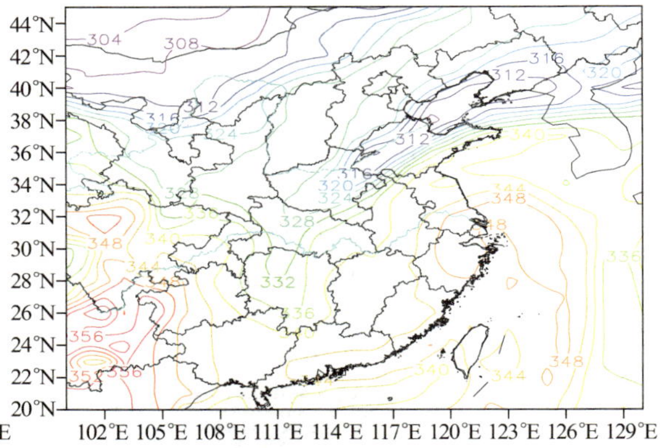

图 6.4.6 1992 年 9 月 23 日 20 时 850 hPa 等压面的假相当位温场(单位:K)

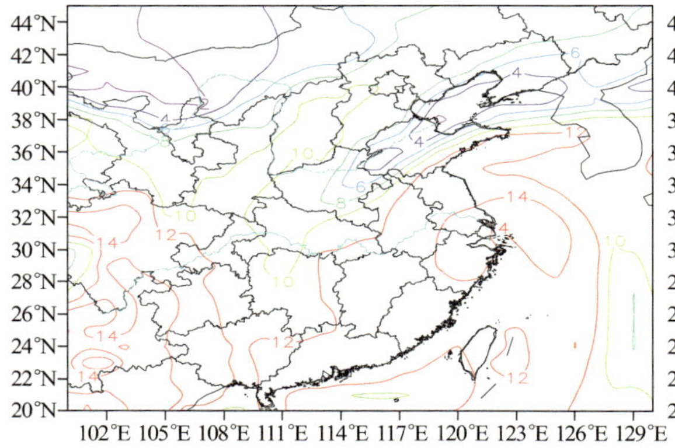

图 6.4.7 1992 年 9 月 23 日 20 时 850 hPa 等压面的比湿场(单位:g/kg)

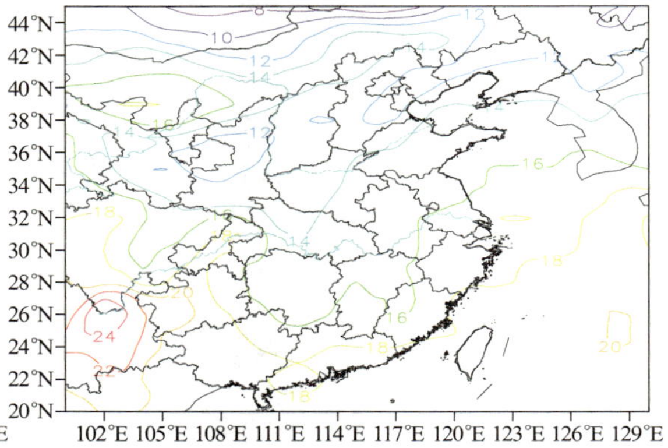

图 6.4.8 1992 年 9 月 23 日 20 时 850 hPa 等压面的温度场(单位:℃)

第7章　偏西路径有冷空气影响台风个例分析

7.1　7010号台风“Fran”

7.1.1　台风“Fran”概况

台风“Fran”于1970年9月1日20时在菲律宾东北部洋面上生成，5日08时发展成强热带风暴(25 m/s，10级，990 hPa)，8日凌晨在福建崇武沿海登陆(15 m/s，7级，996 hPa)，登陆后向偏西方向移动，9日20时“Fran”在广东和江西交界开始转向偏北方向移动，低压环流于11日14时在江西西北部减弱消失(图7.1.1)。

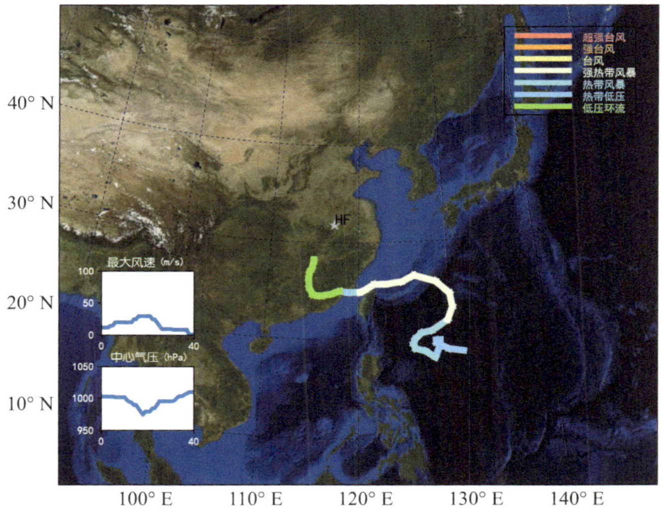

图7.1.1　7010号台风“Fran”移动路径图

7.1.2　“Fran”过程中国中东部降水实况

“Fran”于1970年9月6日前后对我国开始造成影响，至9月12日主要对登陆点和消亡点附近以及安徽、江苏和山东地区造成明显降水(图7.1.2)。广西、广东、福建、浙江、湖南的南部以及安徽东南部、江苏、山东的中东部降水量普遍在50 mm以上，其中广东、福建、浙江的南部以及江苏中部、山东南部和安徽东南部降水量超过100 mm。

7.1.3　“Fran”过程安徽降水实况

图7.1.3为“Fran”影响期间安徽省总雨量。1970年9月6日20时—9日20时，受“Fran”减弱的低压环流影响，淮北北部、大别山区、江淮之间东部和沿江江南共有28个县市累

计降水量超过 25 mm，其中沿江江南有 11 个县市超过 100 mm，最大值为黄山 183 mm，其次为芜湖和芜湖县，均为 126 mm。

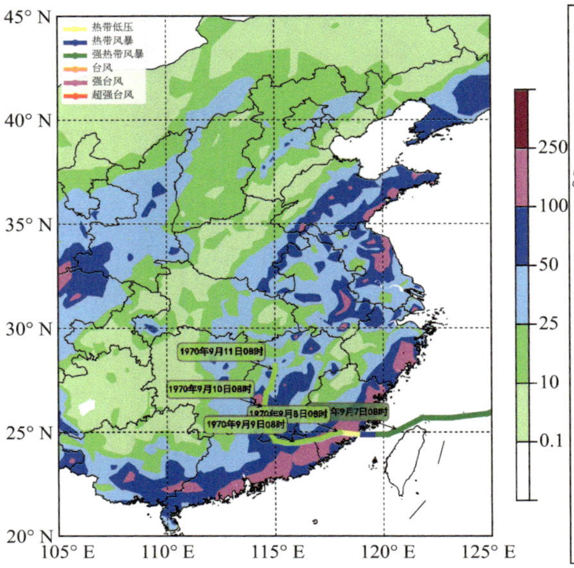

图 7.1.2 "Fran"影响期间 1970 年 9 月 6 日 20 时—9 月 12 日 20 时中国中东部总降水量(单位:mm)

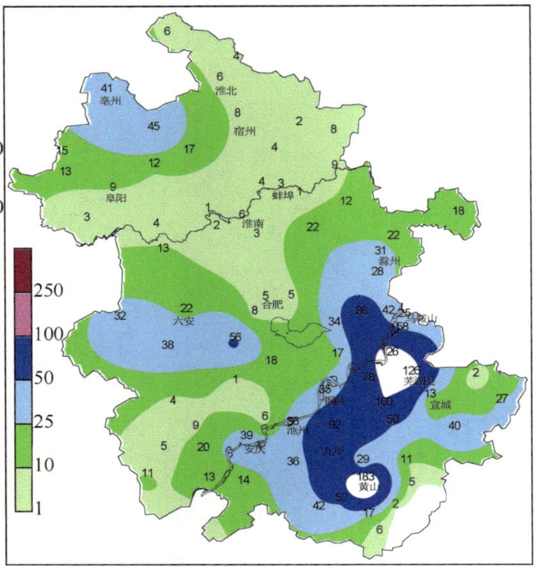

图 7.1.3 "Fran"影响期间 1970 年 9 月 6 日 20 时—9 月 9 日 20 时安徽省总雨量(单位:mm)

7.1.4 "Fran"过程天气形势分析

综合分析可以发现，影响系统主要有副热带高压和温度槽。

500 hPa 等压面高度场：7 日 20 时，副高强盛，脊线偏北，主体呈块状分布(图 7.1.4)。"Fran"位于副高西南侧，在副高的影响下，向偏西方向移动。

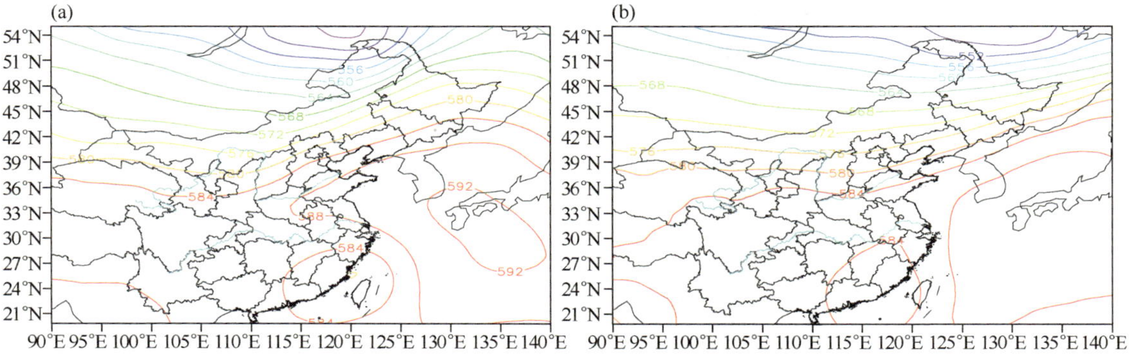

图 7.1.4 500 hPa 等压面的高度场

(a. 1970 年 9 月 7 日 20 时；b. 1970 年 9 月 8 日 20 时；单位：dagpm)

850 hPa 等压面风场：台风环流中心经过福建东南部、广东东北部和江西西部，位置偏南，安徽南部位于台风倒槽的顶部，7 日 20 时受其外围东北风影响，8 日 20 时在江苏和安徽交界处形成东南风与东北风的辐合，风速均达 12～16 m/s，有利于降水的加强，50 mm 以上雨区与风的辐合密切相关（图 7.1.5）。有研究显示，东风扰动随台风倒槽传播，存在偏南风和偏东风形成的暖性切变线，它对暴雨过程起着很强的增幅作用（郑峰，2005）。

925 hPa 等压面温度场：8 日 20 时温度槽底部擦过安徽淮河以北北部地区，与台风外围东北暖湿气流结合，造成淮北北部的较强降水（图 7.1.6）。

925 hPa 等压面比湿场：受“Fran”外围影响，江淮之间南部和江南地区比湿超过 20 g/kg，与强降水区域有良好的对应关系（图 7.1.7）。

850 hPa 等压面假相当位温场：7—8 日 20 时，安徽南部位于 θ_{se} 的高能区内，与强降水区相吻合。7 日 θ_{se} 锋区明显偏西，8 日、9 日锋区向偏东方向移动，影响了淮河以北北部地区（图 7.1.8）。

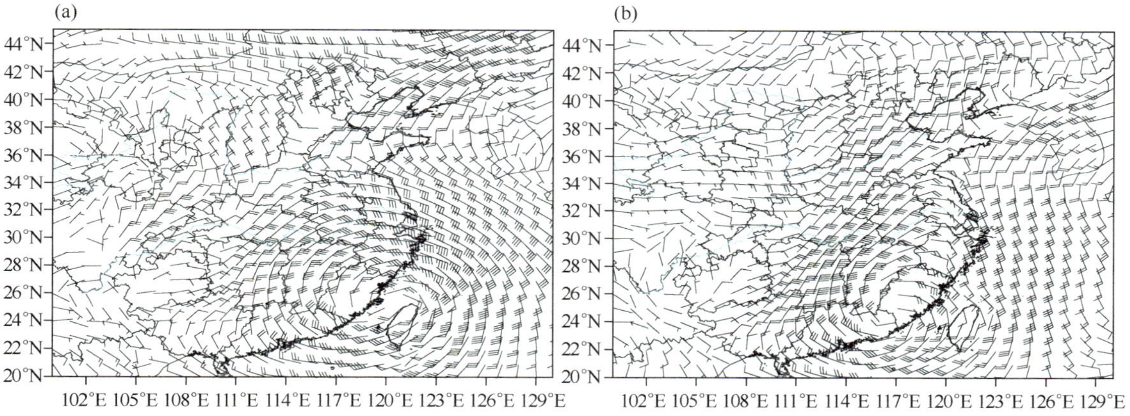

图 7.1.5　850 hPa 等压面的水平风场

（a. 1970 年 9 月 7 日 20 时；b. 1970 年 9 月 8 日 20 时；单位：m/s）

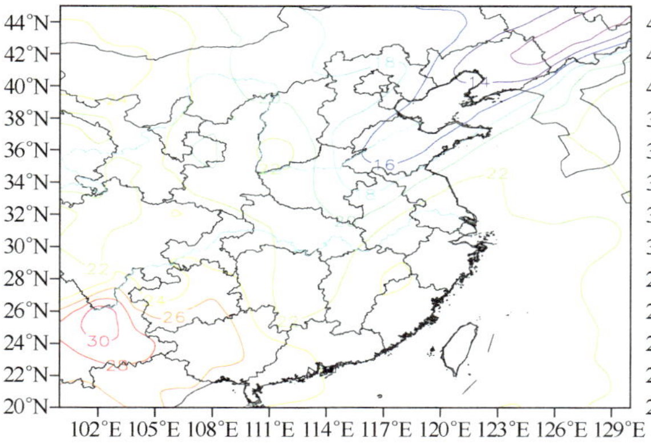

图 7.1.6　1970 年 9 月 7 日 20 时 925 hPa 等压面的温度场（单位：℃）

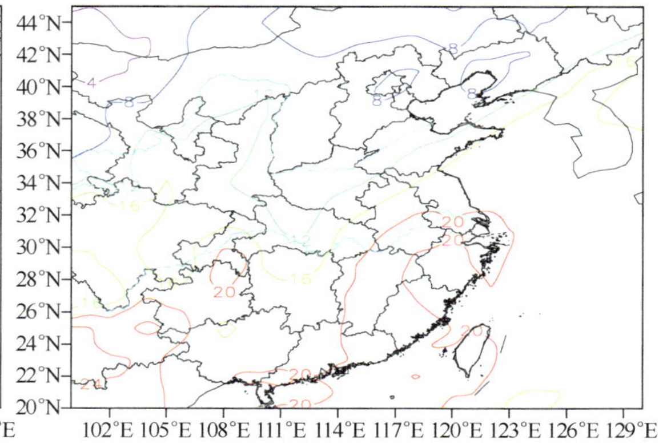

图 7.1.7　1970 年 9 月 8 日 20 时 925 hPa 等压面的比湿场（单位：g/kg）

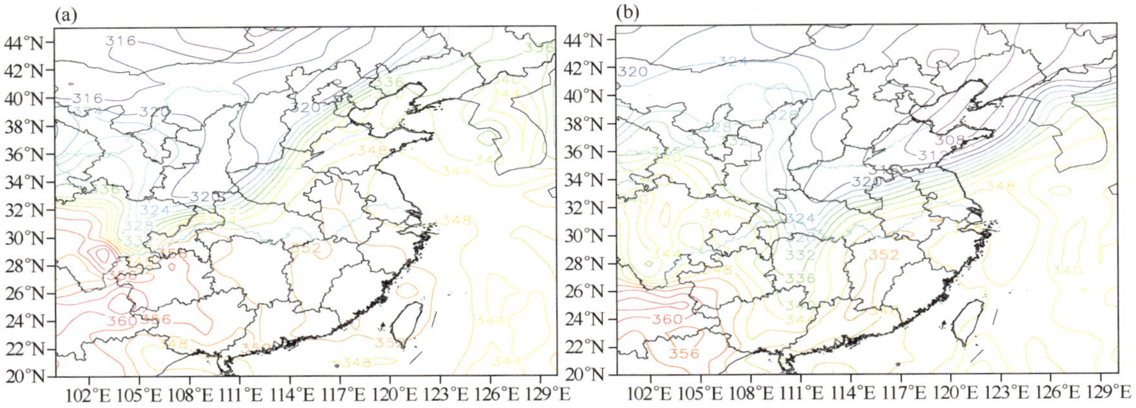

图 7.1.8 850 hPa 等压面的假相当位温场

（a. 1970 年 9 月 7 日 20 时；b. 1970 年 9 月 9 日 20 时；单位：K）

7.2 7504 号台风“Ora”

7.2.1 台风“Ora”概况

台风“Ora”于 1975 年 8 月 9 日在菲律宾以东洋面上生成，8 月 11 日 20 时发展成台风（35 m/s，12 级，975 hPa），12 日下午“Ora”在温州北部沿海登陆（40 m/s，13 级，970 hPa），登陆后向偏西方向移动，13 日 08 时在浙江、江西交界处减弱为热带低压，在江西北部滞留时间较长，于 16 日 20 时进入安徽境内，之后向东北方向移出安徽（图 7.2.1）。

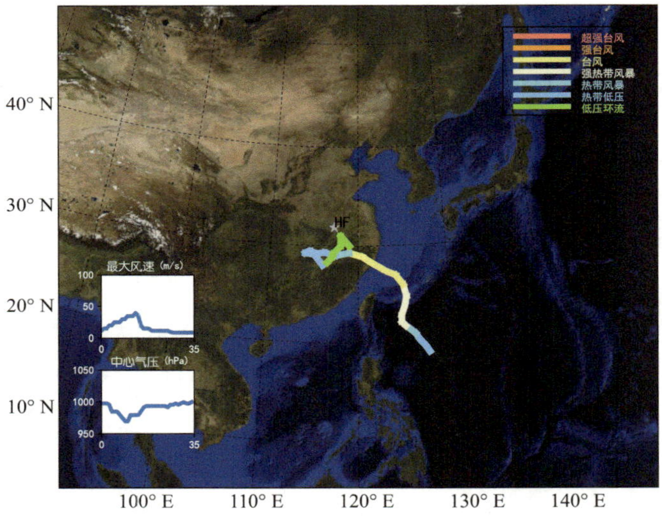

图 7.2.1 7504 号台风“Ora”移动路径图

7.2.2 “Ora”过程中国中东部降水实况

“Ora”对我国中东部降水的主要影响时段为 1975 年 8 月 10 日 20 时—19 日 20 时，降水中心位于浙江南部、福建北部、江西北部、湖北东部、安徽省大部分地区、江苏北部和山东半岛，以上地区总降水量超过 100 mm，其中安徽省的大别山区、江南西部、江淮之间东部、山东半岛和江西西北部等地超过 250 mm（图 7.2.2）。

7.2.3　"Ora"过程安徽降水实况

1975 年 8 月 11—19 日，受"Ora"减弱的低压环流和低槽的共同影响，安徽沿淮淮河以南 52 个县市累计降水量普遍超过 100 mm，其中江淮东部、大别山区和沿江西部 11 个县市超过 250 mm，最大值为来安 642 mm，其次为霍山 443 mm。强降水时段：8 月 13 日 20 时—15 日 20 时，落区位于大别山区；15 日 20 时—16 日 20 时，落区位于沿江；16 日 20 时—18 日 20 时，落区位于江淮东部（图 7.2.3）。

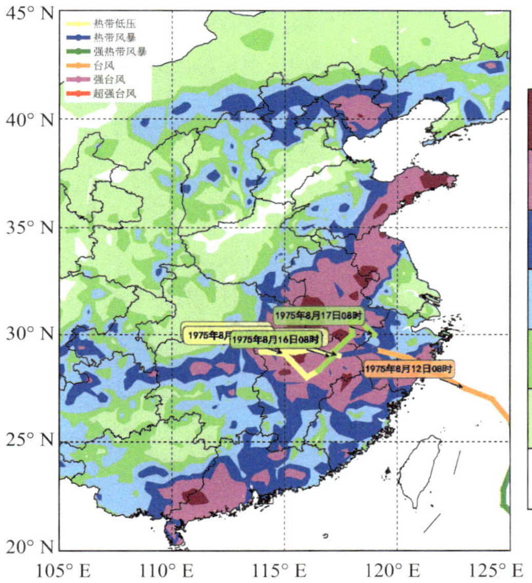

图 7.2.2　"Ora"影响期间 1975 年 8 月 10 日 20 时—8 月 19 日 20 时中国中东部总降水量（单位：mm）

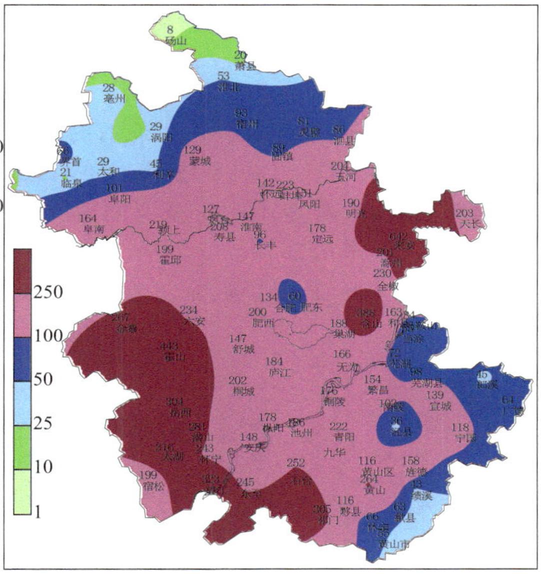

图 7.2.3　"Ora"影响期间 1975 年 8 月 11 日 20 时—8 月 19 日 20 时安徽省总雨量（单位：mm）

7.2.4　"Ora"过程天气分析

关键影响系统：双台风、西风槽。有明显冷空气结合。

200 hPa 等压面风场：贝加尔湖以东为一低槽，安徽位于低槽槽前，强降水区位于高空急流入口区的右侧（图 7.2.4）。

500 hPa 等压面高度场：15 日 20 时台风低压环流位于安徽西南部、江西北部一带，500 hPa 等压面上东北、山东上空有东路冷空气（低槽）南下影响安徽，冷空气和台风有所结合（图 7.2.5，图 7.2.6a）；17 日 20 时，结合后的低槽东移南压，槽底位于江淮东部（图 7.2.6b）。此外过程中在我国东部沿海有另一台风存在，受此台风的顶托作用，"Ora"移动速度缓慢，在江西、安徽滞留时间较长，造成累计降水量大。强降水中心一块位于台风低压环流附近，另一块位于东路冷空气南下路径上（江淮东部）。

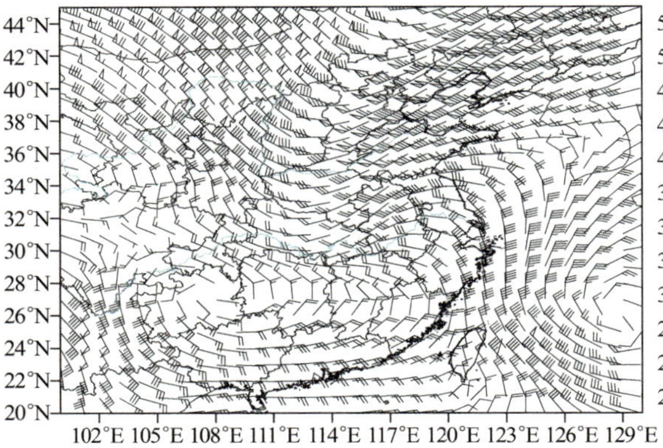

图 7.2.4 1975 年 8 月 14 日 20 时 200 hPa 等压面的风场(单位:m/s)

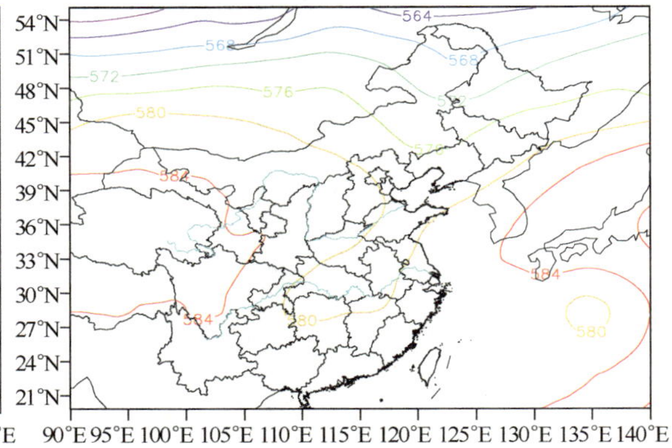

图 7.2.5 1975 年 8 月 15 日 20 时 500 hPa 等压面的高度场(单位:dagpm)

850 hPa 等压面风场:14 日 20 时的风场上从江西到安徽至江苏北部一带存在明显的台风倒槽,强降水区位于台风倒槽附近,15 日 20 时随着冷空气的南下,沿江西部到江淮东部位于倒槽附近,倒槽两侧风速大,辐合明显。17 日 20 时,随着冷空气的进一步南压,江淮东部仍位于倒槽顶部(图 7.2.7)。

850 hPa 等压面温度场:东北地区有明显温度槽,强降水落区在温度槽底附近(图 7.2.8)。

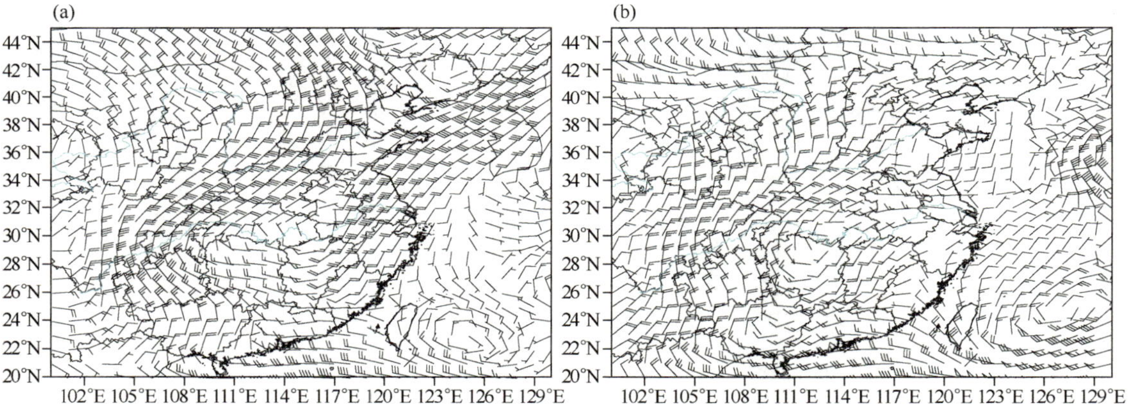

图 7.2.6 1971 年 6 月 18 日 20 时 500 hPa 等压面的风场
(a. 1975 年 8 月 15 日 20 时;b. 1975 年 8 月 17 日 20 时,单位:m/s)

850 hPa 等压面比湿场:从东部沿淮至华东、华南都为比湿大于 12 g/kg 的大湿区控制,双台风的影响主要是在"Ora"东部提供有利于降水的偏南急流,加强"Ora"外围的水汽输送(图 7.2.9)。

850 hPa 等压面假相当位温场:14 日 20 时,安徽沿江西部有 θ_{se} 高值中心,θ_{se} 低值区偏北,θ_{se} 锋区位于安徽北部;16 日 20 时,θ_{se} 高值中心向偏东方向移动,冷空气主体仍然偏北,强降水区主要位于 θ_{se} 锋区南侧,高能区内。17 日 20 时,冷空气南下后,θ_{se} 锋区位于苏皖交界处,强降水区位于 θ_{se} 锋区附近(图 7.2.10—7.2.12)。

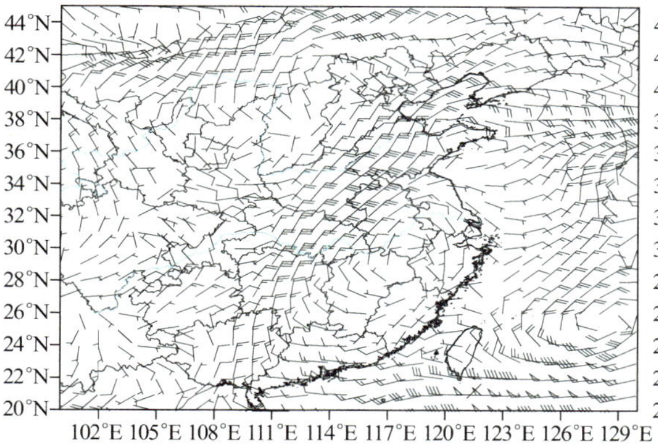

图 7.2.7　1975 年 8 月 17 日 20 时
850 hPa 等压面的风场(单位:m/s)

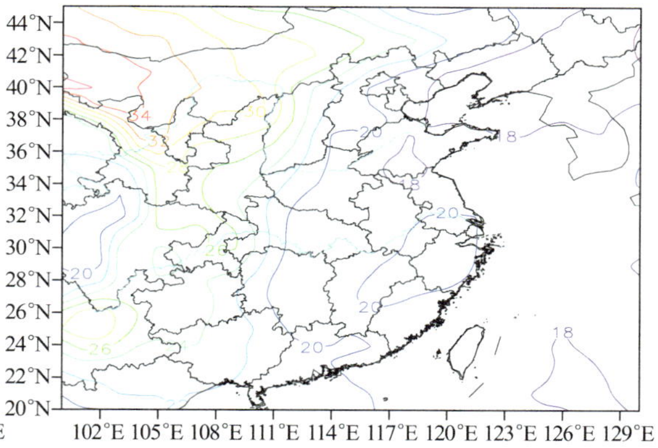

图 7.2.8　1975 年 8 月 15 日 20 时
850 hPa 等压面的温度场(单位:℃)

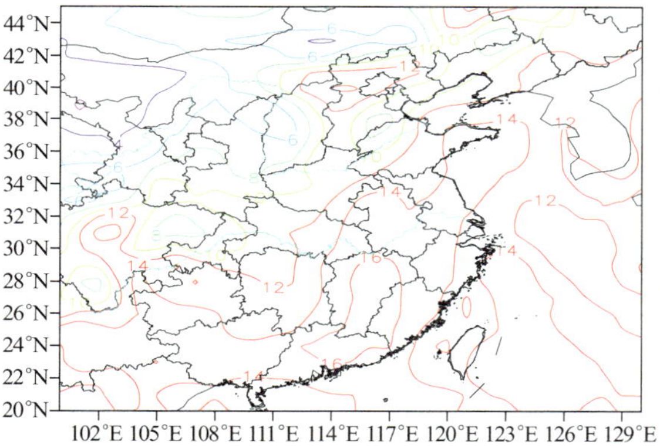

图 7.2.9　1975 年 8 月 15 日 20 时 850 hPa 等
压面的比湿场(单位:g/kg)

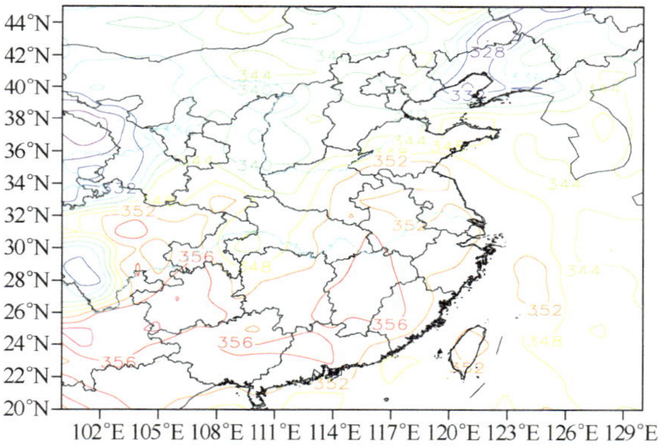

图 7.2.10　1975 年 8 月 14 日 20 时 850 hPa
等压面假相当位温场(单位:K)

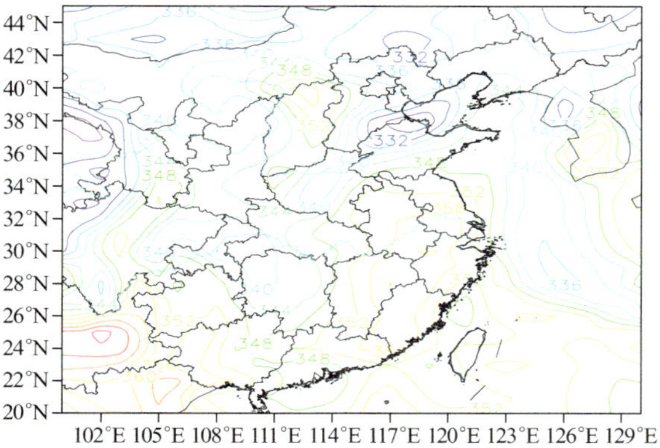

图 7.2.11　1975 年 8 月 16 日 20 时 850 hPa
等压面假相当位温场(单位:K)

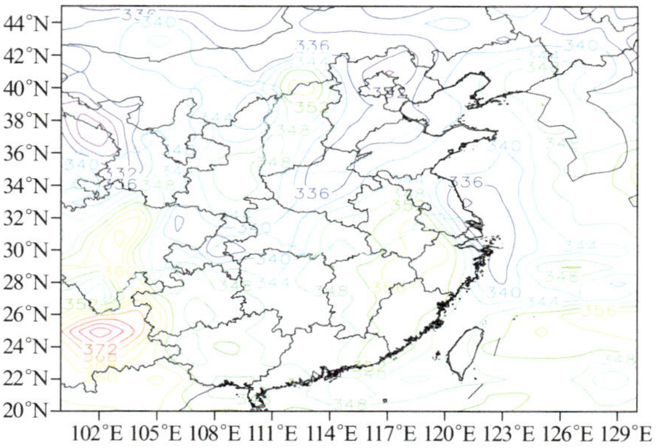

图 7.2.12　1975 年 8 月 17 日 20 时 850 hPa
等压面假相当位温场(单位:K)

7.3 9012台风“杨希”

7.3.1 台风“杨希”概况

台风“杨希”于1990年8月11日在东太平洋洋面上生成，8月17日14时发展成台风（35 m/s，12级，970 hPa），20日08时“杨希”在福建福清沿海登陆（30 m/s，11级，970 hPa），登陆后“杨希”以向偏西方向移动为主，23日14时在广东北部减弱消散，过程中台风位置一直偏南，对安徽影响较小（图7.3.1）。

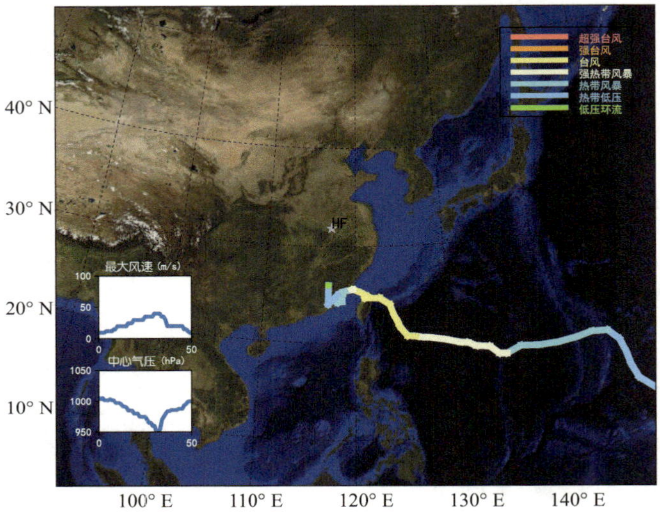

图7.3.1 9012号台风“杨希”移动路径图

7.3.2 “杨希”过程中国中东部降水实况

“杨希”于1990年8月20日前后对我国开始造成影响，至8月23日主要对登陆点和消亡点附近造成明显降水（图7.3.2）。广东东部和南部、福建全省、浙江大部、江西东南部和苏皖东南部地区降水量普遍在50 mm以上，这些地区也基本超过100 mm，其中浙江南部局部、福建东部和南部地区局部、广东省东部地区局部超过250 mm。

7.3.3 “杨希”过程安徽降水实况

1990年8月18—21日，受“杨希”外围环流影响，安徽沿江江南个别县市降雨量超过50 mm，最大值为黄山光明顶147 mm。降水中心分散，局地性强（图7.3.3）。

7.3.4 “杨希”过程天气分析

关键影响系统：台风、西风槽。有强冷空气结合。

200 hPa等压面风场：贝加尔湖以东为一低槽，安徽位于低槽槽前，高空急流入口区的右侧（图7.3.4）。

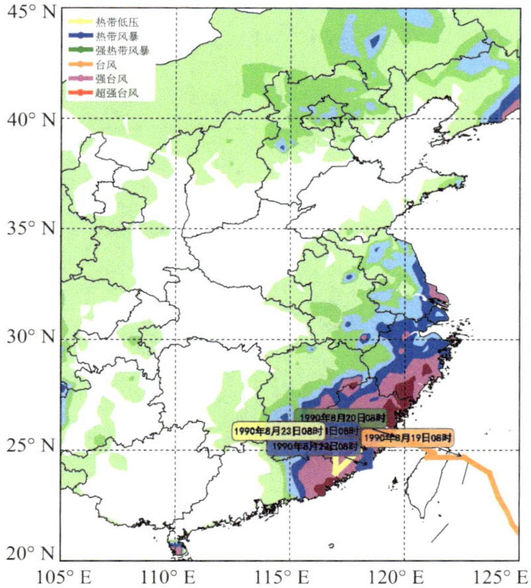

图 7.3.2　“杨希”影响期间 1990 年 8 月 18 日 20 时—8 月 24 日 20 时中国中东部总降水量(单位:mm)

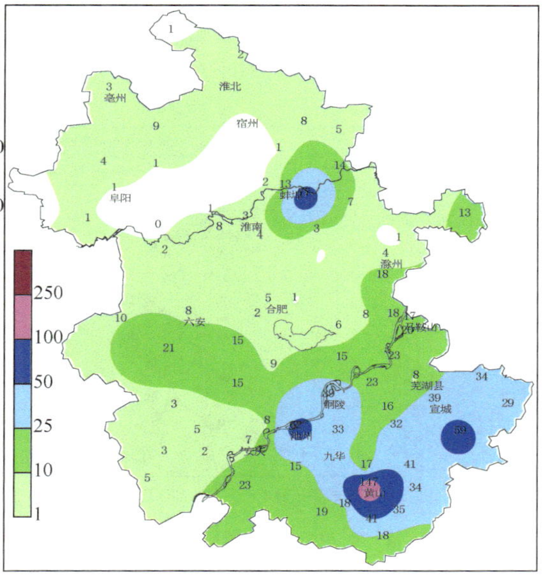

图 7.3.3　“杨希”影响期间 1990 年 8 月 18 日 20 时—8 月 21 日 20 时安徽省总雨量(单位:mm)

500 hPa 等压面高度场:台风低压环流位于福建中部,500 hPa 等压面上内蒙古、华北东部维持一低槽(图 7.3.5)。

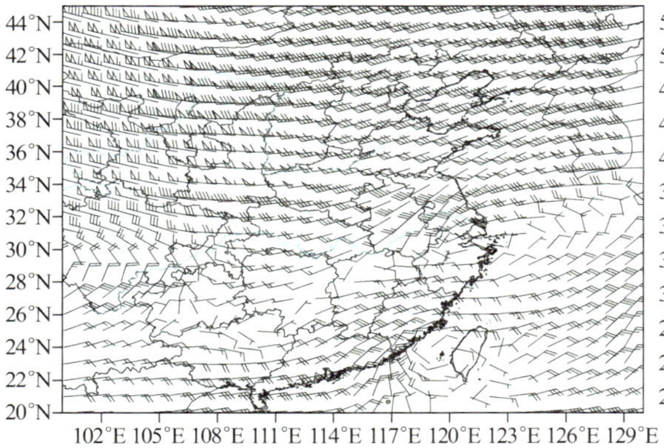

图 7.3.4　1990 年 8 月 20 日 20 时 200 hPa 等压面的水平风场(单位:m/s)

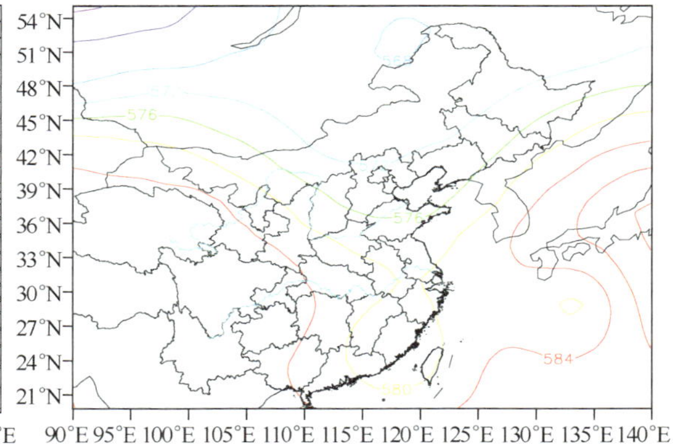

图 7.3.5　1990 年 8 月 21 日 20 时 500 hPa 等压面的高度场(单位:dagpm)

500 hPa 等压面风场:20 日 20 时,低槽和台风环流合并,冷空气卷入台风内部,冷空气和台风环流结合位置偏东偏南(图 7.3.6)。

850 hPa 等压面风场:21 日 20 时,低槽和台风环流合并后,从东北至华东东部到福建为一深广的倒槽区,安徽位于一致的东北风控制下,倒槽辐合区偏东偏南,因此对安徽降水影响不大(图 7.3.7)。

850 hPa 等压面温度场:东北地区有冷温槽向南延伸至华南一带(图 7.3.8)。

850 hPa 等压面假相当位温场:19 日 20 时,受“杨希”外围的暖湿气流影响,安徽南部的

θ_{se} 有所增大(图 7.3.9)。21 日 20 时,南下冷空气势力较强,安徽上空的 θ_{se} 梯度很大,安徽南部在前期增湿增暖的背景下,受南下冷空气的作用,出现降水。但由于冷空气势力较强,导致面上降水量不大(图 7.3.10)。

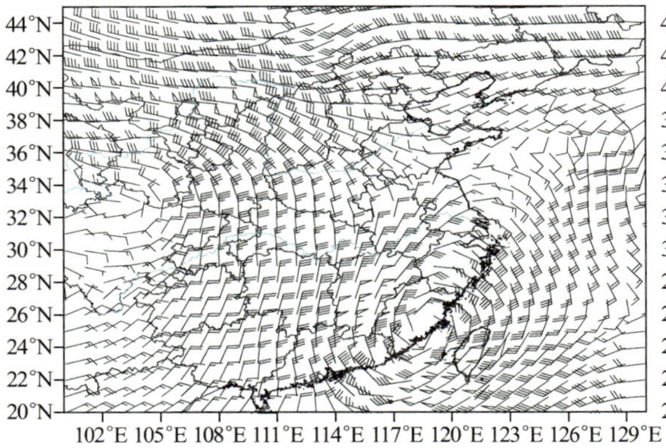

图 7.3.6 1990 年 8 月 20 日 20 时 500 hPa 等压面的水平风场(单位:m/s)

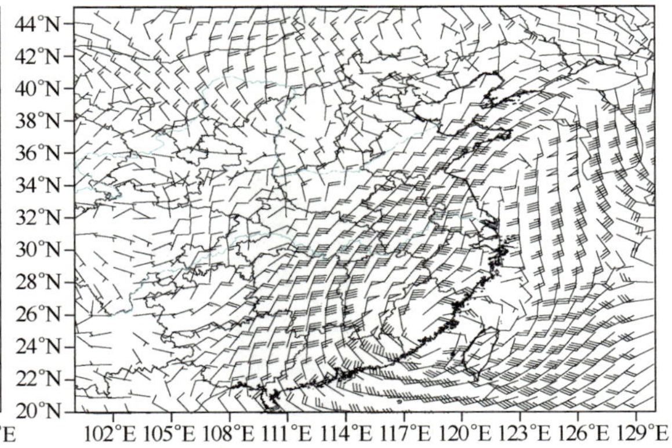

图 7.3.7 1990 年 8 月 21 日 20 时 850 hPa 等压面的水平风场(单位:m/s)

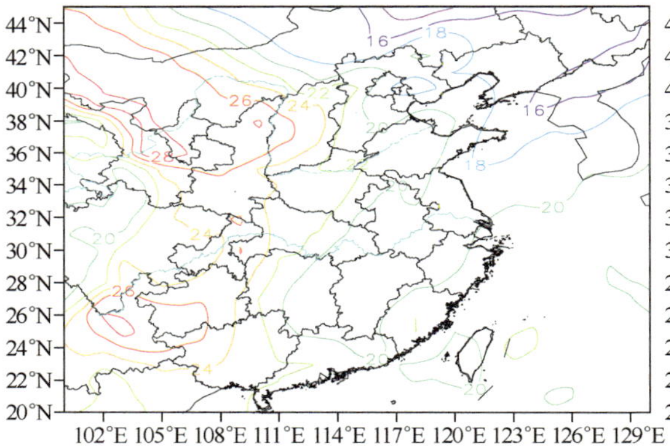

图 7.3.8 1990 年 8 月 21 日 20 时 850 hPa 等压面的温度场(单位:℃)

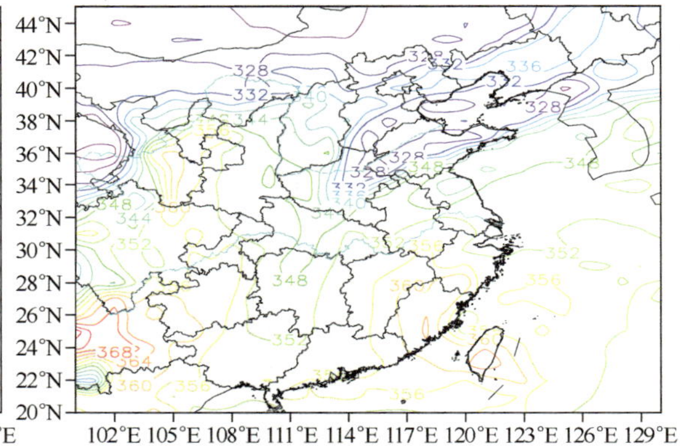

图 7.3.9 1990 年 8 月 19 日 20 时 850 hPa 等压面的假相当位温场(单位:K)

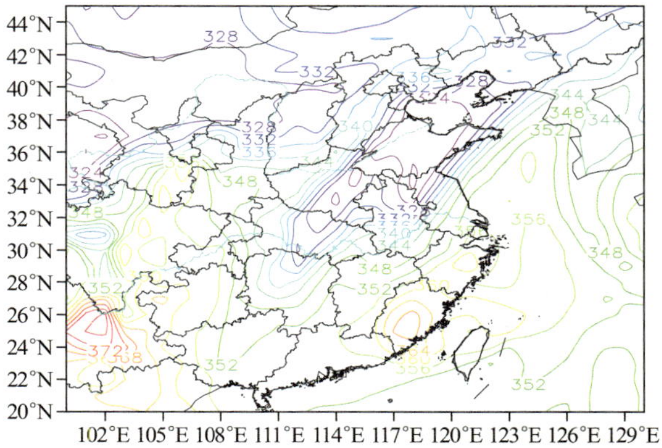

图 7.3.10 1990 年 8 月 21 日 850 hPa 等压面的假相当位温场(单位:K)

7.4 0008 号台风“杰拉华”

7.4.1 台风“杰拉华”概况

台风“杰拉华”于 2000 年 8 月 1 日在西太平洋洋面上生成，8 月 3 日发展成强台风（45 m/s，14 级，950 hPa），8 月 5 日近海减弱为台风。10 日 20 时在浙江北部登陆，登陆时强度为台风（35 m/s，12 级，975 hPa），11 日 14 时进入宣城境内，强度迅速减弱为热带低压（12 m/s，6 级，998 hPa），之后向西移动，在沿江西部减弱消散（图 7.4.1）。

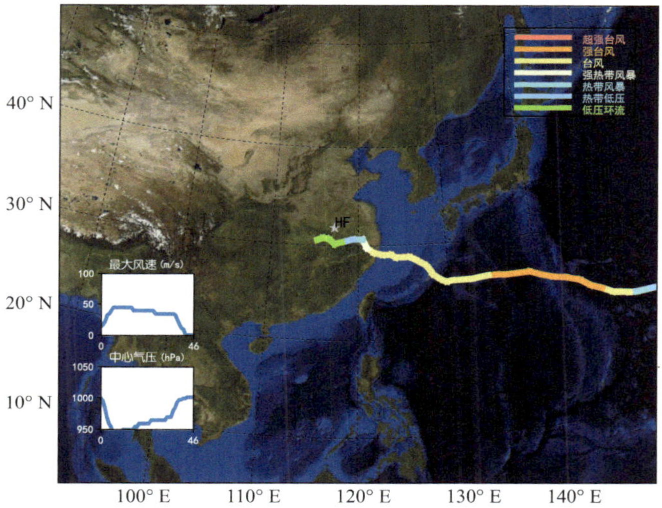

图 7.4.1 0008 号台风“杰拉华”移动路径图

7.4.2 “杰拉华”过程中国中东部降水实况

“杰拉华”于 2000 年 8 月 10 日前后对我国开始造成影响，至 8 月 12 日主要对登陆点和消亡点附近造成明显降水（图 7.4.2）。浙江省东部、福建省东部、安徽、江西和湖南省部分地区降水量普遍在 50 mm 以上，浙江东部、福建东部、安徽南部、江西局部、湖南部分地区超过 100 mm。

7.4.3 “杰拉华”过程安徽降水实况

2000 年 8 月 10 日至 14 日，安徽沿江中西部累计降雨量超过 50 mm，雨量中心位于九华山、青阳，最大值为青阳 204 mm。强降水时段为 8 月 11 日 20 时—12 日 20 时（图 7.4.3）。

7.4.4 “杰拉华”过程天气分析

关键影响系统：台风、西风槽。有冷空气结合，但结合时间偏晚，强降水主要还是由台风本体降水产生。

200 hPa 等压面风场：河套东部存在一低槽，安徽位于低槽槽前，高空急流入口区的右侧（图 7.4.4）。

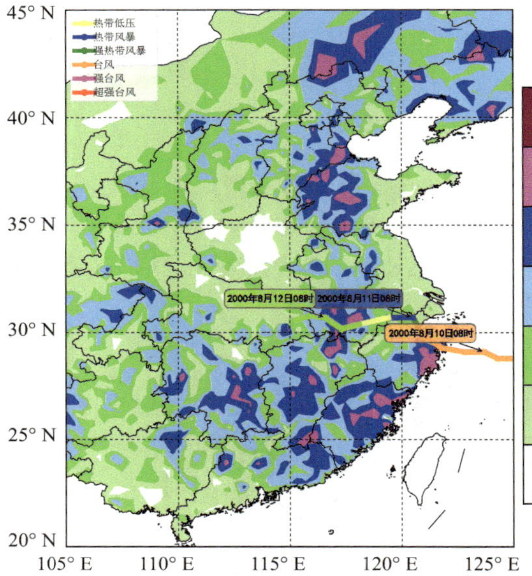

图 7.4.2 “杰拉华”影响期间 2000 年 8 月 9 日 20 时—8 月 14 日 20 时中国中东部总降水量(单位:mm)

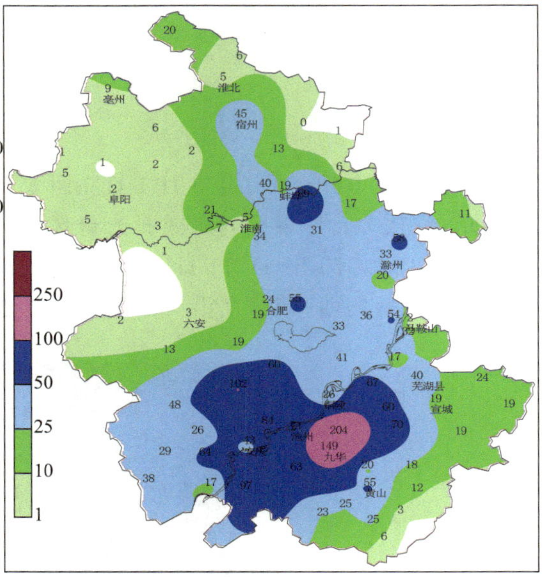

图 7.4.3 “杰拉华”影响期间 2000 年 8 月 10 日 20 时—8 月 14 日 20 时 安徽省总雨量(单位:mm)

500 hPa 等压面高度场:台风低压环流已经明显减弱,在河套以东有一短波槽,低槽南下过程中和减弱的台风环流有所合并(图 7.4.5)。

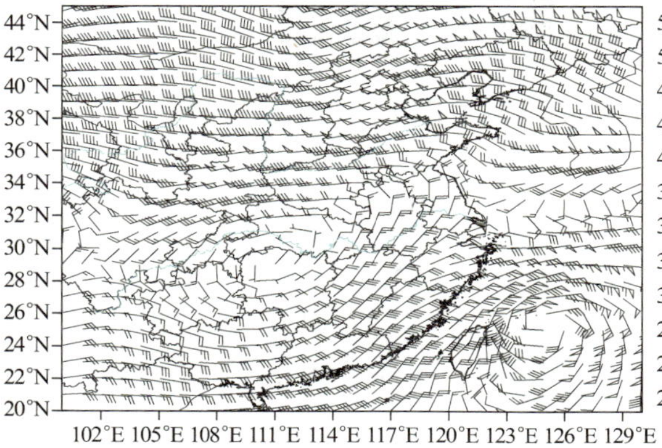

图 7.4.4 2000 年 8 月 12 日 20 时 200 hPa 等压面的水平风场(单位:m/s)

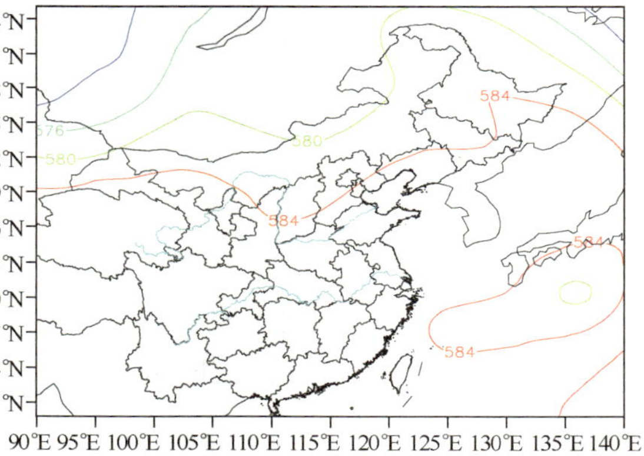

图 7.4.5 2000 年 8 月 12 日 20 时 500 hPa 等压面的高度场(单位:dagpm)

500 hPa 等压面风场:12 日 20 时,台风环流减弱明显,安徽位于一致的偏东气流中,但河南西部的西风槽清晰可见,安徽位于低槽槽前(图 7.4.6a)。

850 hPa 等压面风场:12 日 20 时,低压中心位于大别山区,低压东部有东南急流,低压北侧为东北风,与弱冷空气对应,强降水位于低压中心和急流轴附近(图 7.4.6b)。

500 hPa 等压面温度场:13 日 20 时山东附近有冷槽南伸,冷空气和台风结合时间偏晚,此时台风环流已经明显减弱(图 7.4.7)。

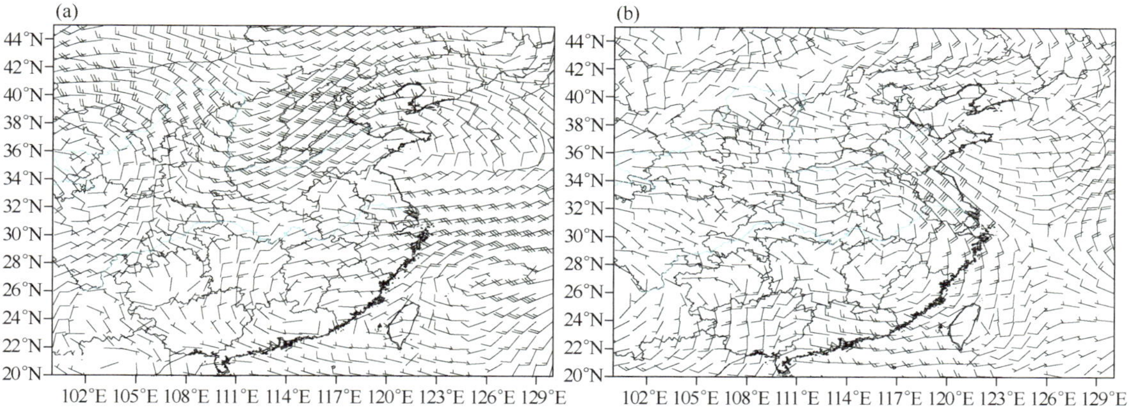

图 7.4.6　2000 年 8 月 12 日 20 时不同等压面的水平风场

(a. 500 hPa；b. 850 hPa，单位：m/s)

700 hPa 等压面假相当位温场：12 日 20 时，受“杰拉华”外围的暖湿气流影响，安徽位于 θ_{se} 的高能区内，安徽西部有与西风槽相对应的 θ_{se} 的低值区，安徽西部位于等 θ_{se} 密集带上，强降水位于 θ_{se} 密集带的东侧，偏向高能区一侧(图 7.4.8)。

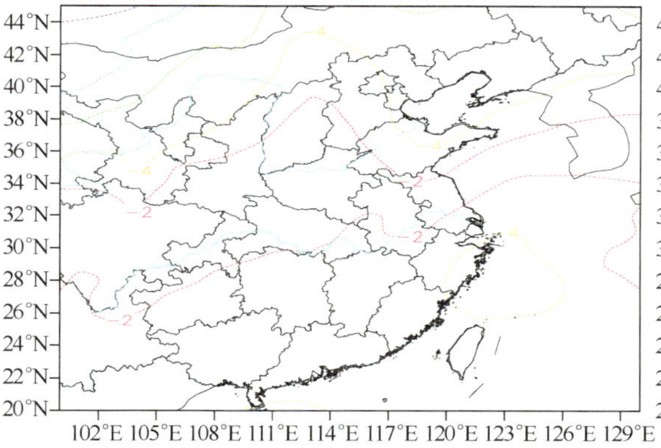

图 7.4.7　2000 年 8 月 13 日 20 时 500 hPa 等压面的温度场(单位：℃)

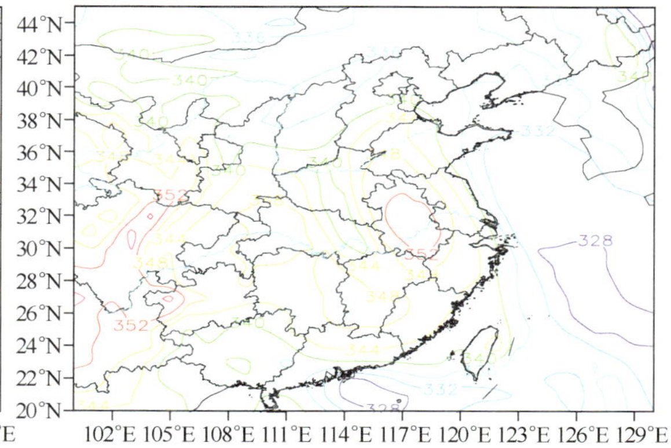

图 7.4.8　2000 年 8 月 12 日 20 时 700 hPa 等压面的假相当位温场(单位：K)

7.5　1006 号台风“狮子山”

7.5.1　台风“狮子山”概况

台风“狮子山”于 2010 年 8 月 28 日 02 时在我国南海海面上生成，30 日 16 时加强为强热带风暴(25 m/s，10 级，985 hPa)，自台湾海峡南部穿过，于 9 月 2 日 07 时在福建厦门南部登陆，登陆时强度为热带风暴(23 m/s，9 级，990 hPa)，登陆后向偏西方向移动，经福建至广东，4 日在广东西部减弱消亡(图 7.5.1)。

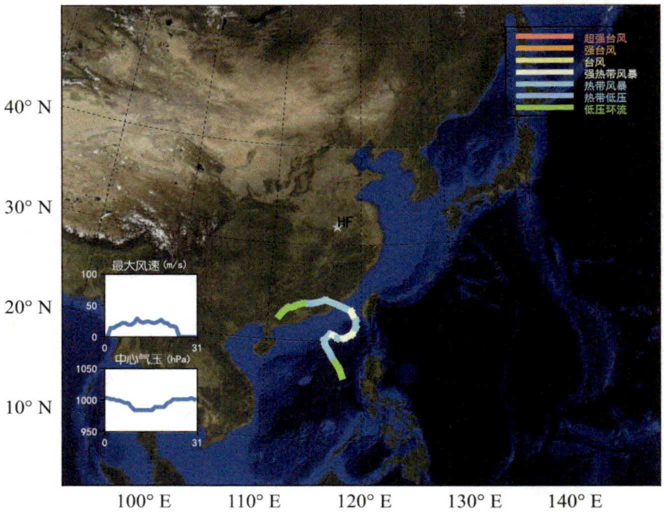

图 7.5.1 1006 号台风“狮子山”移动路径图

7.5.2 “狮子山”过程中国中东部降水实况

“狮子山”于 2010 年 9 月 1 日前后对我国开始造成影响，至 9 月 4 日主要对登陆点和消亡点附近造成明显降水(图 7.5.2)。广东全省、福建南部、安徽省中部以南、江苏北部、山东东南部、湖南中东部、武汉东部、江西部分地区降水量普遍在 50 mm 以上，广东全省、福建南部、安徽中部以南、山东东南部、江苏北部超过 100 mm，其中广东省局部地区超过 250 mm。

7.5.3 “狮子山”过程安徽降水实况

2010 年 8 月 31 日—9 月 4 日，安徽沿淮淮河以南 43 个县市累计降雨量超过 50 mm，其中江淮之间有 21 个县市降雨量超过 100 mm，最大值为舒城 212 mm。强降水时段为 9 月 1 日 20 时—3 日 20 时(图 7.5.3)。

7.5.4 “狮子山”过程天气分析

关键影响系统：副高、台风、西风槽。降水主要由西风槽和副高相互作用产生，台风为强降水提供良好的水汽条件。

200 hPa 等压面风场：安徽西部有一低槽，安徽位于低槽槽前，高空急流入口区的右侧(图 7.5.4)。

500 hPa 等压面高度场：3 日 20 时，河套东部存在一西风槽，“狮子山”位于副高南侧，由于副高强度稳定，一直维持在华东沿海，“狮子山”主要受副高顶托作用向偏西方向移动(图 7.5.5)。

500 hPa 等压面风场：3 日 20 时，西风槽位于河南、安徽交界处，副高外围的暖湿输送很强，安徽上空的西南风风速普遍超过 12 m/s(图 7.5.6)。

850 hPa 等压面风场：2 日 20 时，台风低压中心位于广东南部，但台风倒槽一直向北伸展至安徽沿淮一带。安徽上空低层东南风和东北风的风速较大，倒槽附近存在明显的辐合，台风倒槽的顶部，是台风与西风带系统相互作用最活跃的地方，易发生次天气尺度及中尺度扰动，

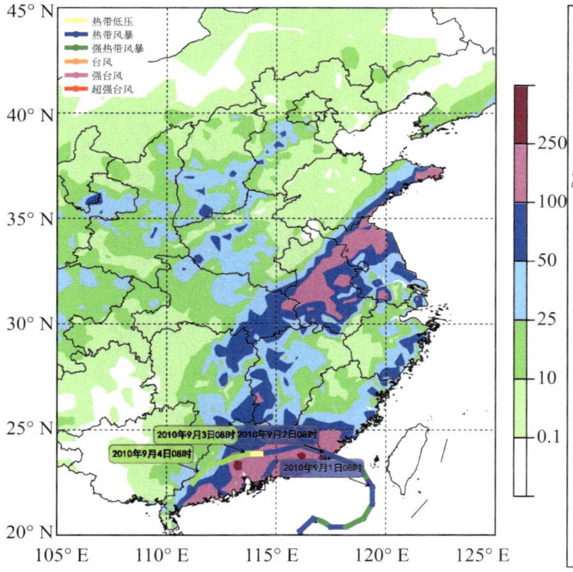

图 7.5.2　“狮子山”影响期间 2010 年 8 月 31 日 20 时—9 月 5 日 20 时中国中东部总降水量(单位:mm)

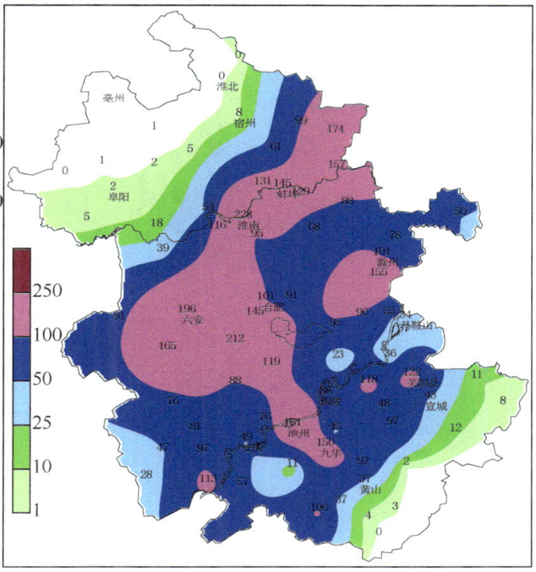

图 7.5.3　“狮子山”影响期间 2010 年 8 月 31 日 20 时—9 月 4 日 20 时安徽省总雨量(单位:mm)

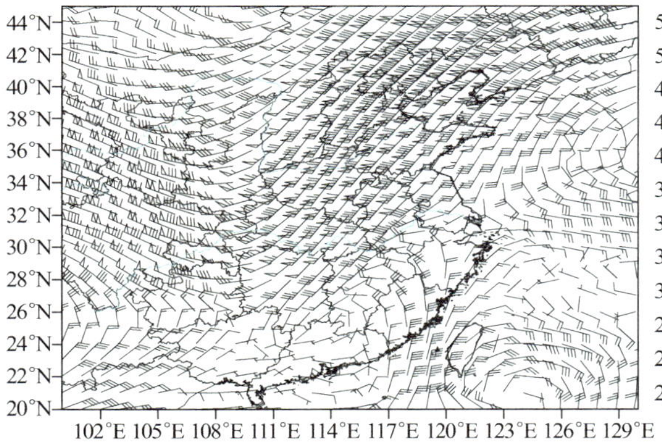

图 7.5.4　2010 年 9 月 3 日 20 时 200 hPa 等压面的水平风场(单位:m/s)

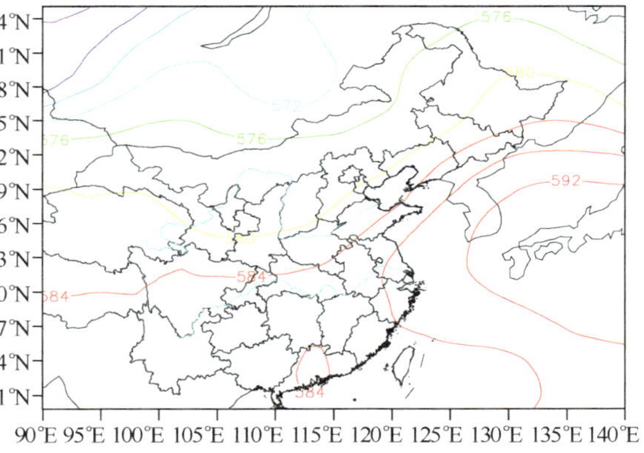

图 7.5.5　2010 年 9 月 3 日 20 时 500 hPa 等压面的高度场(单位:dagpm)

往往是突发暴雨的生成之地(王淑静等,1997)(图 7.5.7)。

850 hPa 等压面比湿场:“狮子山”中心有 16 g/kg 的比湿中心发展,台风外围有 14 g/kg 的湿舌北伸至安徽淮河一带(图 7.5.8)。

700 hPa 等压面假相当位温场:3 日 20 时,受“狮子山”外围的暖湿气流影响,θ_{se} 的高能区从台风低压一直向北延伸至安徽,与台风倒槽的位置对应较好。安徽和河南交界处有与低槽冷空气相对应的 θ_{se} 低值区,安徽淮河以北存在 θ_{se} 密集带。强降水的产生和台风外围的暖湿输送、西风槽前有利的上升运动以及副高的稳定维持这些因素有关(图 7.5.9)。

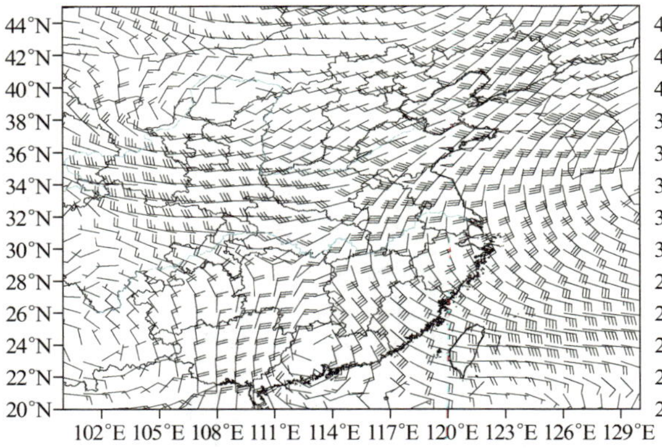

图 7.5.6 2010年9月3日20时500 hPa等压面的水平风场(单位:m/s)

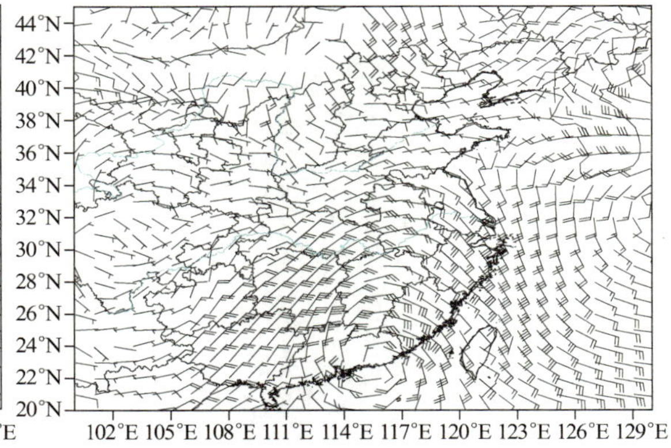

图 7.5.7 2010年9月2日20时850 hPa等压面的水平风场(单位:m/s)

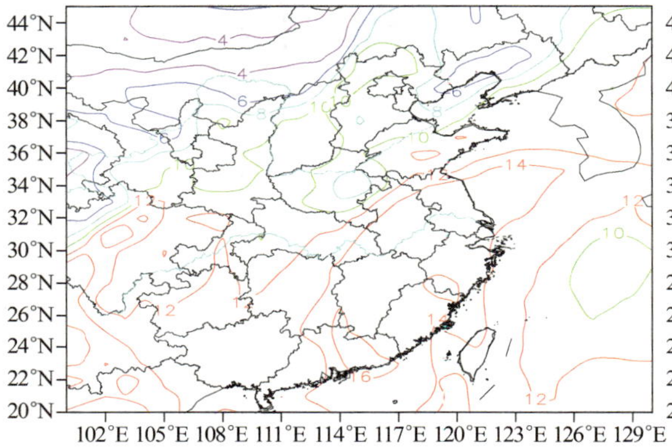

图 7.5.8 2010年9月2日20时850 hPa等压面的比湿场(单位:g/kg)

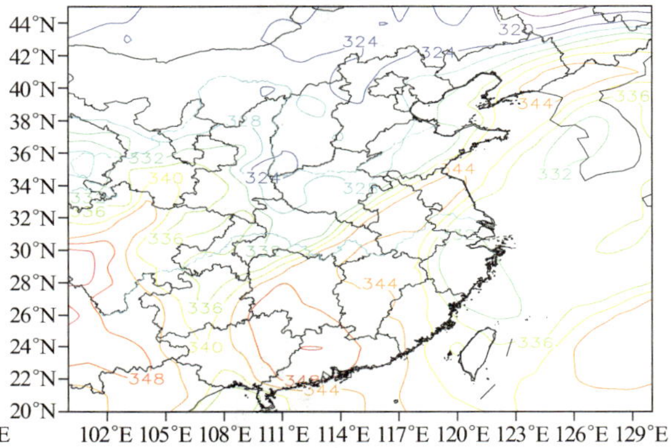

图 7.5.9 2010年9月2日20时700 hPa等压面的假相当位温场(单位:K)

7.6 1521号台风“杜鹃”

7.6.1 台风“杜鹃”概况

台风“杜鹃”于2015年9月20日02时在西北太平洋洋面上生成。27日05时发展为超强台风(52 m/s,16级,935 hPa),28日18时在台湾宜兰登陆,登陆时强度为强台风;29日09时在福建省莆田市秀屿区沿海二次登陆,减弱为台风(33 m/s,12级,975 hPa),登陆后沿福建南部先向西北方向移动,于29日17时减弱为热带低压(15 m/s,7级,1000 hPa)(图7.6.1)。

7.6.2 “杜鹃”过程中国中东部降水实况

“杜鹃”于2015年9月29日前后对我国开始造成影响,至9月30日主要对登陆点和消亡点附近造成明显降水(图7.6.2)。广东东北部、福建东部、江西东南部、浙江东部和江苏东南部地区降水量普遍在50 mm以上,福建东部、浙江东部、江苏南部超过100 mm,其中浙江东北部地区局部超过250 mm。

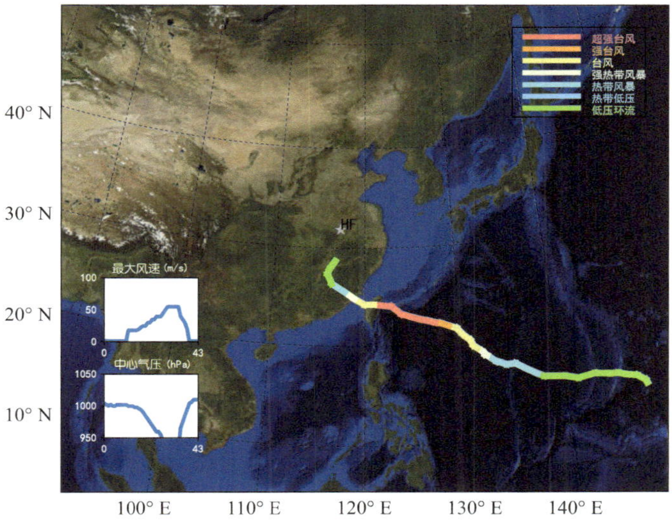

图 7.6.1　1521 号台风“杜鹃”移动路径图

7.6.3　“杜鹃”过程安徽降水实况

2015 年 9 月 28 日—10 月 1 日，安徽沿江江南有 8 个县市累计降雨量超过 50 mm，最大值为芜湖、和县 64 mm(图 7.6.3)。

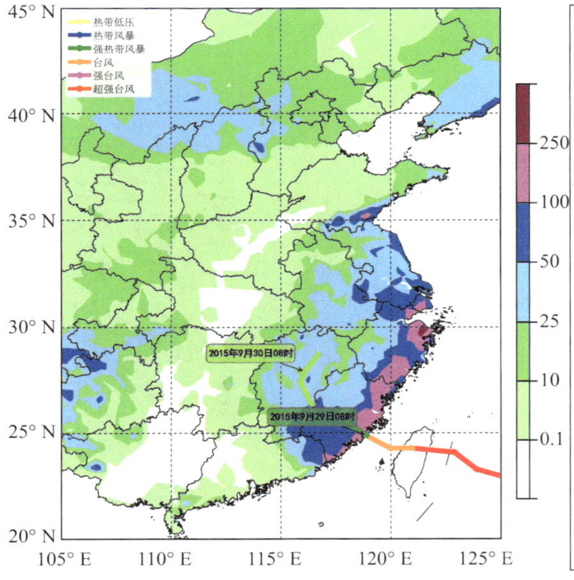

图 7.6.2　“杜鹃”影响期间 2015 年 9 月 28 日 20 时—10 月 1 日 20 时中国中东部总降水量(单位:mm)

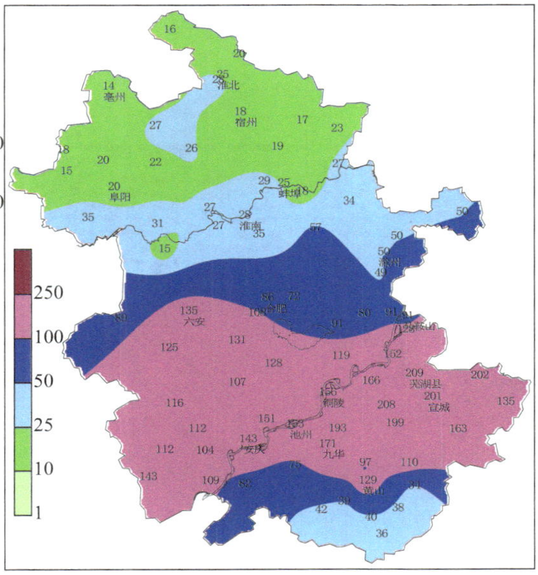

图 7.6.3　“杜鹃”影响期间 2015 年 9 月 28 日 20 时—10 月 1 日 20 时安徽省总雨量(单位:mm)

7.6.4　“杜鹃”过程天气分析

关键影响系统：台风、西风槽。有强冷空气结合。

200 hPa 等压面风场：安徽位于低槽槽前，河套以西有强冷空气堆积(图 7.6.4)。

500 hPa 等压面高度场：29 日 20 时，河套附近存在一明显西风槽，“杜鹃”减弱的低压环流中心位于江西境内(图 7.6.5)。

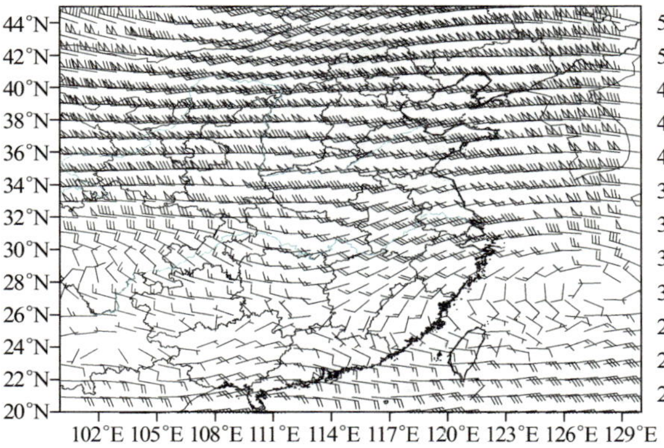

图 7.6.4　2015 年 9 月 30 日 20 时 200 hPa 等压面的水平风场(单位：m/s)

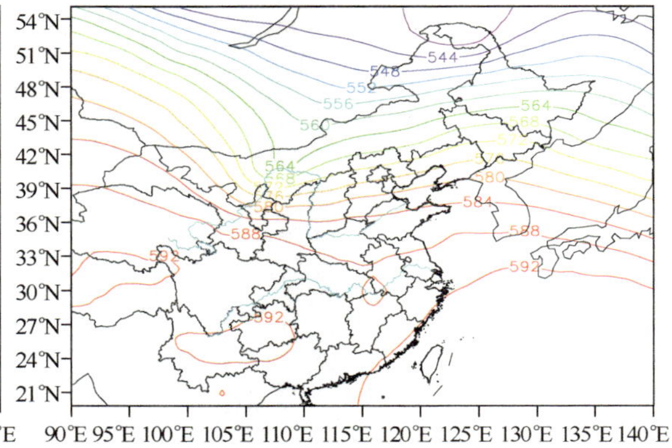

图 7.6.5　2015 年 9 月 30 日 20 时 500 hPa 等压面的高度场(单位：dagpm)

500 hPa 等压面风场：30 日 20 时，西风槽和台风低压环流合并成一深广的低槽(图 7.6.6a)。

850 hPa 等压面风场：30 日 20 时，安徽位于合并后的低槽槽前，低槽后部的冷空气强度较强，低槽移动速度快。同时在低槽槽前，安徽东部存在西南风急流(图 7.6.6b)。季风槽、西南季风的活跃程度等的发展，均对水汽输送和维持时间等均有重要的影响(王同美等，2003)。

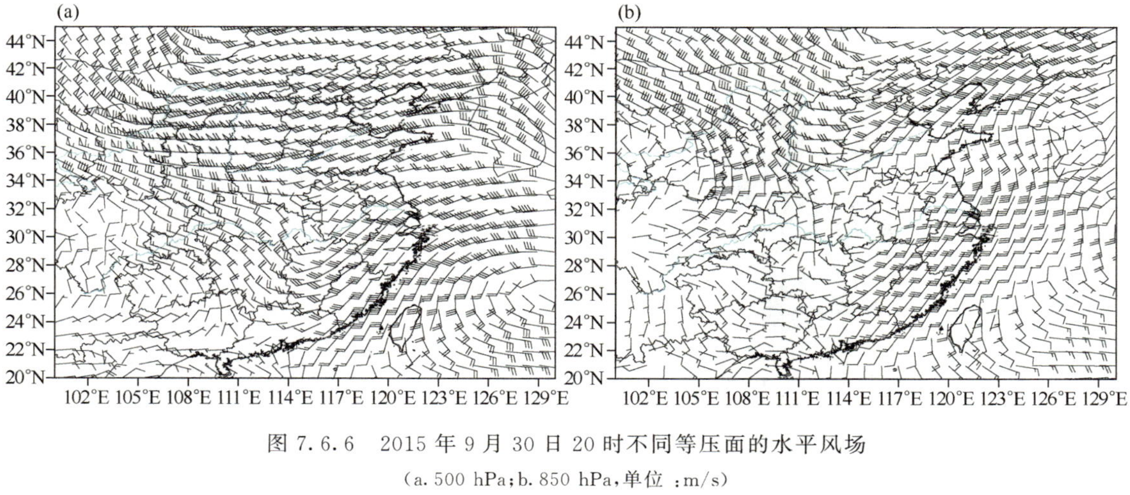

图 7.6.6　2015 年 9 月 30 日 20 时不同等压面的水平风场

(a. 500 hPa；b. 850 hPa，单位：m/s)

850 hPa 等压面温度场：东北地区有强冷温槽南伸，冷空气势力强(图 7.6.7)。

700 hPa 等压面假相当位温场：30 日 20 时，安徽位于“杜鹃”附近的 θ_{se} 的高能区内，河南西部有与低槽冷空气相对应的 θ_{se} 低值区，θ_{se} 低值中心强度很强，说明此次过程冷空气较强，冷空气侵入台风中心后台风强度迅速减弱，降水强度不大(图 7.6.8)。

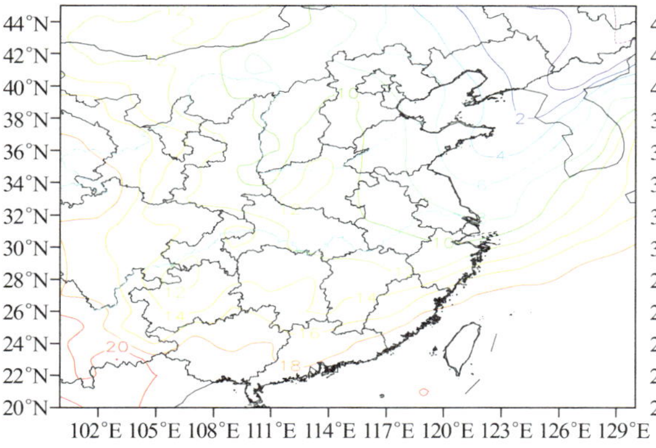

图 7.6.7　2015 年 10 月 1 日 20 时 850 hPa 等压面的温度场(单位:℃)

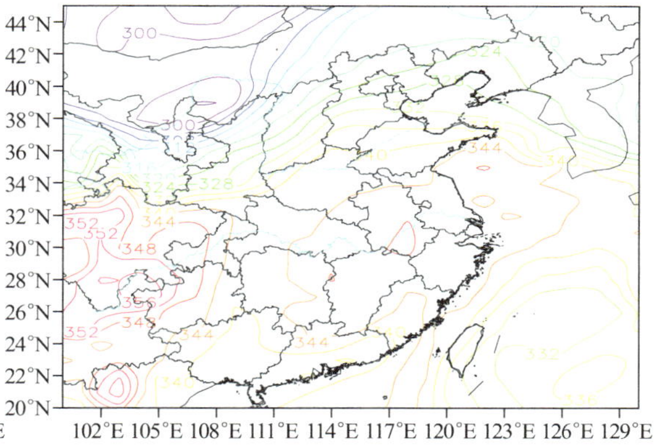

图 7.6.8　2015 年 9 月 30 日 20 时 700 hPa 等压面的假相当位温场(单位:K)

7.7　1617 号台风“鲇鱼”

7.7.1　台风“鲇鱼”概况

台风“鲇鱼”于 2016 年 9 月 23 日 02 时在西北太平洋洋面上生成,之后一直向西北方向移动。27 日 02 时发展为超强台风(52 m/s,16 级,935 hPa),27 日 14 时左右在台湾花莲登陆,登陆时强度为强台风;28 日 05 时在福建泉州附近二次登陆,减弱为台风(33 m/s,12 级,975 hPa),登陆后沿福建南部先向西北方向移动进入江西南部,之后转向偏北方向移动,于 29 日 14 时在江西瑞金附近停止编报,此时强度为热带低压(15 m/s,7 级,998 hPa)(图 7.7.1)。

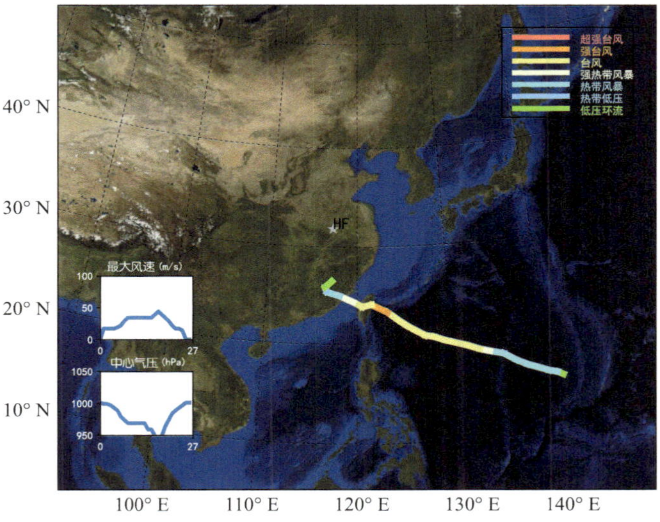

图 7.7.1　1617 号台风“鲇鱼”移动路径图

7.7.2　“鲇鱼”过程中国中东部降水实况

“鲇鱼”于 2016 年 9 月 27 日前后对我国开始造成影响,至 9 月 29 日主要对登陆点和消亡点附近造成明显降水(图 7.7.2)。福建全省、广东东部、浙江南部和东部、安徽中南部、江苏南部、江西部分地区、湖北东部地区降水量普遍在 50 mm 以上，这些地区也普遍超过 100 mm，其中浙江南部、福建东北部地区局部超过 250 mm。

7.7.3 “鲇鱼”过程安徽降水实况

9 月 27—30 日，安徽淮河以南有 44 个县市累计降雨量超过 50 mm，其中江淮南部到江南北部共有 31 个县市超过 100 mm，最大值为芜湖县 209 mm(图 7.7.3)。

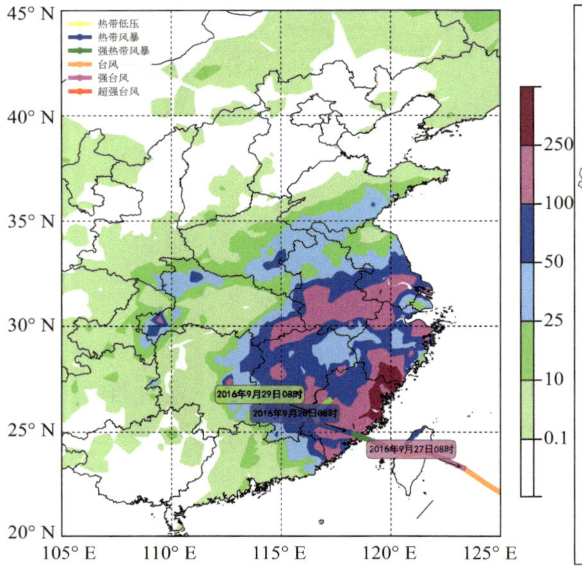

图 7.7.2 “鲇鱼”影响期间 2016 年 9 月 26 日 20 时—9 月 30 日 20 时中国中东部总降水量(单位：mm)

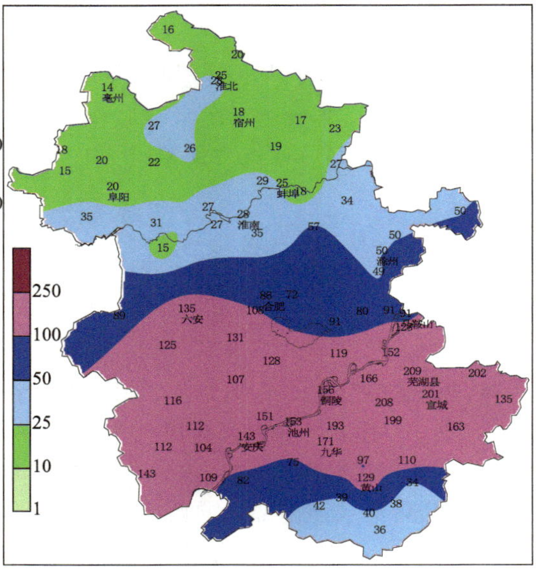

图 7.7.3 “鲇鱼”影响期间 2016 年 9 月 27 日 20 时—9 月 30 日 20 时安徽省总雨量(单位：mm)

7.7.4 “鲇鱼”过程天气分析

关键影响系统：台风、西风槽，有较强冷空气结合，从而导致强降水(赵宇等，2004)。

500 hPa 等压面高度场：28 日 20 时，副高位于东部沿海，东北地区存在明显低槽，“鲇鱼”减弱的低压环流中心位于江西境内(图 7.7.4)。

500 hPa 等压面风场：28 日 20 时，从东北至山东一带存在一深广低槽，与较强冷空气对应(图 7.7.5)。

850 hPa 等压面风场：30 日 20 时，“鲇鱼”环流减弱明显，安徽南部位于台风倒槽顶部，为一致偏东风，安徽北部则位于冷高压的控制下(图 7.7.6)。

850 hPa 等压面温度场：东北地区有强冷温槽南伸，冷空气势力较强(图 7.7.7)。

850 hPa 等压面比湿场：“鲇鱼”外围的大湿区向北延伸至安徽淮河以北，为持续降水提供良好的水汽条件(图 7.7.8)。

850 hPa 等压面假相当位温场：30 日 20 时，安徽南部位于“鲇鱼”外围的 θ_{se} 的高能区内，河南有与低槽冷空气相对应的 θ_{se} 低值区，θ_{se} 低值中心强度较强，说明此次过程冷空气较强，冷空气势力和台风相当，使得降水在安徽南部持续时间长，累计降雨量大(图 7.7.9)。

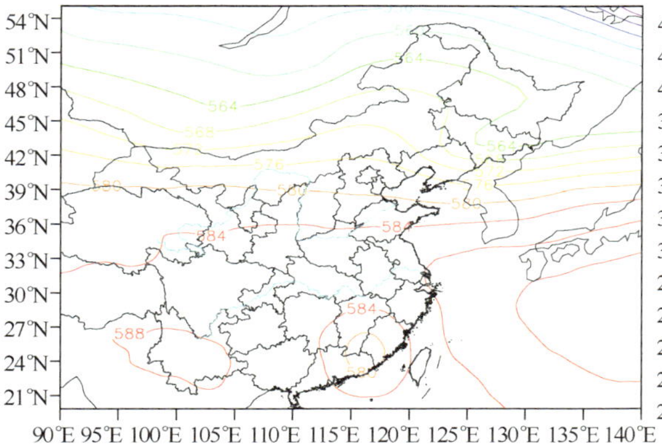

图 7.7.4　2016 年 9 月 28 日 20 时 500 hPa 等压面的高度场(单位:dagpm)

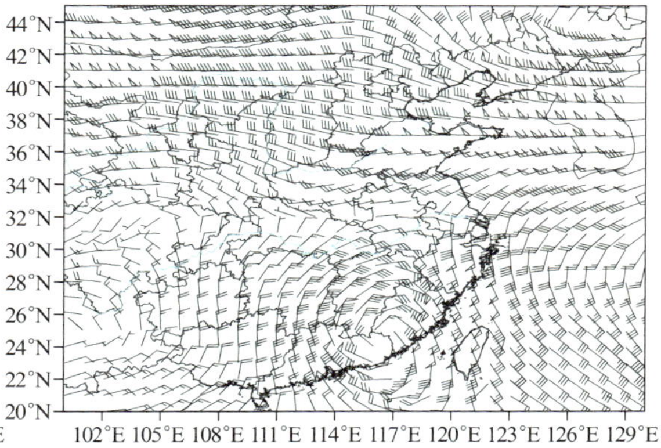

图 7.7.5　2016 年 9 月 28 日 20 时 500 hPa 等压面的水平风场(单位:m/s)

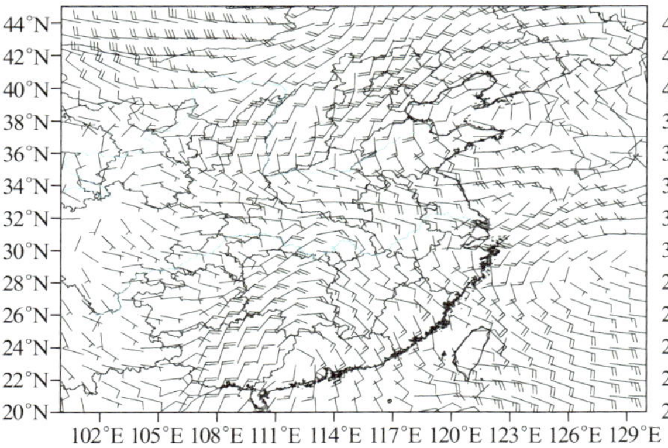

图 7.7.6　2016 年 9 月 30 日 20 时 850 hPa 等压面的水平风场(单位:m/s)

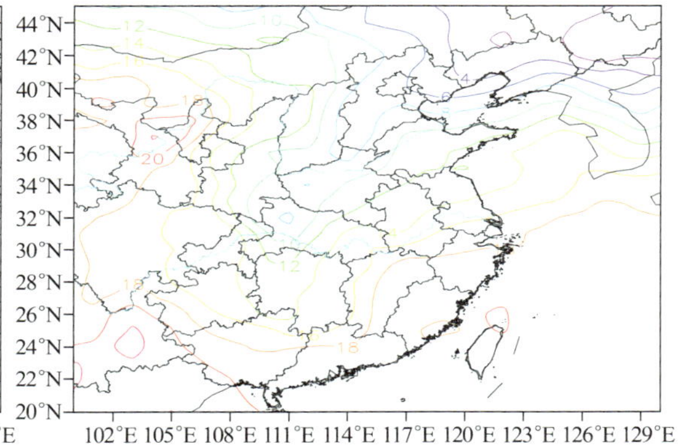

图 7.7.7　2016 年 9 月 28 日 20 时 850 hPa 等压面的温度场(单位:℃)

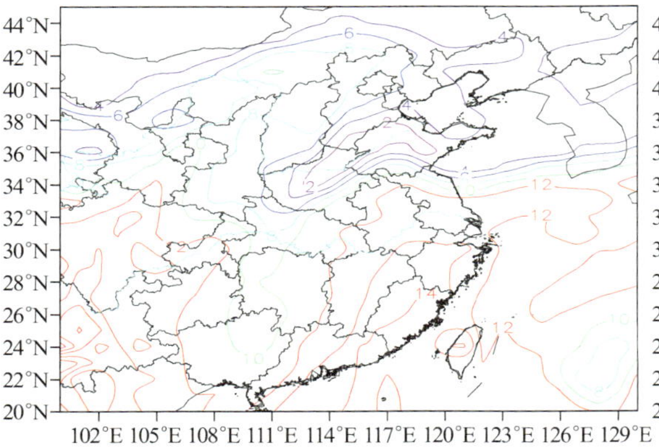

图 7.7.8　2016 年 9 月 30 日 20 时 850 hPa 等压面的比湿场(单位:g/kg)

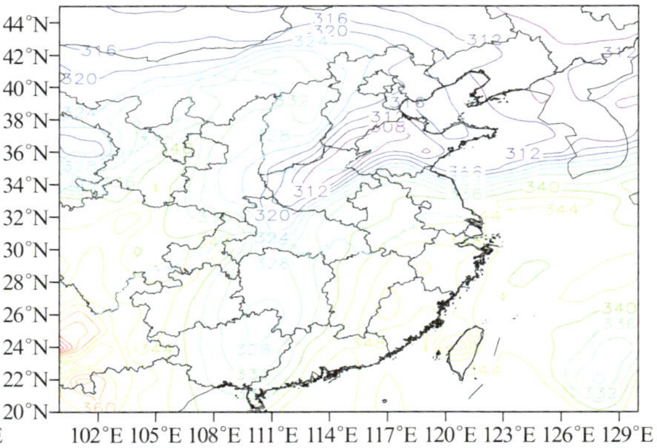

图 7.7.9　2016 年 9 月 30 日 20 时 850 hPa 等压面的假相当位温场(单位:K)

7.8 1818 号台风“温比亚”

7.8.1 台风“温比亚”概况

台风“温比亚”于 2018 年 8 月 15 日 14 时生成于我国东海东部地区，生成后向偏西方向移动，台风中心于 17 日 04 时 05 分在上海浦东新区南部沿海登陆，登陆时强度为热带风暴，17 日 13 时 20 分由当涂进入安徽省境内，先后穿过马鞍山、合肥，并于 18 日 03 时从六安霍邱移出安徽省，进入河南境内，之后转向东北方向移动，20 日凌晨在山东北部变性为温带气旋，之后从山东东北部移出我国大陆，并在渤海消亡(图 7.8.1)。

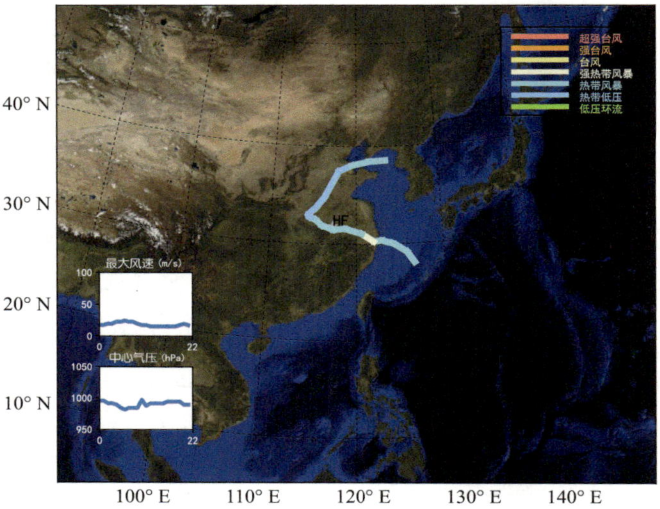

图 7.8.1 1818 号台风“温比亚”移动路径图

7.8.2 “温比亚”过程中国中东部降水实况

“温比亚”于 2018 年 8 月 16 日 14 时左右开始对我国造成影响，14 时前为 1814 号台风“摩羯”影响下的降水，但由于全国雨量图无 14 时整编资料，因此全国雨量图取 16 日 20 时作为开始时间，至 8 月 20 日 20 时主要对安徽、山东、河南东部、上海和江苏南部造成强降水，上述大部分地区超过 100 mm，其中安徽、山东与河南三省交界处超过 250 mm，最大降水量超过 400 mm(图 7.8.2)。

7.8.3 “温比亚”过程安徽降水实况

台风“温比亚”对安徽影响时间长，造成的暴雨范围广，降水极端性强，为 1959 年以来对安徽省造成降雨影响排名第二的台风。图 7.8.3 为“温比亚”影响期间安徽省总雨量。2018 年 8 月 16 日 14 时—19 日 20 时过程累计降水量：全省除沿江西部和江南西南部，大部分地区超过 50 mm；江淮之间北部、东部和沿淮淮北地区超过 100 mm，其中淮北地区东北部超过 250 mm，最大淮北市 430 mm。自动雨量站上小时雨强超过 40 mm 的有 298 个站，最大萧县杨楼(水文站)124.5 mm(19 日 01—02 时)。16 日上午受 1814 号台风“摩羯”残余系统在合肥及以西地区造成的中到大雨，局部暴雨。16 日下午开始受“温比亚”影响，安徽淮河以南的中东部地区普遍中雨，部分地区大雨到暴雨；17 日 08 时—18 日 08 时江北和江南北部大部分地区暴雨，部分地区大暴雨，局部特大暴雨，同时沿江江北阵风 7～9 级，江南阵风 5～7 级。18 日 08 时—19 日 08 时强降水位于沿淮淮北，部分地区暴雨到大暴雨，局地特大暴雨，最大值为萧县杨楼镇 419.3 mm。

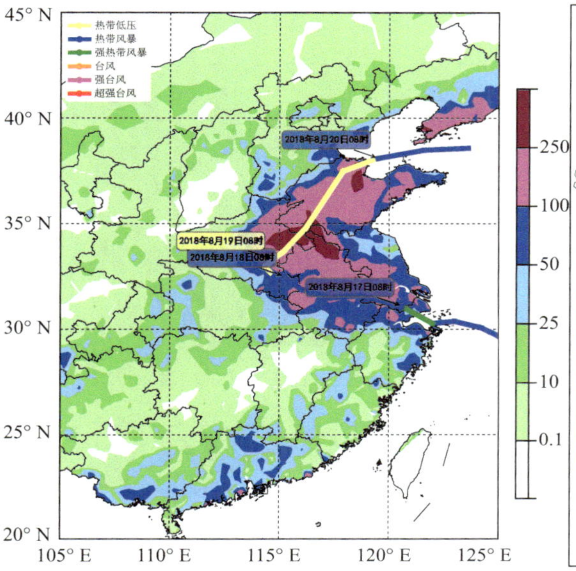

图 7.8.2　“温比亚”影响期间 2018 年 8 月 16 日 20 时—8 月 20 日 20 时中国中东部总降水量(单位：mm)

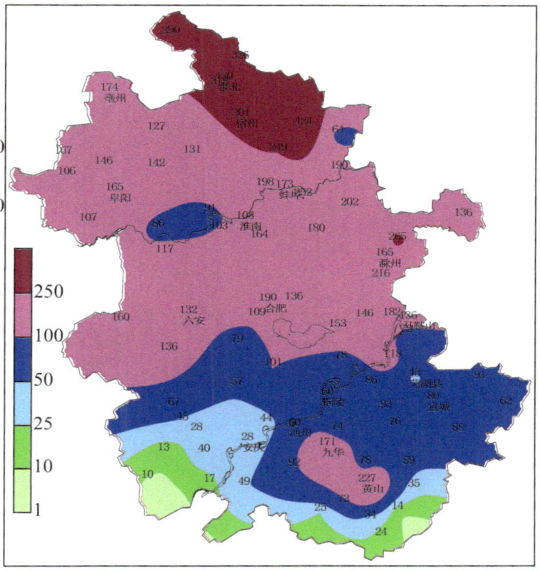

图 7.8.3　“温比亚”影响期间 2018 年 8 月 16 日 14 时—8 月 19 日 20 时安徽省总雨量(单位：mm)

7.8.4　“温比亚”天气过程分析

从台风路径与降水中心的对应关系来看，17 日下午台风由安徽省东南进入境内，18 日 03 时左右，“温比亚”在江淮之间大别山区北部的金寨附近移出安徽省，在其缓慢穿过安徽省期间有明显倒槽影响，并且由于副高阻挡作用，倒槽两侧风速不断增大，造成强降水范围广并且强度强，江北和江南北部大部分地区暴雨，部分地区大暴雨，局部特大暴雨，此期间基本无冷空气影响；18 日 23 时左右“温比亚”转向，沿安徽与河南、山东交界区域向东北方向移动，此期间 500 hPa 等压面有冷空气与“温比亚”相结合，造成安徽省东北部暴雨到大暴雨，局部特大暴雨。

500 hPa 等压面高度和风场：“温比亚”在登陆前，中纬度地区副热带高压与大陆高压连通，形成带状高压坝，“温比亚”沿高压带南侧的偏东风引导气流向西略偏北方向移动。在移动过程中北部受高压坝阻挡，移动速度缓慢，导致降水持续时间较长。随着台风系统的长时间维持，并向西略偏北方向移动，中纬度高压坝强度逐渐减弱，18 日 20 时左右高压坝在台风中心北部断裂，台风在副高西北侧的西南风气流引导下转向东北方向移动，同时东北地区有冷槽向西南伸至安徽省北部与台风系统结合，冷空气在 500 hPa 等压面较为清楚，在 850 hPa 等压面上并无低槽南伸，安徽省北部和山东河南上空为较完整的台风低压环流(图 7.8.4—7.8.5)。

200 hPa 等压面风场：暴雨区对应高层辐散区，尤其是 18 日 20 时在淮北地区东部有明显的风速和风向分流(图 7.8.6)。

850 hPa 等压面风场:16 日 20 时安徽省受台风外围的偏东风影响,17 日 20 时 850 hPa 等压面风场台风倒槽位于安徽省江北地区,倒槽两侧风速明显增大,这主要是因为台风倒槽在向偏北伸展的过程中受到高压坝的阻挡,导致风的汇流,在倒槽附近风速增大,形成急流,使倒槽附近降水增强。18 日 20 时 850 hPa 等压面台风环流仍比较清楚,冷空气并不明显(图 7.8.7)。

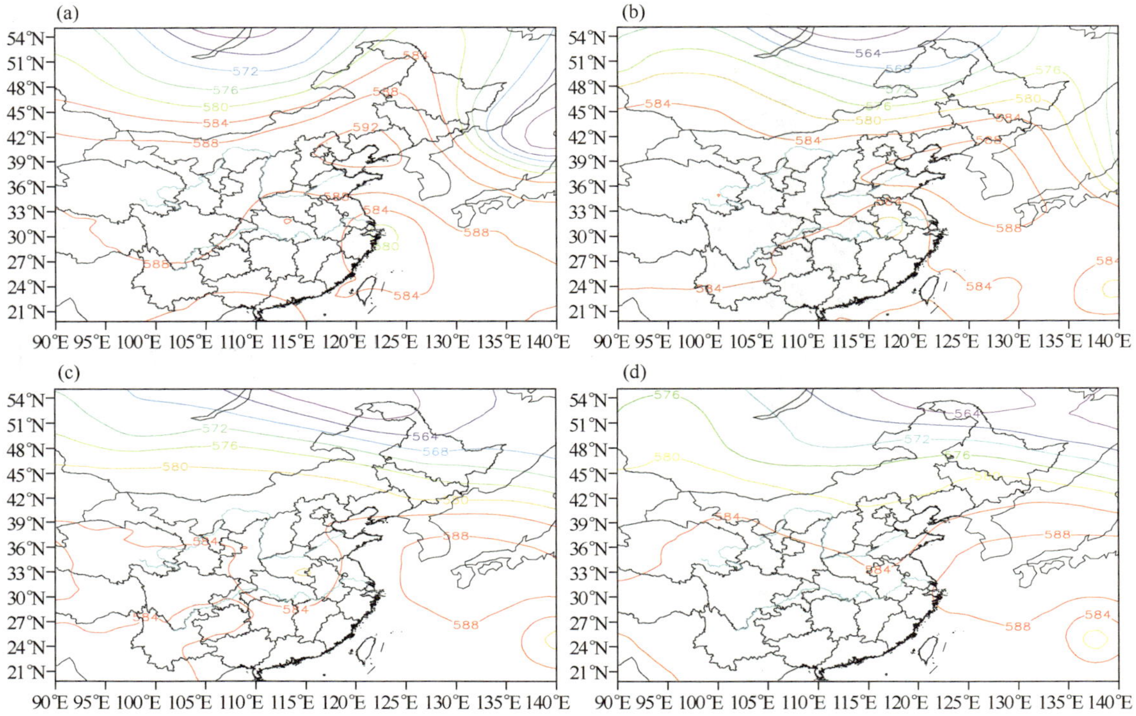

图 7.8.4 500 hPa 等压面的高度场

(a. 2018 年 8 月 16 日 20 时;b. 2018 年 8 月 17 日 20 时;

c. 2018 年 8 月 18 日 20 时;d. 2018 年 8 月 19 日 20 时,单位:dagpm)

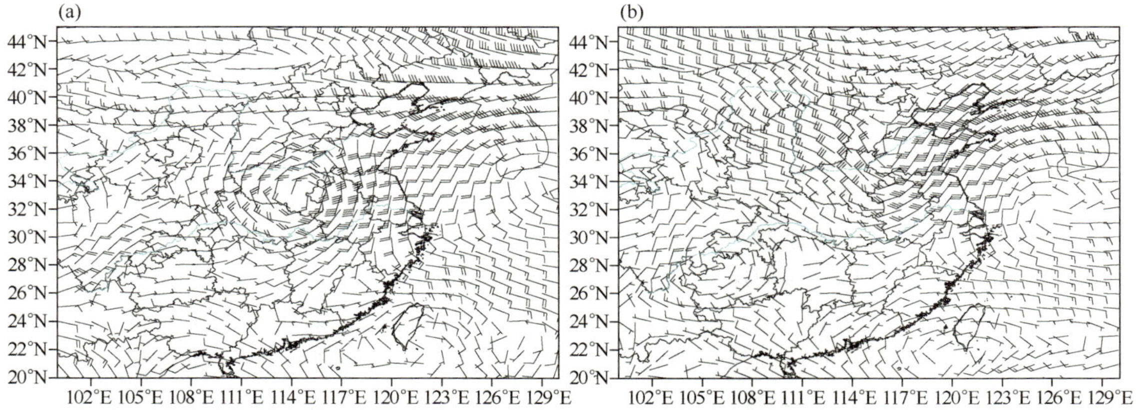

图 7.8.5 500 hPa 等压面的风场

(a. 2018 年 8 月 18 日 20 时; b. 2018 年 8 月 19 日 20 时,单位:m/s)

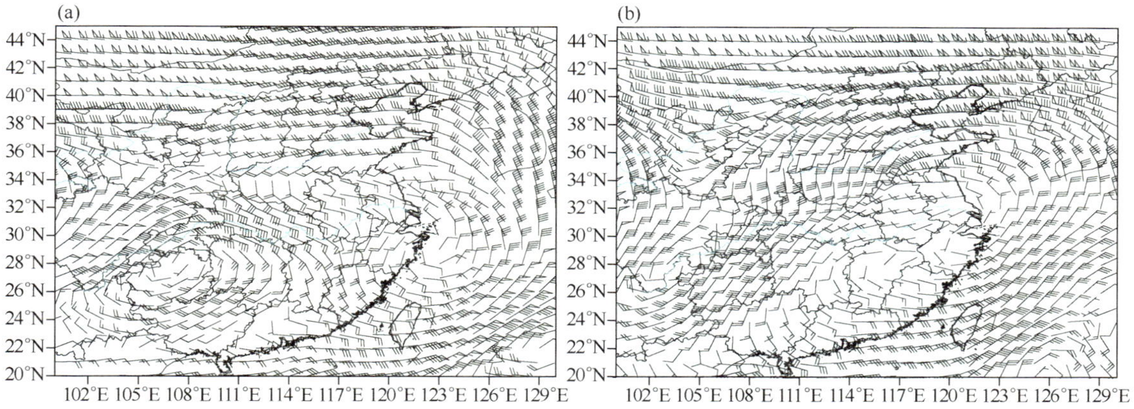

图 7.8.6 200 hPa 等压面的风场

(a. 2018 年 8 月 17 日 20 时；b. 2018 年 8 月 18 日 20 时，单位：m/s)

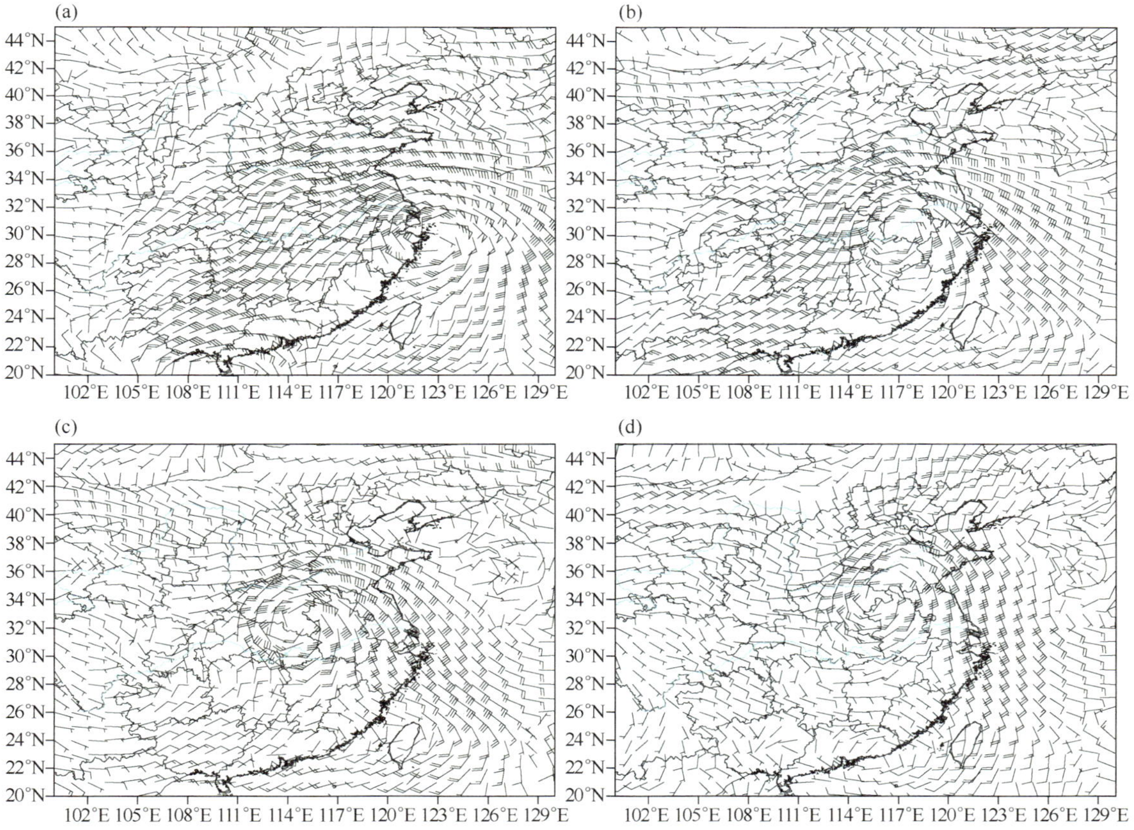

图 7.8.7 850 hPa 等压面的风场

(a. 2018 年 8 月 16 日 20 时；b. 2018 年 8 月 17 日 20 时；

c. 2018 年 8 月 18 日 20 时；d. 2018 年 8 月 19 日 20 时，单位：m/s)

第 8 章　偏西路径无冷空气影响台风个例分析

8.1　6312 号台风“Gloria”

8.1.1　台风“Gloria”概况

台风“Gloria”于 1963 年 9 月 5 日 08 时在西北太平洋洋面生成，8 日 20 时发展成超强台风（55 m/s，16 级，942 hPa），12 日下午在福建宁德沿海登陆（30 m/s，11 级，982 hPa），登陆后向西偏南方向移动，强度迅速减弱，13 日 08 时减弱为热带风暴，低压环流于 15 日 20 时在江西南部减弱消失（图 8.1.1）。

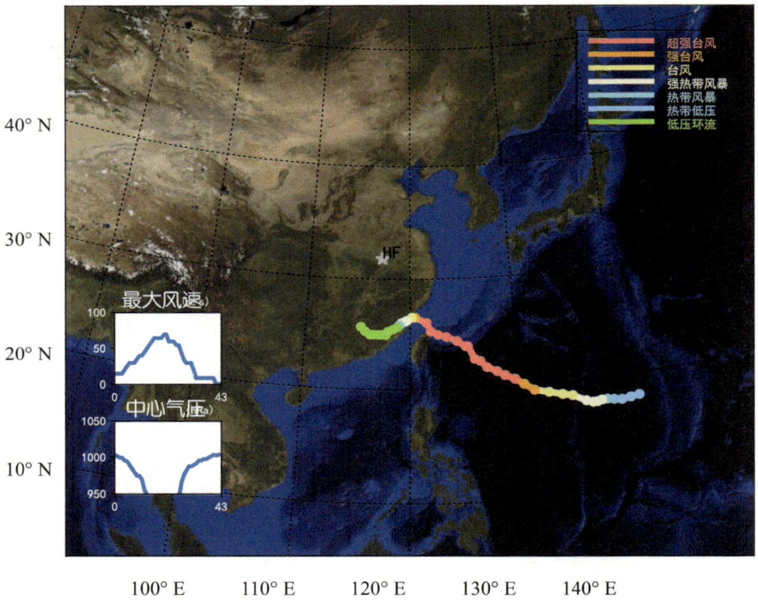

图 8.1.1　6312 号台风“Gloria”移动路径图

8.1.2　“Gloria”过程中国中东部降水实况

“Gloria”于 1963 年 9 月 10 日前后对我国开始造成影响，至 9 月 16 日主要对登陆点和消亡点附近造成明显降水（图 8.1.2）。广东中东部、福建全省、浙江全省、江西东南部、江苏南部以及安徽江南中东部地区降水量普遍在 50 mm 以上，广东省东南部、福建东北部、浙江大部、江苏南部超过 100 mm，其中浙江东北部地区局部超过 250 mm。

8.1.3 "Gloria"过程安徽降水实况

1963 年 9 月 10 日 20 时—13 日 20 时，受"Gloria"减弱的低压环流影响，大别山区和江南中东部共有 10 个县市累计降水量超过 25 mm，其中江南中东部有 4 个县市超过 50 mm，最大值为黄山 152 mm(图 8.1.3)。

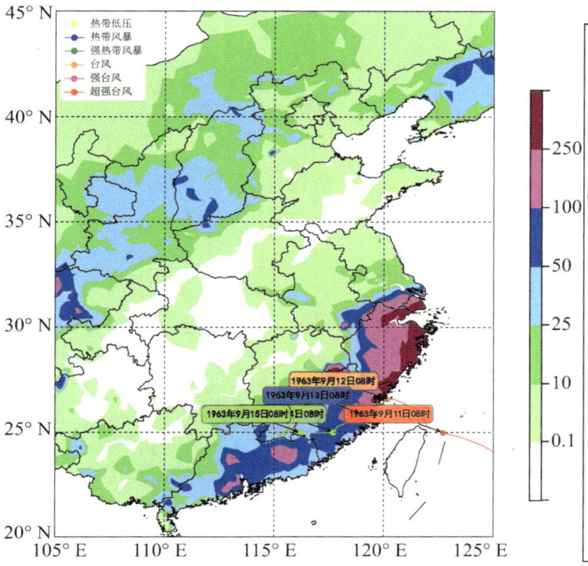

图 8.1.2 "Gloria"影响期间 1963 年 9 月 10 日 20 时—9 月 16 日 20 时中国中东部总降水量(单位:mm)

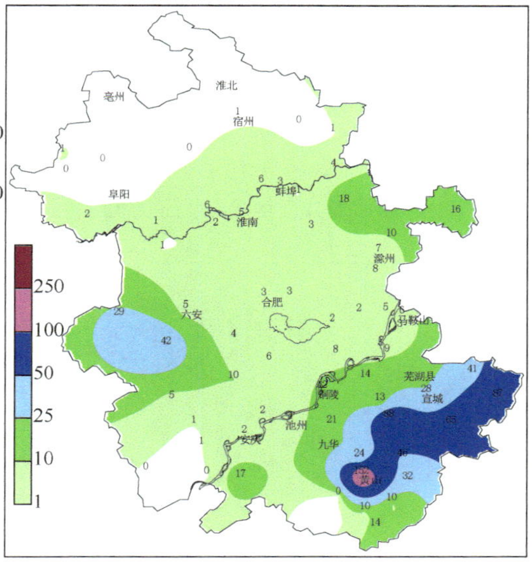

图 8.1.3 "Gloria"影响期间 1963 年 9 月 10 日 20 时—9 月 13 日 20 时安徽省总雨量(单位:mm)

8.1.4 "Gloria"过程天气形势分析

综合分析可以发现此次过程影响系统为副热带高压，无冷空气影响。

500 hPa 等压面高度场：12 日 20 时，副高呈块状分布，主体位于西北太平洋洋面，"Gloria"在副高的顶托作用下，向偏西方向移动。北方冷低压中心位于蒙古境内，位置偏北、强度偏弱，对"Gloria"无直接影响(图 8.1.4)。

850 hPa 等压面风场：台风环流中心经过福建东南部，位置偏南，安徽南部位于台风倒槽的顶部，受其外围东北风影响，风速达 12～16 m/s(图 8.1.5)。

925 hPa 等压面比湿场：受"Gloria"外围影响，沿淮淮河以南比湿超过 16 g/kg，与雨区范围相对应，其中江南为 20 g/kg 左右，因此江南出现较强降水(图 8.1.6)。

850 hPa 等压面假相当位温场：12 日 20 时，安徽南部位于 θ_{se} 的高能区内，与强降水区相吻合(图 8.1.7)。

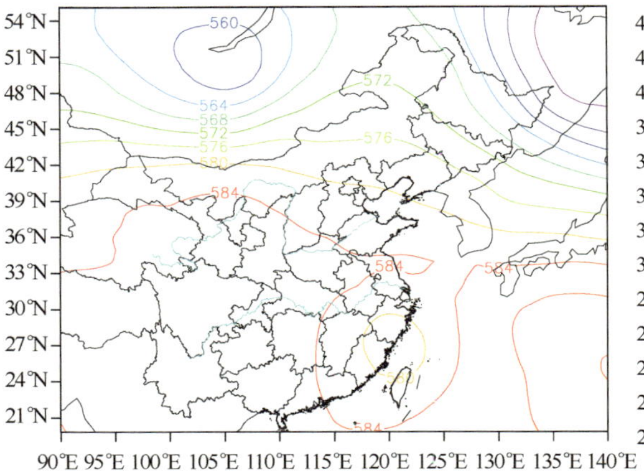

图 8.1.4 1963 年 9 月 12 日 20 时 500 hPa 等压面的高度场(单位:dagpm)

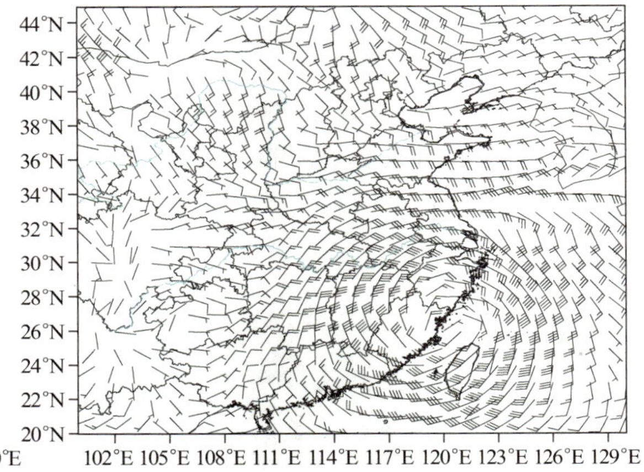

图 8.1.5 1963 年 9 月 12 日 20 时 850 hPa 等压面的水平风场(单位:m/s)

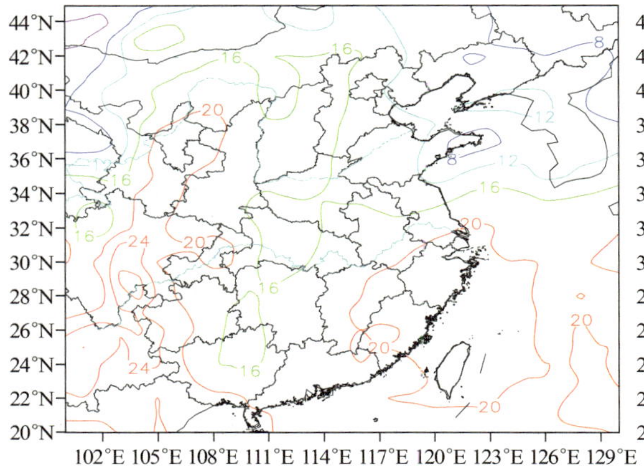

图 8.1.6 1963 年 9 月 12 日 20 时 925 hPa 等压面的比湿场(单位:g/kg)

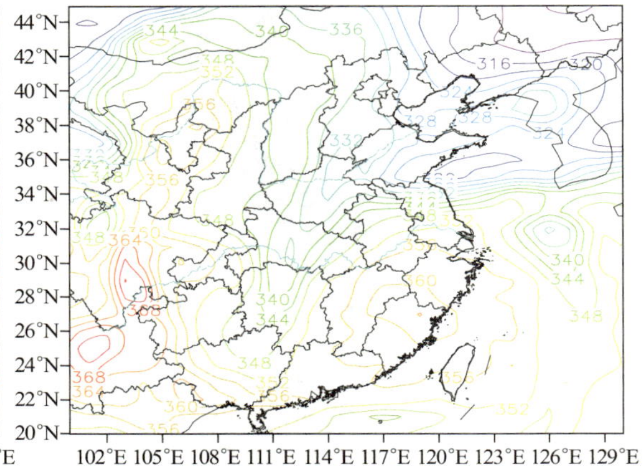

图 8.1.7 1963 年 9 月 12 日 20 时 850 hPa 等压面的假相当位温场(单位:K)

8.2 7209 号台风“贝蒂”

8.2.1 台风“贝蒂”概况

台风“贝蒂”于 1972 年 8 月 8 日 20 时在西北太平洋洋面生成，15 日 08 时发展成超强台风(60 m/s,17 级,925 hPa),17 日下午“贝蒂”在福建霞浦沿海登陆(45 m/s,14 级,960 hPa),登陆后向西偏北方向移动,强度迅速减弱,经福建北部进入江西后转向西偏南方向移动,低压环流于 19 日 14 时在江西西部消失(图 8.2.1)。

8.2.2 “贝蒂”过程中国中东部降水实况

“贝蒂”于 1972 年 8 月 16 日前后对我国开始造成影响,至 8 月 20 日主要对登陆点和消亡点附近造成明显降水(图 8.2.2)。山东东南部、安徽大别山区、江西中部、湖南东南部、广西大部、广东西北部与南部、福建东南部及浙江东南部地区降水量普遍在 50 mm 以上,山东东部沿海、安徽大别山区、湘粤交界至江西北部、浙闽粤三省东南沿海地区超过 100 mm，其中浙江东部沿海及福建南部沿海局部地区局部超过 250 mm。

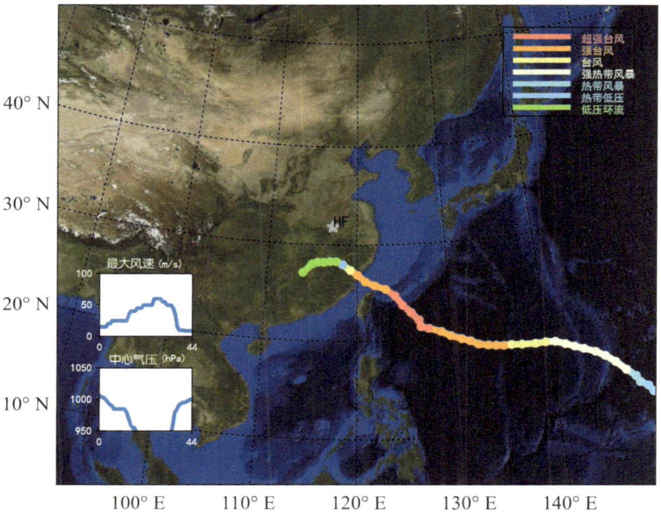

图 8.2.1　7209 号台风“贝蒂”移动路径图

8.2.3　“贝蒂”过程安徽降水实况

1972 年 8 月 16 日 20 时—19 日 20 时，受“贝蒂”减弱的低压环流影响，沿淮淮河以南共有 25 个县市累计降水量超过 25 mm，其中江淮之间中西部和江南有 10 个县市超过 50 mm，最大值为霍山 122 mm(图 8.2.3)。

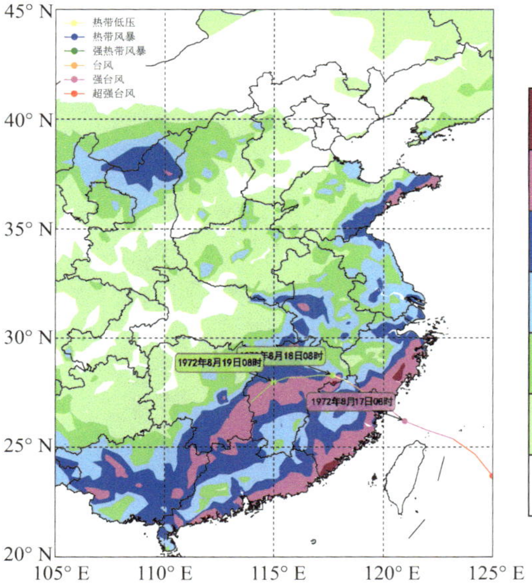

图 8.2.2　“贝蒂”影响期间 1972 年 8 月 16 日 20 时—8 月 20 日 20 时中国中东部总降水量(单位:mm)

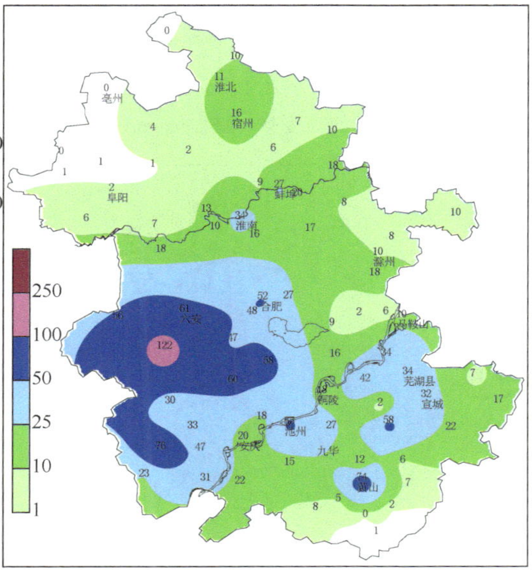

图 8.2.3　“贝蒂”影响期间 1972 年 8 月 16 日 20 时—8 月 19 日 20 时安徽省总雨量(单位:mm)

8.2.4 “贝蒂”过程天气形势分析

综合分析可以发现此次过程影响系统为副热带高压，无冷空气影响。

500 hPa 等压面高度场：17 日 20 时，副高强盛，脊线偏北，“贝蒂”位于副高西南侧。17—19 日 584 dagpm 等值线北界始终位于 40°N 附近，在安徽北部形成高压带，“贝蒂”在其影响之下，向偏西方向移动（图 8.2.4）。

850 hPa 等压面风场：台风环流中心经过福建北部、江西中北部，位置偏南，淮河以南受台风倒槽影响。17 日 20 时—18 日 20 时，江淮之间西部的东北风风速为 16～22 m/s，加之地形抬升作用，促使较强降水的发生，50 mm 以上雨区主要位于江淮之间西部（图 8.2.5）。

925 hPa 等压面比湿场：台风右侧来自海洋的低空潮湿东南气流能够输送大量水汽（陈联寿等，2004）。受“贝蒂”外围影响，淮河以南地区比湿均超过 20 g/kg，与强降水区域有良好的对应关系（图 8.2.6）。

850 hPa 等压面假相当位温场：17—19 日，淮河以南位于 θ_{se} 的高能区内，其中 18 日 20 时大别山区有 θ_{se} 大值中心，与强降水区相吻合（图 8.2.7）。

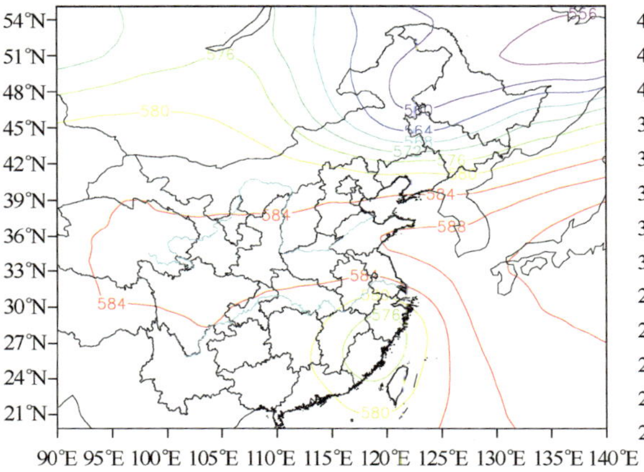

图 8.2.4 1972 年 8 月 17 日 20 时 500 hPa 等压面的高度场（单位：dagpm）

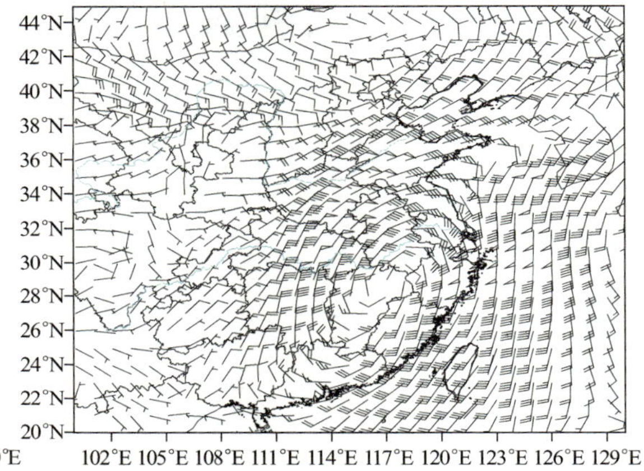

图 8.2.5 1972 年 8 月 18 日 20 时 850 hPa 等压面的水平风场（单位：m/s）

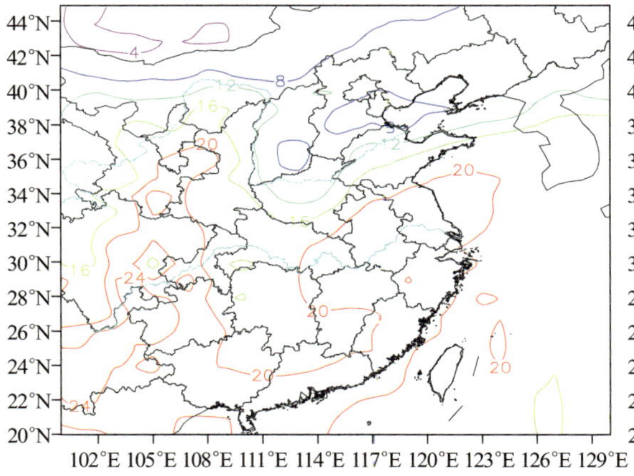

图 8.2.6 1972 年 8 月 18 日 20 时 925 hPa 等压面的比湿场（单位：g/kg）

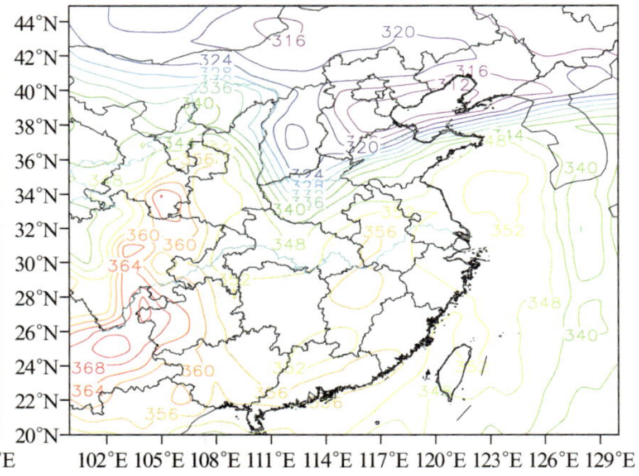

图 8.2.7 1972 年 8 月 18 日 20 时 850 hPa 等压面的假相当位温场（单位：K）

8.3　7413 号台风“玛丽”

8.3.1　台风“玛丽”概况

台风“玛丽”于 1974 年 8 月 11 日 08 时在西北太平洋洋面生成，18 日 08 时发展成台风(35 m/s，12 级，975 hPa)，19 日夜间“玛丽”在浙江三门沿海登陆(32 m/s，11 级，975 hPa)，登陆后首先向偏西方向移动，之后在浙江南部逆时针方向打转，低压环流维持，风速仅有 9～10 m/s。22 日 14 时“玛丽”东移入海，继续向偏东方向移动，至 130°E 时转向并登陆日本，在此期间其强度逐渐加强，25 日 08 时再次达到台风级别(35 m/s，12 级，965 hPa)。低压环流最终于 27 日 08 时在日本东部海域减弱消失(图 8.3.1)。

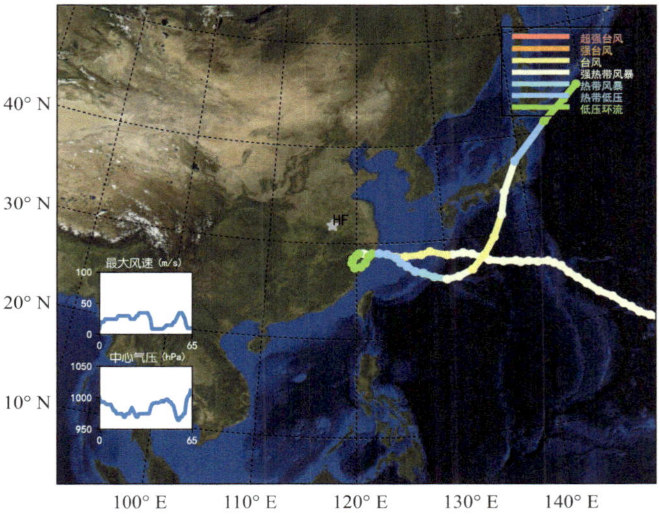

图 8.3.1　7413 号台风“玛丽”移动路径图

8.3.2　“玛丽”过程中国中东部降水实况

“玛丽”于 1974 年 8 月 19 日前后对我国开始造成影响，至 8 月 23 日主要对登陆点和消亡点附近造成明显降水(图 8.3.2)。安徽江南南部、江苏南部、浙江全省和福建东北部地区降水量普遍在 50 mm 以上，浙江大部、福建东北部和苏皖南部局部地区超过 100 mm，其中浙江东部地区局部超过 250 mm。

8.3.3　“玛丽”过程安徽降水实况

1974 年 8 月 19 日 20 时—22 日 20 时，受“玛丽”减弱的低压环流影响，江淮之间南部和江南共有 16 个县市累计降水量超过 25 mm，其中 2 个县市超过 50 mm，最大值为黄山 263 mm(图 8.3.3)。

8.3.4　“玛丽”过程天气形势分析

综合分析可以发现本次过程影响系统为副热带高压和华北低槽，无冷空气影响。

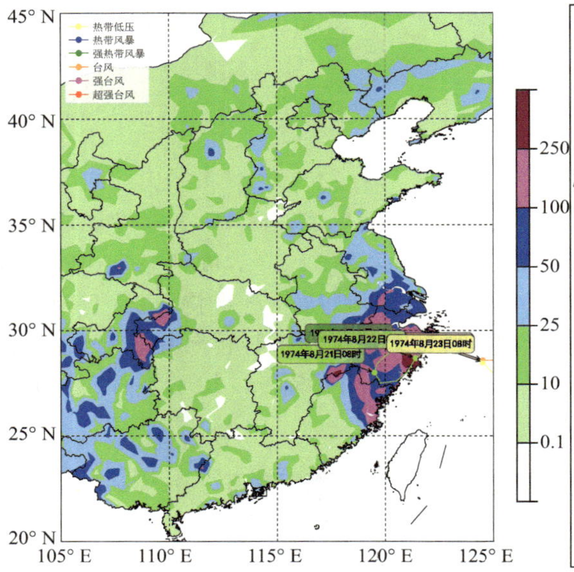

图 8.3.2 “玛丽”影响期间 1974 年 8 月 18 日 20 时—8 月 23 日 20 时中国中东部总降水(单位:mm)

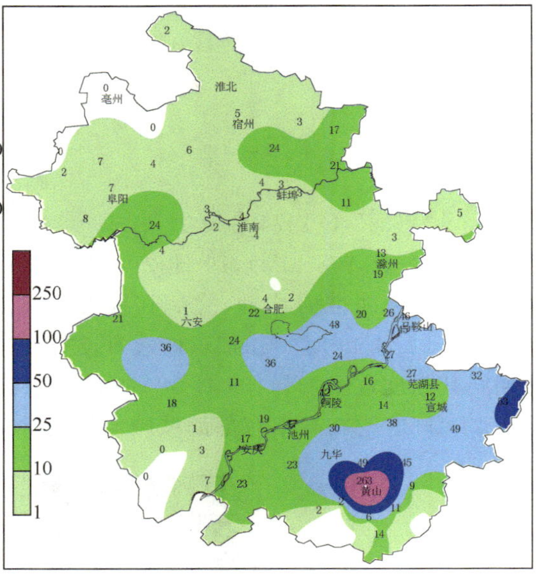

图 8.3.3 “玛丽”影响期间 1974 年 8 月 19 日 20 时—8 月 22 日 20 时安徽省总雨量(单位:mm)

500 hPa 等压面高度场:20—22 日“玛丽”影响安徽期间,副高位于西北太平洋洋面,强度偏弱,位置偏南,588 dagpm 等值线西脊点在 135°E 附近,脊线在 15°N 左右。研究表明,热带气旋的运动突变经常是由大尺度环流的调整所引起,如副高的进退、ITCZ 的断裂等(陈联寿等,2001)。“玛丽”主要受副高 584 等值线引导,另外华北地区的低槽与 584 dagpm 等值线的相互左右,使台风没有继续向西移动,而是发生了转向(图 8.3.4)。

850 hPa 等压面风场:台风环流中心经过浙江南部地区,位置偏南。20—21 日台风倒槽位于江苏和安徽交界处,倒槽两侧风速均达 12~20 m/s,安徽南部受台风倒槽影响,降水明显(图 8.3.5)。

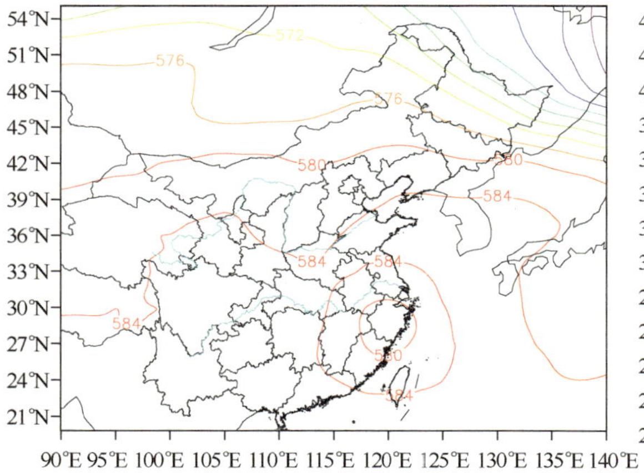

图 8.3.4 1974 年 8 月 20 日 20 时 500 hPa 等压面的高度场(单位:dagpm)

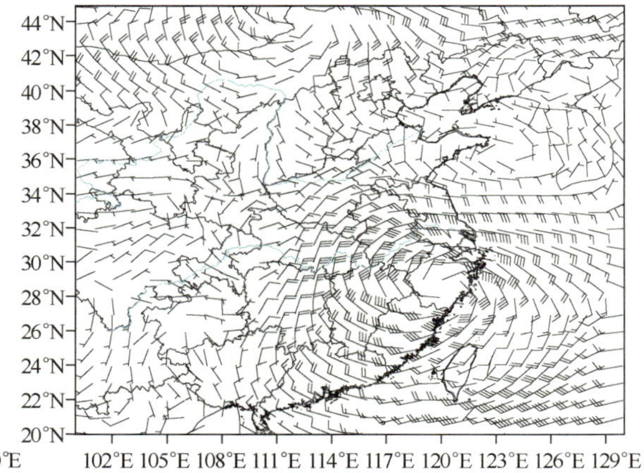

图 8.3.5 1974 年 8 月 20 日 20 时 850 hPa 等压面的水平风场(单位:m/s)

925 hPa 等压面比湿场:受“玛丽”外围影响,淮河以南大部分地区比湿均超过 20 g/kg,水汽充沛,有利于降水(图 8.3.6)。

850 hPa 等压面假相当位温场：20 日 20 时，江淮之间东部的 θ_{se} 值较小，江淮之间南部和江南地区相对是 θ_{se} 的大值区，与较强降水区有良好的对应关系，但由于 θ_{se} 数值不够高，降水强度一般（图 8.3.7）。

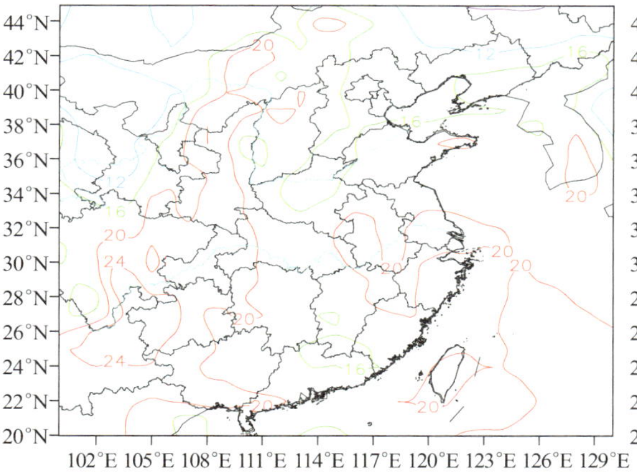

图 8.3.6　1974 年 8 月 20 日 20 时 925 hPa 等压面的比湿场（单位：g/kg）

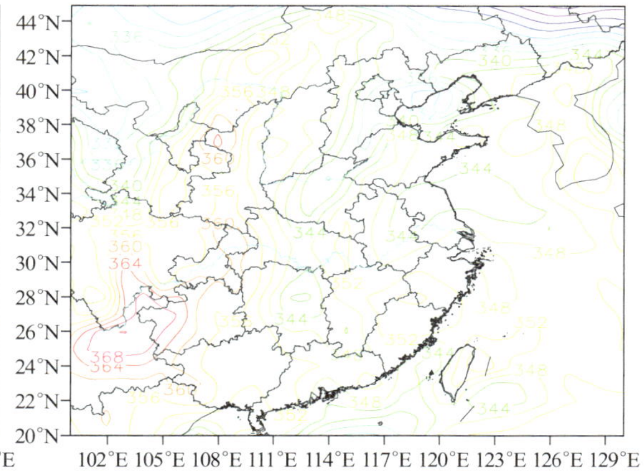

图 8.3.7　1974 年 8 月 20 日 20 时 850 hPa 等压面的假相当位温场（单位：K）

8.4　7708 号台风“Babe”

8.4.1　台风“Babe”概况

台风“Babe”于 1977 年 8 月 31 日 14 时在西北太平洋洋面生成，9 月 10 日 08 时发展成超强台风（55 m/s，17 级，935 hPa），11 日上午“Babe”在上海宝山登陆（25 m/s，10 级，975 hPa），登陆后向偏西方向移动，横穿江苏进入安徽，低压环流于 12 日 08 时在安徽境内消失（图 8.4.1）。

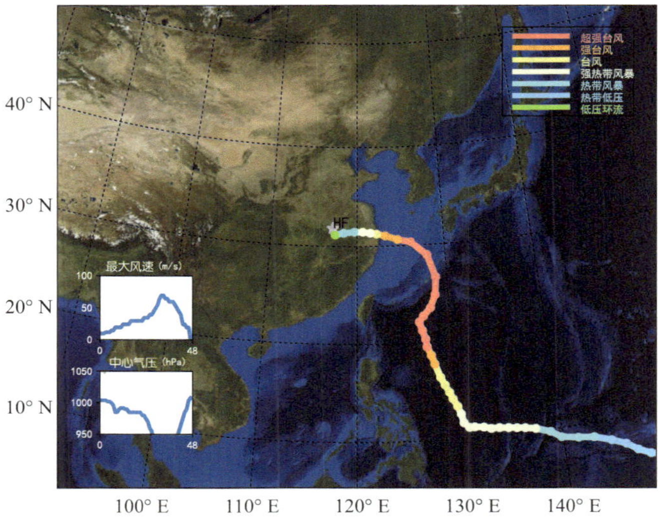

图 8.4.1　7708 号台风“Babe”移动路径图

8.4.2 “Babe”过程中国中东部降水实况

“Babe”于 1977 年 9 月 10 日前后对我国开始造成影响，至 9 月 13 日主要对登陆点和消亡点附近造成明显降水（图 8.4.2）。安徽东南部、江苏中南部降水量普遍在 50 mm 以上，安徽东南部和江苏东南部地区超过 100 mm。

8.4.3 “Babe”过程安徽降水实况

1977 年 9 月 10 日 20 时—13 日 20 时，受“Babe”减弱的低压环流影响，沿淮淮河以南共有 37 个县市累计降水量超过 25 mm，其中沿淮、沿江江南中东部有 10 个县市超过 50 mm，最大值为繁昌 126 mm（图 8.4.3）。

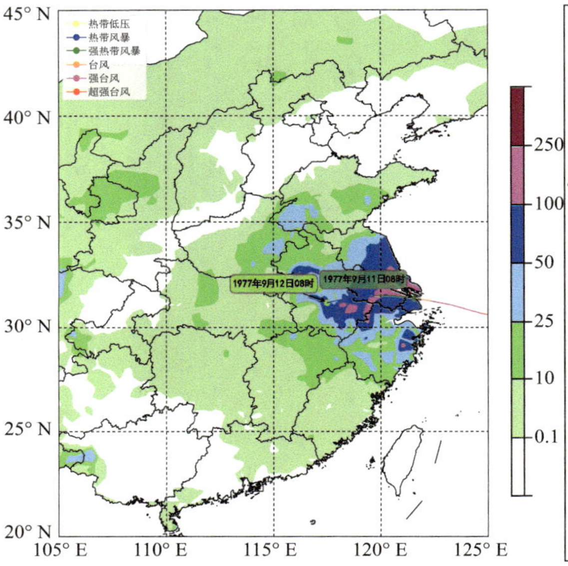

图 8.4.2 “Babe”影响期间 1977 年 9 月 10 日 20 时—9 月 13 日 20 时中国中东部总降水量（单位：mm）

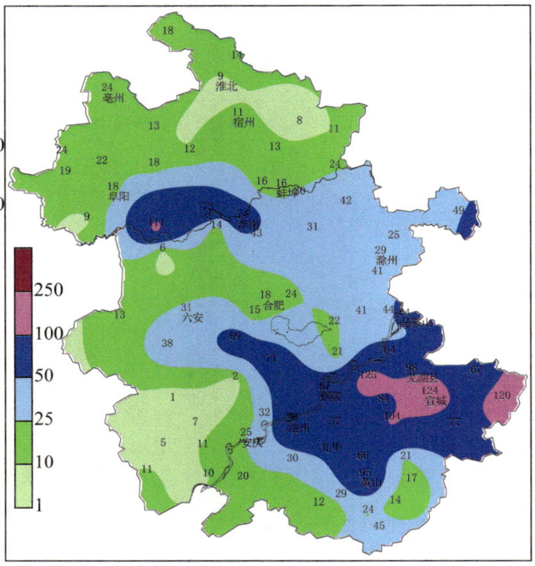

图 8.4.3 “Babe”影响期间 1977 年 9 月 10 日 20 时—9 月 13 日 20 时安徽省总雨量（单位：mm）

8.4.4 “Babe”过程天气形势分析

综合分析可以发现此次过程影响系统为副热带高压，无冷空气影响。

500 hPa 等压面高度场：11—13 日副高的西脊点不断西伸，脊线位置偏北，位于 35°N 附近，“Babe”位于副高西南侧，在副高的影响下，登陆后向偏西方向移动（图 8.4.4）。

850 hPa 等压面风场：强降水会在台风倒槽顶部强风中心与弱风中心之间的强辐合作用下触发（赵宇等，2008）。台风环流中心经过上海、江苏南部和安徽沿江地区，安徽大部分地区直接受到台风倒槽的影响。11 日 20 时安徽中东部倒槽附近东北风风速达 18～22 m/s，沿江江南地区有风速的辐合，这些都是有利于降水加强的因素，50 mm 以上雨区与之有较好的对应关系（图 8.4.5）。

925 hPa 等压面比湿场：受“Babe”影响，安徽中东部比湿为 16 g/kg 左右，湿度条件良好（图 8.4.6）。

850 hPa 等压面假相当位温场：随着副高的逐渐增强西伸，θ_{se} 锋区也不断向北、向西推进，安徽中东部地区始终处于 θ_{se} 的高能区内，与强降水区相吻合。同时，θ_{se} 锋区向北、向西推进，也说明本次台风过程并未受到冷空气的影响(图 8.4.7)。

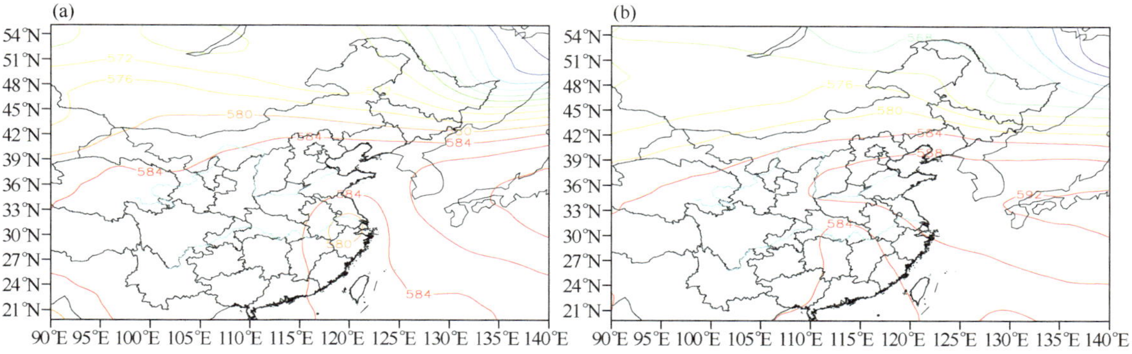

图 8.4.4　500 hPa 等压面的高度场

(a. 1977 年 9 月 11 日 20 时；b. 1977 年 9 月 12 日 20 时，单位：dagpm)

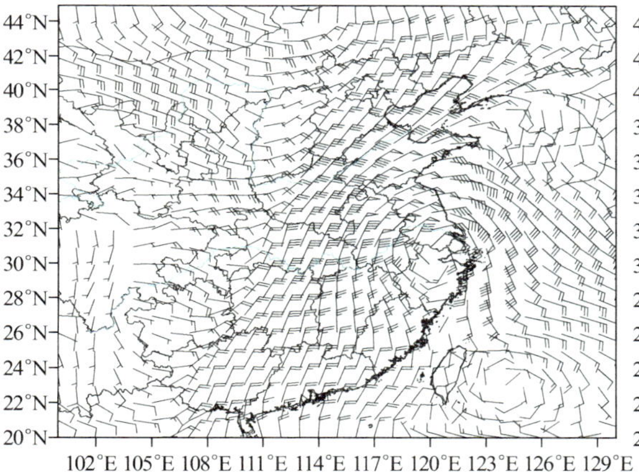

图 8.4.5　1977 年 9 月 11 日 20 时 850 hPa 等压面的水平风场(单位：m/s)

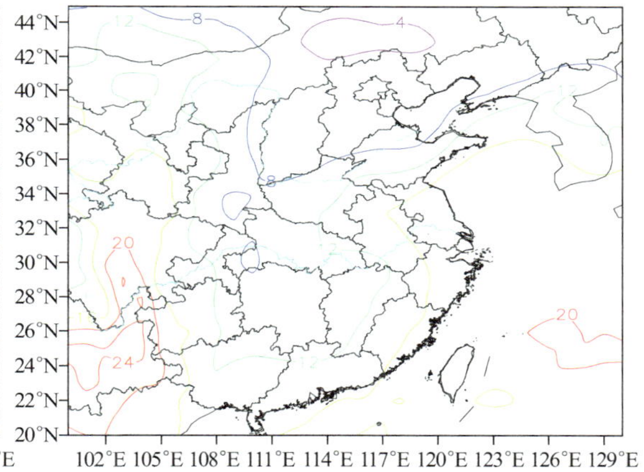

图 8.4.6　1977 年 9 月 12 日 20 时 925 hPa 等压面的比湿场(单位：g/kg)

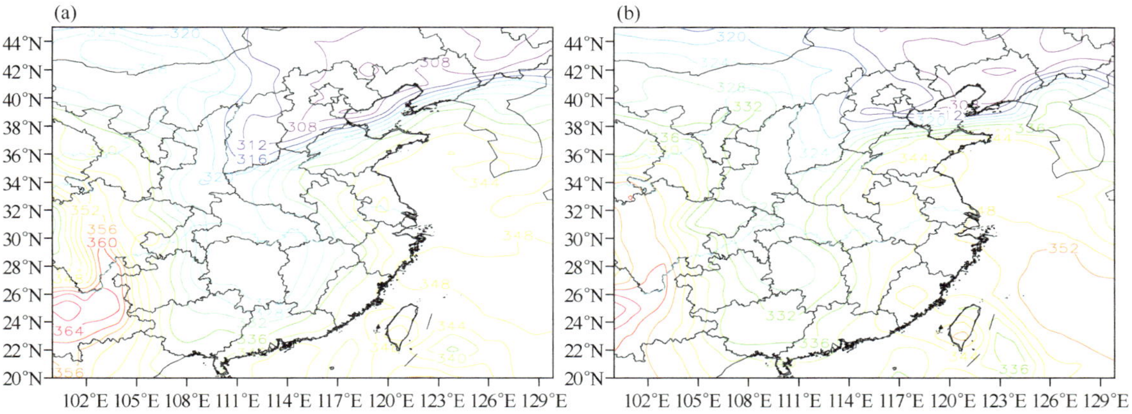

图 8.4.7　850 hPa 等压面的假相当位温场

(a. 1977 年 9 月 12 日 20 时；b. 1977 年 9 月 13 日 20 时，单位：K)

8.5 7805号台风“Trix”

8.5.1 台风“Trix”概况

台风“Trix”于1978年7月11日20时在西北太平洋洋面生成，16日02时发展成台风(35 m/s，12级，980 hPa)，23日早晨“Trix”在浙江三门沿海登陆(35 m/s，12级，996 hPa)，登陆后向西偏北方向移动，于23日20时进入安徽境内，之后在大别山区转向偏北方向移动，低压环流最终于26日02时在河北中部消失(图8.5.1)。

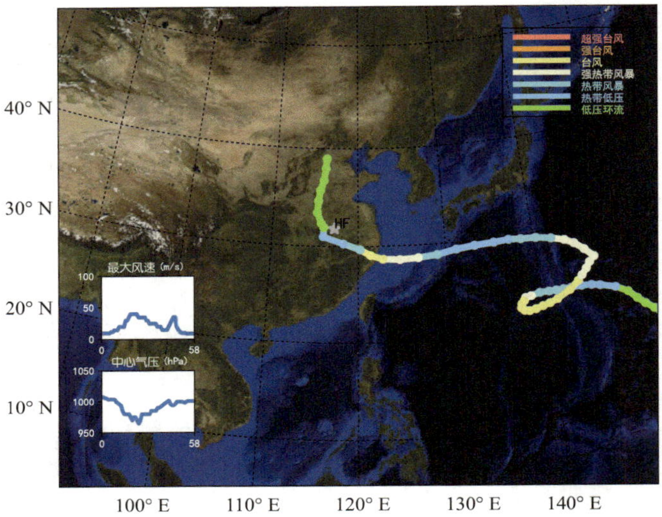

图8.5.1 7805号台风“Trix”移动路径图

8.5.2 “Trix”过程中国中东部降水实况

“Trix”于1978年7月21日前后对我国开始造成影响，至7月26日主要对登陆点和消亡点附近造成明显降水(图8.5.2)。沈阳西南部、北京东部、天津大部、河北省大部、山东省西部和安徽省北部地区降水量普遍在50 mm以上，部分地区超过100 mm，其中北京和天津地区局部超过250 mm。

8.5.3 “Trix”过程安徽降水实况

1978年7月22日20时—26日20时，受“Trix”减弱的低压环流影响，安徽共有32个县市累计降水量超过25 mm，雨带呈南北带状分布，其中有16个县市超过50 mm，淮北北部有3个县市和绩溪超过100 mm，最大为宿州147 mm(图8.5.3)。

8.5.4 “Trix”过程天气形势分析

综合分析可以发现此次过程影响系统为副热带高压，无冷空气影响。

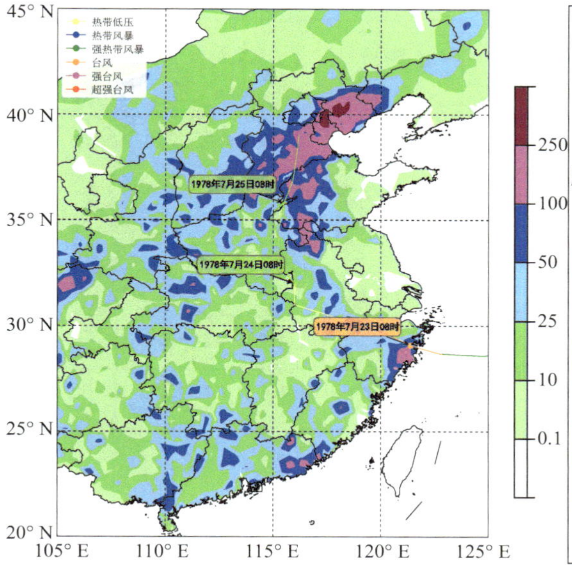

图 8.5.2　“Trix”影响期间 1978 年 7 月 21 日 20 时—7 月 26 日 20 时中国中东部总降水量(单位:mm)

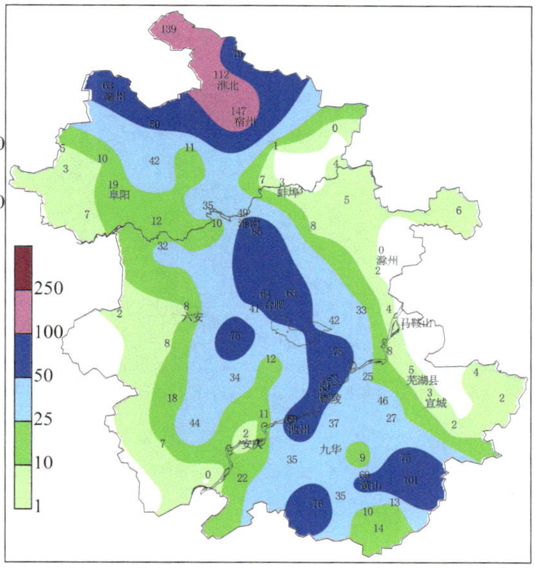

图 8.5.3　“Trix”影响期间 1978 年 7 月 22 日 20 时—7 月 26 日 20 时安徽省总雨量(单位:mm)

500 hPa 等压面高度场:23—26 日副高稳定,脊线位置偏北,在 35°N 附近,西脊点位置也相对变化较小,在 120°E 左右,“Trix”位于副高西侧,在副高的影响下,“Trix”登陆后先向偏西方向移动,之后在副高西侧偏南风的引导下向偏北方向移动(图 8.5.4)。

850 hPa 等压面风场:台风环流中心经过浙江北部和安徽江南地区,在到达大别山区时迅速转向偏北方向移动,受其影响安徽自南向北出现较强降水,雨带呈南北向带状分布(图 8.5.5)。

925 hPa 等压面比湿场:受“Trix”影响,安徽大部比湿为 20 g/kg 左右,湿度条件良好(图 8.5.6)。

850 hPa 等压面假相当位温场:23—25 日,安徽大部地区始终处于 θ_{se} 的高能区内,且大值中心呈南北带状分布,与强降水区也呈南北带状分布密切相关(图 8.5.7)。

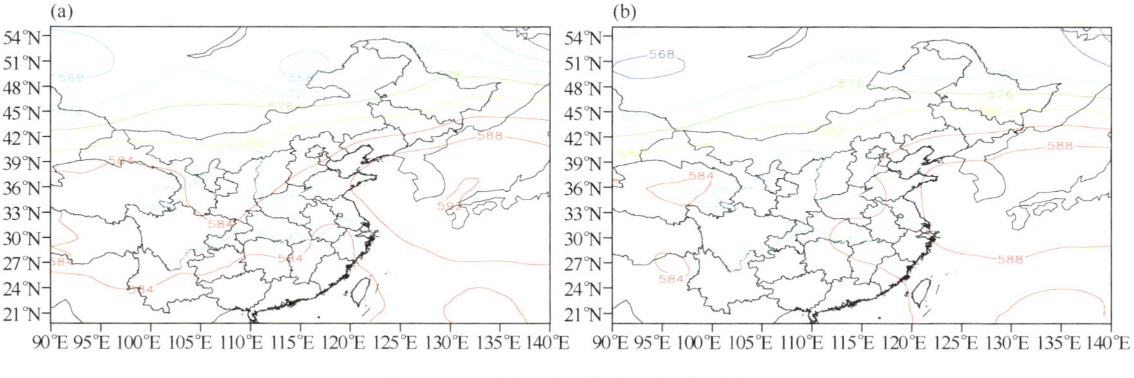

图 8.5.4　500 hPa 等压面的高度场

(a. 1978 年 7 月 23 日 20 时;b. 1978 年 7 月 24 日 20 时,单位:dagpm)

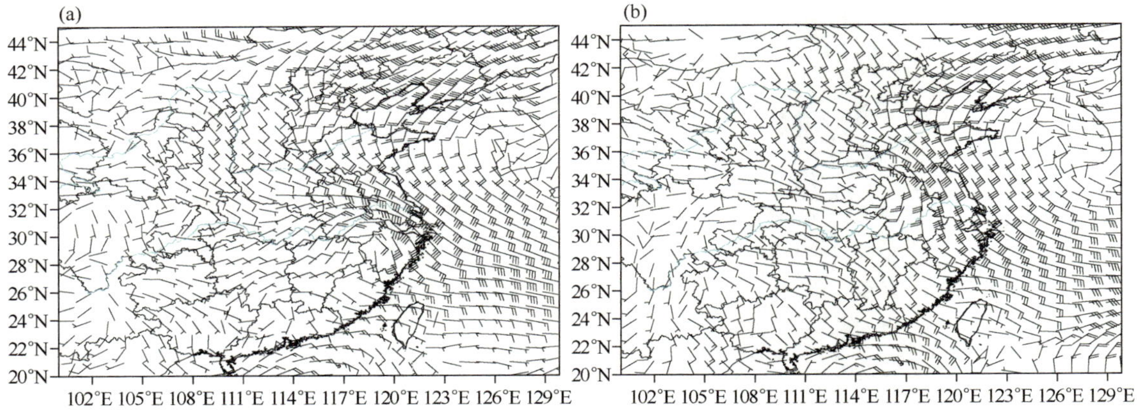

图 8.5.5 850 hPa 等压面的水平风场

(a. 1978 年 7 月 23 日 20 时；b. 1978 年 7 月 24 日 20 时，单位：m/s)

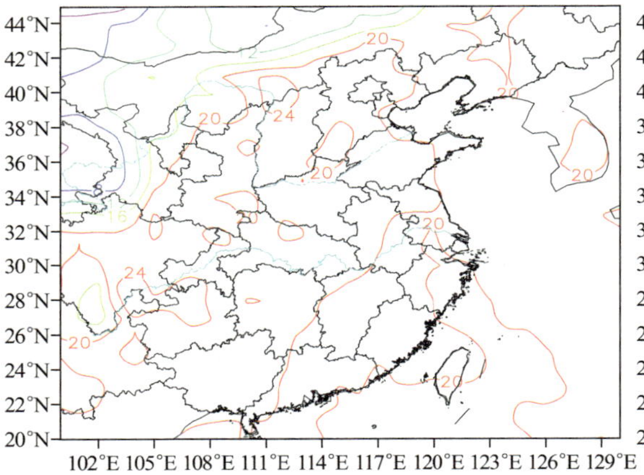

图 8.5.6 1978 年 7 月 24 日 20 时 925 hPa 等压面的比湿场(单位：g/kg)

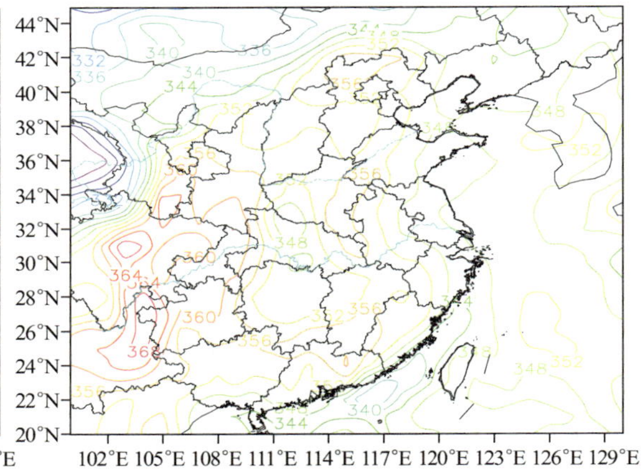

图 8.5.7 1978 年 7 月 23 日 20 时 850 hPa 等压面的假相当位温场(单位：K)

8.6 8807 号台风“比尔”

8.6.1 台风“比尔”概况

台风“比尔”于 1988 年 8 月 5 日 02 时在菲律宾以东洋面上生成，7 日 20 时发展成台风(35 m/s，12 级，985 hPa)，7 日夜间“比尔”在浙江石浦沿海登陆(35 m/s，12 级，985 hPa)，登陆后向西偏北方向移动，穿过安徽南部、河南东南部进入湖北境内，低压环流于 9 日 20 时在湖北西北部消失(图 8.6.1)。

8.6.2 “比尔”过程中国中东部降水实况

“比尔”于 1988 年 8 月 6 日前后对我国开始造成影响，至 8 月 10 日主要对登陆点和消亡点附近造成明显降水(图 8.6.2)。甘肃省东部、河南省西部、湖北省北部和安徽省南部地区降水量普遍在 50 mm 以上，其中河南省西部，湖北省北部和安徽省南部超过 100 mm。

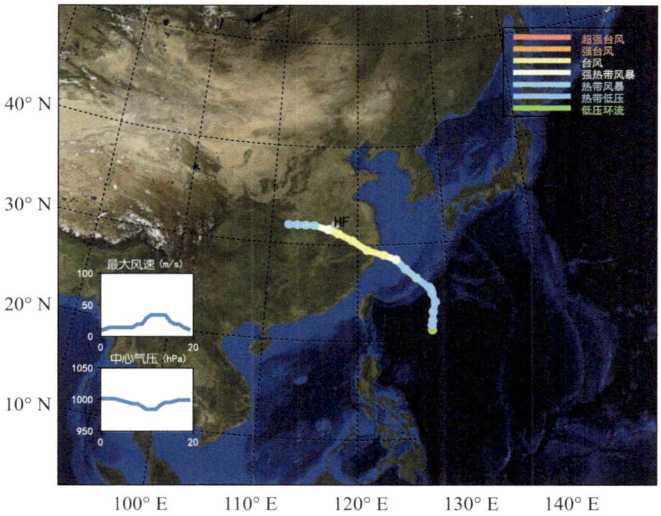

图 8.6.1　8807 号台风“比尔”移动路径图

8.6.3　“比尔”过程安徽降水实况

1988 年 8 月 7 日 20 时—9 日 20 时，受“比尔”减弱的低压环流影响，江淮之间西部和江南共计 22 个县市累计降水量超过 50 mm，其中 3 个县市超过 100 mm，最大值为枞阳 128 mm，其次为旌德 123 mm。雨带呈西北—东南向。强降水时段：7 日 20 时—9 日 20 时，落区位于大别山区南部和沿江江南中部（图 8.6.3）。

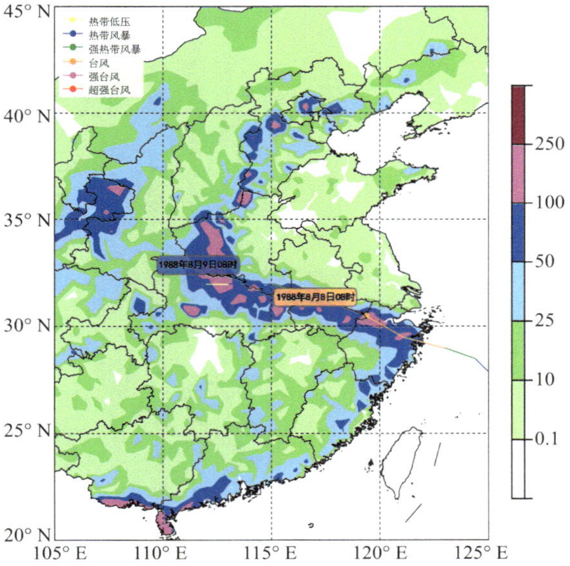

图 8.6.2　“比尔”影响期间 1988 年 8 月 6 日 20 时—8 月 10 日 20 时中国中东部总降水量（单位：mm）

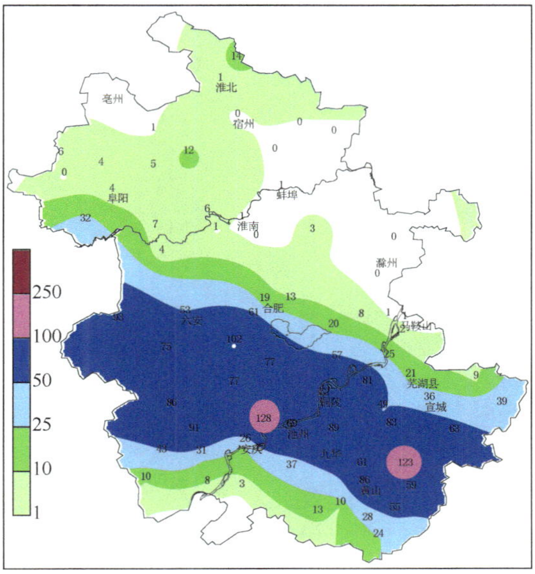

图 8.6.3　“比尔”影响期间 1988 年 8 月 7 日 20 时—8 月 9 日 20 时安徽省总雨量（单位：mm）

8.6.4 “比尔”过程天气形势分析

综合分析可以发现此次过程影响系统为副热带高压，无冷空气影响。

500 hPa 等压面高度场：8—9 日副高稳定，脊线位置偏北，在 37°N 附近，“比尔”位于副高西南侧，在副高的影响下，“比尔”登陆后先向偏西偏北方向移动(图 8.6.4)。

850 hPa 等压面风场：台风环流中心经过浙江北部、安徽南部、河南南部和湖北北部，台风穿过安徽时移动路径以西北方向为主，与雨带走向一致(图 8.6.5)。

850 hPa 等压面比湿场：受“比尔”影响，安徽大部比湿超过 14 g/kg，湿度条件良好(图 8.6.6)。

850 hPa 等压面假相当位温场：8 日 20 时安徽大部地区处于 θ_{se} 的高能区内，9 日 20 时 θ_{se} 高能区向西移动，导致大别山区北部降水加强(图 8.6.7)。

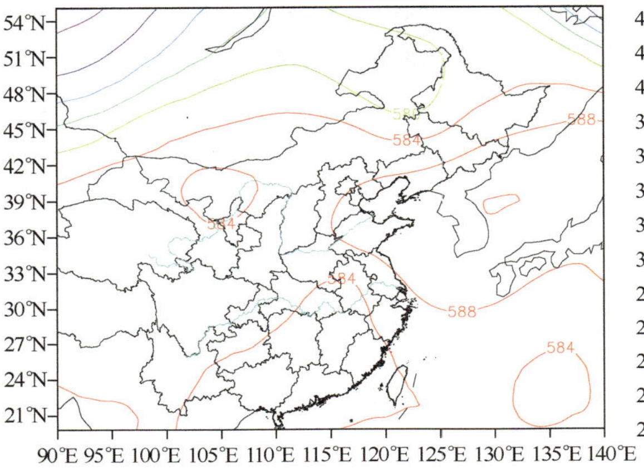

图 8.6.4 1988 年 8 月 8 日 20 时 500 hPa 等压面的高度场(单位：dagpm)

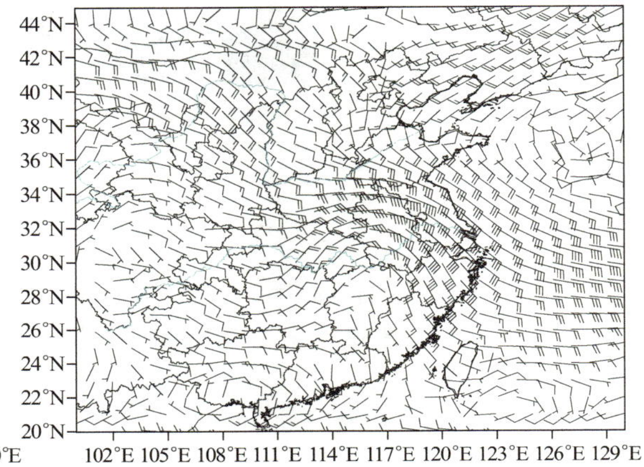

图 8.6.5 1988 年 8 月 8 日 20 时 850 hPa 等压面的水平风场(单位：m/s)

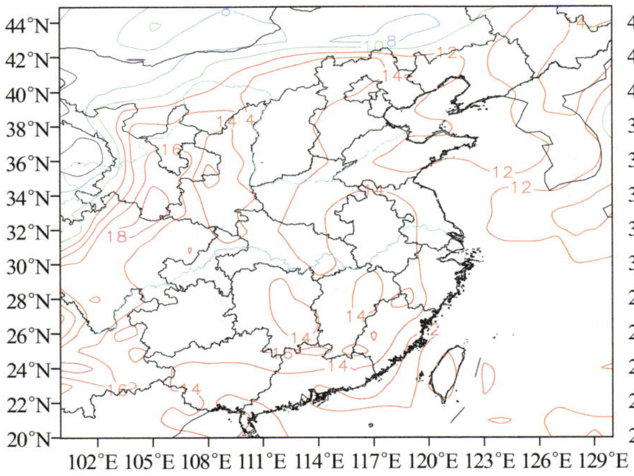

图 8.6.6 1988 年 8 月 8 日 20 时 850 hPa 等压面的比湿场(单位：g/kg)

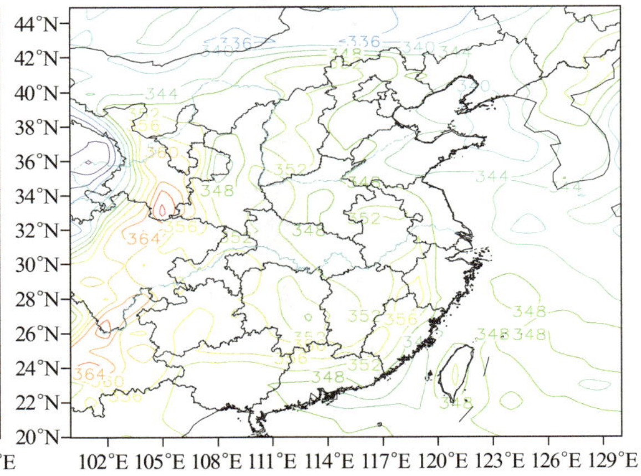

图 8.6.7 1988 年 8 月 8 日 20 时 850 hPa 等压面的假相当位温场(单位：K)

8.7 8913 号台风“肯恩”

8.7.1 台风“肯恩”概况

台风“肯恩”于 1989 年 7 月 28 日 08 时在台湾以东洋面生成，30 日 14 时发展成强热带风暴(25 m/s，10 级，990 hPa)，8 月 4 日凌晨“肯恩”在上海南汇登陆(27 m/s，10 级，982 hPa)，登陆后向偏西方向移动，经过江苏南部、安徽中部、河南南部进入湖北境内，之后转向西南方向移动，低压环流于 7 日 14 在湖北南部消失(图 8.7.1)。

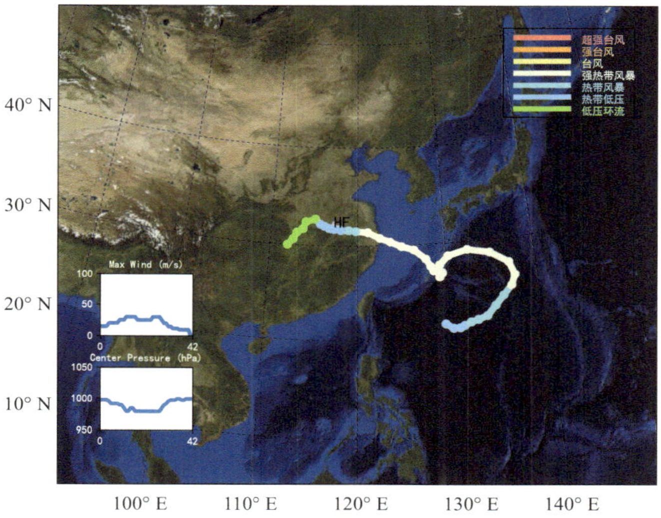

图 8.7.1 8913 号台风“肯恩”移动路径图

8.7.2 “肯恩”过程中国中东部降水实况

“肯恩”于 1989 年 8 月 3 日前后对我国开始造成影响，至 8 月 7 日主要对登陆点和消亡点附近造成明显降水。广东全省、福建南部和苏皖两省南部地区降水量普遍在 50 mm 以上，广东省中南部，福建南部和安徽江南东部及江苏江南的西部超过 100 mm，其中广东西部地区局部超过 250 mm(图 8.7.2)。

8.7.3 “肯恩”过程安徽降水实况

1989 年 8 月 3 日 20 时—6 日 20 时，受“肯恩”减弱的低压环流影响，安徽大部分地区降水明显，共有 54 个县市累计降水量超过 50 mm，其中淮河以北中部、江淮之间中东部和江南东部有 25 个县市超过 100 mm，最大值为巢湖 210 mm，其次为来安 203 mm。强降水时段：3 日 20 时—4 日 20 时，暴雨落区位于淮河以南东部；4 日 20 时—5 日 20 时，暴雨落区主要位于江淮之间中部(图 8.7.3)。

8.7.4 “肯恩”过程天气形势分析

综合分析可以发现本次过程影响系统为副热带高压，无冷空气影响。

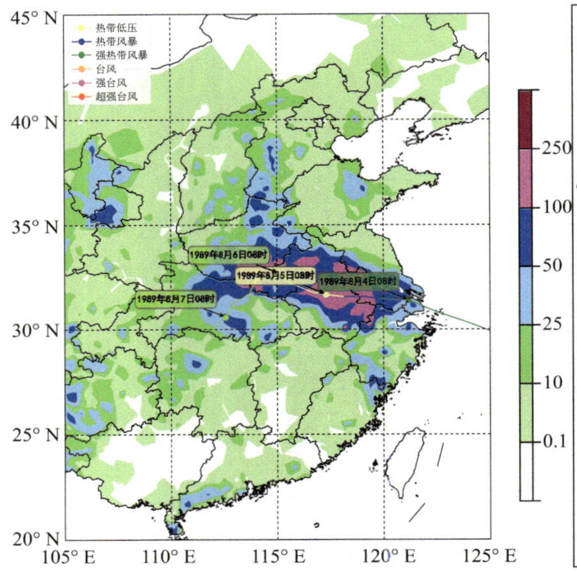

图 8.7.2 “肯恩”影响期间 1989 年 8 月 3 日 20 时—8 月 7 日 20 时中国中东部总降水(单位:mm)

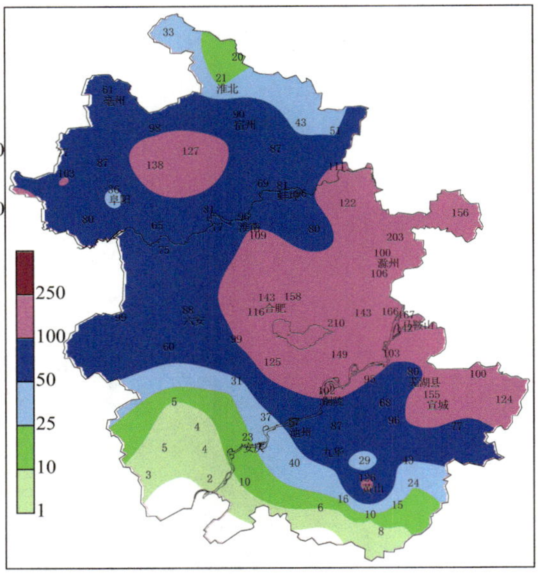

图 8.7.3 “肯恩”影响期间 1989 年 8 月 3 日 20 时—8 月 6 日 20 时安徽省总雨量(单位:mm)

500 hPa 等压面高度场:4—6 日副高稳定,脊线位置偏北,在 40°N 附近,台风北侧为高压区,“肯恩”位于副高南侧,在副高的影响下,“肯恩”登陆后先向偏西方向移动(图 8.7.4)。

850 hPa 等压面风场:台风环流中心经过江苏南部、安徽中部、河南南部和湖北中部,安徽直接受台风环流影响,台风中心以及台风东侧和北侧,即水汽通道的入流区域降水明显(图 8.7.5)。

850 hPa 等压面比湿场:受“肯恩”影响,4—5 日安徽大部比湿超过 14 g/kg,湿度条件良好(图 8.7.6)。

700 hPa 等压面假相当位温场:4—5 日 θ_{se} 的大值中心位于安徽上空,自东向西缓慢移动,造成两天的持续强降水(图 8.7.7)。

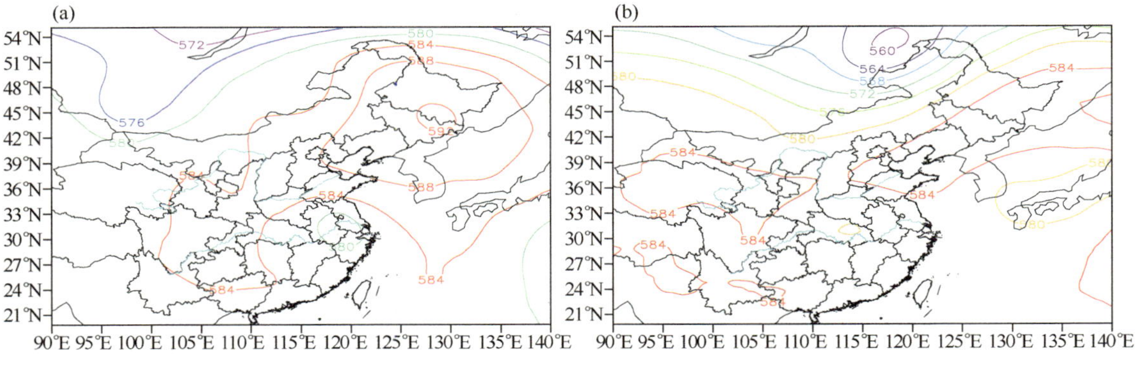

图 8.7.4 500 hPa 等压面的高度场

(a. 1989 年 8 月 4 日 20 时;b. 1989 年 8 月 6 日 20 时,单位:dagpm)

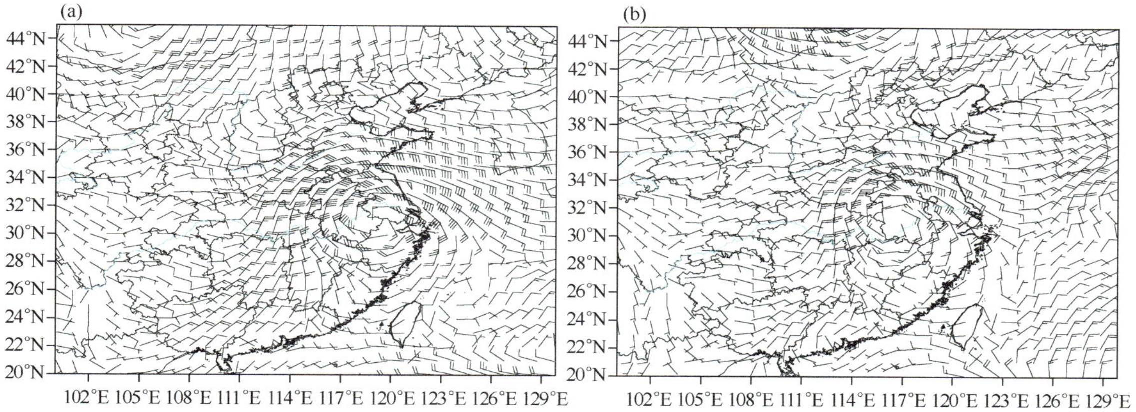

图 8.7.5　850 hPa 等压面的水平风场

(a. 1989 年 8 月 4 日 20 时;b. 1989 年 8 月 5 日 20 时,单位:m/s)

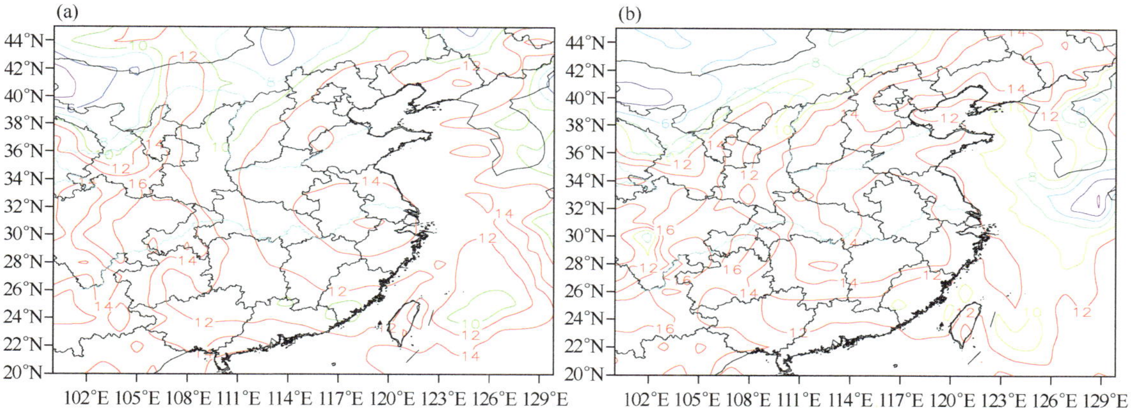

图 8.7.6　850 hPa 等压面的比湿场

(a. 1989 年 8 月 4 日 20 时;b. 1989 年 8 月 5 日 20 时,单位:g/kg)

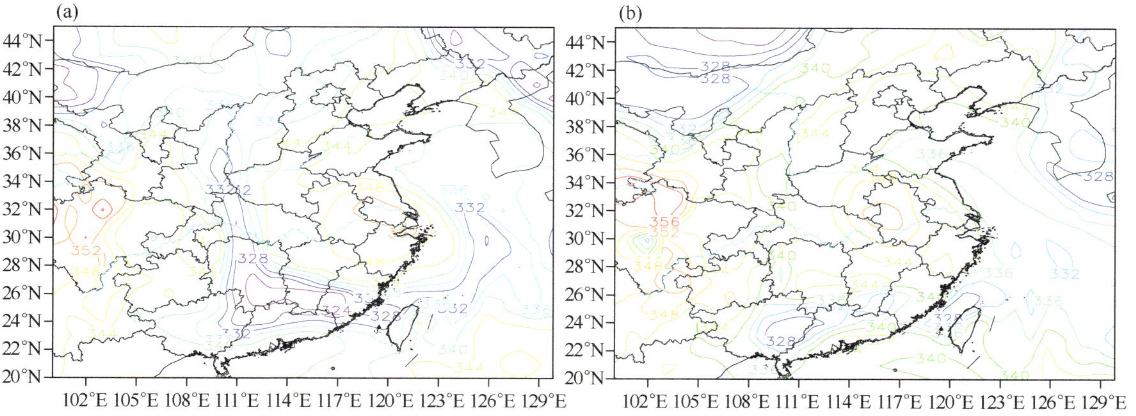

图 8.7.7　700 hPa 等压面的假相当位温场

(a. 1989 年 8 月 4 日 20 时;b. 1989 年 8 月 5 日 20 时,单位:K)

8.8 0216 号台风“森拉克”

8.8.1 台风“森拉克”概况

台风“森拉克”于 2002 年 8 月 28 日 14 时在西北太平洋洋面生成，9 月 1 日 14 时发展成强台风(45 m/s，14 级，950 hPa)，台风期间高潜热通量区位于台风的强风速区，“森拉克”的强风速区位于台风中心的西侧，所以潜热通量的最大区域也位于台风的西侧(黎伟标等，2004)。7 日夜间“森拉克”在福建福鼎沿海登陆(35 m/s，12 级，975 hPa)，登陆后向偏西方向移动，经江西进入湖南北部，低压环流于 9 日 08 时在湖南北部减弱消失(图 8.8.1)。

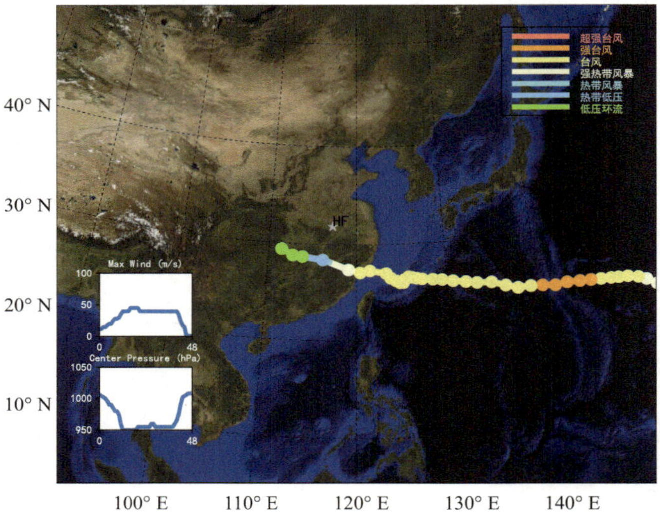

图 8.8.1 0216 号台风“森拉克”移动路径图

8.8.2 “森拉克”过程中国中东部降水实况

“森拉克”于 2002 年 9 月 6 日前后对我国开始造成影响，至 9 月 9 日主要对登陆点和消亡点附近造成明显降水(图 8.8.2)。湖北省南部、安徽省南部和浙江省东南部地区降水量普遍在 50 mm 以上，其中浙江省东南部超过 100 mm。

8.8.3 “森拉克”过程安徽降水实况

2002 年 9 月 6 日 20 时—9 日 20 时，受“森拉克”减弱的低压环流影响，大别山区和江南共有 9 个县市(因有 3 站超过 50 mm，破格计入)累计降水量超过 25 mm，其中相邻的太湖和宿松超过 50 mm，雨量分别为 91 mm 和 58 mm。此外，淮河以南有 10 个市县出现 7 级以上大风，其中太湖、黄山风力达 8 级(图 8.8.3)。

8.8.4 “森拉克”过程天气形势分析

综合分析可以发现本次过程影响系统为副热带高压，无冷空气影响。

500 hPa 等压面高度场：7 日 20 时，副高异常强盛，588 dagpm 等值线几乎控制了位于

30°～40°N 的陕西、山西、河南、河北、山东全境和湖北、安徽、江苏三省的北部地区，脊线位置在 35°N 附近。8 日 20 时副高强度进一步增强，中心强度超过 592 dagpm，“森拉克”在副高南侧偏东风的引导下向偏西方向移动(图 8.8.4)。

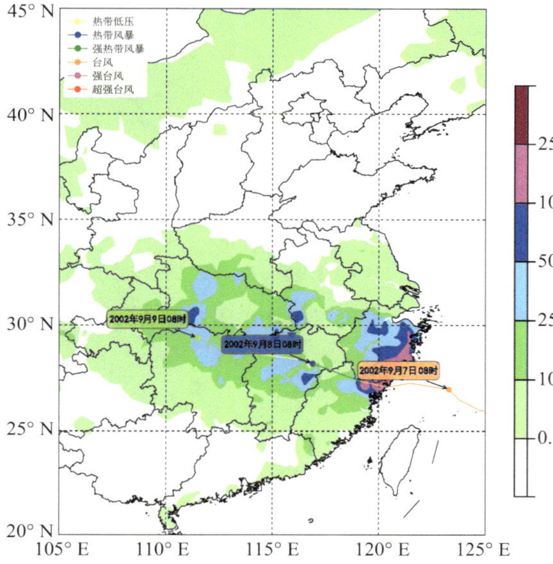

图 8.8.2　“森拉克”影响期间 2002 年 9 月 6 日 20 时—9 月 9 日 20 时中国中东部总降水(单位:mm)

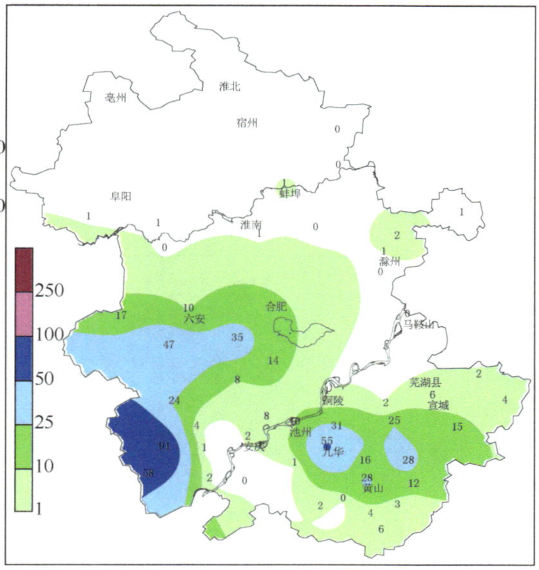

图 8.8.3　“森拉克”影响期间 2002 年 9 月 6 日 20 时—9 月 9 日 20 时安徽省总雨量(单位:mm)

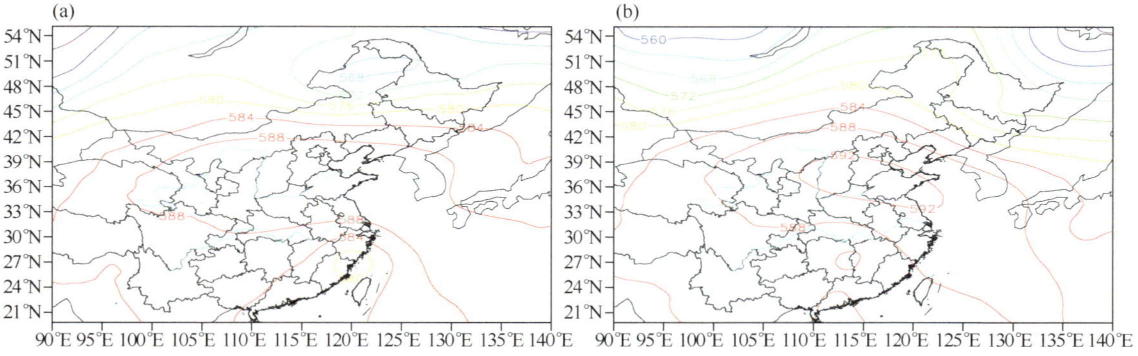

图 8.8.4　500 hPa 等压面的高度场
(a. 2002 年 9 月 7 日 20 时；b. 2002 年 9 月 8 日 20 时，单位:dagpm)

850 hPa 等压面风场：台风环流中心经过福建北部、江西北部和湖南北部，安徽淮河以南受台风倒槽影响，大别山区和江南部分地区降水明显(图 8.8.5)。

850 hPa 等压面比湿场：受“森拉克”影响，安徽大部分地区比湿均超过 12 g/kg，其中大别山区有大于 14 g/kg 的中心，湿度条件良好(图 8.8.6)。

700 hPa 等压面假相当位温场：8 日 20 时 θ_{se} 的大值中心位于安徽大别山区和江南中西部地区，有利于上述地区产生较强降水(图 8.8.7)。

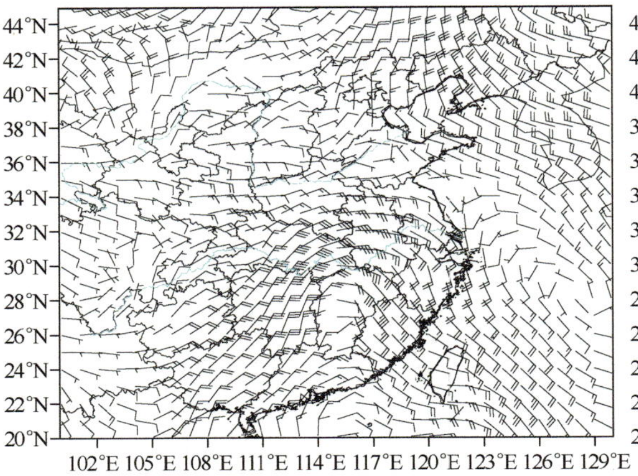

图 8.8.5 2002年9月8日20时850 hPa等压面的水平风场(单位:m/s)

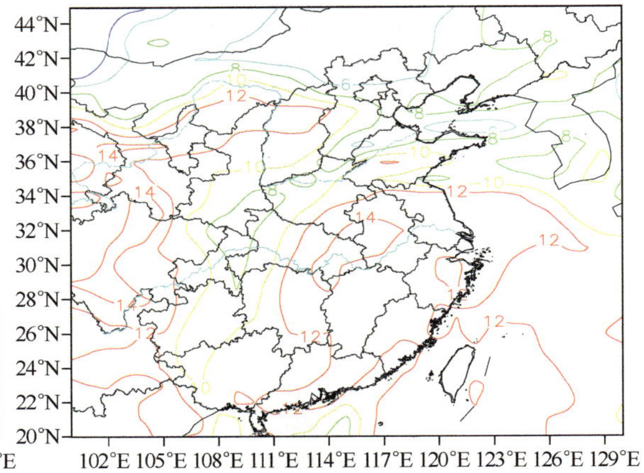

图 8.8.6 2002年9月8日20时850 hPa等压面的比湿场(单位:g/kg)

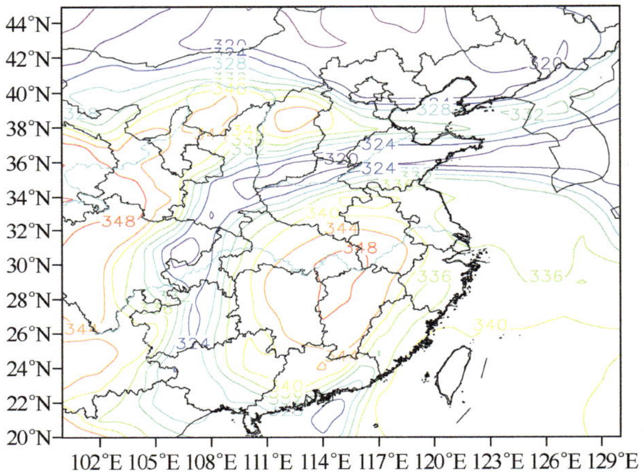

图 8.8.7 2002年9月8日20时850 hPa等压面的假相当位温场(单位:K)

8.9 0414号台风“云娜”

8.9.1 台风“云娜”概况

台风“云娜”于2004年8月6日08时在菲律宾以东洋面上生成，台风在近海的加强与其获得潜热能源有关(季亮等，2007)。12日02时发展成强台风(45 m/s，14级，950 hPa)，12日夜间“云娜”在浙江玉环沿海登陆(45 m/s，14级，960 hPa)，登陆后向偏西方向移动，经江西北部进入湖南境内，由于大陆副高和西太平洋高压合并加强，西风低槽东移使副高脊线南落，并在30°～40 °N形成带状分布，副高南侧偏东气流引导台风向西移动(许爱华等，2006)。低压环流于15日14时在湖南西北部减弱消失(图8.9.1)。

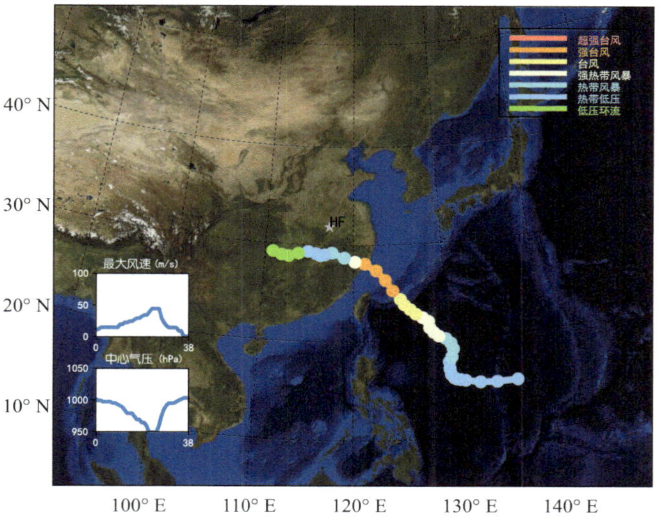

图 8.9.1　0414 号台风"云娜"移动路径图

8.9.2 "云娜"过程中国中东部降水实况

"云娜"于 2004 年 8 月 11 日前后对我国开始造成影响，至 8 月 16 日主要对登陆点和消亡点附近造成明显降水(图 8.9.2)。河南大部、安徽省西南部、东部、江西省北部、浙江省东部和湖南省东部地区降水量普遍在 50 mm 以上，部分地区超过 100 mm，其中浙江省东部局部超过 250 mm。

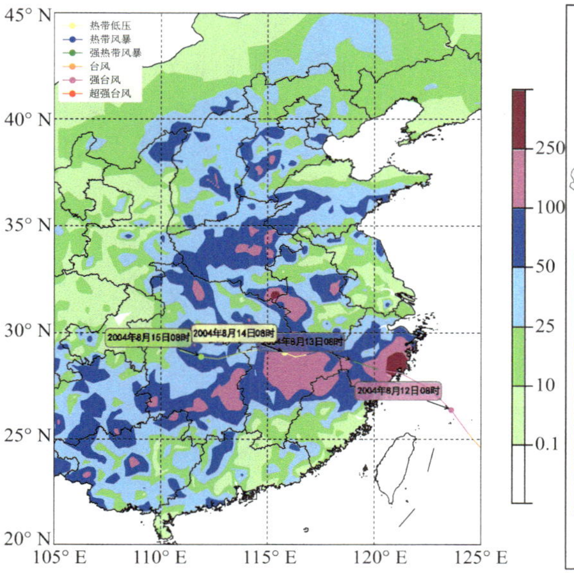

图 8.9.2　"云娜"影响期间 2004 年 8 月 11 日 20 时—8 月 16 日 20 时中国中东部总降水量(单位：mm)

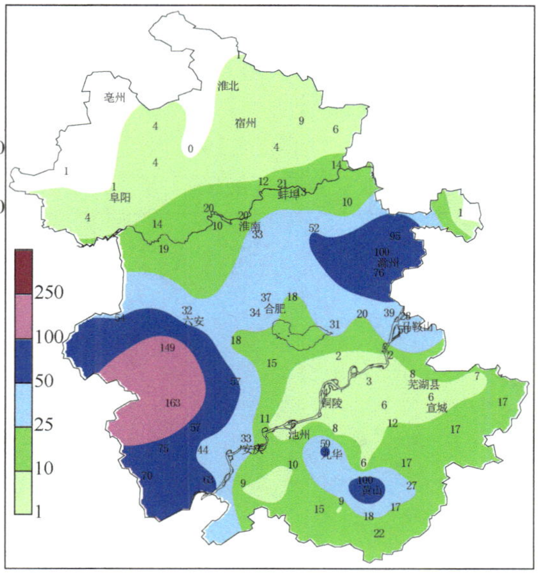

图 8.9.3　"云娜"影响期间 2004 年 8 月 11 日 20 时—8 月 14 日 20 时安徽省总雨量(单位：mm)

8.9.3 “云娜”过程安徽降水实况

2004年8月11日20时—14日20时，受“云娜”减弱的低压环流影响，江淮之间和江南中部共有25个县市累计降水量超过25 mm，其中大别山区、江淮之间东部、皖南高海拔山区有15个县市超过50 mm，最大值为岳西163 mm，其次为霍山149 mm。强降水时段为8月13日20时—14日20时，暴雨落区位于大别山区和江淮之间东部。此外，全省有29个市县出现7级以上大风，其中8级以上的市县有9个，黄山、安庆、和县3站风力达9级(图8.9.3)。

8.9.4 “云娜”过程天气形势分析

综合分析可以发现此次过程影响系统为副热带高压，无冷空气影响。

500 hPa等压面高度场：中纬度锋区一直位于40°N以北，位置偏北(许映龙等，2005)。12—13日副高稳定，脊线位置偏北，位于35°N附近，“云娜”在副高南侧偏东风的引导下，向偏西方向移动(图8.9.4)。

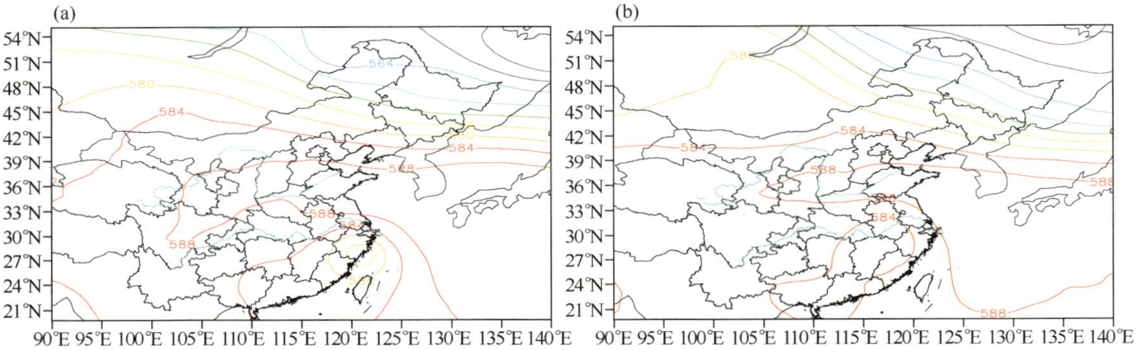

图8.9.4 500 hPa等压面的高度场

(a. 2004年8月12日20时；b. 2004年8月13日20时，单位：dagpm)

850 hPa等压面风场：台风环流中心经过浙江南部、江西北部和湖南北部，13日20时台风倒槽影响安徽淮河以南地区，其中江淮之间大部分地区风速达到20～22 m/s，且在大别山区有风速的辐合，因此江淮之间地区，特别是大别山区的降水强度明显增强，甚至强于离台风中心更近的江南地区(图8.9.5)。

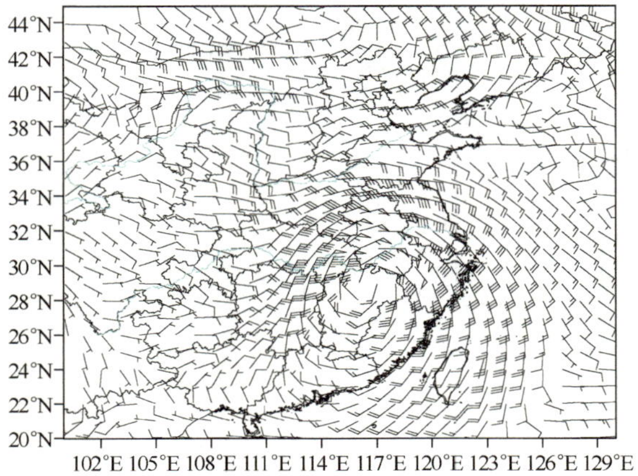

图8.9.5 2004年8月13日20时850 hPa等压面的水平风场(单位：m/s)

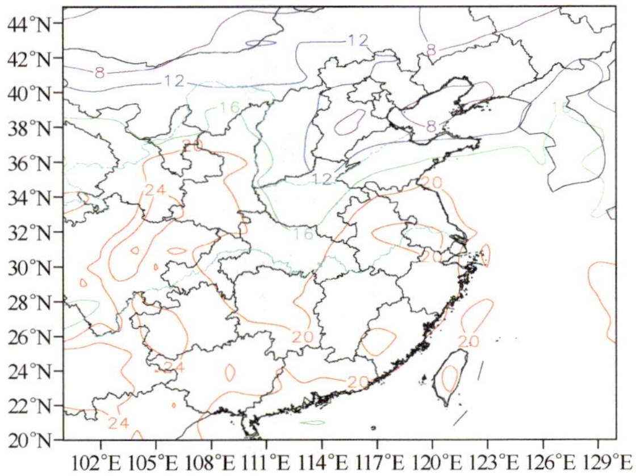

图8.9.6 2004年8月13日20时925 hPa等压面的比湿场(单位：g/kg)

925 hPa 等压面比湿场：台风在海洋上台风眼区附近的一圈水汽含水量最大，特别是低层 1000 m 高度以下（黄克慧，2006）。受“云娜”影响，安徽沿淮淮河以南比湿均超过 20 g/kg，水汽充沛（图 8.9.6）。

700 hPa 等压面假相当位温场：13 日 20 时淮河以南地区有 θ_{se} 的大值中心，利于该区域强降水的发生（图 8.9.7）。

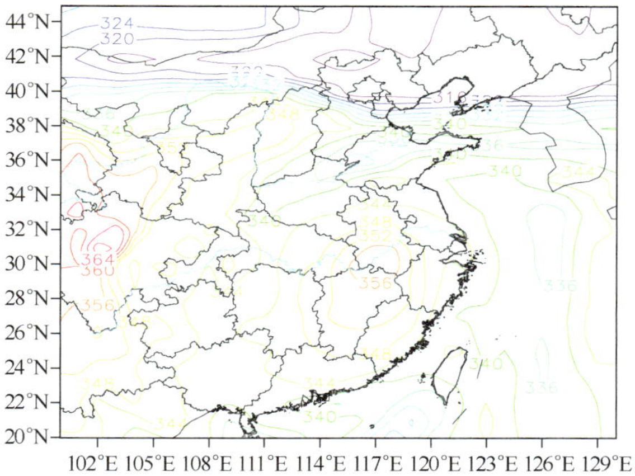

图 8.9.7　2004 年 8 月 13 日 20 时 700 hPa 等压面的假相当位温场（单位：K）

第 9 章　沿海移动有冷空气影响台风个例分析

9.1　6005 号台风“珀莉”

9.1.1　台风“珀莉”概况

台风“珀莉”于 1960 年 7 月 17 日 08 时在菲律宾以东海域生成，生成后向西北方向移动，强度逐渐加强，7 月 19 日 14 时在 126.3°E，20°N 附近海域加强为强台风并转向东北方向移动，7 月 20 日 20 时在 127.4°E，21.3°N 附近海域加强为超强台风，并转向偏北方向移动，中心附近最大风速为 70 m/s，7 月 22 日 08 时在 127.5°E，23.4°N 附近打转之后向西北偏北方向移动，强度逐渐减弱，并沿我国东部沿海北上，在山东半岛东南部登陆，登陆时强度为强热带风暴，穿过渤海后在辽宁省葫芦岛市再次登陆，登陆时强度为热带低压，登陆后强度继续减弱，并转向东北方向移动，8 月 2 日 20 时在 150.2°E，48.5°N 附近海域消亡（图 9.1.1）。

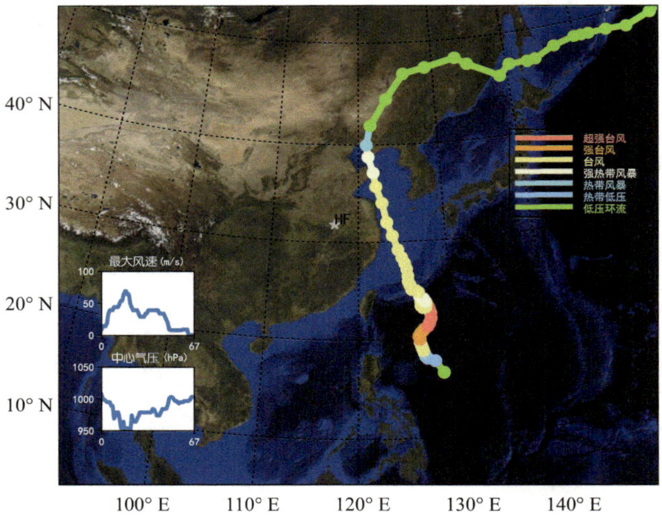

图 9.1.1　6005 号台风“珀莉”移动路径图

9.1.2　“珀莉”过程中国中东部降水实况

“珀莉”于 1960 年 7 月 21 日前后对我国开始造成影响，致华南东部、华东大部及华北部分地区出现明显降水（图 9.1.2）。其中浙江、江苏、山东全省及福建东部、安徽中北部、河南东部、河北中南部地区降水量普遍在 50 mm 以上，浙江北部、江苏北部、山东南部和西部、河南东部及河北南部降水量超过 100 mm。

9.1.3　“珀莉”过程安徽降水实况

受“珀莉”影响，1960 年 7 月 26 日 20 时—28 日 20 时，安徽全省出现降水（图 9.1.3），强降水中心呈南北分布，位于淮河以北北部、西部、江淮之间西北部、中部、江南中部，总降水量普遍 50～100 mm，其中合肥、砀山、亳州超过 100 mm，最大砀山 151 mm，其他地区 1～50 mm，雨量分布不均。

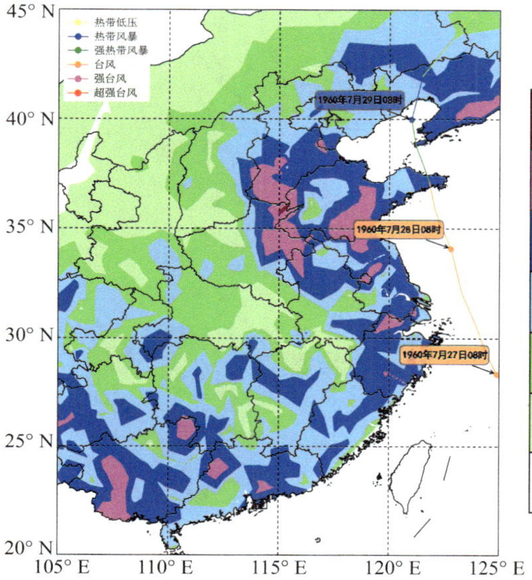

图 9.1.2　“珀莉”影响期间 1960 年 7 月 25 日 20 时—7 月 31 日 20 时中国中东部总降水量图(单位：mm)

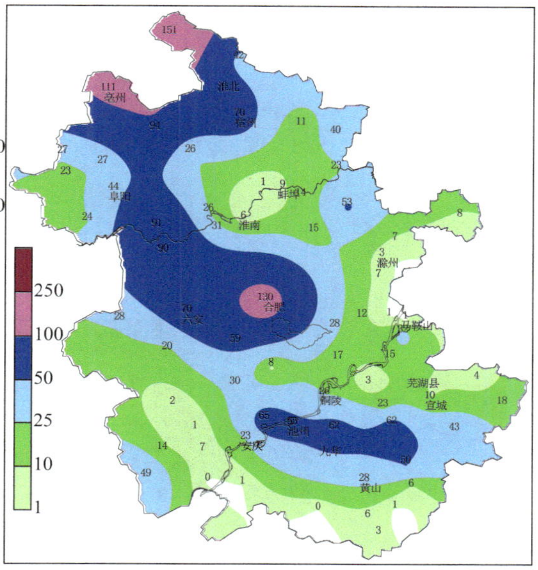

图 9.1.3　“珀莉”影响期间 1960 年 7 月 26 日 20 时—7 月 28 日 20 时安徽省总雨量(单位：mm)

9.1.4　“珀莉”过程天气形势分析

综合分析可以发现“珀莉”过程有明显冷空气影响，强降水中心与 850 hPa 等压面台风倒槽和台风北上后在安徽省上空形成的冷切变位置对应较好。

500 hPa 等压面高度场：副高较强，范围也较广，588 dagpm 等值线并未伸向内陆，27 日 20 时 584 dagpm 等值线位于我国东部海域，“珀莉”沿 584 dagpm 等值线西侧北上（图 9.1.4）。

200 hPa 等压面风场：7 月 27 日 20 时北部暴雨区位于高空急流轴右侧，28 日 20 时西南风急流已转为偏南风急流，安徽省北部为分流辐散区（图 9.1.5）。

中低层风场：7 月 27 日 20 时 700 hPa 和 850 hPa 等压面上“珀莉”中心位于上海以东海域（图 9.1.6），“珀莉”以北为偏东风急流，安徽省自北向南为偏东风急流与偏北风急流形成的倒槽。强降水中心位于 850 hPa 等压面倒槽附近（图 9.1.7）。700 hPa 等压面倒槽位置相对于强降水落区略偏西。至 28 日 20 时“珀莉”中心北移至山东半岛附近，在 700 hPa 和 850 hPa 等压面形成冷切变，强降水中心与 850 hPa 等压面东北—西南向冷切变位置对应较好。700 hPa 等压面冷切变相对于强降水落区偏北、偏西。

850 hPa 等压面温度场：850 hPa 等压面在安徽以北有低温中心，低温中心与“珀莉”之间的等温线密集区位于安徽，表明此次过程台风与冷空气在安徽有较好的结合（图 9.1.8）。

假相当位温场：强降水落区对应850 hPa等压面等θ_{se}密集区（图9.1.9）（赵宇等，2004）。

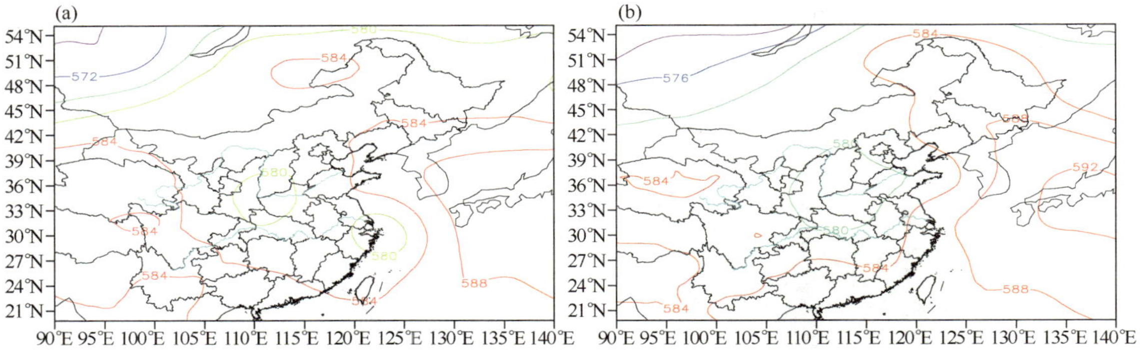

图9.1.4　500 hPa等压面的高度场

（a. 1960年7月27日20时；b. 1960年7月28日20时，单位：dagpm）

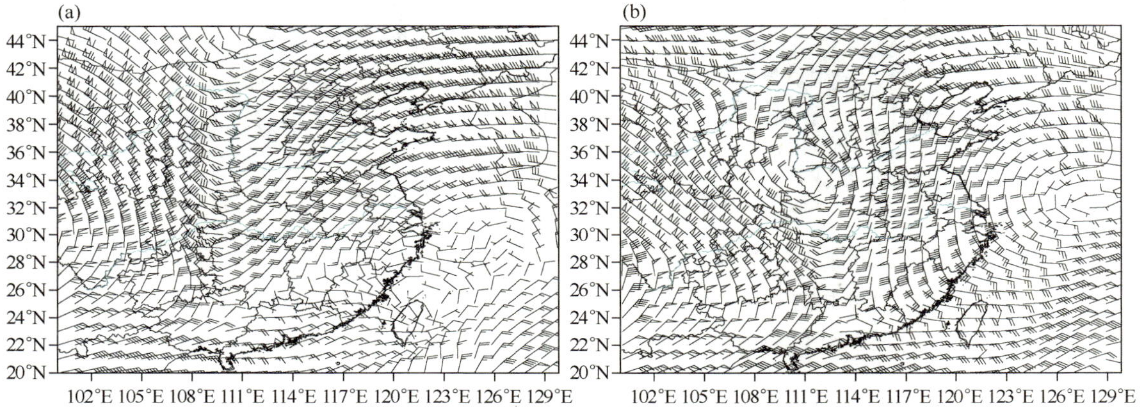

图9.1.5　200 hPa等压面的水平风场

（a. 1960年7月27日20时；b. 1960年7月28日20时，单位：m/s）

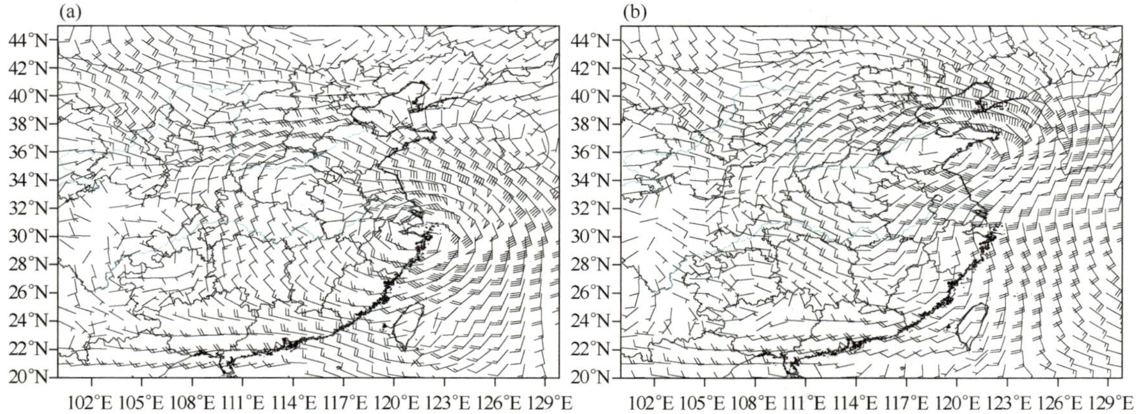

图9.1.6　700 hPa等压面的水平风场

（a. 1960年7月27日20时；b. 1960年7月28日20时，单位：m/s）

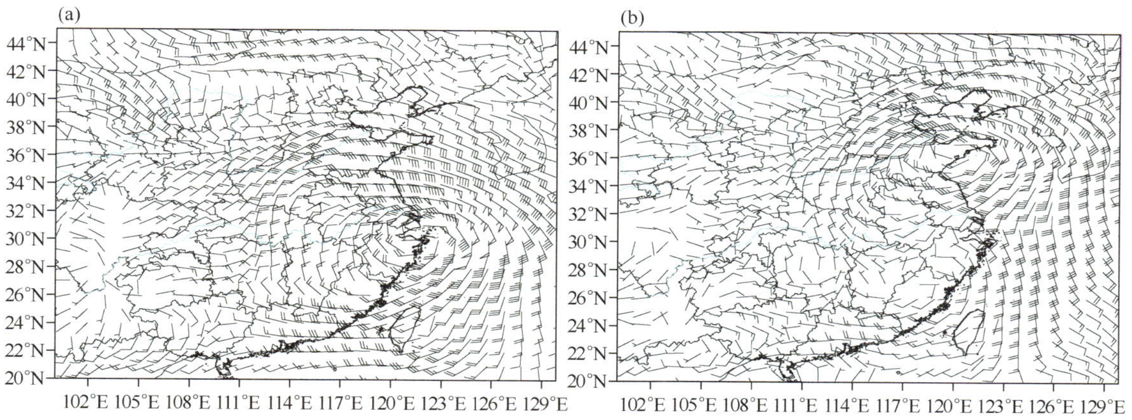

图 9.1.7　850 hPa 等压面的水平风场

（a. 1960 年 7 月 27 日 20 时；b. 1960 年 7 月 28 日 20 时，单位：m/s）

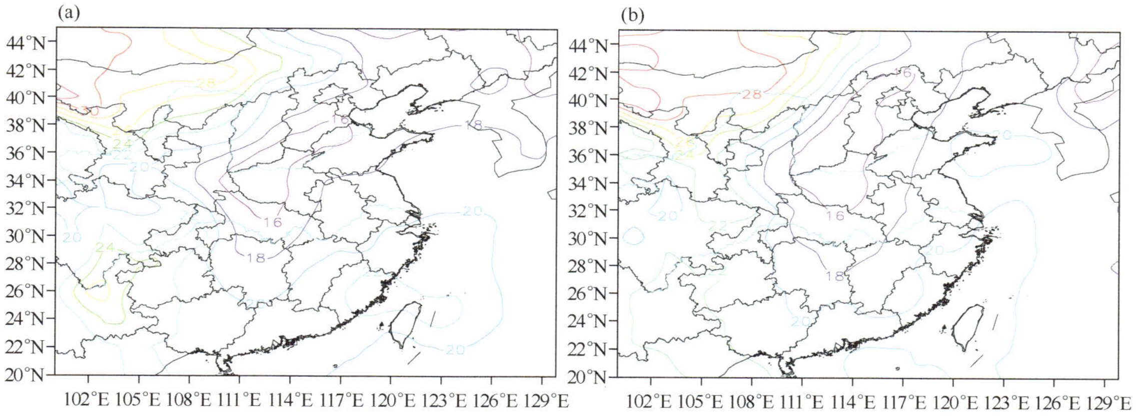

图 9.1.8　850 hPa 等压面的温度场

（a. 1960 年 7 月 27 日 20 时；b. 1960 年 7 月 28 日 20 时，单位：℃）

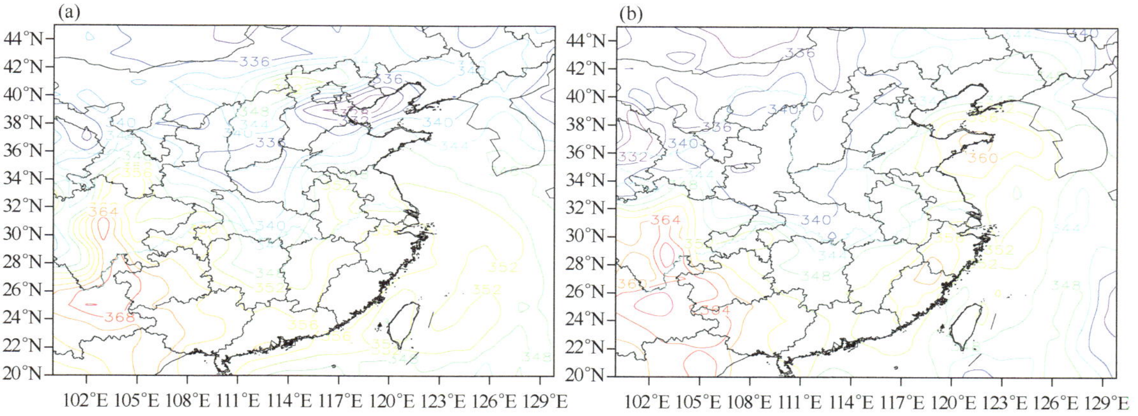

图 9.1.9　850 hPa 等压面的假相当位温场

（a. 1960 年 7 月 27 日 20 时；b. 1960 年 7 月 28 日 20 时，单位：K）

9.2 6408号台风“Flossie”

9.2.1 台风“Flossie”概况

台风“Flossie”于1964年7月25日08时在西太平洋海域生成，生成后向偏北方向移动，强度逐渐加强，7月25日20时在129.6°E，23.3°N附近海域加强为热带风暴并转向西北方向移动，7月27日08时在125°E，27.3°N附近海域加强为台风，并转向西北偏北方向移动，中心附近最大风速为40 m/s，7月28日14时在上海东部122.4°E，31.6°N附近海域转向东北方向移动，7月29日20时在朝鲜半岛西北部登陆，登陆时强度为强热带风暴，之后强度逐渐减弱并继续向东北方向移动，8月2日02时在132.9°E，48°N附近海域消亡（图9.2.1）。

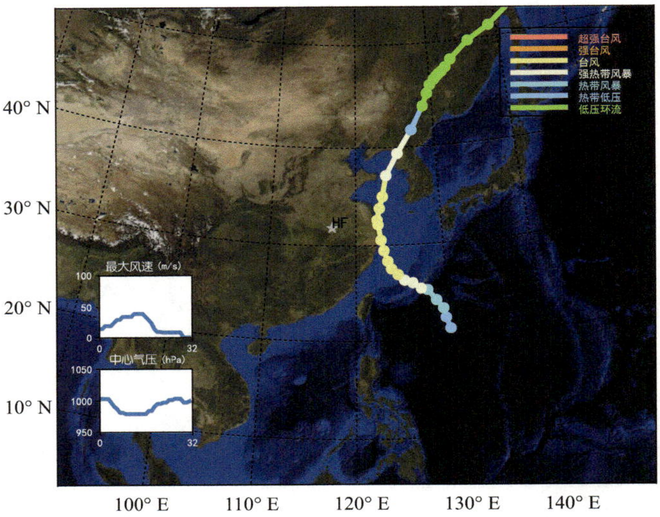

图9.2.1 6408号台风“Flossie”移动路径图

9.2.2 “Flossie”过程中国中东部降水实况

“Flossie”于1964年7月27日前后对我国开始造成影响，致主要转向点和登陆点、消亡点附近造成明显降水（图9.2.2）。浙江北部、山东大部、河南北部、河北南部及东部地区降水量普遍在50 mm以上，其中浙江北部、山东中西部和河南的北部超过100 mm。

9.2.3 “Flossie”过程安徽降水实况

受“Flossie”影响，1964年7月26日20时—29日20时，除江淮之间中部地区、沿江东部和天长地区，其他大部分地区出现降水（图9.2.3），沿淮淮河以北，大别山区和沿江江南中西部地区雨量普遍在10 mm以上，其中沿淮淮河以北的中北部、西部和大别山区南部、沿江江南西部地区超过25 mm，砀山、阜阳、岳西和东至4个市县出现暴雨，最大值为砀山79 mm。26日20时—27日20时砀山和阜阳出现暴雨，27日20时—28日20时岳西和东至两站出现暴雨。

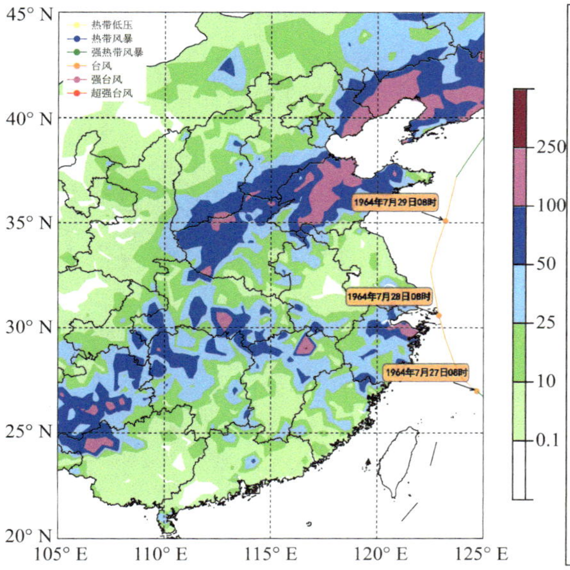

图 9.2.2　“Flossie”影响期间 1964 年 7 月 26 日 20 时—7 月 30 日 20 时中国中东部总降水量(单位:mm)

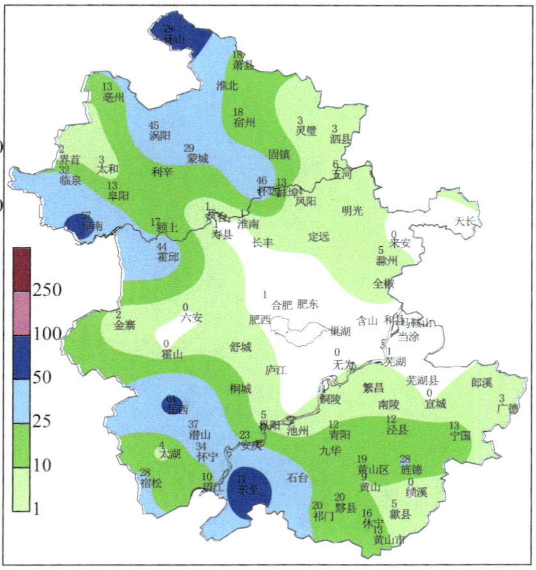

图 9.2.3　“Flossie”影响期间 1964 年 7 月 26 日 20 时—7 月 29 日 20 时安徽省总雨量(单位:mm)

9.2.4　“Flossie”过程天气形势分析

综合分析可以发现,“Flossie”过程冷空气从低层先于高层南下影响安徽,26 日 20 时—27 日 20 时强降水中心与 925 hPa 等压面台风倒槽和 200 hPa 等压面分流区对应较好。27 日 20 时—28 日 20 时强降水落区与 200 hPa 分流区对应关系较好。

500 hPa 等压面高度场:副高较强,范围较广,588 dagpm 等值线并未伸向内陆,我国以东海面 588 dagpm 等值线呈南北分布,“Flossie”位于 588 dagpm 等值线与 584 dagpm 等值线之间,沿 588 dagpm 等值线以西北上(图 9.2.4)。

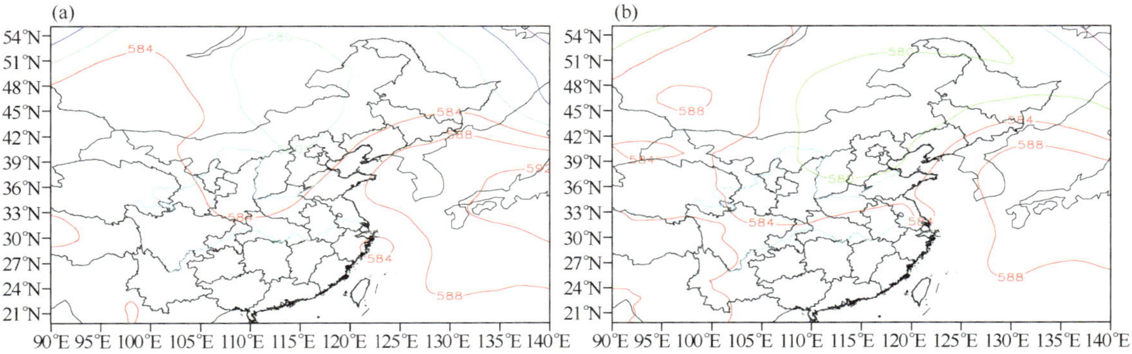

图 9.2.4　500 hPa 等压面的高度场

(a. 1964 年 7 月 27 日 20 时;b. 1964 年 7 月 28 日 20 时,单位:dagpm)

200 hPa 等压面风场:7 月 27 日 20 时北部暴雨区位于高空急流轴右侧,此处高空有明显分流,同时高空强辐散是台风造成大范围强降水的一个基本动力特征(程正泉等,2009);28 日 20 时西南风急流南压,南部暴雨区对应高层为明显分流区(图 9.2.5)。

中低层风场:27 日 20 时 700 hPa 等压面(图 9.2.6)、850 hPa 等压面(图 9.2.7)、925 hPa

等压面(图 9.2.8)风场上可以发现冷空气从低层先于高层南下,26 日 20 时—27 日 20 时暴雨落区与 925 hPa 等压面倒槽对应关系较好,850 hPa 等压面倒槽相对于暴雨落区偏北,700 hPa 等压面倒槽则更偏北。28 日 20 时,“Flossie”北上,强降水落区位于安徽省西南部。

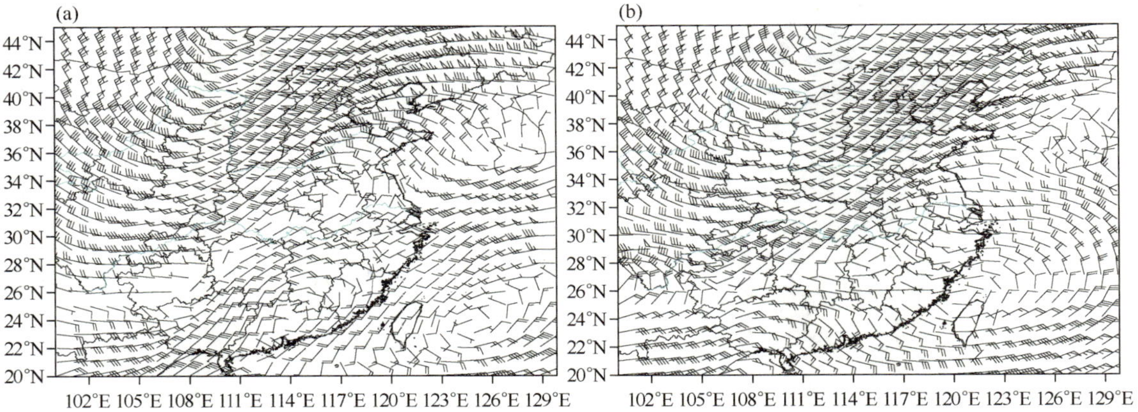

图 9.2.5 200 hPa 等压面的水平风场

(a. 1964 年 7 月 27 日 20 时;b. 1964 年 7 月 28 日 20 时,单位:m/s)

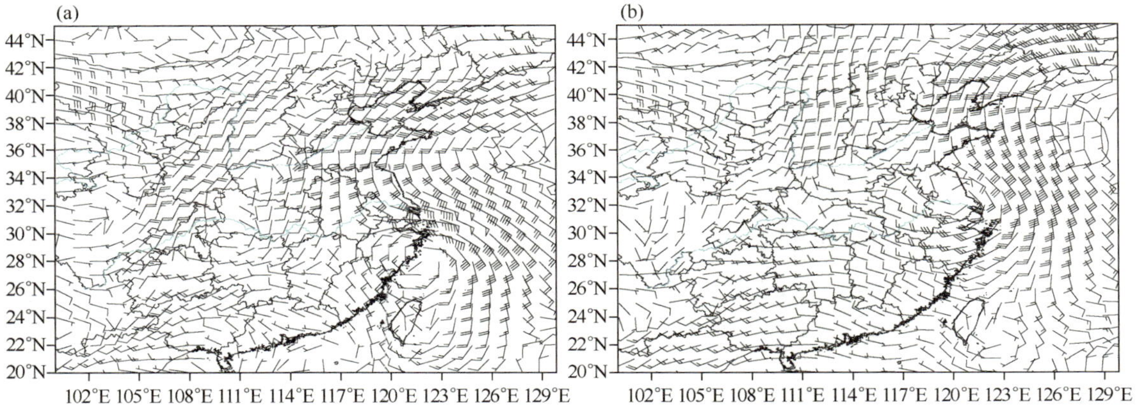

图 9.2.6 700 hPa 等压面的水平风场

(a. 1964 年 7 月 27 日 20 时;b. 1964 年 7 月 28 日 20 时,单位:m/s)

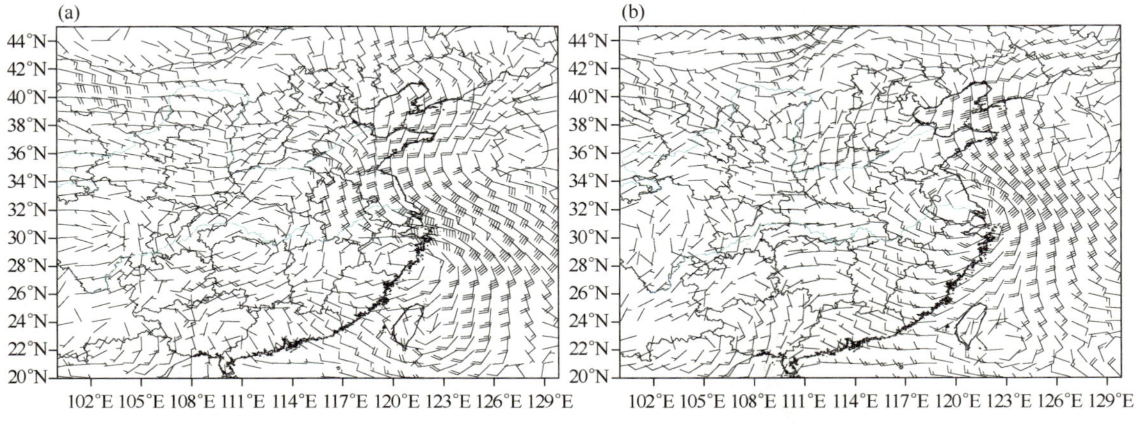

图 9.2.7 850 hPa 等压面的水平风场

(a. 1964 年 7 月 27 日 20 时;b. 1964 年 7 月 28 日 20 时,单位:m/s)

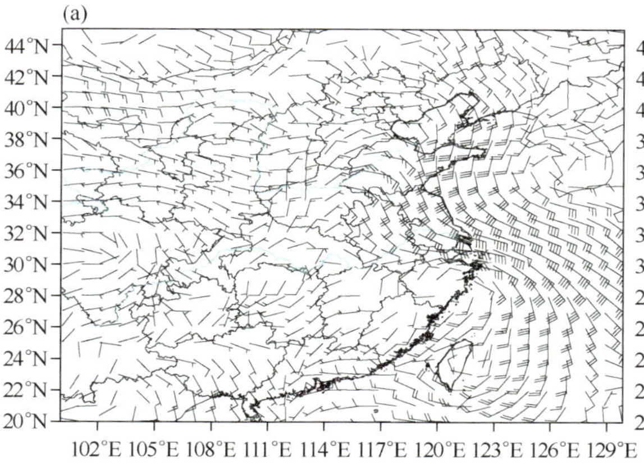

图 9.2.8　925 hPa 等压面的水平风场

(a. 1964 年 7 月 27 日 20 时；b. 1964 年 7 月 28 日 20 时，单位：m/s)

850 hPa 等压面温度场和假相当位温场：850 hPa 等压面在河南、河北有低温中心（图 9.2.9）。低温中心与“Flossie”之间的等温线密集区和等 θ_{se} 线密集区与强降水落区对应较好（图 9.2.10）。

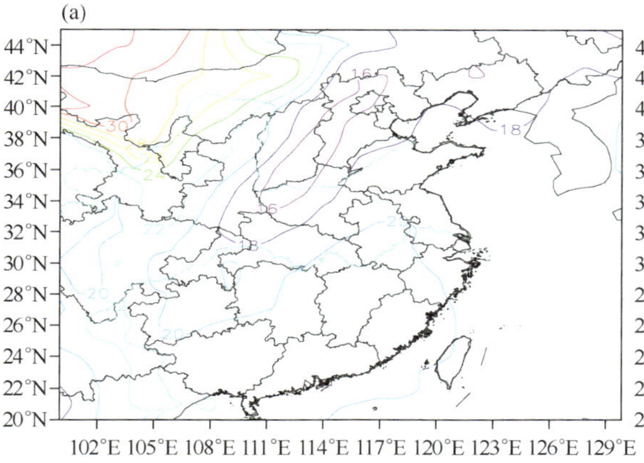

图 9.2.9　850 hPa 等压面的温度场

(a. 1964 年 7 月 27 日 20 时；b. 1964 年 7 月 28 日 20 时，单位：℃)

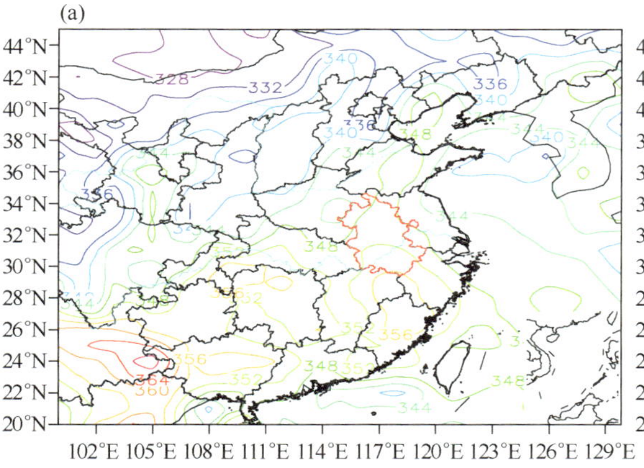

图 9.2.10　850 hPa 等压面的假相当位温场

(a. 1964 年 7 月 27 日 20 时；b. 1964 年 7 月 28 日 20 时，单位：K)

9.3 7910号台风“朱蒂”

9.3.1 台风“朱蒂”概况

台风“朱蒂”于1979年8月16日在西太平洋上生成，8月19日20时发展成超强台风。8月24日“朱蒂”距离浙江舟山最近26 km(30 m/s，11级，强热带风暴级)。之后，“朱蒂”转为东北移动方向，8月26日减弱为热带风暴在济州岛登陆，后经过朝鲜海峡进入日本海减弱消失(图9.3.1)。

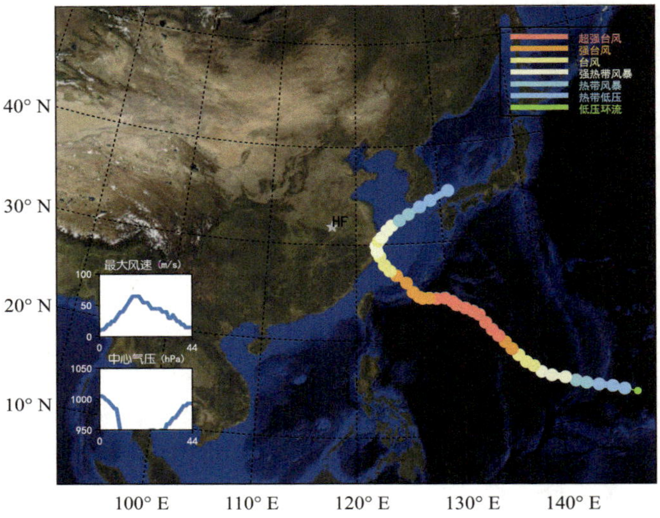

图9.3.1 7910号台风“朱蒂”移动路径图

9.3.2 “朱蒂”过程中国中东部降水实况

“朱蒂”于1979年8月23日前后对我国开始造成影响，至8月24日主要对转向点附近造成明显降水(图9.3.2)。浙江中北部、安徽南部、上海和江苏南部地区降水量普遍在50 mm以上，其中浙江东部和北部、安徽南部超过100 mm。

9.3.3 “朱蒂”过程安徽降水实况

图9.3.3为“朱蒂”影响期间安徽省总雨量。1979年8月23—25日，受“朱蒂”西北侧台风环流和冷空气的共同影响，沿淮东部、大别山区西北部和江南东南部出现暴雨，局部大暴雨，共有1个站超过50 mm，1个站超过100 mm；累计降雨量20～50 mm，最大值为黄山151 mm。强降水主要出现在23日和24日，其中23日降水区位于沿淮东部和大别山区西北部，最大值为凤阳24 h降水量52.4 mm；24日降水区位于江南南部，最大值为黄山24 h降水量107.7 mm。

9.3.4 “朱蒂”过程天气分析

综合分析可以发现“朱蒂”在影响安徽期间冷空气先从低层南下，具有明显的中低层系统相互作用特征(张少林等,2006),暴雨落区与东北风急流南侧的气旋式切变区域有很好的对应。

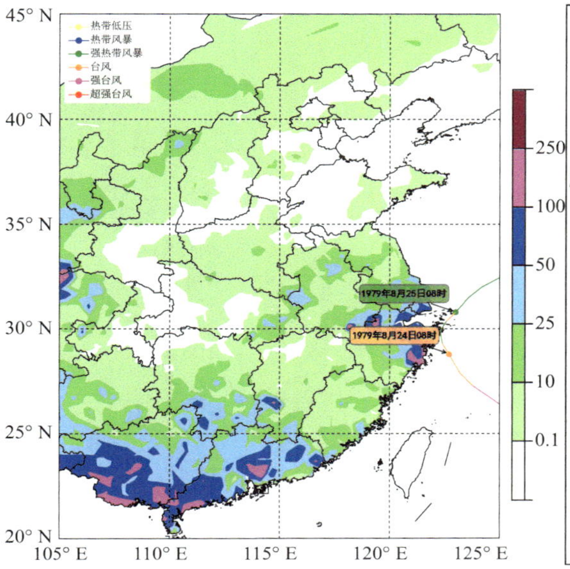

图 9.3.2 “朱蒂”影响期间 1979 年 8 月 22 日 20 时—8 月 25 日 20 时中国中东部总降水量(单位:mm)

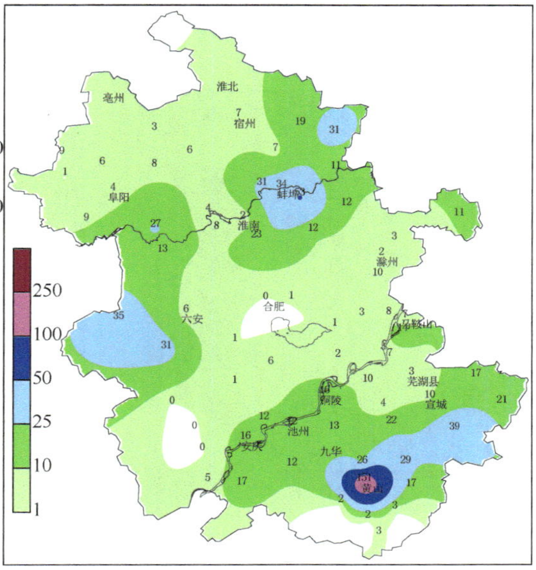

图 9.3.3 “朱蒂”影响期间 1979 年 8 月 22 日 20 时—8 月 25 日 20 时安徽省总雨量(单位:mm)

200 hPa 等压面高度场、风场:南亚高压在 90°E 以东有两个中心(图 9.3.4)。安徽省位于西部中心东南部,高层辐散(图 9.3.5)。南亚高压南部东北风急流位于安徽省江淮之间。暴雨落区位于急流南侧风速切变较大区域。

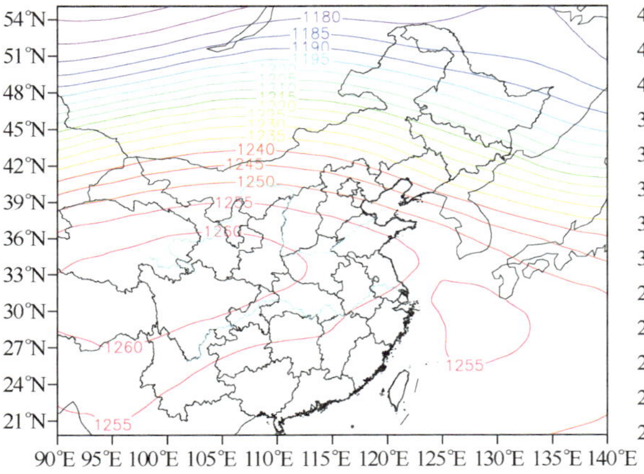

图 9.3.4 1979 年 8 月 24 日 20 时 200 hPa 等压面的高度场(单位:dagpm)

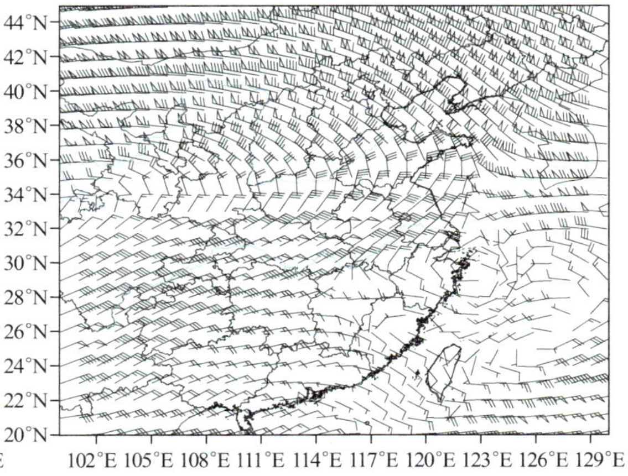

图 9.3.5 1979 年 8 月 24 日 20 时 200 hPa 等压面的水平风场(单位:m/s)

500 hPa 等压面高度场:台风中心位于浙江东部沿海,安徽省东南部位于台风环流影响下。中高纬度为高压脊控制,副高强大,西伸脊点 124°E,受副高西北侧西南引导气流影响,台风将向东北方向移动。暴雨落区位于台风环流西侧偏东气流中(图 9.3.6)。

850 hPa 等压面假相当位温场:浙江沿海存在 θ_{se} 高值中心,安徽省东北部存在 θ_{se} 低槽区,槽底与 θ_{se} 高值中心之间(江南地区)等 θ_{se} 线较为密集,且 θ_{se} 达 350 K,说明该处为高温高湿的不稳定大气。暴雨落区位于等 θ_{se} 线较为密集区(图 9.3.7)。

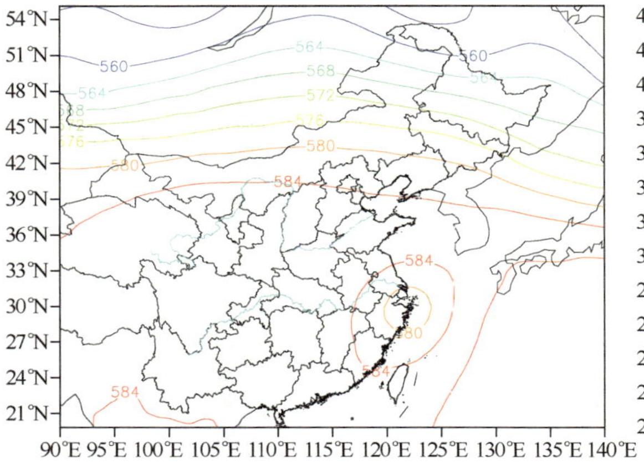

图 9.3.6 1979 年 8 月 24 日 20 时 500 hPa 等压面的高度场(单位:dagpm)

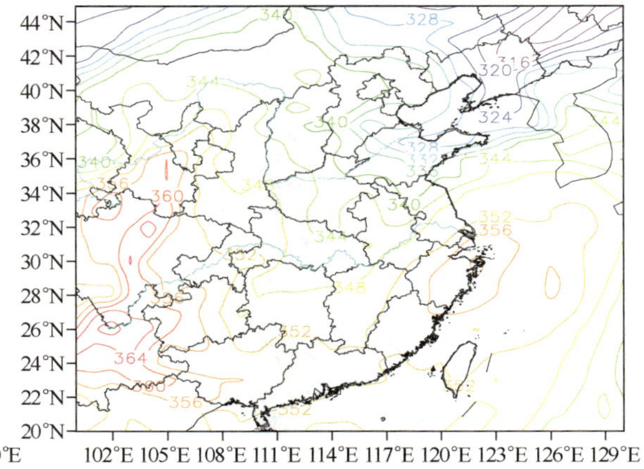

图 9.3.7 1979 年 8 月 24 日 20 时 850 hPa 等压面的假相当位温场(单位:K)

850 hPa 等压面风场:安徽省位于台风强气旋式环流中心西北侧,存在显著东北风急流,最大风速为 20 m/s,急流轴位于沿江地区。暴雨落区位于东北风急流南侧气旋式切变中(图 9.3.8)。

500 hPa 等压面温度:500 hPa 冷槽位于安徽省东南部,说明高空有冷空气活动。暴雨落区在冷槽附近。

925 hPa 等压面温度:925 hPa 冷槽自安徽省东南部经浙江西部至江西南部,位置已经比暴雨中心明显偏南,表明冷空气先从低层南下(图 9.3.9)。

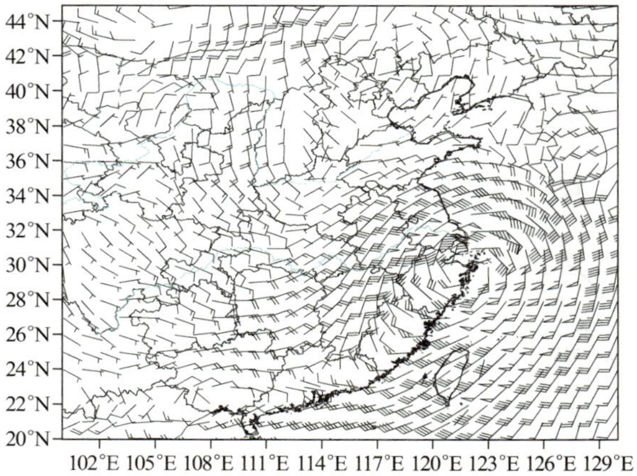

图 9.3.8 1979 年 8 月 24 日 20 时 850 hPa 等压面的水平风场(单位:m/s)

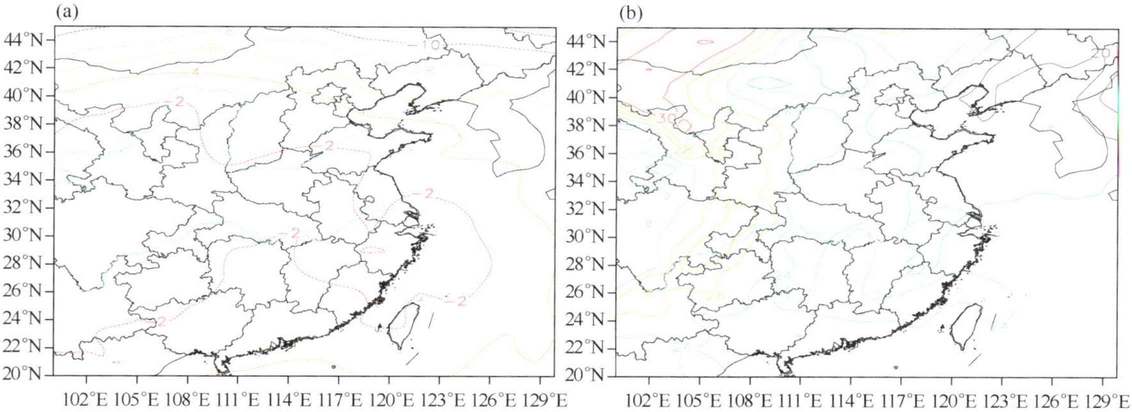

图 9.3.9　1979 年 8 月 24 日 20 时不同等压面的温度场

（a. 500 hPa；b. 925 hPa，单位：℃）

9.4　8104 号台风“朱恩”

9.4.1　台风“朱恩”概况

台风“朱恩”于 1981 年 6 月 16 日 08 时在菲律宾以东洋面生成，生成后向西北方向移动，强度逐渐加强，6 月 19 日 02 时在 125°E，19.9°N 附近海域加强为台风，之后转向为西北偏北方向移动，期间最大风力 40 m/s，6 月 20 日夜里穿过台湾岛东北部后转向东北方向移动，同时强度逐渐减弱，6 月 26 日 20 时在西北太平洋海域消亡（图 9.4.1）。

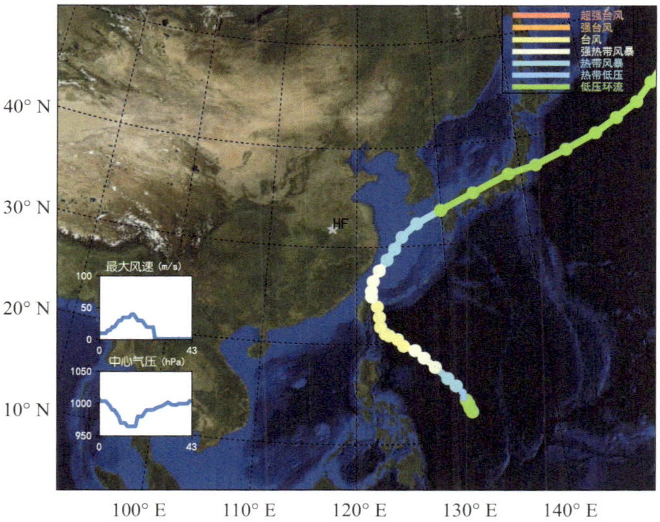

图 9.4.1　8104 号台风“朱恩”移动路径图

9.4.2　“朱恩”过程中国中东部降水实况

“朱恩”于 1981 年 6 月 17 日前后对我国开始造成影响，至 6 月 19 日主要对转向点附近造成明显降水(图 9.4.2)。浙江西部和南部降雨量在 50 mm 以上,其中浙江西部地区超过 100 mm。

9.4.3 "朱恩"过程安徽降水实况

图 9.4.3 为"朱恩"影响期间安徽省总雨量。受"朱恩"影响,1981 年 6 月 20 日 20 时—22 日 20 时,安徽省淮河以北东部地区和沿淮淮河以南出现降水,总降水量江淮之间西部、沿江江南中西部地区及天长和芜湖、马鞍山地区降水量超过 10 mm,其中大别山区、黄山市北部、沿江部分地区降水量超过 25 mm,最大值在旌德、怀宁,降水量均为 47 mm。此次过程较强降水主要出现在 21 日 20 时—22 日 20 时。

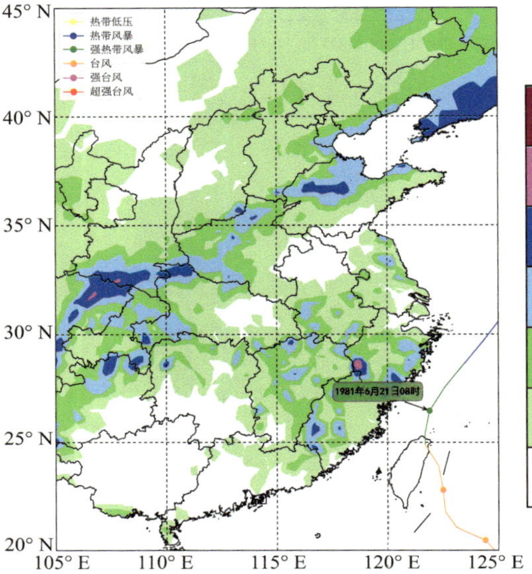

图 9.4.2 "朱恩"影响期间 1981 年 6 月 20 日 20 时—6 月 22 日 20 时中国中东部总降水量(单位:mm)

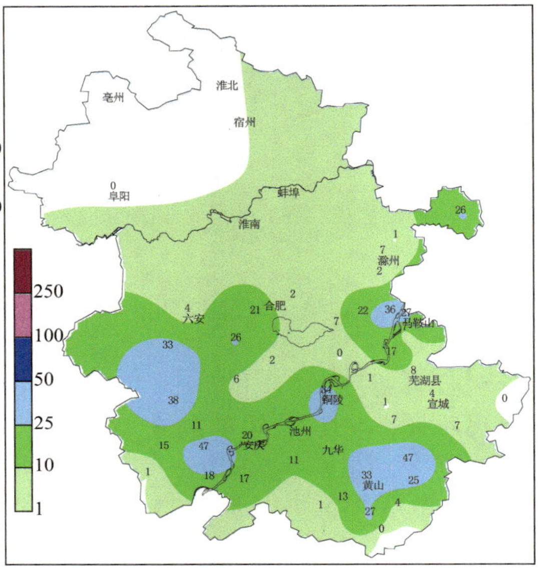

图 9.4.3 "朱恩"影响期间 1981 年 6 月 20 日 20 时—6 月 22 日 20 时安徽省总雨量(单位:mm)

9.4.4 "朱恩"过程天气形势分析

综合分析可以发现"朱恩"过程台风引起的降水较小,此次过程主要受中高层冷空气影响,安徽省淮河以南出现降水,较强降水与高空分流区对应关系较好。

500 hPa 等压面高度场:副高呈带状,584 dagpm 等值线控制我国江南华南大部分地区,东北地区有冷涡,安徽省北部受冷涡南侧槽后西北气流控制,南部为副高控制(图 9.4.4),受冷空气影响安徽省沿淮淮河以南大部分地区出现降水,降水中心位于 584 dagpm 等值线以南,与 584 dagpm 等值线走向一致,呈西北东南向(李春虎等,2002)。

200 hPa 等压面风场:强降水区对应高空分流区(图 9.4.5)。

中低层假相当位温场:从 700 hPa 和 850 hPa 等压面假相当位温场来看,强降水落区位于 700 hPa 等压面等 θ_{se} 线密集区,850 hPa 等压面等 θ_{se} 线密集区分布范围较广,指示性略差于 700 hPa 等压面(图 9.4.6)。

中低层温度场:700 hPa 等压面可以明显看出从我国东北至安徽省北部有温度槽南伸,而 925 hPa 等压面冷槽特征不明显,表明此次过程,中层冷空气对安徽省影响明显于低层冷空气

（图 9.4.7）。

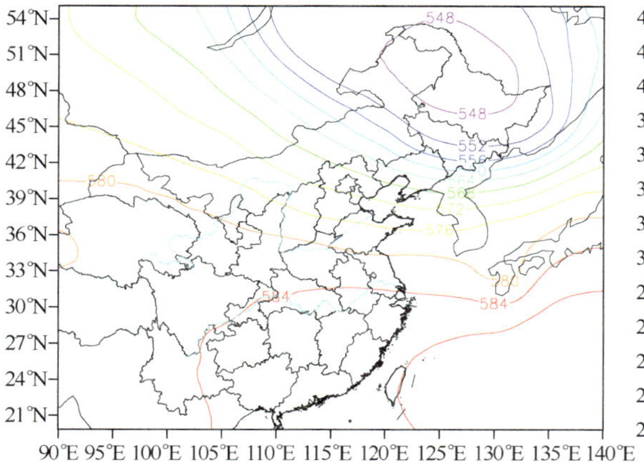

图 9.4.4　1981 年 6 月 22 日 20 时 500 hPa 等压面的高度场(单位:dagpm)

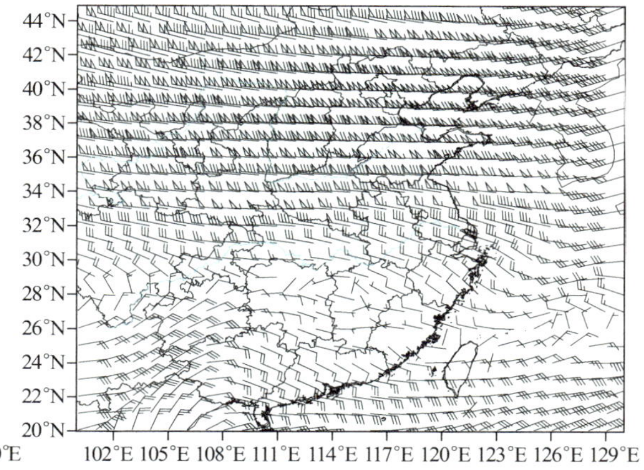

图 9.4.5　1981 年 6 月 22 日 20 时 200 hPa 等压面的水平风场(单位:m/s)

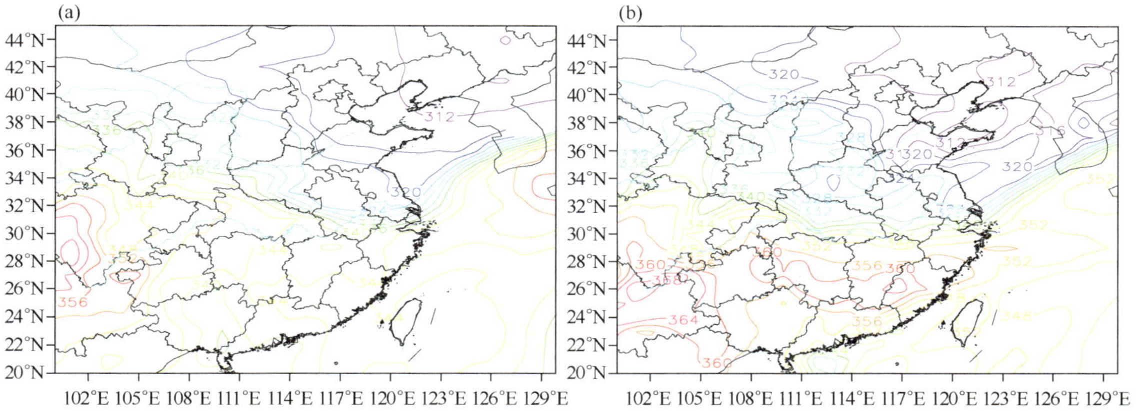

图 9.4.6　1981 年 6 月 22 日 20 时不同等压面的假相当位温场

(a. 700 hPa;b. 850 hPa,单位:K)

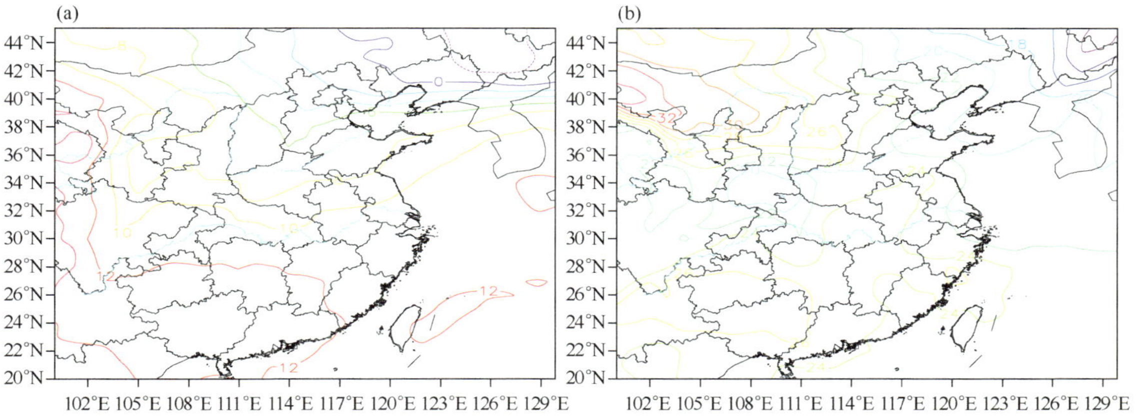

图 9.4.7　1981 年 6 月 22 日 20 时不同等压面的温度场

(a. 700 hPa;b. 925 hPa,单位:℃)

9.5 8705号台风“Vernon”

9.5.1 台风“Vernon”概况

台风“Vernon”于1987年7月16日08时在西太平洋海域生成，生成后向偏西方向移动，强度逐渐加强，7月18日14时在靠近菲律宾128°E，13.7°N附近海域转向西北方向移动，7月19日14时在126°E，16.8°N附近海域加强为台风，并继续向西北方向移动，期间中心附近最大风速为35 m/s，7月21日下午在台湾宜兰附近登陆，穿过台湾东北部后强度逐渐减弱并转向东北方向移动，最终在东海122.3°E，28.6°N附近海域消亡（图9.5.1）。

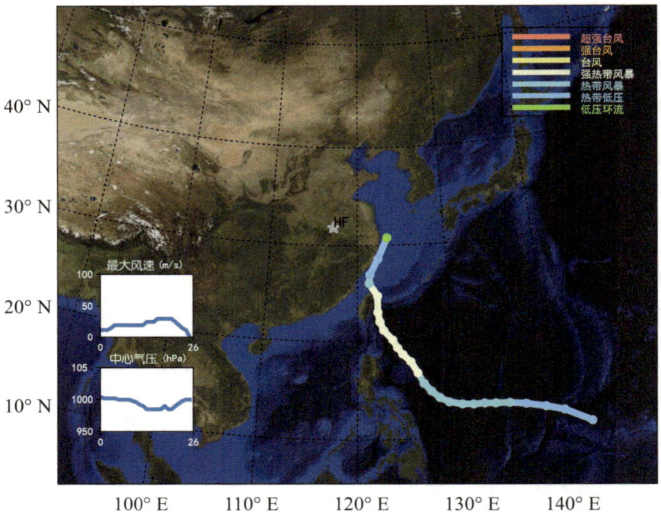

图9.5.1 8705号台风“Vernon”移动路径图

9.5.2 “Vernon”过程中国中东部降水实况

“Vernon”于1987年7月20日前后对我国开始造成影响，至7月21日主要对登陆点和消亡点附近造成明显降水（图9.5.2）。福建中南部、浙江大部、湖南中北部、上海和苏皖两省南部及北部地区降水量普遍在50 mm以上，其中福建中南部，浙江大部、上海中部和安徽南部及江苏北部超过100 mm。

9.5.3 “Vernon”过程安徽降水实况

图9.5.3为“Vernon”影响期间安徽省总雨量。受“Vernon”影响，1987年7月20日20时—23日20时，全省出现降水，总降水量淮河以北和江淮之间东部大部分地区0.1～10 mm；江淮之间中西部和沿江、江南东南部大部分地区10～25 mm，其他地区25 mm以上，其中黄山市和青阳、九华、泾县、旌德超过50 mm，最大值为黄山光明顶130 mm。皖南的强降水主要分布在7月21日20时—22日20时。

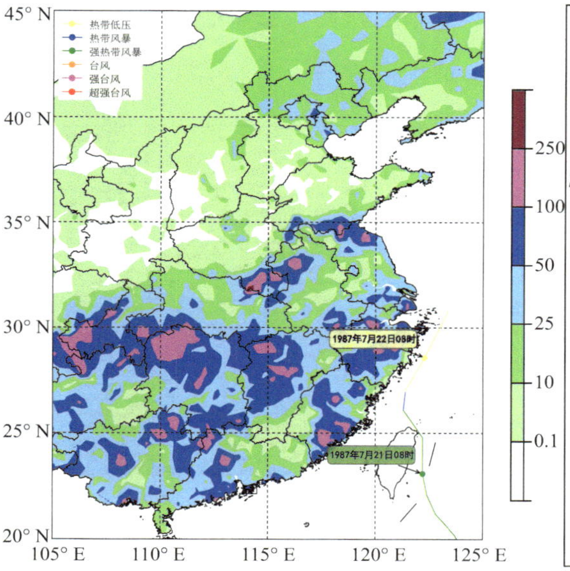

图 9.5.2　"Vernon"影响期间 1987 年 7 月 19 日 20 时—7 月 23 日 20 时中国中东部总降水量(单位:mm)

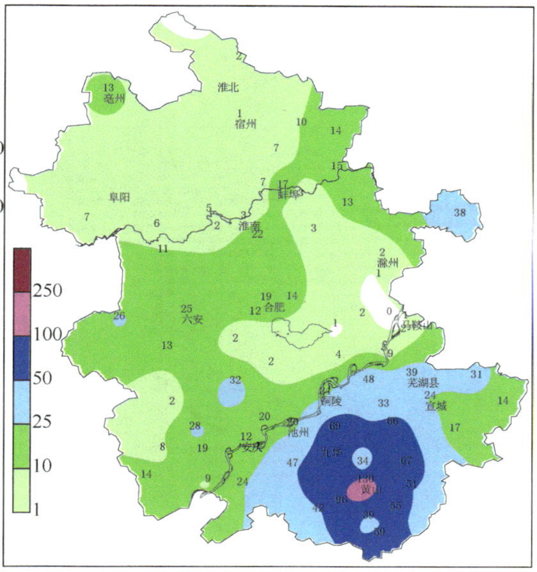

图 9.5.3　"Vernon"影响期间 1987 年 7 月 20 日 20 时—7 月 23 日 20 时安徽省总雨量(单位:mm)

9.5.4　"Vernon"过程天气形势分析

综合分析可以发现"Vernon"过程强降水中心与高层分流区对应较好(张兴强等,2001)。在中低层,强降水落区位于 850 hPa 和 700 hPa 两层等压面槽线之间。

500 hPa 等压面高度场:副高从 7 月 21 日 20 时—22 日 20 时强度明显增强,同时东北地区有冷涡,冷涡西南侧有冷空气南下影响到安徽地区。强降水落区位于 584 dagpm 等值线以南(图 9.5.4)。

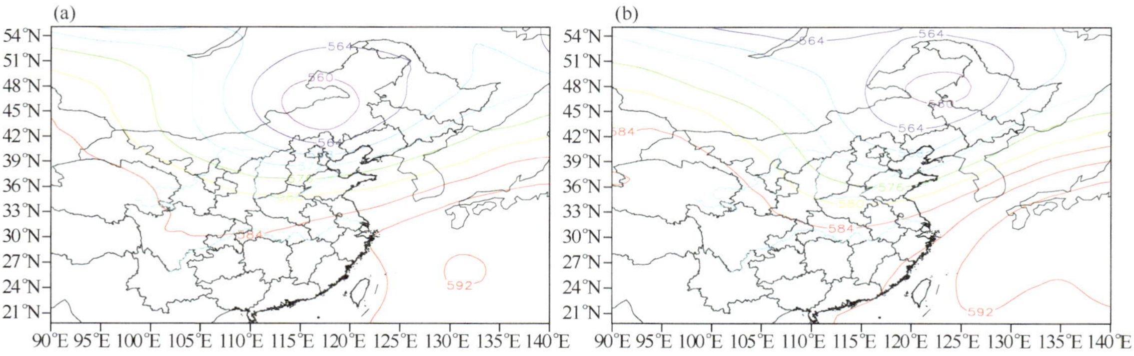

图 9.5.4　500 hPa 等压面的高度场
(a. 1987 年 7 月 21 日 20 时;b. 1987 年 7 月 22 日 20 时,单位:dagpm)

200 hPa 等压面风场:7 月 21 日 20 时安徽省南部上空处于高空急流轴的右侧,7 月 22 日 20 时,暴雨区恰好对应 200 hPa 等压面分流区(图 9.5.5)。

中低层风场:21 日 20 时 700 hPa 和 850 hPa 等压面上在安徽省沿淮地区都有明显低槽,至 22 日 20 时 850 hPa 等压面低槽已移出安徽省(图 9.5.6),700 hPa 等压面低槽相对落后(图 9.5.7),位于沿江地区,强降水落区位于 22 日 20 时两层槽线之间。

假相当位温场：暴雨落区与 700 hPa 等压面等 θ_{se} 线大值区(图 9.5.8)、与 850 hPa 等压面等 θ_{se} 线密集区对应较好(图 9.5.9)。

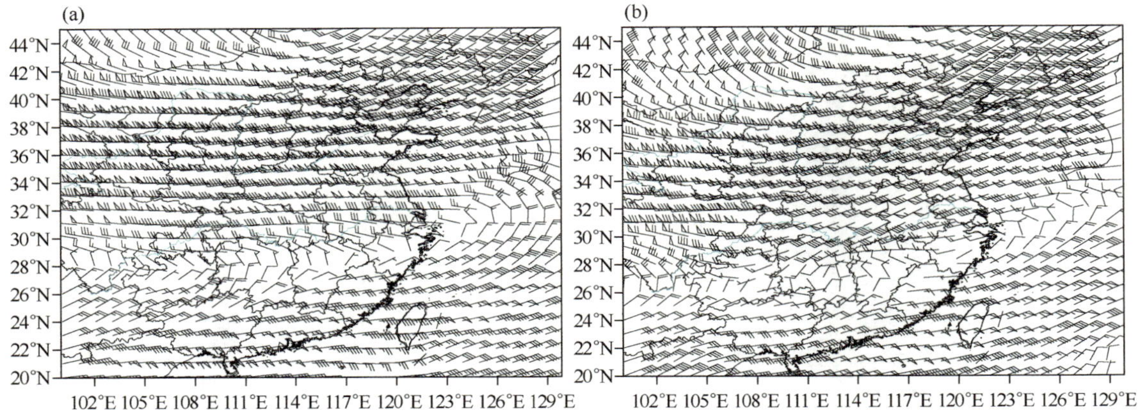

图 9.5.5　200 hPa 等压面的水平风场

(a. 1987 年 7 月 21 日 20 时；b. 1987 年 7 月 22 日 20 时，单位：m/s)

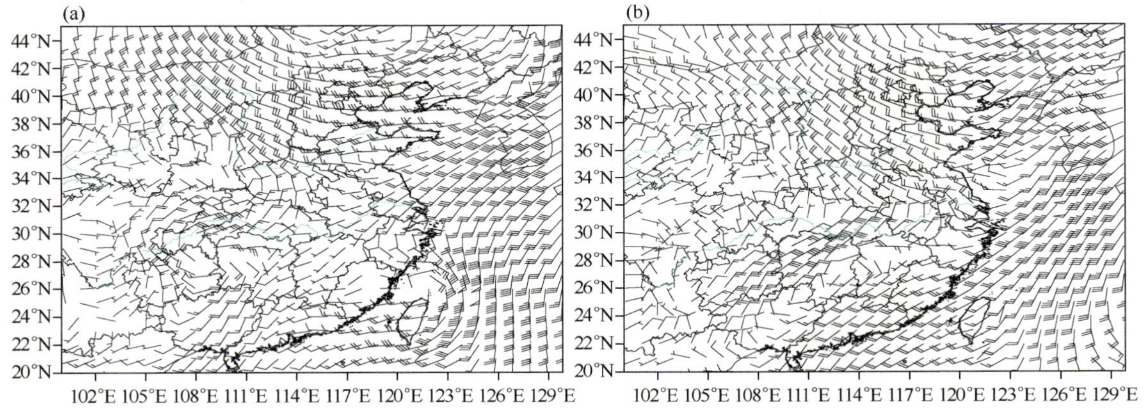

图 9.5.6　850 hPa 等压面的水平风场

(a. 1987 年 7 月 21 日 20 时；b. 1987 年 7 月 22 日 20 时，单位：m/s)

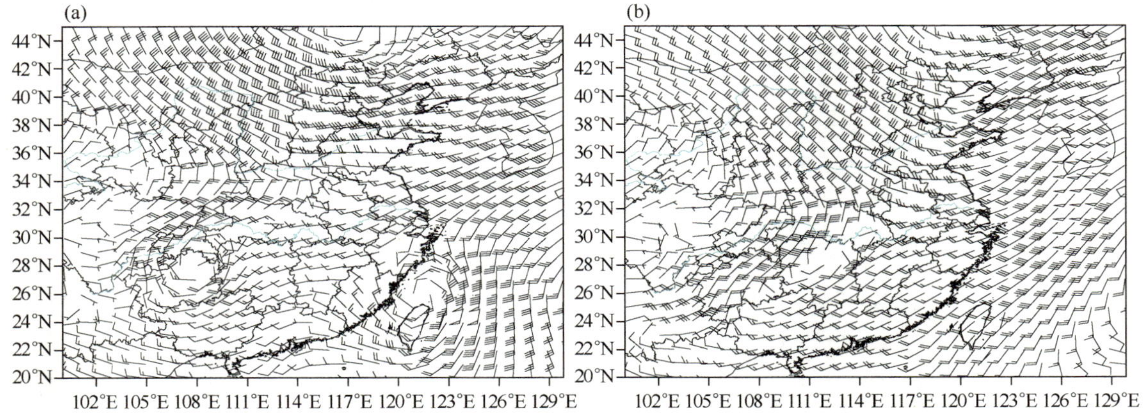

图 9.5.7　700 hPa 等压面的水平风场

(a. 1987 年 7 月 21 日 20 时；b. 1987 年 7 月 22 日 20 时，单位：m/s)

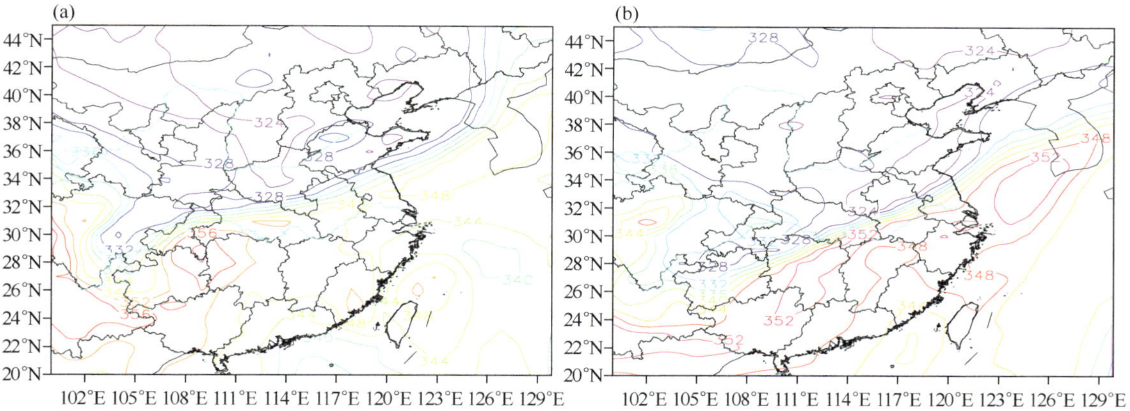

图 9.5.8　700 hPa 等压面的假相当位温场

(a. 1987 年 7 月 21 日 20 时；b. 1987 年 7 月 22 日 20 时，单位：K)

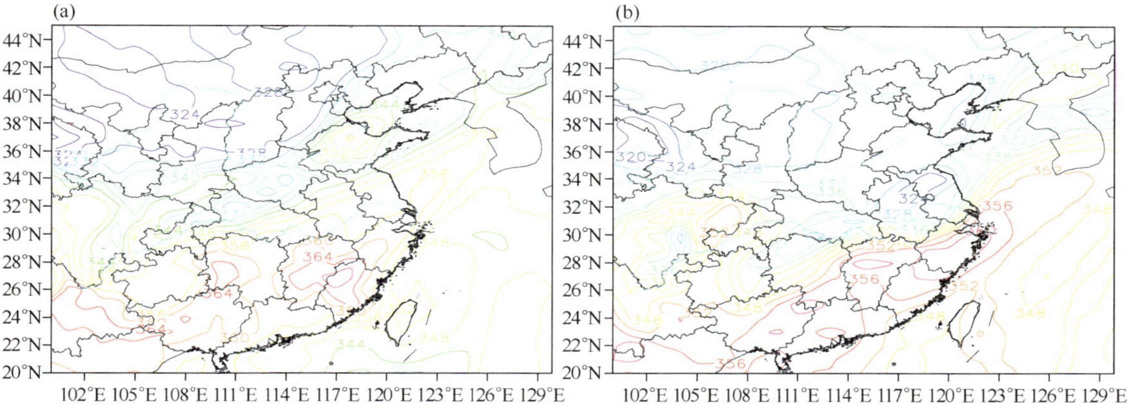

图 9.5.9　850 hPa 等压面的假相当位温场

(a. 1987 年 7 月 21 日 20 时；b. 1987 年 7 月 22 日 20 时，单位：K)

9.6　9007 号台风"Robyn"

9.6.1　台风"Robyn"概况

台风"Robyn"于 1990 年 7 月 5 日 02 时在西太平洋海域生成，生成后向偏西方向移动，7 月 5 日 20 时在 126.1°E，11.1°N 附近海域增强为热带低压并转向西北方向移动，强度逐渐加强，7 月 8 日 20 时在 125.6°E，19°N 附近海域加强为热带风暴，并转向西北偏北方向移动，7 月 10 日 08 时在 123.9°E，26°N 附近海域加强为强热带风暴，中心附近最大风速为 25 m/s 并转向东北偏北方向移动，强度逐渐减弱，"Robyn"穿过朝鲜半岛和日本岛之间海域后继续向偏北方向移动，最终在 7 月 14 日 14 时左右在 133°E，42°N 附近海域消亡(图 9.6.1)。

9.6.2　"Robyn"过程中国中东部降水实况

"Robyn"于 1990 年 7 月 9 日前后对我国开始造成影响，至 7 月 12 日主要对华东地区造成较明显降水(图 9.6.2)，雨量分布不均。广西南部、安徽北部、河南北部和山东西部的部分地区降水量在 50 mm 以上，其中广西南部、安徽东北部和河南北部局部超过 100 mm。

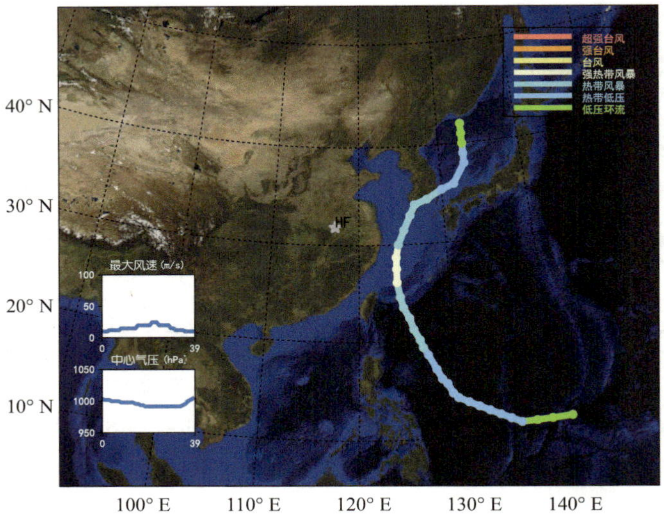

图 9.6.1 9007 号台风“Robyn”移动路径图

9.6.3 “Robyn”过程安徽降水实况

受“Robyn”影响，1990 年 7 月 9 日 20 时—11 日 20 时，安徽全省出现降水，总降水量沿淮淮河以北、江淮之间东部地区和江南大部分地区为 10～40 mm（图 9.6.3），其中砀山、界首、怀远、蚌埠和明光超过 50 mm，最大值为明光 84 mm。此次过程 7 月 9 日 20 时—10 日 20 时和 10 日 20 时—11 日 20 时，沿淮淮河以北和江淮之间东北部地区都出现较强降水，但雨量分布不均匀。

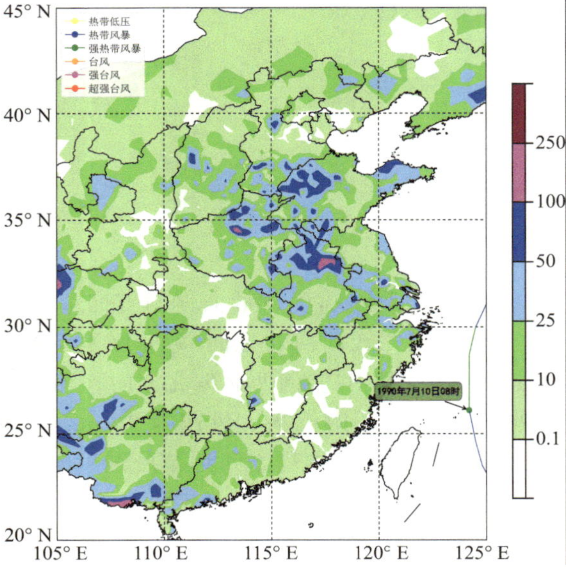

图 9.6.2 “Robyn”影响期间 1990 年 7 月 8 日 20 时—12 日 20 时中国中东部总降水量（单位：mm）

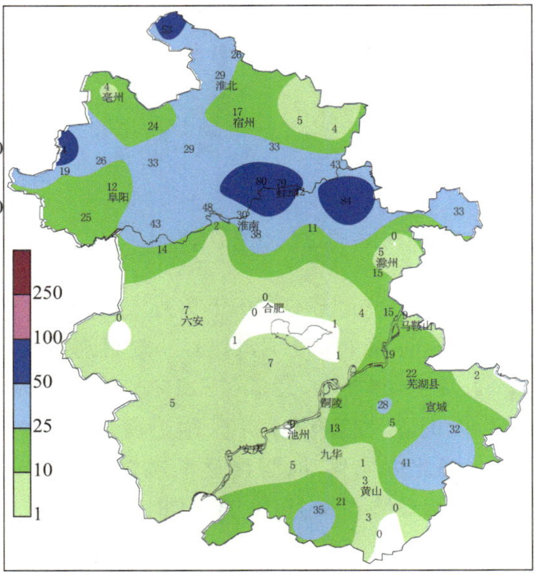

图 9.6.3 “Robyn”影响期间 1990 年 7 月 9 日 20 时—11 日 20 时安徽省总雨量（单位：mm）

9.6.4　"Robyn"过程天气形势分析

"Robyn"过程的强降水中心与高层分流区对应较好；在中低层，强降水落区位于 850 hPa 和 700 hPa 两层等压面槽线之间。

500 hPa 等压面高度场：7 月 10 日 20 时西太平洋副高向北部凸起，我国东北至安徽省淮北地区有低槽，此低槽 11 日 20 时加强南伸(图 9.6.4)。

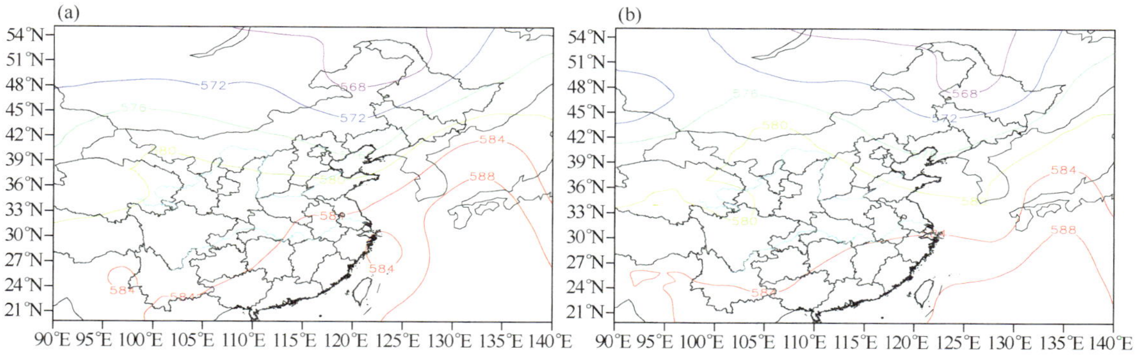

图 9.6.4　500 hPa 等压面的高度场

(a. 1990 年 7 月 10 日 20 时；b. 1990 年 7 月 11 日 20 时，单位：dagpm)

500 hPa 等压面风场和温度场：7 月 10 日 20 至 11 日 20 时，500 hPa 等压面上安徽省北部都为西北风，结合气温场发现 500 hPa 等压面冷平流较为明显(图 9.6.5—9.6.6)。

低层风场：850 hPa 等压面 10 日 20 时—11 日 20 时安徽省上空都为偏南风。925 hPa 等压面可以较清楚发现台风外围云系可影响到安徽省。

假相当位温场：暴雨落区与 700 hPa 等压面安徽省淮河以北的等 θ_{se} 大值区对应较好，925 hPa 等压面安徽省东部为等 θ_{se} 线密集区，与此次过程强降水落区对应也较好。

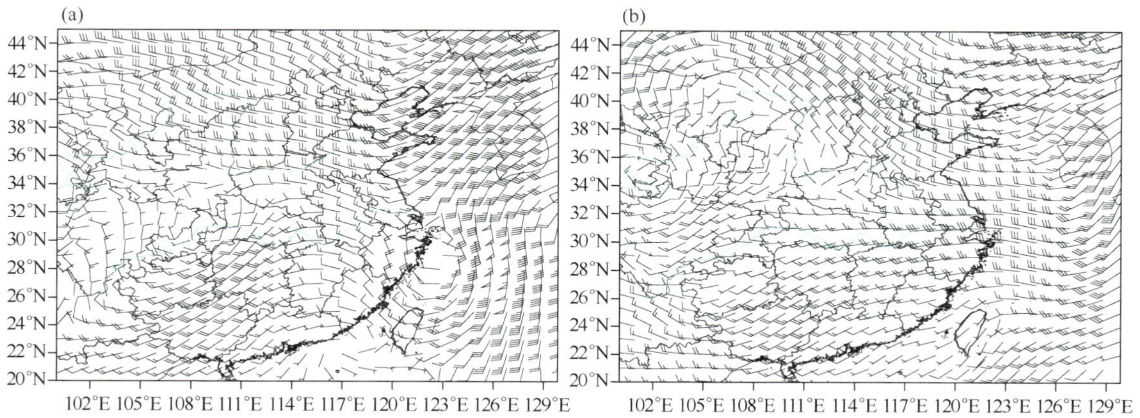

图 9.6.5　500 hPa 等压面的水平风场

(a. 1990 年 7 月 10 日 20 时；b. 1990 年 7 月 11 日 20 时，单位：m/s)

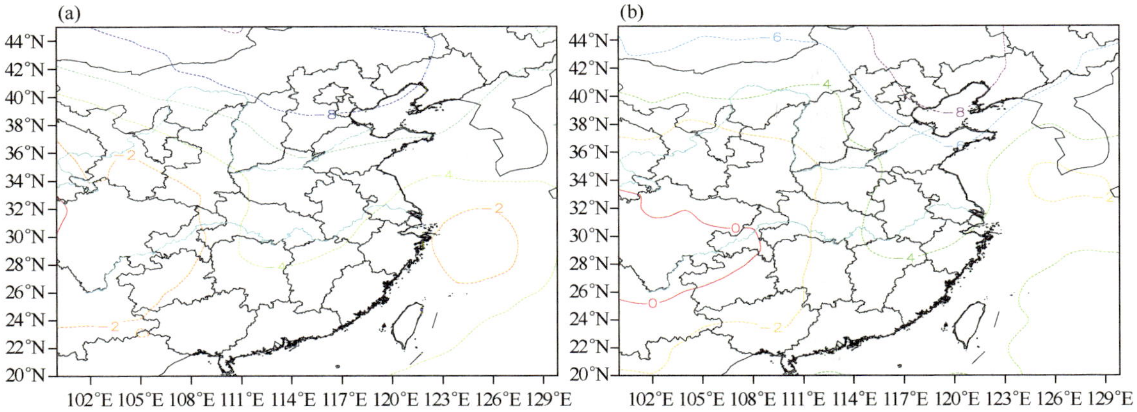

图 9.6.6　500 hPa 等压面的温度场

（a. 1990 年 7 月 10 日 20 时；b. 1990 年 7 月 11 日 20 时，单位：℃）

第 10 章　沿海移动无冷空气影响台风个例分析

10.1　9430 号台风“Seth”

10.1.1　台风“Seth”概况

台风“Seth”于 1994 年 10 月 2 日在太平洋上生成，10 月 8 日 02 时发展成超强台风。10 月 10 日 “Seth”距离台湾台北最近 108 km(40 m/s,13 级，台风级)。之后，“Seth”转为东北移动方向，8 月 11 日减弱为强热带风暴，8 月 12 日越过济州岛在韩国南部登陆，后进入日本海减弱消失(图 10.1.1)。

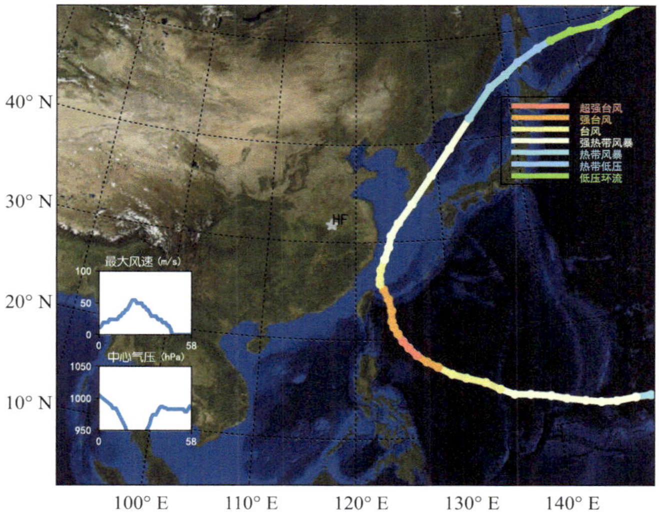

图 10.1.1　9430 号台风“Seth”移动路径图

10.1.2　“Seth”过程中国中东部降水实况

“Seth”于 1994 年 10 月 8 日前后对我国开始造成影响，至 10 月 12 日主要对华东地区造成明显降水(图 10.1.2)。浙江东部、浙江北部、江苏南部和安徽沿淮地区降水量普遍在 50 mm 以上，其中浙江东部和江苏南部的部分地区超过 100 mm。

10.1.3　“Seth”过程安徽降水实况

1994 年 10 月 9－11 日，受“Seth”减弱的低压影响，沿淮和江南东南部出现暴雨(图 10.1.3)，局部大暴雨，共有 8 个站超过 50 mm，2 个站超过 100 mm；累计降雨量为 50～

100 mm，最大值为广德 110 mm。强降水主要出现在 9 日和 10 日，其中 9 日暴雨位于沿淮西部，最大值为霍邱 24 h 降水量 64.1 mm；10 日暴雨出现在沿淮东部和江南东部，最大值为广德 24 h 降水量 103.1 mm。

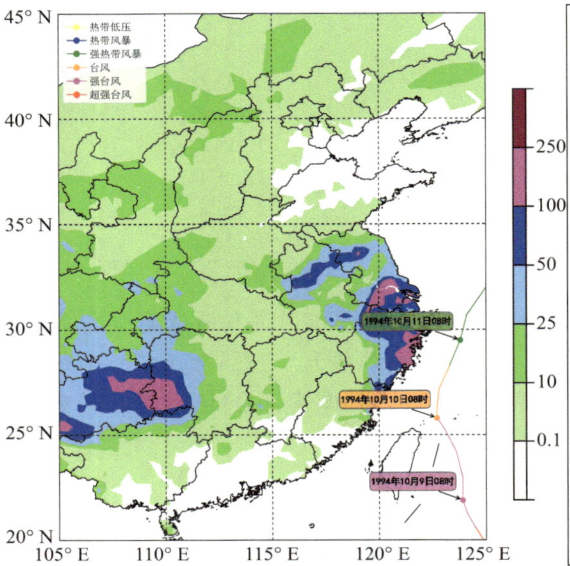

图 10.1.2 "Seth"影响期间 1994 年 10 月 7 日 20 时—10 月 12 日 20 时中国中东部总降水量(单位：mm)

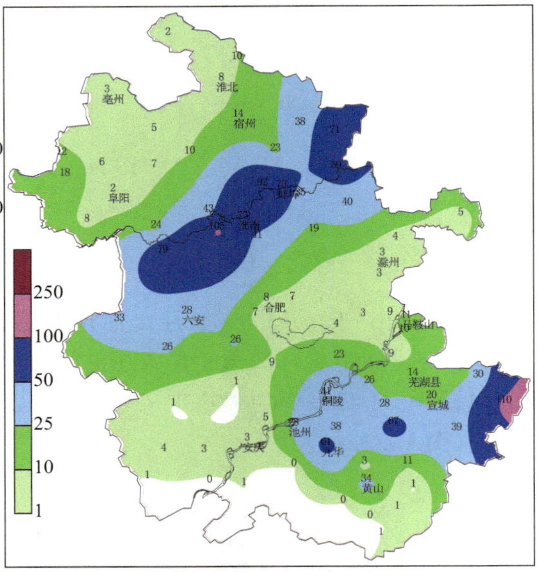

图 10.1.3 "Seth"影响期间 1994 年 10 月 8 日 20 时—10 月 11 日 20 时安徽省总雨量(单位：mm)

10.1.4 "Seth"过程天气分析

200 hPa 等压面高度场、风场：南亚高压分为东西两部分。中纬度地区为西槽东脊形势，安徽省位于 200 hPa 等压面槽前西南气流中(图 10.1.4)。

500 hPa 高度场：自蒙古国西部向东南方向伸出一低槽，槽底位于 34°N 附近，安徽省北部位于槽前。台风中心位于浙闽东部沿海，安徽省东南部位于台风外围环流影响下。受南北不

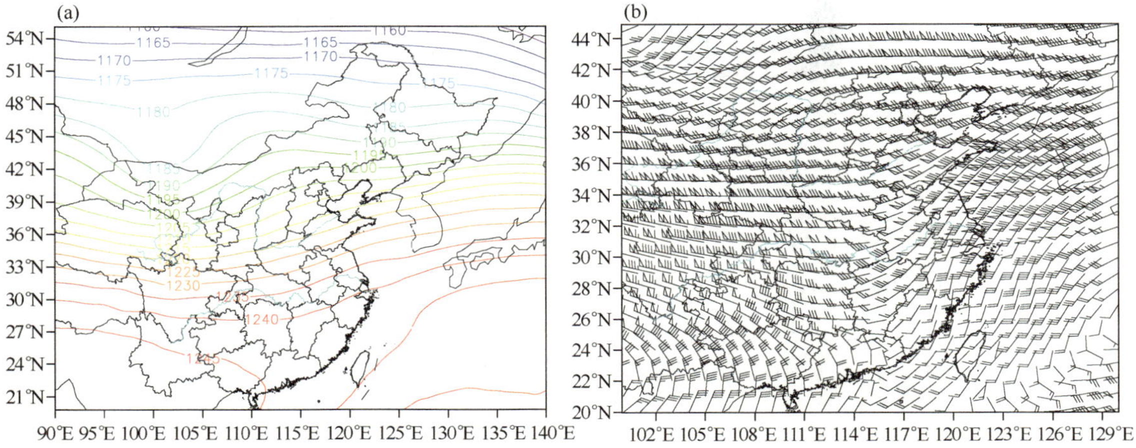

图 10.1.4 1994 年 10 月 10 日 20 时 200 hPa 等压面的高度场和水平风场

(a. 高度场，单位：dagpm；b. 水平风场，单位：m/s)

同系统影响，暴雨落区亦分为南北两块(图 10.1.5)。

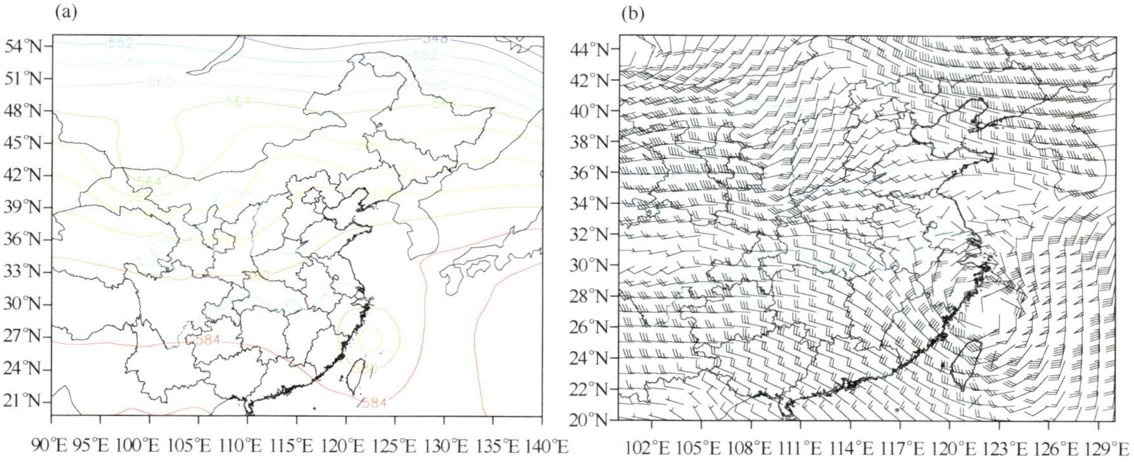

图 10.1.5 1994 年 10 月 10 日 20 时 500 hPa 等压面的高度场和水平风场

(a. 高度场，单位：dagpm；b. 水平风场，单位：m/s)

850 hPa 等压面假相当位温场：自我国东北地区向西南方向伸出一个 θ_{se} 低槽区，槽底位于安徽省北部，安徽省沿淮淮北地区等 θ_{se} 线密集，暴雨落区位于等 θ_{se} 线较为密集区(图 10.1.6a)。

850 hPa 等压面风场：安徽省位于台风强气旋式环流外围偏东气流影响下，东南部存在东风急流，最大风速 14 m/s。安徽省东南部暴雨落区位于东风急流附近(图 10.1.6b)。

500 hPa 和 700 hPa 等压面温度场：高低层均存在冷槽位于安徽省西部，有利于高空槽加强和维持(图 10.1.7)。

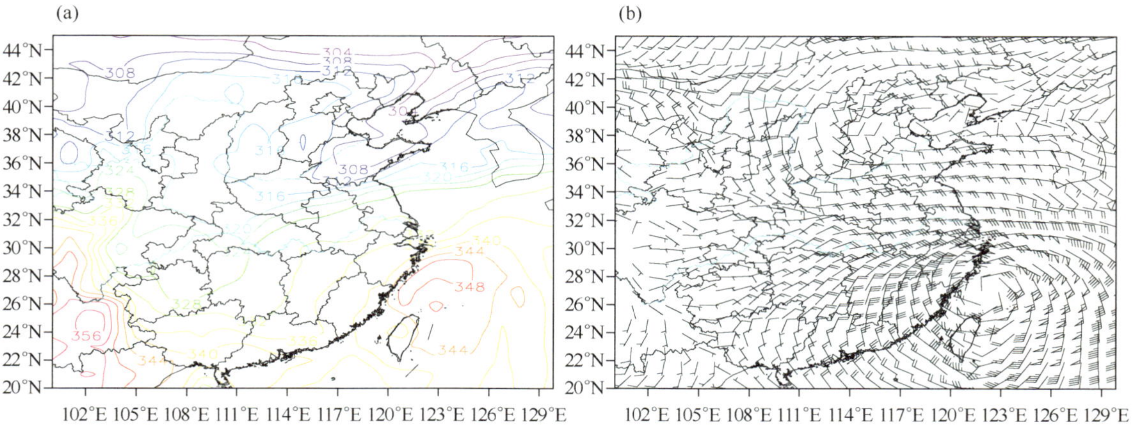

图 10.1.6 1994 年 10 月 10 日 20 时 850 hPa 等压面的假相当位温场和水平风场

(a. 假相当位温场，单位：K；b. 水平风场，单位：m/s)

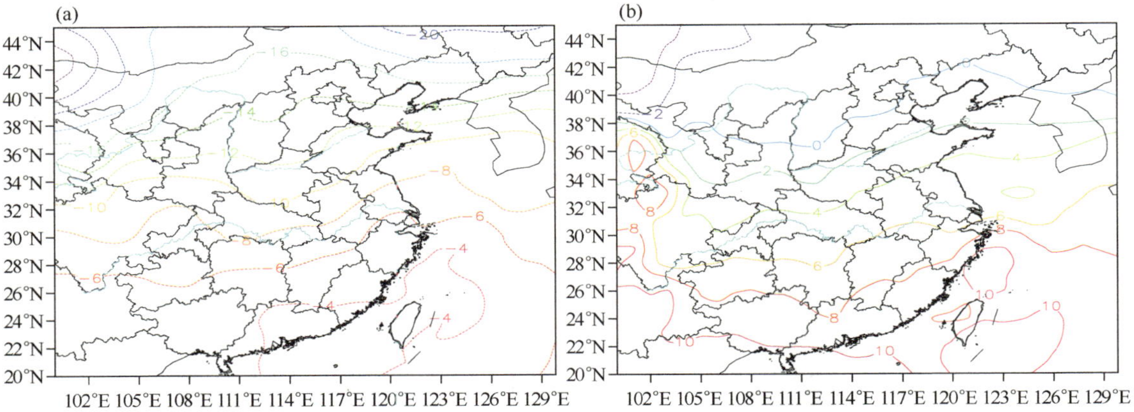

图 10.1.7 1994 年 10 月 10 日 20 时不同等压面的温度场

（a. 500 hPa；b. 700 hPa，单位：℃）

10.2 0012 号台风“派比安”

10.2.1 台风“派比安”概况

台风“派比安”于 2000 年 8 月 26 日在西北太平洋上生成，8 月 30 日发展成台风。8 月 30 日 20 时距离浙江省舟山最近 68 km。之后转为东北偏北移动方向，8 月 31 日在朝鲜西南部登陆，穿过朝鲜半岛后进入日本海，最后在日本东部减弱消失（图 10.2.1）。

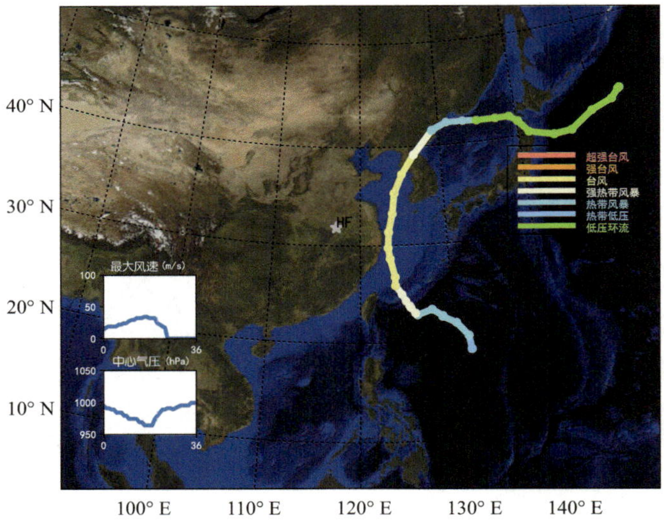

图 10.2.1 0012 号台风“派比安”移动路径图

10.2.2 “派比安”过程中国中东部降水实况

“派比安”于 2000 年 8 月 30 日前后对我国开始造成影响，至 9 月 1 日主要对华东沿海地区造成明显降水(图 10.2.2)。广东东部、江苏北部和山东中部地区降水量普遍在 50 mm 以上,广东东部、江苏北部和山东南部超过 100 mm,其中江苏北部局部地区超过 250 mm。

10.2.3　“派比安”过程安徽降水实况

2000 年 8 月 30—31 日,受“派比安”台风环流和高空槽的共同影响,淮河以北东北部、江淮之间东部和江南东南部出现大雨(图 10.2.3),局部暴雨,共有 4 个站超过 50 mm,1 个站超过 100 mm;累计降雨量为 30～50 mm,最大值为和县 105 mm。强降水主要出现在 30 日,暴雨位于江南东部,最大值为和县 24 h 降水量 73.4 mm。

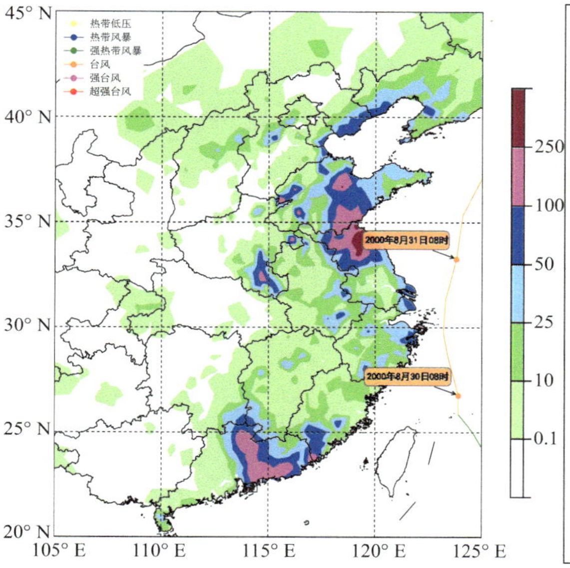

图 10.2.2　“派比安”影响期间 2000 年 8 月 29 日 20 时—9 月 1 日 20 时中国中东部总降水量(单位:mm)

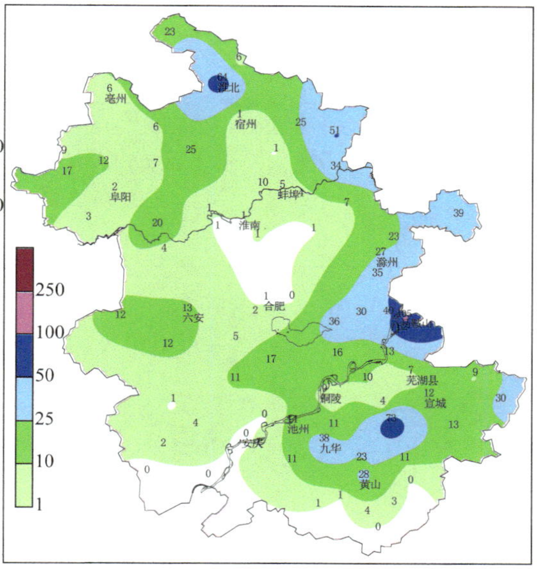

图 10.2.3　“派比安”影响期间 2000 年 8 月 29 日 20 时—8 月 31 日 20 时安徽省总雨量(单位:mm)

10.2.4　“派比安”过程天气分析

200 hPa 等压面高度场、风场:南亚高压有两个中心,110°E 以东的南亚高压中心位于 130°E 附近,并且其东段有明显北抬,脊线呈西南东北向,受其影响,日本海附近为明显高压脊。自华北西北部至湖北地区为一南北向深槽。槽前脊后的山东附近存在西南风急流核,安徽省位于急流入口端,具有强风速辐散(图 10.2.4)。

500 hPa 等压面高度场、风场:中高纬度为一槽一脊形势,槽自华北西部向南伸至湖北地区;副高强大,脊线位置偏北,自日本海向西北方向突出高压脊;台风环流中心位于浙江东部沿海。安徽省淮河以北至江淮之间北部位于槽前西南气流影响下,江淮之间南部至江南位于台风环流西北侧偏东气流影响下。暴雨落区在槽前和台风外围偏东气流中(图 10.2.5)。

850 hPa 和 700h Pa 等压面温度场:华北地区有一冷中心,向西南方向伸出一冷槽,安徽省位于 850 hPa 等压面冷槽前。700 hPa 等压面冷槽位置与 850 hPa 接近,但冷槽的东北西南走向较 850 hPa 等压面更为明显,浙江附近为一暖中心。暴雨落区在温度槽前(图 10.2.6)。

850 hPa 等压面风场:安徽省位于台风外围一致偏东气流控制之下(图 10.2.7)。

700 hPa 等压面假相当位温场：淮河以北地区暴雨位于等 θ_{se} 线密集区（图 10.2.8）。

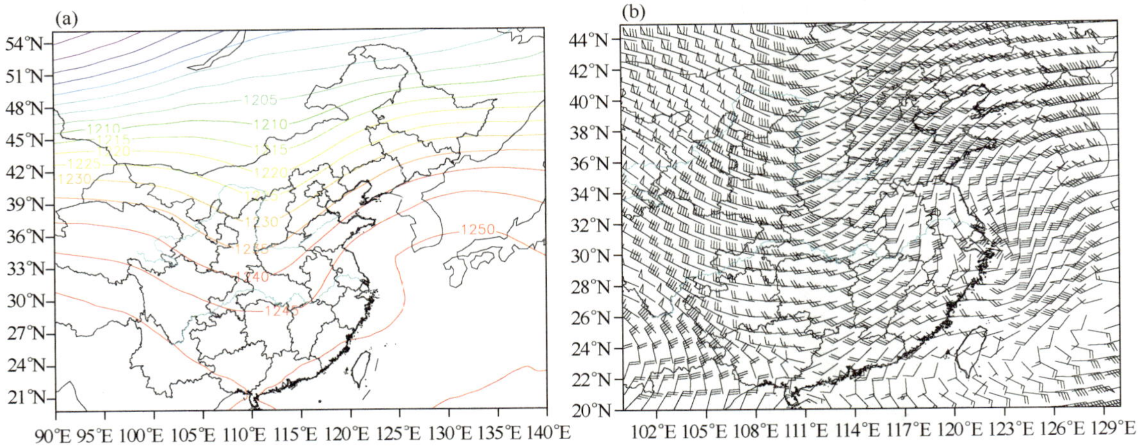

图 10.2.4　2000 年 8 月 30 日 20 时 200 hPa 等压面的高度场和水平风场

（a. 高度场，单位：dagpm；b. 水平风场，单位：m/s）

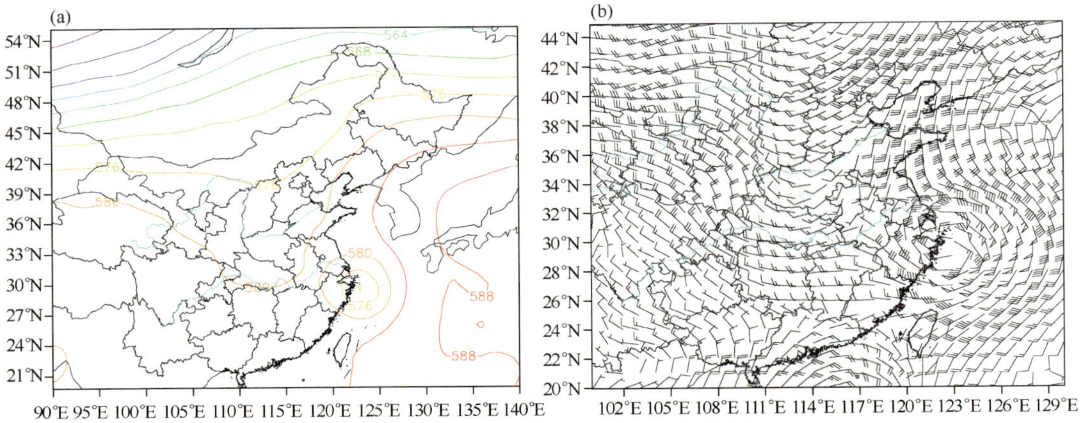

图 10.2.5　2000 年 8 月 30 日 20 时 500 hPa 等压面的高度场和水平风场

（a. 高度场，单位：dagpm；b. 水平风场，单位：m/s）

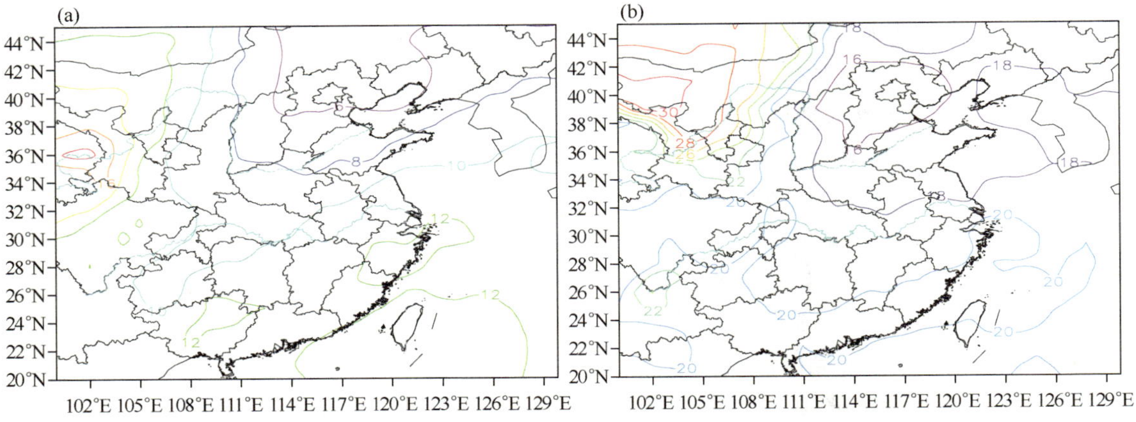

图 10.2.6　2000 年 8 月 30 日 20 时不同等压面的温度场

（a. 700 hPa；b. 850 hPa，单位：℃）

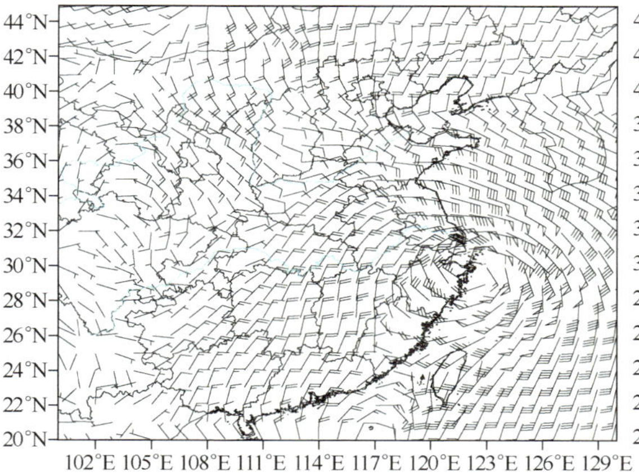

图 10.2.7　2000 年 8 月 30 日 20 时 850 hPa 等压面的水平风场(单位:m/s)

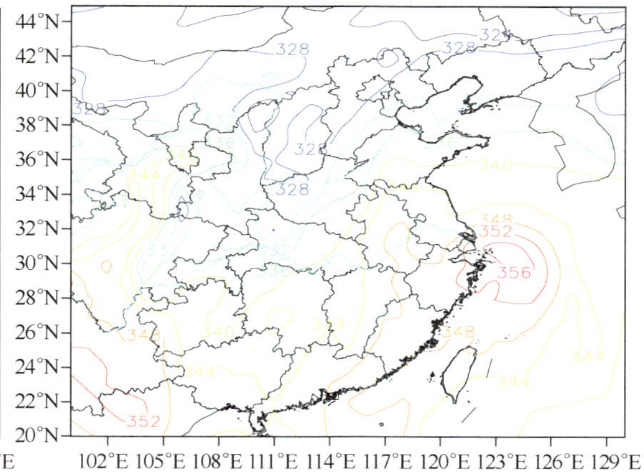

图 10.2.8　2000 年 8 月 30 日 20 时 700 hPa 等压面的假相当位温场(单位:K)

第11章　结　论

(1)1959—2018年对安徽省有较明显影响的台风共102个,平均每年1～2个,最多的年份为1994年,先后有6个台风影响安徽省,其次是2005年,有5个台风对安徽省造成明显降水。60年间有11个年份台风对安徽省基本无明显风雨影响或无台风影响到安徽省。一般而言,台风影响安徽时强度越强,对安徽省造成的风雨影响也越大,但减弱或停止编报的台风往往也会造成安徽省强降雨,如1513号台风"泰利"在停止编报后,仍造成安徽省大别山区强降雨。

(2)书中整理的1959—2018年对安徽省有影响的102个台风个例,由于一些停止编报的台风仍能造成安徽省强降雨,因此在文中针对每一个台风个例,利用目前中国气象局(CMA)、日本气象厅(JMA)、美国关岛台风预警中心(JTWC)等国内外已有台风路径强度的整编资料,补充和完善了影响安徽省的减弱台风或低压位置和强度资料,因此部分台风个例路径编报时间长于中国气象局台风路径的编报时间。

(3)根据安徽省1959—2018年台风暴雨综合强度指数排序,排在前8位的台风中有4个出现在2005年及其以后,分别为0513号台风"泰利"、0808号台风"凤凰"、1211号台风"海葵"和1818号台风"温比亚"。排在前4位的台风中有3个出现在2008年及其以后,分别为0808号台风"凤凰"、1211号台风"海葵"和1818号台风"温比亚",其中1818号"温比亚"排名历史第二位,近年来台风对安徽的降雨影响和强度有增强趋势。

(4)在1959—2018年台风暴雨综合强度排序中,排名靠前的对安徽省造成强降雨的台风一定会对安徽省造成明显气象灾害。1818号台风"温比亚"造成因气象灾害死亡12人,是近10年来因台风灾害死亡人数最多的一次。气象灾害尤其是人员伤亡等气象灾害,并不仅与台风降雨强度成正比,同时与降雨中心位置和强度有密切关系。0513号台风"泰利"造成安徽省大别山区的岳西总雨量573 mm,24 h雨量达493 mm,从而导致出现山体滑坡、山洪暴发和严重内涝,造成近百人死亡,为安徽省因台风强降水导致死亡人数最多的过程。因此,在台风降雨过程中,如降雨中心出现在山区,尤其要引起关注。

(5)文中将1959—2018年102个台风个例主要依据台风路径和有无冷空气影响,分为九大类。九类台风中西北路径的台风数量最多,达43个,所占比例超过四成;其次偏北和偏西路径的台风数目依次为19个和17个,以上三种路径的台风总数达79个,占所有台风的77.5%。西北路径的台风对安徽省影响最为频繁,当同时有冷空气结合时,易造成安徽省强降雨。此外偏西路径台风虽略少,但对安徽省的风雨影响通常较大。按照安徽省台风暴雨综合强度指数排序,排名前两位的7504号台风"Ora"和1818号台风"温比亚"均为偏西路径,同时也都有冷空气影响。

(6)西北有冷空气类台风造成的安徽省降雨分布,强降雨中心有11个个例出现在江南东部或东南部,8个个例出现在江南西部、大别山区、淮河以南西部、江北西部或安徽省西部,3个个例出现在安徽省东部或江淮东部,3个个例出现在淮北地区,2个个例出现在江北,2个个例出现在淮河以南。强降雨中心在安徽省江南东南部出现频次最多,其次是安徽省西部地区。

此类台风 29 个个例中有 28 个个例在安徽省 80 站降水中至少有 1 个站出现 100 mm 以上的降水。1959—2018 年台风暴雨综合强度指数排序中,过程总降水量排名前 10 的个例中,此类型占 4 例,分别为 0808 号台风“凤凰”、1211 号台风“海葵”、6911 号台风“艾尔西”和 0513 号台风“泰利”,排名分别为第三、第四、第六和第七,其中有 3 个个例发生在 2000 年后。

(7)西北无冷空气类台风造成的安徽省降雨分布,14 个个例中的强降雨中心有 4 个个例出现在安徽省江南的东部或东南部,3 个个例出现在江北西部、江淮西部和江南西南部,2 个个例出现在淮北地区,3 个个例出现在安徽省东部,1 个个例呈东西向出现在大别山区和江南东部,1 个个例呈东北西南向出现在淮北东部和淮河以南西部。此类个例降雨中心分布较为分散,14 个个例中有 10 个出现 100 mm 以上站点,但 100 mm 以上的范围一般都较小,仅 8108 号台风“Nina”在淮北和江淮之间西部地区、1814 号台风“摩羯”分别出现 9 站、10 站 100 mm 以上降雨。

(8)广东登陆有冷空气影响类台风的强降水中心 15 个个例中有 13 个分布在沿江江南,仅有两个个例分别出现在沿淮淮北地区和江北西部地区。15 个个例的降水强度差异较大,9403 号台风“Russ”和 9908 号台风“山姆”分别在大别山区和江南、沿江出现大范围 100 mm 以上降雨,而 9909“温迪”台风过程,安徽省基本无超过 50 mm 降雨。9403 号台风“Russ”和 9908 号台风“山姆”两个强降雨过程共同点为台风在广东登陆后沿西太平洋副热带高压西北侧向东北方向移动,西太平洋副热带高压的 584 dagpm 等值线穿过安徽省沿江江南地区。

(9)偏北路径有冷空气影响类 15 个台风个例中,7412 号台风“露西”、9006 号台风“珀西”、0713 号台风“韦帕”、0908 号台风“莫拉克”和 1410 号台风“麦德姆”5 个个例 50 mm 或 100 mm 以上强降雨范围较大,其中最强的 7412 号台风“露西”和 0713“韦帕”强降水中心分别呈东北—西南向和南北向分布,强降水位置分别位于台风路径附近和台风路径以西区域,1410 号台风“麦德姆”强降雨中心也呈东北—西南向分布,强降水中心位于台风路径以西区域,另外两个较强降雨台风个例强降水中心均位于沿江江南。其余 10 个较弱降雨台风个例 50 mm 或 100 mm 以上强降雨范围较小,强降水中心有 7 个个例出现在沿江江南。

(10)偏北路径无冷空气影响的 4 个台风个例中仅 7704 号台风“赛洛玛”强降雨范围较大,淮北地区和淮河以南西南部大部分地区都出现了 50 mm 以上降雨,其中沿江西部最大降雨量 480 mm。该过程“赛洛玛”减弱后的低压环流位于 Ω 形副高西南侧的凹进处,其东侧和北侧受西太平洋副热带高压阻挡,稳定少动,这是造成安徽省西南部台风中心附近形成强降水的主要原因。其余 3 个台风个例 50 mm 以上的较强降雨范围均较小,分布区域也比较分散。

(11)偏西路径有冷空气影响类,安徽省降雨强度最强的两个个例均为此类,分别为 7504 号台风“Ora”和 1818 号台风“温比亚”。此类台风较少,102 个例中仅 8 例,除以上两降雨最强个例,“鲇鱼”和“狮子山”降雨量也很大,分别排名第 9 和第 11,其余 4 个例也均出现较大范围大雨到暴雨。因此,虽然此类台风较少,但有将近 50%的概率会出现极端强降水。两个造成安徽省最强降雨的个例,登录点均在浙江北部到上海附近,之后西行影响安徽。两个过程强降水落区均位于台风西行路径以北。7504 号台风“Ora” 500 hPa 形势场为明显的鞍形场,在低层风场上台风倒槽与冷空气在安徽省以西地区结合,此处偏北风急流明显大于台风东侧的偏南风急流,暴雨落区位于偏北风急流与台风倒槽之间,同时安徽省大别山区地形的阻挡抬升作用对降水增强也有较大贡献。之后在台风继续东移过程中其东侧受到副高阻挡,台风倒槽稳定在江淮东部至江南西部,导致该区域出现强降水。1818 号台风“温比亚”在移动过程中北部受高压坝阻挡,移动速度缓慢,同时使倒槽两侧风俗明显增大,导致降水持续时间较长,之后台风转向东北方向移动，在安徽省北部有冷空气与台风系统结合，形成极端强降水。

(12)偏西路径无冷空气影响除8913号台风"肯恩"强降水范围较大，安徽省大部分地区出现50 mm以上、部分地区100 mm以上降雨，其余7个台风强降雨范围均较小，强降雨中心均在安徽省淮河以南。8913号台风"肯恩"在安徽造成的大范围强降雨主要由于其在向西略偏北方向移动过程中受到其北部西太平洋副热带高压的阻挡作用。

(13)沿海移动有冷空气影响，此类台风虽然有冷空气影响，但因台风距离安徽较远，因此6个台风个例强降雨范围都较小，且强降水中心多数呈南北走向，分布区域较为分散。

(14)沿海移动无冷空气影响类仅2个例，此类台风过程西太平洋副热带高压位置均偏东，主体未伸入到我国大陆地区，2个个例降雨强度和范围都较小，且都在安徽省江南东部地区降雨相对明显。

(15)台风过程中对安徽降雨影响较大的关键因子：当有冷空气与台风在安徽省上空结合时，安徽省往往会出现强降雨。除冷空气与台风结合造成强降雨外，台风降雨还应尤为关注周围系统对其的阻挡作用，如遇到高压坝，高压脊等强阻挡系统或处于鞍形场中，台风环流会移动非常缓慢，导致降水长时间维持。此外，当台风倒槽进入安徽省，并受到北部高压坝阻挡时，倒槽两侧风速会明显增大，以上形势都为强降雨提供有利条件。大多数台风强降雨中心的位置与850 hPa等压面系统对应较好，通常位于850 hPa等压面倒槽、低槽、台风路径附近以及与冷空气相结合的区域内。

参考文献

陈久康，丁治英，2000. 高低空急流与台风环流耦合下的中尺度暴雨系统[J]. 应用气象学报，11(3)：271－281.

陈联寿，2002. 热带气旋动力学引论[M]. 北京：气象出版社.

陈联寿，丁一汇，1979. 西北太平洋台风概论[M]. 北京：科学出版社.

陈联寿，罗哲贤，李英，2004. 登陆热带气旋研究的进展[J]. 气象学报，62(5)：541－549.

陈联寿，孟智勇，2001. 我国热带气旋研究十年进展[J]. 大气科学，25(3)：420－432.

陈玉林，周军，马奋华，2005. 登陆我国台风研究概述[J]. 气象科学，25(3)：319.

程正泉，陈联寿，李英，2009. 登陆台风降水的大尺度环流诊断分析[J]. 气象学报，67(5)：840－850.

高留喜，丛春华，李本亮，2008. 非地转湿 Q 矢量在北上台风"桃芝"造成山东大暴雨中的应用[J]. 热带气象学报，24(5)：533－538.

韩桂荣，何金海，樊永富，等，2005. 变形场锋生对 0108 登陆台风温带变性和暴雨形成作用的诊断分析[J]. 气象学报，63(4)：468－476.

韩桂荣，唐晓文，魏建苏，2007. 登陆台风变性发展与消亡的对比分析[J]. 气象科学，27(1)：35－41.

何立富，尹洁，陈涛，等，2006. 0509 号台风麦莎的结构与外围暴雨分布特征[J]. 气象，32(3)：93－100.

黄克慧，2006. 台风云娜后部强降水分析[J]. 气象，32(2)：98－103.

季亮，费建芳，黄小刚，等，2007. 台风"云娜"(2004)近海加强的数值模拟研究[J]. 气象科学，27(5)：530－535.

雷小途，陈联寿，2001. 热带气旋与中纬度环流系统相互作用的研究进展[J]. 热带气象学报，17(4)：452－461.

黎伟标，何溪澄，唐洁，2004. 台风"森拉克"的数值模拟研究：海洋飞沫的作用[J]. 热带海洋学报，23(3)：58－65.

李春虎，黄福均，罗哲贤，2002. 台风活动对副热带高压位置和强度的影响[J]. 高原气象，21(6)：576－582.

梁建茵，2003. 我国热带气旋登陆时间日变化特征分析[J]. 热带气象学报，19(S1)：160－165.

梁卫芳，耿敏，李庆宝，2009. 台风韦帕全区性大暴雨过程分析[J]. 气象，35(1)：74－79.

林毅，刘铭，刘爱鸣，等，2007. 台风龙王中尺度暴雨成因分析[J]. 气象，33(2)：22－28.

刘爱鸣，刘铭，林毅，2004. 低空急流对 0212 号台风"北冕"后部暴雨影响的分析和数值试验[J]. 应用海洋学学报，23(1)：1－7.

陆佳麟，郭品文，2012. 入侵冷空气强度对台风变性过程的影响[J]. 气象科学，32(4)：355－364.

孟智勇，徐祥德，陈联寿，2002. 9406 号台风与中纬度系统相互作用的中尺度特征[J]. 气象学报，60(1)：31－39.

潘旸，宇婧婧，廖捷，等，2011. 地面和卫星降水产品对台风莫拉克降水监测能力的对比分析[J]. 气象，37(5)：564－570.

任素玲，刘屹岷，吴国雄，2007. 西太平洋副热带高压和台风相互作用的数值试验研究[J]. 气象学报，65(3)：329－340.

孙国武，何金海，李震坤，等，2014. 低频天气图延伸期过程预报方法[M]. 北京：中国环境出版社：27－28.

陶祖钰，田佰军，黄伟，1994. 9216 号台风登陆后的不对称结构和暴雨[J]. 热带气象学报，10(1)：69－77.

王淑静，周黎明，1997. 解释台风暴雨落区判据的探讨[J]. 应用气象学报，8(2)：167－174.

王同美，温之平，李彦，等，2003. 登陆广东热带气旋统计及个例的对比分析[J]. 中山大学学报(自然科学版)，42(5)：97－100.

王勇，丁治英，2008. 台风"海棠"的螺旋雨带结构及特征[J]. 南京气象学院学报，31(3)：352－362.

徐良炎,高歌,2005.近50年台风变化特征及灾害年景评估[J].气象,31(3):41—44.
许爱华,叶成志,欧阳里程,等,2006."云娜"台风登陆后的路径和降水的诊断分析[J].热带气象学报,22(3):229—236.
许映龙,高拴柱,刘震坤,2005.台风云娜陆上维持原因浅析[J].气象,31(5):32—36.
杨慧娟,李宁,雷飚,2007.我国沿海地区近54a台风灾害风险特征分析[J].气象科学,27(4):413—418.
姚晨,张雪晨,毛冬艳,2010.滁州地区不同类型特大暴雨过程的对比分析[J].气象,36(11):18—25.
余贞寿,陈敏,叶子祥,等,2009.相似路径热带气旋"海棠"(0505)和"碧利斯"(0604)暴雨对比分析[J].热带气象学报,25(1):37—47.
余贞寿,高守亭,任鸿翔,2007.台风"海棠"特大暴雨数值模拟研究[J].气象学报,65(6):864—876.
岳彩军,2009."海棠"台风降水非对称分布特征成因的定量分析[J].大气科学,33(1):51—70.
曾明剑,吴海英,郑媛媛,2015.0808号台风"凤凰"登陆衰减后空间结构与再生对流云团演变特征分析[J].热带气象学报,31(6):782—795.
张少林,龚佃利,陈晓红,等,2006.热带气旋远距离暴雨过程的诊断分析[J].气象,32(4):29—33.
张胜军,陈联寿,徐祥德,2005.Helen台风(9505)异常路径的诊断分析与数值模拟[J].大气科学,29(6):937—946.
张苏平,李春,白燕,等,2006.一次北方台风暴雨(9406)能量特征分析[J].大气科学,30(4):645—659.
张兴强,丁治英,王焱,2001.高空急流与中纬度系统影响下台风暴雨的研究现状[J].气象,27(8):3—8.
赵宇,崔晓鹏,王建国,2008.由台风低压倒槽引发的山东暴雨过程研究[J].气象学报,66(3):423—436.
赵宇,杨晓霞,孙兴池,2004.影响山东的台风暴雨天气的湿位涡诊断分析[J].气象,30(4):15—20.郑峰,2005.一次热带风暴外围特大暴雨分析[J].气象,31(4):77—80.
周玲丽,翟国庆,王东法,2009.0505号"海棠"台风暴雨数值模拟试验和分析[J].大气科学,33(3):489—500.
周玲丽,翟国庆,王东海,等,2011.0713号"韦帕"台风暴雨的中尺度数值研究和非对称性结构分析[J].大气科学,35(6):1046—1056.
朱红芳,王东勇,娄珊珊,等,2015.地形对台风"海葵"降水增幅影响的研究[J].暴雨灾害,34(2):160—167.
朱健,罗律,2009.超强台风"韦帕"的暴雨机制及湿位涡分析[J].气象科学,29(6):742—748.
REN F,WU G,DONG W,et al,2006.Changes in tropical cyclone precipitation over China[J]. Geophysical research letters,33(20):L20702.